高等院校环境类系列教材
普通高等教育“十一五”国家级规划教材

环境科学基础教程

（第四版）

郭怀成 刘 永 主编

中国环境出版集团·北京

图书在版编目（CIP）数据

环境科学基础教程/郭怀成，刘永主编. —4 版. —北京：中国环境出版集团，2023.8

高等院校环境类系列教材　普通高等教育“十一五”国家级规划教材

ISBN 978-7-5111-5525-2

Ⅰ. ①环…　Ⅱ. ①郭…　②刘…　Ⅲ. ①环境科学—高等学校—教材　Ⅳ. ① X

中国国家版本馆 CIP 数据核字（2023）第 097499 号

出 版 人　武德凯
策划编辑　陈金华
责任编辑　曹　玮
封面设计　彭　杉

出版发行　中国环境出版集团
（100062　北京市东城区广渠门内大街 16 号）
网　　址：http://www.cesp.com.cn
电子邮箱：bjgl@cesp.com.cn
联系电话：010-67112765（编辑管理部）
发行热线：010-67125803，010-67113405（传真）

印　　刷　玖龙（天津）印刷有限公司
经　　销　各地新华书店
版　　次　1995 年 1 月第 1 版　2023 年 8 月第 4 版
印　　次　2023 年 8 月第 1 次印刷
开　　本　787×1092　1/16
印　　张　28.5
字　　数　700 千字
定　　价　88.00 元

【版权所有。未经许可，请勿翻印、转载，违者必究。】

如有缺页、破损、倒装等印装质量问题，请寄回本集团更换

中国环境出版集团郑重承诺：

中国环境出版集团合作的印刷单位、材料单位均具有中国环境标志产品认证。

第四版前言

党的十八大以来，我国生态文明建设从理论到实践都发生了历史性、转折性、全局性变化，美丽中国建设迈出重大步伐。2022 年，全国地级及以上城市细颗粒物（$PM_{2.5}$）质量浓度年均值已降至 29 μg/m^3，我国成为全球大气质量改善速度最快的国家；全国地表水优良断面比例达到 87.9%，接近发达国家水平。过去 10 年，我国以年均 3%的能源消费增速支撑了平均 6.6%的经济增长，实现了由全球环境治理参与者到引领者的重大转变。

党的二十大报告指出，中国式现代化是人与自然和谐共生的现代化。当前，我国经济社会发展已进入加快绿色化、低碳化的高质量发展阶段，生态文明建设仍处于压力叠加、负重前行的关键期。习近平总书记在 2023 年 7 月召开的全国生态环境保护大会上指出，以高品质生态环境支撑高质量发展，加快推进人与自然和谐共生的现代化。这既是新阶段我国生态环境保护的全局性部署，也对环境科学基础知识的发展与传播提出了更高要求。自《环境科学基础教程》（第三版）出版后，编写团队紧密结合国家生态环境保护与全球环境治理的新发展，思考和探讨如何更好地对教材进行修订。

本次修订具有以下三个方面的特点：

（1）依然维持了《环境科学基础教程》（第三版）上、中、下三篇的总体架构，即人类环境的基础知识、人类活动与环境问题、环境保护对策。

（2）纳入了最新的环境科学基础研究内容，尤其是近年来突出的新问题与新论断，如人口与环境关系的新理论、$PM_{2.5}$ 和 O_3 的协同控制、碳达峰碳中和、新污染物等；并进一步对全球环境治理中的新发展、新动态做了系统的整理和展示。

（3）系统归纳了环境管理体系与实践的新发展、新发现，重点对生态文明体系、中国式现代化、环境治理体系、环境法规与标准体系等做了大幅的修订。

本书在第三版的基础上，由来自北京大学、天津大学、华中农业大学、南京大学、中国人民大学、北京林业大学、北京理工大学和中国环境科学研究院等高校及科研院所的学者共同编写、修订。参编各章的顺序依次为：第 1 章（刘永、郭怀成、周丰、关伯仁），第 2 章至第 4 章（郭怀成、关伯仁），第 5 章（于书霞、窦贻俭），第 6 章（盛虎、陆根法），第 7 章（毛国柱、黄凯、郁亚娟、郭怀成），第 8 章（刘永、郑祥、刘凤奎），第 9 章（阳平坚），第 10 章（温东辉、程荣、胡亨魁、刘金春），第 11 章（梅凤乔、任耐安），第 12 章（王真、韦进宝）。全书由郭怀成、刘永主编并修改定稿。

《环境科学基础教程》多年来各版次的编写和修订过程得到了国内众多专家、学者的帮助与指导；中国环境出版集团曹玮副编审从大纲审查到编辑出版，给予了大力的协助和支持。他们为本书的出版付出了辛勤的劳动，在此一并表示诚挚的谢意！

尽管编者团队试图将最新的环境科学知识和管理实践纳入教材，然而现代生态环境领域日新月异，新知识、新技术、新成果不断涌现，由于编者水平的限制，书中难免存在不足，殷切期望广大读者能继续给予批评指正，敬请将您的意见发送至 hcguo@pku.edu.cn 或 yongliu@pku.edu.cn。

推动人与自然和谐共生，共建地球生命共同体！这是新时代的新使命，需要全体环境同人的共同努力！

编　者

2023 年 7 月于北京

第一版前言

环境问题是当今世界上人类面临的重要问题之一。人类对环境问题解决的好坏，深刻影响着人类社会的持续发展，甚至可以影响生命界的生存和繁衍。所以，当前环境问题已经渗透到国际舞台的各个方面——政治、经济、贸易、文化……就我国来说，早已将环境保护作为一项基本国策，这是极有远见卓识的，可为“地球村民”的一种示范。

要保护好人类环境，首先要使每个人认识环境，了解什么是破坏环境的行为和如何保护环境，这样对全体人民、对各行各业的从业者加强环境教育便是当前首要的问题了。此次国家环境保护局利用世界银行的贷款支持，促成了这本教材的出版，便是极有远见的举措，正是体现了执行环境保护的基本国策。

这本书共分为三大部分，绪论及上篇介绍了人类的家园——地球、人类生活环境的基本知识，使读者能了解环境、珍惜环境和爱护环境。中篇论述了人类生产、生活对环境的影响和破坏及环境污染等给人类带来的危害，人类唯有了解这些，才可能更加自觉地保护环境。下篇介绍了环境保护的一般知识，以供我们保护环境、防止环境破坏时借鉴参考。本书的读者对象为非环境学专业的大专院校学生和其他人员，所以内容全面系统又深入浅出，以使读者能全面了解环境和环境保护的基本内容，提高环境意识和加强环保工作。

这本书是在国家环保局宣教司直接领导和组织下，由国内高等院校等单位的人员共同编写完成的。在本书编写的过程中承蒙张坤民副局长给予巨大的关心和支持，宣教司的任耐安处长也亲自积极抓这项工作。本书能顺利完成，可以说他们起了重要作用。

本书绪论和第 1 章由关伯仁教授编写（北京大学）；第 2 章和第 3 章由郭怀成副教授编写（北京大学）；第 4 章由窦贻俭副教授编写（南京大学）；第 5 章由陆根法副教授编写（南京大学）；第 6 章由郭怀成、关伯仁编写；第 7 章由刘凤奎副教授编写（秦皇岛环境管理干部学院）；第 8 章由任耐安高工编写（国家环保局）；第 9 章由胡亨魁副教授（黄石高等专科学校）和刘金春副教授（苏州城建环保学院）编写；第 10 章由韦进宝副教授编写（武汉大学）。在初稿完成后曾由主编（关伯仁）和各篇主编（郭怀成、陆根法、韦进宝）分别审定提出修改意见，再经反复修改而完成，因此各位编者做了最大的努力。但是学海无边，个人的知识都有局限性，所以错误之处在所难免，希望读者不吝指正。

还应指出的是，这本书能与读者见面，与中国环境科学出版社的大力支持分不开。其中刘志荣社长、李静华副编审无论在物质上和技术上都给予了大力的支持，才能使这本书在短短几个月就到读者手中。在这里我代表编者与读者向他们表示感谢！

编　者

1995 年 5 月

第二版前言

自 1995 年本书第一版问世以来，至今已整整八个年头。八年中，本书有幸受到了全国各高等院校师生们的普遍欢迎，成为使用广泛的环境科学教材之一，更被许多高校特别指定为研究生入学考试的参考书，对此，我们深感欣慰，同时也深表感谢。

然而，本书虽然经过多次印刷，原稿却并未做修改。现如今，新的世纪、新的环境、新的问题和新的发展对《环境科学基础教程》一书提出了新形势下的更高要求，因此，对本书进行修改和完善，补充新鲜血液，体现学科新的发展动向，便成了读者与编者的共同期望，于是，《环境科学基础教程》（第二版）应运而生！与第一版相比，此次再版突破了以前所谓解决环境问题一靠政策、二靠管理、三靠技术的思想限制，强调了生态意识、文明素质及公众参与在当前乃至今后一段时期有效改善环境、促进可持续发展的重要地位。基于这一点，本书在内容上对原自然环境部分做了一些调整，适当削减了部分篇章，同时加入了提高全民环境意识、促进社会公众参与等方面的内容。此外，在清洁生产、绿色食品等环境科学前沿方面也进行了内容的丰富与更新。

这里需要说明，此次修订并未对原书编写的主导思想及整体结构做原则性的改动。本书的读者对象仍为非环境科学专业的大专院校学生及相关教师。

这次再版，第一版作者中除关伯仁教授作古外，其余作者均参加了修订工作，第一版中关教授执笔的绪论、第 2 章和第 5 章的修改由他的学生郭怀成教授来完成。关伯仁先生在世时为本书的编写付出了巨大的心血，此次再版无疑也是对他的一种最好的怀念。除上述三章外，其余各章均由原编写人员负责修订：第 2 章和第 3 章，郭怀成教授（北京大学）；第 4 章，窦贻俭教授（南京大学）；第 5 章，陆根法教授（南京大学）；第 6 章，郭怀成教授（北京大学）；第 7 章，刘凤奎教授（秦皇岛环境管理干部学院）；第 8 章，任耐安高工（国家环境保护总局）；第 9 章，胡亨魁教授（黄石高等专科学校）和刘金春教授（苏州城建环保学院）；第 10 章，韦进宝教授（武汉大学）。由于本书涉及的知识面极广，编者们的知识也各有其局限性，所以书中不足和疏漏之处在所难免，希望广大读者和有关专家不吝指正。

本书能再版以新的面貌与读者见面，要衷心感谢中国环境科学出版社的领导们和陈金华副编审的大力支持！同时，第一版的责任编辑李静华对此书的编写和出版付出了辛勤的劳动，此次再版也是对她最好的怀念！

在科技与文化高度发展的 21 世纪，人类将培育创建出一种新的文明，即人与自然和谐共济、和生共荣的绿色文明。希望《环境科学基础教程》（第二版）能够为绿色新文明的建设贡献一份微薄的力量，倘能如此，也就达成了我们编者共同的心愿！

任耐安执笔

2003 年 1 月 28 日于北京

第三版前言

从《环境科学基础教程》（第一版）（1995）开始，已走过了近 20 个年头。在此过程中，中国乃至全球的环境问题发生了巨大的变化。1995 年，国家环境保护局发布公报：我国人口基数较大，经济增长较快，技术与管理水平较低，资源浪费、环境污染和生态破坏相当严重；以城市为中心的环境污染仍在发展并向农村蔓延，生态破坏的范围仍在扩大。2014 年，环境保护部发布公报：全国环境质量总体一般，部分城市河段污染较重，城市环境空气质量不容乐观，生态环境质量总体稳定。

这种变化不仅反映在环境问题本身，也深刻影响着解决环境问题的制度与对策。2008 年，环境保护部成立，将建立健全环境保护基本制度、统筹协调重大环境问题、监督管理国家减排目标、发布环境监测和信息等作为其主要职责。2012 年，党的十八大提出要建设生态文明，将其融入经济建设、政治建设、文化建设、社会建设各方面和全过程。

新时代的环境问题需要我们重新梳理环境科学的基础知识体系和内容，自第二版出版后，我们也一直在思索如何能将更新的知识和理念带给读者。因此本次修订具有以下四个方面的特点：

（1）维持总体架构，即环境基础、人类活动与环境、环境保护对策。

（2）突出环境问题的实质是发展问题，强调中国特色的环境保护新道路、城镇化发展道路以及国家在环境管理和政策上的机制创新，如生态文明、循环经济、两型社会、低碳发展、环境保护基本公共服务等。

（3）融合最新的环境科学基础研究和管理实践的内容，紧密结合国家最新的环境保护规划、政策和管理体系内容，反映目前最为突出的环境问题以及国家对策、防控技术、环境保护理念思路的进展。在修订后的教材中，增加了持久性有机物、新兴污染物、大气灰霾、流域水污染、饮用水安全、重金属污染、环境风险等一批与公众密切相关的环境问题。

（4）拓展了对国际环境问题的关注，如全球气候变化、臭氧层破坏耗竭、全球海洋污染、国际跨界污染等。

本书在第二版的基础上，由来自北京大学、武汉大学、南京大学、天津大学、华中农业大学、北京林业大学和北京理工大学等高校的学者共同参与编写、修订。参编各章的人员：第 1 章（刘永、郭怀成、关伯仁）、第 2 章至第 4 章（郭怀成、关伯仁）、第 5 章（于书霞、窦贻俭）、第 6 章（盛虎、陆根法）、第 7 章（毛国柱、黄凯、郁亚娟、郭怀成）、第 8 章（刘永、李玉照、刘凤奎）、第 9 章（阳平坚、王婉晶）、第 10 章（温东辉、胡亨魁、刘金春）、第 11 章（梅凤乔、任耐安）、第 12 章（王真、韦进宝）。全书由郭怀成、刘永主编并修改定稿。

本书的编写和修订过程得到了国内众多专家、学者的帮助与指导，国内相关高校、科研院所的老师和同学们在使用前两版的过程中，反馈了大量有益的修改意见；中国环境出版社陈金华副编审从大纲审查到成书给予了大力的协助和支持，为本书的出版付出了辛勤的劳动，在此一并表示诚挚的谢意！

尽管编者试图将最新的环境科学知识和管理实践纳入新版教材，但由于该领域内容广泛，加之编者水平有限，书中难免还存在一些缺点和错误，殷切期望广大读者能继续给予批评指正，敬请将您的意见发送至 hcguo@pku.edu.cn 或 yongliu@pku.edu.cn。

在本书再版之际，我们再次深切感谢为本书前两版的出版而呕心沥血的各位前辈，更加深切缅怀中国环境科学教学与研究的开创者之一——关伯仁教授。

薪火相传，方有美丽中国！

编　者

2014 年 7 月于北京

目 录

中篇 人类活动与环境问题

下篇 环境保护对策

第1章　绪　论

环境是人类赖以生存和发展的基础，对环境本身的理解，不仅要分析环境的基本要素和类型，更为重要的是理解环境结构与环境系统；理解生态环境问题的现象及产生的根源。唯有如此，方能了解环境科学的基础研究对象和任务，理解其产生和发展的动力，进而从深层次分析世界和中国环境问题发生、发展的历程以及解决环境问题的政策和技术体系。

1.1　环境

1.1.1　环境的概念和定义

环境（environment）是一个应用很广泛的名词，其含义和内容极为丰富。从哲学上来说，环境是一个相较于主体而言的客体，与主体相互依存，其内容随着主体的不同而异。在不同的学科中，“环境”一词的科学定义也不尽相同，其差异源于对主体的界定。对于环境科学而言，“环境”的含义是“以人类社会为主体的外部世界的总体”。这里所说的外部世界主要指人类已经认识到的直接或间接影响人类生存与发展的周围事物。它既包括未经人类改造过的自然界众多要素，如阳光、空气、陆地（山地、平原等）、土壤、水体（河流、湖泊、海洋等）、森林、草原和野生生物等，又包括经过人类加工改造过的自然界，如城市、村落、水库、港口、公路、铁路、航空港、园林等。它既包括这些物质的要素，又包括由这些要素所构成的系统及其所呈现的状态。

还有一种为适应某种需要而给“环境”下的定义。例如，《中华人民共和国环境保护法》（2014 年 4 月 24 日第十二届全国人民代表大会常务委员会第八次会议修订）指出：“本法所称环境，是指影响人类生存和发展的各种天然的和经过人工改造的自然因素的总体，包括大气、水、海洋、土地、矿藏、森林、草原、湿地、野生生物、自然遗迹、人文遗迹、自然保护区、风景名胜区、城市和乡村等。”这是一种把在环境中应当受到保护的环境要素或对象界定为环境的定义，其目的是从适应环境保护工作的需要出发，对环境的定义用法律的语言表述出来，以保证法律的准确实施。

1.1.2 环境的基本类型

环境是一个非常复杂的体系，目前尚未形成统一的分类方法。通常根据下述原则对环境进行分类。

（1）按照环境的主体分类

此分类目前有两种体系。一种是以人或人类作为环境的主体，其他的生命物质和非生命物质都视为环境要素，即环境是指人类生存的环境，或称人类环境。在环境科学中，大多采用这种分类法。另一种是以生物体（界）作为环境的主体，不把人以外的生物看成环境要素。在生态学中，往往采用这种分类法。

（2）按照环境的范围分类

此分类比较简单。如把环境分为特定空间环境（如航空、航天的密封舱环境等）、车间环境（劳动环境）、生活区环境（如居室环境、院落环境等）、城市环境、区域环境、流域环境、全球环境和星际环境等。

（3）按照环境的要素分类

此分类则较复杂。如按环境要素的属性可分为自然环境和社会环境两类。目前地球上的自然环境，虽然受到人类活动的影响而发生了很大变化，但其仍按自然规律发展着。自然环境按其主要的环境组成要素，可再分为大气环境、水环境（如海洋环境、湖泊环境等）、土壤环境、生物环境（如森林环境、草原环境等）、地质环境等。社会环境是人类社会在长期的发展中，为了不断提高人类的物质和文化生活而创造出来的，社会环境常依照人类对环境的利用或环境的功能再进行下一级的分类，分为聚落环境（如院落环境、村落环境、城市环境）、生产环境（如工厂环境、矿山环境、农场环境、林场环境、果园环境等）、交通环境（如机场环境、港口环境）、文化环境（如学校及文化教育区、文物古迹保护区、风景游览区和自然保护区）等。

1.1.3 环境要素

环境要素是指构成环境整体的各个独立的、性质不同而又服从总体演化规律的基本物质组分，也称环境基质。它可分为自然环境要素和社会环境要素两种。环境科学所讲的环境要素通常是指自然环境要素，主要包括水、大气、生物、土壤、岩石和阳光等。这些要素组成环境的结构单元，环境的结构单元又组成环境整体或环境系统。例如，水组成水体，全部水体总称为水圈；大气组成大气层，全部大气层总称为大气圈；土壤构成农田、草地和林地等，岩石构成岩体，全部岩石和土壤构成固体壳层——岩石圈或土壤-岩石圈；生物体组成生物群落，全部生物群落集称为生物圈；阳光则提供辐射能，为其他要素所吸收。

环境要素不仅制约着各环境要素间互相联系、互相作用的基本关系，而且是认识环境、评价环境、保护环境的基本依据。它具有下列显著特点。

1.1.3.1 最小限制律

整个环境的质量，不是由环境诸要素的平均状况决定，而是受环境诸要素中与最优状态差距最大的要素所控制。这就是说，环境质量的高低，取决于环境诸要素中处于“最低状态”的那个要素，而不能用其余处于优良状态的环境要素去弥补、代替。因此，在改进环境质量时，必须对环境诸要素的优劣状态进行数值分类，循着由差到优的顺序，依次改造每个要素，使之均衡地达到最佳状态。

1.1.3.2 等值性

任何一个环境要素，对于环境质量的限制，只有当它们处于最差状态时，才具有等值性。也就是说，各个环境要素，无论其本身在规模上或数量上有何不同，但只要是一个独立的要素，那么它对环境质量的限制作用就无质的差别。因此，对环境质量的制约必有主导的环境要素。

1.1.3.3 环境的整体性大于环境诸要素的个体和

一个环境的性质，不等于组成该环境各个要素的性质之和，而是比这种“和”丰富得多、复杂得多。环境诸要素互相联系、互相作用所产生的集体效应，在个体效应基础上有质的飞跃。研究环境要素不但要研究单要素的作用，还要探讨整个环境的作用机制，综合分析和归纳整体效应的表现。

1.1.3.4 环境诸要素间相互联系、相互依赖

环境诸要素虽然在地球演化史上出现有先有后，但它们相互联系、相互依赖。环境诸要素间的联系与依赖，主要通过以下途径：①从演化意义上看，某些要素孕育着其他要素。在地球发展史上，岩石圈的形成为大气的出现提供了条件；岩石圈和大气圈的存在，为水的产生提供了条件；岩石圈、大气圈、水圈的存在，又为生物的发生与发展提供了条件。每一个新要素的产生，都能给环境整体带来巨大影响。②环境诸要素的相互联系、相互作用和相互制约是通过能量流在各要素之间的传递，或通过能量形式在各要素之间的转换来实现的。例如，地球表面所接收的太阳辐射能可以转换成增加气温的显热。这种能量形式转换影响到整个环境要素间的相互制约关系。③通过物质流在各环境要素间的流动，即通过各要素对物质的贮存、释放、运转等环节的调控，使全部环境要素联系在一起。例如，表示生物界取食关系的食物链，便清楚地反映了环境诸要素间相互联系、相互依赖的关系。

1.1.4 环境结构与环境系统

1.1.4.1 环境结构

环境要素的配置关系称为环境结构，是总体环境的各个独立组成部分在空间上的配

置，是描述总体环境的有序性和基本格局的宏观概念。通俗地说，环境结构表示环境要素是怎样结合成一个整体的。环境的内部结构和相互作用直接制约着环境的物质交换和能量流动功能。人类赖以生存的环境包括自然环境和社会环境两大部分，各自具有不同的结构和特点。

（1）自然环境结构

从全球的自然环境来看，可分为大气、陆地和海洋三大部分。聚集在地球周围的大气层，其质量约占地球总质量的百万分之一，约为 5×10^{15} t。大气的密度、温度、化学组成等都随着距地表的高度而变化，按大气温度、运动状态及其物理状况，大气层由下到上可分为对流层、平流层、中间层、暖层、逸散层等。对流层与人类的关系极为密切，地球上的天气变化主要发生在此层内。陆地是地球表面未被海水淹没的部分，总面积约 14 900 万 km^2，约占地球表面积的 29.2%，其中面积广大的陆地称为大陆。全球共有 6 块大陆，按面积从大到小依次为亚欧大陆、非洲大陆、北美大陆、南美大陆、南极大陆和澳大利亚大陆，总面积约为 13 910 万 km^2；散在海洋、河流或湖泊中的陆地称为岛屿，它们的总面积约 970 万 km^2。陆地环境的次级结构为山地、丘陵、高原、平原、盆地、河流、湖泊、沼泽、冰川；还有森林、草原和荒漠等。海洋是地球上广大连续水体的总称。其中，广阔的水域称为洋，大洋边缘部分称为海。海洋的面积约 36 100 万 km^2，占地表面积的 71%左右。海与洋共同组成了统一的世界大洋。全球有四大洋，即太平洋、大西洋、印度洋和北冰洋。海洋的次级结构为海岸（包括潮间带、海滨、海滩）、海峡、海湾。在海洋底部，有大陆架、大陆坡、海台、海盆、海沟、海槽和礁石等。

（2）社会环境结构

可分为城市、开发区、工矿区、村落、道路、农田、牧场、林场、港口、旅游胜地及其他人工环境。

（3）环境结构的特点

对于全球环境而言，环境结构的配置及其相互关系具有圈层性、地带性、节律性、等级性、稳定性和变异性等特点。

- 圈层性：在垂直方向上，整个地球环境的结构具有同心圆状的圈层性。在地壳表面分布着土壤-岩石圈、水圈、生物圈、大气圈。在这种格局支配下，地球上的环境系统与这种圈层性相适应。地球表面是土壤-岩石圈、水圈、大气圈和生物圈的交汇之处。这个无机界和有机界交互作用最集中的区域，为人类的生存和发展提供了最适宜的环境。另外，球形的地表使各处的重力作用几乎相等，使所获得的能量及向外释放的能量处于同一数量级，因此使地球表面处于能量流动和物质循环耦合在一处的特殊位置，这对植物的引种和传播、动物的活动和迁移、环境系统的稳定和发展均产生积极的作用。
- 地带性：在水平方向上，地表各处位置、曲率和方向的不同使地表得到太阳辐射能量的密度在各地不同，因而产生了与纬线相平行的地带性结构格局。如从赤道到两极气候带依次为赤道带（跨两个半球）、热带、亚热带、温带、亚寒带和寒带，其相应的土壤和植被带为砖红壤赤道雨林带、红壤热带雨林带、棕色森林土亚热带常绿阔叶林带、灰化棕色森林土暖温带落叶阔叶林带、棕色灰化土温带针叶林和落叶林混交带、寒温带明亮针叶带、苔原带等。

- 节律性：在时间上，任何环境结构都具有谐波状的节律性。在随着时间变化的过程中，地球形状和运动的固有性质都具有明显的周期节律性，这是环境结构叠加上时间因素的四维空间的表现。例如，地表上无论何处都有昼夜交替现象，这种往复过程的影响使白天生物量增加、夜晚减少；近地面空气中 CO_2 含量白天减少、夜晚增加。太阳辐射能、空气温度、水分蒸发量、土壤呼吸强度、生物活动的日变化等都受这种节律性的控制。在较大的时间尺度上，有一年四季的交替变化。
- 等级性：在有机界的组成中，依照食物摄取关系，生物群落的结构具有阶梯状的等级性。例如，地球表面的绿色植物利用环境中的光、热、水、气、土、矿物元素等无机成分，通过复杂的光合作用过程，形成碳水化合物；有机物质的生产者被高一级的消费者（草食动物）所取食；而草食动物又被更高一级的消费者（肉食动物）所取食；动植物死亡后，又由数量众多的各类微生物分解成为无机成分，形成了一条严格有序的食物链结构。这种结构制约并调节生物的数量和物种，影响生物的进化以及环境结构的形态和组成方式。这种物质能量的传递过程使环境结构表现出等级性的特点。
- 稳定性和变异性：环境结构具有相对的稳定性、永久的变异性和有限的调节能力。任何一个地区的环境结构，都处于不断的变化之中。在人类出现以前，只要环境中某一个要素发生变化，整个环境结构就会相应地发生变化，并在一定限度内自行调节，在新条件下达到平衡。人类出现以后，尤其是在现代生产活动日益发展的条件下，对于环境结构的变动，无论在深度上、广度上，还是在速度上、强度上，都是空前的。从环境结构本身来看，虽然具有自发的趋稳性，但是环境结构总是处于变化之中。

1.1.4.2 环境系统

地球表面各种环境要素或环境结构及其相互关系的总和称为环境系统。环境系统概念的提出，是把人类环境作为一个统一的整体看待，避免人为地把环境分割为互不相关的支离破碎的各个组成部分。环境系统的内在本质在于各种环境要素之间的相互关系和相互作用过程，揭示这种本质对于研究和解决当前许多环境问题有重大的意义。环境系统和生态系统两个概念的区别：前者着眼于环境整体，而后者侧重于生物之间及生物与环境之间的相互关系。环境系统和人类生态系统两个概念相似，但后者突出人类在环境系统中的地位和作用，强调人类与环境之间的相互关系。环境系统从地球形成以后就存在，生态系统是生物出现后的环境系统，而人类生态系统一般是指人类出现后的环境系统。

在环境系统中，由于成分不同和自由能的差异，在太阳能和地壳内部放射能的作用下，各种物质之间进行着永恒的能量流动和物质交换。各种生命元素（如 O、C、N、S、P、Ca、Mg、K 等）在地表环境中不断循环，并保持恒定的浓度。环境系统是一个开放系统，但能量的收入和支出保持平衡，因而地球表面温度可以稳定。环境系统在长期演化过程中逐渐建立起自我调节功能，维持它的相对稳定性。所有这些都是生命发展和繁衍必不可少的条件。在很多情况下，环境系统的稳定性取决于环境要素与外界进行物质交换和能量流动的容量。容量越大，调节能力也就越大，环境系统也就越稳定；反之，就越不稳定。

环境系统是一个动态平衡体系，有它的发生、发展和形成历史。目前地球环境与原始地球环境有很大的差别。各种环境要素彼此相互依赖，其中任何一个要素发生变化便会影响整个系统的平衡，推动它的发展，建立新的平衡。

环境系统的范围可以是全球性的，也可以是局部性的。例如，一个海岛或者一个城市都可以是一个单独的系统。全球系统是由许多亚系统交织而成，如大气-海洋系统、大气-海洋-岩石系统、大气-生物系统、土壤-植物系统等。局部与整体间有不可分割的关系，区域性变化积累起来，会影响全球。例如，热带森林因为过量采伐，面积日益缩小，将会影响全球气候。

1.2 环境问题

1.2.1 环境问题的产生和发展

全球环境或区域环境中出现的不利于人类生存和发展的现象，均称为环境问题。环境问题的形成是多方面的，但这里所指的环境问题主要是由于人类利用环境不当，导致人类社会发展与环境不相协调。环境问题涉及的内容极为广泛，如环境污染、生态破坏与退化、资源破坏与枯竭等。环境问题的出现和日益严重，引起了人们的重视，从而促进了环境科学研究工作的发展。

环境是人类生存和发展的物质基础。人类既是环境的产物，又是环境的改造者。人类在同自然界的斗争中，运用自己的知识，通过劳动，不断地改造自然，创造新的生存条件。然而，由于人类认识能力和科学技术水平的限制以及主观上的过错，在改造环境的过程中，往往会产生当时意料不到的后果，从而造成环境污染和破坏。在早期的农业生产中，砍伐森林，开垦草原，造成了地区性的环境破坏。较突出的例子是，古代经济比较发达的美索不达米亚等地，由于不合理的开垦和灌溉，后来变成了不毛之地。中国的黄河流域是中国古代文明的发源地，早期森林茂密，土地肥沃。西汉末年和东汉时期进行了大规模的开垦，促进了当时农业生产的发展，可是由于滥伐森林，水源得不到涵养，水土流失严重，造成沟壑纵横，水旱灾害频繁，土地日益贫瘠。

农业阶段的城市人口密集，物流量大，废弃物量也大，出现了废水、废气和废渣造成的环境污染问题。如中国古城西安，公元582—904年隋唐在此建都300多年，人口稠密、排水量大，从而造成明显的地下水污染。据历史记载，公元1104年（北宋），西安“城内泉咸苦，民不堪食”，乃将龙首渠水“引注入城，给民汲饮”。现已证实，宋史所记“苦咸水”，是地下水中含硝态氮导致的，是该历史时期生活用水污染的结果。

13世纪英国爱德华一世时期，曾经有对燃煤产生“有害的气味”提出抗议的记载。城市的大气污染问题，从燃煤开始。产业革命后，蒸汽机的发明和广泛使用使生产力大为提高。在一些工业发达的城市和工矿区，由于人口密集、物流量增大，燃煤量急剧增加，导致以大气污染为主的环境问题不断发生。例如，1873 年、1880 年、1882 年、1891 年、1892 年，英国伦敦曾多次发生可怕的有毒烟雾事件；1930 年 12 月，比利时马斯河谷工业区由于工厂排出有害气体，在逆温条件下造成了严重的大气污染事件，使几千人发病，60 多人死亡。以美国为例，农业生产活动不当造成生态环境破坏。1934 年 5 月，美国发生了一次席卷半个国家的特大沙尘暴，从西部干旱草原地区几个州的开垦土地上卷起大量尘土，以 96～160 km/h 的速度向东推进，最后消失在大西洋上。这次风暴刮走西部草原 3 亿多 t 土壤，是美国历史上的一次重大灾难。其原因是开垦了不宜开垦的干旱草原。此后美国各地开展了大规模的农业环境保护运动。

第二次世界大战以后，全球社会生产力突飞猛进。工业的动力使用、产品种类和产品数量急剧增大；农业开垦的强度和农药使用的数量也迅速扩大，致使许多国家普遍发生了由现代工业和农业发展所带来的范围更大、情况更加严重的环境污染问题和生态破坏问题，威胁着人类的生存和持续发展。例如，1952 年 12 月，英国伦敦出现了另一种严重的烟雾事件，在短短 4 天内死亡人数比往年同期多 4 000 多人，成为闻名世界的八大公害事件之一。在日本接连出现了水俣病、痛痛病、四日市哮喘等震惊世界的公害事件。经查明，这些全是工业排放的废水、废气污染环境所造成的。1962 年，美国生物学家 R. 卡逊的《寂静的春天》（*Silent Spring*）一书的出版，使人们清醒地认识到由于农业生产中大量使用杀虫剂而对环境造成的污染及其产生的严重后果。作者通过对污染物迁移、转化的描写，阐明了人类同大气、海洋、河流、土壤、动物和植物间的密切关系，揭示了污染对生态系统的影响，提出了人类环境中的生态破坏问题。随着煤、石油的消耗量急剧增大，世界上许多地区，如北欧、北美出现了酸雨危害。随着全球大气中 CO_2 含量的持续增加，地球的“温室效应”不断增强。目前，南极等地上空的臭氧层空洞逐年扩大，南、北极的冰层中都发现了各类污染物质，由此表明当今的环境污染问题已扩展到全球范围。这是当前环境问题的一个突出特点，即普遍性与全球性。

20 世纪 70 年代后，人们进一步认识到除环境污染问题外，地球上人类生存环境所必需的生态条件正在日趋恶化。人口的大幅度增长，森林的过度采伐，沙漠化面积的扩大，水土流失的加剧，加上许多不可更新资源的过度消耗，都向当代社会和世界经济提出了严峻的挑战。在此期间，联合国及其有关机构召开了一系列会议，探讨人类面临的环境问题。1972 年 6 月 5—16 日，在瑞典首都斯德哥尔摩召开了由各国政府代表及政府首脑、联合国机构和国际组织代表参加的联合国人类环境会议（United Nations Conference on the Human Environment)；会议通过了《联合国人类环境宣言》，呼吁世界各国政府和人民共同努力来维护和改善人类环境，为子孙后代造福。

面临全球性的众多环境问题，许多国家政府和学术团体都在组织力量研究和预测环境发展趋势，磋商对策。如 20 世纪 60 年代末，意大利、瑞士、日本、美国、德国等 10 个国家的约 30 位科学家，在意大利开会讨论人类当前和未来的环境问题，并成立了罗马俱乐部（Club of Rome）。受该组织委托，美国麻省理工学院（MIT）利用系统动力学分析方法，研究了人口、农业生产、自然资源、工业生产和环境污染 5 个因素的内在联系，并于 1972 年出版了《增长的极限》（*Limits to Growth*）一书。1974 年罗马俱乐部又出版了英国生态学家 E. 戈德史密斯等编著的《生存的战略》一书。此后，一些国家也开展了全球性预测研究。1979 年，经济合作与发展组织（OECD）出版了《不久的将来》一书，1980 年美国政府发表了《2000 年的世界——21 世纪的开端》报告。这些出版物对未来预测虽然各有特点，但都指出大致相同的趋势：①人口在继续增加；②经济在继续增长；③全球粮食和农产品供应不充裕；④水问题加大，表现在供应和污染两方面；⑤环境压力增大。

联合国环境规划署（UNEP）分别于 1997 年、2000 年、2003 年、2007 年、2012 年和 2019 年发布了《全球环境展望》（*Global Environment Outlook*）报告。其中，2019 年发布的《全球环境展望 6》（GEO-6）聚焦“地球健康、人类健康”主题，是对全球环境形势一次广泛而严谨的评估。这次科学评估概述了当前的全球环境状况，预测了未来环境的发展趋势，并对政策的有效性进行了分析；报告展示了全球政府可以如何引领世界走上真正可持续发展的未来之路，强调各级决策者需要采取紧急和包容的行动，以实现健康地球、健康人类。

1.2.2 全球主要环境问题

当前人类环境存在的主要问题包括全球气候变化、酸雨、臭氧层破坏、生物多样性锐减、海洋污染、大气污染、土地荒漠化等；详细内容参见本书中篇，下面仅就一些主要问题做简要阐述。

1.2.2.1 气候变化

人类生产活动的规模空前扩大，尤其是工业革命以后，人类大量使用化石燃料并向大气层排放大量温室气体，从而导致大气微量成分的改变，引起温室效应增强，并由此造成全球气候的变化。这种变化被认为可能会引起全球的温度升高，进而产生一系列的环境问题。

温室气体包括二氧化碳（CO_2）、甲烷（CH_4）、氧化亚氮（N_2O）、臭氧（O_3）、氟氯烃类（CFCs）等。这些气体能够吸收来自太阳的少量长波辐射，所以到达地表的主要是短波辐射。地表由于吸收短波辐射被加热而升温，再以长波向外辐射，这样，大部分长波辐射被这些气体吸收并阻留在地表和大气层下部，从而引起地球表面温度升高。这种作用类似于种菜或养花的玻璃温室，所以称其为“温室效应”（greenhouse effect）。在这些温室气体中，CO_2 在大气中的丰度仅次于 O_2、N_2 和惰性气体，因此它的温室效应最为明显。

研究表明，过去 100 年，人类通过化石燃料的燃烧，约向大气排放 4 150 亿 t 的 CO_2，结果使大气中的 CO_2 含量增加了 15%。联合国政府间气候变化专门委员会（IPCC）第二工作组第四次评估报告指出，在 20 世纪的 100 年中，全球地面空气温度平均上升了 0.4～0.8℃。根据对不同的气候情景模拟估计，在未来的 100 年中，全球平均温度将上升 1.4～5.8℃。在过去的 100 年中，由于气温升高导致海洋热膨胀和冰川融化，全球海平面平均每年上升了 1～2 mm，预计到 2100 年全球海平面将上升 9～88 cm，虽然在这些认识中不可避免地存在不确定性，但国际社会已经对气候变化的现实和它未来的趋势基本达成共识。

全球气候变暖，将导致全球环境的重大变化，带来一系列的影响。例如，气温升高会使极地或高山上的冰川融化，引起海平面上升，以致淹没沿海大量的城市、低地和海岛；全球气候变暖也可能影响降水和大气环流的变化，使气候反常，易造成旱涝灾害，这些都可能导致生态系统发生变化和破坏。IPCC 第四次评估报告指出，现有中等可信度的证据显示，如果未来全球平均增温达到 1.5～2.5℃（相较于 1980—1999 年），在评估的物种中将有 20%～30%可能面临灭绝的风险；如果升温幅度超过 3.5℃，该比例将达 40%～70%。

尽管仍有人对温室效应提出种种怀疑，然而，由于 CO_2 等气体的浓度增长是无可辩驳的事实，所以其影响已引起了全球的普遍关注。1992 年 6 月，有 154 个国家参加了在巴西里约热内卢召开的联合国环境与发展大会，并通过了《联合国气候变化框架公约》（*United Nations Framework Convention on Climate Change*）。1997 年 12 月，170 多个国家的政府首脑聚集在日本京都，就人类密切关注的全球气候变化问题达成了一个世界性的协议，通过了《京都议定书》，对签署的发达国家规定了具有约束力的减排目标，希望共同采取一致的行动，控制 CO_2 的排放量以及气候变化的发展趋势。

2007 年 12 月，在印度尼西亚巴厘岛举行的联合国气候变化会议上，通过了《巴厘岛行动计划》，涉及加强全球应对气候变化的 4 个关键组成部分：减排、适应、技术和筹资。2009 年 12 月，114 个国家通过了《哥本哈根协议》，这项协议规定发展中国家和发达国家都必须进行减排，还必须建立筹资机制来支持发展中国家的减排努力。2012 年 11 月，《联合国气候变化框架公约》第十八次缔约方大会在卡塔尔多哈召开，会议对《京都议定书》第二承诺期做出决定，要求发达国家在 2020 年前大幅减排，并增加资金投入。

2015 年 12 月，在巴黎召开的《联合国气候变化框架公约》第二十一次缔约方大会上，196 个缔约方共同通过了《巴黎协定》，以指导 2020 年后全球的气候应对行动。《巴黎协定》于 2016 年 11 月正式生效，其中确立了"到 21 世纪末将全球平均气温相较于前工业化时期水平的上升幅度控制在远低于 2℃的水平、并争取控制在 1.5℃之内"的气候目标。在这一框架下，全球主要经济体陆续提出了 21 世纪中叶碳中和目标与气候应对具体方案。2018 年，欧盟提出了"2050 年气候中性"目标，该目标也于 2021 年正式纳入立法。2020 年，中国在第七十五届联合国大会一般性辩论上宣布，二氧化碳排放力争于 2030 年前达到峰值，努力争取 2060 年前实现碳中和。随后，韩国、日本等国也宣布了 21 世纪中叶的碳中和战略。截至 2022 年 7 月，全球已有 194 个国家向《联合国气候变化框架公约》提交了国家自主贡献（nationally determined contributions，NDCs）目标。同时，已有 68 个国家明确提出 21 世纪中叶前实现碳中和的目标，其中 51 个国家向联合国提交了到 2050 年的应对气候变化长期战略（long term strategy，LTS）。2022 年 11 月，《联合国气候变化框架公约》第二十七次缔约方大会在埃及召开，各方同意建立损失与损害基金，用于补偿气候脆弱国家因气候变化而遭受的损害。

1.2.2.2 臭氧层破坏

处于大气平流层中的臭氧层是地球的一个保护层，它能阻止过量的紫外线到达地球表面，以保护地球生命免遭过量紫外线的伤害。然而，自 1958 年以来，研究发现高空臭氧有减少趋势，20 世纪 70 年代以来，这种趋势更为明显。在过去 10～15 年，每年春天南极上空平流层臭氧都会发生急剧的大规模的耗损，极地上空臭氧层的中心地带，近 95%臭氧被破坏。从地面向上观测，高空的臭氧层已极为稀薄，与周围相比像是形成了一个“洞”，直径达上千米，故称其为“臭氧洞”。1987 年 10 月，南极上空的臭氧浓度降到了 1957—1978 年的 50%。此后，臭氧洞的面积和深度仍在继续扩展，如臭氧洞的发生期，1995 年为 77 天；1996 年为 80 天；1998 年达到了 100 天，且臭氧洞面积比 1997 年增大约 15%；2000 年 9 月 6 日，当天的空洞面积达到 2 990 万 km^2。美国国家海洋和大气管理局（NOAA）和美国航空航天局（NASA）的观测发现，2012 年，南极上空的臭氧层空洞面积平均约为 1 790 万 km^2，最大值出现在 9 月 22 日，为 2 120 万 km^2。研究表明，在北极上空和其他中纬度地区也出现了不同程度的臭氧层损耗现象。2010 年冬天至 2011 年春天，北极地区 15～23 km 的高空臭氧严重减少，最大幅度减少发生在 18～20 km 的位置，减少幅度超过 80%，面积最大时相当于 5 个德国。根据 NASA 的数据，2021 年的南极臭氧洞在 10 月 7 日达到最大面积 2 480 万 km^2，然后在 10 月中旬开始缩小，到 2021 年年底闭合。

南极臭氧洞的发现，立即引起了全世界的高度重视。据研究，人工合成的一些含氯和含溴的物质是造成南极臭氧洞的元凶。最典型的物质是氯氟碳化合物，即氟氯烃类（CFCs）和含溴化合物哈龙（Halons）。也就是说，氯和溴在平流层通过化学催化过程破坏臭氧是造成南极臭氧洞的根本原因。在平流层中，CFCs 和 Halons 分子在强烈的紫外线照射下发生解离，释放出高活性原子态氯和溴，这种氯和溴的原子自由基对臭氧的破坏是以催化的方式进行的：

$$Cl + O_3 \longrightarrow ClO + O_2$$

$$ClO + O \longrightarrow Cl + O_2$$

据估算，一个氯原子自由基可以破坏 10^4～10^5 个臭氧分子，由 Halons 释放的溴原子自由基对臭氧的破坏能力是氯原子的 30～60 倍。而且，当氯和溴同时存在时，其破坏臭氧的能力要大于两者的简单加和。氯原子的催化作用可以解释所观测到的南极臭氧破坏的 70%左右，氯和溴原子的协同作用可以解释大约 20%。由于 CFCs 和 Halons 在大气中具有很长的寿命，这就意味着它们对臭氧层的破坏将是一个持续漫长的过程。

臭氧层破坏会使其吸收紫外辐射的能力大为减弱，导致到达地球表面的紫外线强度明显增加。研究表明，平流层中臭氧浓度减少 10%，地球表面的紫外线强度将增加 20%，这将对人类健康和生态环境带来严重的危害。实验证明，紫外线辐射能破坏生物蛋白质和基因物质脱氧核糖核酸，造成细胞死亡；引起人类皮肤癌发病率增高；引发和加剧眼部疾病，如白内障、眼球晶状体变形等。据分析，如果平流层臭氧减少 1%，全球白内障的发病率将增加 0.6%～0.8%，由此引发的眼睛失明的人数将增加 10 000～15 000 人；如果照射到地面上的紫外线强度增加 1%，美国恶性黑色素瘤的死亡率将上升 0.8%～1.5%。紫外线的增加会影响陆地和水体的生物地球化学循环，从而改变地球-大气系统中一些重要物质在地球各圈层中的循环。另外，臭氧层破坏还会引起地面光化学反应加剧，使对流层臭氧浓度增加、光化学烟雾污染加重。臭氧也能吸收部分红外线。所以，臭氧浓度的变化也影响全球气候的变化。

为了保护臭氧层，1987 年 9 月 16 日，世界各国在加拿大蒙特利尔通过了《关于消耗臭氧层物质的蒙特利尔议定书》（*Montreal Protocol on Substances that Deplete the Ozone Layer*），并于 1989 年 1 月 1 日生效。该议定书对氯氟碳物质提出了停止生产、使用和控制的具体时间表，目前已有近 200 个国家加入该协定书，被认为是“联合国历史上最成功的条约”。NASA 地球观测站的观测数据显示，1979 年南极上空的臭氧层空洞达到 110 万 km^2，其中臭氧浓度最小的地方只含有 194 DU ①；1987 年，南极臭氧层空洞的面积达到了 2 240 万 km^2，臭氧浓度最小处的臭氧含量降至 109 DU；2006 年是臭氧损耗最严重的一年，南极臭氧层空洞面积达到 2 960 万 km^2，臭氧浓度最小处仅含 84 DU；2011 年，南极臭氧层空洞缩小至 2 600 万 km^2，臭氧浓度最小处臭氧含量升至 95 DU。经过不懈努力，南极臭氧层空洞近年来趋于稳定，并可能缓慢恢复。

1.2.2.3　生物多样性锐减

生物多样性锐减是全球普遍关注的重大生态环境问题。自地球上出现生命以来，就不断地有物种的产生和灭绝。物种的灭绝有自然灭绝和人为灭绝两种过程。前者是一个以地质年代计算的缓慢过程；后者是伴随着人类的大规模开发产生的，特别是当今人类活动大大加快了物种灭绝的速度和规模。物种多样性的丧失涉及物种灭绝和物种消失两个概念。物种灭绝是指某一个物种在整个地球上的丧失；物种消失是指物种在其大部分分布区丧失，而在个别地区仍有存活。物种消失可以恢复，但物种灭绝不能恢复，从而导致全球生物多样性的减少。

近几个世纪以来，随着人类对自然资源的开发规模和强度增大，人为物种灭绝的速度和受灭绝威胁的物种数量大为增加。人类活动已经引起全球 700 多个物种的灭绝，其中包括 100 多种哺乳动物和 160 种鸟类。2021 年 9 月世界自然保护联盟（IUCN）发布报告，在其评估的 138 374 个物种中，902 个物种被列为“灭绝”，80 个物种被列为“野外灭绝”，38 543 个物种面临灭绝威胁。

生态系统多样性锐减主要表现在各类生态系统的数量减少、面积缩小和健康状况的下降。生态系统多样性的主要威胁是野生动植物栖息地的改变和丧失，如当前全球的热带森林、温带森林、大平原以及沿海湿地，正在大规模地转变为农业用地、私人住宅、大型商场和城市。野生动植物栖息地的这种改变和丧失，同时也意味着物种多样性和遗传多样性的丧失。在中国，生态系统多样性锐减主要表现在森林生态系统和湿地生态系统多样性的锐减。中国的原始森林已被砍伐得所剩无几，其主要分布在东北和西南的天然林区。中国公布的第一批珍稀濒危植物有 389 种（约占我国珍稀濒危植物总数的 1/7），绝大多数属森林野生种，它们的分布区在萎缩，种群数量在下降。中国的湿地被不断地围垦、污染和淤积，面积在不断缩小，使湿地生态系统多样性受到严重破坏。据初步统计，在过去 40 年中，中国沿海地区围垦滩涂面积达 100×10^4 hm^2，相当于沿海湿地面积的 50%；围海造地工程使中国沿海湿地以每年 2×10^4 hm^2 的速度在减少。

生物多样性锐减的残酷现实及其对生态环境带来的影响，已使人类认识到生物多样性

① 1 DU=10^{-3} cm 臭氧层厚度。

保护的重要性。1992 年 6 月，联合国通过了《生物多样性公约》（*Convention on Biological Diversity*）。中国和 135 个国家（地区）在公约上签字。这表明全球对生物多样性的保护和生物资源的持续利用已达成了广泛共识，并成为全球的联合行动。2019 年的《全球环境展望 6》（GEO-6）发布的数据显示，约 42%的陆地无脊椎动物、约 34%的淡水无脊椎动物和约 25%的海洋无脊椎动物被认为濒临灭绝，生态系统的完整性和各种功能正在衰退。2021 年 10 月，《生物多样性公约》第十五次缔约方大会第一阶段会议在昆明召开，通过并发布了《昆明宣言》，凝聚了全球生物多样性治理合力，为“2020 年后全球生物多样性框架”的制定和磋商提供了政治保障。2022 年 12 月，《生物多样性公约》第十五次缔约方大会第二阶段会议通过了“昆明-蒙特利尔全球生物多样性框架”，确定了到 2030 年保护至少 30%的全球陆地和海洋等一系列目标，全球生物多样性保护翻开了新的篇章。

1.2.2.4 海洋污染

海洋污染是目前海洋环境面临的最重大问题。海洋污染主要发生在受人类活动影响广泛的沿岸海域。据估计，在输入海洋的污染物中，有 40%是通过河流输入的，30%是由空气输入的，海运和海上倾倒各占剩余一半左右。

在人为造成的海洋污染中，尤以海洋石油污染最为人们所熟知。在石油大规模开采、运输和使用过程中，特别是大型油轮的泄漏事故，使相当数量的石油进入海洋环境。大型油轮失事以后，常常流失几万吨到几十万吨原油。例如，1968 年 Torrey Canyon 号油轮在英国海岸失事，流失原油 10^5 t；1978 年 Amoco Cadiz 号油轮在法国海岸失事，流失原油 21.6×10^4 t。估计每年在海运过程中流失的石油可达 150×10^4 t。2010 年 4 月，英国石油公司在美国墨西哥湾的外海钻油平台发生故障并爆炸，导致了严重的漏油事故；据估计，事故期间每天平均有 12 000～100 000 桶原油漏到墨西哥湾，导致至少 2 500 km^2 的海面被石油所覆盖。2011 年 6 月，中海油渤海湾一油田发生漏油事故，同样带来严重的污染。据联合国环境规划署报告，每年进入海洋的石油为（200～2 000）$\times10^4$ t。另据估计，每生产 1 000 t 原油就有 1 t 流失到海洋中。

海洋污染已成为一种全球性污染现象。在南极企鹅体内脂肪中已检出 DDT，说明海洋污染影响的范围之广。海洋石油污染给海洋生态带来一系列有害影响，如石油在海洋表面形成的油膜降低了藻类光合作用的效率，使海洋的产氧量减少；海面浮油对浮游生物、甲壳类动物等的生理和繁殖会产生毒害作用；油轮失事泄漏的大量原油会对海鸟产生严重伤害，每年都有数以十万计的海鸟死于石油污染。海洋污染引起浅海或半封闭海域中氮、磷等营养物聚集，促使浮游生物过量繁殖，以致发生赤潮。近年来我国近海水域频繁发生赤潮，给海洋渔业和生态环境造成了严重影响。因此，赤潮的广泛发生可以看作世界海洋污染广泛、污染加重和海洋环境质量退化的一个突出特征。此外，2019 年联合国环境规划署发布的《全球环境展望 6》（GEO-6）指出，每年高达 800 万 t 的塑料垃圾流入海洋。海洋垃圾，包括塑料和微塑料，现在存在于所有海洋，在所有深度都能找到。

1.3 环境科学

1.3.1 环境科学及其研究的对象和任务

环境科学是在现代社会经济和科学发展过程中，在环境问题日益严重的情况下产生和发展起来的一门综合性学科。它是一个由多学科到跨学科的庞大科学体系组成的新兴学科，也是一个介于自然科学、社会科学和工程技术科学之间的边际学科。随着生态环境保护工作的迅速扩展和环境科学理论研究的不断深入，其概念和内涵得到日益丰富和完善。目前，环境科学可定义为“研究人类社会发展活动与环境演化规律之间相互作用关系，寻求人类社会与环境协同演化、持续发展途径与方法的科学”。由此，环境科学的研究对象是“人类和环境”这对矛盾之间的关系，其研究目的是通过调整人类的社会行为，保护、发展和建设环境，从而使环境为人类社会经济的可持续发展提供良好的支持和保证。

20 世纪 70 年代以前，环境科学的研究领域侧重自然科学和工程技术方面，目前已扩大到社会学、经济学、法学等社会科学方面；对环境问题的系统研究，要运用地学、生物学、化学、物理学、医学、工程学、数学、社会学、经济学及法学等多种科学知识。所以，环境科学是一门综合性很强的科学。从宏观上，环境科学研究人类同环境之间的相互作用、相互促进、相互制约的对立统一关系，探讨人类社会经济与环境可持续发展的途径和方法；从微观上，它研究环境中的物质，尤其是人为排放的污染物在环境中或有机体内迁移、转化和蓄积的过程及其运移规律，探索它们对生命的影响机理及健康效应等。

环境科学的主要任务有以下五个方面。

1.3.1.1 探索环境演化的规律

众所周知，环境总是处于不断的演化之中。因此，为了使环境朝着有利于人类的方向发展，就必须了解和研究环境的变化过程，包括环境的基本特性、环境结构的形式和演化机理等。

1.3.1.2 揭示人类活动同自然生态之间的关系

环境为人类提供生存和发展的物质条件。人类在生产和消费的过程中，不断地依赖环境和影响环境。人类生产和消费系统中物质和能量的迁移、转化过程十分复杂，但物质和能量的输入与输出之间必须保持相对平衡。也就是说，既要使排入环境的废弃物不超过环境的自净能力，以免造成环境污染、损害环境质量，又要使从环境中获取的资源有一定的限度，以保障资源的永续利用。从而实现人类与环境的可持续发展。

1.3.1.3 探索环境变化对人类生存与健康的影响

环境变化是由物理的、化学的、生物的和社会的因素及其相互作用引起的。因此，必须研究污染物在环境中的物理、化学的变化过程，在生态系统中迁移转化的机理，以及进入人体后发生的各种作用及对人体的健康效应。同时，必须研究环境退化同物质循环之间的关系。这些研究可为保护人类生存环境、制定各项环境标准、控制污染物的排放提供科学依据。

1.3.1.4 寻求环境与发展的协调

以环境承载力为基本的约束，分析发展与保护的相互反馈关系，调整区域社会经济发展格局及空间布局，寻求环境与经济协调发展的产业结构、发展模式及资源开发利用和环境保护途径。

1.3.1.5 研究区域环境污染综合防治的技术措施和管理措施

实践证明，引起环境问题的因素很多，需要综合运用多种工程技术措施和管理手段，从区域环境的整体出发，调节并控制人类和环境之间的相互关系，推进生态文明建设。

1.3.2 环境科学的形成和发展

迄今为止，环境科学作为一门综合性科学，其学科的理论和方法尚在发展之中。它的形成和发展大体可分为两个阶段。

1.3.2.1 有关学科分别探索阶段

大约在公元前 5 000 年，在烧制陶瓷的柴窑中，中国人就已知热烟上升的道理而用烟囱排烟；在公元前 2 000 多年，就知道用陶土管修建地下排水道。古罗马大约在公元前 6 世纪修建地下排水道。公元前 3 世纪中国的荀子在《王制》一文中，阐述了保护自然生物的思想："草木荣华滋硕之时，则斧斤不入山林，不夭其生，不绝其长也。鼋鼍、鱼鳖、鳅鳣孕别之时，罔罟、毒药不入泽，不夭其生，不绝其长也。"这些说明了古代人类在生产中和在同自然斗争中，也逐渐地积累了防治污染、保护自然的技术和知识。

19 世纪中叶以后，随着世界经济社会的发展，环境问题开始受到人们的重视，地学、生物学、物理学、医学和一些工程技术等学科的学者，分别从本学科角度开始对环境问题进行探索和研究。例如，德国植物学家 C. N. 弗拉斯在 1847 年出版的《各个时代的气候和植物界》一书中，论述了人类活动影响到植物界和气候的变化；美国学者 G. P. 马什在 1864 年出版的《人和自然》一书中，从全球观点出发论述人类活动对地理环境的影响，特别是对森林、水、土壤和野生动植物的影响，并呼吁开展对它们的保护运动；英国生物学家 C. R. 达尔文在 1859 年出版的《物种起源》一书中，以无可辩驳的材料论证了生物是进化而来的，生物的进化同环境的变化有很大关系，生物只有适应环境，才能生存；1869 年，德国生物学家 E. H. 海克尔提出了物种变异是适应和遗传两个因素相互作用的结果，创立了生态学的概念。

自 20 世纪 20 年代以来，公共卫生学的研究由关注传染病转向更多地关注环境污染对人群健康的危害。早在 1775 年，英国医生 P. 波特就发现了扫烟囱工人患阴囊癌的概率较大，认为这种疾病与接触煤烟有关。1915 年，日本学者极胜三郎用实验证明了煤焦油可诱发皮肤癌。从此，环境因素的致癌作用成为引人瞩目的研究课题。

在工程技术方面，给水排水工程是一个历史悠久的技术学科。1850 年人们开始用化学消毒法杀灭饮水中的病菌，防止以水为媒介的传染病流行。1897 年英国建立了污水处理厂。消烟除尘技术在 19 世纪后期也有所发展，20 世纪初开始采用布袋除尘器和旋风除尘器。

综上，这些基础科学和应用技术的研究进展为解决环境问题提供了原理和方法。

1.3.2.2 环境科学建立阶段

本阶段是从 20 世纪 50 年代环境问题成为全球性重大问题后开始的。当时许多科学家（包括生物学家、化学家、物理学家、地理学家、医学家、工程学家和社会学家等）对环境问题共同进行调查和研究。他们在各自原有学科的基础上，运用原有学科的理论和方法，研究环境问题。通过这种研究，原有学科逐渐出现了一些新的分支学科，如环境生物学、环境化学、环境地学、环境物理学、环境医学、环境工程学、环境经济学、环境法学、环境管理学等。在这些分支学科的基础上孕育产生了环境科学。最早提出“环境科学”一词的是美国学者，当时指的是研究宇宙飞船中人工环境问题。1968 年国际科学联合会理事会（International Council of Scientific Unions，ICSU）设立了环境问题科学委员会（Scientific Committee on Problems of the Environment，SCOPE）。20 世纪 70 年代出现了以“环境科学”为书名的综合性专门著作。1972 年英国经济学家 B. 沃德和美国微生物学家 R. 杜博斯受联合国人类环境会议秘书长的委托，主编出版了《只有一个地球》一书，从整个地球的前景出发，从社会、经济和政治的角度探讨了环境问题，提醒人类要明智地管理地球。这本书被认为是环境科学的一部绪论性质的著作。不过这个时期有关环境问题的著作，大部分是研究污染或公害问题。到 20 世纪 70 年代后半期，人们逐渐认识到环境问题还应包括自然保护和生态平衡，以及维持人类生存发展的自然资源。随着人们对环境和环境问题的研究和探讨，以及利用和控制技术的发展，环境科学迅速发展起来。许多学者认为，环境科学的出现是 20 世纪 60 年代以来自然科学迅猛发展的一个重要标志；进入 21 世纪，环境科学作为交叉科学的代表，得到了迅速发展。主要表现在以下两个方面：

1）推动了自然科学和社会科学各个学科的发展。如自然科学是研究自然现象及其变化规律的。对于各种自然现象的变化，除自然界本身的因素外，人类活动的影响也越来越大，自然界对人类的反作用也日益显现。环境问题的出现，使自然科学的许多学科把人类活动产生的影响作为一个重要研究内容，从而给这些学科开拓出新的研究领域，同时也促进了学科之间的相互渗透和交叉。

2）推动了科学整体化和交叉研究。环境是一个完整的有机系统，是一个整体。过去，各门自然科学都是从本学科角度探讨自然环境中的各种现象。但是，环境中的各种变化不是孤立的，而是多种因素的综合反映。如臭氧层的破坏、大气中 CO_2 含量增高、土壤中含氮量的不足等，这些问题表面看来原因各异，但却都是互相关联的。因为全球性的碳、氧、氮、硫等元素的生物化学循环之间有许多联系。人类的活动，诸如人口增长、资源开发、经济结构等都会对环境带来影响。因此，在研究和解决环境问题时，必须全面考虑，实行跨部门、跨学科的合作。环境科学就是在科学整体化过程中，充分运用各种学科知识，对人类活动引起的环境变化及其相互作用和影响，以及控制的途径和方法进行系统的综合研究。

1.4 环境保护

环境保护是一项范围广、综合性强，涉及自然科学和社会科学许多领域，又有自己独特研究对象的工作。概括起来说，环境保护就是利用现代环境科学的理论与方法，协调人类与环境的关系，预防和解决各种环境问题，是保护、改善和创建环境的一切人类活动的总称。人类社会在不同历史阶段和不同国家或地区，有不同的环境问题，因而环境保护工作的目标、内容、任务和重点，在不同时期和不同国家也是不同的。

1.4.1 环境保护的发展历程

1.4.1.1 世界环境保护的发展历程

近百年来，世界主要发达国家的环境保护工作大致经历了以下 4 个发展阶段。

（1）限制阶段

环境污染早在 10 世纪就已发生，如英国泰晤士河的污染事件、日本足尾铜矿的污染事件等。20 世纪 50 年代前后，相继发生了比利时马斯河谷烟雾事件、美国洛杉矶光化学烟雾事件、美国多诺拉烟雾事件、英国伦敦烟雾事件、日本水俣病事件、日本富山骨痛病事件、日本四日市哮喘病事件和日本米糠油事件，即所谓的“八大公害事件”。由于当时尚未搞清这些公害事件产生的原因和机理，事后只是采取防治和限制措施。例如，英国伦敦发生烟雾事件后，制定了法律限制燃料使用量和污染物排放时间。

（2）“三废”治理阶段

20 世纪 50 年代末 60 年代初，一些发达国家的环境污染问题日益突出，环境保护成了举世瞩目的国际性问题，各发达国家也因此相继成立了环境保护的专门机构，以从事环境保护工作的研究和管理。但在当时，人们认为环境问题还只是由工业污染造成的，所以环境保护工作主要是对工业“三废”（废水、废气、废渣）的治理。在法律措施上，颁布了一系列环境保护的法规和标准，加强法治。在经济措施上，采取给工厂企业补助资金的方式，帮助工厂企业建设净化设施；并通过征收排污费或实行“谁污染、谁治理”，解决环境污染的治理费用问题。在这个阶段，经过大量投资，尽管环境污染有所控制，环境质量有所改善，但所采取的末端治理措施，从根本上说是被动的。

（3）综合防治阶段

1972 年 6 月 5—16 日，联合国在瑞典斯德哥尔摩召开了人类环境会议，并通过了《人类环境宣言》。这次会议成为人类环境保护工作的历史转折点，它加深了人们对环境问题的认识，扩大了环境问题的范围。宣言指出，环境问题不仅是环境污染问题，还应包括生态破坏问题。另外，它打破了以环境论环境的狭隘观点，把环境与人口、资源和发展联系在一起，从整体上来解决环境问题。对环境污染问题，也开始实行建设项目环境影响评价制度和污染物排放总量控制制度。环境保护工作也从单项污染治理发展到综合防治。

（4）全球环境行动阶段

1992 年 6 月，在巴西里约热内卢召开了联合国环境与发展大会，提出了“可持续发展战略”，即在不危及后代人需要的前提下，寻求满足当代人需要的发展途径。这标志着世界环境保护工作又踏上了新的征途：探求环境与人类社会发展的协调方法，实现人类与环境的可持续发展，和平、发展与保护环境是相互依存和不可分割的。至此，环境保护工作已从单项污染治理扩展到人类发展、社会进步这个更广阔的范围，“环境与发展”成为世界环境保护工作的主题。10 年后的 2002 年，可持续发展世界首脑会议（也称“里约+10”会议）在南非约翰内斯堡举行。会议维护了里约会议的基本原则，将消除贫困纳入可持续发展理念之中，敦促政府之间、政府与非政府组织和企业等社会各界之间合作，建立起实施具体可持续发展项目的“伙伴关系”。2012 年 6 月，联合国可持续发展大会（“里约+20”峰会）重回里约热内卢，会议通过了最终成果文件《我们憧憬的未来》(*The Future We Want*)，重申了《关于环境与发展的里约宣言》的原则，包括该宣言提出的“共同但有区别的责任原则”等，认为可持续发展和消除贫穷背景下的绿色经济是实现可持续发展的重要工具之一。尽管会议通过了成果文本，但在严重的全球环境问题和经济低迷面前，世界各国对经济发展和环境保护的基本考量不尽相同，国与国之间存在合作，但分歧毋庸置疑也难以在短期内得到弥合。

2015 年 9 月，联合国可持续发展峰会在纽约总部召开，联合国 193 个成员方在峰会上正式通过 17 个可持续发展目标（SDGs）。可持续发展目标旨在 2015—2030 年以综合方式彻底解决社会、经济和环境三个维度的发展问题，转向可持续发展道路。2022 年 6 月，为纪念 1972 年联合国人类环境会议 50 周年，“斯德哥尔摩+50”国际会议召开，会议呼吁全球做出真正的承诺，紧急解决全球环境问题，并携手推动全球公正地过渡到让所有人分享繁荣的可持续经济。

1.4.1.2 中国环境保护的发展历程

我国环境保护工作的发展，如果以 1973 年第一次全国环境保护会议为起点，已走过 50 年的历程。在中国环境保护工作的阶段划分上，目前有不同的分法，本书将其归纳为以下 5 个阶段。

（1）起步阶段（1973—1982 年）

1973 年 8 月 5—20 日，国务院委托国家计划委员会在北京召开了全国环境保护会议。这次会议初步认识到了中国存在较严重的环境问题，以及在我国开展环境保护工作的重要性和迫切性。会议提出了环境保护的 32 字方针：“全面规划、合理布局、综合利用、化害为利、依靠群众、大家动手、保护环境、造福人民”。1974 年 5 月，国务院批准成立国务院环境保护领导小组及其办公室。随后，各省、自治区、直辖市和国务院有关部门也相应设立了环境保护管理机构。1979 年 9 月 13 日，第五届全国人大常委会第十一次会议原则通过《中华人民共和国环境保护法（试行）》，并予以颁布，这标志着我国环境保护工作开始走上法制轨道。1982 年 12 月 4 日，第五届全国人大第五次会议通过《中华人民共和国宪法》。宪法在环境保护方面作了明确具体的规定，如“国家保护和改善生活环境和生态环境，防治污染和其他公害”“国家保障自然资源的合理利用，保护珍贵的动物和植物”“国家保护名胜古迹，珍贵文物和其他重要历史文化遗产”等。

（2）开拓阶段（1983—1995 年）

该阶段最主要的特征是奠定了中国环境保护的基本政策和制度，即三大环境保护政策和八项环境管理制度。1983 年 12 月，国务院在北京召开了第二次全国环境保护会议，可视为我国环境保护工作第二阶段的开始。这次会议在总结过去 10 年环境保护工作经验教训的基础上，提出了到 20 世纪末我国环境保护工作的战略目标、重点步骤和技术政策。会议郑重宣布了“保护环境是我国的一项基本国策”，确定了“经济建设、城乡建设和环境建设同步规划、同步实施、同步发展，实现经济效益、社会效益和环境效益相统一的环境保护战略方针”。这就从根本上确定了环境保护在我国社会经济发展中的地位。此阶段从我国环境污染的现状出发，提出了“预防为主”“谁污染，谁治理”和“强化环境管理”三大环境保护政策。

1989 年召开的第三次全国环境保护会议标志着我国环境保护工作进入了一个新的发展时期。这次会议提出“向环境污染宣战”，积极推行环境保护目标责任制、城市环境综合整治定量考核制、排放污染物许可证制、污染集中控制制度、限期治理制度、环境影响评价制度、“三同时”制度、排污收费制度八项环境管理制度。1992 年联合国环境与发展大会提出可持续发展战略，我国积极响应并制定了《中国 21 世纪议程》，作为今后中国环境保护工作的行动指南。

（3）发展阶段（1996—2005 年）

该阶段突出特点有两个：一是将环境保护作为可持续发展战略的关键；二是提出了两大重要举措，实施了重点污染治理工程。1996 年 7 月召开的第四次全国环境保护会议，提出保护环境是实施可持续发展战略的关键，保护环境的实质是保护生产力，把实施主要污染物排放总量控制计划和跨世纪绿色工程规划作为改善环境质量的两大重要举措。1996 年 8 月发布的《国务院关于环境保护若干问题的决定》（国发〔1996〕31 号），提出“到 2000 年力争实现使环境污染和生态破坏加剧的趋势得到基本控制，部分城市和地区的环境质量有所改善的环境保护目标”。

2002 年召开的第五次全国环境保护会议，要求把环境保护工作摆在与发展生产力同样重要的位置，按照经济规律发展环保事业，走市场化和产业化的路子。国家“九五”计划确定了污染治理工作的重点——集中力量解决危及人民生活、危害身体健康、严重影响景观、制约经济社会发展的环境问题，其中主要注重河流的治理，以及大气主要污染物的控制，同时对主要城市污染进行控制，即“33211”工程——三河（淮河、辽河、海河）、三湖（太湖、滇池、巢湖）、两区（酸雨控制区和二氧化硫控制区）、一海（渤海）和一市（北京市）。“33211”工程标志着我国进入规模化的重点污染治理阶段。

（4）提升阶段（2006—2012 年）

该阶段的主要特征：重新审视了环境保护与社会经济发展的关系，提出了明确的环境约束指标，确定了环境保护的新道路。在《中华人民共和国国民经济和社会发展第十一个五年规划纲要》中，将主要污染物排放（COD 和 SO_2）总量减少 10%作为约束性指标纳入规划考核。2006 年 4 月召开的第六次全国环境保护会议明确提出环保工作的“三个转变”：从重经济增长轻环境保护转变为保护环境与经济增长并重，从环境保护滞后于经济发展转变为环境保护和经济发展同步推进，从主要用行政办法保护环境转变为综合运用法律、经济、技术和必要的行政办法解决环境问题。

进入“十二五”时期后，国家环境保护的思路和重点进一步明晰。在《中华人民共和国国民经济和社会发展第十二个五年规划纲要》中，强调要求污染物排放总量显著减少，COD、SO_2 排放分别减少 8%，NH_3-N、NO_x 排放分别减少 10%。2011 年 10 月，《国务院关于加强环境保护重点工作的意见》（国发〔2011〕35 号）发布，要求全面提高环境保护监督管理水平，着力解决影响科学发展和损害群众健康的突出环境问题，改革创新环境保护体制机制。在 2011 年 12 月召开的第七次全国环境保护大会上，提出了要坚持“在发展中保护、在保护中发展”，把环境保护作为稳增长转方式的重要抓手，把解决损害群众健康的突出环境问题作为重中之重，把改革创新贯穿于环境保护的各领域、各环节；积极探索代价小、效益好、排放低、可持续的环境保护新道路；实现经济效益、社会效益、资源环境效益的多赢，促进经济长期平稳较快发展与社会和谐进步。

（5）转型跨越阶段（2013 年至今）

2013 年至今，在生态文明与美丽中国建设目标的指引下，统筹生态与环境两个方面，更加突出绿色低碳发展。党的十八大以来，党中央把生态文明建设摆在全局工作的突出位置，开展了一系列根本性、开创性、长远性工作，全方位、全地域、全过程加强生态环境保护，生态文明建设从认识到实践都发生了历史性、转折性、全局性的变化，在创造世所罕见的经济快速发展奇迹和社会长期稳定奇迹的同时，也创造了令世人瞩目的生态奇迹。深入实施大气、水、土壤污染防治三大行动计划，我国是世界上第一个大规模开展 $PM_{2.5}$ 治理的发展中大国，形成全世界最大的污水处理能力。2018 年 5 月，全国生态环境保护大会在北京召开，习近平总书记发表了《推动我国生态文明建设迈上新台阶》的重要讲话。我国生态文明建设已取得历史性成就，主要表现在 5 个方面：生态文明理念深入人心、绿色低碳发展加快推进、生态环境质量显著改善、生态文明制度体系更加健全、全球环境治理贡献日益凸显。

我国的环境保护事业尽管起步较晚，但发展较快，并取得了举世瞩目的成绩。从抓污染源的单项治理扩大到加强环境管理，预防为主，防治结合，综合防治；从抓“三废”治理扩大到自然保护领域，狠抓自然环境和自然资源的合理开发和利用；从以防治工业污染为主，扩大到保护农业生态环境和建设生态农业系统；从以城市、流域环境保护为主，发展到乡镇、农村、海洋环境的保护；从局限于环境污染防治，扩展到经济发展、社会进步等范围；从重经济增长轻环境保护转变为环境经济协调发展，建设生态文明与美丽中国。目前，环境保护的范畴已不仅局限于环境污染防治、生态系统恢复与建设等领域，而是扩展到经济发展、社会进步、生态文明、减污降碳等更广泛的范围。“十四五”时期，我国生态文明建设进入了以降碳为重点战略方向、推动减污降碳协同增效、促进经济社会发展全面绿色转型、实现生态环境质量改善由量变到质变的关键时期。

2022 年召开的党的二十大又进一步提出，中国式现代化是人与自然和谐共生的现代化，要坚持可持续发展，坚持节约优先、保护优先、自然恢复为主的方针，像保护眼睛一样保护自然和生态环境，坚定不移走生产发展、生活富裕、生态良好的文明发展道路，实现中华民族永续发展。习近平总书记在2023年7月召开的全国生态环境保护大会上强调，要以高品质生态环境支撑高质量发展，加快推进人与自然和谐共生的现代化。

1.4.2 环境保护的目的和内容

环境保护是通过运用现代环境科学的理论和方法，研究自然资源的合理开发和利用；深入认识和掌握造成环境污染和破坏的根源与危害，防止环境质量的恶化，保护人体健康；为人类生存提供一个舒适的环境，以促进经济与环境的可持续发展。在环境保护工作中，既要重视自然原因对环境的破坏，更要研究人为原因对环境的影响和破坏，因为后者往往更具广泛性和潜在性。

环境保护的内容很多，当前主要有以下几个方面。

1.4.2.1 大气污染防治

对大气环境威胁较大的污染物有细颗粒物（$PM_{2.5}$）、二氧化硫（SO_2）、一氧化碳（CO）、二氧化氮（NO_2）、氟化氢、碳化氢、硫化氢、挥发性有机物（VOCs）、臭氧（O_3）等一次和二次污染物。其主要来源是燃料的燃烧、工业生产过程中排出的粉尘以及汽车的尾气。这些有害气体对工农业生产和人们生活的危害极大。其防治方法包括合理调整工业布局、改变燃料的燃烧方式、绿化造林、采用高烟囱和高效除尘设备、采取集中供热、减少交通废气污染、采用清洁能源等。随着近年来雾霾/灰霾及区域性复合型大气污染问题的凸显，区域联防联控、$PM_{2.5}$与O_3协同控制、减污降碳协同等成为大气污染防治的重要途径。

1.4.2.2 水污染防治

水污染主要来自以下几方面：城市生活排水，工业生产废水，农业农药、化肥面源污染，城市面源和大气沉降，固体废物中的有害物质经水溶解后流入水体，工业排放的有害尘粒经雨水淋洗后进入水体等。被污染的水体在物理、化学和生物作用下有一定的自净能力，但目前排放量已经远远超过水体的自净能力；对于一些有毒有害物质（如多氯联苯、有机氯农药、重金属和放射性污染物），必须采用人工净化处理。以流域为基本单位对水污染进行控制和管理，推行管理减排、工程减排和结构减排。

1.4.2.3 土壤及重金属污染防治

土壤污染很大一部分是由水污染造成的，如果用含有过量重金属的水灌溉农田，土壤就会被污染，植物中就会含有重金属元素。施用化肥和农药也会造成土壤污染，特别是有机氯农药用量过多时，土壤污染将更为严重。由于有机氯脂溶性强，水溶性弱，在土壤中不易被分解，容易在动物和人体脂肪内富集。另外，工业废气也能引起土壤污染。要防治土壤污染，关键问题还是要防治大气和水的污染。

1.4.2.4 自然保护和自然保护区

自然保护就是对自然环境和自然资源的保护。其主要目的是合理开发利用自然资源，以保证自然资源的永续利用。环境污染常常引起自然资源的破坏，形成所谓的“复合”作用，造成更大的危害。建立自然保护区是保护自然环境和自然资源的重要手段之一，特别是保护珍稀濒危野生动植物资源的重要手段。

1.4.2.5 新污染物防治

目前，国内外广泛关注的新污染物主要包括国际公约管控的持久性有机污染物（persistent organic pollutants，POPs）、内分泌干扰物、抗生素等。其中，POPs 是指持久存在于环境中，具有很长的半衰期，且能通过食物网积聚，并对人类健康及环境造成不利影响的有机化学物质，具有长期残留性、生物蓄积性、半挥发性和高毒性。对持久性有机污染物的防治，首先需要开展系统调查，掌握污染现状；其次需要制订规划，明确规划指标、环境质量及人体健康指标，提出综合治理等重点工程；关键是需要对重点行业落后产能进行淘汰和医疗废物集中处置，减少污染排放，如焚烧行业、造纸行业、水泥行业、炼钢生产等；最后要加大专项宣传教育力度。为了推动 POPs 的淘汰和削减、保护人类健康和环境免受 POPs 的危害，在联合国环境规划署推动下，2001 年 5 月 23 日，92 个国家和区域经济一体化组织签署了《关于持久性有机污染物的斯德哥尔摩公约》。中国作为首批签约国签署公约，并根据公约要求组织实施了一系列削减 POPs 的示范项目，颁布和实施了管理政策、标准和技术导则，构建了 POPs 政策法规和标准体系，制订了国家实施方案及规划。2022 年 5 月，国务院办公厅印发《新污染物治理行动方案》（国办发〔2022〕15 号），提出要以有效防范新污染物环境与健康风险为核心，遵循全生命周期环境风险管理理念，统筹推进新污染物环境风险管理，实施调查评估、分类治理、全过程环境风险管控，加强制度和科技支撑保障，健全新污染物治理体系，促进以更高标准打好蓝天、碧水、净土保卫战，提升美丽中国、健康中国建设水平。

环境保护的内容还有很多，如固体废物污染治理与资源化，噪声污染与防治，海洋污染与防治，食品安全与污染防治，矿产资源、森林资源的开发与保护，生态修复与管理，农村环境保护等。

1.4.3 保护环境是中国的一项基本国策

在 1983 年全国第二次环境保护会议上，保护环境被确立为我国的一项基本国策，这是由我国国情决定的。40 年来，随着我国人口的不断增加和经济的高速发展，对自然资源和能源的消耗也在持续增长，使得环境污染和生态破坏日益严重，这无疑为我们的生存环境带来了巨大的压力。当前，我国生态环境质量持续好转，出现了稳中向好的态势，生态环境保护发生历史性、转折性、全局性变化。生态文明建设正处于压力叠加、负重前行的关键期，已进入提供更多优质生态产品以满足人民日益增长的优美生态环境需要的攻坚期，也到了有条件有能力解决生态环境突出问题的窗口期。

因此，要坚持人与自然和谐共生、“绿水青山就是金山银山”、良好生态环境是最普惠的民生福祉、山水林田湖草沙是生命共同体、用最严格制度最严密法治保护生态环境、共谋全球生态文明建设等基本原则，加快构建生态文明体系，全面推动绿色发展，把解决突出生态环境问题作为民生优先领域，加快推进生态文明体制改革落地见效，提高环境治理水平。要坚持尊重自然、顺应自然、保护自然，坚持以节约优先、保护优先、自然恢复为主，实施可持续发展战略，完善生态文明领域统筹协调机制，构建生态文明体系，推动经济社会发展全面绿色转型。到2035年，生态环境根本好转，美丽中国建设目标基本实现。

复习思考题

1．如何理解环境的基本含义？
2．解释环境要素及其特点。
3．何谓环境结构？环境结构有哪些主要特点？
4．试说明环境问题的产生和发展过程。
5．环境科学研究的对象和内容有哪些？
6．简述环境保护的发展历程。
7．在解决全球环境问题时，主要国家的分歧根源是什么？
8．如何理解环境保护是我国的一项基本国策？
9．生态文明与环境保护的关系是什么？

参考文献与推荐阅读文献

[1] Joshi P.C. A Text Book of Environmental Science. APH Publishing，2009.
[2] Wright Richard T.，Boorse Dorothy. Environmental science：Toward a sustainable future（12th Edition）. Benjamin Cummings，2013.
[3] 钱易，唐孝炎．环境保护与可持续发展（第二版）．北京：高等教育出版社，2010.
[4] 联合国环境规划署．全球环境展望年鉴2007．国家环境保护总局国际司，译．北京：中国环境科学出版社，2007.
[5] 秦大河，罗勇，陈振林，等．气候变化科学的最新进展：IPCC第四次评估综合报告解析．气候变化研究进展，2007，3（6）：311-314.
[6] M. Λ. 彼德罗夫．世界荒漠（国际环境译丛）．胡孟春，李耀明，译．北京：中国环境科学出版社，2010.
[7] 蕾切尔·卡逊．寂静的春天．吴国盛评点．北京：科学出版社，2007.
[8] 芭芭拉·沃德，勒内·杜博斯．只有一个地球：对一个小小行星的关怀和维护．《国外公害丛书》编委会，译校．长春：吉林人民出版社，1997.
[9] 联合国环境规划署．全球环境展望5——我们未来想要的环境．2012．http://www.unep.org/geo/geo5.asp.
[10] 曲格平．曲之求索：中国环境保护方略．北京：中国环境科学出版社，2010.
[11] 王金南，秦昌波，万军，等. 国家生态环境保护规划发展历程及展望. 中国环境管理，2021，5：21-28.
[12] UNFCCC. Communication of long-term strategies. https://unfccc.int/process/the-paris-agreement/long-term-strategies.

上篇　人类环境的基础知识

第 2 章　地球与地理环境的发展

地球是人类生存的摇篮，要分析环境及环境问题，就必须充分认识地球与环境之间的关系。已有研究发现，地球的球形形状及地球的运动状态对人类和地球上的生命具有重要的意义，从而影响着环境以及人类活动。地球的演化与生物和环境的演化是密不可分的，尤其是人类出现后的环境演化，更进一步为我们提供了认识和理解环境科学的方向。

2.1　地球的形状、运动及其意义

地球——人类的摇篮和家乡，在整个宇宙中是一个微不足道的星体。即使在太阳系中，它也是一个体积不大的平凡成员。但是，宇宙中这个小小的地球，却又显得十分特殊，它不仅具有生命而且还有高级生物——人类。关于这一点，至少在目前人类所探测到的宇宙范围中，还没有发现第二个相同的星体。即或宇宙中还有这类星体，其数目也许不会太多。可以这样说，地球是一个既普通又十分特殊的星体，它所能提供给生命界和人类的产生与繁衍的条件是其他星体所不具备的。因此，如何保护好这个星球，使人类和生命界长远地繁衍下去，则是全体“地球人”的共同任务。

地球并不是孤立存在的，它在宇宙中与其他星体和空间不停地进行着物质、能量的交换。因此，地球是一个开放系统。例如，地球表面的能量主要来自太阳辐射，而太阳辐射到地球表面的光和热是形成地球上生命界的主动力。地球距离太阳的远近，直接关系着它获得能量的多少。如将目前地球获得的真实能量与地表的环境状况相比较，则可以看到，无论所得能量是过多或过少，都将使地表环境的景象与现在完全不同，甚至也不可能会出现如此繁盛的生命界。也就是说，若地表获得能量过多，地表比现在热得多，则由于热扰动太强，原子根本不能结合在一起，就不会形成分子，更不用说复杂的物质了；相反，如果地表太冷，分子将牢牢地聚集在一起，只能以固态和晶体存在，也不会产生除此之外的液态、气态的变化。可是，地球在太阳系中正处于得天独厚的位置，使它在这里所能得到的太阳能量“不大不小”，既能使一些分子不断分解，又能使很大一部分化合物得以保存下来，使分子不断分解又不断化合，从而为地球上出现“生命”这种独特形式的物质提供了基本保证。

从研究人类自然环境的角度来看，地球的两个重要事实与环境的控制因素有关：第一是地球的球形形状；第二是地球永远处于运动状态。这些都对生命界有重要的意义。

2.1.1 地球的形状及构造

关于地球的形状，现在已经有了比较精确的结论，从人造地球卫星拍摄的照片上，完全证明了它是球形的。经精确测算，得知地球不是正球形，而是扁球形，赤道圈突出，极地凹下。据第 15 届国际大地测量和地球物理协会的数据，地球的长（赤道）半径是 6 378 160 m，短（极）半径是 6 356 755 m，扁率为 1/298.257。固体地球表面地形高低起伏，面积约 5.1×10^8 km^2。珠穆朗玛峰高出海平面 8 844.43 m，全球陆地平均高度为 840 m，面积占全球面积的 29.2%，全球海洋平均深度为 3 908 m，占全球面积的 70.8%。

从地球上的生物来看，近球形的地球对重力的影响非常重要。重力是由于地球的吸引而使物体受到的力，其大小取决于任何物体质点与地球质量中心的距离。地球质量中心的位置接近于地球的几何中心。根据几何学原理，在圆球表面上所有的点，都与一个共同圆心——球心的距离相等。由此可知，在整个地球的海平面上，所有各点的重力几乎都是一个恒定值，这是对地球上所有生物都十分重要的一个事实。生物是在地球上一致的重力值的影响下，在漫长的地球演化时期中进化的。在大致 10 亿多年的重要进化时期内，地球的重力几乎没有什么变化，因此重力是地球环境中最基本的共同因素。

重力作为一种环境因素以多种方式起作用。它把不同密度的物质分开，使其呈同心的层状排列。地球内部的密度随深度的增加而增大，密度最小者在顶部，密度最大者在底部。由空气、液态水和岩石构成的大气圈、水圈和岩石圈，就是按密度顺序排列的。结果，生命层——生物圈就形成在大气和海洋以及大气和固体陆地表面之间的交界面上。

由于地球的重力作用，不仅在地球的表层形成了同心圈层的特征，在地球表层以下到地心之间，也因重力作用形成了不同密度的同心层次，如地壳、地幔和地核（图 2-1、表 2-1）。地壳是地球的固体外壳，其表层即通常所说的岩石圈。地壳是地球最薄的固体层，厚度 8～40 km，其中大陆部分较厚，海洋底部部分较薄。地壳主要由岩浆岩构成，根据地震波的研究，地壳包括两个层次：上层是花岗岩层，构成了大陆的主体；下层是连续的玄武岩层。但在大洋盆地之下，花岗岩层缺乏，地壳在这里只有下层。地壳下部和地幔分界的面叫莫霍面，这是由地震波的速度在这里突然改变而确定的。目前人类活动如开矿与钻探，仅限于此层的上部。但是，从人类环境的观点来看，地壳是固体地球真正有意义的“层”。地壳构成了大陆和洋盆，并成为对生命很重要的土壤、其他有机沉积物、海水的盐分、大气圈中的气体以及海洋、陆地和大气中所有自由水的发源地。地壳中按质量分数最丰富的 8 种元素，其中氧是主要的元素，几乎占总质量的一半，它常以与第二位最丰富的元素——硅相结合的形式出现，而成为构成岩石的重要物质。铝和铁分别居第三位和第四位，这两种地壳中比较丰富的元素，在人类的工业发展中占有首要地位。接下去的 4 种金属元素是钙、钠、钾和镁，它们是土壤中的营养盐基，对土壤肥力起着重要作用。总之，人类现在所利用的矿物资源都来自地壳层（图 2-2）。

地壳的下面是地幔，它的厚度约 2 900 km，由固态的矿物质所组成。根据地震波判断，地幔物质的主要成分可能是同橄榄岩相似的超基性岩。

地幔以下的地球中心部是地核，它的半径大约 3 500 km。地核分为 3 层：外地核（E 层），可能是液体；过渡层（F 层），在外地核和内地核之间；内地核（G 层），可能是固体。地核虽只占地球体积的 16.2%，但由于其密度相当高（地核中心物质密度达 13 g/cm^3，压力可能超过 370×10^{4}N）。据计算，它的质量超过地球总质量的 31%。地核主要由铁和镍等金属元素构成（表 2-1）。

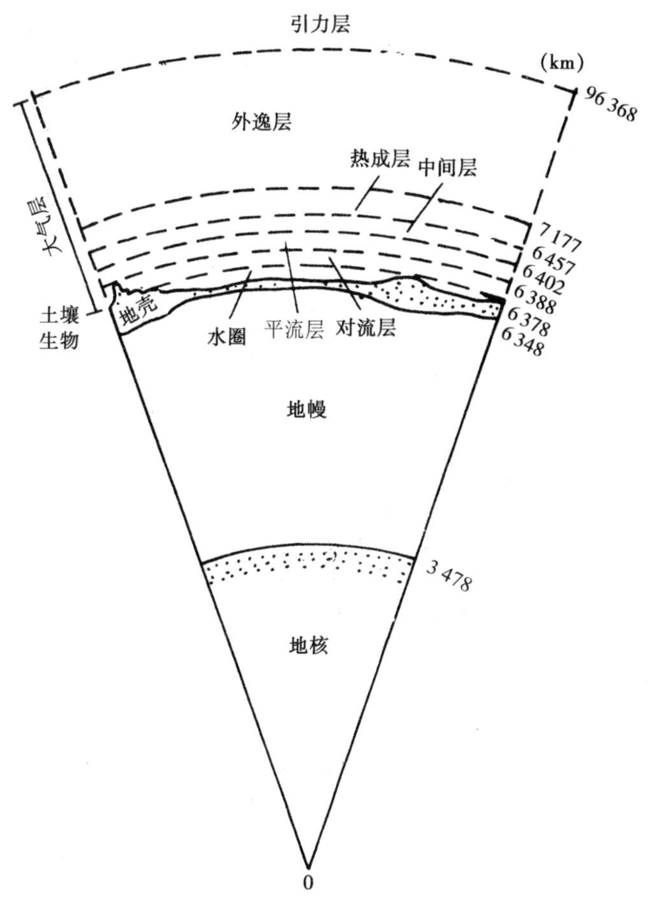

图 2-1　地球的同心圆圈层构造

表 2-1　地球的组成、质量和容积

范围	组成	质量/×10^{21} t	质量分数/%	厚度/km	容积/×10^{22} km^3
大气圈	氮、氧、水汽、二氧化碳、惰性气体等	5	0.000 09	15	—
生物圈	生命区域，包括植物、动物和微生物等	0.001 6	0.000 000 03	2	—
水圈	盐水和淡水：雪、冰、冰川、海洋、湖泊、河流、池塘、地下水等	1 410	0.024	3.8	137
地壳	沉积岩、变质岩等	43 000	0.7	平均 30	1 500
地幔	硅质材料，铁和锰的硅化物（均质的）	4 056 000	67.8	2 870	89 200
地核	铁镍合金	1 876 000	31.5	3 471	17 500
全球		5 976 000	100	6 371	108 300

引自牛文元. 自然地理新论. 科学出版社，1981。

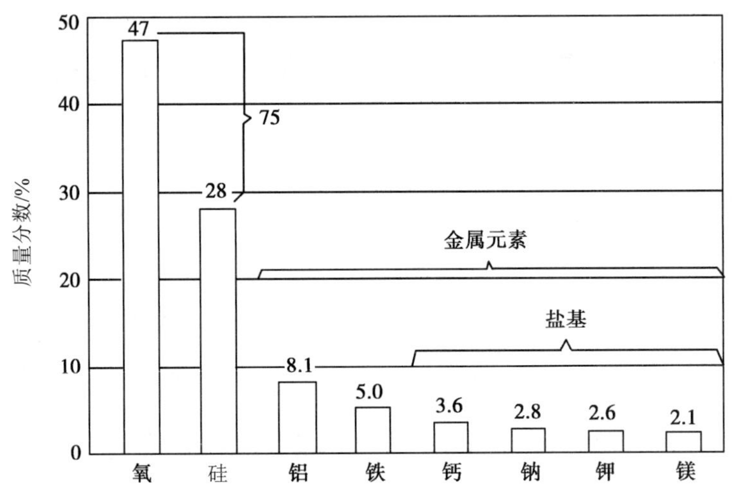

引自 A. N. 斯特拉勒等. 自然地理学原理. 人民教育出版社，1982。

图 2-2 地壳平均组成中 8 种最丰富的元素质量分数

2.1.2 地球的自转

地球像一个转动的陀螺那样绕轴旋转，这种现象称地球自转。其自转方向在北半球呈逆时针方向（南半球反之），即向东自转，故称太阳从东方升起。太阳处于最大地平高度称上中天；处于最小地平高度称下中天。地球相较于太阳自转一周定义为一太阳日，即两次太阳中天的时间间隔，此段时间定为一日，即一昼夜，并等分为 24 小时。地球自转在两个不同的方面影响人类环境：一是文化方面；二是自然方面。

2.1.2.1 地理坐标

地球绕轴自转，我们可以在地球上建立一个表明一个点的位置和一条线的方向的系统，即地理坐标系统。它是地球自转在文化方面的伟大影响。首先，地球自转轴决定了北极和南极，它们是地轴（地球自转轴）与地球表面相交的点，是地球自转中位置不动的点。其次，地球除极点外其他任何一点都随地球自转而运动，其轨迹是一条曲线，随着地球自转一周，此曲线就变成一个整圆，称为纬圈。在两极之间的正中处最大的纬圈叫赤道。它是地球上点的位置的重要基准线，赤道以北叫北半球，赤道以南叫南半球。地球上各纬圈都相互平行、大小不等，可由它们来确定地球上的东西方向。当你面北而立，你的右手方向是东，左手方向是西。如果想象地球被一个通过两极的平面切成两半，就会产生与赤道面呈直角的圆圈。连接两极点的半圆称为经圈（图 2-3），它也可有任意多个，我们可由经圈确定南北方向。沿经圈向北极的方向为北；向南极的方向为南。

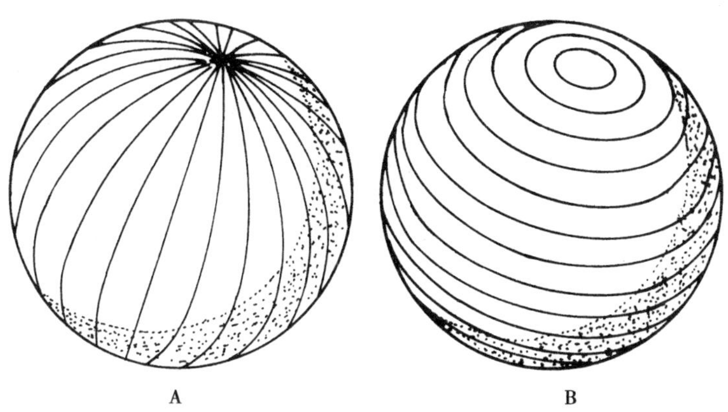

引自 A. N. 斯特拉勒等．自然地理学原理．人民教育出版社，1982。

图 2-3　经圈（A）和纬圈（B）

纬圈和经圈的数目可以是无限的。因此地球上每一点就是一个纬圈和一个经圈的特殊组合，经圈和纬圈的交点确定了该点的位置。这样，整个纬圈和经圈系统构成圆圈交叉的网格，即地理坐标系统。

为了有效记述和交流地理环境的各种情况，必须给地理坐标以数字系统，即用纬度和经度来描述地理位置。纬度指示某点处于赤道以北或以南多远。从赤道到北极（或南极）的距离是地球圆圈的 1/4（90°）。所以，纬度的计算是沿着子线从赤道（0°）到极点（90°）。由赤道向北极用度数表示的距离叫北纬；向南极的叫南纬。

经度是某一点在一条选定的、称为本初子午线的基准经线东边或西边的位置的度量。世界公认的本初子午线是通过英国格林尼治天文台旧址的一根经线，又称格林尼治经线。此经线的经度值为 0°，其以东的经度叫东经，0°～180°；其以西的经度叫西经，0°～180°。当给出一地的经度和纬度时，该地的位置就在地理坐标上被确定出来了。

2.1.2.2　地球自转的自然效应

从生命层的环境过程来看，地球自转所造成的自然效应是很广泛和意义深远的。由于地球自转，产生了地球的昼夜变化，地球面向太阳的一面为白日；背向太阳的一面为黑夜。24 小时交替一次（极地除外）。这样就使地球上获得的太阳能量也产生日周期变化。白天有太阳辐射能输入，而夜间没有输入，并将散失日间所获的太阳能量，致使地球的大气温度也产生相适应的日周期变化，日间高，夜间低。由于热量的日周期变化又影响到许多生命现状的日周期变化，如植物和动物对此都有反应。植物的相应反应是白天储藏能量，晚上释放能量。这种韵律性对其生长和繁衍是非常有利的。设想如果没有这种昼夜变化，也许就演化不了目前这样众多的高等生物，包括人类。动物的相应反应是调整它们的活动，如有的喜欢在白天采集食物，而另一些则喜欢在夜晚采集食物。但是无论白天或黑夜觅食，它们都是“工作”和“休息”交替进行，这也可能是促进它们生长和繁衍的原因之一。

地球自转所造成的第二个自然效应，是使地球上运动的物体（如气流和水流）的路径发生固定的偏转。在北半球向右偏转，在南半球向左偏转。这种现象称为科里奥利（Coriolis）作用，或地转偏向力作用（图 2-4）。地转偏向力在赤道处为 0，在两极处最大。

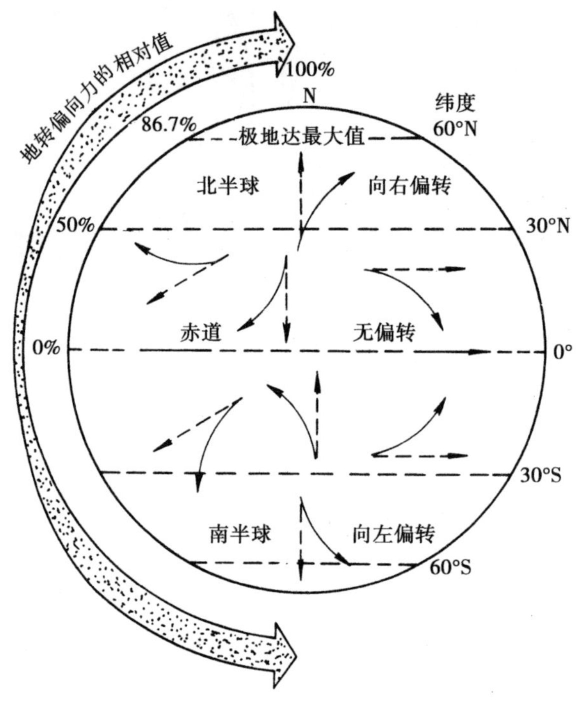

引自中山大学等．自然地理学．人民教育出版社，1982。

图 2-4　地转偏向力示意

地转偏向力对大气的运动作用很大，研究大气环境必然涉及它。另外，它也控制着一些洋流的路线。例如，在大西洋中，从低纬度流向高纬度的墨西哥湾流，受地转偏向力的作用，延伸到欧洲西北部，给沿海带来巨大热量，使那里冬季明显暖于同纬度其他地区。因此，地转偏向力在地理环境中的物质与能量传输上起着重要作用。令人惊异的是，许多种鸟类、蜜蜂和其他动物可以感知地转偏向力，并利用它去寻找远距离的目标，所以它对生命界也有直接影响作用。

地球自转的第三个自然效应是对潮汐现象形成有规律的周期性。在浅海地区或近岸地区，海水这种有规律的周期升降交替，对许多海洋植物和动物来说，是一种维持其适宜生活环境所必不可少的作用力。

2.1.3　地球的公转

地球在绕轴自转的同时，还在绕日轨道上运动，这种运动称为公转。地球大约 365.25 日绕太阳公转一周，这段时间称为回归年。地球公转对生命界最重要的一点在于它在一年之内形成了季节变化。

2.1.3.1　地轴的倾斜

天文学家将地球轨道所在的平面称为黄道面。如果假设地轴与黄道面相垂直，这时地球赤道就会恰好位于黄道面内。为地球上的生命过程提供全部能量的太阳光线便永远直射在赤道的某一点上。也就是说，正午时的太阳光线恰好垂直投射到地球赤道处的地面；而北极和南极，太阳光线总是沿地面擦过。并且，全年每一天都是这个样子，太阳光的投射角度不随日期而变化，地球上也不会有什么季节（图 2-5）。

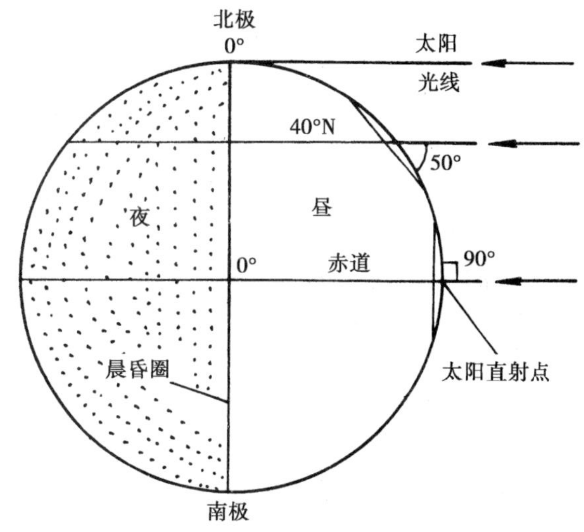

引自 A. N. 斯特拉勒等．自然地理学原理．人民教育出版社，1982。

图 2-5　地轴没倾角（春分、秋分时）的日射情况

实际上地轴并不垂直于黄道面，它与黄道面的垂线呈 23.5°的夹角；与黄道面间的夹角为 66.5°（90°–23.5°= 66.5°）。这个夹角就使地球在围绕太阳公转时，在一年中的不同日子，有不同的太阳光线投射角。6 月 21 日或 22 日，地球在公转轨道上的位置使地轴的北极端以最大角度 23.5°倾向太阳，北半球朝着太阳。这一天称为夏至。6 个月以后，即 12 月 21 日、22 日或 23 日，地球在公转轨道上的相应位置是处在夏至的相对点上，地轴的南极端以最大角度 23.5°倾向太阳，南半球朝向太阳，此时称为冬至（图 2-6）。从图 2-6 中还可明显地看出，在夏至时北半球各地的太阳投射角最大，太阳直射点在北纬 23.5°的北回归线上，日照时间最长，北极圈内 24 小时白昼，而南半球则相反。在冬至时北半球各地的太阳投射角最小，日照时间最短，北极圈内 24 小时黑夜，而南半球则相反。由此可知，由于地轴的倾斜使南、北半球的季节相反。

由冬至到夏至之间的中点是春分；由夏至到冬至之间的中点是秋分。这时，地轴与一条连接地日的直线呈 90°，无论是北极还是南极都不朝太阳倾斜（图 2-5）。春分出现在 3 月 20 日或 21 日；秋分出现在 9 月 22 日、23 日或 24 日。这时，全球各地昼夜等长，正午太阳投射角为当地纬度的余角，赤道处最大，为 90°，极地最小，为 0°。

从分点（春分）到至点（夏至），再到分点（秋分），又回到至点（冬至）的变化过程

产生了天文季节：春、夏、秋和冬。来自太阳的能量在一年的周期内是不同的，因而形成了气候季节。

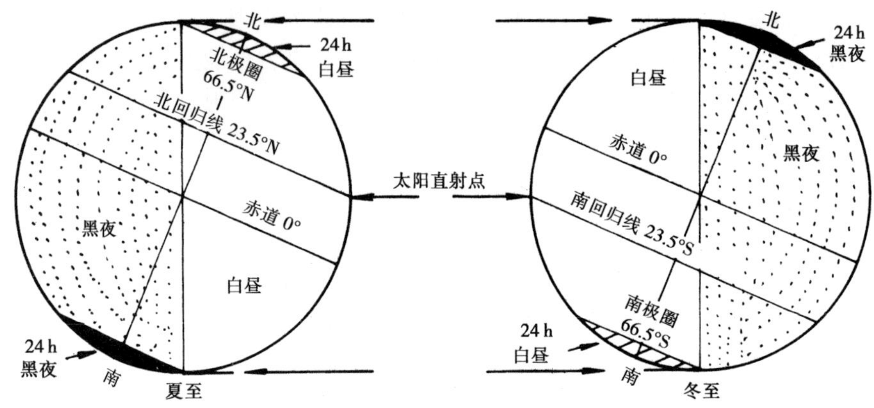

引自 A. N. 斯特拉勒等. 自然地理学原理. 人民教育出版社，1982。

图 2-6 冬至和夏至时的日射情况

2.1.3.2 地球上的日射

在地球任何一个特定地方，一天中所接收的日射将取决于两个因素：①太阳光线射到地球所呈的角度；②日光持续照射的时间。而这些因素随着地球在公转轨道上的位置、地球上的纬度和季节的变化而不同。图 2-7 表明，在太阳光线垂直入射的地方日射强度最大，在南北回归线之间（南纬 23.5°～北纬 23.5°，赤道两侧）某一纬度上在中午就是这种情况。随着日射角的减小，同样数量的太阳能散布在面积较大的地面上，则单位面积上所得的能量减少。因此，平均来说，在高纬地区一年中所接受的日射就少。

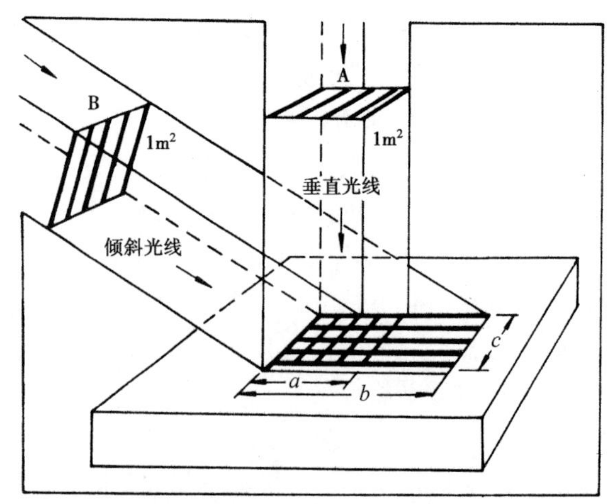

引自 A. N. 斯特拉勒等. 自然地理学原理. 人民教育出版社，1982。

图 2-7 太阳光线的角度决定地面上日射的强度

（垂直光线 A 的能量集中在正方形面积 $a \times c$ 上；而倾斜光线 B 的同样能量散布在矩形面积 $b \times c$ 上）

代表太阳正午光线的太阳直射点，从一个至日移动到另一个至日所经过的纬度范围是 47°。这种变化并不使整个地球的日射年总量不同于想象的地轴没有倾斜的情况，但却引起不同纬度接收的日射量大大不同。在图 2-8 中，实线表示从赤道到极地每年的总日射量；虚线表示假设地轴没有倾斜时从赤道到极地每年的总日射量。从两条曲线的比较可以明显地看出，由于地轴的倾斜，极地接收的实际日射量增多，大约超过了赤道处接收值的 40%。在高纬地区增加日射有很重要的环境意义，使这里在夏季得到较充足的热量，从而使地球的动植物界可以扩大它们的生长范围，即扩大生物圈范围，为人类提供更多的资源，如当今世界的主要针叶林带就在这里，同时也是世界主要谷物产区之一。

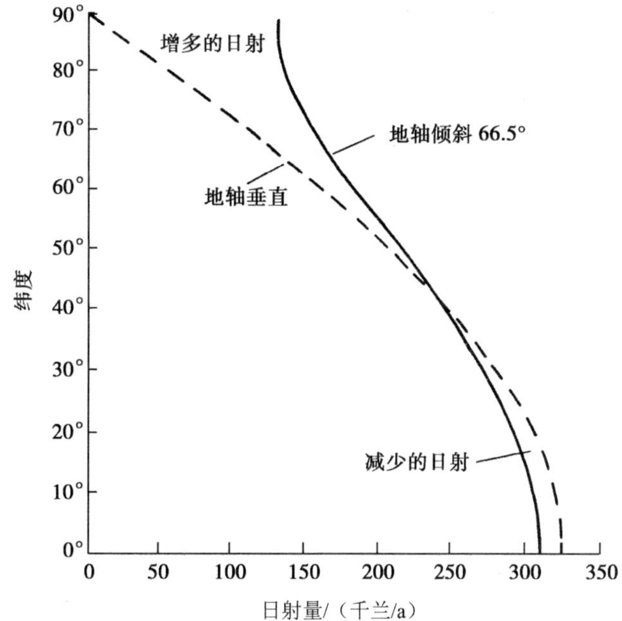

引自 A. N. 斯特拉勒等．自然地理学原理．人民教育出版社，1982。

注：1 千兰= 4.186 8×10^4 kJ/m^2。

图 2-8　从赤道到极地的年日射量

极地和高纬地区接收的日射量较多，也是由地轴倾斜所形成的。由于地轴倾斜于黄道面，致使在夏半年（北半球春分到秋分；南半球秋分到春分），白昼的时间长于黑夜，受日射时间长，而得到的日射量多。例如，在北纬 40°的夏至日，太阳在地平线上约 15 h，随着纬度增高，夏至日日照时间更长，到极地有 6 个月是白昼。

2.1.3.3　地球上的纬度带

太阳光线入射的角度决定了到达地球表面一定单位面积的太阳能量流，从而控制着生命层的热力环境。这一概念提供了将全球划分成纬度带的基础（图 2-9）。

1）赤道带，包括赤道两侧北纬 10°到南纬 10°的地带。由于在该带日射角全年都大，太阳可全年提供强烈的日射。其次是白昼和黑夜的时间大约相等。

2）热带，包括北纬 10°～25°（北热带）和南纬 10°～25°（南热带）。在这两个带上，太阳路径在一个至日（北半球夏至日，南半球冬至日）接近天顶，而在另一个至日（北半球冬至日，南半球夏至日）则明显偏低。因此存在明显的季节循环，但总体来说，这里的年总日射量仍很大。

3）亚热带，包括北纬 25°～35°（北亚热带）和南纬 25°～35°（南亚热带），是两个从热带向极地方向的过渡地带。

4）中纬带，即北纬 35°～55°（北中纬带）和南纬 35°～55°（南中纬带），在此带中太阳入射角变动的幅度较大，因而日射的季节差异显著。与热带相比，昼夜的长短有明显的季节差异。

5）北纬 55°～60°为亚北极带；南纬 55°～60°为亚南极带；北纬 60°～75°为北极带；南纬 60°～75°为南极带。这几个极带的昼夜长短有极大的年变化，从一个至点到另一个至点产生巨大的日射差异。

6）北极和南极是指纬度 75°到极点（90°）之间的圆形地区。在这里有 6 个月是白昼，另外 6 个月是黑夜，日射季节差异最大。

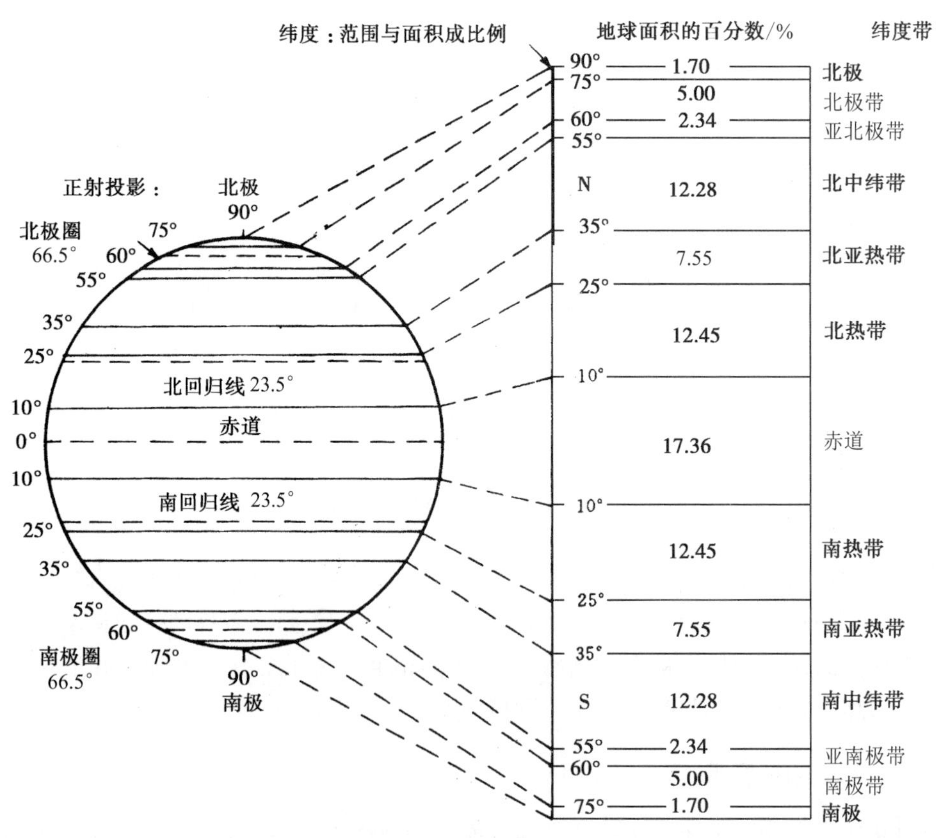

引自 A. N. 斯特拉勒．环境科学导论．科学出版社，1983。

图 2-9　纬度带系统

地球的球形形状形成球面地表；地球自转产生昼夜；地球的公转及地轴的倾斜等共同作用形成了上述的地球纬度带，它决定着地理环境的区域分异，如决定着气候带、生物带和土壤带等，是形成今日地表环境的基本条件。从前述的各纬度带来看，赤道带和热带共占全球表面积的 42.26%；亚热带和中纬带共占全球表面积的 39.66%，两者合占 81.92%，即全球有 80%以上的区域所受日射是充足的，这也是地球的优越条件之一，是形成生命界的重要条件。

2.2 地球环境的形成与演化

地球自内向外呈圈带状构造，而与人类关系最为密切的是地球表层的几个圈带。这些圈带包括岩石圈、水圈、大气圈及其在与它们相互作用、相互转化的交替带上产生的土壤圈和生物圈。它们共同组成了人类的自然环境，为人类的诞生和发展创造了条件。随着人类的活动和社会的发展，又形成了社会经济圈，它给自然环境打上了人类社会活动的烙印，把自然环境改造成既包括自然因素，也包括社会因素的人类（生存）环境。人类活动主要位于下起岩石圈的表层，上到大气圈上部的对流层，包括了全部的土壤圈、水圈、生物圈，这个范围就是通常所说的人类环境，在地学中又通称地理圈或地理环境。因为只有在地表这几个圈带上，才同时存在人类正常生活所必需的空气、水、食物等基本的物质条件，以及经济、政治、文化生活等所必需的社会条件，这里才是人类正常生活的家园。

地球环境和人类环境发展的历史可分为地球形成的初期、生物的出现和发展、人类的出现和发展 3 个阶段。在各个发展阶段中，环境各个圈带的化学组成和含量是不同的，但又有继承和嬗变的关系。同时，生命的产生和生物的发展对环境的演化又起着重大的作用。

2.2.1 地球形成初期的演化

根据“星云假说”的解释，大约在距今 60 亿年以前，地球作为一个行星，它的星体轮廓尚未形成。它还只是一团没有凝聚在一起的云状气尘物质，主要是气体物质，并混杂着大量的宇宙尘埃。在距今 45 亿～20 亿年前，地球星体和原始的地理环境逐渐形成与发展。当星云物质逐渐凝聚成地球行星体时，当时地球还不太大，因此星云物质中的气体物质便不断地向宇宙空间散逸，而凝聚起来的主要是宇宙尘埃物质。地球胎形成时，温度较低，所以地球的组成物质主要呈固体状态，并无分层结构。地球外部大概是由玄武岩类型的岩石所组成的石质硬壳，这就是最古老、最原始、层次不明显的岩石圈。后来，随着放射性元素转化所产生的热能不断地积累，地球内部的温度逐渐升高，使内部的物质变为可塑性物质，从而为其重力分异创造了有利条件。这时在重力作用下，地球外部较重的物质（如铁、镍等）逐渐下沉而向地球内部集中，地球内部较轻的物质，如硅酸盐类物质逐渐上升而集中于地表。结果，一些重元素（如液态铁）下沉到地球中心，形成密度较大的地核。物质的对流作用伴随着大规模的化学分异，地球就逐渐形成现在的地壳、地幔和地核这些层次。

随着地球物质的重新化合和分化，地球内部的各种气体上升到地表。由于当时地球已具有巨大的质量，以其自身强大的引力能把释放出来的气体物质吸留在自己的周围，形成了原始的大气圈。原始大气圈的化学成分主要是二氧化碳、一氧化碳、甲烷和氨，没有氧，当然也没有臭氧层，这种大气称还原大气。

最初地球上的水，绝大部分是以岩石中的结晶水形式存在于地球内部。随着地球内部温度的升高和大量的水蒸气向地球外部原始大气层中输送，这些水汽遇冷便凝结而形成大气降水。于是在起伏不平的地球表面逐渐出现了河流、湖泊和海洋等水体，形成了原始的水圈，其中原始海洋是以氯化物为主的酸性还原环境，且海水量有限，有人估计仅为现在海水量的 1/10，而现代海洋的海水是长期积累的结果。

地球形成后 10 亿～15 亿年，岩石圈、大气圈、水圈已经演化成型，但这时还是一个强还原环境。在地热能、太阳能的作用下，简单的无机物和甲烷等化合成氨基酸、核苷酸等有机物，并逐步演化为蛋白质等有机物，为生命的产生准备了充分必要的条件。

2.2.2 生物出现后的环境演化

大约 35 亿年前，原始海洋中的氨基酸和蛋白质形成了最简单的、无氧呼吸的原始生物（细菌）。它们是厌氧的异养生物，靠吸收水环境中的有机物进行无氧呼吸（发酵）而获得能量。随着海水中有机物质的消耗，大约 30 亿年前，这种厌氧异养原始细菌逐步演化出有叶绿素的自养型原核生物蓝藻、燧石藻等，它们能进行光合作用，吸收简单的矿物质营养和 CO_2，释放出 O_2。这对地表自然环境的发展将产生重大影响。

15 亿～10 亿年前，随着藻菌生态系统的进化，原始海洋中出现了单细胞真核植物。约在 6 亿年前，海洋中出现了动物。在 4 亿年前，出现了陆生蕨类。从此，形成了水陆的动物、植物、藻菌类的生态系统，开始形成了生物圈。2.25 亿～0.7 亿年前是地史上的中生代，由于这时期地表自然环境复杂多变，生物也相应发生新的变化。最突出的是裸子植物代替了蕨类植物，爬行动物代替了两栖动物。随后进入新生代（7 000 万～300 年前），现代地表形态（海陆分布与山川形势）已基本形成，气候带的分异已很明显，被子植物空前繁茂，特别是禾本科和豆科植物的发展及无林草原的出现，不仅创造了肥沃的土壤，形成了土壤圈，也为动物提供了丰富的饲料基地，使得哺乳类动物大发展，为人类的诞生创造了条件。

生物的发生和发展形成了生物圈。生物的作用对环境的演化产生了巨大作用和影响，这种影响可以简单归纳为以下几个方面：

1）绿色植物通过光合作用吸收 CO_2，释放 O_2；植物吸收 NH_4^+，合成蛋白质；微生物分解生物残体，释放 N_2。这一切使原来以 CO_2、CO、CH_4 和 NH_4^+为主要组分的还原大气演化成为以 N、O 为主的氧化大气（第二代大气）。据推断，地球大气由还原大气演化成氧化大气发生在 22 亿～18 亿年以前。由于大气中游离氧逐渐增加，约在 4 亿年前形成臭氧层。臭氧层对太阳的强烈紫外辐射起着屏蔽和过滤作用，可保护陆地上的生命，致使水生生态逐渐演化为陆生生态，使陆地上的植物繁盛起来，陆上动物也发展起来。

2）岩石经风化作用和生物作用形成了土壤，土壤的形成又促进了生物的大发展，并影响着环境化学物质的循环和演化。

3）生物的作用影响水圈的化学演化，使原来以氯化物为主的酸性还原水环境，逐渐演化为以氯化物、碳酸盐为主要成分的中性氧化环境；氨被氧化为硝酸盐；活性较大的低价铁、锰离子被氧化为高价离子，并形成铁锰水合物或碳酸盐而富集起来。

4）水陆的动物、植物和微生物的三级生态系统，对地球上的物质循环产生重大的影响。例如，生物的发生和发展产生了物质和能量迁移转化的生物过程，从而把易溶性营养物质由地质大循环引入以有机质的形成与分解为内容的生物小循环，减缓了流失，把有限的物质纳入无限循环利用的轨道，不仅产生了生物圈和土壤圈，维持着生生不息的生物界，还推动着地表环境继续向前发展，直到人类的出现。

2.2.3　人类出现后的环境演化

人类作为一个物种从其他动物中分化出来，已有千万年以上的历史。根据对全世界猴与猿（包括人）DNA 的研究，约在 1 200 万年前，人同大猩猩、黑猩猩分道扬镳，各奔前程。这与根据化石材料研究的结果基本一致，如最早的人类化石腊玛古猿，它们生活在距今 1 400 万～700 万年前。从形态特征来看，它们已从猿系统分化出来，推测已具有“初步直立行走的能力，可能已会使用天然工具”。南方古猿，它们生活在 500 万～100 万年前，其中一些进步类型进化为能制造工具的早期猿人，即真人（人属），这大约出现在 300 万年以前。根据早期人类化石，猿类化石，现代高等猿类的地理分布以及生物、气候条件等各种因素的分析判断：人类起源于非洲、亚洲南部和欧洲南部广大森林与草原交界地带，以后从这里逐渐向外扩散，以至遍及全球。

人类和动物相区别的标志之一是人类具有两种生产，即人类自身的生产和物质资料的生产。人类自身的生产是第一性的，它的发展促进了物质资料生产的发展；物质资料的生产是派生的，是适应和满足人类自身生产发展需要而发展的。但是，这两种生产的发展都是在一定的自然环境和社会环境中进行的，它们既受环境条件的约束，又会在生产和消费过程中影响环境的发展、演化，而变化了的环境再反作用于人类两种生产的发展。

人类诞生后，长期过着采集与狩猎的生活。早期的人类主要是利用环境中的自然生物资源，环境对人类的发展有很大的约束性，而人类对环境的影响则极微小。当人类物质资料生产发展到种植和畜牧阶段，一方面大大增加了物质资料供应的丰富性和稳定性，促进人口数量的猛增；另一方面人类由简单地利用生物资源，扩大到利用气候、水力和土地资源。这次伟大的变革，人类逐渐把自然景观转变为人文景观，把原野变成了农田和牧场，将自然植被转变为人工植被，大大改变了动植物种群的组成、结构和空间分布状况，减少或消灭了一部分品种，繁殖和培育了另一些品种，日益加剧了自然生态系统转变为人工生态系统。从产业革命发展到现代化工业生产阶段，人类利用现代化科学技术大大提高和扩大了利用、改造和创造环境的能力。人类已不仅仅是大量利用生物、气候、水力、土地等自然资源，而且也大量利用矿产资源，极大地丰富了物质资源生产的种类。但人类在生产发展过程中，也产生了消极的副作用。例如，消灭了很多在地球上生活了亿万年的动、植物品种，而这种损失的影响是极其深远的。当前人类所掌握的社会生产力已达到可以对环境产生全球性影响的程度，而且人类也正在对自己和其他生物的生活环境施加全球性影响。人类活动的这种影响很可能引发一个新的地质年代——人类世（Anthropocene）。

“人类世”的概念由诺贝尔化学奖得主、荷兰大气化学家保罗·克鲁岑在 2000 年首次提出，并在 2002 年《自然》杂志上发表的文章中进一步阐释：“自 1784 年瓦特发明蒸汽机以来，人类的作用越来越成为一个重要的地质营力；全新世已经结束，当今的地球已进入一个人类主导的新的地球地质时代——人类世。”这一概念得到了许多科学家的响应。2019 年，人类世工作组（AWG）的科学家们投票赞成地球已进入新的地质时代——“人类世”。

科学家认为，自 18 世纪晚期的英国工业革命开始，人与自然的相互作用加剧，人类活动作为主要的地质外营力，对地表形态起到深刻作用，极大地改变了地球的面貌和环境。更为重要的是，人类活动改变了大气成分和气候变化的方式，地球的历史演变自此进入了全新的阶段。1950 年以来，人类活动已经造成了陆地上的侵蚀和风化大大加速、大气中温室气体浓度飙升、气温上升速度加快、大量物种加速灭绝、冰川加速消融、海平面上升、海水酸化等地质上的变化，在未来还将继续对地球系统产生巨大的、不容忽视的影响。

目前，“人类世”的术语还在被广泛讨论，尚未确定和识别两个时代地层界线的标志物。中国著名地球科学家、国家最高科学技术奖获得者刘东生指出，“人类世”虽然是地质学上的名词，但却提供了人与自然关系研究的新视角，深刻影响了全球各界看待世界的方式。

人类对环境施加的这种巨大影响，究竟要把人类与环境的发展引向何方，将在本书后面的章节深入讨论。

复习思考题

1. 简述地理坐标系统及其意义。
2. 地球自转的自然效应有哪些？简述其对地球生命有何影响和作用。
3. 如何划分地球纬度带？
4. 简述地球环境的形成和演化过程。
5. 简述生物的发生和发展对环境演化的作用和影响。
6. 请查阅文献，阐明什么是“人类世”。

参考文献与推荐阅读文献

[1] 《中国大百科全书》编辑部．中国大百科全书·环境科学．北京：中国大百科全书出版社，2002.

[2] A. N. 斯特拉勒，A. H. 斯特拉勒．环境科学导论．北京：科学出版社，1983.

[3] A. N. 斯特拉勒，A. H. 斯特拉勒．自然地理学原理．北京：人民教育出版社，1982.

[4] 中山大学，兰州大学，南京大学，等．自然地理学．北京：人民教育出版社，1982.

[5] 刘培桐．环境学概念．北京：高等教育出版社，1985.

[6] 王翊亭，井文涌，何强．环境学导论．北京：清华大学出版社，1985.

[7] 刘天齐，林肇信，刘逸农，等．环境保护概念．北京：高等教育出版社，1982.

[8] 牛文元. 自然地理新论. 北京：科学出版社，1981.

[9] 刘贤赵. 地球科学基础. 北京：科学出版社，2005.

[10] 姬亚芹. 地学基础. 北京：化学工业出版社，2008.

[11] 柳成志，赵荣，赵利华，等. 地球科学概论. 北京：石油工业出版社，2008.

[12] 孙立广，谢周清，杨晓勇，等. 地球环境科学导论（第 2 版）. 合肥：中国科学技术大学出版社，2009.

[13] LeeR.Kump，James F.Kosting，Robert G. Crane. 地球系统. 北京：高等教育出版社，2011.

[14] 张珂，郑卓. 地球科学概论. 北京：现代教育出版社，2009.

[15] Crutzen，P. Geology of mankind[J]. Nature，2002，415：23.

[16] 刘学，张志强，郑军卫，等. 关于人类世问题研究的讨论. 地球科学进展，2014，29（5）：640-649.

[17] 赵剑波，揭毅. 人类世地质学几个基本理论问题. 华中师范大学学报（自然科学版），2008，42（4）：649-653.

第 3 章　地球环境的基本特征

地球上的大气圈、水圈、土壤圈是地球环境的基本特征，也是维持地球上生物圈及一切生命赖以生存的物质基础，是环境科学研究的主要对象和重要内容。当今的全球和局地环境问题，无不与此密切相关。大气的对流、扩散与辐射，尤其是大气逆温层的存在，无不影响着大气污染物的传输和反应；水资源的循环和动力过程，是污染物输移的重要载体；土壤是支撑人类生存的基础，但其形成过程与特征表明，土壤的承载也有限度。

3.1　大气圈

大气是指包围在地球外部的空气层。由大气所形成的围绕地球周围的混合气体称为大气圈。大气圈是环境的重要组成要素，也是维持地球上一切生命赖以生存的物质基础。

3.1.1　大气圈的结构

大气圈的厚度为 2 000～3 000 km。大气的组分和物理性质在垂直方向上有显著的差异，据此可按大气在各个高度的特征分成若干层次。常用的分层法包括：①按温度垂直变化的特点分为对流层、平流层、中间层、暖层（热层）和散逸层（外层）；②按大气成分结构分为均质层和非均质层；③按压力特性分为气压层和外大气层（散逸层）；④按电离状态分为中性层、电离层和磁层。此外，还可按特殊的大气化学成分分出臭氧层（图 3-1）。

3.1.1.1　按温度垂直变化的特点分层

（1）对流层

对流层是大气圈的最底层，其下界是地面，上界因纬度和季节而异。对流层的平均厚度在低纬度地区为 17～18 km，在中纬度地区为 10～12 km，在高纬度地区为 8～9 km。对流层内具有强烈的对流作用，其强度因纬度和季节而有所不同。一般对流作用是在低纬度较强、高纬度较弱，所以对流层的厚度从赤道向两极减小。与大气层的总厚度相比，对流层非常薄，不及整个大气厚度的 1%，但它集中了整个大气圈 3/4 的质量和几乎全部的水汽，因此，对流层是大气圈中与一切生物关系最为密切的一个层次，它对人类的生产、生活的影响也最大。通常所发生的大气污染现象，实际上主要发生在这一层，特别是靠近地面 1～2 km。

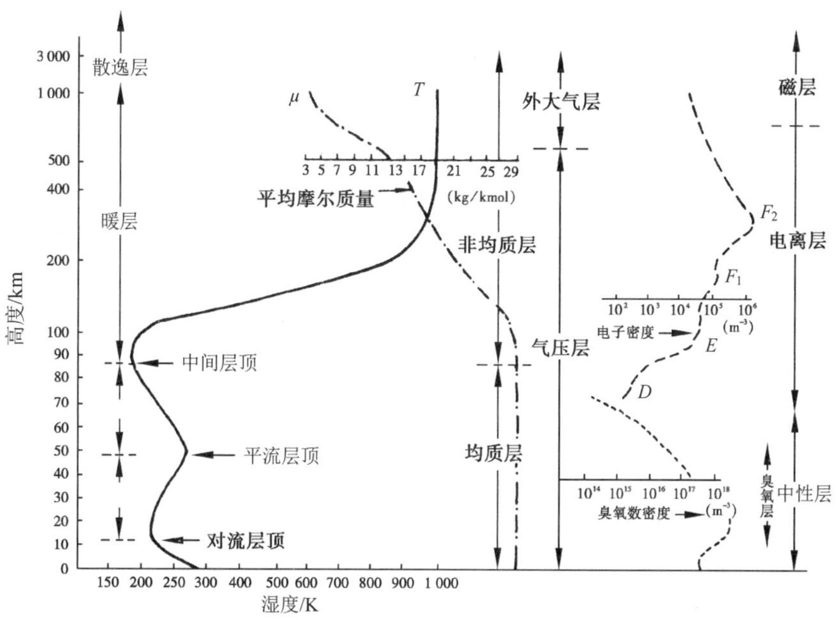

引自环境科学大辞典．中国环境科学出版社，1991。

图 3-1　大气的垂直分层

❖ 对流层具有以下 3 个基本特征：气温随高度增加而减小。通常情况下，对流层中气温的垂直分布随高度增加而降低。因为对流层空气主要依靠地面的长波辐射增热，越接近地面，空气受热越多，反之越少。因此，高度越高，气温越低。平均每增高 100 m，气温降低 0.65℃。空气对流运动显著。因受地面的不均匀加热，从而导致对流层空气的垂直对流运动。对流运动的强度因纬度和季节而异，低纬度较强，高纬度较弱；夏季较强，冬季较弱。由于空气的对流运动，使高层与低层空气得到交换，近地面的热量、水汽和杂质通过对流向上空输送，从而导致一系列天气现象的形成。天气现象复杂多变。由于对流层受地球表面的影响最大，而使对流层中温度、湿度的水平分布不均匀，于是可产生一系列物理过程，形成复杂的天气现象。

❖ 根据温度、湿度和气流运动以及天气状况等的差异，可将对流层划分为三层：①下层。底部与地表相接，上界大致为 1～2 km。该层气流运动受地表摩擦作用强烈，大气的热量和动量交换显著，故称此层为大气边界层或摩擦层，该层大气具有湍流运动的特征，地球表面与大气之间的动量、热量和物质的交换正是通过湍流输送来实现的。因此，这层大气的状态可随着地面摩擦力、加热状况以及地表的干湿程度的变化而改变。大气边界层是人类活动和植物生长的重要场所，又对人类和生物产生最直接的影响。它也是地球表面与大气相互作用的通道，而对整个大气的运动和天气演变起着重要作用。人类活动和许多自然过程产生的大气污染物，均出现在该层大气之中。因此，大气边界层是大气科学和环境科学研究的重要气层。②中层。下界为边界层顶，上界在 6 km 左右。该层受地面影响较小，其空气运动可代表整个对流层空气运动的趋势，大气中的云和降水现象多出现在这一层。③上层。从 6 km 高度伸展到对流层顶部。此层水汽含量很少，气温常在 0℃以下，这里的云均由冰晶或过冷水滴所组成。

在对流层和平流层间有一过渡层，厚约几百米至一二千米，称对流层顶。对流层顶内是等温或逆温，它对对流层中的对流作用起着阻挡作用。

（2）平流层

从对流层顶至 50 km 左右为平流层。在平流层内，气温随高度的增加，变化很小。到 25 km 高度以上时，由于臭氧含量多，吸收了大量的紫外线，所以这里升温很快，并大致在 50 km 高空形成一个暖区。到平流层顶，气温升至 –17～–3℃。平流层内水汽和尘埃含量很小，没有对流层内出现的那些天气现象。该层内气流运动相当平稳，并以水平运动为主，平流层即由此得名。

（3）中间层

从平流层顶至 85 km 高空是中间层。该层内臭氧很稀少，氯、氧等气体所能直接吸收的波长更短的太阳辐射，大部分已被上层大气吸收，因而这层大气的气温随高度增加而迅速下降，至该层顶气温降到 –83℃以下。中间层内水汽极少，仍有垂直对流运动，故又称此层为高空对流层或上对流层。

（4）暖层

从中间层顶到 1 000 km 高空属于暖层。该层的气温随高度增加而急剧升高。据人造卫星观测，在 300 km 高度上，气温达到 1 000℃以上。故此层被称为暖层或热层。在宇宙射线和太阳紫外线的作用下，大气中的氧和氯分子被分解为离子，使大气处于高度电离状态，故暖层又称电离层。电离层能反射电磁波，对地球上的无线电通信具有重要意义。

（5）散逸层

暖层顶之上，即 1 000 km 高度以上的大气层，称为散逸层。它是大气圈与星际空间的过渡地带，其气温随高度的增加而升高。由于空气十分稀薄，受地球引力作用较小，一些高速运动的大气质点就能散逸到星际空间。

3.1.1.2 按大气成分结构分层

平流层中臭氧浓集的气层称为臭氧层。该层位于 10～50 km 的高空，在 22～25 km 处臭氧浓度达到最大值 3.8×10^{-4} g/m^3。臭氧是氧原子与氧分子在第三体（N_2、O_2）参与下产生的，由于高层大气中气体分子极少，而低层大气中光离解的原子氧又不多，所以只在平流层内形成臭氧层。大气中臭氧浓度极低，若把铅直气柱内全部臭氧在标准条件下压缩也不足 0.45 cm 厚。据观测，臭氧浓度随纬度和季节而发生变化。在北半球，大部分地区的臭氧层厚度在春季最大，秋季最小；高纬度地区季节变化更加明显，最大臭氧带靠近极地，极小值出现在赤道附近。

臭氧层的存在对中层大气的热状况有重要的影响，它能吸收绝大部分太阳紫外辐射（波长 0.2～0.3 μm），使平流层加热并阻挡强紫外辐射到达地面，对人类和生物起了重要的保护作用。近年来，由于超音飞机在平流层的飞行日益增多，以及人类活动产生的某些痕量气体如氮氧化物和氟氯烃等进入平流层，都可能对臭氧层产生破坏作用。这一问题已引起国际社会的广泛关注。

3.1.2　大气的组成

大气是由多种气体组成的混合物，其中还含有一些悬浮的固体杂质和液体微粒。

3.1.2.1　干洁空气

大气中除水汽、液体和固体杂质外的整个混合气体，称为干洁空气。其组成成分最主要的是氮、氧、氩 3 种气体，三者占大气总体积的 99.9%，其他气体不足 1%。N_2 不易与其他物质起化合作用，只有极少量的 N_2 可被土壤细菌所摄取。O_2 则易与其他元素化合，如燃料的燃烧便是一种剧烈的氧化作用形式，它又是地球上一切生命所必需的。大气中的 Ar 约占 1%，是一种惰性气体。在干洁空气中，CO_2 和 O_3 含量很少，但变化较大，其对地表自然界和大气温度有重要的影响。在距地表 20 km 以下的大气层中，CO_2 的平均含量约占 0.03%，向高空显著减少。CO_2 主要来自火山喷发、动植物的呼吸以及有机物的燃烧和腐败等。在人口稠密区，CO_2 含量明显增高，可占空气体积的 0.05%～0.07%；在海洋上和人口稀少地区，CO_2 含量大为减少。

3.1.2.2　水汽

大气中的水汽主要来自海洋、江河、湖沼，以及其他潮湿物体表面的蒸发和植物的蒸腾。大气中的水汽含量变化较大，占 0%～4%。一般情况下，空气中水汽含量随高度的增加而减少。空气中的水汽可以发生气态、液态和固态三态转化，如常见的云、雨、雪等天气现象，都是水汽相变的表现。

3.1.2.3　固体杂质

悬浮于大气中的固体杂质包括烟粒、尘埃、盐粒等，它们的半径一般为 10^{-8}～10^{-2} cm，多分布于低层大气中。烟粒主要来自人类生产、生活中燃料的燃烧；尘埃主要来源于地表松散微粒被风吹扬而进入大气层，另外还有火山爆发后产生的火山灰、流星燃烧的灰烬；盐粒主要是海洋波浪溅入大气的水滴经蒸发后形成的。一般来说，大气中的固体含量，在陆地上空多于海洋上空，城市多于农村，冬季多于夏季，白天多于夜间，越接近地面越多，固体杂质在大气中能充当水汽凝结的核心，对云雨的形成发挥着重要作用。

3.1.2.4　大气污染物

由于人类活动所产生的某些有害颗粒物和废气进入大气层，又给大气中增添了许多种外来组分。这些物质称为大气污染物，可分为两类：一类是有害气体，如 SO_2、CO、CH_4、NO_2、H_2S、HF 等；另一类是灰尘烟雾，如煤烟、煤尘、水泥、金属粉尘、$PM_{2.5}$ 等。

3.1.3　地球的辐射平衡

地球表面与大气之间进行着各种形式的运动过程，太阳辐射是维持这些过程的能量的主要源泉。

3.1.3.1 太阳辐射

太阳表面温度约为 6 000 K，具有非常强的辐射能力。太阳不断地以电磁波辐射和高速粒子流辐射的方式向外发射能量，称为太阳辐射。其辐射按波长的分布称为太阳辐射光谱，可分为三部分：紫外区、可见光区和红外区。紫外区包括 X 射线、γ 射线，占太阳辐射总能量的 7%；可见光区占 50%；红外区占 43%。

太阳辐射通过大气圈进入地球表面。由于大气对太阳辐射有一定的吸收、散射和反射等作用，而使太阳辐射不能全部到达地表。太阳辐射穿过大气层时，大气中某些成分（如水汽、CO_2、CO、O_3、CH_4 和固体杂质等）具有选择吸收一定波长辐射能的特性。其中水汽对太阳辐射的吸收最强，它的吸收带主要在红外区。水汽的吸收作用可使太阳辐射损失 4%～15%。当太阳辐射遇到空气分子、尘埃、云滴等质点时，会发生散射。散射可改变辐射的方向，从而减少到达地面的太阳辐射能。大气中云层和尘埃能将太阳辐射的一部分能量反射到宇宙空间。其中云的反射作用最为显著，如薄层云的反射率为 10%～20%，厚层云可达 90%。

太阳辐射被大气削弱后，到达地面的辐射有两部分：①太阳直接投射到地面的部分，称为直接辐射；②经散射后到达地面的部分，称为散射辐射。两者之和即为总辐射。太阳直接辐射和散射辐射的强弱，均与太阳高度角和大气透明度有关，如太阳高度角增大时，到达地面的直接辐射增强，散射辐射也相应增强。在一年中，总辐射强度夏季最大，冬季最小。总辐射在空间分布上一般为纬度越低，总辐射越大，反之越小。

3.1.3.2 辐射平衡

地面和大气既吸收太阳辐射，又依据本身的温度状况向外放出辐射，其被称为长波辐射，能量主要集中在 4～120 μm。地面辐射是由地面向上空放出热量，其大部分被大气所吸收，小部分进入宇宙空间。据估计，有 75%～95%的地面长波辐射被大气所吸收，且这些辐射几乎全部被吸收在近地面 40～50 m 厚的大气层中。

地面辐射的方向是向上的，大气辐射的方向则既有向上的，也有向下的。大气辐射方向向下的部分称为大气逆辐射。大气逆辐射的存在能使地面因长波辐射而损失的热量减少，这种作用对地球表面的热量平衡具有重要意义，称其为大气的保温效应。

在某一段时间内，物体辐射收入与支出的差值称为辐射平衡或辐射差额。当物体收入的辐射大于支出时，辐射平衡为正；反之，为负。在一天内，辐射平衡在白天为正值，夜间为负值。

如将地面和大气看成一个系统，这个系统中辐射平衡有年变化和日变化，其特点是随着纬度而不同。该系统的辐射平衡随纬度增高而由正值转变为负值，在 35°S～35°N 地-气系统的辐射平衡为正值，其他中、高纬度地区为负值。辐射平衡的这种分布正是引起高、低纬度之间大气环流和洋流的基本原因。

3.1.3.3 气温

气温是表示大气热力状况数量的度量。地面气温是指距地表 1.25～2 m 处的气温。气温的变化是由于吸收或放出辐射能而获得或失去能量所致。

影响气温的因素

地面与空气的热量交换是气温升降的直接原因。当空气获得热量时，其内能增加，气温升高；反之，空气失去热量时，内能减小，气温随之降低。空气与外界热量交换主要是由传导、辐射、对流、湍流以及蒸发与凝结等因素决定的。

水陆表面的热力差异主要表现在：①两者的比热不同。陆地表面主要由岩石及风化壳和土壤组成，热容量小，约为 1 J/（g·℃）；海洋热容量大，为 3.877 J/（g·℃）。因此，在地面受热期间，水体的增温迟缓，陆地的增温剧烈；而当地面冷却时，水体的降温缓慢，陆地的降温迅速。②两者的导热方式不同。陆面在白天获得的热量不能很快传至地下深处，夜间地表冷却时，深处的热量也不能很快传至地面，而使陆面温度变化剧烈。水体蒸发耗热较多，其热量可以通过垂直的和水平的水流运动进行交换，使水域的温度变化缓和。

气温的时空分布

1）气温的时间分布。气温具有明显的日变化和年变化，这主要是地球自转与公转所致。

- 气温的日变化：大气主要吸收地面长波辐射而增温，地面辐射又取决于地面吸收并储存的太阳辐射量。由于太阳辐射在一天内是变化的，而使气温也呈现日变化。正午太阳高度角最大时太阳辐射最强，但地面储存的热量传给大气还要经历一个过程，所以气温最高值不出现在正午而是在午后 2：00 前后。随着太阳辐射减弱，到夜间地面温度和气温都逐渐下降，并在第 2 天日出前后地面储存的热量减至最少，所以一日之内气温最低值出现在日出后一瞬间而不在午夜。

  一天之内，气温的最高值与最低值之差，称为气温的日较差。气温日较差的大小与地理纬度、季节、地表性质和天气状况有关。一般而言，高纬度地区气温日较差比低纬度地区小，热带地区气温日较差平均为 12℃，温带地区为 8～9℃，极地地区仅为 3～4℃。就季节来说，夏季气温日较差大于冬季。就海陆而言，海洋气温日较差小于陆地，沿海小于内陆。就地势来说，气温日较差山谷大于山峰，凹地大于高地。气温日较差也因天气情况而异，阴天比晴天小得多，干燥天气大于潮湿天气。

- 气温的年变化：太阳辐射强度的季节变化导致气温的年变化。一般来说，年气温最高值在陆地上出现在 7 月，在海洋上出现在 8 月；气温最低值在陆地上出现在 1 月，在海洋上出现在 2 月。

  一年中月平均气温的最高值与最低值之差，称为气温的年较差。它的大小与纬度、地形、地表性质等因素有关。由于高纬度地区太阳辐射的年变化大于低纬度地区，所以气温年变化随纬度的变化与日变化正相反，纬度越高，年较差越大。例如，赤道带的海洋上，年较差只有 2℃左右。

2）气温的空间分布。气温在对流层中的垂直变化随着海拔的升高而降低，其变化程度常用单位高度（取 100 m）内气温变化值来表示，即℃/100 m，称为气温垂直递减率 r（以下简称气温直减率）。就整个对流层平均状况而言，海拔每升高 100 m，气温降低 0.65℃。

因纬度、地面性质、气流运动等因素对气温的影响，所以对流层内的气温直减率不可能到处都是 0.65℃/100 m，而是随地点、季节、昼夜的不同而变化。一般而言，在夏季和白天，地面吸收大量太阳辐射，地温高，地面辐射强度大，近地面空气层受热多，气温直减率大；反之，在冬季和夜晚气温直减率小。在一定条件下，对流层中还会发生气温随海拔高度增加而升高的逆温现象。产生逆温的主要原因为：

- 辐射逆温：常出现在晴朗无云或少云的夜晚，由于地面有效辐射很强，近地面层降温迅速，而高处气温降低较少，也就是说，离地面越近，降温越多，离地面越远，降温越少，以致形成自地面开始的逆温层。一年四季都可以发生辐射逆温，冬季最强。其逆温层厚度从数十米到数百米，中纬度地区冬季可达到 200～300 m，有时甚至可达 400 m。夏季夜短，逆温层较薄，消失也快。冬季夜长，逆温层较厚，消失也慢。在山谷与盆地区域，地形逆温的存在使辐射逆温得到加强，往往持续数天而不消散。
- 平流逆温：暖空气水平移动到冷的地面或水面，由于暖空气不断把热量传给较冷的地面或水面，造成暖空气本身的冷却，且越接近地表降温越多，而上层受影响较少，降温较慢，从而形成平流逆温。这种逆温多发生在冬季中纬度沿海地区。暖空气与地面间的温差越大，平流逆温越强。
- 下沉逆温：因整层空气下沉压缩增温而形成的逆温称为下沉逆温。这种逆温多出现在高压控制的地区，其范围广、逆温层厚度大、持续时间长。由于下沉的空气来自高空，水汽含量不多，加上下沉后温度升高，饱和水汽压增大，相对湿度显著减少，空气很干燥，不利于云的生成。因此下沉逆温时天气总是晴好的。这种逆温也常发生在低洼地区（谷地、盆地）。因辐射冷却，山坡上的冷空气循山坡下沉到谷底，谷底中原来较暖的空气被冷空气抬挤上升，从而形成温度倒置的现象。这种逆温主要是在一定的地形条件下形成的，故又称地形逆温。
- 锋面逆温：冷暖气团相遇时，暖气团由于密度小，爬到冷气团上面，形成倾斜的过渡区，称为锋面。在锋面上，冷暖气流要进行热传递，暖空气散失热量而逐渐降温，冷空气获得热量而逐渐升温，因冷暖气团的温度差显著而形成的逆温称为锋面逆温。

此外，还有低层空气的湍流混合形成的湍流逆温。尽管湍流运动无时不在，但湍流逆温却不是时时发生。

以上介绍了各种逆温的形成过程，实际上，大气中出现的逆温常常是几种原因共同作用的结果。因此，在分析逆温的成因时，必须注意当时的具体条件。

3.1.4 地球的大气环流

大气运动同地球的辐射所产生的热能流一样，对人类生存环境的质量具有重要影响。由于全球辐射量的不平衡，在低纬辐射热量有余而在高纬则辐射热量不足。要维持地球的能量平衡，从低纬向高纬输送能量，正是通过大气环流进行的。

3.1.4.1　气压

大气施加于物体表面的压力称为大气压。一个大气压是 101.3 kPa。气压的空间分布是不均匀的，它随着海拔高度的增加而降低。气压的分布称为气压场。

1）等压线与等压面。等压线是指同一水平面上气压相等的各点的连线。等压面是空间气压相等的各点所组成的面。气压分布的形势通常用这两个概念来表示。

2）气压场的主要类型。

- 低气压（以下简称低压）：由闭合等压线构成的低气压区，水平气压梯度自外围指向中心，气流由外围向中心辐合。
- 低压槽：由低气压延伸出来的狭长区域，称为低压槽，简称槽。
- 高气压（以下简称高压）：由闭合的等压线构成的高压区，水平气压梯度自中心指向外围，气流自中心向外辐散。
- 高压脊：由高气压延伸出来的狭长区域，叫作高压脊，简称脊。

3.1.4.2　风及其形成

大气的水平运动称为风。风向和风速用以描述气流运动的方向和速度，其大小取决于以下几种作用力，即气压梯度力、地转偏向力、地面摩擦力和惯性离心力。

1）气压梯度力。由于气压在空间上分布不均，便形成一个从高压指向低压的力，即气压梯度力。它的大小等于单位距离上的气压差。由气压的空间分布可知，气压等压线越密，气压梯度越强，风速也越大。因此，气压梯度力是引起空气水平运动的直接原因。

2）地转偏向力。地球上运动的物体如气流和水流的路径发生固定偏转的现象，称为地转偏向力作用，或科里奥利作用。地转偏向力对大气运动的作用很大，因此在研究大气环流时必然要涉及它。当空气在气压梯度力作用下运动时，地转偏向力使气流产生偏向，在北半球，气流偏向运动方向的右方；在南半球，气流偏向左方。作用于相同质量和速度但处在不同地点运动的物体，其地转偏向力的大小是不同的。如图 3-2 所示，地转偏向力在赤道为零，随纬度增高偏向力增大，在两极达最大值。

3.1.4.3　行星风系

由于大气运动受纬度、海陆分布和地表所受太阳热量不均及地球转动的不同影响，以致形成各种类型的环流，如行星风系、季风和海陆风等。

地球在不停地自转运动着，同时受到气压梯度力和地转偏向力的作用，使地球近地面层中出现 4 个气压带——赤道低压带、副热带高压带、副极地低压带和极地高压带，并相应地形成了 3 个风带——信风带、盛行西风带和极地东风带。这些风带与上空气流结合便组成了 3 个环流圈（图 3-2）。下面按图中所示对行星风系的分布加以说明。

1）信风带。在南北纬 30°～35°附近，存在着副热带高压和赤道低压之间的气压梯度，使气流从副热带高压带辐散，一部分气流流向赤道，在地转偏向力作用下，在北半球形成东北风，南半球为东南风。由于风向稳定，所以称为信风。

2）盛行西风带。由于副热带高压和副极地低压之间存在气压梯度，而使副热带高压带辐散的一部分气流流向副极地低压带，在地转偏向力作用下，在中纬度地带形成偏西风，称为盛行西风。

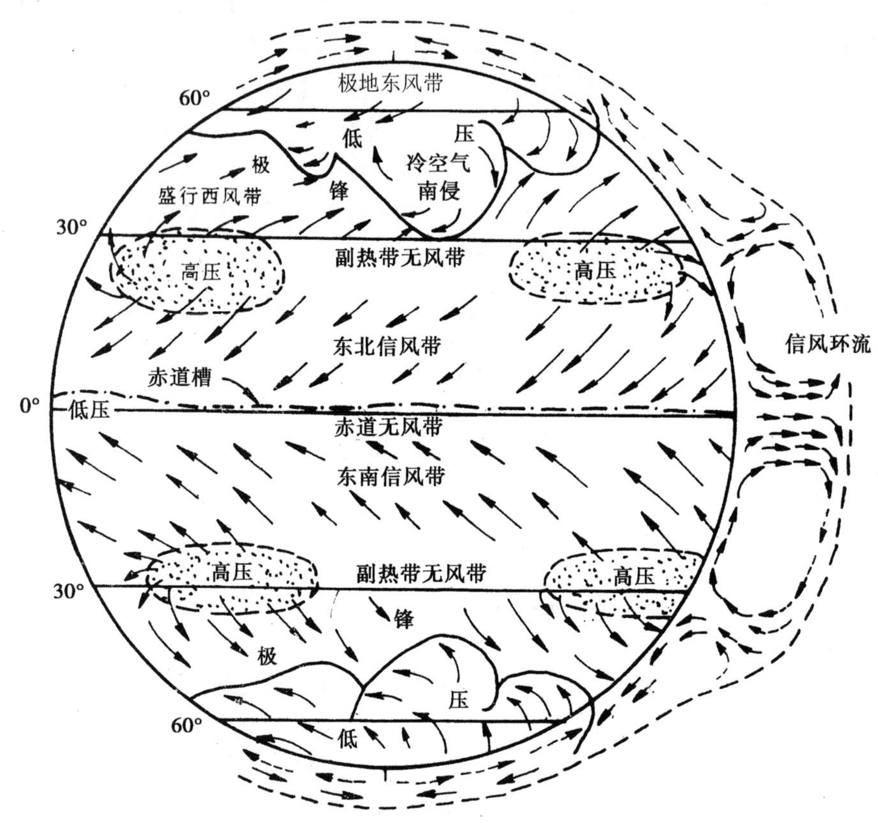

引自中山大学，等．自然地理学．人民教育出版社，1982。

图 3-2　全球大气环流图式

3）极地东风带。由极地高压带辐散的气流，受地转偏向力作用变成偏东风，故称为极地东风带。

4）赤道无风带。两半球的东北信风和东南信风在赤道地区辐合，形成上升气流，此带风微弱或者基本上无风。

5）副热带无风带。属气流下沉辐散区，此带无风或间有微弱的东风。

6）极锋带。在纬度 60°附近，极地东风与盛行西风相互交织而形成了极锋面，所以将此区称为极锋带。

3.1.4.4　季风与海陆风

1）季风。季风是指盛行风向随季节变化而呈现有规律的转换。季风的形成与多种因素有关，但最主要是由海陆间的热力差异及其季节变化所引起的。其特征是夏季大陆强烈受热，气压变低，致使气流由海洋流向大陆；冬季大陆迅速冷却，气压升高，气流则由大陆吹向海洋。

世界上季风区分布甚广，其中最著名的是东南亚季风区。在夏季，从印度洋和西南太平洋来的暖、湿空气向北和西北方向移动进入亚洲大陆，进入印度、中南半岛和中国。这种气流形成夏季季风。在冬季，亚洲大陆为一强盛高压中心所控制，气流自高压中心向外流动，形成从南和东南吹向赤道海洋的冬季季风。

2）海陆风。海陆风是受局部环境影响，如地形起伏、地表受热不均等引起的小范围气流运动，它同山谷风和焚风等一起统称为局地环流。

海陆风也是由海陆热力差异引起的，但其影响范围仅局限于沿海，风向变换以一天为周期。白天，陆地增温快于海面，陆面气温比海面气温高，以致形成一个从海到陆的气压梯度，并出现局地环流。下层风由海面吹向陆地，叫海风，上层则有反向气流。夜间，陆面冷却比海面迅速，海面气温高于陆面气温，因而出现从陆到海的气压梯度，气流由陆地吹向海面，为陆风。

3.1.5　大气降水

大气中的水分是由海洋和大陆上的各种水体以及土壤与植物的蒸发而进入大气的，它们又通过气流运动得以输送和交换。大气中水分含量虽不多，但其存在却表现出复杂的天气现象，如云、雾、雨、雪、霜、露和冰雹等。

3.1.5.1　大气湿度

湿度指空气中存在水汽的数量。空气所能保持的水汽量是有一定限度的，这个限度称为饱和点。现有水汽量相对于最大水汽量的比率称为相对湿度，用百分数表示。当空气中水汽含量不变、气压一定时，气温下降到使空气达到饱和时的温度，称为露点温度，简称露点。

3.1.5.2　凝结

凝结是水由气态变为液态的过程，是各种降水形成的直接原因。大气中水汽凝结的条件是：水汽要达到或超过饱和状态，还要具有凝结核。露、霜、雾凇、雨凇和雾都是水汽在地面或近地面空气中被冷却而凝结的一种表现形式。云同雾一样，都是由空气中的水滴和冰晶组成的。水汽的存在和使水汽达到饱和的客观环境是云形成的基本条件。对流、锋面抬升和地形抬升等作用能使空气上升冷却，当达到凝结高度时，就会形成云。

3.1.5.3　降水

从云中降落到地面的液态水或固态水如雨、雪、冰雹等统称为降水。

1）降水类型。大气中气流上升的方式不同，导致降水的成因也不同。按照气流上升的特点，降水可分为 3 个基本类型。

- 对流雨：由于近地面气层强烈受热，造成不稳定的对流运动，使气块强烈上升，气温急剧下降，水汽迅速达到过饱和而产生降水，称为对流雨。对流雨常以暴雨形式出现，并伴随雷电现象，故又称热雷雨。从全球范围来说，赤道地区全年以对流雨为主，我国通常只见于夏季。

- 地形雨：暖湿气流在运动中受到较高的山地阻碍被迫抬升而绝热冷却，当达到凝结高度时，便产生凝结降水，也就是地形雨。地形雨多发生在山地的迎风坡。在背风的一侧，因越过山顶的气流中水汽含量已大为减少，加之气流越山下沉而绝热增温，以致气温增高，所以背风一侧降水很少，形成雨影区。
- 锋面雨：当两种物理性质不同的气团相接触时，暖湿气流循交界面上升而绝热冷却，达到凝结高度时便产生降水，称其为锋面雨。锋面雨一般具有雨区广、持续时间长的特点。在温带地区，包括我国绝大部分地区，锋面雨占有重要地位。

2）降水量的分布。降水量的空间分布受多种因素的制约，如地理纬度、海陆位置、大气环流、天气系统和地形等。根据降水量的纬度分布，可将全球划分为 4 个降水带。

- 赤道多雨带。赤道及其两侧地带是全球降水最多的地带，年降水量一般为 2 000～3 000 mm。在一年内，春分和秋分附近降水量最多，夏至和冬至附近降水量较少。
- 副热带少雨带。地处南北纬 15°～30°。这个地带因受副热带高压带控制，下沉气流占优势，是全球降水量稀少带。大陆两岸和大陆内部降水最少，年降水量一般不足 500 mm，不少地方仅为 100～300 mm，是全球荒漠相对集中分布的地带。不过，本带并非到处都少雨，因受地理位置、季风环流和地形等因素影响，某些地区降水很丰富。例如，喜马拉雅山南坡印度的乞拉朋齐年均降水量高达 12 665 mm。我国大部分属于该纬度带，因受季风和台风的影响，东南沿海一带年降水量在 1 500 mm 左右。
- 中纬多雨带。本带锋面、气旋活动频繁，所以年降水量多于副热带，一般在 500～1 000 mm。大陆东岸还受到季风影响，夏季风来自海洋，使局部地区降水特别丰富。例如，智利西海岸年降水量达 3 000～5 000 mm。
- 高纬少雨带。本带因纬度高、气温低，使蒸发极小，故降水量偏少，年降水量一般不超过 300 mm。

3.2 水圈

3.2.1 水圈与水环境

3.2.1.1 水圈

水是地球上分布最广和最重要的物质，是参与生命的形成和地表物质能量转化的重要因素。水也是人类社会赖以生存和发展的自然资源。

地球上的水以气态、液态和固态 3 种形式存在于空中、地表与地下，成为大气水、海水、陆地水（包括河水、湖水、沼泽水、冰雪水、土壤水、地下水），以及存在于生物体内的生物水，这些水不停运动和相互联系构成水圈。

地球上水的总储量约为 1.386×10^9 km³，其中海洋占 97.41%，覆盖了地球表面积的 71%。淡水仅占地球总水量的 2.59%，而其中又大约有 70%以上属固态水——冰，储存在极地和高山上，只有不到 30%的淡水存在于湖泊、土壤、河流、大气等之中（图 3-3）。

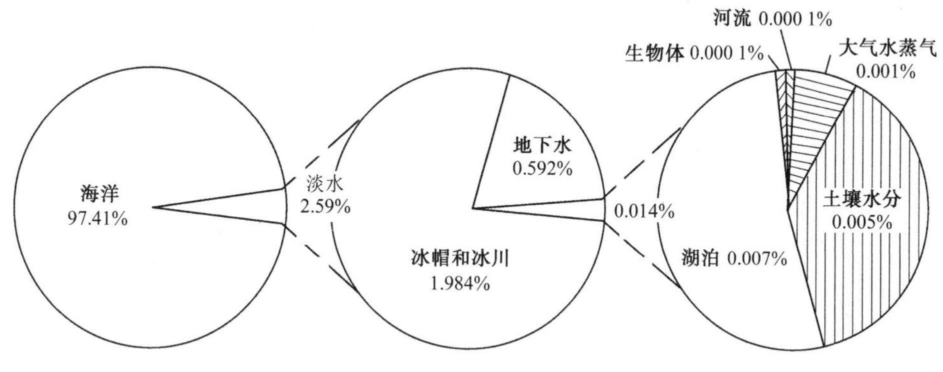

图 3-3　全球水分布

由此可见，水圈是指地球上被水和冰雪所占有或覆盖而构成的圈层。考虑到大气水分与地下水，水圈的上限可为对流层顶，下限为深层地下水所及的深度。地球上的水循环是形成水圈的动力。在地球上只有在水循环的作用下，才能把各个特征不同的水体联系起来形成水圈。水圈的水与大气圈、生物圈、岩石圈、土壤圈之间有极密切的关系，并形成各种方式的水交换。

3.2.1.2　水体与水环境

在自然界中水的积聚体称为水体。它是地面上各种水体如河流、湖泊、水库、池塘、沼泽、海洋、冰川等的总称。水体是一个完整的生态系统，其中包括水、水中的悬浮物、溶解物质、底质和水生生物等。水体类型可划分为海洋水体（包括海、洋）和陆地水体（如河流、湖泊等）。水体也可以按其流动性划分为流水水体和静水水体，前者如河流，后者如湖泊、沼泽。从广义上理解，水体也可以包括地下水体。海洋、河流、湖泊和地下水是地球上水的主要组成部分，也是组成地理环境的基本要素。后面将对这些水体的主要特征作简要介绍。

“水环境”一词出现于 20 世纪 70 年代。《环境科学大辞典》将其定义为：“地球上分布的各种水体以及与其密切相连的诸环境要素如河床、海岸、植被、土壤等。”它的独特含义是：“水环境是构成环境的基本要素之一，是人类赖以生存和发展的重要场所，也是受人类干扰和破坏最严重的地区。”

水环境可根据其范围的大小分为区域水环境（如流域水环境、城市水环境等）和全球水环境。对某个特定的地区而言，该区域内的各种水体如湖泊、水库、河流和地下水等，应视为该水环境的重要组成部分，因此，水环境又可分为地表水环境和地下水环境。地表水环境包括河流、湖泊、水库、池塘、沼泽等；地下水环境包括泉水、浅层地下水和深层地下水等。

当前，水环境污染是世界上重要的环境问题之一，所造成的水安全、水生态危机对人类生活、健康、生产和经济发展都带来潜在威胁。所以对水环境进行合理利用和保护，是环境保护和研究的主要内容。

3.2.1.3 天然水水质

天然水从本质上看，应属于未受人类排污影响的各种天然水体中的水。这种水目前的范围在日益减少，只有在河流的源头、荒凉地区的湖泊、深层地下水、远离陆地的大洋等处，才能找到代表或近似代表天然水水质的天然水。

水是自然界中最好的溶液，天然物质和人工生成的物质大多数可溶解在水中。因此，可以说自然界并不存在由 H_2O 组成的“纯水”。事实上，在任何天然水中，都含有各类溶解物和悬浮物。对不同地域的各种水体来说，其天然水中含有的物质种类和浓度也不同。但它却代表着天然水的水质状况，故称其为天然水水质背景值，或水环境背景值。

从水循环来看，天然水是在其循环过程中改变了成分和性质。在太阳辐射的热力作用下，由海洋水面蒸发的水蒸气，虽近纯水，但它在空中再凝结成雨滴时，则需有凝结核。在大气层中可做凝结核的物质有海盐微粒、土壤的盐分、火山喷发物和大气放电产生的 NO 和 NO_2 等。因此，从雨水开始，天然水中已含有各种化学成分，如 Cl^-、SO_4^{2-}、CO_3^{2-}、HCO_3^-、NO_3^-、Ca^{2+}、Mg^{2+}、NH_4^+、I、Br 等。雨水补给到各水体中，其化学成分会进一步增多。

受到人类活动影响的水体，其水中所含的物质种类、数量、结构均会与天然水质有所不同。以天然水中所含的物质作为背景值，可以判断人类活动对水体的影响程度，以便及时采取措施，提高水体水质，使之朝着有益于人类的方向发展。

3.2.2 水循环与水量平衡

3.2.2.1 水循环

地球上各种形态的水，在太阳辐射和地心引力作用下，不断地运动循环、往复交替，如图 3-4 所示。在太阳辐射作用下，洋面受热开始蒸发，蒸发的水分升入空中并被气流输送至各地，在适当条件下凝结而成降水，其中降落在陆地表面的雨雪，经截留、下渗等环节而转化为地表与地下径流，最后又回归海洋。这种不断蒸发、输送、凝结、降落的往复循环过程就称为水循环。

地球上的水循环按其路径和规模的不同，可分为大循环和小循环。大循环指发生在全球海洋与陆地间的水交换过程，又称外循环或海陆间循环。海洋表面蒸发的水汽被气流运动输送到陆地上空，在一定条件下形成降水到达地面，一部分被植物截留或通过蒸发返回大气，还有一部分下渗形成地下径流；但大部分沿地表流动形成地表径流，并最终流回海洋，从而实现海陆循环。小循环是指发生于海洋与大气之间，或陆地与大气的水交换过程，又称内部循环。这种循环由于缺少直接流入海洋的河流，所以与海洋水交换较少。

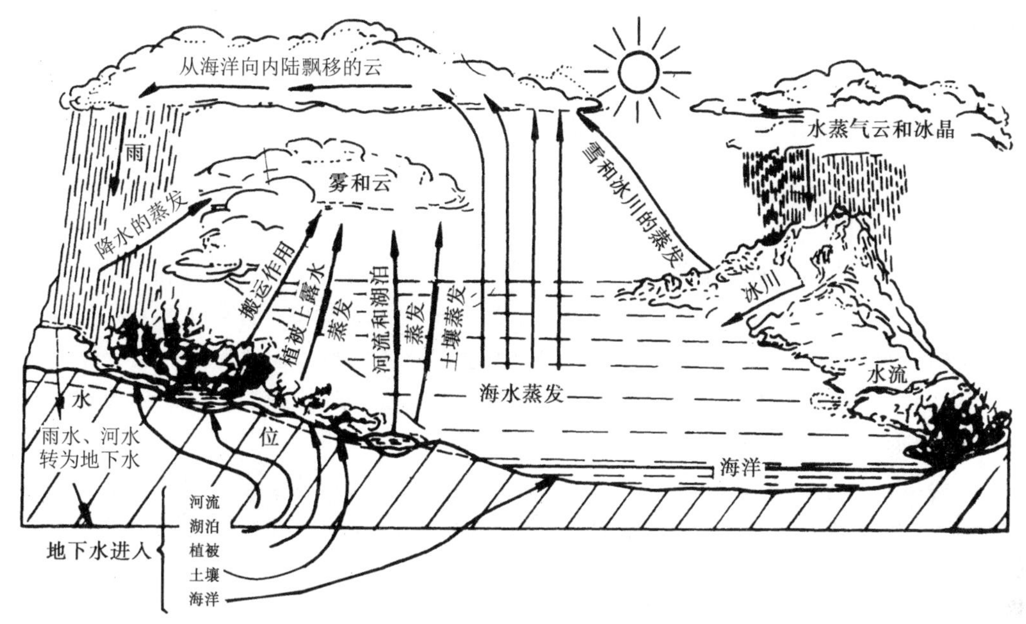

引自丁登山等．自然地理学基础，高等教育出版社，1987。

图 3-4　水循环示意

水循环是一个巨大的动态系统，它将地球上各种水体连接起来构成水圈，使得各种水体能够长期存在，并在循环过程中渗入大气圈、岩石圈和生物圈，将它们联系起来形成相互联系、相互制约的有机整体。水循环的存在使水能周而复始地被重复利用，成为再生性资源。水循环的强弱直接影响一个地区水资源开发利用的程度，进而影响社会经济的可持续发展。

3.2.2.2　水量平衡

降水、蒸发和径流是水循环过程中的三个最重要的环节，并决定着全球的水量平衡。假如将水从液态变为气态的蒸发作用作为水的支出，将水从气态转变为液态（或固态）的大气降水作为收入，径流是调节收支的重要参数。根据水量平衡方程，全球一年中的蒸发量应等于降水量。据估计，每年从地球表面蒸发的水量为 520 000 km^3。然而，由于区域气候和水资源禀赋的差异，蒸发与降水也存在时空异质性。

对任一流域、水体或任意空间，在一定时段内，收入水量等于支出水量与时段始末蓄水变量的代数和。例如，多年平均的大洋水量平衡方程：降水量+径流量=蒸发量；陆地水量平衡方程：降水量=径流量+蒸发量。

水量平衡分析是水资源研究的基础，通过了解各地区的水资源总量，可为水资源的开发利用提供依据。水量平衡法也是揭示人与环境间相互影响的方法，其可定量地探讨水循环过程对人类社会的深刻影响，以及人类活动对水循环过程的消极影响和积极控制的效果。例如，全球的温室效应使冰川加剧消融，冰川蓄水量减少；许多内陆湖泊蒸发旺盛，水位下降，蓄水量减少；地下水也因蒸发和开采而使蓄水量减少。这三个方面减少的水量最后汇入海洋，促使海平面上升。而修水库又可减少入海水量。

3.2.3 海洋

3.2.3.1 海洋的物理特征

1）盐度。海水是一种含有多种溶解固体和气体的混合溶液，其中水约占96.5%，其他物质约占3.5%。单位质量海水中含溶解物质的质量称为海水盐度，通常以每千克海水中所含溶解物质的克数表示（‰）。世界大洋的平均盐度为34.69‰，但各海洋并不一致，如在赤道海洋上降水充沛的地区，盐度为34.5‰～35‰；而在大陆边缘的近海，由于受大陆上淡水流入的影响，盐度降低，且随季节变化大。

2）温度。海水的温度是海洋热能的一种表现形式，其取决于海洋热能的收支状况，而其热能主要来源于太阳辐射和海洋大气热交换。因此，海洋表层水温随纬度、季节和洋流运动发生变化。海洋表层年平均水温的变幅通常为–2～30℃，全球的年均温为17.4℃。

3.2.3.2 潮汐

潮汐是海水在月球和太阳引潮力作用下所发生的周期性升降运动。海面升高，海水前进时叫涨潮；海面下降，海水后退时叫落潮。涨潮时，海水面上升最高处称为高潮；落潮时，海水面最低处称为低潮。高潮与低潮之差称为潮差。一般情况下，每昼夜海面出现两次涨落，其相隔的平均时间约为12 h 26 min。

海水在月球和太阳的引潮力作用下，除了有周期性的升降运动外，同时还发生周期性的水平流动，称其为潮流。随着涨潮而形成的潮流称为涨潮流；随着落潮而形成的潮流称落潮流。潮流在一个周期内出现两次最大流速和最小流速。当高潮或低潮时，均出现一段时间潮流流速极缓慢的状态，称为憩流。

3.2.3.3 洋流

洋流是指大规模海水沿水平方向和垂直方向所做的非周期性运动。它是海水运动的主要形式之一。洋流对海洋内部的能量和物质的交换起着极为重要的作用，世界各大洋被洋流的环流系统有机地联系在一起，形成一个巨大的整体。

根据行星风系的理论可推论出三种环流模式：

1）赤道流。由东北信风和东南信风引起海水的强大漂流称为赤道流，又称信风漂流，包括北赤道流和南赤道流。它起始于大洋的东海岸附近，自东向西横贯各大洋，是一支较为稳定的洋流。赤道流所影响的深度为100～300 m，在赤道附近最浅。

在南北赤道流之间，还形成了自西向东流动的赤道逆流。赤道流到达大洋西岸向南北分流，在太平洋形成黑潮；在南太平洋形成东澳大利亚洋流；在北大西洋形成湾流；在南大西洋形成巴西洋流；在印度洋形成厄加勒斯洋流。这些洋流统称为西边界流，其中以湾流和黑潮最为强大。

2）西风漂流。指海水在盛行西风的作用下几乎终年向东流动。西风漂流在北半球表现为北太平洋流和北大西洋流；在南半球，则因三大洋面积辽阔、彼此相连，其从南纬 30°一直延伸至南纬 60°。北太平洋流是由黑潮在北纬 40°～50°，东经 160°附近转变而成，并向东分为两支，一支向北成为阿拉斯加洋流，另一支向南并入加利福尼亚洋流。北大西洋流在欧洲海岸分为 3 支，南支为葡萄牙洋流，北支为尹尔明格洋流，中支为挪威洋流。

西风漂流到达大洋东岸后分为两支，流向高纬的一支称为暖流，流向低纬的一支称为寒流。这些洋流统称为东边界流。

3）南极绕极环流。在极地东风作用下形成的表层大洋环流，也是大洋中唯一绕地球一周的环流。南极环流的特点是低温、低盐、流量大，但流速小。据估计，南极环流的流量相当于世界大洋中最强大的湾流和黑潮之和，而流速仅为湾流和黑潮的 1/10。

3.2.4　河流

在陆地表面上接纳、汇集和输送水流的通道称为河槽，河槽与其中流动的水流统称为河流。河流是地球上水分循环的重要路径，是与人类关系最为密切的一种天然水体。

3.2.4.1　水系与流域

1）水系。水系是干流和许多支流组成的水流系统。在一个水系中，一般以长度或水量最大的河流作为干流，汇入干流的河流称为一级支流，注入一级支流的河流称为二级支流，依此类推。

2）流域。流域是河流的集水区域，即由分水线所包围的区域。分隔两个相邻流域的山岭或河间高地叫分水岭。分水岭上最高点的连线叫分水线，是流域的边界线。分水线所包围的面积称为流域面积或集水面积。

3.2.4.2　河流的水情要素

1）水位。水位是指河流某处的水面高程。它以一定的零点作为起算的标准，该标准称为基面。我国目前统一采用青岛基面。在生产和研究中，常用的特征水位有平均水位、最高水位和最低水位。

2）流速。流速是指河流中水质点在单位时间内移动的距离，以 m/s 表示。天然河道中流速的分布十分复杂，在垂线上（水深方向），从河底至水面，流速随着糙度影响的减少而增大，最小流速在河底，最大流速在水面下某一深度。

3）流量。单位时间内通过某一过水断面水的体积称为流量，单位为 m^3/s。由于河道断面上流速分布不均，每秒通过过水断面的水体积为一不规则曲面体，称其为流量模型。在河流断面上，流量增大，水位升高；流量减少，水位降低。水位与流量有一定的关系，其可用水位流量关系曲线表示。流量代表着河流的水资源，其有多种特征值，如瞬时流量、日平均流量、月平均流量、年平均流量等。例如将某一时段内的流量加和起来，则称为某时段的径流总量。

3.2.4.3 河流泥沙

河流泥沙是指组成河床和随水流运动的矿物、岩石固体颗粒。它主要是流域坡面上流水侵蚀作用的产物。流域地表冲蚀的泥沙数量以侵蚀模数表示，单位为 t/（a·km^2）。河水中泥沙含量的多少用含沙量表示，单位为 kg/m^3。

流域的侵蚀模数和河流的含沙量的大小，主要取决于流域上暴雨的集中程度、土壤结构与组成特征、地面坡度以及植被覆盖条件。例如，我国黄河中游的黄土高原地带，土质松散、多暴雨、植被差，故侵蚀模数和含沙量均很高。其中某些地区的侵蚀模数可达 10 000 t/（a·km^2）及以上，是我国水土流失最严重的地区。

3.2.5 湖泊

湖泊是陆地上天然凹地中蓄积着停滞的或流动缓慢的水体。它是由湖盆、湖水及水中物质组合成的综合体系。

3.2.5.1 湖水的性质

1）湖水温度特点。湖水吸收太阳能而增温。据观测，湖水表层 1 m 左右吸收了 80%左右的辐射能，且大部分能量被靠近水面 20 cm 的水层所吸收，只有 1%的能量能达到 10 m 深处。由此可见，大部分太阳辐射能用于提高湖水表层温度，而湖泊深处的热量交换则主要是通过涡动、对流混合来进行的。

湖泊水温的年内变化，大致可分为春夏增温期和秋冬冷却期。除气温低于 0℃时期外，水温年变化与当地气温变化息息相关。但其年内最高、最低水温的时间比气温晚一个月左右，温度变化幅度也比气温小，湖水温度的年变幅随水深增加而递减。

湖泊水温沿垂线分布有两种情况：

- ❖ 正温成层：出现在暖季，水温自表层随水深而降低，最低不小于 4℃。当正温成层时，湖面冷却可引起水的对流循环，使上下水层温度趋于均匀。
- ❖ 逆温成层：出现在冷季，水温随水深增加而增高，但下层最高不大于 4℃。在逆温成层时，湖面增温会引起水的对流循环，使水温趋于均匀。

根据深水湖水温的垂直分布特性，湖水大致可划分为如下 3 个层次：

- ❖ 湖上层：此层因动力混合强烈而称动水层。由于直接接受太阳辐射，湖水易增温，且水温分布均匀。但此层厚度差别很大，主要取决于增温程度、动力混合强度以及湖泊形态等。
- ❖ 温跃层：该层水温变化急剧，如在炎热季节，上下水温差可达 20℃及以上。
- ❖ 湖下层：水温低，受外界干扰少，层内温差小。

（2）湖水的透明度与水色

- ❖ 透明度：湖水的透明度是指湖水能使光线透过的程度，可用透明系数或相对透明度来表示。相对透明度即能见深度，是指以 30 cm 直径的白色圆盘沉到目力不能见时的深度，用 m 表示。

湖水透明度有明显的时间变化规律。一日内，中午太阳高度角大，浮游生物下沉，透明度大；早晚太阳高度角小，浮游生物泛浮水面，透明度小。一年之内，秋冬季透明度较大，汛期因洪水夹带泥沙的影响以及水温、水生物繁殖等，透明度小。

❖ 水色：水色是指垂直方向上位于透明度一半深处，白色圆盘上所显现的湖水颜色。水色取决于水对光线的选择吸收和选择散射的情况。由于光线散射强度与光波长的 4 次方成反比，所以波长越短，光越容易被散射。可见光中以蓝色光波长较短，因此散射较大，清澈的湖水常呈浅蓝色。

由于光线被湖水吸收和散射，又和湖水中悬浮物、浮游生物、离子含量、腐殖质等有关，所以实际的湖水可呈现多种多样的水色。例如湖水中悬浮物含量多，水呈蓝绿色或绿色，甚至呈黄色或褐色；水中浮游生物多，可呈现绿色、蓝绿色、粉红色等。

3.2.5.2　湖泊富营养化

（1）基本概念

富营养化是指水体在外界条件的影响下，由于营养盐类不断积聚，引起水体内部物理、化学性状不断改变，水生生态系统发生相应的演替，并由生物生产力低的状态逐步向生物生产力高的状态过渡的现象。

湖泊富营养化过程的初始阶段，湖体中营养盐较少，溶解氧丰富，生物生产力水平低，湖泊呈现贫营养型特征。随着时间的推移，自外部进入湖中的营养盐类逐渐积聚，湖水中营养物质增多，湖泊生物生产能力提高，生物量增加，水中溶解氧含量下降，水色发暗，透明度降低，水生生物种群组成逐步由适合富营养状态下的种群所代替，湖泊相应由贫营养型发展为中营养型，进而演变为富营养型。

富营养化现象发展到一定阶段，表现为浮游藻类的异常增殖。以蓝绿藻类为主的水藻泛浮水面，严重时形成“水华”或“湖靛”。在迎风湖岸或湖湾处，聚集水面的藻类可成糊状薄膜，湖面呈暗绿色，透明度极低，可散发出腥臭味。而且还会分泌出大量藻类毒素，抑制鱼类和其他生物的生长，对人畜造成危害，并严重污染环境。自 20 世纪 50 年代以来，湖泊富营养化现象已成为世界上重要的水环境污染问题。

（2）影响富营养化的主要因子

❖ 营养因子：是指浮游生物等生长所必需的各种营养盐类。据测定，每增殖 1 g 藻类大约消耗 0.009 g P、0.063 g N、0.07 g H、0.358 g C、0.496 g O 以及 Mn、Fe、Cu、Mo 等多种微量元素。藻类的生长会因湖水中某种元素不足而受到抑制，该规律称为最低量定律，这种元素称为限制性元素。在上述元素中，C、H、O 3 种元素来源广泛，因此，湖水中 N、P 的含量与补给量常成为影响藻类繁殖的主要限制性因子。据计算，每 1 g N 可增殖 10.8 g 藻类，每 1 g P 可增殖 78 g 藻类。由此可见，水体中 N、P 含量直接决定了藻类的繁殖速度，因而影响到湖泊富营养化进程。

❖ 环境因子：湖水中营养元素的来源与环境有密切关系。通常位于山区的湖泊，其

N、P 的补给有限，所以常处于贫营养状态；位于平原上的湖泊，由于水中营养元素补给丰富，所以常处于中营养型或富营养型状态。在城市或工业区附近的湖泊，由于城市生活污水和工业废水中常含有大量的 N、P 等营养物质，以致加快了湖泊富营养化进程。

3.2.6 地下水

埋藏在土壤、岩石空隙中各种不同形式的水统称为地下水。地下水是地球上水循环系统中的重要环节，它与大气水、地面水相互联系，也是水资源的重要组成部分。

3.2.6.1 地下水的存在形式

在地面以下，根据土壤、岩石含水量是否饱和可分为两个带：地下水水面以上的包气带及地下水水面以下的饱水带。饱水带中的土壤岩石空隙全被液态水充满，主要是重力水；饱水带以上的土壤岩石空隙没有完全被水充满，包含有与大气连通的气体，故称包气带。它是大气水、地面水与地下重力水相互转化的过渡带。靠近下部包气带的部位，形成一个以毛管水为主的毛管带。在地下水中主要研究饱水带中的重力水。

3.2.6.2 地下水的补给与排泄

地下水的补给主要有大气降水、地表水的渗入、大气中水汽和包气带岩石空隙中水汽的凝结，此外还有人工补给等。大气降水是地下水最主要的补给来源。大气降水到达地面以后被土壤颗粒表面吸附形成薄膜水。当薄膜水达到最大水量之后，继续下渗的水被吸入细小的毛管孔隙而形成悬挂毛管水，当包气带中的结合水及悬挂毛管水达到极限以后，这时雨水在重力作用下通过静水压力传递，不断地补给地下水。地表水与地下水间的补给取决于地表水水位与地下水水位的关系。例如山区河流，河水水位常低于地下水位，河流不能补给地下水，而只能起排泄地下水的作用。在山前地段的河流，河床抬高，河水补给地下水。一般在冲积平原上的河流，在平水和枯水期地下水向河流排泄；在汛期河水上涨快，地下水上涨慢，河水反过来补给地下水。

地下水通过地下途径直接排入河道或其他地表水体称为泄流。泄流只有在地下水位高于地表水位时发生。地下水的蒸发排泄包括土壤蒸发与植物蒸腾。当地下水埋藏较浅时，强烈的蒸发排泄可使土壤和地下水不断盐化。

地下水由补给区流向排泄区的过程称为地下水的径流过程。该过程可使地下水不断地得到交替和更新。地下水径流方向的总趋势是由补给区流向排泄区；由高水位流向低水位。但其间由于受局部地形和含水层的非均一性影响，具体的方向路径往往很复杂，通常用地下水等水位线图等来分析确定。

3.2.6.3 潜水

按埋藏条件不同可将地下水分为上层滞水、潜水和承压水。这里只介绍潜水。

潜水是埋藏在地表以下，第一个稳定隔水层之上，具有自由表面的重力水。潜水的自由表面称为潜水面，其绝对标高称为潜水位。潜水位至地面的距离称为潜水埋藏深度，自潜水面向下到隔水层顶板之间的距离称为含水层的厚度。潜水面之上，一般均无稳定的隔水层。因此，大气降水或地表水可通过包气带直接补给潜水，所以潜水易受污染。

潜水一般埋藏在第四纪疏松沉积物的孔隙中，其埋藏深度及含水层厚度各处不一，相差很大。山区潜水埋藏较深，含水层厚度差异大。平原区潜水埋藏浅，一般仅数米，含水层厚度差异较小。同一地区，潜水埋藏深度及含水层厚度也因时而异，在多雨季节，含水层厚度增大，埋藏深度也小；干旱季节则相反。另外，人为因素对潜水的影响越来越广泛。例如，在引地表水灌溉的地区，如果灌水过多，排水不当，会引起潜水位逐年上升，造成土壤次生盐渍化等不良后果。在大规模开采地下水区，地下水的过量开采往往引起地下水位的大幅下降，形成地下水的区域下降漏斗，并可引起地面沉降或海水倒灌，致使水质变坏。

3.3　土壤圈

土壤圈是指岩石圈最外面一层疏松的部分，其上面或里面有生物栖息。土壤圈是构成自然环境的五大圈层之一，是联系有机界和无机界的中心环节，也是与人类关系最密切的一种环境要素。土壤圈的平均厚度为 5 m，面积约为 1.3×10^8 km^2，相当于陆地总面积减去高山、冰川和地面水所占有的面积。

3.3.1　土壤的概念

土壤是指地球陆地表面具有一定肥力且能生长植物的疏松表层。它是在岩石风化和母质的成土两种过程综合作用下形成的产物，是人类和生物赖以生存的物质基础。土壤的本质属性是具有肥力。肥力是指土壤供给植物生长发育所必需的水分和营养元素的能力。土壤肥力的大小取决于土壤肥力因素，包括水、肥、气、热的协调状况及土壤能否提供植物生长发育的条件。这些条件与土壤物质组成、能量运动状况、自然条件以及人工措施等有关。一般来说，在气候、生物等自然因素作用下形成的土壤称为自然土壤；在耕种、施肥、灌排等人为因素作用下，土壤的自然特性改变，形成耕作土壤。由于各地的自然和人为因素不同，所以可形成各种不同类型的土壤。土壤类型也会因某些因素的改变而发生变化。如人们不合理地利用土壤，可能引起土壤沙化、土壤次生盐渍化等不良后果。

3.3.2　土壤的组成与性质

土壤是由矿物质、有机质和活的生物有机体以及水分、空气等固、液、气三态组成。按重量计，矿物质可占固态部分的 90%～95%，有机质占 1%～10%，其余为少量杂质。因此，土壤是一个以矿物质为主的物质体系。

3.3.2.1 土壤矿物质

土壤矿物质来源于成土母质，按其成因可分为原生矿物和次生矿物两大类。原生矿物是各种岩石受不同程度物理风化的碎屑物，其未改变原有的化学组成和结晶构造。土壤中最主要的原生矿物包括长石类、云母类、辉石类、角闪石类、石英、赤铁矿、金红石、黄铁矿和磷灰矿等。次生矿物主要是由原生矿物经风化而重新形成的新矿物，其化学组成与结构已发生了变化。土壤中次生矿物的颗粒很小，粒径一般小于 0.25 mm，具有胶体的性质。常见的次生矿物有方解石、白云石、石膏、伊利石、蒙脱石和高岭石等。

3.3.2.2 土壤有机质

土壤有机质是指以各种形态存在于土壤中的有机化合物。其中包括动植物残体和腐殖质等。土壤有机质可分为两大类：普通有机物和腐殖质。普通有机物包括碳水化合物、蛋白质、木质素、有机酸以及含氮、磷、硫的有机物等。腐殖质是土壤中一种特殊的有机物，其占有机质总量的 50%～65%。它的主要成分为胡敏酸、富里酸和胡敏素。腐殖质通常带有电荷，并具有较强的吸收、缓冲性能。腐殖质胶体中多种能解离的官能团，可与重金属离子等形成络合物或螯合物，增加其水溶性，使之随水迁移或被吸附、固定，从而减轻其危害。因此，提高土壤腐殖质含量是减轻污染危害及增强土壤自净能力的重要措施。

3.3.2.3 土壤溶液与酸碱度

土壤溶液是土壤水分及其所含气体、溶质和悬浮物质的总称。其溶质包括各种可溶性盐和营养物质，以及可溶性污染物质。土壤的酸碱度是指土壤溶液中存在的 H^+和 OH^-浓度，通常用 pH 表示。根据引起土壤酸性反应的 H^+ 和 Al^{3+}的存在形式，可将土壤酸度分为活性酸度和潜在酸度。活性酸度是由溶液中 H^+的浓度所引起的酸度，用 pH 表示。潜在酸度是由土壤胶体或吸收性复合体的交换性 H^+和 Al^{3+}所引起的酸度。这种酸度只有在土壤胶体上的 H^+被其他阳离子交换而进入土壤溶液后才显示出来。

3.3.2.4 土壤的缓冲性

土壤具有一定的抵抗土壤溶液中 H^+或 OH^-浓度改变的能力，称为土壤的缓冲性能。由于土壤具有缓冲性，所以有助于缓和土壤酸碱变化，为植物生长和微生物活动创造比较稳定的生活环境。土壤缓冲作用是因土壤胶体吸收了许多代换性阳离子，如 Ca^{2+}、Mg^{2+}、Na^+ 等可对酸起缓冲作用，H^+、Al^{3+}可对碱起缓冲作用。土壤缓冲作用的大小与土壤代换量有关，其随代换量的增加而增大。

3.3.3 土壤的形成过程

3.3.3.1 土壤形成的基本规律

自然土壤是在多种成土因素如母质、气候、地形、生物、时间等综合作用下形成的，其形成过程也就是土壤肥力的发生、发展过程。它的基本规律是地球物质的地质大循环过程与生物小循环过程矛盾的统一（图 3-5）。

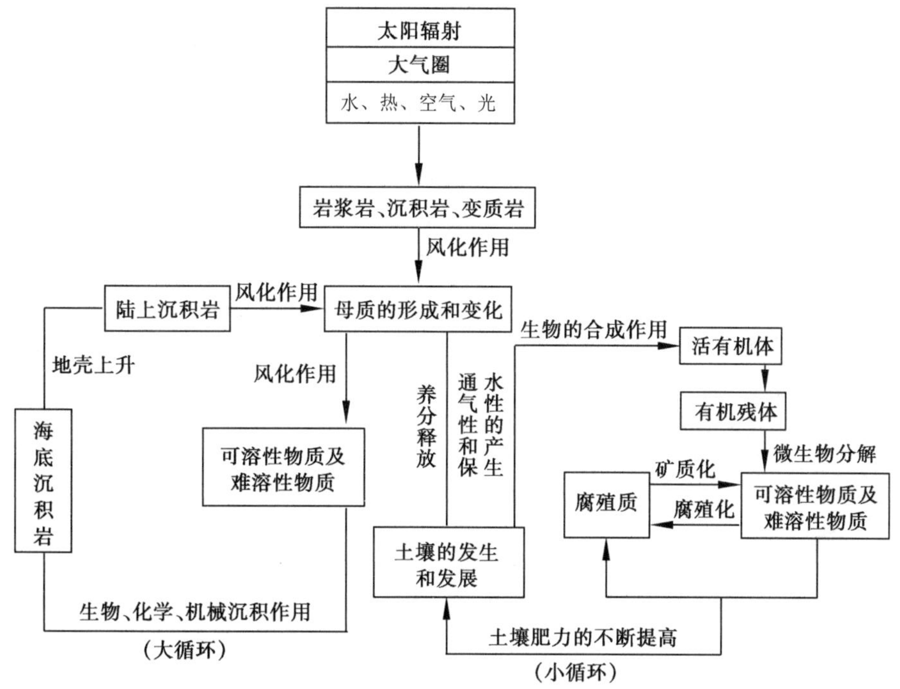

引自自然地理学基础，高等教育出版社，1987。

图 3-5　土壤形成过程中大小循环关系

1）地质大循环。岩石的风化产物通过各种不同的物质运动方式，最终流归海洋，经过漫长的地质变化而形成各种海洋沉积物，以后海洋又可能因地壳运动或海陆变迁上升为陆地。这种过程称为物质的地质大循环。

在岩石风化过程中，原生矿物的分解和次生矿物的合成与土壤形成关系极为密切。在物理、化学和生物风化作用下原生矿物发生分解，其分解为大小不同的颗粒物质，又逐渐结合成黏土矿物。这些物质初步具有一定的透水性和吸收保蓄能力，并释放出矿质养分。

2）生物小循环。经岩石风化作用释放出来的无机盐类，一部分被植物吸收而成为活有机体，另一部分仍保存在母质中或遭受淋失。当活有机体死亡后，其可被微生物分解为植物能吸收利用的可溶性矿质养料，也可通过微生物的合成作用，形成腐殖质并在土壤中积累。有机质的这种不断分解和合成过程改善了土壤的理化性质，增强了土壤的透气性和保蓄性，形成了能满足植物对空气、水分、养料需要的良好环境。上述过程称为物质的生物小循环。

地质大循环形成了成土母质，生物小循环则从地质大循环中累积生物所必需的营养元素。由于有机质的累积、分解和腐殖质的形成，才发生、发展了土壤肥力，使岩石风化产物脱离了成土母质而形成土壤。

3.3.3.2 土壤剖面与土壤发生层次

土壤剖面指地面向下直到土壤母质的垂直切面。它是由一些不同形态特征的层次重叠在一起构成的，这些呈水平状态分布的层次叫作土壤发生层，简称土层。

土壤剖面性状是指在各种成土因素相互作用下，土壤内在特性与外在形态的综合反映。典型的自然土壤剖面具有 3 个层次，即 A 层（腐殖质淋溶层）、B 层（淀积层）和 C 层（母质层）。A、B 层还可以进一步划分过渡性的层次如 A_0、B_1、B_2、B_3 层等。典型的农业土壤（耕作土壤）剖面具有耕作层、犁底层、心土层和底土层。观察研究剖面的形态、矿物质组成和物理化学性质，可以判明这种土壤的基本特征、形成规律及生产性能。土壤剖面观察的内容包括各个层位的颜色、质地、湿度、结构、孔隙、松紧度、新生体和侵入体、植物根系和动物穴、石灰反应和酸碱度等。

3.3.4 土壤的分类与分布规律

3.3.4.1 土壤分类

由于土壤形成因素和形成过程的不同，自然界的土壤多种多样。土壤分类就是根据土壤的发生发展规律和自然性状，按照一定的标准，对土壤所进行的科学区分。土壤分类能正确反映土壤之间以及土壤与环境之间在发生上的联系，反映土壤的肥力水平和利用价值，为合理利用和改造土壤提供科学依据。

土壤分类因对其认识的角度和利用的目的不同，产生了不同的土壤分类原则、标准和系统。目前，常采用的方法是土壤发生学分类。该分类强调土壤与其他自然因素的相互关系，特别是与气候、植被等自然景观的内在联系。经典的发生学分类通常将地球陆地上的土壤划分三大类：地带性土壤、隐地带性土壤和非地带性土壤。

地带性土壤也称显域土，是指那些受气候和生物因素强烈影响的土壤。地带性土壤大都是在不同程度的灰化、铁铝化、黏化和钙化作用下发育形成的，剖面发育完善，土壤分布与相应的生物气候带一致。隐地带性土壤也称隐域土，是受局部条件如特殊岩性、排水不良或盐碱化等因素影响而发育形成的土壤。这类土壤的分布超越地带性的界线，在所有条件适合的地点都会出现，故称隐域土。非地带性土壤又称泛域土，是指那些土壤发育极弱，剖面层次分异不明显，仍受母质影响的未成熟土壤。如新近冲积物、崩积物及沙丘和火山灰上的土壤，多数属于泛域土。

3.3.4.2 土壤的分布规律

土壤的分布规律按空间范围的大小分为三种研究尺度，即全球尺度、区域尺度和局地尺度。全球尺度的土壤分布主要研究的是由气候和生物因素控制的地带性土壤在地球表面的分布规律。区域尺度是指土壤在一个较大的空间范围，如我国香港、台湾地区或华南地区的土壤分布格局。局地尺度是小范围内，即一个谷地、一个农场或一座山丘的土壤分布模式。

地带性土壤是某种气候条件下的产物。对于每种土壤类型来说，都是由其特定的气候位置所决定的。因此，在土壤带与气候带、植物带之间，大体上存在着吻合现象。

3.4　生物圈

3.4.1　生物圈的概念

生物圈是指地球上生命物质及其生命活动产物所集中的范围。它在地面以上达到大致 23 km 的高度，在地面以下延伸至 12 km 的深处，其包括平流层的下层、整个对流层以及沉积岩圈和水圈。但绝大多数生物通常生存于地球陆地之上和海洋表面之下各约 100 m 厚的范围内。

生物圈主要由生命物质、生物生成性物质和生物惰性物质三部分组成。生命物质又称活质，是生物有机体的总和；生物生成性物质是由生命物质所组成的有机-矿质作用和有机作用的生成物，如煤、石油、泥炭和土壤腐殖质等；生物惰性物质是指大气底层的气体、沉积岩、黏土矿物和水。

由此可见，生物圈是一个复杂的、全球性的开放系统，是一个生命物质与非生命物质的自我调节系统。生物圈存在的基本条件是：首先，可以获得来自太阳的充足光能。因为一切生命活动都需要能量，而其基本来源是太阳能。绿色植物吸收太阳能合成有机物而进入生物循环。其次，要存在可被生物利用的大量液态水。几乎所有的生物全都含有大量水分，没有水也就不存在生命。再次，生物圈内要有适宜生命活动的温度条件，在此温度变化范围内的物质存在气态、液态和固态 3 种变化。最后，提供生命物质所需的 O_2 及各种营养元素，如 C、K、Ca、Fe、S 等。可以说，生物圈的形成是生物界与水圈、大气圈及土壤圈长期相互作用的结果。

总之，地球上有生命存在的地方均属生物圈。生物的生命活动促进了能量流动和物质循环，并引起生物的生命活动发生各种变化。生物要从环境中取得必需的能量和物质，就得适应环境；环境因生命活动发生变化，又反过来推动生物的适应性，这种反作用促进了整个生物界持续不断的变化。

3.4.2　生物圈的生物构成

从最原始的生物出现以来，生物的演化、发展已经历了 30 多亿年。构成生物圈有机体的总质量达 10^{13} t，但其只相当地壳质量的约 0.1%。生物圈的生物种类繁多，目前已定名的生物约有 200 万种，其中动物约 150 万种，植物约 50 万种。不过，此数与实际存在的生物种数相差甚远。据估计，地球环境发展至今包括已灭绝的生物在内，生物种类约有 3 亿种，是现在已知种的 150 倍。

组成生物圈的生物可分为四大类：原核生物界、植物界、真菌界和动物界。

3.4.2.1 原核生物界

原核生物界的生物是细胞结构简单、无核膜、无明显细胞核的最古老的原始生物，其代表种为细菌和蓝藻。

1）细菌。细菌是地球环境中存在的个体数量最多的细胞生物，如在 50 g 土壤中可能含有几亿个细菌。绝大多数细菌是异养型的，它们依靠消耗现成生物有机体维持生命活动。在已知的几千种细菌中，可引起动植物致病的只有 150 种。这些细菌大都生活在死亡的有机体上，靠分解有机质吸取能量和营养元素，未被利用的分解产物以无机物的形式归还到环境中去。因此，细菌在自然界的物质循环中起着极为重要的作用。

2）蓝藻。蓝藻是一种单细胞，以简单分裂进行繁殖的群体或丝状体。它含有叶绿素、藻蓝素或其他红、黄等色素。因此，有些蓝藻呈黑绿色或红色，红海就是被大量的蓝藻染成红色而得名。

3.4.2.2 植物界

除了细菌和蓝藻之外，全部藻菌植物和较进化有胚高等植物都可列入植物界。植物界由细胞中有明显的细胞核、叶绿素或其他色素，能进行光合作用制造有机食物的自养生物组成。

1）藻类植物。藻类植物属低等植物，有 2 000 多种。这类植物体内细胞没有特化，含有组织和器官，所以无根、茎、叶的分化。藻类多生长在各种水域或潮湿地带，其个体小至用显微镜才能观察到的单细胞绿藻，大致生长在太平洋中的长 50～100 m 的巨藻。

2）苔藓植物。苔藓植物包括苔类和藓类，它起源于绿藻，藻类的原丝体和苔类的原叶体都是从藻菌植物发展而成。苔藓类分布局限在沼泽、潮湿和阴暗的地方，生长密集，以保持水分。

3）维管植物。维管植物包括蕨类植物、裸子植物和被子植物。这类植物具有特殊的组织和器官，包括维管束（或称输导组织），由木质部和韧皮部组成。维管植物的种数超过其他各类植物的总和。但 95%的维管植物为被子植物。

3.4.2.3 真菌界

真菌属于真核生物，其体内不含进行光合作用的任何色素，是营腐生和寄生的异养生物，故有别于植物界。真菌除少数为单细胞生物外，大多数是多细胞分枝或不分枝的菌丝聚集在一起的菌丝体，以各种孢子进行繁殖，外表呈灰色、黑色、褐色或红色。生长在枯树上的蘑菇和多孔菌属于大型真菌。

3.4.2.4 动物界

动物界都是不含光合色素，属于真核异养型生物。其最大特点是构成躯体的细胞无细胞壁。动物界的营养方式除部分低等动物为寄生、腐生外，大多数以摄食为主。动物界又分为原生动物和后生动物。

1）原生动物。原生动物指单细胞的低等动物，其个体都很微小，绝大多数需借助显微镜才能观察到。原生动物广泛分布在海洋、湖泊、河流和沟渠中，以及土壤和有机质丰富的地方，对人类的健康和经济动物的养殖危害极大。

2）后生动物。后生动物是由单细胞动物逐渐发生分化，进而形成多细胞及各种组织和器官的动物。这类动物的营养方式因种类不同而异，如以植物为食，则称草食动物；如以动物为食，则称肉食动物；如两者兼食，则称杂食性动物。此外，还有寄生动物。

3.4.3　生物多样性

3.4.3.1　生物多样性的概念

生物圈中最普遍的特征之一是生物体的多样性。生物多样性（biodiversity）是指一定时空条件下所有生物物种和它们的基因以及与其生存环境形成的生态系统的复杂性的总称。

通常，生物多样性包含三个层次：遗传多样性、物种多样性和生态系统多样性。遗传多样性是指存在于生物个体内、单个物种内以及物种间的基因多样性。对于任何一个特定的个体和物种来说，都保持了大量的遗传类型，可被看作单独的基因库。遗传多样性是生物多样性的基础。物种多样性是指包括动物、植物、微生物等在内的地球上生命有机体的丰富性。对于某个地区而言，物种数多，则多样性高；物种数少，则多样性低。在自然生态系统中，一般物种数目较多，物种多样性较高；而在人工生态系统中，其物种构成比较简单，物种数目较少，其多样性也较低。一个生态系统的物种多样性在很大程度上反映了生态系统的现存状况和发展趋势。物种组成、种间关系以及与周围非生物环境关系的变化，往往决定生态系统的发展与消亡。生态系统多样性是指物种存在的生态复合体系的多样化和健康状态，即生物圈内的生境、生物群落和生态过程的多样化。生态系统是所有物种存在的基础。物种的相互依存性和相互制约性形成了生态系统的主要特性——整体性。生物与生境的密切关系形成了生态系统的地域性特征，而生态系统包容的众多物种和基因又形成了其层次性特征。

以上三种生物多样性类型，完整地描述了生命系统中从微观到宏观的不同认识。

此外，生物多样性一词至少还有三个方面的含义，即生物学的、生态学的和生物地理学的。狭义的生物学意义上的多样性多侧重于不同等级的生命实体群（主要指物种及其以下的实体）在代谢、生理、形态、行为等方面表现出的差异性。如生命的多样性（diversity of life）、有机体多样性（diversity of organisms / organic diversity）、分类学多样性（taxconomic diversity）和生物的多样性（biotic diversity）。生态学意义的多样性主要指群落、生态系统甚至景观在组成、结构、功能及动态等方面的差异性，当然包括有关的生态过程及生境的差异。研究较多、历史较长的是生态多样性（ecological diversity）或物种多样性（species diversity），此外还有生境多样性（habitat diversity）等。而生物地理学意义上的多样性主要指不同的分类群或其组合的分布特征或差异，如植物区系多样性（floristic diversity）等。

由于地球上生物的演化过程会产生新的物种，而新的生态环境又可能造成其他一些物种的消失，所以生物多样性是不断变化的。人类社会从远古发展至今，无论是狩猎、游牧、农耕，还是现代生产的集约化经营，均建立在生物多样性的基础上。正是地球上的生物多样性及其形成的生物资源，构成了人类赖以生存的生命保障系统。然而，人口的急剧增长和大规模的经济活动又使许多物种灭绝，造成生物多样性损失。这一问题已引起世界的广泛关注，并开始加强对生物多样性的认识和寻求保护生物多样性的途径。联合国《生物多样性公约》第十五次缔约方大会（COP15）通过了《昆明宣言》，缔约方承诺将制定、通过和实施有效的全球生物多样性框架，使生物多样性最迟到 2030 年走上一条通向恢复的道路，并且到 2050 年全面实现“人与自然和谐共生”的愿景。

3.4.3.2 生物多样性状况

1）物种。迄今为止，人类还不能准确知道地球上究竟有多少生物物种。20 世纪 60 年代中期，科学家们认为，地球物种大约为 300 万种，据推测，地球上物种种数为 750 万～1 000 万种，其中包括约 777 万种动物、30 万种植物和 61 万种真菌。科学家根据对秘鲁热带森林中昆虫的调查，发现了许多新的物种，因而有人估计地球上物种总数超过 3 000 万种。

2）分布与多样性。全球物种分布极不规律，有些物种只限于一个大洲，有一些则遍布几个大洲。据推测，所有物种中的 2/3 生存于占地球陆地表面 42%的热带（表 3-1）。

表 3-1 各气候带的物种数量估计

地带	已确定物种数/10^6 种	估计总物种数/10^6 种
寒带	0.1	1.0
温带	1.0	1.2～1.3
热带	0.6	3.7～8.6
合计	1.7	5.0～10.0

引自［美］世界资源研究所．世界资源报告，1986。

世界上亚马孙和扎伊尔盆地被认为是物种最丰富的地区。其余物种中 20%生长于亚马孙以外的拉丁美洲森林中，另外 20%生长在亚洲森林和除扎伊尔盆地以外的非洲森林中。

世界上某些地区，因地理和生态的隔离状态促进了物种形成，这里的生物很难移居他处而成为特有种。例如，夏威夷的 2 400 多种开花植物及其变种中，有 97%属当地特有的。

物种多样性低的地区是冰冠、冻土带和北方森林。例如，冻土带或北方森林分布较多的加拿大只有 22 种蛇，而墨西哥有 293 种。

3.4.3.3 中国生物多样性现状

中国幅员辽阔、陆海兼备，地貌和气候复杂多样，孕育了丰富而又独特的生态系统、物种和遗传多样性，是世界上生物多样性最丰富的国家之一。中国生物多样性在全球占第 8 位，北半球居第 1 位。其主要特点是：

1）生态系统类型多样。中国陆地生态系统总计有 27 个大类、460 个类型；其中，森林有 16 个大类、185 个类型；草地有 4 个大类、56 个类型；荒漠有 7 个大类、79 个类型；

湿地和淡水水域有 5 个大类；海洋生态系统总计有 6 个大类、30 个类型。

2）空间分布复杂多样。中国生物多样性空间分布复杂多样主要是由中国地域辽阔、地势起伏多山、地形复杂和气候复杂多变决定的。山脉众多且各种走向相互交错，形成了极其繁杂多样的生境，使得中国生物多样性高度丰富，并且可以满足不同生境需求的生物生存。

3）生物种类繁多。中国生物种类多且具有特有种、孑遗种及经济种多的特点。例如高等植物约 3.28 万种，包括 470 科和 3 700 余属，占世界物种数量的 12%，居亚洲第 1 位、世界第 3 位。其中有 253 个特有属，1 万多个特有种，许多特有种具有重要的经济用途。中国动物种类约 10.45 万种，约占世界总数的 10%。其中已发现哺乳类 499 种，鸟类 1 186 种，爬行类 370 种，两栖类 279 种，鱼类 2 804 种，昆虫已定名的有 4 万多种。由于中国古陆受第四纪冰川影响较小，从而保存下许多古老孑遗属种。

4）驯化物种及其野生亲缘种多。中国是世界八大栽培植物起源中心之一，有 237 种栽培物种起源于中国；中国还拥有大量栽培植物的野生亲缘种；常见的栽培物种有 600 多种，果树品种万余个，畜禽 400 多种。除上述的动、植物外，中国还记录了真菌约 8 000 种，藻类约 500 种，细菌约 5 000 种，分别占世界已记录物种数的 17%、16.3%和 18.6%。

中国的传统文化积淀了丰富的生物多样性智慧，“天人合一”“道法自然”“万物平等”等思想和理念体现了朴素的生物多样性保护意识。作为最早签署和批准《生物多样性公约》的缔约方之一，中国一贯高度重视生物多样性保护，不断推进生物多样性保护与时俱进、创新发展，取得显著成效，走出了一条中国特色生物多样性保护之路。

3.4.3.4　生物多样性的损失

自从地球上出现生命以来，就不断地有物种自然产生和灭绝；在生物界漫长的进化过程中，物种的形成和灭绝的速率相差不多。然而在当前，物种形成的速率在下降，而物种灭绝的速率在加速。据统计，2000 年以来有 110 多种兽类和 130 多种鸟类从地球上消失，其中 1/3 是 19 世纪灭绝的，另 1/3 是近 50 年来灭绝的，根据世界自然保护联盟 2012 年 6 月发布的《濒危物种红色名录》(*Red List of Threatened Species*)，有 33%的动物种类面临灭绝危险。近 50 年来我国仅动物就灭绝了数十种，另外尚有数百种面临濒危绝灭的境地。在我国国家重点保护野生动物名录中，受保护的濒危野生动物达 400 多种。《中国的生物多样性保护》白皮书指出：世界面临着前所未有的物种灭绝的严峻形势；生物多样性丧失和生态系统退化对人类的生存和可持续发展构成重大风险。

复习思考题

1. 简述大气圈层的结构及其特征。
2. 简述气温的空间分布及产生逆温的主要原因。
3. 解释行星风系、季风与海陆风。
4. 简述大气降水类型。
5. 简述水圈、水环境与水体的概念。

6．简述地球上水循环的特征。

7．简述湖泊水温的时空分布特点及其层次划分。

8．简述湖泊富营养化及其影响因子。

9．简述土壤形成的基本规律。

10．简述土壤剖面与土壤发生层次的特征。

11．简述生物圈及其构成。

12．简述生物多样性及其分布状况。

参考文献与推荐阅读文献

[1] 《环境科学大辞典》编辑委员会．环境科学大辞典．北京：中国环境科学出版社，1991.

[2] 丁登山，汪安详，黎永奇，等．自然地理学基础．北京：高等教育出版社，1987.

[3] 中山大学，兰州大学，南京大学，等．自然地理学．北京：人民教育出版社，1982.

[4] 刘培桐，薛纪渝，王华东．环境学概论．北京：高等教育出版社，1985.

[5] 黄瑞农．环境土壤学．北京：高等教育出版社，1987.

[6] 贾振邦，黄润华．环境学基础教程．北京：高等教育出版社，1997.

[7] A. N. 斯特拉勒，A. H. 斯特拉勒．自然地理学原理．北京：人民教育出版社，1982.

[8] A. N. 斯特拉勒，A. H. 斯特拉勒．环境科学导论．北京：科学出版社，1983.

[9] W. D. 冈吉．土壤和水中的农药．北京：科学出版社，2008.

[10] 姬亚芹．地学基础．北京：化学工业出版社，2008.

[11] 柳成志，冀国盛，许延浪．地球科学概论．北京：石油工业出版社，2008.

[12] 孙立广，谢周清，杨晓勇，等．地球环境科学导论．北京：中国科学技术大学出版社，2009.

[13] LeeR K，James F K，Robert G C．地球系统．北京：高等教育出版社，2011.

[14] 张珂，郑卓．地球科学概论．北京：现代教育出版社，2009.

[15] 李继红．自然地理学导论．哈尔滨：东北林业大学出版社，2007.

[16] 刘南威．自然地理学．北京：科学出版社，2000.

[17] 《中国的生物多样性保护》白皮书．中华人民共和国国务院新闻办公室，2021.

[18] 《2020 年联合国生物多样性大会（第一阶段）高级别会议昆明宣言》，联合国新闻，2021.

[19] Falkowski P，Scholes R J，Boyle E，et al. The Global Carbon Cycle：A test of Our Knowledge of Earth as a System. Science，2000，290：291-296.

[20] Budyko M L. The Earth’s Climate Past and Future. New York，Academic Press，1982.

[21] Albritton D L，Allen M R，Baede Alfons P M，et al. Summary for policymaker．A Report of Working Group I of the IPCC，2001.

[22] Kleypas J A，Buddemeier R W，Archer D，et al. Geochemical Consequences of Increased Atmospheric Carbon Dioxide on Coral Reefs. Science，1999，284：118-120.

[23] 蒋有绪．中国森林生态系统结构与功能规律研究．北京：中国林业出版社，1996.

[24] WRI．全球生物多样性策略．马克平，等译．北京：中国标准出版社，1993.

[25] Solbrig O T．1991，生物多样性——有关的科学问题与合作研究建议．//中科院生物多样性委员机

会．生物多样性译丛（一）．马克平，等译．北京：中国科学技术出版社，1992.
[26] MeNeely J A．保护世界的生物多样性. //中科院生物多样性委员会，生物多样性. 译从（一）．李文军，等译．北京：中国科学技术出版社，1992.
[27] 滕砥平. 1955. 生物学名称和生物学术语的词源. 蒋芝英，译．北京：科学出版社，1965.

第 4 章　生态系统

生态系统的含义广泛，但特征明显：能量流动、物质循环、信息传递、自我调节、动态系统。生态系统的生物组成提供了人类生存发展的基本条件，但其有限的承载能力却往往容易受到强烈人为活动的干扰。对于生态系统结构和功能的干扰与破坏，是造成当今全球环境问题的主因，而我们尤其需要注意的是，人类也是生态系统的一部分。

4.1　生态系统的基本概念

系统是由各自独立又相互联系、相互作用的组分所构成的统一体。就一个系统而言，小至细胞、大至宇宙，都是系统。生态系统是指特定空间内的全部生物（生物群落）和物理环境相互作用的任何统一体。在生态系统内，能量的流动导致一定的营养结构、生物多样性和物质循环形成。换句话说，生态系统就是一个相互进行物质和能量交换的生物与非生物部分构成的相对稳定的系统，它是生物与环境之间构成的一个功能整体，是生物圈能量和物质循环的一个功能单位。

生态系统是一个很广的概念，任何生物群体与其环境组成的自然体都可视为一个生态系统。例如，一块草地、一片森林都是生态系统；一条河流、一座山脉也都是生态系统；而水库、城市和农田等也是人工生态系统。小的生态系统组成大的生态系统，简单的生态系统构成复杂的生态系统，共同构成了生态系统的多样性。大小不一、丰富多彩的生态系统合成为生物圈。生物圈本身就是一个无比巨大而又精密的生态系统，是地球上所有生物（包括人类在内）和它们生存环境的总体。

生态系统属于生物系统的高级层次。生物分为基因、细胞、器官、有机体（个体）、种群、群落等主要层次，每个生物层次都与非生物成分相互作用而构成不同层次的生物系统。每个层次均以较低层次作为基本单元，形成自身的结构基础和功能单元。但是，就整体而言，每个层次的性质各有特点，并非低层次性质的简单总和。例如，生物个体的生存时间要比由个体组成的种群短促得多，个体只有出生和死亡，种群才表现出生率、死亡率、年龄结构等特征，生物的适应性也主要体现在种群上。

生态系统具有以下共同特性：

1）具有能量流动、物质循环和信息传递三大功能。在生态系统内，能量的流动通常是单向的、不可逆转的，而物质的流动则是循环式的。信息传递包括物理信息、化学信息、营养信息和行为信息。

2）具有自我调节的能力。生态系统受到外界的干扰和破坏，在一定范围内可以自行调节和恢复。生态系统内物种数目越多，结构越复杂，其自我调节能力越强。

3）是一种开放的、动态的系统。任何生态系统都要通过各种途径与外界进行沟通，不断地与周围环境进行物质交换，并且生态系统都有其发生和发展的过程，经历着由简单到复杂，从幼年到成熟的过程。

4.2　生态系统的组成和类型

4.2.1　生态系统的组成

地球表面上任何一个生态系统，通常都是由生物部分和非生物两大部分组成的。

4.2.1.1　生物部分

1）初级生产者。初级生产者指全部绿色植物或某些能进行光合作用或化能合成作用的细菌，又称为自养有机体。绿色植物通过光合作用把 CO_2、H_2O 和无机盐类转化成有机物质，把太阳能以化学能的形式固定在有机物质中，这些有机物是生态系统其他生物维持生命活动的食物来源。因此，绿色植物是整个生态系统的物质生产者。此外，光能合成细菌和化能合成细菌也能把无机物合成为有机物。例如，硝化细菌能将 NH_3 氧化为 HNO_2 和 HNO_3，并利用氧化过程中释放的能量，把 CO_2、H_2O 合成为有机物。这类细菌虽然合成的有机物质不多，但它们对某些营养物质的循环却有重要意义。

2）消费者。消费者指直接或间接利用绿色植物所制造的有机物质作为食物来源的异养生物，又称异养有机体。主要是各种动物，也包括某些腐生和寄生的菌类。消费者有机体可进一步划分成：

- ❖ 草食动物：它们以植物的叶、枝、果实、种子为食物，如牛、羊、兔、鹿、蝗虫和许多鱼类等。在生态系统中，绿色植物所制造的有机物质首先作为这类动物的食物，所以草食动物又称为初级消费者或第一性消费者。
- ❖ 肉食动物：它们以草食动物或其他弱小动物为食，包括次级消费者和三级消费者等。初级消费者、次级消费者等之间并没有严格的界限，许多杂食性动物，既是初级消费者，又是次级消费者或三级消费者。因而构成复杂的食物链和食物网。
- ❖ 寄生动物：寄生于其他动、植物体上，靠吸取宿主营养为生。
- ❖ 腐食动物：以腐烂的动植物残体或碎屑为食。包括某些以动物尸体为食的较大动物和小型的碎屑食性动物，如蝇蛆、北极狐等。

3）分解者。分解者主要是指各种微生物，也包括某些以有机碎屑为食物的动物，又叫还原者。它们以动植物的残体和排泄物中的有机物质作为维持生命活动的食物来源，把复杂的有机物分解为简单的无机物并归还环境，供生产者再度吸收利用，从而构成生态系统中营养物质的循环。

4.2.1.2 非生物部分

非生物部分（无机环境）是生态系统中生物赖以生存的物质和能量的源泉及活动的场所。该部分可分为：原料部分，主要是阳光、O_2、CO_2、H_2O、无机盐及非生命的有机物质；媒质部分，指水、土壤、空气等；基质，指岩石、沙、泥。

大多数生态系统由上述几大部分组成，而非生物部分和生物部分中的生产者与分解者是必不可少的。生态系统的组成如图 4-1 所示。

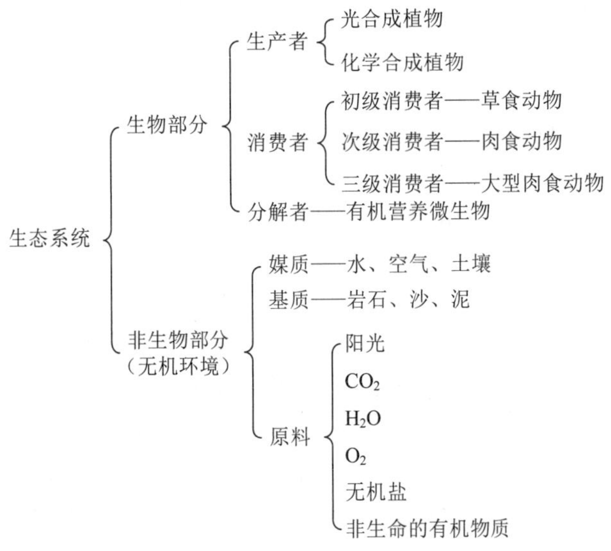

图 4-1 生态系统的组成

人类在生态系统中处于一个十分特殊的位置。人是生态系统的一部分，生态系统是人类生存的基本条件，人类的发展必须与生态系统的发展保持协调。另外，人类能够通过对自然生态系统的积极干预，使之变为各种形式的人工生态系统，极大地提高了生态系统的生产效率。从这个意义上说，人又是生态系统中最特殊的生产者。因此，如果人类活动不能遵循自然生态系统的发展规律，而错误地运用自己的能力，那么就会对生态系统造成破坏。

4.2.2 生态系统的类型

地球上的生态系统多种多样，一般可从以下两个角度对其进行分类。

4.2.2.1 按地理条件的不同来划分

1）陆地生态系统。陆地生态系统包括整个陆地上的各类生物群落。根据地球纬度及水、热等环境条件，按植被的优势类型可分为森林生态系统、草原生态系统、荒漠生态系统、冻原生态系统等。森林生态系统，又可分为热带林、亚热带林、温带林、寒带林等生态系统，以下还可再分。对其他生态系统，同样也可以再划分成次级生态系统。

2）水生生态系统。水生生态系统包括海洋和陆地上的江、河、湖、沼等水域，其面积占地球表面的 2/3。它又可以分为海洋生态系统和淡水生态系统。淡水生态系统又可分为流水生态系统（河、溪）和静水生态系统（湿地、湖泊、水库）。

4.2.2.2　按人类对系统的影响来划分

1）自然生态系统。例如前述的森林生态系统、海洋生态系统等。

2）人工生态系统。主要指被人类充分加工和改造了的自然系统，如城市生态系统、农田生态系统等。

3）复合生态系统。是指由人类社会、经济活动和自然环境共同组成的生态功能统一体。其理论核心是生态整合，通过结构整合和功能整合，协调各子系统及其内部组分的关系，实现人类、经济与自然间复合生态关系的可持续发展。

4.3　生态系统的结构与功能

4.3.1　生态系统的结构

生态系统的各个基本组分不是简单地组合在一起，而是具有一定的空间结构、形态结构和营养结构等。生态系统的结构是指构成生态系统的要素及其时空分布和物质、能量循环转移的路径。不同的生物种类、种群数量、种的空间配置、种的时间变化具有不同的结构和不同的功效。它包括平面结构、垂直结构、时间结构和营养（食物链）结构 4 种形式。这些结构独立而又相互联系，是生态系统功能的基础。

4.3.1.1　生态系统的形态结构

生态系统的生物种类、种群数量、种的空间配置（水平分布、垂直分布）、种的时间变化（发育、季相）等构成了生态系统的形态结构。例如，一个森林生态系统中动物、植物和微生物的种类和数量基本上是稳定的。在空间分布上，自上而下具有明显的分层现象。由高大的乔木构成林冠上层，林冠下层是灌木、乔木和草本植物，再下面还有苔藓、地衣等；地下则有浅根系、深根系及其根际微生物。在森林中栖息着各种动物，它们都有相对的空间位置：鸟类在树上营巢，兽类在地面筑窝，鼠类在地下掘洞。在水平分布上，林缘和林内的植物、动物的分布也明显不同。植物的种类、数量及其空间位置是生态系统的骨架，是整个生态系统形态结构的主要标志。

4.3.1.2　生态系统的营养结构

生态系统的各种结构又以营养结构最为重要，它是以营养联系为纽带所形成的一种以各生产者、消费者和还原者为中心的功能结构，是生态系统维持正常功能、保持动态平衡的重要基础。营养结构的模式可用图 4-2 表示。

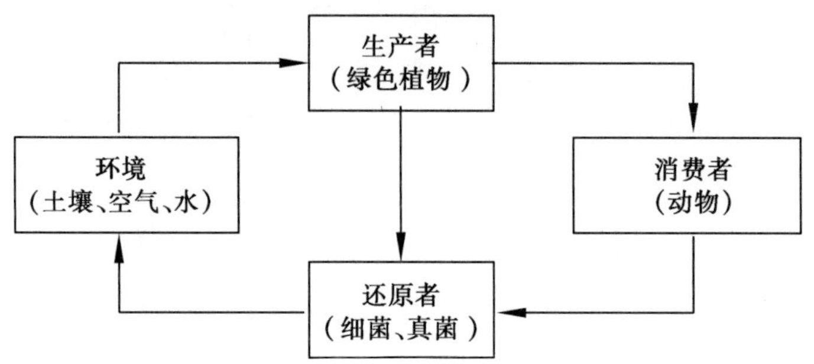

图 4-2 生态系统营养结构模式

1）食物链。营养结构的主要形式是食物链。它是指生态系统中各种生物之间通过吃与被吃的食物联系所形成的一种连锁关系。按照生物间的相互关系，一般可把食物链分成 4 类：

- ❖ 捕食性食物链：又称放牧式食物链。它以植物为基础，其构成形式：植物→小动物→大动物。后者可以捕食前者，如在草原上，青草→野兔→狐狸→狼；在湖泊中，藻类→甲壳类→小鱼→大鱼。
- ❖ 碎食性食物链：这种食物链以碎食物为基础。所谓碎食物是由高等植物叶子的碎片经细菌和真菌的作用，再加入微小的藻类构成。这种食物链的构成形式：碎食物→碎食物消费者→小肉食性动物→大肉食性动物。如在某些湖泊或沿海，树叶碎片及小藻类→虾（蟹）→鱼→食鱼的鸟类。
- ❖ 寄生性食物链：这种食物链以大型生物为基础，由小型生物寄生到大型生物身上构成。如老鼠→跳蚤→细菌→病毒。
- ❖ 腐生性食物链：这种食物链以腐烂的动植物遗体为基础。如植物残体→蚯蚓→节肢动物。

2）食物网。在生态系统中，一种消费者往往不只吃一种食物，而同一种食物又可能被不同的消费者所食。因此各食物链之间又可以相互交错，形成复杂的网状食物关系，称其为食物网。图 4-3 给出了一个简化的食物网。食物网作为一系列食物链的连锁关系，本质上反映了生态系统中各有机体之间的相互捕食关系和广泛的适应性。自然界中普遍存在着的食物网，不仅维系着一个生态系统的平衡和自我调节能力，而且推动着有机界的进化，成为自然界发展演化的生命网。

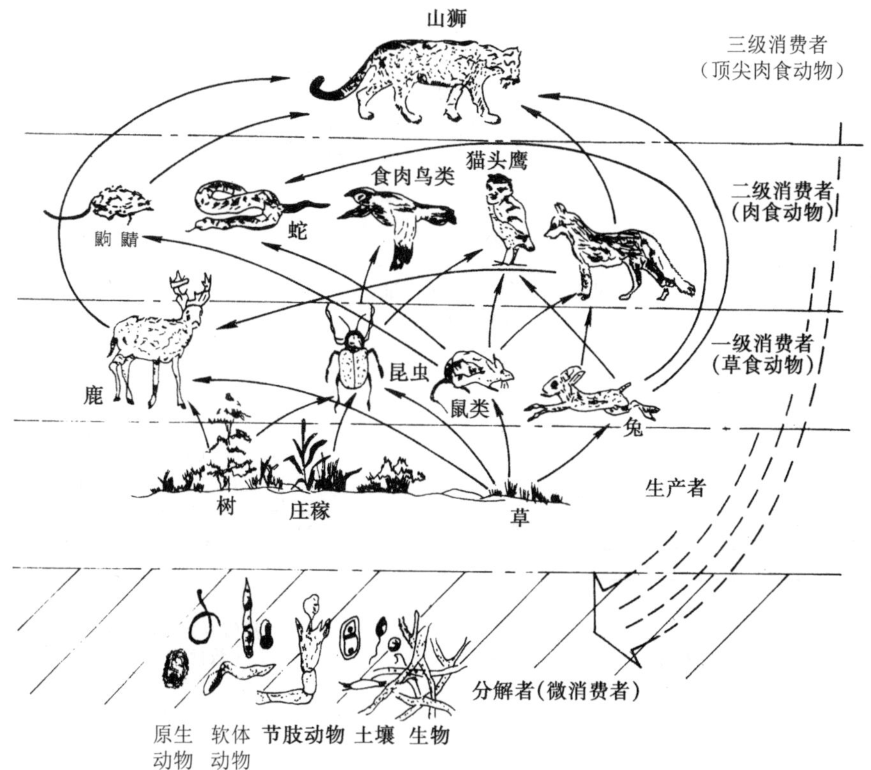

引自于志熙．城市生态学，中国林业出版社，1992。

图4-3　一个简化的食物网

3）营养级。生态系统中的能量流动是通过各种有机体和食物链进行逐级转化和传递的。因此，食物链中每一个环节上的物种，都是一个营养级。它既从前一个营养级得到能量，又向下一个营养级上的物种提供能量。只有作为初级生产营养级的绿色植物，其能量才直接来源于太阳。营养级通常为 4～5 级，即初级生产营养级→草食动物营养级→第一肉食动物营养级→第二肉食动物营养级→第三肉食动物营养级。

生态系统中的能量在沿各个营养级顺序向前传递时，由于各个环节上物种的自身消耗而呈急剧的、梯阶状的递减趋势。每一级为下一级提供的能量大约只相当固有能量的 10%，即通常所说的“十分之一法则”。因为，第一营养级——初级生产者获得的能量，自身呼吸、代谢要消耗一部分，剩余的又不能全部被草食动物利用。因此，在数量上，第一营养级就必须大大超过第二营养级，这样逐级递减，呈梯阶递减状态。这种状态像一个金字塔，在生态学上称其为金字塔营养级。它包括 3 种基本类型：①能量金字塔，在相应的营养层次上能流的比率；②生物量金字塔，建立在总干重、卡值或其他生命物质总量测定的基础上；③数目金字塔，描述生物个体的数量（图 4-4）。

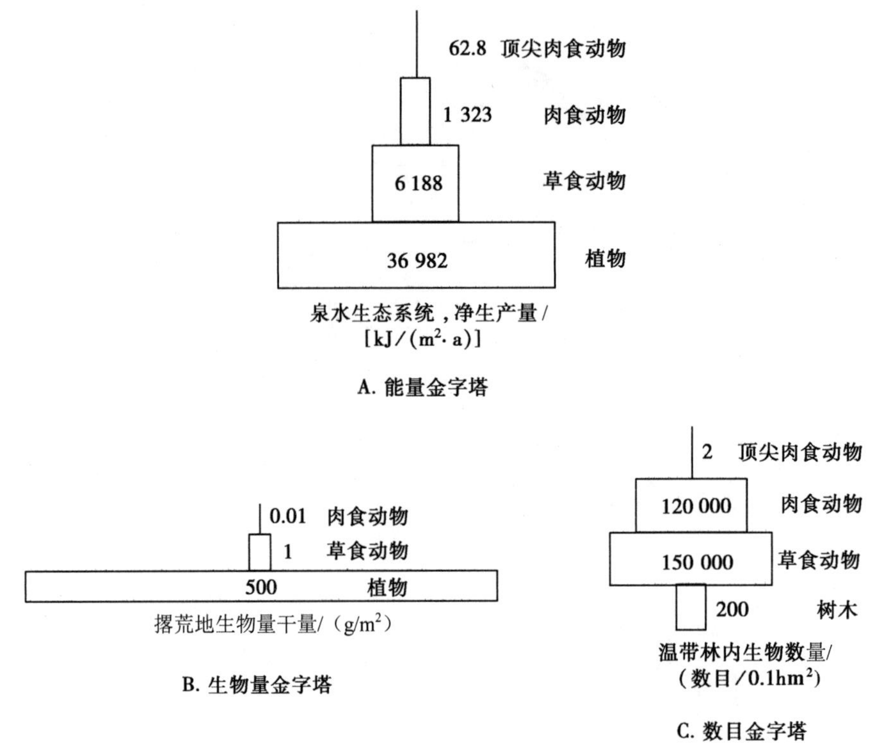

A．引自 Kormondy，1976；B、C．引自 Odum，1952。

图 4-4　生态金字塔

从图 4-4 可以看出，生物营养级的个体数目与生物个体大小有关。例如，一棵大树可被成千上万昆虫所取食，这时它们的数目金字塔就呈倒转的形式。生物量有时也会出现倒转，如水池中浮游动物的生物量有时会超过植物。而每克干有机物平均含热量因有机物的组成不同而不同。例如，陆生动物 4.5 kJ/g、藻 4.9 kJ/g、昆虫 5.4 kJ/g，也可能使生物量金字塔出现倒转形式。但是，能量金字塔必然是呈真正直立的尖塔形，它为整个系统提供了食物能量的全部来源。

4.3.2　生态系统的功能

生态系统中的能量流动和物质循环以及信息传递构成了生态系统的基本功能。

4.3.2.1　能量流动

生态系统中全部生命活动所需要的能量均来自太阳。食物是光合作用新近固定和储存的太阳能，化石燃料则是过去地质年代固定和储存的太阳能。光合作用是植物固定太阳能的唯一有效途径，其全过程非常复杂，包括 100 多步化学反应，其总反应式为

$$6CO_2+12H_2O \longrightarrow C_6H_{12}O_6+6O_2+6H_2O \qquad (4\text{-}1)$$

能够通过光合作用制造食物分子的植物被称为自养生物，主要是绿色植物。而靠从自养生物取得食物分子的生物称为异养生物，如食草的动物和昆虫。异养生物无法固定太阳能，只能直接或间接从绿色植物中获取富能的化学物质，然后通过呼吸作用把能量从这些化学物质中释放出来。

呼吸作用也包括 70 多步反应，其总反应式为

$$C_6H_{12}O_6+6O_2 \longrightarrow ATP+6CO_2+6H_2O+\text{热量} \quad (4\text{-}2)$$

生成物中的 ATP 即三磷酸腺苷，是生物化学反应中通用的能量，可保存供未来之需，也可以构成和补充细胞的结构以及执行各种各样的细胞功能。

生态系统中的能量流动和转化都是遵循热力学定律进行的。热力学第一定律指出，能量可从一种形式转变为另一种形式，在转换过程中既不消失也不增加，即能量守恒。热力学第二定律指出，能量总是沿着从集中到分散、从能量高到能量低的方向传递的，在传递过程中又总会有一部分成为无用的能量被释放掉。能量在生态系统中的流动是通过食物链营养级逐级向前传递，最后以做功或散热的形式消散（图 4-5）。

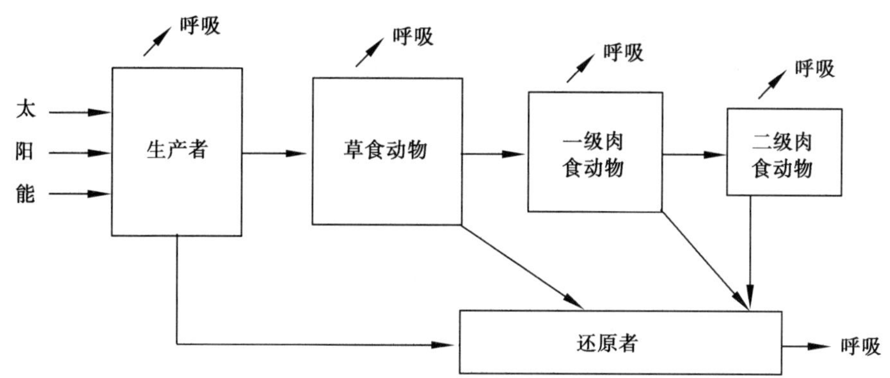

图 4-5　生态系统中能量流动示意

进入大气层的太阳能大约为 8.12 J/（min·cm^2），其中约有 30%被反射回太空，20%被大气吸收，只有 40%左右到达地面，10%左右辐射到绿色植物上，而其中又有大部分被反射回去。真正被绿色植物利用的只占辐射到地面上的太阳能的 1%左右。绿色植物利用这部分太阳能进行光合作用制造的有机质，每年可达 1 500 亿～2 000 亿 t，这是绿色植物提供给消费者的有机物产量。绿色植物通过光合作用把太阳能转变成化学能储存在这些有机质中，提供给消费者需要。能量再通过食物链首先转移给草食动物，再转移给肉食动物。动、物死后的遗体被分解者分解，把复杂的有机物转变为简单的无机物。在分解过程中把有机物中储存的能量散发到环境中去。同时，生产者、消费者和分解者的呼吸作用，又都要消耗一部分能量，被消耗的能量也散发到环境中去，如图 4-5 所示。

4.3.2.2　物质循环

物质循环（物质流）是指生态系统中构成生命体的各种物质以及一些非生命体构成的

必要物质的传递和转化的动态过程。物质循环与能量流动不同，能量流是单向流动的，而物质流则构成一个循环的通道。

生物体内所需的营养元素有 30～40 种。这些营养元素在生物圈内运转不息，从非生物环境到生物有机体内，再返回到非生物环境中去。由此可知，营养元素的循环包括生态系统内（主要是植物群落和土壤之间）的生物小循环和地球化学的大循环，通常称这种循环为生物地球化学循环。在循环过程中，每种元素都有各自的路线、范围和周期，即可分成不同的循环类型，如气体循环和沉积循环。在气体循环中，大气是主要的元素库，以 C、N、O 循环为代表。在沉积循环中，元素是以固态形式作为沉积岩的组成部分，以 P 为代表，而 S 循环介于两种类型之间。

生态系统中物质循环的一般特征如图 4-6 所示。图中物质集中的区域称为库，其包括两种类型：活动库和储存库。活动库中的物质在形式和位置上都容易进入生命过程。储存库中的物质则难以进入生命过程。在物质循环中，物质流的通路将循环中的各种类型的活动库与储存库联系起来。通常活动库比储存库小得多，物质在活动库之间运动比在储存库之间运动要快。例如，大气（活动库）中的全部 CO_2 在植物中循环一次大约需 10 年，而现在形成岩石的碳酸盐沉积物（储存库）被抬升起来并加以分解并释放出 CO_2 则需要好几百万年。为了进一步了解物质循环的特点，下面以与环境问题关系最为密切的几种营养元素如 C、N、P、S 的循环来说明物质流的具体过程。

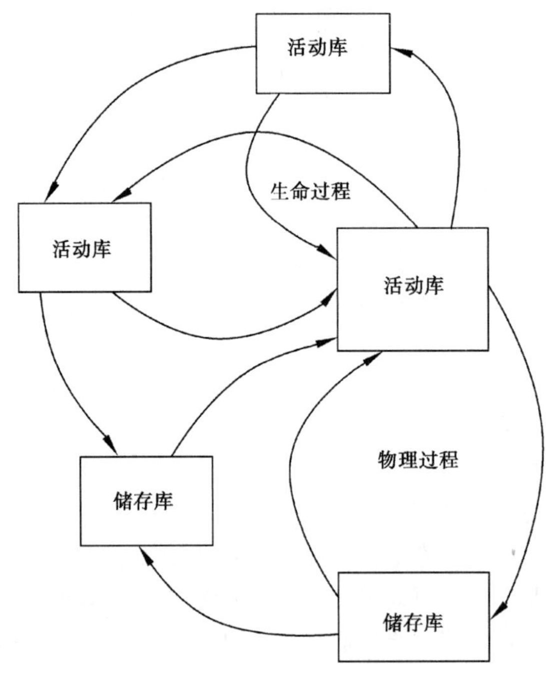

引自 A. N. 斯特拉勒．环境科学导论．科学出版社，1983。

图 4-6 物质循环的一般特征

（1）C 循环

C 是生命物质中的主要元素之一，是构成有机分子的基本材料，是一切生物的物质组成基础，也是构成地壳岩石及化石燃料的主要成分。在地球的各个圈层中，C 的循环主要是通过 CO_2 进行的（图 4-7）。CO_2 在大气中的含量很少，仅为 58 000×10^{12} mol。更多的 CO_2 溶解在大洋的海水中，大约为 2 900 000×10^{12} mol，是空气中 CO_2 含量的 50 倍。但是，最大量的 C 是以碳酸盐沉积物形式储存的，其相当于活动库中碳量的 500 倍（表 4-1）。想要深入了解 C 循环，首先要了解碳库有哪些。概括起来，地球上主要有四大碳库，即大气碳库、海洋碳库、陆地生态系统碳库和岩石圈碳库。碳元素在大气、陆地和海洋等各大碳库之间不断地循环变化。大气中的碳主要以 CO_2 和 CH_4 等气体形式存在，在水中主要为碳酸根离子，在岩石圈中是碳酸盐岩石和沉积物的主要成分，在陆地生态系统中则以各种有机物或无机物的形式存在于植被和土壤中。

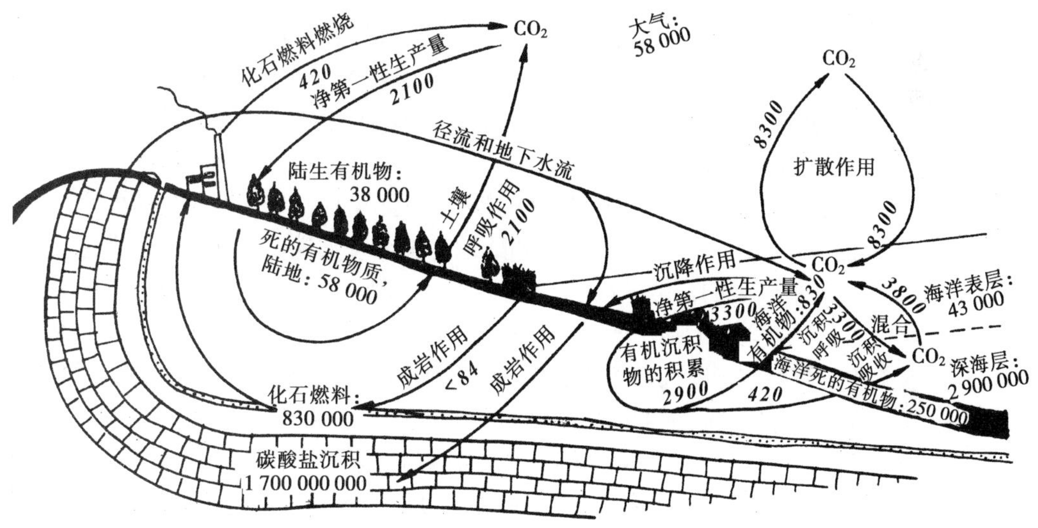

引自 A. N. 斯特拉勒．环境科学导论．科学出版社，1983。

注：库容量（正体数字）单位为 10^{12} mol。各库（斜体数字）之间的流动单位为 10^{12} mol/a。

图 4-7　碳循环

在全球几大碳库中，岩石圈碳库是最大的（表 4-1），但碳在其中的周转时间极长，约为百万年以上，因此，在碳循环研究中可以把岩石圈碳库近似看作静止不动的，此处不做重点讨论；海洋碳库是除地质碳库外最大的碳库，但碳在深海中的周转时间也较长，平均为千年尺度；陆地生态系统碳库主要由植被和土壤两个分碳库组成，内部组成和各种反馈机制最为复杂，是受人类活动影响最大的碳库。

表 4-1 地球碳循环中的活动库和储存库

碳库	大小（以 C 计）/Gt	碳库	大小（以 C 计）/Gt
大气圈	720	陆地生物圈（总）	2 000
海洋	38 400	活生物量	600～1 000
总无机碳	37 400	死生物量	1 200
表层	670	水圈	1～2
深层	36 730	化石燃料	4 130
总有机碳	1 000	煤	3 150
岩石圈		石油	230
沉积碳酸盐	＞60 000 000	天然气	140
油母原质	15 000 000	其他（泥炭）	250

引自福尔科夫斯基. *The Global Carbon Cycle: A test of Our Knowledge of Earth as a System*. 科学出版社，2000。

1）大气碳库

大气碳库的大小（以 C 计）约为 720 Gt（1 Gt＝1×10^{15} g）（表 4-1）（由于估算方法等不同，研究者对大气碳库的估算值不尽相同但其数量级基本一致），在几大碳库中是最小的，但它却是联系海洋与陆地生态系统碳库的纽带和桥梁，大气中的碳含量直接影响整个地球系统的物质循环和能量流动。

大气中含碳气体主要有 CO_2、CH_4 和 CO 等，通过测定这些气体在大气中的含量即可推算出大气碳库的大小，因此，相较于海洋和陆地生态系统来说，大气中的碳量是最容易计算的，而且，也是最准确的。由于在这些气体中 CO_2 含量最大也最为重要，因此大气中的 CO_2 含量往往可以看作大气中碳含量的一个重要指标。对冰芯记录的分析表明，在距今 420 000 年至工业革命前这一时间段内大气中的 CO_2 体积分数大致在（180～280）$\times10^{-6}$ 波动。但从工业革命初期到目前的短短 250 多年内却增长了近 30%。近 10 年内平均每年增长（1～3）$\times10^{-6}$。把当前大气中 CO_2 体积分数与冰芯记录相比较可以看出，目前的大气 CO_2 水平在过去 420 000 年是未曾有过的，在过去 2 000 万年也可能是空前的。

2）海洋碳库

海洋具有贮存和吸收大气中 CO_2 的能力，其可溶性无机碳（DIC）含量约为 37 400 Gt（表 4-1），是大气中含碳量的 50 多倍，在全球碳循环中的作用十分重要。从千年尺度上看，洋决定着大气中的 CO_2 含量。大气中的 CO_2 不断与海洋表层进行着交换，其交换量在各个方向上可以达到 90 Pg/a，从而使得大气与海洋表层之间迅速达到平衡。由于人类活动导致的碳排放中 30%～50%将被海洋吸收，但海洋缓冲大气中 CO_2 含量变化的能力并不是无限的，这种能力的大小取决于岩石侵蚀所能形成的阳离子数量。由于人类活动导致的碳排放的速率比阳离子的提供速率高几个数量级，因此，在千年尺度上随着大气中 CO_2 含量的不断上升，海洋吸收 CO_2 的能力将不可避免地会逐渐降低。一般来讲，海洋碳的周转时间往往要几百年甚至上千年，可以说海洋碳库基本上不依赖于人类的活动，而且由于测量手段等原因，相较于地碳库来说，对海洋碳库的估算还是比较准确的。

3）陆地生态系统碳库

据估算，陆地生态系统蓄积的碳量约为 2 000 Gt（表 4-1）。其中土壤有机碳库蓄积的碳量约是植被碳库的 2 倍（从热带森林的 1∶1 到北部森林的 5∶1 不等），陆地生态系统碳库是涉及最为广泛、估算值最不确定的，因为无论是植被碳库还是土壤有机碳库，各估算值之间都有很大差异，这主要是由不同估算方法之间的差异（假设条件、各类参数取值、测定的土壤深度、调查的土壤类型、植被类型全面与否等）以及估算中的各种不确定性造成的。另外，植被碳库和土壤有机碳库中还包含不同的子碳库，其周转时间或长或短，这就形成了所谓的“暂时性碳汇”（temporary sink）。例如，CO_2 含量升高使树木生长加快从而形成碳汇，这些树木一般要存活几十年到上百年，然后腐烂分解，通过异养呼吸返回到大气中。因此，自然生态系统的碳蓄积和碳释放在较长时间尺度上是基本平衡的，除非陆地生态系统碳库的强度加大，否则任何一个碳汇迟早会被碳源所平衡。

生物圈中 CO_2 的循环主要表现在绿色植物从空气中获得 CO_2，经过光合作用转化为葡萄糖，再综合成为植物体的碳化合物，经过食物链的传递，成为动物体的碳化合物。植物和动物的呼吸作用把摄入体内的一部分 C 转化为 CO_2 释放到大气，另一部分则构成生物的机体或在机体内贮存。动、植物死后，残体中的 C 被微生物分解而成为 CO_2 并排入大气。大气中的 CO_2 这样循环一次约需 20 年。

碳的另一重要储存库是固定在地壳内化石燃料（煤、石油、天然气等）中的有机碳，其数量大约等于活动库中所含有机碳总量的两倍（表 4-1）。但这种固定的 C 对于生产者是无效的，因为它们不能直接被利用。但当化石燃料燃烧时，它们会增加大气中 CO_2 的含量。此外，风化和火山活动以及石灰岩的分解，也把某些 C 作为 CO_2 或 CO_3^{2-} 归还大气。但从数量上看，大部分的 C 是通过分解有机物质的细菌、真菌的作用返回到大气中。由煤、石油、木材等含 C 物质的燃烧以及动植物呼吸所释放出的 CO_2，仅占大气中 CO_2 的很小一部分。

近百年来，由于化石燃料燃烧量急剧增加，使其固定的有机碳被氧化重返大气层，致使大气中 CO_2 含量增多。其结果可能会改变地面的热量平衡，从而导致全球气候发生变化。

（2）N 循环

N 是组成蛋白质的必需元素，存在于生物体、大气和矿物之中。氮循环过程中许多 N 的化合物都与一系列重大环境问题有关，如臭氧层的破坏、水体富营养化、地下水污染等。N 的生物地球化学循环也是 SCOPE 和 IGBP 等国际研究计划中的重要部分。微生物是氮循环的驱动泵，生物固氮输入 N，而反硝化输出 N。一方面使氮循环不被中断，另一方面维持生态系统 N 平衡。在微生物驱动的氮循环过程中，各氮化物来源并不单一，形态改变以及迁移方式也多种多样，同时也相互联系，如硝化与反硝化能同时产生 NO_2^-，不同来源的 NO_2^- 可继续硝化，或反硝化以及还原反应，同化与反硝化也会竞争共同的底物 NO_3^-，如图 4-8 所示。微生物在氮循环中的作用主要包括固氮、吸收同化、氨化、硝化和反硝化。

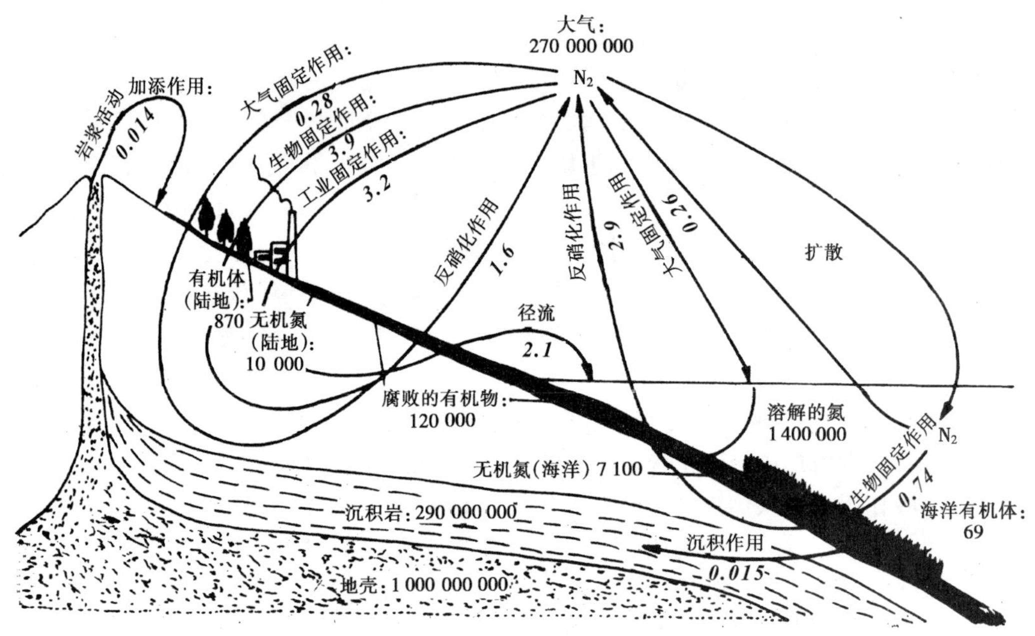

引自 A. N. 斯特拉勒．环境科学导论．科学出版社，1983。

注：库容量（正体数字）单位为 10^{12} mol。各库（斜体数字）之间的流动单位为 10^{12} mol/a。

图 4-8 N 循环

在生物圈层中，活动库内的 N 存在两种形式：无机氮（硝酸和亚硝酸）和有机氮（氨基酸和含氮有机化合物）。腐败的有机物是 N 的最大活动库，其数量约达 120 000×10^{12} mol，而在土壤和海洋沉积物中的无机氮仅为其总量的 1/7。储存库中的 N 有两种形式，即分子氮（N_2）和岩石矿物中的 N。如果认为大气中的 N 通过其固定作用几乎供应了全部活动 N，而不考虑形成岩石矿物中的 N 的话，则活动库中 N 的总量仅为大气储存库的 1/2 000（表 4-2）。

表 4-2 N 循环中的活动库和储存库

	库容/10^{12} mol
活动库	
作为有机氮	
陆地有机体	870
海洋有机体	69
腐败的有机体	120 000
作为无机氮	
土壤	10 000
海洋沉积物	7 100
活动库总数	138 039
化整后的总数	140 000

	库容/10^{12} mol
储存库	
作为 N_2	
大气	27 000 000
海洋	1 400 000
作为岩石矿物	
沉积岩	290 000 000
地壳岩石	1 000 000 000
存储库总量	1 561 400 000
化整后的总数	1 600 000 000

引自 A. N. 斯特拉勒. 环境科学导论. 科学出版社，1983。

大气中 N 占大气组成的 78%，但 N_2 是一种惰性气体，不能直接被大多数生物所利用。大气中的 N 进入生物有机体内主要有四种途径：

- 生物固氮：豆科植物和其他少数高等植物能通过根瘤菌固定大气中的 N，供给植物吸收。
- 工业固氮：人为通过工业手段，将大气中的 N_2 合成 NH_3 或 NH_4^+，即合成氮肥供植物利用。
- 岩浆固氮：火山喷发时，喷射出的岩浆可以固定一部分 N。
- 大气固氮：通过雷雨天发生的闪电现象，产生电离作用，可使 N_2 转化成硝酸盐并经雨水带进土壤。

土壤中的 NH_3 和 NH_4^+ 经硝化细菌的硝化作用，形成亚硝酸或硝酸盐，被植物利用，在植物体内再与复杂的含碳分子结合成各种氨基酸，构成蛋白质。所以，N 是生物体内蛋白质、核酸等的主要成分。动物直接或间接以植物为食，从植物体中摄取蛋白质，作为自己蛋白质组成的来源。动物在新陈代谢过程中，将一部分蛋白质分解，形成氨、尿素、尿酸等排入土壤。动植物遗体在土壤微生物作用下，分解成 NH_3、CO_2、H_2O，其中 NH_3 也进入土壤。土壤中的 NH_3 形成硝酸盐，一部分重新被植物所利用，另一部分在反硝化细菌作用下，分解成游离 N 进入大气，完成了 N 的循环。N 循环的途径和过程如图 4-8 所示。

N 循环与 H_2O、O 和 C 循环一样，涉及生态系统及生物圈的全部领域。虽然大气中 N 的供应实际上可看成是无限的，但是，它必须先与 H 或 O 化合，才能被高等植物同化。人类利用大规模栽培豆科植物和利用工业固氮介入了 N 循环。目前每年靠这两种方法所固定的 N 量约超过农业出现以前陆地生态系统固氮量的 10%。

人类对 N 循环的影响，主要是来自汽车尾气和化石燃料燃烧产生的各种氮氧化物（如 NO_2）以及过量的硝酸盐输入环境，而造成大气和水环境的污染。对此后面将详细讨论。

（3）P 循环

P 是有机体不可缺少的重要元素。生物体细胞内的一切生化作用所需的能量，都是通过含 P 的高能磷酸键在二磷酸腺苷（ADP）和三磷酸腺苷（ATP）之间的可逆性转化提供的。光合作用产生的糖，如果不经过 P 酸化，C 的固定是无效的。而作为遗传基础的 DNA 分子的骨架，也是由磷酸和糖类构成的。但在生物必需的全部元素中，P 是供应最少的元素之一。在自然水体中，P 与 N 的含量比例为 1∶23。

P 在生态系统中的循环不同于 C 和 N，是典型的沉积型循环。P 的主要来源是磷酸盐岩石和沉积物、鸟粪层和动物化石。通过天然侵蚀或人工开采，P 从磷酸盐矿物中移出而进入水体或食物链。经短期循环后最终大部分流失在深海沉积层中，一直到经过地质时期的活动才又提升上来。人工开采磷矿作化学肥料使用，最后大半也是冲刷到海洋中，仅其中的一小部分通过浅海的鱼类和鸟类又返回到陆地上（图 4-9）。

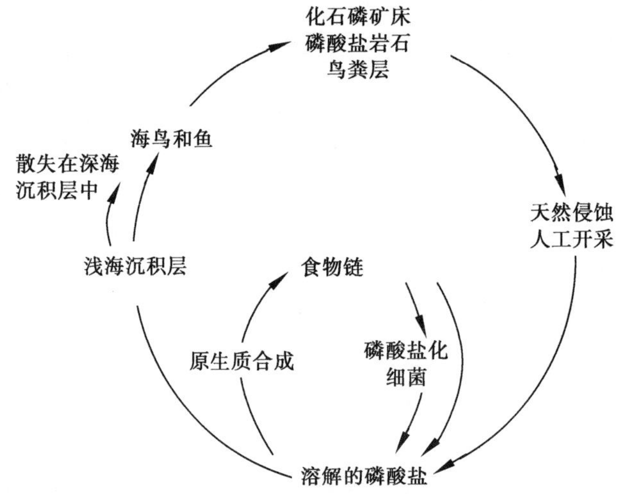

引自王翊亭．环境学导论．清华大学出版社，1985。

图 4-9　P 循环

在陆地生态系统中，植物吸收无机磷参与蛋白质和核酸的组成，并转化为有机态，进而被一系列消费者利用和逐级转移。当动植物死亡后，其体内含 P 的有机物被微生物分解，转变为可溶性磷酸盐，又供植物利用或由流水带入水环境。

综上可知，P 在生物圈中只有很少一部分进行生物地球化学循环，而大部分是单方向流动过程，以致成为一种不可更新的资源。然而，目前人类正大量开发和利用磷酸盐岩石生产化肥和洗涤剂，当这些 P 参与环境中的循环，会造成水体中含 P 量增高，使水生植物过盛生长，导致水体的富营养化。因此，对磷矿资源的开发、利用应予以慎重考虑。

（4）S 循环

S 是生物有机体蛋白质和氨基酸的基本成分。尽管有机体内含硫量很少，但却是十分重要的。其功能是以二硫键连接蛋白质分子，成为蛋白质造型所必需的原料。

S 在自然界中存在多种形态，其中包括 H_2S、SO_2、SO_3^{2-}和 SO_4^{2-}。因此，S 的循环既是沉积型，也属气体型。大气中的 SO_2 和 H_2S 主要来自化石燃料的燃烧、火山喷发、海面散发以及有机物分解过程中的释放。这些硫化物主要经过降水作用形成 H_2SO_4 和硫酸盐等进入土壤，并被植物吸收、利用而成为氨基酸的成分。S 通过食物链进入各级消费者的动物体中，动植物的残体被细菌分解并以 H_2S 和 SO_4^{2-}的形式释放出来，其可再次进入植物体，形成陆地生态系统中 S 的循环。如果进入土壤中的 S 被地表径流带入海洋，则可形成海底沉积岩，这部分 S 就不会参与陆地生态系统的循环。自然界中 S 循环的状态、途径和数量如图 4-10 所示。

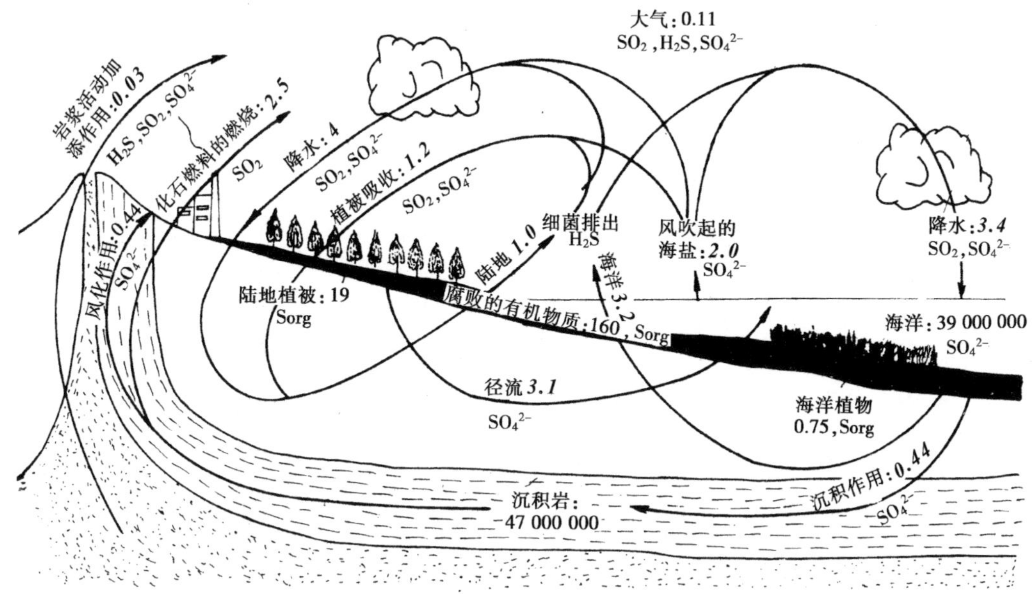

引自 A. N. 斯特拉勒．环境科学导论．科学出版社，1983。

注：库容量（正体数字）单位为 10^{12} mol。各库（斜体数字）之间的流动单位为 10^{12} mol/a。

图 4-10　硫循环

工业革命以来，由于大量燃烧煤、石油等化石燃料，以致大大增加了大气中 SO_2 的含量，从而增大了 S 在自然界的循环，并引起全球性的环境问题之一——酸雨的产生。对此问题后面再作详评。

4.3.2.3　信息传递

在生态系统的各组成部分之间及各组成部分的内部，存在着各种形式的信息，以此把生态系统联系成一个统一的整体。生态系统中的信息形式，主要有营养信息、化学信息、物理信息和行为信息等。这些信息最终都是经由基因和酸的作用并以激素和神经系统为中介体现出来的，其对生态系统的调节具有重要作用。

1）营养信息。通过营养交换的形式，把信息从一个种群传递到另一个种群，或从一个个体传递到另一个个体，即称为营养信息。食物链（网）即是一个营养信息系统。以草本植物、鹌鹑、鼠和猫头鹰组成的食物链为例，当鹌鹑数量较多时，猫头鹰大量捕食鹌鹑，鼠类很少被害；当鹌鹑较少时，猫头鹰转而大量捕食鼠类。这样，通过猫头鹰对鼠类捕食的多少，向鼠类传递了鹌鹑多少的信息（图 4-11）。

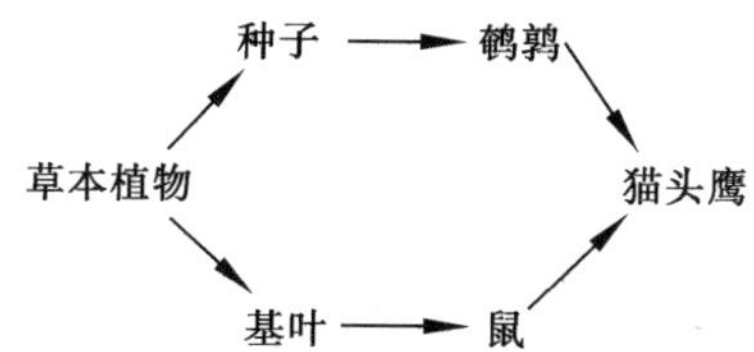

图 4-11　草本植物、鹌鹑、鼠、猫头鹰食物链

2）化学信息。生物在某些特定条件下，或某个生长发育阶段，分解出某些特殊的化学物质。这些分泌物不是为生物提供营养，而是在生物的个体或种群之间起着某种信息的传递作用，即构成了化学信息。如蚂蚁可以通过自己的分泌物留下化学痕迹，以便后面的蚂蚁跟随；猫、狗可以通过排尿标记自己的行踪及活动区域。化学信息对集群活动的整体性和集群整体性的维持具有极重要的作用。

3）物理信息。鸟鸣、兽吼、颜色、光等构成了生态系统的物理信息。鸟鸣、兽吼可以传达惊慌、安全、恫吓、警告、嫌恶、有无食物和要求配偶等各种信息。昆虫可以根据光的颜色判断花蜜的有无；鱼类在水中长期适应于把光作为食物的信息。

4）行为信息。有些动物可以通过自己的各种行为方式向同伴发出识别、威吓、求偶和挑战等信息，如燕子在求偶时，雄燕在空中围绕雌燕做出特殊的飞行姿势。

4.3.2.4 生态系统功能的作用

生态系统功能是对生态环境起稳定调节作用的功能，常见的有湿地生态系统的蓄洪防旱功能、森林和草原防止水土流失的功能。生态价值是区别于劳动价值的一种价值。指的是空气、水、土地、生物等具有的价值，生态价值是自然物质生产过程创造的。它是“自然-社会”系统的共同财富。无机环境的价值是显而易见的，它是人类生存和发展的基础。简单来说生态功能，就是生态的用处，就是通常讲的生态系统服务，是指生态系统在维持生命的物质循环和能量转换过程中，为人类提供的惠益。生态系统不仅创造与维持了人类赖以生存和发展的地球生命支持系统，形成了人类生产所必需的环境条件，还为人类提供了生活与生产所需要的食品、医药、木材及工农业生产的原材料。生态系统的服务功能包括供给、调节、文化和支持四大功能。供给功能是指生态系统生产或提供产品的功能，如提供食物、水、原始材料等；调节功能是指调节人类生态环境的功能，如减缓干旱和洪涝灾害、调节气候、净化空气、缓冲干扰、控制有害生物等；文化功能是指人们通过精神感受、知识获取、主观映象、休闲娱乐和美学体验从生态系统中获得的非物质利益；支持功能是指保证其他所有生态系统服务功能提供所必需的基础功能，如维持地球生命生存环境的养分循环、更新与维持土壤肥力、产生与维持生物多样性等。

4.4 生态系统的演替与平衡

4.4.1 生态系统稳定性

生态系统稳定性是理论生态学的焦点问题之一，自 MacArthur 和 Elton 提出生态系统稳定性与群落多样性之间的关系以来，围绕稳定性的定义、稳定性与多样性、稳定性与复杂性、稳定性与尺度、稳定性与生态系统管理和恢复等的关系做了大量研究工作，结果也存在很大差异。

经典的生态系统稳定性定义，包括生态系统对外界干扰的抵抗力（resistance）和干扰去除后生态系统恢复到初始状态的能力（resilience）。

改进的生态系统稳定性定义，是不超过生态阈值的生态系统的敏感性和恢复力。在这个概念中涉及三个概念：生态阈值、敏感性和恢复力。阈值是生态系统在改变为另一个退化（或进化）系统前所能承受的干扰限度；敏感性是生态系统受到干扰后变化的大小和与其维持原有状态的时间；退化生态系统的恢复力就是消除干扰后生态系统能回到原有状态的能力，包括恢复速度和与原有状态的相似程度。在保护生态学中，阈值与恢复力的定义具有广泛的应用，特别是生态系统受到负面的干扰后而退化，退化的生态系统逐步恢复的过程可以利用恢复力来测定；而保护的成果就是力图避免干扰超过系统的阈值而达到一个实际的演替。

生态系统稳定性定义的多样性造成了研究中的混乱。另外还有学者提出了诸如恒定性（constancy）、惯性（inertia）、持久性（persistence）等定义来描述生态系统稳定性。根据 Volker 的统计，关于稳定性有 163 个相关定义和 70 个不同的概念，但他认为，稳定性包括恒定性、持久性和恢复力（弹性）三个方面。总之，生态系统是一个动态的复杂系统，具有多个稳定的状态，单纯利用某一个点的稳定性来判定系统的稳定性掩盖了系统的真实性，缺乏对系统全面了解。因此，有必要对多样性与不同维度的生态系统稳定性指标的作用机制进行研究。

4.4.2　生态系统健康

生态系统健康（ecosystem health）是指一个生态系统所具有的稳定性和可持续性，即在时间上具有维持其组织结构、自我调节和对胁迫的恢复能力。生态系统健康可以通过活力、组织结构和恢复力等三个特征进行定义。活力（vigor）表示生态系统的功能，可根据新陈代谢或初级生产力等来测度；组织结构（organization）是根据系统组分间相互作用的多样性及数量来评价；恢复力（resilience）也称抵抗力，是指系统在胁迫下维持其结构和功能的能力。

生态系统为人类提供了自然资源和生存环境两个方面的多种服务功能。它不仅包括各类生态系统为人类所提供的食物、医药及其他工农业生产原料，更重要的是它维持了地球的生命支持系统，生命物质的生物地球化学循环与水循环，生物物种与遗传多样性，净化环境，维持大气化学的平衡与稳定等。人们已经认识到，生态系统服务功能是人类生存与现代文明的基础。那么生态系统健康则是保证生态系统服务功能的前提。一个生态系统只有保持了结构和功能的完整性，并具有抵抗干扰和恢复能力，才能长期为人类社会提供服务。因此，生态系统健康是人类社会可持续发展的根本保证。

4.4.3　生态系统的演替

生态系统是一个动态系统，其结构和功能随着时间的推移而不断地改变，生态学把这种改变称为生态演替。一部生物发展史，就是全球生态系统不断演替、发展的历史。从距今 30 多亿年前地球上生命物质的出现，到大约 27 亿年前形成的以蓝藻和细菌共同组成的地球上最原始的生态系统，再到23亿年～10亿年前真核细胞出现之后开始的动植物分化，直到逐渐形成类似现代的由生产者、消费者、分解者组成的比较完整的生态系统，经历了一个漫长的历史演变过程。

导致生态系统演替的主要原因是生态系统内部的自我协调和外在环境因素的相互作用。其演替过程所涉及的有机体的变化，所需的时间以及达到的稳定程度，均取决于生态系统内在的结构、功能以及地理位置、气候、天文、地质等外在环境因素。一般来说，环境因素的变化只能改变演替的模式和速度，而当外界干扰特别强大时，生态系统的演替便会受到抑制或终止。

当生态系统中能量和物质的输入量大于输出量时，生态系统的总生物量增加，反之则减少。在自然条件下，生态系统的演替总是自动地向着生物种类多样化、结构复杂化、功能完善化的方向发展，最终导致顶极生态系统的形成，使生态系统中群落的数量、种群间的相互关系、生物产量达到相对平衡，从而增强系统的自我调节、自我维持和自我发展的能力，提高系统的稳定性以及抵御外界干扰的能力。因此，只要有足够的时间和相对稳定的环境条件，生态系统的演替迟早会进入成熟的稳定阶段。那时，它的生物种类最多，种群比例适宜，总生物量最大，生态系统的内稳性最强。

生态系统的演替规律告诉人们：首先，生态系统的演替是有方向、有次序的发展过程，是可以预测的；其次，演替是生态系统内外因素共同作用的结果，因而是可控制的；再次，演替的自然趋势是增加系统的稳定性，因此要充分认识和尊重生态系统的自我调节能力；最后，在追求生态系统的稳定性时，应充分考虑系统的内在调节能力，而不必追求系统的复杂性。

4.4.4 生态平衡及退化

在生态系统中能量流动和物质循环总是不断地进行着。在一定时期和一定范围内，系统内生产者、消费者和分解者之间保持着一种动态平衡，也就是系统的能量流动和物质循环在较长时间内保持稳定状态，这种状态就叫生态平衡。在自然生态系统中，生态平衡还表现在其结构和功能，包括生物种类的组成、各个种群的数量比例以及能量和物质的输入、输出等都处于相对稳定的状态。

生态平衡是一种相对的动态平衡，是在生态系统的发展演替中，凭借其内部组成部分之间和系统外部环境之间的相互联系、相互作用，通过不断调整系统内部的结构和功能而逐步实现的。因为自我调节能力是生态系统自身所具有的，是由系统的整体性、开放性、运动性、相关性与演化性等特征所决定的，而且，生态系统组成的多样性和能量流动、物质循环的复杂性，对这种自我调节能力也有很大影响。

一般情况下，生态系统内部小生境类型越多，生物种类越丰富，由各种生物构成的食物链也就越复杂多样。因此，系统中能量流动和物质循环可以通过多渠道进行。当某一渠道受阻，其他渠道可以起代偿作用，以便使系统保持相对的平衡状态。也就是说，生态系统的组成成分越多样，能量流动和物质循环的途径越复杂，其自我调节的能力也就越强。相反，一个成分单纯、结构简单的生态系统就很脆弱。其中任何一个种群的损伤、灭绝都可能导致食物链的断裂，使整个生态系统遭到破坏。由此可见，生态系统的稳定性是与系统内的多样性和复杂性紧密相连的。当然，即使是再复杂的生态系统，其内在的自我调节能力和对外界干扰的忍耐能力都是有一定限度的，当干预因素的影响超过其生态系统的阈值（生态学上把这个自我调节能力的极限值称为阈值）时，自动调节能力将随之降低或消失，从而引起生态失调，甚至造成整个生态系统的崩溃。

影响生态平衡的因素包括自然因素和人为因素。自然因素如火山、地震、海啸、林火、台风、泥石流等，这些因素常常在短期内使生态系统遭受破坏或毁灭。在一定时期内，受破坏的生态系统有可能得到自然恢复或更新。人为因素是指由于人类活动造成生态系统的破坏。这些因素如砍伐森林、疏干沼泽、围湖造田和环境污染等，其都能破坏生态系统的结构与功能，从而引起生态失调与退化。所谓的“生态危机”主要是指人类活动所引起的此类生态失调问题。

复习思考题

1. 何谓生态系统，具有哪些共性?
2. 生态系统是由哪些组分构成的?
3. 简述生态系统的结构特征。
4. 简述食物链、食物网、营养级及其相互关系。
5. 生态系统的功能包括哪些内容?
6. 简述生态系统的演替以及人类对其平衡的影响。
7. 简述生物多样性和生态系统稳定性的关系。
8. 生态系统健康是从哪些方面进行评价?

参考文献与推荐阅读文献

[1] 刘培桐．环境学概论．北京：高等教育出版社，1985.
[2] 《环境科学大辞典》编辑委员会．环境科学大辞典．北京：中国环境科学出版社，1991.
[3] 钱易，唐孝炎．环境保护与可持续发展．北京：高等教育出版社，2000.
[4] 世界自然保护同盟，联合国环境规划署，世界野生生物基金会．保护地球——可持续生存战略．北京：中国环境科学出版社，1992.
[5] 中国 21 世纪议程——中国 21 世纪人口、环境与发展白皮书．北京：中国环境科学出版社，1994.
[6] 《中国自然保护纲要》编写委员会．中国自然保护纲要．北京：中国环境科学出版社，1987.
[7] ［美］世界资源研究所，国际环境与发展研究所．世界资源报告（1986）．北京：中国环境科学出版社，1988.
[8] 郝志功．当代环境问题导论．武汉：湖北科学技术出版社，1988.
[9] ［美］A. N. 斯特拉勒，A. H. 斯特拉勒．环境科学导论．北京：科学出版社，1983.
[10] 于志熙．城市生态学．北京：中国林业出版社，1992.
[11] 《环境保护概论》编写组．环境保护概论考试参考书．北京：中央广播电视大学出版社，1994.

[12]《中国大百科全书》编辑部．中国大百科全书·环境科学．北京：中国大百科全书出版社，2002.
[13] 毛文永，文剑平．全球环境问题与对策．北京：中国科学技术出版社，1993.
[14] Jørgensen Sven Erik. Ecosystem Ecology. Academic Press，2009.
[15] 伍业钢．生态复杂性与生态学未来之展望．北京：高等教育出版社，2010.
[16] Budyko M L． The Earth’s Climate Past and Future. New York：Academic Press，1982．
[17] Albritton D L，Allen M R，Baede Alfons P M，et al. Summary for policymaker． A Report of Working Group I of the IPCC. http://www.ipcc.ch/，2001．
[18] 蒋有绪．中国森林生态系统结构与功能规律研究．北京：中国林业出版社，1996．
[19] WRI et al. 全球生物多样性策略．马克平等，译．北京：中国标准出版社，1993.
[20] Solbrig O T. 生物多样性——有关的科学问题与合作研究建议．马克平，等，译．//中科院生物多样性委员机会，生物多样性译丛（一）．北京：中国科学技术出版社，1992.
[21] MeNeely J A，1990. 保护世界的生物多样性. 李文军，等，译. //中科院生物多样性委员会，生物多样性译丛（一）．北京：中国科学技术出版社. 1992.
[22] E C 耶格．1955. 生物学名称和生物学术语的词源. 滕砥平，蒋芝英，译．北京：科学出版社，1965.
[23] Wilson E O，The diversity of life Cambrigdge. Massachusetts：The Belknap Press of Harvard University Press，1992.
[24] Handler P. 生物学与人类的未来．上海生物化学所，等，译．北京：科学出版社，1977.
[25] Barnes R D，Diversity of organisms：how much do we know Amer.Zool.，1989，29：1075-1084.
[26] Wilson E O. The Biological diversity crisis. BioScience. 1985，35（11）：700-706.
[27] Kenneth L H. Explicit calculation of therarefaction diversity mearurement and the determination of sufficient sample size Ecological. 1975，5（6）：1459-1461.
[28] Magurran A E. Ecological diversity and its Measurement New Jersey. Princeton University Press，1988.
[29] Noss R F. A regional landscape approach to maintain diversity. BioScience. 1983，33（11）：700-706.
[30] Ingrouilie M. Diversity and evolution of land plants. London：Chapman & Hall. 1992.
[31] Mac Arthur R H. Fluctuations of animal populations and a measure of community stability. Ecology，1955，36：533-536.
[32] Elton C S. The ecology of invasions by animals and plants，M ethuen，London，England，1958.
[33] Webster J R，Waide J B，Patten B C. Nutrient recycling and the stability of ecosystems. in：F G Howell，J B Jentry and M H Smith eds.
[34] Mineral cycling in southeastern ecosystems.，ERDA Conference 740513，National Technical Information Service，U. S. Department of Commerce，Springfield，V A.
[35] Pimn S L. The complexity and stability of ecosystems，Nature，1984，307：321-326.
[36] Michel Loreau，Narayan Behera. Phenotypic diversity and stability of ecosystem process. Theoretical Population Biology，1999，56（1）：29-47.
[37] 李振基，陈小麟，郑海雷．生态学（第四版）．北京：科学出版社，2014.

中篇　人类活动与环境问题

第 5 章　人口与环境

人为活动的干扰是造成环境问题的一个主要原因，全球的人口发展经历了 3 个不同的发展时期，目前仍然处于人口增加的阶段。人口增长对土地、资源、能源造成了巨大的压力，产生的污染物对环境和生态系统造成了严重的胁迫。同时人又是治理污染、修复受损生态系统的主体。当人口、资源、环境已成为全球普遍关注的三大问题时，要解决人口发展带来的环境危机，实现人与自然和谐和可持续发展，考虑人口环境容量和承载力是必不可少的选择。

5.1　人类发展与环境的关系

人是环境的产物，又是环境的塑造者，从人类诞生之日起，就开始了与环境的辩证发展。对环境的适应创造了人类；人类自身的发展，又改变了原始的自然环境，形成了日益复杂的人工环境和社会环境。

5.1.1　人类进化与环境

5.1.1.1　人类起源与环境

人类发展、进化过程，是外因、内因综合作用的结果。人与环境的关系，经历了对环境最初的适应，到大规模改造，乃至产生重要影响的过程。直到当前，人们重新认识到，只有与环境相互协调、和谐共处，才能真正实现人类的可持续发展与繁荣。

人类作为一个物种从其他动物中分化出来，得益于其生理和生活方式上具有许多其他动物从未有的优点，使得自己有更强的适应环境的能力，使类人猿演化为人有了内因基础。同时地球环境的大规模变迁，是类人猿演化为人类的外部条件，即外因。一部分类人猿通过加强自己的活动，扩大了对环境变化的适应性，在环境的剧烈变化中活了下来，并不断进化。人类学会了通过有意识的劳动来改造环境，以满足自己的需要。同时也不断改造自己，其生理、形体逐渐发生了演变，使前肢和后肢分工、直立行走，大脑容量增加。从人类诞生之初，就开始了人与环境相互影响、相互作用的过程。

5.1.1.2 人类发展与环境

马克思指出，社会生产是物质资料生产与人口生产这两种生产的统一，人类是两种生产的主体。人既是生产者也是消费者，人的发展必须与物质资料的生产成正比例发展，人类自身生产的数量和质量必须与物质资料生产的数量和质量相适应，即两种生产相互适应、协调发展。同时，两种生产都是在一定的环境中进行，它们既受到环境条件的约束，又会在生产和消费过程中破坏污染环境，或改善与促进环境的发展，而变化的环境再反作用于两种生产的发展，人类和环境就是这样辩证发展的。

1）原始文明时期，人类长期过着采集和狩猎生活，利用环境中的自然生物资源。两种生产都处于盲目状态，完全被动地受自然调节。环境对人类发展有很大的制约性，而人类对环境的作用则是微乎其微。随着人口增加，自然资源的匮乏迫使人类进一步扩大其物质资料的生产范围，提高物质资料的生产能力，由单纯采集和渔猎转向种植和畜牧，增加物质资料供应的丰富性和稳定性，人口和环境关系即将进入一个新的时期。

2）农业文明时期，人类由依赖自然生态系统到建立由自己控制的人工生态系统，开始了对气候、水资源和土地资源的利用，而且由简单的利用扩展到利用和改造环境资源。在此过程中，自然景观逐渐演化为人文景观，出现了农田和牧场，同时生物群落的组成、结构和空间分布状况等也发生了明显改变。由于人工生态系统的建立，大大提高了土地对人口的承载量，丰富了人与环境的关系。但由于当时生产力和认识水平的限制，在利用、改造环境和发展生产中，也产生了一些消极作用，出现了以生物、气候、水资源和土地资源遭到破坏和恶化为主要内容的环境问题，又在一定程度上限制了人口的增长，人与环境的关系出现了自发的、原始的相互影响与制约的和谐发展状态。

3）工业文明时期，在科学和技术进步的推动下，人类利用、改造和创新环境的能力加快，物质资料生产水平空前提高。物质资源的丰富包括对资源利用范围的扩展，主要表现为矿产资源的开发利用，也包括在资源开发数量、质量上的提高。物质的极大丰富带来环境对人类的承载力的大幅提升，人口生产随之进入快速发展阶段。然而生产水平、认识水平的局限性，使得人类在享受这两种生产相互促进、加速发展的同时，仍然没有摆脱被动接受自然规律调节的现状，资源匮乏、环境污染、生态退化等一系列资源、环境问题的出现，就是这一调节过程的主要表现。

4）生态文明，就是人类在深刻认识两种生产特征，重新审视人类发展与环境制约关系的基础上提出的一种新的发展方式。其中，对于人类生产和生活方式进行主动调节，使两种生产之间和两种生产与环境之间相互适应、协调发展，是实现生态文明、和谐发展的重要途径。

综上所述，随着人类的产生、进化与发展，全球的环境发生了巨大的变化。原始自然环境、生态系统，逐步演变为人工环境、人工生态系统，其功能发生改变的同时，物质、能量与信息的迁移转化能力快速提升，人类与其生存环境，向着更高级阶段发展。

5.1.2　环境对人口的影响

人口是其数量特征和质量特征的统一体，因此，环境对人口的影响，也应从数量和质量两个方面分析。人口质量是某种意义上的环境作用的产物，同样，人口的数量、分布和迁移也受着自然环境和社会环境的吸引与制约。

5.1.2.1　环境对人口数量及其分布的影响

人口数量受自然因素和社会因素的影响，更取决于社会经济规律的作用。以人口倍增时间为指标，在旧石器时代，人口增加一倍需 3 万年；到了应用金属工具的公元初时代，人口增加 1 倍只需 1 000 年；19 世纪中期，人口增加 1 倍的时间缩短为 150 年。1830 年世界人口达到 10 亿，而仅仅过去了 100 年，到 1920 年，世界人口达到 20 亿，1975 年，世界人口达 40 亿。截至 2020 年，世界总人口已超过 77 亿，预计 2025 年世界人口将超过 80 亿，2050 年世界人口将超过 90 亿（表 5-1）。生产水平的提升、人口死亡率的下降，是人口快速增长的主要原因。

表 5-1　世界人口增长的历史特征

年份	相隔时间/a	总人口/亿	年均增长率/%
1000	—	2.8	—
1650	650	5.0	0.1
1800	150	10.0	0.47
1920	120	20.0	0.58
1965	45	33.3	1.5
1970	5	37.0	1.97
1975	5	40.8	1.75
1980	5	44.5	1.67
1985	5	48.4	1.63
1990	5	52.5	1.58
1995	5	56.8	1.51
2000	5	60.2	1.30
2005	5	65.1	1.22
2010	5	69.2	1.19
2015	5	73.8	1.33
2020	5	77.9	1.11
2030	10	84.7	0.87
2040	10	91.2	0.77
2050	10	97.3	0.67

数据来源：Department of Economic and Social Affairs U.N. *World Population Prospects*：*The 2022 Revision*。

以生产力发展水平为代表的人工环境，对人口数量有显著影响（图 5-1）。20 世纪 50 年代初，发达地区的人口年均增长率为 1.2%，不发达地区为 2.1%，自此以后，发达地区年平均增长率持续下降，在 1980—1985 年降至 0.6%，1985—1990 年基本不变，仍是 0.6%，1990—1995 年降至 0.5%，到 1995—2010 年已降至 0.3%。而不发达地区人口年均增长率则逐年增加，到 1965—1970 年升至 2.5%，这以后逐步有所下降；1980—1985 年为 2.0%，1985—1990 年为 1.9%，1990—1995 年降至 1.77%，2000 年之后已降至 1.4%，而到了 2010 年，不发达地区的人口增长率为 1.3%。预计到 2050 年发达地区人口平均增长率继续下降出现负增长；不发达地区 2050 年人口增长将下降到 1.0%以下，人口总数将从目前的 79 亿增加到 97 亿。

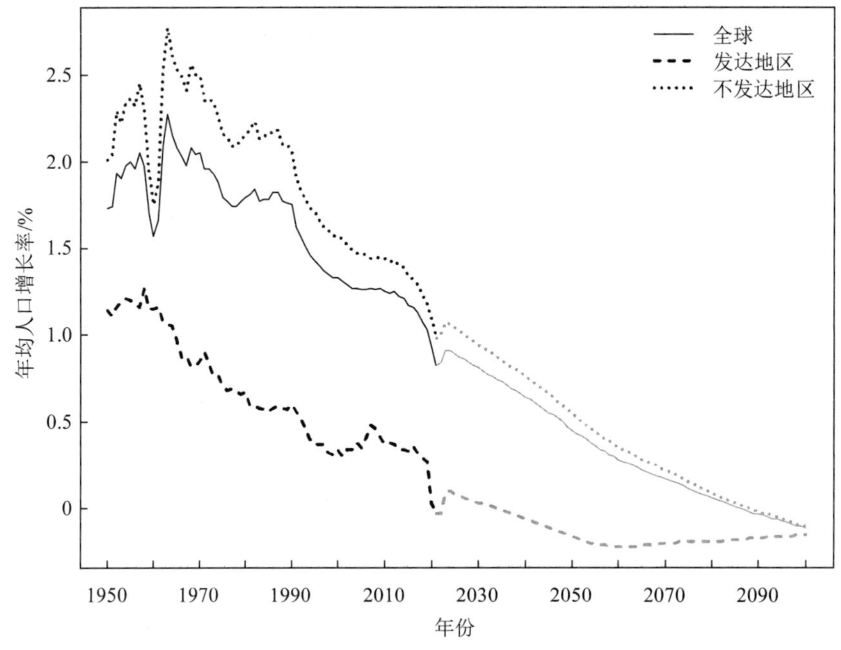

图 5-1 全球人口年平均增长率（1950—2100 年）

数据来源：Department of Economic and Social Affairs U.N. *World Population Prospects*：*The 2022 Revision*。

自然环境对人口的分布影响也很大。人类起源于热带、亚热带地区，而后逐步分布到温带地区，还有少量人口分布在寒带边缘地带，如爱斯基摩人就生活在北冰洋沿岸。但是直至今日，寒带的人口仍然十分稀少，南极洲至今仍无人定居生活。人类大部分分布在湿润、半湿润地带，干旱的荒漠和半干旱的草原地区人口数量也很少，目前世界陆地尚有 10%～35%基本无人居住，都是寒冷的极地和干旱的沙漠。世界总人口的 2/3 集中分布在地球陆地 1/7 的土地上。这里基本上都是富饶的平原地区，气候宜人，土地肥沃，对人类的生存和发展十分有利。

中国人口分布也很不均匀，据 2021 年第七次全国人口普查，全国人口密度为 146 人/km^2，约为世界平均水平的 2.45 倍。从人口地域的分布来看，东南部人口稠密集中，西北部人口稀少分散。人口密度最高的是深圳、上海、东莞 3 个城市，每平方千米超过 3 000 人，远远高于全国平均水平。人口密度最低的是内蒙古、新疆、青海、西藏 4 个省（区），每平方千米不到 50 人。

5.1.2.2 环境对人口素质的影响

人口素质是人口适应和改造客观世界的能力。人口素质包含的内容非常广泛，但大体上分为身体素质和文化素质两大类。前者包括体格、体力、健康状况和寿命等，后者包括文化程度、劳动技能和特殊技能等。但任何一种人口素质特征都是遗传因素和环境因素的产物。

环境对人口素质的影响，主要表现在对人口健康的影响方面。人体血液中 60 多种化学元素的含量与地壳中这些元素的分布有明显的相关性，其丰度曲线有一致性。因此，某些地区环境中各种元素的含量多少会影响人体的生理功能，甚至可能对健康产生影响，进而形成疾病。例如，环境中缺碘可导致地方病甲状腺肿瘤的发生和流行；环境中含氟过高，可引起氟骨症；还有克山病、大骨节病都与环境中缺硒有关。我国的食管癌高发地区也有明显的环境因素；日本脑溢血病的分布与饮水酸度有明显的关系；饮用硬水的居民，冠心病的发病率低，饮用软水的则相反。

生长发育状况是人口身体素质的重要组成部分。在遗传素质确定的条件下，生长发育状况的优劣完全取决于环境条件。各项研究表明，营养是影响生长发育的基本环境因素。能量、蛋白质、脂肪、碳水化合物、维生素和矿物质等各类营养素在数量和质量上对生长过程中人体需求的满足程度，从根本上决定着生长发育状况。然而，营养条件能否满足，又取决于大量的环境因素。食物结构、城乡差别、家庭人口与经济因素、文化教育水平和职业以及社会环境等其他因素，都对生长发育过程起着一定的作用。

5.2 全球人口变化

5.2.1 人口过程

人口在时空上的发展和演变过程，包括自然变动、机械变动和社会变动。人口的自然变动是人口的出生和死亡，变动结果是人口数量的增加和减少。人口的机械变动是指人口在空间上的移动，即人口的迁入/迁出，变动结果是人口数量在空间上的变化，包括人口分布和人口密度的变化，如城市化是人口机械变动的表现形式之一。人口的社会变动则指人口社会结构的改变，如年龄结构、职业结构、民族结构、文化结构、行业结构等，当前世界范围内人口社会变动的主要表现包括人口的老化、教育水平的提高等。人口的发生、发展和运动过程，反映了人口与社会、人口与环境的相互关系。

通常用人口出生率、死亡率、自然增长率和人口倍增期来反映人口自然变动，它们之间的关系是

$$人口自然增长率 = 出生率 - 死亡率$$

此外，表示人口增长快慢可以按照当前的增长率计算，需要多久人口将翻一番，也就是人口的倍增期。

倍增期是表示在固定增长率下，人口增长 1 倍所需的时间。其计算公式为

$$T_{\mathrm{d}} = 0.7 / r$$

式中，T_{d}——倍增期；

r——年增长率。

根据上式，若人口增长率为保持 1%不变，大约需要 70 年使人口翻一番，增长率为 2%的需要 35 年，增长率为 3%的需要 23 年。人口倍增时间不能用来进行人口预测，因为它假设增长率在未来几十年内都保持不变，而实际上增长率总是处于不断变化之中。不过，计算人口倍增时间有助于弄清究竟目前人口的增长有多快。

5.2.2 世界人口增长

5.2.2.1 世界人口增长概况

世界人口的发展大致经历了三个阶段。

（1）高出生率、高死亡率、低增长率阶段

从人类诞生 300 万年以来，世界人口的发展，绝大部分处于这个阶段，直至工业革命以前。在漫长的原始社会，世界人口总数很少，有人估算，当时地球上每 200 km^2 最多只有 1 个人，平均每 1 000 年增长 20‰，比现在增长速度慢 1 000 倍。这个阶段中，生产力水平低下，医疗卫生条件差，因此人口具有高出生率、高死亡率、低增长率的特点。

（2）高出生率、低死亡率、高增长率阶段

工业革命以后，人类社会的生产力水平迅速提高，医疗卫生条件也有明显改善，到了 1600 年人口经过缓慢上升，达到 5 亿。到 1800 年，经过 200 年的工业革命，人口达到 10 亿。特别是第二次世界大战后，世界人口增长速度达到了人类历史的最高峰，增长速度太快，从而形成所谓人口爆炸的局面。这个阶段人口发展具有高出生率、低死亡率、高增长率的特点，以致 300 年来，世界人口总数增加大约 10 倍。

（3）低出生率、低死亡率、低增长率阶段

20 世纪 70 年代以后，欧美国家中人口增长出现了低出生率、低死亡率、低增长率的特征，有一些国家出现了人口零增长、负增长现象。世界范围内人口的自然增长率也开始下降，1990 年以来，下降速度明显加快。如人口自然增长率 1990—1995 年为 1.5%，1995—2000 年为 1.3%，2022 年已降至 1%以下。尽管世界人口增长速度减缓，但全世界每年仍能增加近 1 亿人。

世界人口增长，在不同地区及不同收入水平国家，呈现显著的差异。东亚和东南亚地区人口占全球比重最高，达 29.8%，大洋洲所占比重最低，仅为 0.2%。不同收入水平国家人口增长也存在显著差异，2000 年低收入国家人口增长率是高收入国家的 4.5 倍，2020 年增至 4.7 倍，其中 2020 年欧洲和北美洲人口增长率仅为 0.06%（表 5-2、表 5-3）。

表 5-2 2020 年世界人口增长情况

	总人口/亿	占总人口百分比/%	年增长率/%
全球	78.10	100	0.92
撒哈拉以南非洲	11.09	14.2	2.60
北非和西亚	5.35	6.9	1.29
中亚和南亚	20.33	26.0	1.12
东亚和东南亚	23.30	29.8	0.32
拉丁美洲和加勒比	6.50	8.3	0.71
欧洲和北美洲	11.09	14.2	0.06
大洋洲（不包括澳大利亚和新西兰）	0.13	0.2	1.83
澳大利亚和新西兰	0.31	0.4	1.05

数据来源：Department of Economic and Social Affairs U.N. *World Population Prospects*: *The 2022 Revision*。

表 5-3 不同收入水平国家人口变化情况

	年出生率/%		年死亡率/%		年增长率/%	
	2000 年	2020 年	2000 年	2020 年	2000 年	2020 年
全球	2.18	1.72	0.85	0.81	1.33	0.92
高收入国家	1.23	0.98	0.85	0.97	0.64	0.54
中高收入国家	1.59	1.13	0.70	0.79	1.00	0.79
中等收入国家	2.22	1.67	0.80	0.77	1.51	1.15
中低收入国家	2.78	2.08	0.89	0.76	1.97	1.44
低收入国家	4.26	3.50	1.37	0.78	2.93	2.55

数据来源：Department of Economic and Social Affairs U.N. *World Population Prospects*: *The 2022 Revision*。

5.2.2.2 世界人口增长特点

目前世界人口增长呈现出新的特点：

（1）发达国家人口增长率下降，发展中国家人口增加迅速

近几十年来世界人口猛增，主要发生在发展中国家，而发达国家早在 20 世纪 60 年代就已出现人口增长率下降的趋势。发展中国家人口增长率的上升趋势仍在继续。人口增长最快的是非洲，20 世纪 50 年代初年均增长率为 2.1%，1985 年前后，平均增长率上升到 2.9%，此后呈现下降趋势，到 2005 年降至 1.43%，2006 年之后再次回升，到 2010 年升至 1.91%，2020 年撒哈拉以南非洲人口增长率达到 2.6%，为全球人口增长速度最快的地区（表 5-2）。2020 年印度人口为 13.90 亿，人口增长率为 1.17%，预计到 2050 年人口将达到 16.68 亿，增长率将降至 0.24%。根据联合国经济与社会事务部 2022 年发布的世界人口发展前景报告，预计 2023 年印度人口将超过中国而居世界首位。

（2）年龄结构呈现老龄化

根据年龄构成，可将人口结构划分为“成长型”“稳固型”和“衰老型”3 种。以 65 岁以上（含 65 岁）人口在总人口中所占比例作为划分标准。65 岁以上的老年人占总人口 4%以下为年轻型人口，占 4%～7%为成年型人口；占 7%以上为老年型人口。据统计资料分

析，世界人口处于“老化”过程中。目前总体来说，世界人口正在老化，年龄中值从1950年的22.2岁提高到2010年的27.3岁，在2020年达到29.7岁，并预计2050年年龄中值将达到35.9岁。不同发展水平国家年龄结构差异显著，其中发展中国家年轻型人口多，如2020年印度年龄中值为27.3岁，法国为41.4岁，德国为45岁。

（3）城市人口膨胀

城市人口增长，在近20年内达到惊人的程度，如墨西哥城，在20世纪初只有30万人，到1960年增加到480万人，1970年增加到800万人，1985年达到1 800万人，2010年达到2 100万人，2020年达到2 200万人，约占全国总人口的1/6。城市是经济和技术集中的地方，无论是发达国家还是发展中国家，城市人口增长速度都远远高于其他地区的速度。工业革命以来，1800年全世界只有伦敦1座城市达到100万人口规模，1850年有3座100万人口级的城市；1900年100万人口级城市增加到16座；1950年达到115座；1980年达到234座。联合国人居署最新发布的《2022世界城市状况报告》中指出，2021年全世界城镇人口达到56%，预计2050年将增至68%。

我国在鸦片战争时，没有1座城市人口超过百万，1949年只有上海、天津、北京、沈阳、广州5座城市超过百万人，2021年第七次人口普查结果显示，中国超过1 000万人口的城市达到18座，超过500万人口的城市达到91座，截至2020年，超过9亿人生活在城镇，占比达到63.89%。

5.2.3 中国人口的增长

5.2.3.1 中国人口增长概况

中国在历史上一直是人口大国，到1949年中华人民共和国成立时，人口总数已达5.4亿。此后经过20世纪50年代和20世纪60年代两次增长高峰，到1990年7月，中国人口总数已达11.6亿，占世界人口的22%左右。第七次人口普查结果显示，2020年我国人口总数已达14.43亿，占世界人口的18.48%，比1990年降低3.52%。

（1）中国历史上的人口增长

中国自上古时期（公元前2200年）至近代（1949年）的4 000多年历史过程中，人口变化经历了一个长期的缓慢增长到突然上扬的过程（图5-2）。这期间，中国人口与环境关系的变迁，大体可划分为5个阶段：先秦时期、秦至西汉、东汉至隋、唐至元朝、明清以后至中华人民共和国成立前。

公元前21世纪到公元前221年秦始皇统一六国，历经2 000年的漫长岁月，中国人口增长十分缓慢，人口数量变化也很小，一直维持在1 000万～2 000万人，地域分布广阔，平均每平方千米不到3人。由于人口少，生产力低，人类对自然界的影响力很小，所以先秦时期生态系统基本保持了原始状态。在中国历史上称生态环境的“黄金时代”。秦至西汉人口得到迅速发展，人口总数达到5 900万，人类对环境的影响大大加强，形成了中国第一次环境恶化时期；东汉至隋朝，是战乱、动荡、灾难深重的时期，人口剧减，人口总数降至4 000万～4 600万人，环境处在相对恢复期；唐至元朝，即公元755—1290年，人口总数维持在 5 800 万～6 500 万人，占当时世界总人口的 1/10，快速增长的人口形成中国第二次环境恶化时期；明清以后至中华人民共和国成立前，人口迅速膨胀，人口总数从 1403 年的 6 700 万人增长到 1684 年首次突破 1 亿；此后，至 1760 年中国人口总数达到 2 亿，1760—1900 年，中国人口总数增长到 4 亿，到 1947 年人口总数达到 4.5 亿，快速增长的人口对生态环境压力不断增大。

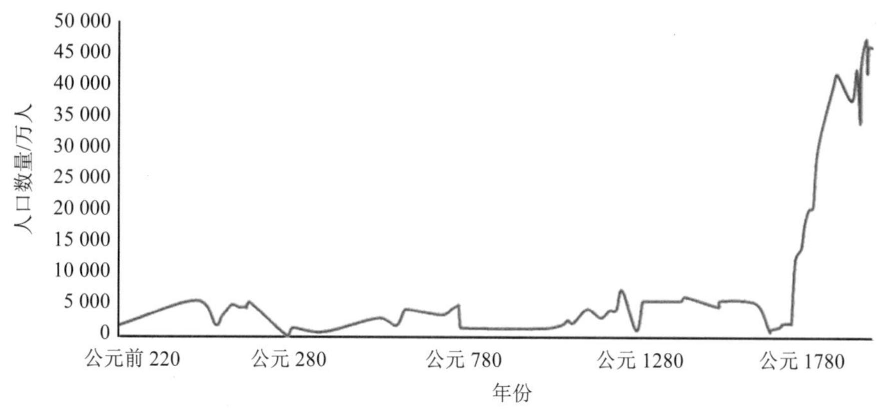

图 5-2　中国历代人口数量

（2）当代中国人口发展

中华人民共和国成立以后，开始了高速度、大规模的经济建设，也迎来了人口的快速增长。1954 年人口达到 6 亿，1954—1969 年，经过 15 年由 6 亿增至 8 亿；1969—1982 年，经过 13 年由 8 亿增至 10 亿，1992 年达到 11.8 亿，2000 年达到 12.95 亿，2010 年达到 13.71 亿，2020 年达到 14.43 亿。中国的人口在世界总人口中的比例，由中华人民共和国成立后直到 2000 年，一直保持在 20%以上，此后缓慢下降，人口总数持续居世界首位（表 5-4）。

表 5-4　中华人民共和国人口数量在世界人口总数中的比例

	1949 年	1960 年	1970 年	1980 年	1990 年	2000 年	2010 年	2020 年
世界人口总数/亿	24.36	30.27	36.34	44.15	52.48	61	69.16	78.10
中国人口总数/亿	5.42	6.62	8.30	9.87	11.34	12.95	13.71	14.43
中国占世界的比重/%	22.24	21.87	22.84	22.36	21.46	21.22	19.82	18.48

数据来源：全国七次人口普查公告。

中华人民共和国人口发展历程受到自然条件、经济发展和人口政策的共同影响，可以划分为 5 个阶段：

1）第一个高峰阶段：中华人民共和国成立后，国民经济恢复和第一个五年计划期（1949—1957 年）。在这 8 年中，人口出生率在 3%以上，而死亡率明显下降，1957 年死亡率下降到 1.08%以下，比 1949 年的 2%下降了近一半；8 年人口平均自然增长率高达 2.24%，平均每年净增 1 311 万人。

2）人口发展低谷期：1958—1961 年，是我国人口发展的低谷期。1961 年人均粮食仅有 159 kg，比 1957 年降低了 21.7%。食物缺乏，营养不良，危及人口再生产的正常进行。出生率从 1957 年的 3.403%逐渐下降到 1961 年的 1.802%；而死亡率却开始回升，从 1957 年的 1.08%逐年上升，1960 年高达 2.543%，从 1961 年开始回降至 1.424%，这一时期平均增长率 0.46%，而 1960 年却出现了中华人民共和国有史以来唯一的 1 次负增长。

3）第二个高峰阶段。这个时期从 1962 年开始，经济开始回升，人民生活逐渐改善，这个阶段一直延续到 1973 年，产生了长达 12 年的第 2 个生育高峰。12 年内我国人口从 6.7 亿猛增到 8.9 亿，年均净增 1 946 万人，人口自然增长率年平均达到 2.56%，其中最高的 1963 年达到 3.333%，创造了中华人民共和国人口增长率最高纪录。

4）人口增速下降期：我国从 1973 年以后开始实施计划生育工作，20 世纪 80 年代初又进一步明确计划生育是我国必须长期坚持的基本国策，因此，从 1974 年以来，我国人口自然增长率进入下降时期，1975—1984 年，年平均人口自然增长率为 1.369%，形成人口增长速度逐年下降的形势。

5）人口缓慢平稳增长阶段：我国人口 1988 年超过 11 亿，1995 年突破了 12 亿。人口每增加 1 亿所需时间从 5 年延长到 7 年多。之后人口增长速度继续减慢，人口从 12 亿到 13 亿用了 10 年。我国人口再生产类型实现了由高出生率、高死亡率、高增长率向低出生率、低死亡率、低增长率的历史性转变，进入缓慢平稳发展阶段。2010—2020 年，人口增加 7 200 万，增长率为 5.38%，年均增长率约为 0.53%，低于全球 0.92%的人口增速。

5.2.3.2 中国人口发展的基本特点

中华人民共和国成立以后，实现了人口再生产类型的两次转变，即 20 世纪 50—60 年代由“高出生率、高死亡率、低自然增长率”向“高出生率、低死亡率、高自然增长率”的转变，以及 70 年代以后，由“高出生率、低死亡率、高自然增长率”向“低出生率、低死亡率、低自然增长率”的转变。总结我国人口发展的规律，可以概括以下基本特点。

（1）人口基数庞大，总量增长迅速

中华人民共和国成立之初，1949 年的人口数为 5.42 亿，约占当时世界人口总数的 1/4。可见，中国人口的发展是在一个相当庞大的基数上开始的。由于长时间的社会稳定，加之传统的多生多育的社会基础依然存在，因此，中国人口总量处于一种迅速增长的状况，2020 年人口普查全国人口总数为 14.43 亿人。也就是中华人民共和国成立后 61 年的时间内，中国人口增加了近 10 亿，总人口是中华人民共和国成立初期的 2.7 倍。

（2）人口增长率波动，变化幅度剧烈

根据中华人民共和国成立后人口增长历程，绘出人口的出生率、死亡率和自然增长率的变动情况（图 5-3）。中华人民共和国成立以来，人口的自然增长率出现“两高一低一下降”的状况，呈现出明显的上下波动，其波动情况与中国的人口政策密切相关。当认识到人口问题的严重性、紧迫性而严格执行计划生育政策时，人口自然增长率就明显下降；反之人口数量就急剧增加。

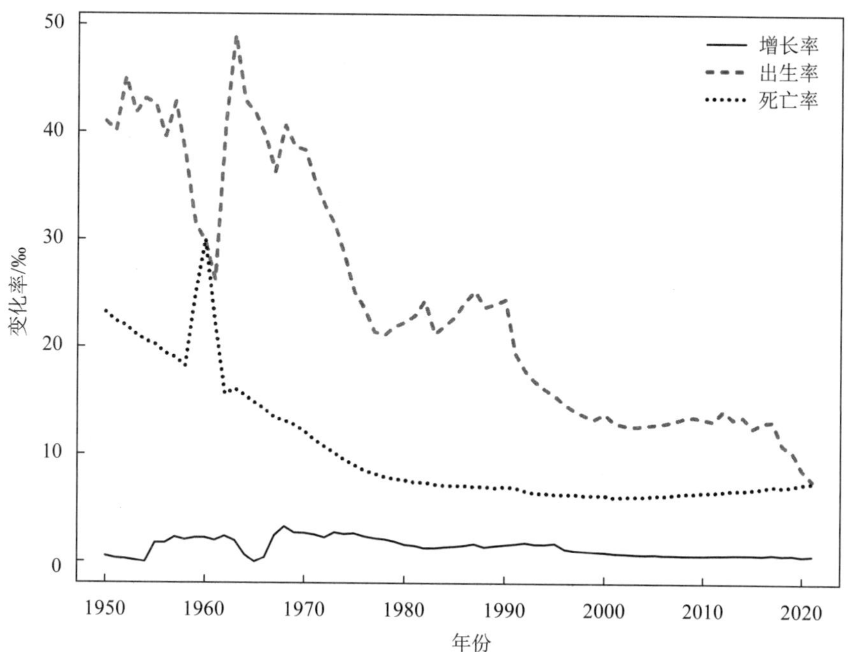

数据来源：中国人口和就业统计年鉴，2021。

图 5-3　中国人口出生率、死亡率、自然增长率变化情况

（3）人口年龄结构呈现从稳固型向老年型的转变

中华人民共和国成立以来，1953 年第一次人口普查，老年人口和少年人口占总人口的比重分别是 4.4%和 36.3%，年龄结构呈明显的年轻型。在以后的 10 年，人口出生率大幅度上升，致使年龄结构进一步年轻化。20 世纪 70 年代以后，计划生育政策开始实施，并取得巨大成绩，在人口的年龄结构上也发生了一些重大变化。据 1982 年第三次人口普查，少年人口占总人口的比重下降到了 33.6%，而成年人口比重上升到了 61.5%，老年人口比重上升到了 4.9%。表明我国人口结构开始向成年的稳定型过渡。之后这种趋势更加明显。第七次人口普查结果显示，2020 年我国 65 岁以上老年人口比重达到 13.5%，人口老龄化快速发展，未来一段时期我国都将持续面临人口长期均衡发展的压力（表 5-5）。

表 5-5　我国不同年龄人口比重

年份	65 岁以上人口比重/%	15～64 岁人口比重/%	0～14 岁少年人口比重/%
1953	4.41	59.3	36.3
1964	3.5	55.8	40.7
1982	4.91	61.5	33.6
1990	5.57	66.74	27.69
2000	6.96	70.15	22.89
2010	8.87	74.53	16.6
2020	13.50	68.55	17.95

数据来源：中国人口和就业统计年鉴，2021。

（4）城镇化发展迅速，人口流动速度加快

中国是一个农业大国，农业人口比重较高。随着国民经济的迅速发展，城镇化水平显著提高。我国的快速城镇化，开始于 20 世纪 80 年代。第七次人口普查结果显示，2020 年全国城镇人口达到 9.02 亿人，占总人口的 63.89%，比 2010 年上升了 14.21 个百分点。随着我国新型工业化、信息化和农业现代化的深入发展和农业转移人口市民化政策落地，新型城镇化进程持续稳步推进。

同时，我国人口流动规模持续增加。第七次人口普查显示，截至 2020 年我国人户分离人口为 4.93 亿，其中，市辖区内人户分离人口为 1.17 亿人，流动人口为 3.76 亿人。与 2010 年比，人户分离人口增长 88.52%，市辖区内人户分离人口增长 192.66%，流动人口增长 69.73%。我国经济社会持续发展，为人口的迁移流动创造了条件，人口流动趋势更加明显，流动人口规模进一步扩大。《国家人口发展规划》（2016—2030）指出，预计 2016—2030 年，农村向城镇累计转移人口数约 2 亿，转移势头有所减弱，城镇化水平持续提高。

（5）人口分布不均匀，东西部差异很大

人口分布除受人口自然增长率制约外，还受社会、经济、政治与自然等多种因素影响。一般来说，经济发达、工业集中、开发早的地区，历史悠久的区域人口密集。自然条件对人口分布有着明显的影响，如气候、水体都与人的生产、生活密切相关，直接影响人口的分布，土地资源与矿产等也影响人口的分布。

中国是世界上人口较稠密的国家之一，其人口分布存在明显的区域分异性。据第七次全国人口普查，全国人口密度为 146 人/km^2，约为世界平均水平的 2.45 倍。从人口地域的分布看，东部地区人口占比最高，达到 39.93%，中部地区占 25.83%，西部地区占 27.12%，东北地区占比最低，仅 6.98%。与第六次人口普查结果相比，东部地区人口所占比重上升 2.15%，中部地区下降 0.79%，西部地区上升 0.22%，东北地区下降 1.20%。以“瑷珲—腾冲线”（胡焕庸线）为界的全国人口分布基本格局保持不变，人口将持续向沿江、沿海、铁路沿线地区、经济发达区域聚集，城市群进一步聚集。

（6）人口素质大幅好转，但整体水平仍有待提高

平均寿命和受教育水平，是反映一个国家人口素质的最重要指标。中华人民共和国成立以后，中国人口素质的改善是在一个较低的水平上开始的。1949 年中国人口的平均寿命为 35 岁，是当时世界上平均寿命最短的国家之一。由于社会经济迅速发展，人民物质文化生活水平不断提高，中国人口的身体素质明显提高。随着人口再生产类型的两次转变，人口的平均寿命也有较大的延长，到 1957 年平均寿命 57 岁，1985 年提高到 68.92 岁。根据 2020 年第七次全国人口普查详细汇总资料计算，我国人口平均预期寿命达到 77.93 岁。也就是说，中国人口平均寿命是中华人民共和国成立之初的 2.22 倍。

人口的科学、文化素质和劳动技能的高低取决于受教育的程度。从文化素质来看，中华人民共和国成立以来也有大幅提高。文盲率和每 10 万人中具有大学、高中文化程度的人数，是反映一个国家人口文化素质的主要指标。表 5-6 表明了我国历次人口普查所反映出的人口文化素质的变化。与 2010 年相比，文盲率由 4.08%下降为 2.67%，15 岁及以上人口的平均受教育年限由 9.08 年提升至 9.91 年。

表 5-6　我国每 10 万人中不同文化程度人口数　　单位：人

年份	小学	初中	高中	大学
1964	28 330	4 860	1 319	416
1982	35 237	17 892	6 779	615
1990	37 057	23 344	8 039	1 422
2000	35 701	33 961	11 146	3 611
2010	26 779	38 788	14 032	8 930
2020	24 767	34 507	15 088	15 467

数据来源：第七次人口普查公告。

尽管我国人口素质有了很明显的提高，但整体文化素质仍然处于一般水平。受过初中及初中以上教育的人约占总人口的 65%，与先进国家相比，还存在较大差距。特别是文盲、半文盲人口中，还有相当一部分是青少年，仍有 0.5%的适龄儿童未完成义务教育。

5.3　人口与资源环境的关系

人口是经济发展的动力，人类在利用环境的同时也在改造环境。随着人口的增长、经济的发展和科学技术的进步，人类对环境的影响途径在增多，影响范围在扩大。人与经济和环境的关系错综复杂，对这一关系的全面认知是人口、经济持续发展，与自然和谐相处的基础。

5.3.1　人口对资源环境的压力

（1）土地资源

随着全球人口总量的持续增加，人均耕地面积逐年下降。1975 年全球人均耕地为 0.31 hm^2，2000 年人均耕地面积 0.23 hm^2，到 2015 年，人均耕地只有 0.19 hm^2。同时人口膨胀造成对粮食需求压力的增大，迫使人们采用加大化肥、农药使用量等方式高强度利用耕地，不合理开发利用方式导致大量耕地被毁、耕地质量下降，粮食可持续生产能力受到威胁，进一步威胁全球粮食安全。就中国情况来看，中华人民共和国成立初期，人均耕地 0.18 hm^2，1980 年已降到 0.1 hm^2，仅为世界人均耕地面积 0.3 hm^2 的 1/3，到 2015 年人均拥有耕地仅 0.09 hm^2。每公顷土地养活的人口数量不断增加，1950 年每公顷养活 5.5 人，1980 年这一数字增加到 9.8 人，2015 年每公顷养活 11 人。

得益于农业现代化和生产水平的提高，近年来我国粮食总产量及单位面积产量逐年增加，主要粮食作物产量自 2012 年起已连续 8 年超过 60 亿 t（图 5-4），谷物类作物单产自 2016 年起连续 5 年超过 6 000 kg/hm^2，为我国的粮食安全提供了切实保障。在人口增长和粮食生产能力提高的共同作用下，我国人均粮食产量逐年增加，并自 2008 年起超过联合国粮农组织（FAO）粮食安全的 400 kg/人标准，在 2020 年达到 474 kg/人，小麦和水稻的自给率保持在 98%以上。

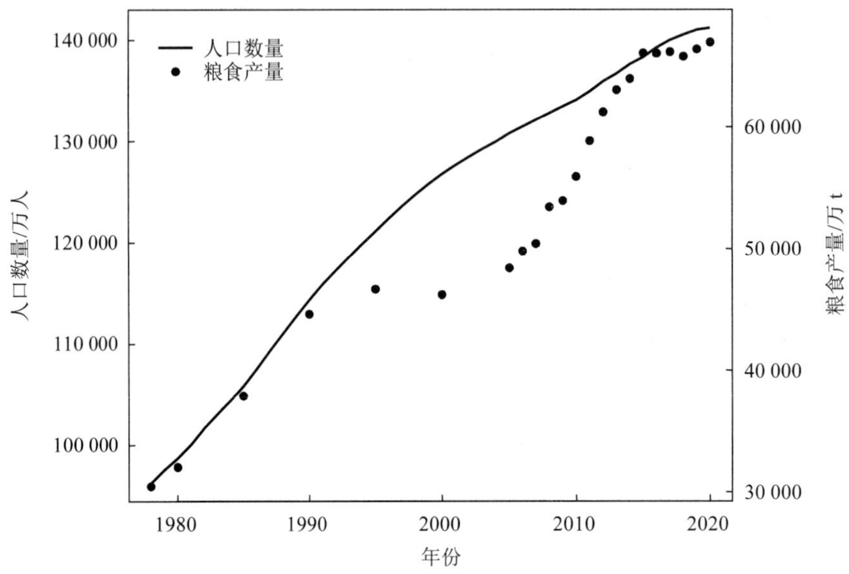

数据来源：2021 年中国统计年鉴。

图 5-4 中国人口、粮食的增长趋势

与此同时，我国人口增长对耕地和粮食安全的压力依然存在。一方面，由于历史上过度毁林开荒、农药化肥不合理施用等，造成水土流失、土地沙化、次生盐渍化、耕地质量下降，加上土地污染、工业和城市发展蚕食耕地等种种原因，使得我国优质耕地面积减少。另一方面，随着经济发展和人们生活水平的提高，动物性食品消费量增加，人均粮食需求也逐年增加，这也加大了对粮食生产的压力。在积极发展绿色、低碳农业的同时，我国正从多方面采取综合对策保障耕地红线，提高耕地质量，做到藏粮于地，藏粮于技，以实现人口与土地的关系从恶性循环状态向良性循环状态转化。

（2）森林资源

随着人口的增长、生活水平的提高，对自然资源的需求也不断增加。森林资源是受影响最严重的资源之一，经过几十年掠夺式开发，全球森林已受到无法控制的退化和毁林的威胁，包括毁林造田、毁林造房、其他不当的管理等。世界森林面积曾达到 76 亿 hm^2，2010 年降至 40 亿 hm^2，2020 年全球森林总面积为 40.6 亿 hm^2。目前，全球森林面积在不断减少，但减少的速度正在放缓，从 1990—2000 年的 780 万 hm^2/a 下降到 2000—2010 年的 520 万 hm^2/a 及 2010—2020 年的 470 万 hm^2/a。森林流失加上人口增长，全球人均森林资源不断减少，1990 年世界人均森林资源面积为 0.78 hm^2，而到了 2010 年这一数值降至 0.58 hm^2。根据《2020 年全球森林资源评估》，目前人均森林面积约 0.52 hm^2。

中国在历史上是一个森林资源丰富的国家。但随着人口的增加，耕地需求的增加，大量森林被砍伐，已使中国变成了一个少林国。森林资源承受着过重的需求压力。在很长一段时间里，为了满足人口的增长和经济建设的需要，诱发了过量开采；农村人口增长和农村能源短缺，导致了乱砍滥伐；人口增长对粮食和耕地需求压力，加剧了毁林开荒；对森林资源的重砍伐、轻抚育，加剧了人口与森林资源的矛盾。中华人民共和国成立之初，林业的首要任务就是多生产木材，人们对森林资源数量增长的关注远大于对质量的关注。在 20 世纪 60 年代初期，中国森林覆盖率仅为 11%。20 世纪 70 年代末到 90 年代初，虽然认识上有所改进，但对森林的开发仍然建立在对资源的大量消耗、对木材产品的获取上。

近年来，随着环境问题的日趋严峻、认识水平的不断提高，人们对森林资源呈现出多样化需求，充分认识到森林资源质量和生态服务功能的重要性，我国开始进入面积增加与质量提高并重的发展阶段。退耕还林等一系列生态保护工程的实施，使得我国森林覆盖率正逐步提高。近 10 年我国为全球贡献了近 1/4 的新增森林面积。2010 年中国的森林覆盖率为 21.6%，2020 年年底，全国森林覆盖率增至 23.04%。目前，我国森林面积 34.60 亿亩，居世界第 5 位，森林蓄积量 194.93 亿 m^3，居世界第 6 位，人工林保存面积 13.14 亿亩，居世界第 1 位。

尽管如此，我国的森林覆盖率仍低于全球平均水平。根据国家林业和草原局的统计数据，我国人均森林面积为 0.16 hm^2，相当于全球人均面积的 34.5%。人均森林蓄积量为 12.35 m^3，仅为全球人均森林蓄积量的 1/6。我国总体上依然缺林少绿、生态脆弱，人口增长对生态产品的需求与森林资源的供给之间的矛盾突出。

（3）能源消费

人类在利用能源上从木炭到煤炭，从煤炭到石油，以致原子能开发和各种新能源的利用，每次能源的更新换代都给濒临停滞的文明带来了生机和希望。人类社会发展的历史已经表明，每一次能源的开发与利用都推动着人类生产技术的变革和生产力的发展。然而随着人口增长和消费水平的提高，能量消耗的猛增，煤、石油、天然气等化石燃料均属不可再生能源，能源问题已成为全球普遍关注的问题之一。

随着人口的增加以及生活、生产水平的提高，能源需求不断加大。对于煤、石油、天然气等化石燃料的消耗量不断增加。虽然受到全球性疫情的影响，2020 年一次性能源消费同比下降 4.3%，但能源消费增长的趋势并未改变。一次性能源中，石油、煤炭、天然气等化石燃料仍然是能源供应的主体。2020 年煤炭已超过天然气成为第二大能源，煤炭消耗是造成空气污染的最主要原因，化石能源消耗所带来的温室气体排放加剧了全球气候变化。

（4）水资源

水是人类和一切生物赖以生存和发展的物质基础。随着人口的增长、经济的发展和人民生活水平的提高，对水的需求也在急剧增加。加上水资源分布特有的空间和时间差异，造成全球许多地区缺水问题严重。联合国粮农组织发布的《2020 年粮食及农业状况》指出，水资源短缺是实现可持续发展面临的一项重大挑战，全球有 32 亿生活在农业地区的人口面临着非常严重的水资源不足问题，其中 12 亿人（约占全球人口的 1/6）生活在极端缺水的农业地区。人口增长是导致水资源短缺的重要原因，社会经济发展对水资源需求的扩大是另一个重要因素。

中国水资源总量丰富，仅次于巴西、俄罗斯、加拿大、美国和印度尼西亚而居世界第 6 位，2020 年全国地表水资源量 30 407.0 亿 m^3。另外，中国人口众多，人均水资源仅为全球的 1/4，水资源短缺的问题十分突出。在人口规模和经济发展的共同影响下，中国成为全球用水量最多的国家，2020 年全国供水总量达到 5 812.9 亿 m^3，占当年水资源总量的 18.4%。

水资源总量的有限性，与人口大幅增长，工农业生产和城市化发展，以及人民生活水平的提高对水资源需求的不断增加，是我国水资源短缺并日益加剧的主要原因。而随着水资源使用量的增加，工业生产、居民生活排放污水量也相应增加，进而形成水质型缺水，使得水资源问题更加严峻。

人口增长对环境的压力，不仅包括对其他资源的压力，如对矿产资源、草地资源等，也包括对气候环境、对工业生产及人类生活环境各方面的影响，这种影响无论在发达国家还是发展中国家都不同程度地存在。但由于发展中国家人口增长速度更快，对资源环境的压力和破坏程度更大，甚至已超过本国资源的承载力。

5.3.2　人口、经济发展与资源环境的关系

对于人口、经济与环境关系的认知，存在相对悲观的人口负担论，相对乐观的人口贡献论，以及人口、经济与资源环境和谐发展论①。

（1）人口负担论

资源的稀缺性、有限性和人口指数增长是人口负担论的基础。以罗马俱乐部《增长的极限》为代表，认为世界所面临的各种难题，是人口、农业生产、自然资源、工业和污染 5 种因素相互关联、综合作用的结果。人口规模快速增长、生活水平提高需要更多的资源消耗、粮食供给，并带来资源开发、农业生产的扩张，进而造成环境污染、资源枯竭，并最终导致资源环境系统对人口负载能力的下降。同时发明创造、技术进步速度永远赶不上人口膨胀的速度，难以支持人类的持续发展。

（2）人口贡献论

人口贡献论者认为，无论从基本经济学原理还是人类发展历史进程来看，人口在经济发展过程中始终都是起着积极的作用，是发展的贡献者而非负担。美国经济学家西蒙指出，历史上当人口达到或者接近高峰时，一般是最繁荣的时期。一方面，人口贡献论者认为人口指数增长、人口爆炸不可能出现。另一方面，人口增长、需求增加不会造成资源的短缺，社会需求是发现资源的动力，也是解决资源稀缺问题的唯一途径。人口贡献论主张应该追求不断的增长以提高人类的经济福利，相信人类可以有充足的资源支撑其长期发展，因为人口发展带来的技术进步和人力资源积累是实现人类持续发展的最可靠保障。

（3）和谐发展论

和谐发展论认为，人类经济和社会福利不断造福于人类本身，谋求人口、资源与环境和谐而可持续的发展，才是发展的最终目的。目前人类面临的可持续发展问题，是随着人口发展而产生的。环境恶化、资源短缺的根源是不断增加的人口和经济活动，一方面人口增加带来的生存压力让人们选择以过度的、破坏式的资源环境开发利用；另一方面为了提高经济效益和生活质量，生产方式和生活方式的改变，也加重了对资源环境系统的负担。

---

① 钟水映，简新华．人口、资源与环境经济学．北京：北京大学出版社，2017.

因此，自觉调控人口，以实现与资源环境的和谐发展，才是可持续发展之道。

5.4　人口与资源环境承载力

5.4.1　人口环境容量

据研究，人类维持正常生存每天需要能量 10 041.6 J（2 400 kcal），这样 1 年需要 36.65×10^5 J（8.8×10^5 kcal）。而地球植物的生物生产量为 6.4×10^{17} kcal，为此计算地球可以养活 8 000 亿人。但实际情况不然，由于以植物为食的不仅是人类，其他各种动物也都直接或间接地以植物为食；再加上还有许多植物和动物是不能供人类食用的，所以，据估计人类只能获得植物总产量的 1%，即只能养活 80 亿人。根据食物供应有限的原理，近年来提出了人口容量的概念。

人口环境容量，即人口容量，一般理解为在一定的生态环境条件下，全球或者地区生态系统所能维持的最高人口数。因此又被称为人口最大抚养能力或最大负荷能力。通常人口容量并不是生物学上的最高人口数，而是指一定生活水平下能供养的最高人口数，它随所规定的生活水平的标准而异。如果把生活水平定在很低的标准上，甚至仅能维持生存水平，人口容量就接近生物学上的最高人口数；如果生活水平定在较高目标上，人口容量在一定意义上就是经济适度人口。国际人口生态学界曾提出了世界人口容量的定义：地球对于人类的容量是指在不损害生物圈或不耗尽可合理利用的不可更新资源的条件下，资源在长期稳定状态基础上能供应的人口数量。这个人口容量定义强调指出人口的容量是以不破坏生态环境的平衡与稳定，保证资源的永续利用为前提的。上述所指的，一定生态环境条件下，一定区域资源所能养活的最大人口数量，是人口容量的极限状态。这个极限状态受到多种条件的制约，所以在正常情况下是难以实现的。因此，应把适度人口数量作为人口容量的基本内涵。

关于中国的适度人口容量问题，不少学者做过一些有益的探索。早在 1957 年，时任北京大学校长马寅初先生就提出，中国最适宜的人口数量是 7 亿～8 亿，人口数量应该控制在人口容量之内，才能保证一定的生活水平和自然资源的永续利用。

5.4.2　人口承载力

制约人口容量的因素是多样的，但普遍认为，自然资源和环境状况是人口容量的基本限制因素。人口承载力是指在一定时期内，在某一可能或者期望的生活方式下，某一特定环境系统所能承载的人口数。它包含了供给方即特定环境系统所提供的资源所能供养的最大人口数量的含义。环境系统提供生存所需资源的能力，以及人们对生活水平的要求，决定了承载能力的大小。联合国教科文组织（UNESCO）认为，人口承载力是一国或一地区在可以预见的时期内，利用该地的能源和其他自然资源及智力、技术等条件，在保证符合社会文化准则的物质生活水平条件下，所能持续供养的人口数量。考虑了技术条件、科技进步等对承载力的影响。

根据影响因素的不同，人口承载力可分为资源人口承载力和经济人口承载力。关于资源人口承载力的研究主要集中于自然资源领域，其中以土地资源承载力的研究历史最长，研究成果也最为成熟。20 世纪 80 年代后期，考虑到土地承载力研究的局限性和片面性，加之水问题的日益突出，水资源承载力的研究越来越受到重视。随后在联合国教科文组织的资助下，开始了包括自然资源、能源以及智力、技术等在内的资源承载力的研究。经济人口承载力即与经济过程相联系的人口数量。其核心是指一定的经济水平条件下，生产资料所能容纳的最大人口数量。

1949 年，威廉·福格特在其研究《生存之路》中，首先提出了土地人口承载力的计算公式：

$$C=E/B$$

式中，C——土地负载能力，即土地能够供养的人口数量；

B——土地可以提供的食物产量；

E——环境阻力，即环境对土地生产能力所加的限制。

福格特指出，现代世界人口增长已超过了土地和自然资源的承载能力，人类面临灭顶的危险；人类的生存之路在于遏制人口增长，恢复和保持人口数量和土地、自然资源之间的平衡。但这种结论有些悲观，显然是低估了科学技术对于粮食的促进作用。

1997 年，联合国粮农组织发起了发展中国家土地的潜在人口支持能力的研究，并为这项研究制定了农业生态区位法（以下简称 AEZ 法）。这是一种综合探讨农业规划和人口发展的方法，它将气候生产潜力和土壤生产潜力相结合，来反映土地用于农业生产的实际潜力，并考虑了对土地的投入水平和社会经济条件，对人口、资源和发展之间的关系进行了定量评价。AEZ 法在发展中国家土地的潜在人口支持能力研究中，以国家为单位进行计算，通过世界土壤图和气候图叠加，将每个国家划分为若干农业生态区来作为评价土地生产潜力的基本单元；同时给出各农业生态区的农业产出对高、中、低三种投入水平的响应。按人对粮食及其他产品提供的热量及蛋白质的需求，给出优化种植结构及相应的农业产出，得出每公顷土地所能承载的人口数量。

我国的资源人口承载力研究兴起于 20 世纪 80 年代后期，并迅速呈现蓬勃发展之势。土地资源、水资源人口承载力是研究的重点。其中最有影响的是“中国土地资源生产能力及人口承载量研究”。该研究以中国 1∶100 万土地资源图划分的九大土地潜力区为基础，以资源-资源生态-资源经济科学原理为指导，从土地、粮食与人口相互关系的角度出发，讨论了土地与粮食的有限性；回答了我国不同时期的食物生产力及其可供养人口规模。预测我国粮食最大可能生产量为 8 310 亿 kg 左右，如分别按人均粮食 600 kg、550 kg、500 kg 的标准计算，我国土地人口承载量分别为 13.8 亿人、15.1 亿人、16.6 亿人，未来人口总数控制在 15 亿～16 亿，人均粮食 500～550 kg 是可能的。

人口、资源、环境已成为当今世界人类普遍关注的三大问题，三者相互制约、相互联系，其中心是人口问题。人口快速增长给资源环境系统带来更大压力这是不争的事实，人也是经济社会中具有主观能动性的要素。要科学、主动地调控人口数量、提高人口质量、优化人口结构。适度控制人口数量，以保障对资源、环境的需求在其承载能力范围之内；提高人口质量旨在通过对自身持续发展意识和能力的提高，以充分发挥人力资本的优势，实现节约资源、保护环境的发展目标；优化人口结构，就是在人口的各种构成和分布上做出理性预期和调节措施，在保障人口再生产本身的健康、和谐的同时，使得人口构成与相关的社会经济因素、资源环境条件相适应，实现良性互动，并最终实现人与自然的和谐相处的可持续发展目标。

复习思考题

1．试述人口与环境发展之间的关系。
2．世界人口发展经历了哪几个阶段？其增长有何特点？
3．中国人口发展的历程和基本特点是什么？
4．人口增长对环境的压力体现在哪些方面？
5．何谓人口容量和人口承载力？
6．简述人口、经济发展与资源环境关系的几种观点。

参考文献与推荐阅读文献

[1]　曲格平，李金昌．中国人口与环境．北京：中国环境科学出版社，1992.
[2]　石玉林．中国土地资源的人口承载能力研究．北京：中国科学技术出版社，1992.
[3]　陈百明．中国土地资源生产能力及人口承载量研究．北京：中国人民大学出版社，1996.
[4]　宫鹏，刘岳．中华人民共和国人口与环境变迁地图集．北京：科学出版社，2010.
[5]　邓宏兵．人口资源与环境经济学．北京：科学出版社，2011.
[6]　原华荣．马尔萨斯革命和适度人口的终结——小人口原理（第 1 卷）．北京：中国环境科学出版社，2013.
[7]　钟水映，简新华．人口、资源与环境经济学．北京：北京大学出版社，2017.

第 6 章　资源、能源与环境

资源和能源是社会经济发展的根基，但中国的资源问题却面临着一些挑战和困境：总量多但人均占有量少，我国资源空间分布不平衡，资源质量差别很大。在目前城镇化快速发展和人均资源、能源使用量快速增长的阶段，就必须要考虑可再生资源的可持续利用以及不可再生资源的节约、限制和综合利用。

6.1　自然资源的类型与特点

6.1.1　自然环境与自然资源

6.1.1.1　自然环境与自然资源的定义

按生物和人类为了生存、生活、生产所需向自然摄取利用物质的方式不同，自然可以分为自然环境（natural environment）和自然资源（natural resources）。

自然环境是各种自然因子组成的总体，人类赖以生存、生活和生产所必需的、不可缺少的而又无须经过任何形式摄取就可以利用的外界客观的物质背景条件的总和（直接或间接影响人类的一切自然形成的物质及其能量的总体）。自然环境由岩石圈、大气圈、水圈、土壤圈和生物圈组成。

自然资源是人类从自然条件中经过特定形式汲取利用于生存、生活、生产所必需的各种自然组成成分。通常所指的有土地、土壤、水、森林、草地、湿地、海域、野生动植物、微生物、矿物以及其他等。但是随着历史的发展、社会的进步、科学技术的革新、人类需求的转变和环境的变化，自然资源的含义也不断地转化和扩大，古代所谓的环境因素如水、空气等，现在已转变为自然资源。随着现今人类的密度分布的发展和变迁，人类赖以生存、生活和生产的所有原来的自然环境组成成分，现在都可以成为自然资源。

6.1.1.2　自然资源的环境属性和环境资源

自然资源与自然环境之间实质上并不存在截然区别的界限，它们是自然这一整体的两个侧面。这个整体是自然历史演化形成的。人类赖以生存、生活和生产所需的各种自然组成成分，既是通常所指的土地、土壤、水、森林、野生动植物等自然资源，也是在特定条件下人类所需的基本自然物质条件，这些人类不可缺少而无须经过任何形式摄取就可利用的外界客观的物质背景条件的总和，即是各种自然因子组成的自然环境。所以，古代所谓的环境因素如水、空气等现在看来已转变为自然资源，而自然资源本身又是自然环境中的组成部分。不仅如此，由于现代文明的出现导致环境污染和生态破坏日趋严重，为了保护人类生存、生活和生产的环境，人们已逐渐摒弃传统的对环境要素中各种自然因子的放任自流式的自然利用，而是将环境因素作为资源加以开发、保护和利用，对这类环境因素又往往称之为环境资源（environmental resources），如水、大气、土壤等。

人类在利用自然资源的过程中，不能脱离由自然资源与自然环境组成的自然综合体（natural complex），自然整体的失调和瓦解，势将危及人类自身的生存、生活和生产。对自然资源的过度利用，势必影响自然综合体的整体平衡，自然资源所具有的组成整体结构和功能的作用，以及其在自然环境中的生态效能，可能会很快消失，自然整体即遭破坏，甚至导致灾害。可见，人类利用自然资源，也就是利用自然环境。在自然资源与自然环境是统一体的前提下，开发任一项自然资源，必须注意保护人类赖以生存、生活、生产的自然环境。对待自然环境的任何组成成分犹如利用自然资源一样，也必须按照利用资源时所应注意的特性来对待自然环境。

6.1.2　自然资源与人类社会发展的关系

自然资源是人类赖以生存、生活、生产以及一切社会活动的物质基础。自然资源与人类社会和经济发展存在着相互作用、相互制约的密切关系。

6.1.2.1　自然资源是人类赖以生存的基础

自然资源是社会和经济发展必不可少的物质基础，是人类生存和生活的重要物质源泉，是人类自身再生产的营养库和能量来源。

人体本身就来自自然，人体的构造、生长和繁衍的原料也源于自然资源；而在人类社会生活和经济开发中，自然资源是生产的原料和材料的基本来源，经济的发展是以自然资源消费量增长为基础的。而从生态经济学角度来看，人类对自然资源的需求，不仅是指维持人类种群繁衍的物质生活享受，还包括精神文化生活需求和维护生态环境需求。由此可见，自然资源是人类赖以生存的基础，没有自然资源便没有人类的美好世界。

6.1.2.2　社会和经济的发展对自然资源具有巨大的作用

由于社会生产不可缺少自然资源，无论是作为活动场所、环境、劳动对象，还是从中制造劳动对象，这就势必要开发利用自然资源，而被开发利用的自然资源数量的多少、种类组成等会受到社会生产系统中经济政策、技术措施及人的数量、质量等方面的影响。而自然资源的更新、再生速度基本不变，有的资源的数量也是有限的，一旦开发利用的强度超过自然的自我更新能力，那就会破坏自然资源，导致自然资源的衰竭，或者不注意节约利用，就会加速不可更新资源的枯竭速度、缩短枯竭时间。物质资料的再生产过程和人类自身的再生产过程中的排泄物——废料、废气、废水及各种垃圾，都会排入自然环境之中，自然环境对此有一定的调节自净能力，但是，如果排泄物的数量超过一定的标准或浓度之后，自然环境就会受到污染。

社会生产系统往往要向资源生态系统输入经济物质、能量，提高自然生产力，以期获得更多的产品和更高的产量。但是，输入资源生态系统的经济物质、能量如果不注意输入的数量、种类，反而会降低资源生态系统的自然生产力。例如，DDT 等农药对土壤的污染以及化肥流失导致水体富营养化等。

综上所述，由于社会经济发展与自然资源之间的相互作用、相互影响，要使社会生产得以正常进行，经济得到较快的发展，就要求人类在开发利用自然资源的过程中，正确地对待作为社会生产和经济发展基础的自然资源，按照资源生态系统的特性和运动规律来组织社会生产和规划经济发展的方向和速度。

6.1.3 自然资源的类型

自然资源按其产生的渊源及其可利用性，可分为：

（1）原生性自然资源

原生性自然资源，或称续发性资源、非耗竭性资源，又称无限资源，如太阳能、空气、风、降水、气候等。随着地球形成及其运动而存在，基本上是持续稳定产生的。

（2）次生性自然资源

次生性自然资源，或称非续发性资源、耗竭性资源，又称有限资源。这种自然资源是在地球自然历史演化过程中的特定阶段形成的，质与量是有限定的，空间分布是不均匀的。一旦生物种消失，就不可能再复生。次生性自然资源又可分为：

1）不可再生自然资源（non-renewable natural resources），或称不可更新的自然资源。如土地、泥炭、煤、石油、天然气和非燃性矿物，等等。在地球现阶段历史时期内是不容易再生，也不能更新或增加的组成成分。

2）可再生自然资源（renewable natural resources），或称可更新自然资源。如土壤、植物、动物、微生物和森林、草原等。

可更新自然资源在现阶段自然界的特定时空条件下能持续再生更新、繁衍增长，保持或扩大其储量，依靠种源再生。一旦种源消失，该资源就不能再生。所以要求科学地合理利用和保护物种种源，只有这样该资源才可能“取之不尽，用之不竭”。土壤属于可更新资源，主要是土壤肥力可以通过人工措施和自然过程而不断更新。但土壤又有不可再生的一面，因为水土流失和土壤侵蚀可以比再生的土壤的自然更新过程快得多，在一定时间内也就成为不能再生的。

6.1.4　我国自然资源的特点及其利用保护中存在的问题

6.1.4.1　我国自然资源的特点

我国的自然资源种类多、数量大，有如下特点：

（1）资源总量多，人均占有量少

据联合国粮农组织 2020 年的资料，中国土地面积占世界有人居住土地总面积的 7.2%，仅次于俄罗斯，居世界第 2 位。耕地和园地面积占世界的 8.7%，仅次于美国、印度和俄罗斯，居世界第 4 位；永久性草地和牧场面积占世界的 11.7%，居世界第 1 位；森林和林地面积占世界的 5.2%，仅次于俄罗斯、巴西、加拿大和美国，居世界第 5 位。有关资料表明，中国 2011 年可再生水资源总量占世界的 5.1%，仅次于巴西、俄罗斯、美国和加拿大，居世界第 5 位[①]。中国 2021 年水电的总发电量占世界的 30.4%，居世界第 1 位。[②] 中国 2004 年哺乳动物种数约占世界的 10.8%，仅次于印度尼西亚、巴西和墨西哥，居世界第 4 位；鸟类种数约占世界的 12.2%，仅次于哥伦比亚、秘鲁、巴西、印度尼西亚、厄瓜多尔、玻利维亚和委内瑞拉，居世界第 8 位；植物种数约占世界的 11.9%，仅次于巴西和哥伦比亚，居世界第 3 位。[③] 截至 2020 年年底，中国已发现 173 种矿产，其中，能源矿产 13 种，金属矿产 59 种，非金属矿产 95 种，水气矿产 6 种。[④]

由于我国人口众多，主要资源的人均占有量普遍偏少。以世界人均水平为基本单位计算，在 2020 年，我国人均耕地、森林和草地资源分别只占世界平均水平的 46.0%、28.7% 和 65.4%，[⑤] 煤炭、石油、天然气人均储量分别相当于世界平均水平的 70.6%、7.7%、23.7%，铝土矿、铜矿、铁矿人均储量分别相当于世界平均水平的 16.6%、15.7%、58.9%，镍矿、金矿人均储量分别相当于世界平均水平的 15.6%、18.9%。[⑥] 另外，人均资源数量和生态质量仍在继续下降或恶化，随着我国国民经济持续高速发展和人口不断增加，资源不足的状况将进一步加剧。

（2）各类资源总体组合较好，但也存在一些薄弱环节

我国疆域辽阔，就全国而言，东农西牧，南水（田）北旱（地），平川农林互补，江湖海洋散布环集，在总体上呈现以农为主，农林牧渔各业并举的格局。在工业资源方面，除了农业为轻纺工业提供各种原料以外，能源、冶金、化工、建材都有广泛的资源基础。世界上中国、俄罗斯、美国、加拿大和巴西都是资源组合状况比较良好的国家。

耕地不足是中国资源结构中最大的矛盾；整个北方和南方地区的水资源也将面临日益短缺的局面；少数有色、贵重金属和个别化肥（钾）资源的保证程度很低；如果人工造林

---

① 资料来源：美国中央情报局《世界概况》2011 年数据。

② 资料来源：《BP 世界能源统计年鉴》2021 年统计数据。

③ 资料来源：世界资源研究所《世界资源 2005》统计数据，该数据收集自联合国环境规划署—世界保护监测中心、拉姆萨尔公约局、联合国教科文组织、世界自然保护联盟。

④ 资料来源：《中国矿产资源报告 2021》。

⑤ 资料来源：联合国粮农组织 2020 年统计数据。

⑥ 资料来源：《BP 世界能源统计年鉴》2020 年统计数据，美国地质调查局（USGS）2020 年统计数据。

不能迅速跟上，森林资源也将成为一个重要的薄弱环节。

（3）我国资源空间分布不平衡，资源质量差别很大

无论地面资源还是地下资源都存在相对富集和相对贫乏的现象，而资源质量差别这种现象在耕地、天然草地和一部分矿产尤为突出。

6.1.4.2 我国自然资源利用与保护中存在的问题

1）缺乏有效的资源综合管理及把自然资源核算纳入国民经济核算体系的机制，传统的自然资源管理模式和法规体系将面临市场经济挑战。

2）经济发展在传统上过分依赖资源和能源的投入，同时伴随大量的资源浪费和污染产生，忽视资源过度开发利用与自然环境退化的关系。

3）不合理的资源定价方法导致了资源价格的严重扭曲，表现为自然资源无价，资源产品低价以及资源需求的过度膨胀。

4）缺乏有效的自然资源政策分析机制以及决策信息支持，尤其是跨部门的政策分析和信息共享，从而经常出现部门间政策目标相互摩擦的不利影响。

6.1.5 我国自然资源开发利用与保护的指导思想

为了确保有限自然资源能够满足经济可持续高速发展的要求，中国必须执行“保护资源，节约和合理利用资源”“开发利用与保护增殖并重”的方针和“谁开发谁保护、谁破坏谁恢复、谁利用谁补偿”的政策，依靠科技进步挖掘资源潜力，充分运用市场机制和经济手段有效配置资源，坚持走提高资源利用效率和资源节约型经济发展的道路。自然资源保护与可持续利用必须体现经济效益、社会效益和环境效益相统一的原则，使资源开发、资源保护与经济建设同步发展。

6.2 自然资源利用与保护

6.2.1 土地资源的利用与保护

6.2.1.1 土地与耕地的概念

（1）土地

1975 年联合国粮农组织给出土地定义为：“一片土地是指地球表面的一个特定地区，其特性包含着此地面以上和以下垂直的生物圈的一切比较稳定或周期循环的要素，如大气、土壤、地质、水文、动植物密度、人类过去和现在相互作用等，因为这些要素及其相互作用对人类现在和将来利用土地都会产生深远的影响。”可以认为，土地是地球的表层及其以上和以下的多种自然要素组成的地域综合体。

（2）耕地

耕地是人类生产最基本、最主要的生产资料，是生产粮食、棉花、油料、蔬菜等农副产品的基地，是土地的精华。耕地数量的多少，质量肥瘠，直接影响国民经济的发展。

6.2.1.2　我国土地资源的基本情况

（1）我国土地资源的基本特点

我国土地总面积达 960 万 km^2，占世界陆地面积的 7.2%，仅次于俄罗斯和加拿大，居世界第 3 位。[①] 概括起来有以下基本特点：

- ❖ 土地资源绝对数量多，人均占地量少：我国土地总面积居世界第 3 位，但由于我国人口众多，人均土地面积只有 0.65 hm^2，为世界平均水平的 37.7%；人均耕地面积仅 0.092 hm^2，为世界平均数的 46.0%。[②]
- ❖ 土地类型多样：从南北来看，中国北起寒温带，南至热带，南北长达 5 500 km，跨越 49 个纬度。从东西来看，东起太平洋西岸，西达欧亚大陆中部，长达 5 200 km，跨越 62 个经度。从地形高度来看，从海拔 50 m 以下的东部平原，逐渐上升到西部海拔 4 000 m 以上的青藏高原。在这个广大范围内，由于水热条件的不同和复杂的地形、地质条件组合的差异，形成了多种多样的土地类型。
- ❖ 山地面积大：我国属多山国家，山地（包括丘陵、高原）面积约 665.0 万 km^2，占土地总面积的 69.3%。[③] 全国 1/3 的人口，2/5 的耕地和 9/10 的有林地分布在山地。山地地形复杂、自然资源丰富、开发潜力大，但山地坡度大、土层薄，如利用不当，自然资源与生态环境易遭破坏。
- ❖ 农用土地资源比重小：我国土地中可以被农林牧渔各业和城乡建设利用的土地资源占土地面积的 65%，但其中耕地和林地比重相对较小。
- ❖ 后备耕地资源不足：我国尚有宜于开垦种植农作物、发展人工牧草和经济林木的土地约占全国土地总面积的 3.7%。其中质量好或较好的一等地占 8.9%，质量中等的二等地占 22.5%，质量差的三等地占 68.6%，可见一等地、二等地、三等地之比为 1∶2∶7，即绝大部分是质量差、开发困难的三等地。

（2）土地资源开发利用中的问题

我国目前土地开发利用中的问题，突出地表现在耕地资源短缺和土地退化。

- ❖ 耕地整体素质下降，后备资源不足。随着工业化、城市化进程的加速，我国耕地总量正在不断减少，而更令人担忧的是耕地的整体素质趋于恶化：优质高产田在减少，劣质低产农田在增加。根据全国农用地分等定级成果，优等地仅占全国耕地总面积的 2.7%，高等地占 30%，中等地、低等地占 67.3%。[④] 此外，交通、水利建设和工矿用地也大多集中在地势平坦、土地肥沃的平原地带。而我国的新增耕地一般分布在边远省（区、市）和丘陵山区，从区位来看，主要集中在降水稀

---

① 国内公认的国土面积排序是世界第三位，但根据联合国粮农组织提供的数据排序为第四位，仅次于俄罗斯、加拿大和美国。

② 资料来源：联合国粮农组织 2020 年统计数据。

③ 资料来源：《中国统计年鉴 2011》。

④ 资料来源：《全国土地整治规划（2011—2015 年）》。

少的干旱、半干旱地区和水热条件较差的丘陵山区，无疑大多是限制因素较多的劣质低产田。这一减一增在一定程度上，正反映了现有耕地质量的整体恶化倾向。

❖ 土地资源退化和破坏严重，农业生产空间日趋萎缩，水土流失严重。根据全国第二次遥感调查的结果，目前我国水土流失面积大，主要集中在西北黄土高原，南方山地丘陵地带，北方土石山区和东北黑土地区。全国流失的土壤每年超过 50 亿 t，约占世界总流失量的 1/5，相当于全国耕地削去了 1 cm 厚的肥土层，损失的 N、P、K 养分，相当于 4 000 万 t 化肥的养分含量。

❖ 土地荒漠化和沙化态势依然严峻。尽管根据 2013 年 7 月至 2015 年 10 月底第五次全国荒漠化和沙化监测结果，我国沙化土地实现持续净减少，2009—2014 年荒漠化土地面积净减少 12 120 km^2，年均减少 2 424 km^2；沙化土地面积净减少 9 902 km^2，年均减少 1 980 km^2，但是我国土地沙化局部恶化的态势并没有被遏制。土地沙化在西北、华北北部和东北部地区最为严重。根据第五次全国荒漠化和沙化土地监测，截至 2014 年年底，全国荒漠化土地面积 261.16 万 km^2，占国土总面积的 27.20%，沙化土地面积 172.12 万 km^2，占国土总面积的 17.93%。土地沙化后，生产力下降，甚至生产力完全丧失，环境更趋恶化，造成许多地方的农田和村庄被流沙所吞没。据调查，沙化面积的 95%是由各种人为活动引起的。

❖ 土壤盐渍化现象十分严重。据全国第二次土壤普查数据，中国盐渍化土地总面积约 3 600 万 hm^2，占全国可利用土地面积的 4.88%。耕地中盐渍化面积达到 920.9 万 hm^2，占全国耕地面积 6.62%，主要分布在西北、华北、东北和沿海地区。

❖ 土壤污染严重。随着我国工业化发展，在生产过程中排出大量的“三废”物质，通过大气、水、固体废渣的形式进入土壤。同时，农业生产技术的发展，人为地不断施入肥料、农药，并进行灌溉，使大量“三废”物质进入土壤并在其中积累，从而造成土壤污染。

6.2.1.3 我国保护土地资源的基本对策

随着我国人口数量的持续增加，人口与土地（特别是耕地）的矛盾也日趋尖锐，控制人口增长、提倡适度消费都是必不可少的节流措施。根据 2017 年 1 月中共中央、国务院发布的《关于加强耕地保护和改进占补平衡的意见》，应采用如下措施：

➢ 加强土地规划管控和用途管制，从严控制建设占用耕地特别是优质耕地。

➢ 严格永久基本农田划定和保护。全面完成永久基本农田划定。在推进多规合一过程中，应当与永久基本农田布局充分衔接，原则上不得突破永久基本农田边界。

➢ 以节约集约用地缓解建设占用耕地压力，实施建设用地总量和强度双控行动。

➢ 严格落实耕地占补平衡责任，通过土地整理、复垦、开发等推进高标准农田建设，增加耕地数量、提升耕地质量。

➢ 大力实施土地整治，落实补充耕地任务。在严格保护生态前提下，科学划定宜耕土地后备资源范围，禁止开垦严重沙化土地，禁止在 25°以上陡坡开垦耕地，禁止违规毁林开垦耕地。

➢ 探索补充耕地国家统筹。根据各地资源环境承载状况、耕地后备资源条件、土地整治新增耕地潜力等，分类实施补充耕地国家统筹。

- 严格补充耕地检查验收。加强对土地整治和高标准农田建设项目的全程管理，规范项目规划设计，强化项目日常监管和施工监理。
- 大规模建设高标准农田。统一纳入国土资源遥感监测“一张图”和综合监管平台，实行在线监管，统一评估考核。
- 实施耕地质量保护与提升行动。全面推进建设占用耕地耕作层剥离再利用，加强新增耕地后期培肥改良，开展退化耕地综合治理、污染耕地阻控修复，加速土壤熟化提质，实施测土配方施肥，强化土壤肥力保护，有效提高耕地产能。
- 统筹推进耕地休养生息。对 25°以上坡耕地、严重沙化耕地、重要水源地 15°～25°坡耕地、严重污染耕地等有序开展退耕还林还草。
- 加强耕地质量调查评价与监测。建立健全耕地质量和耕地产能评价制度，完善评价指标体系和评价方法，定期对全国耕地质量和耕地产能水平进行全面评价。
- 加强对耕地保护责任主体的补偿激励。综合考虑耕地保护面积、耕地质量状况、粮食播种面积、粮食产量和粮食商品率，以及耕地保护任务量等因素，按照谁保护、谁受益的原则，加大耕地保护补偿力度。
- 实行跨地区补充耕地的利益调节。在生态条件允许的前提下，支持耕地后备资源丰富的国家重点扶贫地区有序推进土地整治增加耕地。

6.2.2　水资源的利用与保护

6.2.2.1　我国陆地水资源的基本情况

水资源通常是指在一定的经济技术条件下，可以比较容易被人类利用的、可以逐年恢复的淡水资源。陆地水资源由地表水、土壤水和地下水组成。这 3 种水彼此密切联系、相互转化，构成一个完整的水循环体系。大气降水为其补充源，使其逐年得到更新，达到动态的平衡。

我国陆地水资源的基本特点

1）水资源总量多，人均占有量少。根据 2021 年中国水资源公报数据，2021 年全国地表水资源量 2.96 万亿 m^3，折合年径流深 313.3 mm，其中地表水资源量 2.83 万亿 m^3，地下水资源量 8 195.7 亿 m^3，地表水与地下水资源不重复量为 1 327.7 亿 m^3。全国平均年降水量 691.6 mm，折合降水总量为 6.54 万亿 m^3。但由于我国人口多，故人均占有量少，只有 2 098.5 m^3。

2）地区分配不均，水土资源不平衡。我国陆地水资源的地区分布与人口、耕地和矿产资源的分布不相适应。长江、珠江、东南诸河、西南诸河等南方 4 个水资源一级区，水资源量占全国的 75%，人均占有量 2 811.4 m^3，约为全国人均占有量的 1.34 倍。松花江、辽河、海河、黄河、淮河等北方 6 个水资源一级区，水资源占全国的 25%左右，人均占有量 1 200.6 m^3，约为全国人均占有量的 57%。地下水也不均衡，其分布的趋势也是东部多、西部少，南部多、北部少。南方 4 区，地下水占全国地下水总量的 64%，而北方 6 区，地下水仅占全国的36%。

3）年内季节分配不均，年际变化很大。我国的降水受季风影响，降水量和径流量年内分配不均。长江以南，3—6月（或4—7月）的降水量约占全年降水量的60%；而长江以北地区，6—9月的降水量，常常占全年降水量的80%。由于降水年内分配不均，年际变化很大，我国的主要江河都出现过连续枯水年和连续丰水年。这种年内分配不均、年际变化大以及出现连续枯水年或连续丰水年等特点，使可用资源的数量远远低于全国陆地水资源总量。

我国陆地水资源面临的主要问题

1）局部地区缺水矛盾尖锐。由于人均占有水量少，水的时空分布不均衡，对水资源缺乏统筹安排，全国不少地区，尤其是华北、东北、西北地区常常出现水荒，局部地区水荒还很严重。

2）水污染日益严重。我国大部分地区的淡水资源已受到不同程度的污染，且有不断加剧的趋势。大量未经处理的工业废水和生活污水的排放，污染了江河水库的水质。不少河段有毒有害物质含量已经超过《地表水环境质量标准》。地下水的污染发展很快。据全国一些大中城市调查，大部分城市的地下水已受到不同程度的污染。地下水的贮存条件特殊，循环周期比地表水慢得多，一旦污染，消除十分困难，有的甚至难以恢复。

3）水资源管理混乱、浪费严重。从横向上看，一个完整的流域往往跨越多个省（区）。在水资源利用上因上下游缺乏统一管理，造成了上游无节制地用水，而下游水量不足的情况。同时，上游地区的污水排放入河，造成水质污染，使得下游地区利用水资源更加困难。从纵向上看，水利、林业、生态环境、城建等部门分别管理农、林、工矿、城市用水，这使得有时水资源的管理显得更加混乱。

在工农业用水方面，由于用水的技术、工艺落后，一方面水资源紧缺，而另一方面又大量浪费。不少工矿企业产品用水单耗高，循环用水率低。农村大多采用大水漫灌，利用率低。另外，渠道渗漏严重，不仅浪费水资源，也易引起土壤次生盐渍化和潜育化，降低土地的质量。

4）地下水开采过量。不少地方无限制地开采地下水，从而产生一系列严重后果。2010年共监测全国地下水降落漏斗198个，其中浅层地下水降落漏斗111个，深层地下水降落漏斗80个，岩溶和裂隙下水降落漏斗7个。华北平原东部深层承压地下水水位降落漏斗面积达7万km^2，部分城市地下水水位累计下降达30～50 m，局部地区累计水位下降超过100 m。由于超采地下水，上海、天津都发生了地面下沉问题，一些沿海城市导致海水入侵，影响了地下水水质。

5）水土流失严重，河流含沙量大。我国平均每年被河流带走的泥沙约35亿t，年平均输沙量大于1 000万t的河流有115条。其中以黄河为最多。黄河年径流量为543亿m^3，但多年平均年输沙量为26亿t。黄河水平均含沙量为37.6 kg/m^3，居世界诸大河之冠。水的含沙量大，泥沙又能吸附其他污染物，加重水的污染，从而增大了开发利用这部分水资源的难度。此外，还会造成河道淤塞、河床坡降变缓、水库淤积等一系列问题。

6.2.2.2 我国陆地水资源保护对策

针对我国目前水资源短缺、水污染严重、水生态环境恶化等突出问题，国务院在2012

年发布《关于实行最严格水资源管理制度的意见》，明确提出水资源开发利用控制、用水效率控制和水功能区限制纳污“三条红线”的主要目标。为实现“三条红线”的目标，应采取下列水资源保护对策：

严格实行用水总量控制

对水资源的科学管理就是将相互联系、相互转化的地表水、土壤水，上游、中游和下游用水，水质与水量，水资源的开发利用保护作为一个整体进行统筹规划和管理，在此基础上严格实行用水总量控制。具体包括如下：

1）对全国各个流域的水资源进行详细的调查评价，结合地区的社会经济发展情况与主体功能区的要求，按照流域和区域统一制订规划，充分发挥水资源的功能与效益。

2）制订主要江河流域水量分配方案，建立覆盖流域和区域的取用水总量控制指标体系，实施流域和区域取用水总量控制。

3）规范取水许可审批管理，对取用水总量已达到或超过控制指标的地区，暂停审批建设项目新增取水；对取用水总量接近控制指标的地区，限制审批建设项目新增取水。

4）建立以市场为导向的水资源管理体制，用经济杠杆来调节水的使用。同时，合理调整水资源费征收标准，严格水资源费征收、使用和管理。

5）加强地下水动态监测，实行地下水取用水总量控制和水位控制。

6）依法制订和完善水资源调度方案、应急调度预案和调度计划，实现对水资源的统一调度。

全面推进节水型社会建设

对于工业用水，应当实行申请用水、定额供水、有偿供水、超额停供或者加倍收费办法。在水资源紧缺地区，应发展用水量少的工业，普遍推广循环用水制度，停止发展或关闭用水量过大的工业企业。对新建的工业企业，要求采用用水量最省的设备和工艺。对耗水量大的老企业，应当进行技术改造，减少耗水，同时加快制定高耗水工业和服务业用水定额国家标准。对于农业用水，应尽可能发展节水型农业，推广节水节能措施，因地制宜地采取喷灌、滴灌、渗灌等省水的灌溉技术，防止大水漫灌，减少渠道渗漏。对于生活用水，要注意用技术和经济手段使之避免浪费。要加强节约用水技术的研究和推广。制定节水强制性标准，逐步实行用水产品、用水效率标识管理，禁止生产和销售不符合节水强制性标准的产品。把节约用水贯穿于经济社会发展和群众生活生产全过程，建立健全有利于节约用水的体制和机制。

严格控制入河湖排污总量

首先要保护水源地，尤其是饮用水水源地。各省、自治区、直辖市人民政府要依法划定饮用水水源保护区，开展重要饮用水水源地安全保障达标建设。做好工业的合理布局，严格控制污染物排放。完善水功能区监督管理制度，建立水功能区水质达标评价体系，如加强水功能区动态监测和科学管理。对已被污染的地表水或地下水，要积极进行治理。要防止有毒和有害物质进入地下水造成污染。在城市地区要积极建设各种污水处理设施，包括不同类型的土地处理系统，提高污水处理效率。

维持河流合理流量和湖泊、水库以及地下水的合理水位，充分考虑基本生态用水需求，维护河湖健康生态。有条件的沿海城市，经过充分的科学论证，可将经过预处理的城市工业废水和生活污水直接排入海中，以减轻城市水域及附近河流的污染。加强对非传统水资源（如雨水、中水、海水等）的处理和利用，以缓解对传统水资源的需求压力。

6.2.3 生物资源的利用与保护

6.2.3.1 我国的生物资源

我国是世界上生物多样性最为丰富的12个国家之一，拥有森林、灌丛、草甸、草原、荒漠、湿地等地球陆地生态系统，以及黄海、东海、南海、黑潮流域大海洋生态系。我国林木植物资源极为丰富，居北半球地区森林资源的首位，拥有187个木本科（含17科藤本），1 200多个木本属，分别占总科数的54.5%和总属数的38%以上；有9 000多种木本植物，约占全国所有植物种数的30%，包括乔木3 000多种，灌木6 000多种。我国的脊椎动物有6 445种，占世界总种数的13.7%，包括陆生脊椎动物约2 748种，其中，兽类约607种，鸟类约1 294种，爬行类约412种，两栖类约435种，分别占世界兽类、鸟类、爬行类和两栖类的12.6%、13.3%、6.5%和10.8%。水生生物物种有2万多种，其中鱼类3 800多种、两栖爬行类300多种、水生哺乳类40多种、水生植物600多种，具有重要利用价值的水生生物种类200多个。此外，已查明真菌种类1万多种，占世界总种数的14%。

我国生物遗传资源丰富。我国既是水稻、大豆等重要农作物的起源地，也是野生和栽培果树的主要起源中心。据不完全统计，我国有栽培作物1 339种，其野生近缘种达1 930个，果树种类居世界第一。我国是世界上家养动物品种最丰富的国家之一，有家养动物品种576个。由于我国大部分地区未受到第三纪和第四纪大陆冰川的影响，保存有大量的特有物种。据统计，约有467种陆生脊椎动物为我国所特有，大熊猫、金丝猴、藏野驴、黑鹿、白唇鹿、麋鹿、矮岩羊、朱鹮、褐马鸡、绿尾虹雉等均为我国特有的珍稀濒危陆生脊椎动物。

概括起来，我国生物资源具有如下特点：生物多样性高度丰富；生物物种的特有性高；生物区系起源古老；经济物种异常丰富。

6.2.3.2 生物资源的状况

（1）物种及遗传多样性受威胁现状

虽然中国具有高度丰富的物种多样性，但由于近年来人口的快速增长与经济的高度发展，增大了对资源及生态环境的需求，构成了强大的压力，致使许多动物和植物严重濒危。从世界自然保护联盟（IUCN）所研发和推广的物种红色名录等级资料中初步统计，到2022年中国大约有1 104种动物和817种植物处于濒危/易危/近危的状态（图6-1和表6-1）。物种及遗传多样性受威胁主要表现在：

- ❖ 物种濒危程度加剧：据估计，我国野生高等植物濒危比例达15%～20%，其中，裸子植物、兰科植物等高达40%以上。野生动物濒危程度不断加剧，有233种脊椎动物面临灭绝，约44%的野生动物呈数量下降趋势，非国家重点保护野生动物种群下降趋势明显。

❖ 遗传资源不断丧失和流失：一些农作物野生近缘种的生存环境遭受破坏，栖息地丧失，野生稻原有分布点中的 60%～70%已经消失或萎缩。部分珍贵和特有的农作物、林木、花卉、畜、禽、鱼等种质资源流失严重。一些地方传统和稀有品种资源丧失。

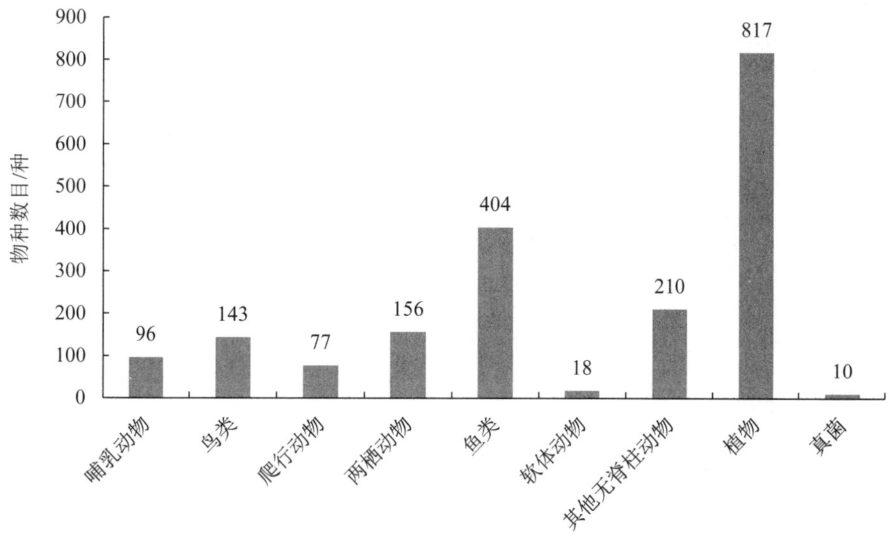

数据来源：IUCN《濒危物种红色名录》2022 年数据，其中中国包括中国大陆、香港、澳门、台湾等地区。

图 6-1 中国主要生物类群的濒危物种数目

表 6-1 中国物种红色名录分类 单位：种

类别	动物	植物	真菌
绝灭	6	5	0
野外灭绝	3	1	0
极危	171	141	0
濒危	336	387	2
易危	655	333	8
近危	4	3	0
低危	527	120	6
无危	9 268	3 671	31
无数据	1 548	251	1
总计	12 518	4 912	48

数据来源：IUCN《濒危物种红色名录》2022 年数据，其中中国包括中国大陆、香港、澳门、台湾等地区。

目前，中国政府虽然公布了有关森林、草原、野生动物保护、环境保护、海洋环境保护等方面的法令，在一定程度上保护了生态环境和生物物种，各种不同类型的自然保护区也在不同程度上发挥了保护环境和物种的作用。但是总体来看，中国的自然生境和物种仍然受到严重的威胁，不断遭受破坏和毁灭。据估计，中国的自然生物物种仍然以每天一种的速度走向濒危甚至绝灭，因此保护和拯救中国的生物多样性及其赖以生存的生境，已到了刻不容缓的地步。

（2）生态系统受威胁现状

人为活动使生态系统不断破坏和恶化，已成为中国目前最严重的环境问题之一。生态受破坏的形式主要表现为森林减少、草原退化、农田土地沙化和退化、水土流失、沿海水质恶化、赤潮发生频繁、经济资源锐减和自然灾害加剧等方面。

森林是陆地生态系统中分布范围最广、生物总量最大的植被类型，但中国森林资源长期受到乱砍滥伐、毁林开荒及森林病虫害的破坏。约占中国国土面积 1/3 的草原地带，近 20 年来，产草量已下降 1/3～1/2，尤其北方半干旱地区草场，产草量本来就不高，加之超载放牧、毁草开荒及鼠害等影响，退化极为严重，草原生态系统面临严重衰退的局面。在草原受破坏、风沙活动加剧的威胁下，北方沙漠化的问题将会十分突出。2009—2014 年荒漠化总面积减少了 1.20 万 hm^2，其中轻度风蚀荒漠化面积增加了 8.36 万 hm^2，但中度风蚀荒漠化和重度风蚀荒漠化总面积分别减少了 4.29 万 hm^2 和 2.44 万 hm^2；极重度荒漠化面积减少了 2.83 万 hm^2。总体上，虽然防沙治沙的工作使得荒漠化土地总面积减少了，但轻度荒漠化总面积仍然还在增加。

近年来，水域生态系统也受到了相当严重的破坏，中国海岸湿地已被围垦 700 多万 hm^2，加上自然淤涨成陆和人工填海造陆，给垦区附近广大水域的海洋生物资源造成深远的不利影响。中国南部海岸的红树林在 20 世纪 50 年代初期有 4.85 万 hm^2。由于近几十年来的大面积围垦毁林，使红树林遭到严重破坏，目前仅剩红树林 2.71 万 hm^2，且部分已退化成为半红树林和次生疏林。红树林的大面积消失，不仅使许多生物失去栖息场所和繁殖地，也失去了保护海岸的功能。中国海岸珊瑚礁资源以海南岛海岸分布最广，全岛 1 600 km 的海岸约有 1/4 岸段分布着珊瑚礁，礁区海洋生物资源丰富。近十多年来，由于当地居民采礁烧制石灰、制作工艺品等，导致海南岛沿岸 80%的珊瑚礁资源被破坏，有些岸段礁资源濒临绝迹。

淡水生态系统由于兴建大型水利、电力工程及围湖造田等受到严重破坏。例如长江流域的大量湖区湿地转变为农田，仅鄂、湘、赣、皖 4 省初步统计围垦 1 700 万亩。湖北号称“千湖之省”，20 世纪 50 年代百亩以上的湖泊有 1 332 个，总面积达 8 300 km^2，截至 2012 年，全省百亩以上湖泊仅为 728 个，总面积缩小到 2 706 km^2，不仅缩小了湿地和水生物种生境，还带来了洪水调节能力下降问题，同时也堵塞了某些重要经济鱼类的洄游通道。

6.2.3.3 生物资源的保护

（1）开展野生动物资源调查

全国各省（区、市）应有重点、有计划地对野生动植物资源进行实地考察，内容包括自然条件、地理景观、动植物区系、种群资源储量、季节物候相、历史变化和社会情况等，以此作为自然保护和经营管理的科学依据。加强生物多样性保护能力建设，加强生物多样性保护基础建设，开展生物多样性本底调查与编目，完成高等植物、脊椎动物和大型真菌受威胁现状评估，发布濒危物种名录。

（2）加强法制管理，执法必严，违法必究

应以国家颁布的保护法为准绳，对野生动、植物进行保护，控制、防止野生动、植物资源减少和破坏，特别是防止珍稀物种灭绝。完善生物多样性保护相关政策、法规和制度。建立相关规划、计划实施的评估监督机制，促进其有效实施。研究促进自然保护区周边社区环境友好产业发展政策，探索促进生物资源保护与可持续利用的激励政策。

（3）加强保护生物资源的科学研究

应在生态学、分类学、生物学、遗传学等基础理论方面进行大量研究工作，运用科学手段保护生物资源。加强生物多样性保护科研能力建设，完善学科与专业设置，加强专业人才培养。开展生物多样性保护与利用技术方法的创新研究。构建生物多样性保护与减贫相结合的激励机制，促进地方政府及基层群众参与自然保护区建设与管理。

（4）建立自然资源保护区

在珍稀濒危物种的重要栖息地、繁殖地或越冬地建立自然保护区是保护自然环境和自然资源的基本途径，也是保护动、植物资源的有效措施。强化生物多样性就地保护，合理开展迁地保护。坚持以就地保护为主，迁地保护为辅，两者相互补充。合理布局自然保护区空间结构，强化优先区域内的自然保护区建设，加强保护区外生物多样性的保护并开展试点示范。

（5）加强国际合作与公众参与

积极开展物种保护的国家（地区）间合作，对国与国之间迁徙物种，应互相交换有关资料，协同保护。强化公约履行，积极参与相关国际规则的制定。进一步深化国际交流与合作，引进国外先进技术和经验。开展多种形式的生物多样性保护宣传教育活动，引导公众积极参与生物多样性保护，加强学校的生物多样性科普教育。建立和完善生物多样性保护公众监督、举报制度，完善公众参与机制。建立生物多样性保护伙伴关系，广泛调动国内外利益相关方参与生物多样性保护的积极性，充分发挥民间公益性组织和慈善机构的作用，共同推进生物多样性保护和可持续利用。

6.2.4 海洋资源的利用与保护

海洋约占地球面积的 71%，贮水量为 13.7 亿 km^3，占地球总水量的 97.5%。它不仅起着调节陆地气候，为人类提供航行通道的作用，而且蕴藏着丰富的资源。因此，人类对海洋的开发和利用越来越受到重视。

6.2.4.1 我国近海的环境和资源概况

（1）我国近海环境概况

我国濒临太平洋的西北岸，近海水域跨温带、亚热带和热带。邻接大陆有渤海、黄海、东海和南海，面积达 470 多万 km^2。根据《联合国海洋法公约》规定，中国享有主权和管辖权的内海、领海面积为 35 万 km^2、大陆架和专属经济区的面积约 300 万 km^2，大陆海岸线长约 18 400.5 km，岛屿海岸线长约 14 000 km，沿海滩涂面积为 20 799 km^2。

我国沿海有 5 100 多个岛屿，其中台湾地区、海南两岛面积都超过 3 万 km^2。在全部岛屿中，大陆岛占 90%，其余为冲积岛、火山岛、珊瑚岛等。杭州湾以南的亚热带、热带海域的岛屿占全部岛屿的 90%以上，这些岛屿自然资源都十分丰富。

（2）我国的海洋资源

海洋资源是指贮存于海洋环境中可以被人类利用的物质和能量以及与海洋开发有关的海洋空间。海洋资源按其属性可分为海洋生物资源、海洋矿产资源、海水化学资源、海洋能与海洋空间资源。

中国近海海洋环境优越，拥有多种多样的海洋资源，主要有：

- 海洋生物资源：中国近海大多是生物生产力高的水域，生物资源十分丰富。就生物区系而言，北部海域大多属于北太平洋温带区系，南部海域则基本属于印度洋—西太平洋暖水区系。海洋生物资源种类繁多，在 20 000 种以上，浅海滩涂生物约 2 600 种，海域渔场面积也很广阔，最大持续渔获量和最佳渔业资源可捕量分别约为 471.7 万 t 和 300 万 t。
- 海洋矿产资源：我国海底矿产资源极其丰富。根据我国最近的油气资源评价，近海石油探明储量约 54 亿 t，天然气资源量约 1.5 万亿 m^3。海滨砂矿种类达 60 种以上，探明储量为 16.41 亿 t，浅海砂、砾石建筑材料估算资源量为 1.6 万亿 t。
- 海水化学资源：海水本身也是取之不尽、用之不竭的资源。海水中含有近 80 种化学元素，其中含量较大的有 Cl、Na、Ca、K、Mg 等 10 余种，除可供制盐外，尚可提取 Mg、K、U 等化学物质。海水进行淡化则可弥补沿海城市及海洋岛屿淡水资源的不足。
- 海洋能源：海洋能源一般指海水中含有的潮汐、波浪、海流等动力能以及海水温差的势能和盐度差的化学能等自然能量。中国沿海海岸曲折，港湾又多，潮差较大，潮能蕴藏量相当可观，估计在 1.1 亿 kW 左右。我国沿海海水平均波高 1 m 左右，估计波能蕴藏量可达 1.5 亿 kW。

6.2.4.2　我国海洋开发存在的主要问题

（1）沿海水域开发利用不合理

我国海涂面积约 208 万 hm^2，目前开发利用仅占 40%左右，已开发的单位面积的产量和产值也很低。海洋资源开发程度不一，近海程度较高，外海开发程度低。海洋产业规模小、结构不合理。

（2）海洋生物资源遭到严重破坏

我国海域生态环境趋于恶化，海洋生物资源丰度锐减。海洋渔业面临的主要问题是渔获过度、传统渔业资源衰退。造成这种情况的主要原因是缺乏规划管理、捕捞失控以及海洋环境污染加剧。

部分河口、海湾及沿岸浅水区，由于不适当的拦河筑坝、围海造田、修筑海岸工程以及排污等，导致生态环境恶化，加剧了渔业资源的衰退。

沿海除渔业资源遭到严重破坏外，其他生物资源也未得到应有保护。

（3）近海遭到不同程度的污染

目前我国近海日益受到城市工业废水、生活污水以及海港、船舶、海上石油平台作业和事故排污的污染。国家海洋局发布的《2021 年中国海洋环境状况公报》显示，2021 年，经由全国 458 个直排海污染源污水排放量分别为：化学需氧量（COD_{Cr}）141 841 t，氨氮

（以 N 计）4 056 t，TN 46 661 t，TP（以 P 计）983 t，石油类 583 t，重金属 0.91 t（其中 Pb 5 690.2 kg、Cd 1 041.4 kg、Hg 332.9 kg、Cr 1 991.9 kg）。污水入海量以进入东海沿岸的最大，其次为南海沿岸、渤海沿岸和黄海沿岸。

石油是近海海水中最主要的污染物，污染范围较广，东海近岸区和渤海部分海区的港湾和河口污染较为严重，如 2011 年的渤海湾石油泄漏事故。石油污染不仅能使鱼、虾、贝类等海产品变味，严重时能产生毒性效应。油污染还会使海滨风景游览区及海水浴场的环境质量恶化，影响游览和休养活动。

重金属的污染主要见于锦州湾、辽河口、珠江口等近岸海区。重金属易在底质中蓄积，不易降解，往往被生物富集，对人体健康具有潜在的威胁。

由于大量生活污水排入近海海域，近年来使浮游植物大量繁殖，形成“赤潮”。其发生的次数、规模和持续的时间有增加趋势，对渔业造成了影响。《2021 年中国海洋环境状况公报》的数据显示，渤海未达到一类海水水质标准的海域面积为 12 850 km^2，同比减少 640 km^2；其中，二类、三类和四类水质海域面积分别为 7 710 km^2、2 720 km^2 和 820 km^2；劣四类水质海域面积为 1 600 km^2，主要分布在辽东湾和渤海湾近岸海域。

（4）岛屿生态环境恶化

很多岛屿上的天然林和海岸红树林破坏严重，开采鸟粪、过量捕鸟、过分采石和工业废物的倾倒已经使岛屿生态环境恶化。

6.2.4.3　海洋资源与环境的保护

（1）海洋的开发要统筹规划和管理

海洋拥有生物、化学、矿产、动力及海洋空间等多种资源，这些资源处于同一环境之中，在开发利用时涉及众多部门，彼此既紧密关联，又互相制约，应有专门的组织机构，从全局观点和长远利益出发，统筹安排海洋的开发和管理，制订海洋的开发规划，监督执行有关海洋的法规。

（2）加强海洋环境及资源的调查研究

我国海洋环境复杂，资源储量还不是很清楚，这给海洋的保护和利用带来一定困难。为此，应进一步加强海洋水文、气象、化学、生物及地质等基础情况的调查研究。当前调查研究应以近岸和浅海大陆架海域为主，也要组织适当力量对大洋进行考察。为今后开发大洋公有资源作好准备。在海岸带资源调查中，除对各类资源储量进行清查外，还应重视生态系统功能和结构调查研究。要加强灾害性大气的分析和预报，以便顺利地和合理地利用各类资源。

（3）大力发展沿海水产养殖业，保护近海渔业资源，逐步发展外海和远洋渔业

近海主要经济鱼类资源已严重衰退，必须坚决采取保护措施。对于资源已遭严重破坏的种类，除应保护产卵场、设立幼鱼保护区之外，对其中某些种类要采取禁捕和增殖的措施，以恢复资源。对于尚有一定资源数量的种类，则应加强管理，合理安排生产，控制捕捞强度，使其永续利用。对于与邻国共同捕捞的对象，则有必要加强国际合作，共同加以保护。

海洋水产增殖、养殖是今后增加水产品产量的重要途径。我国有广阔的浅海水域可利

用，也有相当的技术力量，发展养殖可以减轻近海的捕捞压力。发展外海和远洋渔业，是开创海洋渔业新局面的一个重要步骤，应采取切实有效的措施，力争近期内取得较大的进展。

（4）加强海洋环境保护，防止海洋污染

- 加强海洋污染监测：根据我国海洋环境及资源的特点，划定各海区所属类别、范围及界限，进行监视、监测。对已污染的海区，不仅要了解环境中污染物的浓度水平，更应注意是否产生污染损害。
- 控制陆地污染，实行对陆源污染物总量控制：应确定沿海排污口和可接受的排放量水平，对陆源污染物排放实行总量控制，可采用污水处理措施，消除和减少有可能在海洋环境中富集到危险水平的有机卤化物和其他有机化合物，以及引起沿海水域富营养化或赤潮的N、P污染物的排入；开发实施无害环境的土地利用技术和方法，减少水道和港湾产生污染海洋环境的径流量。
- 控制与管理海上活动引起的海洋污染：应要求海运企业或海上活动作业者具备防治油污染和核放射事故的应急能力和设施；在港湾地区设立收集船上废油、化学品废物和垃圾的设施，逐步禁止在海上倾倒和焚烧危险物质。
- 加强海岸带、海岛资源的开发与保护：根据海岸带与海岛资源的种类、分布、集中程度和开发价值，优先开发综合价值高的海洋资源。加快岛屿经济开发建设，开发海岛港的资源，尽快畅通交通，使之成为大陆港口的卫星港。
- 有计划地开展海岸带与岛屿生态研究：要积极开展海岸带与岛屿的生态研究，在此基础上进行全面规划，制订海岸带与岛屿保护开发方案。在不同的区域中，选择典型的海岸带与岛屿建立自然保护区，进行全面系统的研究，以便取得基础数据，为海岸带与岛屿的自然保护提供科学依据。同时，要注意防止由各种工程建设而引起的海岸带与岛屿生态环境的恶化。
- 大力加强海洋科技工作：依靠科技进步，是我国海洋开发高水平可持续发展的根本途径。目前我国海洋科技力量相对薄弱，沿海市、县海洋人才更缺乏，这种现状与海洋持续开发的要求是不相适应的，因此，在进行科研攻关的同时，还应该积极培养海洋科技人才。

6.2.5 湿地资源的利用与保护

6.2.5.1 我国湿地的基本情况

湿地作为重要的国土资源在我国面积达5 634.93万hm^2，居亚洲第1位，居世界第4位。如此巨大的湿地资源如果要一一列举可能是困难的，但根据湿地的地理分布特点，可粗略地将我国的湿地分为青藏高原、西北内陆、东北、长江中下游、华北、西南和东南沿海七大区域。具体来说，我国湿地有如下几个特点：

1）类型多。我国有广阔的国土，复杂的气候条件和特殊的地理位置，因而湿地类型极为丰富，拥有《湿地公约》湿地名录中的27类天然湿地和8类人工湿地类型，并拥有独特的青藏高原高寒湿地。

2）分布广。中国境内从寒温带到热带，从沿海到内陆，从平原到高原山区都有湿地分布。而且还表现为一个地区内有多种湿地类型和一种湿地类型分布于不同地区，构成丰富多样的组合类型。

3）面积大。根据第三次全国国土调查及 2020 年度国土变更调查结果，我国湿地面积约 5 634.93 万 hm^2，其中红树林地 2.71 万 hm^2，占 0.05%；森林沼泽 220.76 万 hm^2，占 3.92%；灌丛沼泽 75.48 万 hm^2，占 1.34%；沼泽草地 1 113.91 万 hm^2，占 19.77%；沿海滩涂 150.97 万 hm^2，占 2.68%；内陆滩涂 607.21 万 hm^2，占 10.77%；沼泽地 193.64 万 hm^2，占 3.44%；河流水面 882.98 万 hm^2，占 15.67%；湖泊水面 827.99 万 hm^2，占 14.69%；水库水面 339.35 万 hm^2，占 6.02%；坑塘水面 456.54 万 hm^2，占 8.10%；沟渠 351.71 万 hm^2，占 6.24%。浅海水域（以海洋基础测绘成果中的 0 m 等深线及 5 m、10 m 等深线插值推算）411.68 万 hm^2，占 7.31%。

4）区域差异显著。我国东部地区河流湿地多，西部干旱区湿地少；长江中下游地区和青藏高原湖泊湿地多；青藏高原及西北干旱地区多为咸水湖和盐湖；福建沿海以南的沿海地区，分布着独特的红树林，亚热带和热带人工湿地广泛分布。青藏高原还分布着世界海拔最高的大面积高原沼泽和湖群，这里又是长江和黄河等大水系的发源地，具有独特意义。

5）拥有特有的青藏高原湿地。这是我国特有的湿地，湿地分布在海拔 3 300 m 以上的大河源区和一些山河谷地以及湖群洼地等，由于气候高寒，冻土发育，现代冰川的冰雪融水补给充足，分布有大面积沼泽，尤其川西北若尔盖高原的沼泽，连片集中，成为我国面积最大的高原沼泽。

6）生物多样性丰富。由于我国疆域广阔，自然条件复杂，导致了生态系统的多样性。据现有资料初步统计，我国内陆湿地高等植物至少有 1 540 种，高等动物约 1 500 种。我国有水禽约 300 种，且许多为我国特有，如黑颈鹤、中华秋沙鸭等。有些为世界性的珍稀濒危物种。在亚洲 57 种濒危鸟类中我国有 31 种；世界有鹤类 15 种，我国有 9 种；世界有 5 种大鹅，我国湿地有 3 种。我国部分湿地还是南北半球候鸟迁徙的重要中转站，是世界水禽的重要繁殖地和东半球水禽的重要越冬地。

6.2.5.2　我国湿地的退化情况

1）大面积开荒导致我国湿地面积锐减。1949 年以前，三江平原的萝北、富锦、集贤以东地区及密山、虎林一带均是连片沼泽湿地，其面积为 534.5 万 hm^2，占三江平原地区总面积的 80.2%。后来经过多次农业开垦，到 2000 年仅存 134.9 万 hm^2。

2）盲目围垦和过度开发造成天然湿地面积锐减、功能下降。20 世纪 50—70 年代，长江和淮河中下游地区进行了大规模围垦，导致湖泊面积减少约 12 000 km^2，且因围垦而消失的大小湖泊近 1 000 个。从 1949 年至今，五大淡水湖共围垦 3 609.5 km^2，其中，洞庭湖围垦 1 700 km^2，鄱阳湖围垦 1 466.9 km^2，太湖围垦 528.5 km^2，洪泽湖围垦 220.4 km^2，巢湖围垦 62.0 km^2。

3）城市扩张导致了大量湿地被挤占。历史上的西安沼泽密布、河溪成网，素有“陆海”之称，直到 20 世纪 60 年代，其沼泽和沼泽化湿地面积仍为 6 923 km^2。随着城市化建设，到 2000 年，其沼泽和沼泽化湿地只剩下 136 km^2，减少了 98.04%。天津是一个近海城市，20 世纪 20 年代全区水域面积 5 847 km^2，占全区总面积 45.9%。由于城市拓展，河流改道，淤积造田，到 2000 年全市湿地面积仅存 35.83 万 hm^2，只占全区面积的 3.1%。

4）中国红树林由于围垦和砍伐，面积急剧减少。20 世纪 50 年代，我国红树林面积 4.85 万 hm^2。随着近几十年来海岸带开发强度的日趋扩大，红树林遭到严重破坏。目前，全国的红树林仅存 2.2 万 hm^2，甚至已有很多地区的红树林荡然无存。例如，海南岛的红树林面积已由原来的 8 000 hm^2 减少到 2 000 hm^2。

5）天然湿地丧失导致生态与环境恶化表现在土壤侵蚀加剧和局部沙化，并造成土壤肥力下降。例如若尔盖高原湿地区，自 1955 年以来累计疏干沼泽约 20 万 hm^2。随着沼泽地排水植物群落的变化，该地区局部逐渐出现沙化。沙化面积由 20 世纪 60 年代末的 9 016 hm^2 扩展到 2005 年的 41 560 hm^2，增加了 361%。

6）湿地地区上游水土流失，导致河床、湖底淤积严重。黄河、长江的泥沙含量不断增加，使河床抬高、航道变浅，极大地降低了湿地的蓄洪能力。水库作为重要的人工湿地，其泥沙淤积令人担忧，我国 1/4 以上水库由于泥沙淤积丧失了基本功能。湿地受污染日趋严重，已经有 2/3 的湖泊受到不同程度的高营养化污染危害，仅长江水系每年承载的工业废水和生活污水就达 120 多亿 t。湿地被污染不仅使水质恶化，也对湿地生物多样性造成严重危害。

6.2.5.3 湿地保护的措施

（1）增强湿地保护的意识

《关于特别是作为水禽栖息地的国际重要湿地公约》（以下简称《湿地公约》）要求各参加国制定相应的政策与协调一致的行动相结合，确保对湿地及其动植物的保护。我国政府在保护湿地及其动植物方面做了许多工作，包括成立了中国履行《湿地公约》国家委员会，颁布实施了《中华人民共和国森林法》《中华人民共和国野生动物保护法》《中华人民共和国水法》《中华人民共和国环境保护法》《中华人民共和国海洋环境保护法》《中华人民共和国渔业法》《中华人民共和国湿地保护法》等法律法规及实施条例，制订了《中国湿地保护行动计划》《全国湿地保护工程规划（2002—2030 年）》，划分自然保护区，开展湿地研究和湿地动植物的考察，取得了显著的效果。至 2019 年，我国共建立湿地自然保护区 602 处，国际重要湿地 57 处，国家湿地公园 899 个、省级重要湿地 781 处，以及数量众多的湿地保护小区，湿地保护率达到 52.19%。但是对湿地保护的重大意义的宣传教育还显得不够，许多干部和群众对湿地保护的重要性还没有真正理解和重视，法治观念不强。应当进一步开展湿地保护的宣传教育，提高公众思想认识，增强全民族的湿地保护意识，做到自觉地参与湿地保护。

（2）制定湿地保护的法规和政策

湿地保护属于外部效益的工作，需要列入各级政府行政管理职能，制定相应的法规和政策，依法保护湿地。《中华人民共和国湿地保护法》已由十三届全国人大常委会第三十二次会议于 2021 年 12 月 24 日通过，自 2022 年 6 月 1 日起施行。该法设置了部门协作机制、总量控制制度、调查评价制度、修复制度、约谈制度等，形成了湿地生态系统保护和修复制度的统一有机整体，对实现湿地保护高质量发展具有重要意义。

（3）正确处理湿地开发与保护的关系

湿地资源的开发与利用是一个极难衡量的问题。通常认为湿地资源要开发，因为不开发就不能创造新的价值，对我国这样一个人口众多的发展中国家尤其重要，单纯的保护观点不符合我国的国情。《湿地公约》也要求“尽可能地促进其境内的合理利用”。但开发要和保护结合起来，要在开发中保护，在保护的基础上开发。

长期以来，人们对湿地利用一直追求的是将湿地变成农田。几十年湿地开垦的经验表明，湿地的价值并不局限在粮食与水产品生产等方面，所以在湿地开发前要全面规划，要因地制宜，除开发成耕地外，还要挖塘养鱼，种植莲藕，即保护一定水面，以调节水分循环，发挥湿地的调蓄功能。此外，一定要在中心地带留出一定面积的原始生态空间，保护生物多样性的繁衍和发展。在具体衡量湿地开发和保护的过程中应按照经济规律，运用经济杠杆以避免外部效应的扩大化。

（4）重视湿地保护与湿地生物多样性的关系

湿地是地球上除森林之外具有多功能的独特生态系统，是自然界最富有生物多样性的生态景观和人类最重要的生态环境之一。湿地之美在于其生物多样性；同样，生态平衡的存在也是湿地存在的基础。所以在湿地的保护过程中应当尽量了解湿地本身的生态平衡构成，通过恢复生物多样性来实现湿地功能的恢复，这既节约成本，又符合自然规律。

6.2.6　矿产资源的利用与保护

矿产资源是地壳形成后，经过几千万年、几亿年甚至几十亿年的地质作用而生成的。它是人类赖以生存和发展的物质基础，是进行现代化建设的重要物质资源。随着经济不断发展，矿产资源消费量正在加剧，在开发和利用矿产资源的同时，也带来了一系列的环境污染问题。

6.2.6.1　我国矿产资源的概况

（1）矿产品种齐全，探明矿产储量丰富，人均占有量不足

截至 2020 年年底，中国已发现 173 种矿产资源，包括石油、天然气、煤、铀、地热等能源矿产 13 种，Fe、Mn、Cu、Al、Pb、Zn、Au 等金属矿产 59 种，石墨、磷、天然硫、钾盐等非金属矿产 95 种，地下水、矿泉水等水气矿产 6 种。在 45 种主要矿产中，有 24 种矿产名列世界前三，其中钨、锡、稀土等 12 种矿产居世界第 1 位；煤、钒、钼、锂等 7 种矿产探明储量居世界第 2 位；Hg、S、P 等 5 种矿产探明储量居世界第 3 位。中国矿产资源人均探明储量占世界平均水平的 58%，居世界第 53 位。石油、天然气人均探明储量分别仅相当于世界平均水平的 7.7%、8.3%，铝土矿、铜矿、铁矿分别相当于世界平均水平的 14.2%、28.4%、70.4%；镍矿、金矿分别相当于世界平均水平的 7.9%、20.7%；一般认为非常丰富的煤炭人均占有量仅为世界平均水平的 70.9%，铬、钾盐等矿产储量更是严重不足。

（2）矿产质量不高，战略性矿产严重不足

在能源矿产中，煤炭资源比重大，油气资源比重小。中国钨、锡、稀土、钼、锑等用量不大的矿产储量位居世界前列，而需求量大的富铁矿、钾盐、铜、铝等矿产储量不足。

大矿、富矿、露采矿很少，小矿、贫矿、坑采矿比较多，开采难度大、成本高。铁矿平均品位为 33%，富铁矿石储量仅占全国铁矿石储量的 2%左右，而巴西、澳大利亚和印度等国铁矿石平均品位分别为 65%、62%和 60%。中国铜矿平均品位为 0.87%，不及世界主要生产国矿石品位的 1/3，大型铜矿床仅占 2.7%；铝土矿储量中，98.4%为难选冶的一水型铝土矿。单一矿种矿少，共生伴生矿多。中国 80 多种矿产是以共生、伴生的形式贮存的。钒、钛、稀土等大部分矿产伴生在其他矿产中，1/3 的铁矿和 1/4 的铜矿是多组分矿。著名的金川镍矿、柿竹园钨锡矿等都是多金属矿床。

（3）不同矿产区域分布广泛，同一矿产分布相对集中

能源矿产主要分布在北方，煤炭 90%集中分布在山西、陕西、内蒙古、新疆等地，总体上北富南贫、西多东少。铁矿主要分布在辽宁、四川和河北等，铜主要集中在江西、西藏、云南、甘肃和安徽等地。产业布局与能源及其他重要矿产在空间上不匹配，加大了资源开发利用的难度。

6.2.6.2 矿产资源开发利用中存在的主要问题

（1）矿产资源利用不合理

采矿、选矿回收率低、矿产资源浪费严重，是我国矿产资源利用的普遍问题。采矿回收率是指矿山实际采出的矿石量和探明的工业储量的比率。回采率越高，说明采出的矿石越多，丢失在矿井里的矿石少，矿石资源利用效益越高。我国矿石的回收率很低，不到 50%。由于管理不善，使许多优质矿产资源当作劣质资源使用，如将大片云母石割成小片用，造成矿产资源的极大浪费。

（2）生产布局不合理

目前我国矿产分属许多部门来管理，这样使综合性的矿山很难得到全面的开发和综合利用。此外，小矿山的开采给资源造成很大的破坏，个体或小集体随意乱采，导致一些大型矿脉破坏，给国家大规模采矿造成了困难。

（3）对周围环境造成污染和破坏

矿产资源的开采给人类创造了巨大的物质财富，但导致原有的自然环境构成或状态发生了巨大变化，环境质量下降，生态系统和人们正常生活条件被扰乱和破坏。开采矿产资源给区域环境中水、土、气以及声环境产生严重污染。

- ❖ 水污染：主要由于采矿、选矿活动，使地表水或地下水含酸性、含重金属和有毒元素，这种污染的矿山水称为矿山污水，矿山污水危及矿区周围河道、土壤，甚至破坏整个水系，影响生活用水、工农业用水，并且有毒物质的排放给人类健康带来了潜在的威胁。
- ❖ 大气污染：露天矿的开采和矿井下的穿孔、爆破以及矿石、废石装载、运输过程中产生的粉尘、废石场废石的氧化和自燃释放出大量有害气体，废石风化形成的细粒物质和粉尘等，这些都会造成区域环境的大气污染。
- ❖ 土地破坏和土壤污染：矿山开采，特别是露天开采造成了大面积的土地遭受破坏或侵占。
- ❖ 地下开采造成地面塌陷及裂缝：地下采矿，当矿体采出后，原有的地层内部平衡

破坏，岩石破裂、塌落，地表也随着下沉形成塌陷、裂缝，以及不易识别的变形等直接影响和破坏了周围的环境及工农业生产，甚至威胁人们的安全。

6.2.6.3 矿产资源的保护

（1）加强对矿产资源的国家所有权管理

①提高保护矿产资源的自觉性；②依法管理矿产资源；③建立健全矿山开发经营管理制度。

（2）贯彻矿产资源综合勘探、综合利用、综合开发、综合评价的方针

①重视贫矿资源的开发利用；②对共生矿、伴生矿实行综合开发利用；③继续发现新的储量；④加强回收和循环使用。

（3）保护矿山环境

❖ 制定矿山环境保护法规，依法保护矿山环境，执行“谁开发谁保护、谁闭坑谁复垦、谁破坏谁治理”的原则。

❖ 制定适合矿山特点的环境影响评价和办法，进行矿山环境质量检测，实施矿山开发的全过程环境管理；调查矿山自然环境破坏状态，制订保护恢复计划。

❖ 开展矿产资源综合利用和“三废”资源化活动，鼓励推广矿产资源开发废弃物最小量化和清洁生产技术。

❖ 制定和实施矿山资源开发生态环境补偿收费、复垦保证金政策，减少矿产资源开发的环境代价。

6.3 自然资源的可持续利用

6.3.1 自然资源可持续利用的内涵

自 1992 年联合国环境与发展大会召开以来，可持续发展思想已经成为世界各国的共识。可持续发展涉及资源、环境、技术、投资、市场、政策和法律等诸多方面，但从总体和长期来看，只有资源与环境才是决定持续性的主要因素。因此，资源问题是持续发展的中心问题之一。人类活动，特别是经济活动，大都与资源的开发利用有关。资源综合利用是可持续发展的重要组成部分。根据可持续发展的思想，自然资源可持续利用的内涵应包含以下几个方面。

（1）自然资源的可持续利用必须以满足经济发展对自然资源的需求为前提

人类生产的终极目标是经济发展，并在此基础上提高全人类的福利水平。经济发展在一定程度上总不可避免地将以自然资源的消耗为代价，并随着经济增长速度的加快，对自然资源的消耗速度也将越来越大。但是，如果以牺牲经济发展的代价来维持自然资源的环境基础，无疑是违背人类本身愿望和伦理基础的。因此，人类只有通过自然资源利用方式的变革，实现自然资源的可持续利用，来协调经济发展与自然资源环境保护两者之间的矛

盾，从而保证经济发展对自然资源的需求。

（2）自然资源可持续利用的“利用”是指自然资源的开发、使用、管理、保护全过程，而不单指自然资源的使用

合理地开发、使用就是寻求和选择自然资源的最佳利用目标和途径，以发挥自然资源的优势和最大结构功能。所谓“治理”是要采取综合性措施，以改造那些不利的自然资源条件，使之由不利条件变为有利条件；所谓“保护”是要保护自然资源及其环境中原先有利于生产和生活的状态。人类对自然资源的利用不仅仅是简单意义上的索取，在某种意义上更意味着对自然资源生产的投入。

（3）自然资源生态质量的保持和提高，是自然资源可持续利用的重要体现

自然资源的可持续利用对自然资源生态质量保持和提高的要求是鉴于以往的自然资源开发利用活动，虽然带来巨大的财富，同时也酿成了对自然资源生态质量的严重破坏，并将危及人类今后的生存和发展这一情况而提出的。自然资源的可持续利用意味着维护、合理提高自然资源基础，意味着在自然资源开发利用计划和政策中加入对生态和环境质量的关注和考虑。

（4）一定的社会、经济、技术条件下，自然资源的可持续利用意味着对一定自然资源数量的要求

在人类目前认识范围决定的可预测前景内，自然资源的可持续利用涉及公平问题。因为目前的自然资源利用方式导致自然资源数量的减少并进而使后代人的需求受到影响，这种方式也不是可持续利用。自然资源的可持续利用必须在可预期的经济、社会和技术水平上保证一定自然资源数量，以满足后代人生产和生活的需要。

（5）自然资源的可持续利用不仅是一个简单的经济问题，同时也是一个社会、文化、技术的综合概念

上述各因素的共同作用，形成了特定历史条件下人们的自然资源利用方式。为了实现自然资源的可持续利用，应该对经济、社会、文化、技术等诸因素综合分析评价，保持其中有利于自然资源可持续利用的部分，对不利的部分则通过变革来使其有利于自然资源的可持续利用。

6.3.2 自然资源可持续利用的原则

自然资源大致可分为三类：①可再生资源，包括生物资源和非生物资源。生物资源是有生命力、有更新能力的资源，只要不破坏其生态系统的食物链、生命链，其物种和生命可以再生，并实现永续利用，如动物、植物等；非生物资源是指有自净或恢复能力的资源，如果按其规律开发利用也可以实现永续利用，如土地、水流等。②不可再生资源，主要指各类矿产资源。这类资源是地球经过若干地质年代形成的，在人类可以预期的时限内很难再生。随着人类消耗量的增加，其储量会日益减少，并最终枯竭。③恒定性资源。这类资源既不会因人们的利用而增加，也不会因人们的利用而减少，可谓“取之不尽，用之不竭”，是大自然对人类的一种慷慨馈赠，如太阳能、风能等。

通过以上对各类资源特点的分析，为促进自然资源可持续利用，实践中应遵循以下一

般原则。

（1）经济效益与生态效益相统一原则

资源的开发利用首先应讲究经济效益，没有经济效益，各项活动将丧失动力，人类社会的发展也将成为一句空话。同时，资源开发利用还应讲究生态环境效益，如果片面追求暂时的经济效益，而忽视对资源、环境的合理利用与保护，必将损害环境与资源，破坏生态。而恶劣的生态环境反过来又会抑制经济发展。

（2）对可再生资源实行合理规范、持续利用原则

可再生资源在被开发利用后虽然能够自我再生、恢复或净化，但是其再生、恢复或净化的能力是有限的，受到各种自然因素乃至人为因素的制约。为使这类资源能持续利用，对其开发、利用的规模、速度等就应合理规范，不能让开发利用的规模、速度等超过其再生、恢复或净化能力。

（3）对不可再生资源实行节约、限制和综合利用原则

不可再生资源随着人类的不断利用，其储量会逐渐下降，并最终趋于枯竭。因而对这类资源只能本着节约、限制与综合利用的原则。对于共生和伴生的不可再生资源，应采取多种方法进行采选和冶炼，尽可能全部提取各种资源；资源利用时应充分考虑经济技术条件、资源储量和开采能力，以充分发挥资源效益为中心，搞好资源品种和等级替代，做到节约利用、有效利用。采收中的剩余资源（如残余、零散物等）及利用后的废料（如废渣、废气等）必须回收，使资源浪费减少到最低程度。

（4）对恒定性资源实行鼓励、支持利用原则

恒定性资源在自然界中大量存在，无论如何使用其总量都不会减少。同时，这类资源对环境一般不会造成污染。因此，对于这类资源应采取鼓励、支持的利用政策，最大限度地加以充分利用，以节约和替代对不可再生资源的利用。

6.3.3　物质循环与资源可持续利用

人类经济社会的发展离不开对自然资源的开发利用，在这个过程中，物质通过资源开采、产品加工、消费使用、废物处置与排放等环节，从自然界进入人类社会，又从人类社会回到自然环境中，如此循环往复。在这个过程中，物质的总量尽管没有发生变化，仍然符合物质守恒定律，但是其赋存形态、时空特征和生态环境效应却发生了显著变化。例如，磷矿石从矿山中开采出来，通过磷化工生产变成磷肥施用到农田里，又在农业生产过程中被加工成为食物进入每家每户的餐桌上，最后剩菜剩饭和生活污水分别经由垃圾处理和污水处理环节最终进入环境。以上还只是通常认为的磷循环的主线，其实无论是在开采环节、化工生产环节，还是农业生产环节，物质循环过程的效率都不是 100%，而是存在损耗，损耗的原因可能是产生了废水、废气、固体废物，也可能是通过暴雨冲刷的方式从地块进入了水体，即所谓的面源污染。

尽管从物质的成分上讲，自然资源和废物是一样的；但是从使用价值上讲，二者却有天壤之别。而进入环境中的这些物质，或者成了荼毒生态的毒物，如重金属和其他有毒有害物质；或者打破了生态平衡，如营养物质氮、磷等；或者不容易被生态系统降解和同化，

最终进入食物链危害生物健康，如微塑料等；或者从短期看不出影响而从长期看危害巨大，如 CO_2 及其他温室气体等。因此，在利用自然资源时，一方面要从资源的角度来看是否能够保证资源不被耗竭；另一方面要从环境的角度来看是否能够保证生态环境在其承载力的范围内而不形成不可逆的破坏。物质循环的过程时刻都在发生，如何让其循环的过程、节奏和效率符合可持续发展的要求，就是资源可持续利用需要解决的重要问题。这个问题包括两个方面：物质循环过程分析与生态环境效应评估。

物质循环过程非常复杂，一方面是因为它们无时无处不在发生，无论是在宏观层面，如国民经济的发展，还是在微观层面，如产品的生产，要想厘清非常困难；另一方面是因为无法用肉眼观察到物质循环，能看到的仅是物质循环的载体，如运输的火车、贸易的集装箱、收获的庄稼、转运的垃圾、奔腾的河流等，需要配合相应的检测手段（如物质含量检测方法），才能探知从一个过程到另一个过程到底传输了多少物质。

目前，研究物质循环过程的分析方法主要包括两个方面：①在解决人类社会经济系统中物质循环过程分析时，主要是投入产出分析法（input-output analysis，IOA）或者物质流分析法（material flow analysis，MFA 或者 substance flow analysis，SFA）。其中，投入产出分析将社会经济系统划分为不同的部门，研究各部门之间物质的流动或者货币的流动。投入产出分析依赖于投入产出表（input-output tables，IOT），包括实物型投入产出表（physical input-output tables，PIOT）和价值型投入产出表（monetory input-output tables，MIOT）。物质流分析是一种对社会经济系统物质代谢过程进行量化分析的方法，用来理解和刻画特定的物质（或材料）在某一特定系统内流动状况。物质流分析遵循物质守恒定律，通过量化某一物质或某一类物质流入、流出特定系统和在该系统内部的流动和贮存状况，建立该系统内经济与环境之间的定量关系。物质流分析包括 MFA 和 SFA 两种类型，其中 SFA 主要针对元素、化合物和一类物质，而 MFA 则还包含产品，通常研究的是系统内流入、流出的物质的总量（综合流）。广义上的 MFA 包含 SFA。②在解决自然系统中物质循环过程分析时，通常用到的是生物地球化学循环的分析方法，即研究由生物活动而引起地壳中元素迁移、转化、富集、分散的过程，以及由此引起生物繁殖、变异、衰减等规律的学科。该方法能够定量刻画生物圈中各种化学物质的来源、存在数量和状态，生物活动的特性，污染物的生物地球化学循环及迁移转化规律，环境中化学物质对生物体和人类健康的影响等问题。

6.4 能源的类型与特点

6.4.1 能源及其分类

6.4.1.1 能源

能源（energy resource）是自然界和人类社会中一切活动的原动力，是自然界中能为人类提供某种形式能量的物质资源。能源利用与人类文明发展的历程是密切相关的，并且随着人类文明发展的逐步深入，人类对能源的依赖程度也逐步加深，它既体现在人类生产的结构与层次中，也体现在人类生活（如衣、食、住、行）的方方面面。然而，随着人类对能源资源的开采与使用，能源资源枯竭与环境严重污染的问题也在逐渐加剧。

6.4.1.2 能源的分类

人们从不同角度对能源进行了多种多样的分类，如按获得的方法分可分为一次能源和二次能源，按被利用的方法可分为常规能源和新能源，还有按能否再生而分成可再生能源和不可再生能源等（图 6-2）。

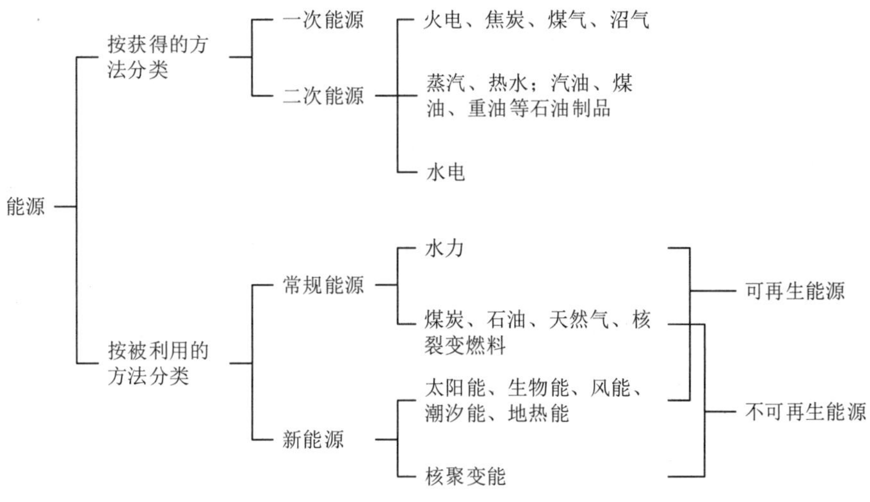

图 6-2 能源的分类

一次能源是指从自然界直接取得，而不改变其基本形态的能源，有时也称初级能源。二次能源是经过加工，转换成另一种形态的能源。常规能源是指当前被广泛利用的一次能源，新能源是目前尚未广泛利用而正在积极研究以便推广利用的一次能源。可再生能源是能够不断得到补充供使用的一次能源；不可再生能源是须经地质年代才能形成而短期内无法再生的一次能源，但它们又是人类目前主要利用的能源。

6.4.2 主要的能源及其特点

从人类利用能源的历程上看，最先被利用到的是生物能源，通过种植植物和驯养动物来获取这部分能源。其后，煤、石油、天然气等矿质能源的发现及随之而来的工业革命的爆发，使得人类社会由传统的农业社会跨入到现代的工业社会，人们对能源的消耗量与需求量也逐渐增加。汽车工业的发展无疑加速了这一进程。为了克服现代社会对不可再生的矿质能源的依赖，核能、水能以及其他能源也开始被人类所利用。图 6-3 给出了美国不同能源所占百分比随时间的变化情况。从图中可以看出，1900 年以前美国的主要能源是生物质（主要为木材）和煤炭。至 1960 年，石油和天然气的比重超过了 70%，而煤炭却下降至 20%左右。截至 2021 年，核能所占的比例增加到 4.25%，而其他能源包括地热能、水电、太阳能和风能等所占比例接近 6.71%。

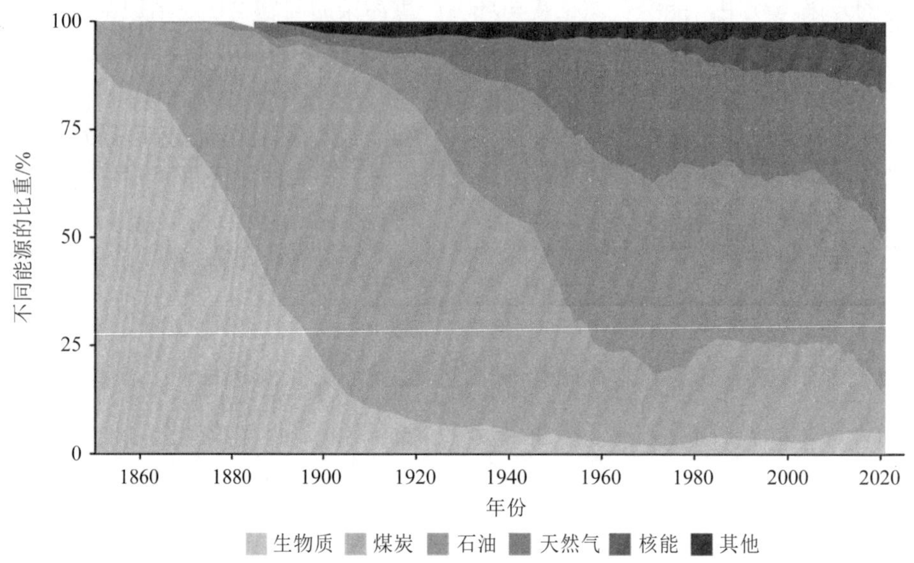

数据来源：Annual Energy Review. Energy Information Administration，2022。

图 6-3 美国不同能源间的变化

（1）生物质能源

生物质能源主要包括木材、泥煤、木炭、粪便等原材料，它们最初都起源于植物的光合作用，即将 CO_2、水及无机盐转化成为糖类、蛋白质、脂肪等有机物，以三磷酸腺苷的形式储存起来。生物质能源可以直接燃烧、气化、通过干馏生成木炭，通过化学方法转变成乙醇或柴油等。据联合国报道[①]，全球有 20 亿人口在利用生物质能源作为燃料来做饭或者取暖，占全球总人口的 30%。而在发展中国家，这一比例被提高到了 40%。在全球范围内，约 60%的木材被砍伐用作燃料。由于直接采用生物质能源作为燃料的效率一般都不高，所以其燃烧产生的烟尘往往会影响人们的健康，特别是在室内使用这些燃料。同时，这些燃料是不可持续收获的，这样就带来了大量的森林破坏，而在森林破坏了的地区往往会导致水土流失。另外，由于粪便和农业废弃物的使用导致进入土壤中的有机质的量减少，从而也会导致农业产量的降低。

（2）矿质能源

矿质能源又称化石燃料，主要包括煤、石油和天然气。

- 煤：煤是以沉积物形式埋藏在地下的植物化石经过地质力压缩和浓集而形成的富碳燃料。大多数的煤形成于 2.86 亿～3.6 亿年前的石炭纪。在那个时期，由于热带淡水沼泽的存在促使植物快速生长并在水下大量积累，形成了一种叫泥炭的海绵状有机沉积物。泥炭是由 90%的水、5%的碳和 5%的挥发性物质组成。由于地

① 资料来源：《2012 年世界森林状况》。

质运动，部分包含泥炭的沼泽地在海底下沉，使得上面生长的植物不断地被沉积物覆盖，从而对泥炭进行压缩形成了较硬的低质煤，即褐煤。在上面的沉积物和地球热量作用下，褐煤的含水量由原来的 40%以上降低到约 3%，从而形成了烟煤。随着热量和压力的持续存在，一些烟煤就会转化成一种含碳量高、挥发性物质少的高密度硬质煤，即无烟煤，其含碳量高达 96%。由于煤的形成需要很长时间，因此煤基本上是不可再生的资源。全球煤的储量约 1×10^{19} t，如果这些煤均能被开采，以现在的消耗速度，煤的使用能够持续几千年，而目前已探明的且经济上可行的煤也能够维持开采 200 年左右。

❖ 石油：石油是由数百万年前微小的海洋生物在高温高压的沉积层中浓缩和转化而成的高能化合物。这些生物体在死亡后，聚集在海洋底部被沉积物覆盖，并分解释放出油滴。泥状的沉积物渐渐地就形成了包含这些弥散着的油滴的页岩。大多数情况下，页岩中的石油并不集中，因而难以开采。但如果页岩上有一层砂岩，并且这些石油在上面形成了一层不透水层，那么油田就可能形成。如果岩层在地质力作用下形成了褶皱，那么就有可能出现石油的积累。世界石油总储存量估计有 4×10^{12} 桶（6×10^{11} t），以现有的技术，只能使大约 1/3 的石油开采出来，而 2/3 的石油将留在地下。

❖ 天然气：与煤和石油一样，天然气也是由化石的残余物质形成的。当地球内部温度达到足够高时，这些石化的有机物就变成了比石油更轻、更易挥发的烃类物质，这时天然气就直接形成或者与石油伴生了。天然气是一种混合气体，其中最主要的成分是甲烷（CH_4）。2020 年全球天然气储量为 1.881×10^{14} m^3，相当于 2.502×10^{14} t 标准煤。天然气源的勘探范围不及石油，如太平洋的永久冻结带和深海沉积物下面的甲烷水合物矿床。甲烷水合物是由被冰水结晶母体捕获的天然气小气泡或单个分子组成。目前已探明的这些难开采的天然气源相当于所有的煤、石油和传统天然气数量的两倍，如果气候变化导致这些沉积物融化，那么在十倍于 CO_2 的 CH_4 气体的作用下，全球变暖将会产生灾难性的影响。

（3）核能

核能是原子核发生变化时释放出来的能量。这种能量与化石燃料中所蕴藏的能量（化学能）不同，化学能是利用化学反应将原子间电子进行转移所获得的能量，而核能是利用原子核反应将原子核中质子和中子转移所获取的能量。由于原子核内质子和中子间的作用力要比原子核与电子间的作用力大得多，因此核反应能量也远远高于化学反应的能量，一般要高出 6 个数量级。相较于其他能源，核能不会产生温室气体，是清洁能源。尽管核电站的前期投资比火电站要高，但其发电成本要低于火电站。在工业技术和电子计算机技术迅速发展之下，核电站的安全可靠性越来越高，已经相当完善。因此，在化石燃料日益枯竭的条件下，核电的开发将是一个有效的手段。当然，在使用核能的过程中会产生一些具有放射性的核废料，它们对环境的影响一直是一个具有争议性的话题。

（4）水能

对于水能的利用，人类有着悠久的历史。早期水能被用作磨谷物、锯木头及驱动纺织机器。目前，水能最常见的使用方式是将其转化为电能，即水电。通过在河流上建造大坝将水蓄积在水库中，形成一定的重力势能，然后释放水库中的水使其带动涡轮机转动，从而带动发电机发电。需要说明的是，并不是一定需要大坝才能进行水力发电，有些水力发电站只是用一个小的水槽就可以引水发电。在可再生能源中，水力发电是用作商业能源最多的。全球水力发电的潜力估计为 3×10^{12} W，如果满负荷运转的话，可提供电量 8×10^{9}～1×10^{10} kW·h。一般认为，水力发电是一种清洁的、不会污染环境的发电方式。然而，在对大型水库的环境影响研究中发现，被水淹没后腐烂的植物，也会释放出等同于其他发电方法所产生的温室气体。另外，水库大坝对流域也会产生一定的影响，如阻止了鱼类迁徙到上游产卵，上游淤泥沉积于水库等。同时，腐烂植物中的细菌能够将岩石中的汞溶解到水中，使其在鱼体内富集。

（5）其他能源

- 风能：在太阳辐射的作用下，地球上的大气被加热。由于地球上各地区的日照存在差异性，使得不同地区大气被加热的程度不同。热空气密度较低，冷空气密度较高，在地球引力的作用下，冷空气会下沉而热空气会上浮，这样就形成了空气的流动。这种空气流动即为风。人类对风能的利用自古有之，数世纪以来，风已经被用来驱动船只、粉磨谷物、抽水及做其他形式的功。在 20 世纪初期，风力发电机发明后，风能更多地被用来发电。据估计，在太阳对地球辐射中约有 2%的太阳能被转化成了风能，这部分能量如果全部被利用相当于 $1\,0^{12}$ t 标准煤的储能量。
- 潮汐能：潮汐是由于月球和太阳的引力及地球的旋转作用，使得海平面相对于海岸线形成的日涨日落的现象。潮汐能一般通过转化成电能然后加以利用，为了产生有实用价值的潮汐能，潮汐的水位差只是要在 5 m 以上。虽然利用潮汐能所需的技术已经成熟，但利用潮汐能发电比较昂贵。
- 地热能：地热能是由于地壳或地幔上部放射性元素裂变而产生的热能，这部分能量以蒸汽的形式蓄积在地下。在地下蒸汽蓄积的地区，可以通过钻井获取蒸汽来开发地热能。由于目前所能利用到的地热能只在热源接地地表的区域内，因此在目前看来地热能只是一种替代能源，而并不是一种真正的可再生能源。
- 页岩气：页岩气是一种以游离或吸附状态藏身于页岩层或泥岩层中的非常规天然气。页岩气的形成和富集有着自身独特的特点，往往分布在盆地内厚度较大、分布广的页岩烃源岩地层中。与常规天然气相比，页岩气开发具有开采寿命长和生产周期长的优点，大部分产气页岩分布范围广、厚度大，且普遍含气，这使得页岩气井能够长期地以稳定的速率产气。页岩气田开采寿命一般可达 30～50 年，甚至更长。中国主要盆地和地区页岩气资源量为 15 万亿～30 万亿 m^3。

6.4.3 我国能源利用现状与能源安全

6.4.3.1 我国能源利用现状与问题

1）资源约束矛盾突出。一方面，我国能源资源短缺，常规化石能源可持续供应能力不足。油气人均剩余可采储量仅为世界平均水平的 6%，石油年产量仅能维持在 2 亿 t 左右，常规天然气新增产量仅能满足新增需求的 30%左右。煤炭超强度开采。另一方面，粗放式发展导致我国能源需求过快增长，石油对外依存度从 21 世纪初的 26%上升至 2019 年的 72.5%。

2）能源效率有待提高。我国人均能源消费已达到世界平均水平，但人均国内生产总值仅为世界平均水平的一半；单位国内生产总值能耗不仅远高于发达国家，也高于巴西、墨西哥等发展中国家。我国服务业发展滞后，能源密集型产业低水平过度发展、比重偏大，钢铁、有色、建材、化工四大高载能产业用能约占能源消费总量一半，单位产值能耗高。能效水平较低，与我国所处的发展阶段和国际产业分工格局有关，集中反映了我国发展方式粗放、产业结构不合理等突出问题，迫切需要实行能源消费强度和消费总量双控制，形成倒逼机制，推动在转方式、调结构方面取得实质性进展。

3）基础设施建设滞后。我国区域经济和能源发展不平衡、不协调，基础设施建设相对薄弱，能源供需逆向分布矛盾突出，跨区输煤输电能力不足，缺煤缺电和窝煤窝电并存现象时有发生。城乡能源基础设施和用能水平差距大，农村能源建设和服务薄弱。全国仍有大量农户以秸秆和薪柴为生活燃料，减少能源贫困和推进城乡能源协调发展任重道远。

4）环境压力不断增大。我国能源结构以煤为主，开发利用方式粗放，资源环境压力加大。煤炭的生产消耗污染了大量水资源，煤矸石的堆积占用并污染了大量的土地，含硫煤所导致的酸雨影响面积达 120 万 km^2，煤炭开发利用过程中污染物和温室气体排放总量居世界前列。在这种情况下，国内生态环境难以继续承载这种粗放式发展，而国际上应对气候变化的压力日益增大，二者都迫切需要我国能源向着绿色转型方向发展。

5）能源安全形势严峻。我国油气进口来源相对集中，进口通道受制于人，远洋自主运输能力不足，金融支撑体系亟待加强，能源储备应急体系不健全，应对国际市场波动和突发性事件能力不足。因此，我国能源安全形势严峻，能源安全保障压力巨大。

6.4.3.2　未来的能源利用

国务院新闻办公室发表的《中国的能源政策（2012）》白皮书指出，中国能源政策的基本内容：坚持“节约优先、立足国内、多元发展、保护环境、科技创新、深化改革、国际合作、改善民生”的能源发展方针，推进能源生产和利用方式变革，构建安全、稳定、经济、清洁的现代能源产业体系，努力以能源的可持续发展支撑经济社会的可持续发展。面对当代的能源危机和能源开发利用产生的环境问题，要解决好能源利用、环境保护与社会发展三者的关系，未来的能源利用应注意以下几点：

1）从源头减少能源消耗。自然生态系统规律揭示了任何物种发展过快或对能量消耗过多，势必引起该生态系统的崩溃。人口增长过快，同样也加速了对能源消耗，特别是缩短了化石燃料的消耗时间。因此，控制人口增长和能源的个人消耗，可以起到使人类生态系统能耗与环境供给相协调的作用。

2）发展低碳和清洁能源。大力开发天然气，推进煤层气、页岩气等非常规油气资源开发利用，制订实施煤矿瓦斯治理和利用总体方案。大力推进煤炭清洁化利用，引导和鼓励煤矿瓦斯利用和地面煤层气开发。积极开发利用非化石能源，加强水能、核能等低碳能源开发利用。支持风电、太阳能、地热、生物质能等新型可再生能源发展。加大对生物质能开发的财政支持力度，加强农村沼气建设。

3）多渠道解决能源平衡。生态学告诉我们，稳定的食物网，其能量流动是多通道的，对于人口非常集中，生产高度发展和生活追求高标准的现代人类社会，更不可能有任何一种能源可以独自满足这个庞大的能量需求；而需要多种能源同时并用。不但要直接利用太阳能，而且也要间接利用诸如水电、风能、潮汐能、生物质能、地热能等可再生能源，只有这样，才能满足对能源的需求，并使环境污染和破坏降到最低限度，保证人类社会稳定地向前发展。

4）充分利用能源并减少浪费。任何生态系统中能源的利用都是充分的，没有丝毫的浪费。提高能源利用效率减少浪费是未来能源利用的关键。我国能源利用率约30%，发达国家为40%以上，美国为57%。因此，能源的利用具有极大的“能效”潜力。如热电厂的余热可以为其他工业和居民区使用，使热利用率提高，如若排入环境，不仅是浪费，而且能引起热污染。

6.5 能源利用与环境

能源是社会经济发展的动力，是提高人们生活水平、实现物质文明的基础，而环境是人类赖以生存的基本条件，也是经济发展和社会进步的前提。能源是重要的环境要素之一，能源匮乏也是重要的环境问题，而能源在开发利用过程中也会产生环境问题，如果不能妥善处理也会对社会经济发展和人们生活水平提高造成不良影响。由此可见，能源与环境二者之间互相联系、互相影响、密不可分。在全球气候变化的大背景下，能源问题已经与碳排放紧密结合在一起，“双碳”战略已经成为我国持续推进产业结构和能源结构调整，加快降低碳排放步伐，引导绿色技术创新，提高产业和经济的全球竞争力的重要举措。那么，合理开发、利用能源，协调好能源与环境的关系，努力兼顾经济发展和绿色转型同步进行，是我国经济社会持续、快速、健康发展需要解决的重要问题。

6.5.1 化石能源利用及其环境影响

6.5.1.1 煤炭利用及其环境影响

煤炭是重要能源，也是冶金、化学工业的重要原料。煤炭主要的利用方式为燃烧、炼焦、气化、低温干馏、加氢液化等，具体如下：①燃烧就是直接将煤炭作为工业和民用燃料进行燃烧获取其热能。②炼焦就是把煤炭置于干馏炉中，隔绝空气加热使有机质随温度升高逐渐被分解，其中挥发性物质以气态或蒸气状态逸出成为焦炉煤气和煤焦油，而剩余的非挥发性固体物质即为焦炭。焦炉煤气是一种燃料，也是重要的化工原料。煤焦油可用于生产化肥、农药、合成纤维、合成橡胶、油漆、染料、医药、炸药等。焦炭主要用于高炉炼铁和铸造，也可用来制造氮肥和电石，而电石则是塑料、合成纤维、合成橡胶等合成化工产品的原材料。③气化是指将煤炭转变为煤气，用作工业燃料、民用燃料以及化工合成原料等。④低温干馏就是把煤炭或油页岩置于 550℃左右的温度下低温干馏，从而制取低温焦油和低温焦炉煤气，其中低温焦油可用于制取高级液体燃料和作为化工原料。⑤加氢液化是指将煤炭、催化剂和重油混合在一起，在高温高压作用下将有机质破坏，然后再与氢作用转化为低分子液态和气态产物，将其进一步加工可得汽油、柴油等液体燃料。

煤炭在开采、运输、使用等环节中都会对环境产生影响。

在开采环节会影响水资源、土地资源和大气环境。对水资源的影响主要表现在造成对地表水和地下水系的破坏，同时矿井废水还会污染地表水和地下水。对土地资源的影响主要表现在对地表的破坏、造成岩层和地表移动、煤矸石和废石堆放侵占土地等方面。对大气环境的影响主要表现在矿井瓦斯及煤矸石自燃产生的废气等会造成大气污染以及温室气体排放。

在运输环节的环境影响主要是由于我国煤炭资源的产地和用地分布不均衡造成的，从而也形成了“北煤南运，西煤东运”的长距离运输格局。过去在运煤时由于缺乏密封性导致运输途中会产生煤尘飞扬的情景，既损失了大量的煤炭资源，也造成了粉尘污染，破坏运输沿线的生态环境。另外，运输过程本身也会消耗能源，这部分能源的生产和使用也会产生环境污染与温室气体排放。

在使用环节的环境影响主要包括温室效应、酸雨和粉尘。其中，温室效应主要是由于煤炭燃烧时 CO_2 排放造成的。酸雨的产生主要是因为煤炭中含有大量的硫元素，在燃烧的过程中，如果没有进行脱硫处理，就会产生大量 SO_2 排入大气环境中，与空气中的水蒸气结合形成 H_2SO_3，并最终氧化成 H_2SO_4，在空气中水汽饱和时就形成了酸雨。粉尘的产生过程与 SO_2 类似，其中黑色的粉尘主要是煤炭燃烧不完全产生的黑色小碳粒。如果燃烧时不进行除尘，就会有大量的粉尘从烟囱中排放出来，影响到人体健康及生态系统安全。

6.5.1.2　石油利用及其环境影响

石油是由不同的碳氢化合物混合组成，其主要组成成分是烷烃，另外还含硫、氧、氮、磷、钒等元素。在炼油厂内，利用石油中的不同成分沸点不同，可以将不同的化合物从原油中提炼分离出来，包括汽油、柴油、煤油、取暖用油、润滑油等，也可以从中获得包括乙烯、丙烯、丁二烯、苯、甲苯、二甲苯等在内的化工原料。目前开采的石油中 88%被用作燃料，包括柴油和汽油等；剩下的 12%被用作化工原料，用来生产化工产品，如溶剂、化肥、杀虫剂、染料、漆、药物、清洁剂、润滑油、矿物油、基础油和塑料等。由于石油对于国民经济的发展和人们的日常生活都十分重要，许多企业的生产活动也都离不开石油这种原材料，因此其价格对股票的影响很大，所以石油还常常被用作金融产品。

石油污染是指其在开采、运输、装卸、加工和使用过程中，由油气泄漏和污染物质的排放所引起的污染。石油对环境的污染主要包括以下 3 个方面：①对大气环境的污染，主要表现为泄漏的油气中的挥发性物质与其他有害气体被太阳紫外线照射后，发生物理、化学反应，生成光化学烟雾，产生致癌物和温室效应，破坏臭氧层等，并最终对人体健康产生不良影响。②地下油罐和输油管线腐蚀渗漏污染土壤和地下水源，不仅造成土壤盐碱化、毒化，导致土壤污染和破坏，而且其中的有毒有害物质能通过农作物和地下水进入食物链系统，最终也会危害人体健康。③海上油田开采过程中发生井喷事故，会对海洋造成严重污染，影响海洋水生生物生长，破坏海洋生态平衡。石油漂浮在海面上，迅速扩散形成油膜，可通过扩散、蒸发、溶解、乳化、光降解以及生物降解和吸收等进行迁移、转化。油类可黏附在鱼鳃上，使鱼窒息，抑制水鸟产卵和孵化，破坏其羽毛的不透水性，降低水产品质量。油膜阻碍水体的复氧作用，影响海洋浮游生物生长，破坏海洋生态平衡，此外还破坏海滨风景，影响海滨美学价值。

6.5.1.3 天然气利用及其环境影响

天然气的化学组成主要包括烷烃气体和非烷烃气体两类，其中烷烃气体主要包括轻烃气体甲烷（CH_4）和如乙烷（C_2H_6）、丙烷（C_3H_8）、丁烷（C_4H_{10}）等重烃气体，非烷烃气体则包含 CO_2 和 H_2S 等酸性气体、氦和氩等稀有气体以及其他一些气体。天然气用途十分广泛，不仅可以作为高效清洁的燃料，用于发电、住宅、商业、交通运输等诸多领域，同时它与石油一样还是许多重要化工产品的原料，被用于生产肥料、纤维、玻璃、钢铁、塑料、油漆、食品制造加工以及其他产品。在发电方面，天然气可以作为燃气涡轮引擎和蒸汽涡轮发电的主要燃料，在燃气涡轮蒸汽涡轮联合循环的模式下发电，能源利用的效率很高。燃烧天然气比起石油和煤之类化石燃料要更加清洁，获得同样的热量，其产生的 CO_2 比燃烧石油要少 30%，比煤要少 45%。在交通运输方面，压缩天然气（以及液化天然气）被用作汽车燃料的清洁替代物。在家庭住宅方面，天然气被用来烹饪、取暖和制冷。

天然气在开发利用过程中也会对环境产生影响，主要包括影响气候变化、造成海底滑坡和破坏海洋生态环境。

在气候变化影响方面，由于天然气的主要成分是甲烷，而甲烷的温室效应是 CO_2 的 25 倍（按 100 年全球变暖潜能值计），所以在开采天然气水合物过程中，排放甲烷气体会加剧全球的温室效应，而全球升温又会引起极地永久冻土带下面或者海底的天然气水合物的分解，从而进一步加剧温室效应。此外，甲烷作为燃料使用，其燃烧过程也会产生大量 CO_2 气体，造成温室效应。

在海底滑坡方面，海底天然气水合物分解而导致斜坡稳定性降低是海底滑坡产生的一个重要原因。天然气水合物以固态胶结构形式赋存于岩石空隙中，天然气水合物的分解会使海底岩石强度降低。此外，因天然气水合物分解而释放岩石孔隙空间，会使岩石中孔隙流体（主要是孔隙水）增加和岩石的内摩擦力降低，在地震波、风暴波或人为扰动下孔隙流体压力急剧增加，从而导致岩石强度降低，以致在海底天然气水合物稳定带内的岩层中形成统一的破裂面而引起海底滑坡或泥石流。

在海洋生态环境影响方面，开采过程中向海洋排放的甲烷气体会与海水中的 O_2 及 $CaCO_3$ 发生一系列化学反应，一方面 O_2 的消耗导致海水缺氧形成低氧环境，影响好氧生物群落的生长，甚至会导致物种灭绝；另一方面 $CaCO_3$ 因为海洋酸化而消融，从而造成生物礁退化，最终破坏海洋生态系统的平衡。

6.5.2 可再生能源利用及其环境影响

6.5.2.1 太阳能利用及其环境影响

太阳能利用是将太阳能通过装置转变成热能、电能等能源：首先利用太阳能收集装置将辐射到地面的太阳能收集起来，然后通过一系列的能量转换装置将太阳能转变成其他更方便使用的能源，如热能、电能等。太阳能利用途径主要包括：①太阳能发电。这是目前太阳能最通常的用途，其主要的优势在于不受地形限制、不需要长距离铺设线路。太阳能发电通常有两种方式，一种是通过光伏技术将太阳能直接转变为电能，另一种则是太阳能热发电技术，即先利用集热装置将辐射到地面的太阳能收集起来，然后使之产生足够的蒸汽带动汽轮发电机进行发电，从而最终形成电能。②太阳能加热。利用太阳能加热最典型的案例就是太阳能热水器，这是目前太阳能作为新能源最广泛的用途之一。太阳能热水系统由集热器、保温水箱和连接管道组成，它利用白天太阳的辐射能将水加热，然后在保温水箱的保温作用下，通过连接管道将热水源源不断地输送给人们使用。③太阳能催化。太阳能具有很好的化学催化作用，如植物光合作用的光反应阶段，就是利用太阳能进行光分解水。利用太阳光的这种催化作用，可以分解水从而产生 H_2 和 O_2，而 H_2 是另一种新能源——氢能。④太阳能汽车。将汽车顶部安装一个带太阳能电池的大棚，用来吸收太阳能并把它转化成电能，将电能储存在电池中提供给汽车的电动机，从而带动汽车运动。太阳能汽车目前尚未普及，是因为其造价高且利用效率低。⑤太阳能建筑。太阳能建筑是目前建筑行业的一大创举，它将太阳能利用设施与建筑有机结合在一起，实现了太阳能与建筑的一体化。它利用太阳能集热器代替了传统的屋顶覆盖层或保温层，将建筑、美学与环境综合在一起，既节约了能源，避免了资源的重复使用，又保证了建筑物的美观、大方，同时也节省了大量的能源，实现了建筑物的环境友好。

太阳能利用的环境影响主要包括：①没有有毒有害气体和温室气体排放，不污染大气环境。②占地面积较大，发电能力为 1 MW 的中央接收式太阳能发电站占地 3 万～4 万 m^2，而 1 000 MW 的核电站只占地 50 万 m^2。③太阳能集热系统吸收太阳能后，会影响地面、大气的能量平衡，减少了地面、建筑物反射回空间的能量，大规模使用会对局地气候产生影响。④巨大的集热系统及聚光装置会对周边景观产生影响。⑤太阳能电池光电转换效率低，需要进一步开发研究，提高转换效率。⑥目前电池材料生产的能耗太高，在生产过程中也会对环境产生影响，不宜盲目大规模生产。

6.5.2.2 风能利用及其环境影响

风能也就是风的动能，风能的利用是通过风的动能带动风轮进行转动，从而将风的动能转变成风轮的机械能，然后风轮又带动发电机进行发电，把机械能进一步转化成电能。我国风能储量巨大且范围广泛，在内蒙古和新疆地区，其风量占全国的 70%～80%。风能作为新能源之一，具有环境友好的特点。风能在利用过程中不会产生任何有毒有害的物质，不会造成大气污染和固体废物污染，而且不需要经过燃烧过程，也不会有大量的 CO_2 等温室气体的排放，其对化石燃料的替代能够减缓全球温室效应。

然而，风能在利用过程中也存在十分明显的短板，对生态环境也会产生一定的影响，从而导致其难以广泛利用，具体包括以下几个方面：

1）在风能利用过程中，会产生较严重的噪声污染。风力发电机的工作运转会产生非常大的噪声，从而会对周边居民的正常生产生活产生影响。正因如此，一般风力发电站都要求建立在空旷无人的地方，以尽量减少对人类的干扰。

2）风能的产生依赖于天气情况，因而其使用时存在不稳定因素。只有在风能较大时，人类才能获得足够的能量。这个缺点对风能的利用起到极大的限制作用。通过将风速较大时的风能转变成电能储存起来，能够保证提供持续的能量。

3）风能的转化效率较低，费效比不高。这个问题还是来源于风能自身存在的易变性。只有在风速稳定的情况下，风力发电机的工作才能较好地进行。遇到阵风、清风甚至是无风的天气时，风力发电机就失去了作用。因此，风电质量较差，且并网困难。

4）能够利用风能发电的地区有限，不是任何地方都可以。在我国内地，只有内蒙古、新疆等全年风速和风量较大的地区才能利用风能发电。

5）利用风能发电对鸟类和蝙蝠等生物会造成影响。它们可能会误撞到风力涡轮机上，从而产生致命的伤害。据报道，风力发电的兴起已经引起了多种生物的灭绝。

6.5.2.3 生物质能利用及其环境影响

生物质能的利用方式主要有三种：直接燃烧、物理化学转化和生物化学转化。生物质的直接燃烧是最简单的利用方式，然而这种利用方式不仅利用率低，而且燃烧不充分还会对环境产生污染。生物质的物理化学转化是在一定条件下，使生物质气化、液化、炭化或热解，从而生产出气态、固态燃料和一些化学物质，这些物质可以进一步作为能源或者化工原材料，相关技术主要包括生物质气化技术和生物质液化技术。其中，生物质气化技术是指在一定的热力学条件下，将碳氢化合物转化成可燃烧的气体，如 H_2 和 CO 等，将生物质进行气化后还可以进一步用于发电；生物质液化技术是使生物质在缺氧条件下热解，使其降解为液态燃油、可燃气体和固态生物碳。生物质的生物化学转化指生物质沼气转化、乙醇转化、堆肥等，其中沼气转化是使有机物质处于厌氧条件下，通过微生物的发酵作用从而产生高效能的可燃气体；乙醇转化是利用粮食或植物等生物质经发酵、蒸馏、脱水等工艺而形成乙醇燃料。生物质能利用过程中能量转化效率低，必须要通过生物质能转换技术高效地利用生物质能源。

生物质能在利用过程中对环境有益的影响主要包括：①可再生性。生物质能的产生是利用了植物的光合作用，是一种可再生能源，资源丰富，可保证能源的永续利用。②低污染性。生物质的硫、氮含量低，燃烧过程中生成的 SO_2、NO_x 较少，同时生物质作为燃料时，由于植物在生长时需要的 CO_2 相当于它排放的二氧化碳的量，因而对大气的 CO_2 净排放量近似为零，相较于化石能源而言能有效地减少温室效应。③资源丰富且分布广泛。生物质能源的年生产量远远超过全世界总能源需求量，相当于目前世界总能耗的 10 倍。随着农林业的发展，特别是炭薪林的推广，生物质资源将越来越多。而对于缺乏煤炭的地区，也可充分利用生物质能来保障能源的供给。

6.5.2.4　地热能利用及其环境影响

常见的地热储存方式包括两种类型：①水热型（又名热液资源），即地下水在多孔性或裂隙较多的岩层中吸收地热，其所储集的热水及蒸汽，经适当提引后可为经济型替代能源；②干热岩型（又名热岩资源），即潜藏在地壳表层的熔岩或尚未冷却的岩体，可以人工方法造成裂隙破碎带，再钻孔注入冷水使其加热成蒸汽和热水后将热量引出。对于地热的利用，目前的技术只适用于集中在地壳浅部的地热能，将来若能更进一步开发较深层的地热时，则地热能源源不绝，成为永不枯竭的资源。

地热能的利用方式主要有：①直接开发利用。地热能的直接开发利用形式有很多，如采暖、洗浴、医疗和助农等，其中温泉是目前比较常用的地热能形式。由于地热能内部热量的作用，地下水体被加热，温度升高，通过岩石裂缝到达地表，或者是地表水体由于渗透作用，在地壳深处形成地下水，然后经过地热能的作用加热形成热水，通过裂缝在静水压力的带动下流出地表，从而形成温泉。温泉可用于洗浴、治病和做菜等，它对人类有很大的益处。地热能还往往被用于城市供暖，这在居民小区建设和设计时就被考虑进来，能够大幅减少对化石能源的依赖。此外，地热能还可被利用到农业、林业、牧业、渔业、工业等方面，主要用于建造地热温室、灌溉农田、培育良种、水产养殖、花卉育种和产品脱水、烘干等。②间接利用。地热能的间接利用主要是地热发电，它同火力发电的原理是一样的，都是蒸汽动力发电。可以利用地热能中的蒸汽和热水等带动汽轮机转动，将蒸汽的热量转变成汽轮机的机械能，然后再通过发电机将汽轮机的机械能转变成电能。在这个过程中，蒸汽和热水充当了载热体的作用，根据载热体的不同，可以将地热发电进一步划分为蒸汽型地热发电和热水型地热发电两种类型。蒸汽型地热发电在引入蒸汽前，需要对蒸汽进行干燥和净化等处理。虽然这种方式比较简单，但是干蒸汽的含量非常有限，只有在较深的地下才能开采到，耗费人力、物力，经济性能不好，不如热水型地热发电的实用性高。

尽管地热能稳定、过程安全、运转成本低、附加价值多元化，但是由于其开发受环境先决条件之限制颇多，且开发过程中易造成环境污染，地热能在现实中的使用还是十分有限的，具体限制因素包括：①初始成本高。开发初期的探勘、钻井之费用极高，且所需相关技术之门槛皆极为严苛；供应源位置掌握不易，且持续供应量之稳定度难以精确计算；可能需要挖深井才能有足够的温度。②技术要求高。例如抗腐蚀的管线会提高投资成本。③环境负荷大。挖凿地热井将破坏地表自然景观并影响生态，对土地使用造成影响。④存在生态风险。发电时蒸汽中可能带有毒性气体，热水中也可能溶有重金属等有害物质，对环境将造成污染。

6.5.2.5　海洋能利用及其环境影响

海洋能包括潮汐能、波浪能、海流能、潮流能、海洋温差能和海洋盐度差能等，其中潮流能和潮汐能源自太阳、月球及太空中其他星球的吸引力，而其他海洋能源自太阳辐射的能量。海洋能的主要利用方式是发电。

海洋能作为一种新型能源，其主要特点包括：①可再生、蕴藏量大。海洋能源自太阳、月球等天体之间的引力作用，具有可再生性，取之不尽、用之不竭。而海洋储量大，即代表着海洋能蕴藏量大。当然，海洋能在海洋水体中单位体积所拥有的能量并不大，若想得到海洋能，需从大量的海水中获得。②能量不稳定、多变。海洋能具有多种形式，其中温度差能、盐度差能和海流能比较稳定，但潮汐能、波浪能、潮流能等则不稳定，其发生频率、规模、能量大小经常发生变化。在利用潮汐能和潮流能时，可以根据其发生情况总结变化规律，以此进行潮汐、潮流预报，预测未来一定时间内潮流潮汐的大小和强弱，从而指导相应电站安全稳定运行。③清洁无污染。海洋能是一种清洁能源，其本身对环境污染影响小，是一种具有高环保价值的能源。

当然，海洋能在利用过程中由于相关机组设备的安装，也会产生一些不良环境影响：①海洋哺乳动物和鱼类被涡轮叶片困住的可能性；②机组运作时发出的水下噪声和电磁波；③设备成为环境的一体，改变水中生物及海鸟的习性，吸引或排斥特定物种；④对近岸及远岸水域的水质及输砂的影响；⑤需要高技术、高成本来克服盐水的高腐蚀性，有些情况下甚至需要让设备能承受深海的高压环境，从而导致设备造价高，经济效应低。

6.5.3 水电与核能利用及其环境影响

6.5.3.1 水电利用及其环境影响

我国的水能资源蕴藏量和可开发量均居世界第一位：水能资源蕴藏量为 676 GW，理论年发电量 5 920 TW·h；水能资源可开发装机容量 378 GW，年发电量 1 920 TW·h。《2020年全国水利发展统计公报》显示，截至 2020 年 12 月 31 日，中国水电总装机容量已达396.72 GW，年发电量为 1 354.0 TW·h，是世界上水电生产量最大的国家。

尽管水电是一种清洁、经济的可再生能源，不会产生空气污染，但是水电工程对河川径流进行了时间和空间上的调节和再分配，因而会引起河川自然环境和生态系统的变化，进而对区域社会经济和人们的生活环境带来影响。这些影响主要包括：①对气候的影响。修建大、中型水库及灌溉工程后，原先的陆地变成了水体或湿地，使局部地表空气变得较湿润，对局部小气候会产生一定的影响，主要表现在增加降水量并改变其时空分布，增加年平均气温，改变风和雾等气象因子。②对水文的影响。由于水库存蓄了上游汛期的洪水，同时也拦截了非汛期时的基流，导致下游水位下降甚至断流，流量的减少会降低其生态补水量，从而对下游的生态系统产生重要的影响，同时也会导致水质恶化，泥沙淤积的问题，在入海口处还会引起海水倒灌。③对生态的影响。大型水库会导致上游大面积土地被水淹没，导致栖息地细碎化，破坏生物多样性。同时，使得原本会流至下游的沉积物会大幅减少，导致下游河床被冲刷，又失去沉淀物的补充，最终下游的原有地貌会逐渐被侵蚀。另外，还会阻碍水中生物迁徙，会使水温上升，阻碍其繁殖，最终导致物种多样性降低。④对地质的影响。大型水库蓄水后可能诱发地震、引起库岸滑塌及山体滑坡等地质灾害。⑤排放温室气体。由于水坝通常较深，容易在坝底形成缺氧环境，造成生物的厌氧分解，动植物分解后排放出甲烷（也有少量 CO_2）气体会加剧全球暖化。

6.5.3.2　核能利用及其环境影响

在核技术的支持下，核能被广泛应用于军事、农业和工业等诸多领域，从而也对人们的日常生活起到了重要支撑作用。几种常见的用途如下：①诱变育种。为了让农作物具有更加优良的性状，如高产优质等，可以利用核素的放射性，使得农作物基因中的碱基对发生增添、缺失或者改变，从而导致染色体发生变异，最终形成具有更加优良形状的农作物，生产出个体大、外观美、营养丰富的农产品。②核能发电。利用核裂变链式反应的原理，让铀等重金属元素在核反应堆中发生裂变反应从而产生巨大的能量，使水转变成大量的水蒸气，进而推动汽轮机带动发电机进行发电。2021 年全国累计发电量为 81 121.8 亿 kW·h，其中运行核电机组累计发电量为 4 071.41 亿 kW·h，占全国累计发电量的 5.02%，核电设备平均利用率为 92.27%。③金属探测与焊接。核反应过程中会产生大量的放射线，这些射线具有非常大的能量，在照射金属时，能够探测出金属的缺口，并将缺口焊接。与普通焊接相比，利用射线进行焊接，效率更高，焊接得更精密，所得物件质量更好。④医疗设备。医院中通常会备有 X 射线透视仪、CT 以及核磁共振等仪器，它们都是利用射线来检测人体的病变器官，并且能够利用射线的高能量将肿瘤等病变细胞或者组织切除。⑤同位素标记。这种技术利用的是放射性元素的特征从而对其进行追踪。同位素标记技术对从事科学研究具有非常重要的作用，如监测物质在生物体中的代谢过程、污染物在自然环境中的迁移过程等。

核能在利用过程中对环境的影响主要来自三个方面：放射性物质释放、废热排放以及化学物质的排放。其中，废热的排放与普通火电站相似，化学物质的排放对环境的影响很小，而放射性物质释放对环境的影响是人们十分关注的，因为放射性物质会影响生物细胞及染色体，使其发生基因突变等症状，从而威胁到人类的健康。

在核电站反应堆运行过程中，由于核燃料裂变和结构材料、腐蚀产物及堆内冷却水中杂质吸收中子均会产生各种放射性核素，极少量的裂变产物可通过核燃料元件包壳裂缝漏进冷却剂或慢化剂，从而排入环境中。核电站流出物（废液、废气）的排放必须经过严格的治理。放射性废液通过蒸发、离子交换、凝聚沉淀、过滤等方法处理达标后，采取槽式排放。浓缩液及高放射性废液，经浓缩后固化储存。放射性废气经过过滤、储存、衰减等过程，待其放射性水平达到允许值后，通过烟囱排入大气。国家对核电站流出物的排放有明确的管理要求，通过年排放量限值对其一年的排放总量进行严格控制。因此，在严格管控和规范操作的条件下，核能的发展不但不会加剧环境的污染，还有助于解决由于能源发展带来的环境问题。

6.5.4　能源、温室气体与全球变化

6.5.4.1　全球能源消耗

当前全球的能源使用结构以石油、天然气和煤炭三大传统能源为主，以核能、风能、生物质能等清洁能源为辅。新能源开发利用是目前发展的重要趋势，太阳能、风能、地热能、海洋能、生物质能等可再生能源的研发迅速展开，尤其是美国、日本、中国等都在大

力开发氢燃料电池技术，使用氢燃料电池的汽车样机已经上路。

自工业革命以来，人类对能源的消耗一直持续上升。1971—2019 年，在能源消耗类型方面，不同类型的能源的变化方式并不一致（图 6-4），这点与前面图 6-3 美国能源结构的转变过程是统一的。相较于 1973 年，2019 年在能源结构上有了一定的调整，石油、煤/泥炭、生物质所占的比例有所下调，而电力、其他和天然气的比例有所上调。总体来说，在全世界能源结构中，化石燃料的比例是有所下降的，然而其绝对量依然很大。

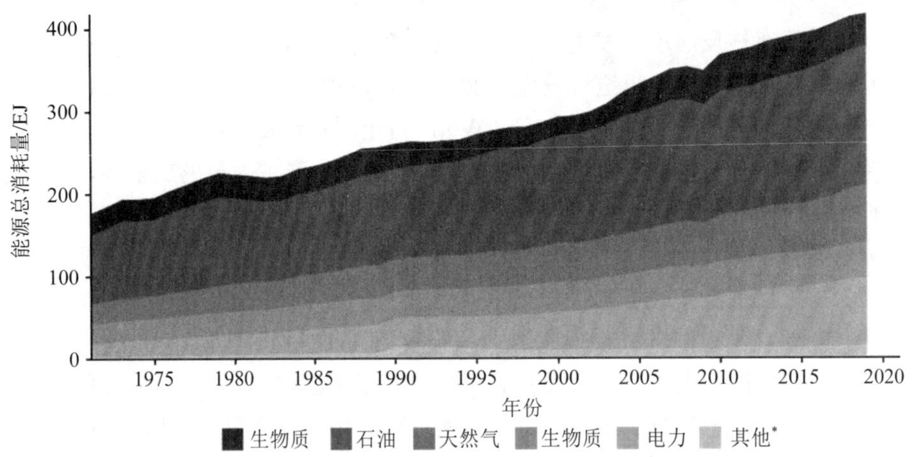

注：*其他表示地热能、太阳能、风能和热能等。

修改自：International Energy Agency，Key World Energy Statistics，2021。

图 6-4　全球 1971—2019 年各种类型能源总消耗量

对于我国而言，1971—2019 年，能源的消耗量占全球能源总消耗量的比例持续上涨（图 6-5），从 1973 年的 7.9%上升到 2019 年的 21.0%，增幅有近 2 倍，发生了显著提升。可以预见，在未来的若干年这种趋势仍将继续保持。

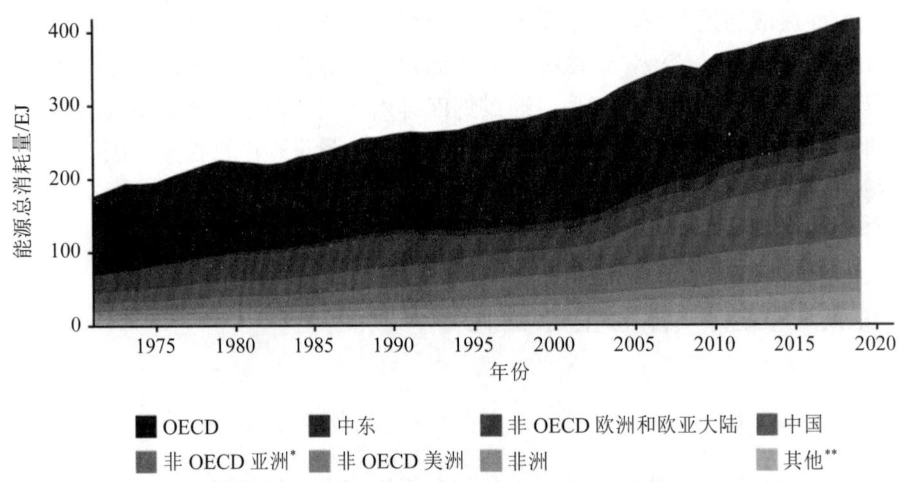

注：* 这里的亚洲不包括中国；** 其他主要指国际航空及国际海洋中的消耗。

修改自：International Energy Agency，KeyWorld Energy Statistics，2021。

图 6-5　全球 1971—2019 年各地区能源总消耗量

6.5.4.2　温室气体排放与全球气候变化

面对人类对能源的利用逐年增加的趋势，尽管各种新型清洁能源的使用量也在逐年增多，但对化石燃料，特别是对石油的绝对使用量并没有太大影响。在化石燃料燃烧过程中会排放的一些有害气体，主要包括 CO_2、CH_4、氯氟烃化合物（CFC_3）、四氯化碳（CCl_4）、CO 等。尽管后两项在大气中滞留时间短，但对环境有重大影响。这些气体能吸收来自太阳的短波辐射，同时吸收地球发出的长波红外辐射。随着大气中温室气体浓度的增加，导致太阳的入射能量和逸散能量之间的平衡遭到破坏，从而造成地球表面的能量平衡发生变化，引起地球表面温度上升。相关内容详见第 9 章。

6.5.5　能源利用与可持续发展

能源利用与可持续发展是全球高度关注的焦点问题。联合国在《2030 年可持续发展议程》中提出的可持续发展目标（SDGs）中，第七项为“确保人人都能获得负担得起的、可靠和可持续的现代能源”。具体要求为：到 2030 年，确保人人都能获得负担得起的、可靠的现代能源服务；大幅增加可再生能源在全球能源结构中的比例；全球能效改善率提高一倍；加强国际合作，促进获取清洁能源的研究和技术，包括可再生能源、能效，以及先进和更清洁的化石燃料技术，并促进对能源基础设施和清洁能源技术的投资；增建基础设施并进行技术升级，以便根据发展中国家，特别是最不发达国家、小岛屿发展中国家和内陆发展中国家各自的支持方案，为所有人提供可持续的现代能源服务。由此可见，在可持续发展框架下的能源利用，是在源源不断地满足每个人的能源需求的前提下，既不因为能源价格过高而使得需求无法得到满足，同时也不能因为为了满足能源需求而降低能源供给的质量，甚至还危害到生态环境的持续健康发展。

为了实现能源的可持续利用，首先需要预测未来能源需求量，知道未来需要生产多少能源，然后在满足能源需求的条件下，评估能源利用过程中对环境造成的影响，从而尽最大可能规避不好的环境影响，最后通过能源转型与结构调整的手段，逐步淘汰效率低、污染大的能源类型，从结构上优化未来能源的生产格局和供给格局。

6.5.5.1　能源需求量预测

能源预测是科学合理制定各种能源的装机容量规划、能源传输线路规划等国家能源战略的基础。合理的能源预测结果能够帮助相关部门制订正确的能源战略计划，最大限度地保障国民经济和能源安全。目前对能源预测的研究已经非常广泛，但是不同能源预测方法尤其是中长期能源预测方法间对信息完整度的要求、模型的应用灵活性、结果精度的保障能力等方面具有较大差异。在清洁化能源状况转型时期，能源需求的变化没有相似的历史变化路径可以参照，但同时对能源需求预测结果的依赖性将会增加。因此，能源需求预测难度变高，且其预测结果的正确性也尤为重要。能源需求量的预测方法主要包括：

（1）投入产出法

该方法立足于国民经济的各部门，可研究各部门生产与消耗之间的数量关系。在能源需求量预测方面，该方法可以模拟出国民经济各部门之间复杂的能源比例关系，可用于任意时期范围内的预测，但由于采用的是线性模型，通常预测精度不高。此外，其计算过程依赖于投入产出表，投入产出表的编制也比较复杂。

（2）部门分析法

该方法由法国能源政策与经济研究所（IEPE）提出，可以综合考虑人口、国民经济结构、技术、价格等假定因素。通过对各部门能源生产、转化和消费过程进行模拟，能够综合预测能源需求量。然而，该方法建立在能源平衡表的基础上，而且经济发展与经济结构变化设置不同会对结果产生较大影响。

（3）弹性系数法

该方法根据国内生产总值（GDP）与能源消费总量间的单位变动关系，进行能源消费的预测和分析。该方法模型简单、求解方便、对数据要求低，可在历史数据缺失时使用，但相对的预测结果可信度较低。因此，该方法一般不作单独使用，或仅提供趋势分析。

（4）时间序列分析法

该方法通过分析能源需求的历史数据，来对未来时刻的能源需求进行预测。该方法在中短期预测中精度较高，常用的模型包括自回归模型和自回归平均移动模型。需要说明的是，该模型在定阶时需多次尝试，且单输入变量使得其在中长期预测时误差较大。

（5）灰色预测法

该方法不考虑能源系统内部 GDP、人口、经济结构等的相互关系，通过灰色理论进行预测，仅需要少量数据便可以得到反映趋势的预测结果。然而，该方法的预测精度会随着时间跨度变大而降低，较适合中短期预测。

（6）神经网络分析法

该方法可以完成对复杂函数的映射，因此非常适合应用于内部机制复杂的能源系统。其中，在 BP 神经网络可以通过引入遗传算法（genetic algorithm，GA）等优化算法，减小陷入局部最优的风险，提升预测精度。

6.5.5.2 能源利用环境影响评估

在开展能源利用过程中的环境影响评估之前，首先需要了解在国民经济活动中哪些过程会消耗能源同时产生污染物和温室气体的排放，这时就需要用到排放清单模型对其进行定量评估。在得到能源利用的污染物和温室气体排放清单后，就可根据排放量与生态环境效应之间的关系，构建效应评估模型来进行环境影响的评估。

（1）排放清单模型

该模型是基于活动水平和排放因子的方法，计算能源使用过程中的污染物排放量。根据能源使用过程中污染物来源、生成机制和排放特点的不同，模型将一次排放源分为四级，逐级展开。第一级体现清单排放源大类，主要分为固定燃烧源、工业过程源、移动源、溶剂产品使用源、燃料分配储运源、农业过程源和其他排放源等；第二级体现了各大类排放源下具体行业信息，如工业过程源包括钢铁、水泥、有色、炼焦、石化和化工等行业；第三级体现了行业内具体燃料、产品和原料等信息，如钢铁行业包含生铁、粗钢和钢材等产品信息；第四级是排放清单模型的最基本计算单元，体现排放源燃烧技术、生产工艺和使用途径等具体信息，如粗钢生产包含转炉炼钢和电炉炼钢等工艺信息。考虑能源使用过程中的污染物主要是大气污染物，包括 SO_2、NO_x、不同粒径颗粒物及其碳质组分、氨和非甲烷挥发性有机物等，同时在气候变化与“双碳”目标的要求下，也需要考虑温室气体的排放，如 CO_2、CH_4 等。排放清单模型在参数设计时，需要考虑各地区不同排放源间的活动水平、技术工艺和末端控制措施应用比例等方面的差异，从而能够更好地表征时间差异与地域差异。

（2）效应评估模型

效应评估模型类似于生命周期环境影响评估（LCIA）的方法，可以分别针对温室效应和人体健康效应开展评估。其中，温室效应评估可以利用 GWP 的方法评估；人体健康效应评估主要基于流行病学的相关研究，用来刻画大气污染物（如 $PM_{2.5}$）所引起的相关疾病和早亡健康效应，包括呼吸系统疾病住院、心脑血管系统疾病住院、急诊和支气管炎这四类急性暴露健康效应以及由于慢性阻塞性肺病、缺血性心脏病、肺癌和中风这四类由于长期暴露导致早亡的慢性暴露健康效应。对于发病率和死亡率的计算方法，采用流行病学中常用的暴露-响应函数，建立浓度-发病（死亡）率的关系，并采用相对风险系数（relative risk，RR）来估计发病（死亡）率的相对增加程度。

6.5.5.3　能源转型与结构调整

能源转型意味着“新”能源替代“旧”能源，如煤炭替代柴薪、石油和天然气替代煤炭、可再生能源替代化石能源等。能源转型的方向，从其使用形式上看，是向着高效率、清洁化、低排放的方向进行转型的；从其利用形式上看，是从简单向着复杂或变革的方向进行转型的；从其环境效应上看，是从高碳发展向低碳发展的方向进行转型的，即由粗放型发展方式向集约型发展方式转变，由经济主导型发展方式向环境友好型发展方式转变。由此可见，能源转型是实现能源可持续利用的必经之路。

能源转型离不开能源结构的调整，然而能源结构的调整并非一朝一夕就能完成的，因为它关系到各种能源的开发和利用，也关系到全球各国、各地区能源结构的格局。在进行能源结构调整时，必须立足以煤为主的基本国情，传统能源逐步退出要建立在新能源安全可靠的替代基础上，逐渐提高非化石能源在能源结构中的比重。在调整过程中，也必须坚持引导供给侧和消费侧双向发力，推动能源生产和消费优化升级。

在供给侧，立足以煤为主的基本国情，发挥煤炭煤电对新能源发展的支撑调节和兜底保障作用。大力推动煤炭清洁利用，积极推动煤电节能降碳改造、灵活性改造、供热改造“三改联动”。大力发展风电和太阳能发电，积极稳妥发展水电、核电、生物质发电等清洁能源。用优质能源替代燃煤，逐步减少并严格控制燃煤总量，将目前以燃煤为主的污染型能源结构逐步转变为以天然气、电力等优质能源为主的清洁型能源结构。

在消费侧，推动钢铁、有色、建材等行业减煤限煤，严控“两高一低”项目盲目发展，开展重点领域节能升级改造，推动企业提升绿色能源使用比例和电气化水平，进一步提高电能占终端用能比重。加快产业、产品结构调整的步伐，降低能源消费的增速。加强高新技术在能源供应和消费领域的推广和应用，提高能源利用率，降低单位产品能耗，使得能源结构向着清洁方向迈进。大力倡导绿色低碳生活方式，增强全民生态环保意识。

能源转型的方向可以预判，但是具体的路线则需要开展定量分析。结合未来能源需求预测方法和能源利用过程中的环境影响评估方法，可以构建以低碳、节能、减排为约束，以经济效应和社会效益最大化为目标的多目标优化模型，并结合实际数据对该模型在不同情景下进行求解，从而识别出最优能源转型路径，促进能源结构调整朝着可持续发展的方向上逐步前行。

复习思考题

1．什么是自然资源？自然资源与自然环境有何区别和联系？
2．我国自然资源的类型、特征及其在利用和保护中存在哪些问题？
3．什么是土地资源？土地资源在开发利用中存在什么问题？如何解决这些问题？
4．我国陆地水资源所面临的问题是什么？应对这些问题有何对策？
5．我国森林资源的现状及特征是什么？怎样保护森林资源？
6．如何保护我国物种的多样性？
7．矿产资源在开发过程中会遇到怎样的环境问题？如何解决？
8．面对我国近海海域的环境污染问题，你认为应该如何合理地开发与利用海域资源？
9．什么是湿地资源？湿地资源有何作用？如何应对我国湿地的退化情况？
10．什么是物质循环过程分析？物质循环过程分析的目的是什么？
11．什么是生态环境效应评估？生命周期环境影响评估的步骤是怎样的？
12．你认为什么是能源？生活中你用过或者接触过哪些能源？
13．化石燃料是如何形成的？为何对人类社会如此重要？
14．你认为未来人类的能源结构是怎样的？给出你的理由。
15．你觉得作为一个地球人，应该如何从个人做起来应对全球的气候变化？
16．化石能源有哪些利用方式？会产生怎样的环境影响？
17．可再生能源有哪些利用方式？会产生怎样的环境影响？
18．风能和核能有哪些利用方式？会产生怎样的环境影响？
19．什么是可持续发展？你认为应该如何实现自然资源的可持续利用？
20．什么是能源转型？能源转型对实现能源的可持续利用有什么作用？

参考文献与推荐阅读文献

[1] 中国21世纪议程——中国21世纪人口、环境与发展白皮书．北京：中国环境科学出版社，1994.
[2] 《中国生物多样性保护行动计划》总报告编写组．中国生物多样性保护行动计划．北京：中国环境科学出版社，1994.
[3] 《中国自然保护纲要》编写委员会．中国自然保护纲要．北京：中国环境科学出版社，1987.
[4] 任耐安，邹晶．环境教育参考资料．北京：人民教育出版社，1993.
[5] 金岚，王振堂，朱秀丽，等．环境生态学．北京：高等教育出版社，1992.
[6] 王炳坤，等．现代环境学概论．南京：南京大学出版社，1992.

[7] 刘培桐，王华东，薛纪渝，等．环境学概论．北京：高等教育出版社，1991.

[8] 唐永銮，刘育民．环境学导论．北京：高等教育出版社，1987.

[9] 王诩亭，井义涌，何强．环境学导论．北京：清华大学出版社，1985.

[10] 童志权，陈昭琼．大气污染控制工程．长沙：中南工业大学出版社，1987.

[11] 中国科学院，国家计划委员会自然资源综合考察委员会．中国自然资源手册．北京：科学出版社，1990.

[12] 世界资源研究所，国际环境与发展研究所，联合国环境规划署．世界资源报告 1988—1989．王之佳，等，译．北京：中国环境科学出版社，1990.

[13] 鲁明中，王沅，张彭年，等．生态经济学概念．乌鲁木齐：新疆科技卫生出版社，1992.

[14] 刘成武，杨志荣，方中权，等．自然资源概论．北京：科学出版社，1999.

[15] 霍明远，张增顺．中国的自然资源．北京：高等教育出版社，2001.

[16] 黄素逸．能源科学导论．北京：中国电力出版社，1999.

[17] 厉伟．论自然资源的可持续利用．生态经济，2001（1）：12-15.

[18] 欧阳晓安．自然资源合理利用与实现可持续发展．国土开发与整治，2000，4（12）：42-45.

[19] 谢文海，王晓平．中国的湿地及保护．玉林师范学院学报（自然科学版），2001，3（22）：98-101.

[20] 张明祥．中国的湿地资源现状及保护建议．林业科技管理，2001（2）：46-49.

[21] 鲁奇，刘洋．中国湿地消失的因素及保护对策．环境保护，2000，38（10）：21-24.

[22] Enger D Eldon，Bradley F Smith，Anne Todd Bockarie．环境科学：交叉关系学科（第 10 版）．王建龙，译．北京：清华大学出版社，2009.

[23] Saigo，Barbara Woodworth，William P Cunningham．环境科学：全球关注（上、下册）．戴树桂，译．北京：科学出版社，2004.

[24] 丹尼尔•耶金．能源重塑世界（套装上下册）．朱玉犇，阎志敏，译．北京：石油化工出版社，2012.

[25] 瓦科拉夫•斯米尔．能源转型：数据、历史与未来．高峰，江艾欣，李宏达，译．北京：科学出版社，2018.

[26] 陈军，陶占良．能源化学．北京：化学工业出版社，2004.

[27] 谢玉洪．中国海油“十三五”油气勘探重大成果与“十四五”前景展望．中国石油勘探，2021（26）：43-54.

[28] Robert Ristinen，Jack Kraushaar，Jeffrey brack．Energy and the Environment（Third Edition）．Wiley，2016.

[29] Richard Wolfson．Energy，Environment，and Climate（Third Edition）．W. W. Norton & Company，2018.

[30] Efstathios E. Michaelides．Energy，the Environment，and Sustainability．CRC Press，2018.

[31] 袁增伟．环境系统研究方法．北京：科学出版社，2019.

[32] 毕军，黄和平，袁增伟，等．物质流分析与管理．北京：科学出版社，2009.

[33] 张玲，袁增伟，毕军．物质流分析方法及其研究进展．生态学报，2009（29）：6189-6198.

第 7 章　环境污染与生态退化

环境污染和生态退化是当前人类所面临的两大类环境问题。环境污染是指有害物质或因子进入环境，使环境系统的结构和功能发生变化，以及由此衍生的各种环境效应，从而对人类和生物的生存与发展产生不利影响的现象。环境污染的类型，按环境要素可划分为大气污染、水体污染、土壤污染等；按污染物的形态可分为废气污染、废水污染、固体废物污染、噪声污染、放射性污染及新污染物等。生态退化是指生态系统的平衡遭到破坏，外界的压力和冲击超过了生态系统的承载力或“阈值”（threshold），导致生态系统的结构和功能失调，从而威胁到人类的生存和发展。生态退化主要表现为植被破坏、水土流失、土地荒漠化、生物多样性锐减等。

7.1　大气污染

7.1.1　大气污染及污染源

7.1.1.1　大气污染的定义

大气污染通常是指由于人类活动或自然过程引起某些物质进入大气中，呈现足够的浓度，并因此危害人类的舒适、健康和福利的现象。该定义在很大程度上是基于过去的公害概念，现在已有很大的拓展。例如，大量能量（如热能）进入大气产生不良影响，人类活动引起大气某些组分变化所产生的危害等，也归入了大气污染的范畴。

大气具有一定的自净能力，即大气环境容量。当污染物排放量不大，其环境浓度仅有轻微增加时，大气可以容纳或承受这些“废物”，不会对环境造成危害。污染物在大气中的浓度和持续的时间，取决于污染源在单位时间内所排放污染物的数量，即污染强度。同时，气象条件对污染物在大气中浓度的分布起着决定性的影响。污染源、大气状态和受体是形成大气污染的三个基本要素。

7.1.1.2　大气污染源

大气污染源可分为两类：天然源和人为源。天然源是指自然界自行向大气环境排放有害物质的场所，主要有正在活动的火山、自然逸出煤气或天然气的煤矿或油田、放出有害气体的腐烂的动植物等。人为源指人类的生产和生活活动所形成的污染源。按不同方法可以对其进行分类：按人们的社会活动功能，分为工业污染源、生活污染源、交通污染源和农业污染源；按污染影响的范围，分为局部大气污染源、区域性大气污染源和全球性大气污染源；按排放大气污染物的空间分布方式，分为点源、线源和面源等。

7.1.2　大气污染物

7.1.2.1　大气污染物的分类

大气污染物是指人类活动或自然过程排入大气，并对人类环境产生有害影响的物质。大气污染物种类繁多，目前已知对人类和环境能产生危害的污染物约有 100 种。通常对大气污染物采用以下两种分类方法：

（1）按污染物的存在状态划分

根据污染物的存在状态，将其分为气溶胶态污染物和气态污染物。气溶胶（aerosol）是指细小的固体粒子、液体粒子或固液混合粒子在气体介质中的悬浮体。气溶胶态污染物主要有粉尘、烟、飞灰、黑烟、雾等（表 7-1）。气态污染物主要有以 SO_2 为主的含硫化合物、以 NO 和 NO_2 为主的含氮化合物、以 CO_2 为主的碳氧化合物以及碳氢化合物、卤素化合物等（表 7-2）。

表 7-1　气溶胶态污染物分类

名称	特　性	粒径/μm
粉尘	悬浮于介质中的小固体粒子，粒径大于 10 μm 的为降尘，粒径小于 10 μm 的为飘尘	1～200
烟	由氧化、升华、蒸发和冷凝、焙烧等过程形成的固体粒子气溶胶	0.01～1
飞灰	燃料燃烧产生的烟气带走的分散得较细的灰分	1～200
黑烟	燃料燃烧产生的可见气溶胶	
雾	气体中液滴悬浮物的总称，如水雾、酸雾、碱雾、油雾等	

表 7-2　气态污染物分类

类别	一次污染物	二次污染物	人为源
含硫化合物	SO_2，H_2S	SO_3，H_2SO_4，MSO_4	燃烧含硫燃料
含氮化合物	NO，NH_3	NO_2，HNO_3，MNO_3	硝酸生产、硝化过程、机动车排气
碳氧化合物	CO，CO_2		燃料燃烧
碳氢化合物	C_1～C_{10}化合物	醛、酮、过氧乙酰硝酸酯、O_3	燃料燃烧、精炼石油、使用溶剂
卤素化合物	HF，HCl		冶金作业

注：MSO_4 和 MNO_3 分别表示一般的硫酸盐和硝酸盐。

（2）按污染物的形成过程划分

按污染物的形成过程，可分为一次污染物和二次污染物。一次污染物是指直接由污染源排放的污染物，其物理、化学性质尚未发生变化。目前受到普遍关注的一次污染物主要有含硫化合物、含碳化合物、含氮化合物、碳氢化合物等；二次污染物是指在大气中一次污染物之间或与大气的正常成分之间发生化学作用的生成物。它常比一次污染物对环境和人体的危害更为严重。二次污染物主要是硫酸烟雾和光化学烟雾等。

7.1.2.2 几种主要的大气污染物

在众多的大气污染物中，对环境影响范围广、具有普遍性的污染物主要有颗粒物、硫化物、碳氧化物、氮氧化物、碳氢化合物和二噁英等。

（1）颗粒物

颗粒物是一种常见的大气污染物，包括总悬浮微粒（TSP）、降尘和飘尘。

- ❖ TSP：是指用标准大容量颗粒采样器所收集到的各种固体或液体颗粒状物质的总质量。其空气动力学当量直径（aerodynamic equivalent diameter）绝大多数在100 μm以下，其中多数在10 μm以下。TSP是分散在大气中的各种粒子的总称，也是目前大气质量评价中的一个重要污染指标。
- ❖ 降尘：是指用降尘罐采集到的大气颗粒物。在TSP中空气动力学当量直径大于10 μm的微粒，由于其自身的重力作用很快沉降下来，故将这部分微粒称为降尘。
- ❖ 飘尘：是指在大气中长期飘浮的悬浮物，其空气动力学当量直径小于10 μm。由于飘尘粒径小，能被直接吸入呼吸道内而对人体造成危害，因此也称其为可吸入颗粒物，即PM_{10}。飘尘在大气中长期飘浮使污染范围扩大，并可为大气化学反应提供反应床。细颗粒物（$PM_{2.5}$），是指环境空气中空气动力学当量直径小于等于2.5 μm的颗粒物，这个值越高，就代表空气污染越严重。

（2）含硫化合物

硫是地球上分布广泛的元素，其在地壳中的丰度为0.05%。硫常以SO_2和H_2S的形态进入大气，其中2/3来自天然源，主要为细菌活动产生的H_2S；人为源产生的主要形式是SO_2，其大部分来自含硫煤和石油的燃烧、石油炼制以及有色金属冶炼和硫酸制造等。

SO_2是无色、具有刺激性气味的气体，根据嗅觉可测定浓度0.9 mg/m^{3}以上的SO_2。SO_2易溶于水，这是烟气洗涤脱硫过程和SO_2易在水滴中形成H_2SO_4的根据。SO_2在大气中不稳定，会被氧化为SO_3。在相对湿度比较大，以及有催化剂存在时，SO_2可发生催化氧化反应生成SO_3，进而形成H_2SO_4或硫酸盐。所以，SO_2是形成酸雨的主要因素。硫酸盐在大气中可存留1周以上，能飘移至1 000 km以外，造成远离污染源以外的区域性污染。SO_2也可以在太阳紫外光的照射下，发生光化学反应，生成SO_3和硫酸雾，从而降低大气的能见度。

由天然源排入大气的H_2S会被氧化为SO_2，这是大气中SO_2的另一主要来源。

（3）碳氧化物

碳氧化物主要有两种物质，即CO和CO_2。

- ❖ CO：是无色、无臭、易燃的有毒气体。大气中CO主要是由含碳物质不完全燃烧产生的，而天然源较少。CO的化学性质稳定，在大气中不易与其他物质发生化学反应，可以在大气中停留较长时间。在一定条件下，CO可以转变为CO_2，然而其转变速率很低。人为排放的大量 CO，对植物等会造成危害；高浓度的 CO 可以被血液中的血红蛋白吸收，而对人体造成致命伤害。

❖ CO_2：是大气中一种“正常”成分。根据最新数据，2022 年的 CO_2 平均体积分数达到了 420.99×10^{-6}，比工业革命前高出 50%。CO_2 主要源于生物的呼吸作用和化石燃料等的燃烧。因此，它被认为是一种全球性污染物，是最重要的温室气体。CO_2 的化学性质很稳定，一旦进入大气，能存留数十年。2021 年，全球由化石燃料燃烧排放的 CO_2 为 36.3Gt/a，占全球温室气体排放的 89%。据估算，CO_2 在大气中的体积分数增加 1 倍，会使大气平均温度上升 1.5～4.5℃。因此，有效地控制 CO_2 的人为排放量，是世界各国共同关注的问题。

（4）氮氧化物

氮氧化物（NO_x）种类很多，包括氧化亚氮（N_2O）、一氧化氮（NO）、二氧化氮（NO_2）、三氧化二氮（N_2O_3）、四氧化二氮（N_2O_4）和五氧化二氮（N_2O_5）等多种化合物。但大气中常见的污染物主要是 NO 和 NO_2。

天然排放的 NO_x，主要来自土壤和海洋中有机物的分解，属于自然界的氮循环过程。人为活动排放的 NO_x，主要来源为化石燃料燃烧和工业生产过程。NO_x 对环境的损害作用极大，它既是形成酸雨的主要物质之一，也是形成大气中光化学烟雾的重要物质和消耗臭氧的一个重要因子。

在高温燃烧条件下，NO_x 主要以 NO 的形式存在，最初排放的 NO_x 中 NO 约占 95%。但是 NO 在大气中极易与空气中的 O_2 发生反应，生成 NO_2。故大气中 NO_x 普遍以 NO_2 的形式存在。空气中的 NO 和 NO_2 通过光化学反应，相互转化而达到平衡。在温度较大或有云雾存在时，NO_2 进一步与 H_2O 作用形成酸雨中的第二重要酸分——HNO_3。在有催化剂存在时，如遇上合适的气象条件，会加快 NO_2 转变成 HNO_3 的速度。特别是当 NO_2 与 SO_2 同时存在时，可以相互催化，形成 HNO_3 的速度更快。

（5）碳氢化合物

碳氢化合物是由烷烃、烯烃和芳烃等复杂多样的物质组成。大气中大部分的碳氢化合物源于植物的分解，人类排放的量虽然小，却非常重要。

碳氢化合物的人为来源主要是石油燃料的不充分燃烧和石油类的蒸发过程。在石油炼制、石油化工生产中也产生多种碳氢化合物。燃油的机动车也是主要的碳氢化合物污染源，交通线上的碳氢化合物浓度与交通密度密切相关。

碳氢化合物和氮氧化物等一次污染物是形成光化学烟雾的主要成分。在活泼的氧化物（如原子氧、臭氧、氢氧基等自由基）的作用下，碳氢化合物将发生一系列链式反应，生成一系列的化合物，如醛、酮、烷、烯以及重要的中间产物——自由基。自由基进一步促进 NO 向 NO_2 转化，形成光化学烟雾的重要二次污染物——臭氧、醛、过氧乙酰硝酸酯（PAN）。

碳氢化合物中的多环芳烃化合物，如 3,4-苯并芘，具有明显的致癌作用，已引起人们的密切关注。

（6）二噁英

二噁英（dioxin）是多氯甲苯、多氯乙苯等有毒化学品的俗称，也被称为“毒中之毒”。二噁英的化学性质稳定，难以生物降解，属持久性有机污染物。大气中的二噁英主要是在焚烧有毒的生活垃圾（如含大量塑料制品的垃圾）时产生的。通过大气的扩散作用，二噁英可以广泛散布于全球各地。世界卫生组织（WHO）的研究表明，地球上任何一个角落都已找到二噁英的痕迹。一旦二噁英进入环境或人体，很难被消除。二噁英进入人体在脂肪层和脏器中蓄积，在人体内的半衰期为 7 年。二噁英具有强致癌性，致癌剂量低达每千克 10 ng。二噁英毒性极大，如以 LD_{50}（半数致死量）表示，为每千克体重 1 μg，相当于氰化钾毒性的 50～100 倍。

二噁英属于痕量污染物，尽管它对人类健康已构成潜在威胁，但人们却忽视了它的低剂量、长周期暴露对生态环境的影响。据调查，工业生产过程中，如化工生产、纸浆漂白、金属冶炼及垃圾焚烧等过程中均有二噁英生成。特别是医院临床废弃物焚烧和城市生活垃圾焚烧，已成为许多国家环境中二噁英的主要生成源。垃圾焚烧时，如果温度高于 850℃，停留时间大于两秒，保证充足的氧气，就不会生成二噁英。

二噁英不仅具有致癌性，还具有生殖毒性、内分泌毒性和免疫抑制作用，特别是具有环境雌激素效应。1997 年世界卫生组织将二噁英从致癌物名单中的二级提升为一级。1998 年世界卫生组织规定：人体每日容许摄入量从极低的 10 pg 减低到 1～4 pg（以每千克体重计）。一些国家根据最新的研究进展，相继制定或修订了二噁英每日容许摄入量，如美国设定为 0.006 pg，荷兰、德国设定为 1 pg，日本设定为 4 pg。

7.1.3 两种典型的大气污染

7.1.3.1 酸雨

（1）酸雨的形成

酸雨又称酸性（降）雨，是指 pH 小于 5.6 的大气降水（雨、雪或雾、露、霜），是一种典型的大气污染现象。由于大气中 CO_2 的存在，所以即使是清洁的雨、雪等降水，也会因 CO_2 溶于其中形成 H_2CO_3 而呈弱酸性。空气中 CO_2 浓度平均在 621 mg/m^3 左右，此时雨水中饱和 CO_2 后的 pH 为 5.6，故定 pH＜5.6 为酸雨指标。由于人为向大气中排放酸性物质，使得雨水 pH 降低，当 pH 低于 5.6 时，便产生了酸雨。

大气中不同的酸性物质所形成的各类酸，都对酸雨的形成起作用，但它们作用的贡献不同。一般来说，对酸雨的作用，H_2SO_4 占 60%～70%、HNO_3 占 30%、HCl 占 5%、有机酸占 2%，所以人为排出的 SO_2 和 NO_x 是形成酸雨的两种主要物质。

据估计，全世界 SO_2 的人为排放量每年约 1.5×10^8 t，其中约 70%来自矿物燃料的燃烧。大量 SO_2 进入大气后，在合适的氧化剂存在时，就会发生化学反应而生成酸雨，其形成过程的原理为：

气相反应：
$$2SO_2 + O_2 \xrightarrow[\text{金属氧化物}]{\text{催化剂}} 2SO_3$$

液相反应：
$$SO_3 + H_2O \longrightarrow H_2SO_4$$
$$SO_2 + H_2O \longrightarrow H_2SO_3$$
$$2H_2SO_3 + O_2 \xrightarrow{\text{催化剂}} 2H_2SO_4$$

形成大气污染的 NO_x 主要是 NO 和 NO_2。人为排放的 NO_x 主要是化石燃料在高温下燃烧产生的。在化石燃料燃烧过程中，NO 占 NO_x 总排放量的 95%以上，但一进入大气后，NO 又大部分转化为 NO_2。在大气中，NO_x 转化为 HNO_3 包含以下过程：

①慢过程：

$$2NO + O_2 \longrightarrow 2NO_2$$

$$3NO_2 + H_2O \longrightarrow 2NO_3^- + NO + 2H^+$$

②快过程，O_3 参与反应：

$$NO + O_3 \longrightarrow NO_2 + O_2$$

$$3NO_2 + H_2O \longrightarrow 2NO_3^- + NO + 2H^+$$

③NO_2 和 O_3 达到较高浓度时，出现 N_2O_5：

$$2NO_2 + O_3 \longrightarrow N_2O_5 + O_2$$

$$N_2O_5 + H_2O \longrightarrow 2NO_3^- + 2H^+$$

④NO_2 在雾和水滴中，在 Fe、Mn 或 SO_2 作催化剂的条件下：

$$4NO_2 + 2H_2O + O_2 \xrightarrow{\text{催化剂}} 4NO_3^- + 4H^+$$

NO_2 除了本身直接反应形成 HNO_3 外，当它与 SO_2 同时存在时，还可以促进 SO_2 向 SO_3 和 H_2SO_4 转化，从而加速酸雨的形成。

（2）酸雨的分布状况及危害

酸雨早在 19 世纪中叶就在英国发生，但直到 1972 年联合国人类环境会议，才将酸雨作为一种全球性环境问题提上议事日程。最早欧洲的酸雨多发生在挪威、瑞典等北欧国家，后来扩展到东欧和中欧，直至几乎覆盖整个欧洲。例如，在酸雨最严重的时期，挪威南部的 5 000 个湖泊中有 1 750 个因 pH 过低而使鱼虾绝迹；瑞典的 9 万个湖泊中有 1/5 受到酸雨的危害。到 20 世纪 80 年代初，整个欧洲的降水 pH 为 4.0～5.0，雨水中硫酸盐含量明显升高。美国也受到酸雨污染的影响，如美国南部的 15 个州降水的 pH 曾达到 4.2～4.5，据报道至少有 1 200 个湖泊已酸化。

自 20 世纪 80 年代以来，我国的酸雨污染呈加重之势。在 80 年代初，我国酸雨区面积约为 170 万 km^2，主要分布在重庆、贵州和柳州等高硫煤使用地区以及长江以南部分地区。到 90 年代中期，我国酸雨区面积扩大到 270 万 km^2，已发展到长江以南、青藏高原以东及四川盆地的广大地区。2002 年，国务院批准《两控区酸雨和二氧化硫污染防治“十五”计划》，严格执行两控区二氧化硫排放总量控制计划，我国的酸雨影响范围逐步减小。2021 年中国生态环境状况公报显示，我国酸雨区面积约为 36.9 万 km^2，占国土面积的 3.8%，主要分布在长江以南—云贵高原以东的区域。

酸雨的危害主要是破坏森林生态系统，改变土壤性质与结构，破坏水生生态系统，腐蚀建筑物以及损害人体的呼吸道系统和皮肤。酸雨在世界上分布范围广，且不受国界所限，已经与全球气候变化、臭氧层破坏一起成为全球性大气环境问题中最为突出的热点问题。

7.1.3.2 光化学烟雾

大气中的碳氢化合物和NO_x等一次污染物，在阳光作用下发生光化学反应，生成臭氧、醛类、酮类、过氧乙酰硝酸酯等二次污染物。这类光化学反应的反应物（一次污染物）与生成物（二次污染物）形成的特殊混合物，即称为“光化学烟雾”。

光化学烟雾的形成是一个复杂的链式反应，它以NO_2光解生成氧原子反应而引发O_3的生成，又由于碳氢化合物的存在而加速NO向NO_2转化，使O_3浓度增大，进而形成一系列具有氧化性、刺激性的最终产物：O_3（占反应物的85%以上）、PAN（约占反应物的10%）、高活性自由基（OH、RO_2、HO_2、RCO等）、醛类（甲醛、乙醛、丙烯醛）、酮类和有机酸类等二次污染物。所以，产生光化学烟雾污染是二次污染物作用的结果。

机动车尾气是光化学烟雾污染的主要污染源。在人为排放的CO、NO_x和HC中，机动车排放的份额越来越高。据估算，美国交通源排放的CO、NO_x和HC已分别占其全国总排放量的62.6%、38.2%和34.3%。生态环境部发布的《中国移动源环境管理年报》显示，2021年，全国机动车（含汽车、三轮汽车和低速货车、摩托车等）一氧化碳（CO）、碳氢化合物（HC）、氮氧化物（NO_x）、颗粒物（PM）排放量分别为768.3万t、200.4万t、582.1万t、6.9万t。汽车是污染物排放总量的主要贡献者，排放的碳氢化合物有100余种，主要为杂环和多环芳烃。这些有机化合物均属于未完全燃烧产物。在柴油车尾气中，颗粒物含量是汽油车尾气中颗粒物的20～100倍。这些颗粒物的成分复杂，其具有诱导细胞增殖的作用，可使细胞活化而发生恶性转化，构成潜在的致癌性。

光化学烟雾是1943年在美国洛杉矶被首次发现的，即著名的洛杉矶光化学烟雾事件。此后，这种烟雾污染又先后出现在日本、英国、德国、澳大利亚和中国。世界卫生组织已把光化学氧化剂浓度作为大气环境质量标准之一，而O_3作为光化学氧化剂的主要成分也被列入我国新修订的大气环境质量标准中。

7.1.4 大气污染的危害

大气污染对人类和环境的影响是多方面的，如损害人体和动物健康、危害植被、腐蚀材料、降低大气能见度等。

7.1.4.1 大气污染对人体健康的影响

大气是人类生存的重要环境要素之一。它直接参与人体的代谢和体温调节等生命活动过程。大气一旦受到污染，势必严重影响人体健康。根据现有资料，颗粒物、硫化物、CO、光化学氧化剂、铅和$PM_{2.5}$等大气污染物均对人体健康产生不利影响。世界卫生组织提供的最新数据显示，全球每年因空气污染造成的死亡人数达到420万。

大气颗粒物可以通过呼吸道进入人体并造成危害。通常粒径为0.01～1.0 μm的细粒子主要沉积在肺泡内，粒径大于10 μm的颗粒主要阻留在鼻腔和鼻咽喉部位，只有很少部分进入气管和肺内。在颗粒物表面，附着多种化学物质如多环芳烃类化合物，它们随呼吸进入人体内成为肺癌的致病因子；许多重金属污染物也对人体健康造成危害。虽然直径为

10 μm 或更小（≤PM_{10}）的颗粒可以渗透并嵌入肺脏深处，但更加有损健康的则是那些直径为 2.5 μm 或更小（≤$PM_{2.5}$）的颗粒。颗粒物直径越小，进入呼吸道的部位越深，可深入到细支气管和肺泡，进而影响肺的通气功能，使机体处在缺氧状态。$PM_{2.5}$ 可以透过肺屏障进入血液系统。对于这些颗粒物的长期暴露可能会加大罹患心血管和呼吸道疾病，以及患癌风险。

SO_2 进入人体呼吸道后，其大部分被阻滞在上呼吸道，在润湿的黏膜上生成具有刺激性的亚硫酸、硫酸和硫酸盐，增强了刺激作用。但进入血液的 SO_2，可随血液循环抵达肺部产生刺激作用；如果人体每天吸入体积分数为 100×10^{-6} 的 SO_2，8 h 后支气管和肺部将出现明显的刺激症状，使肺组织受到伤害。SO_2 还具有促癌性，10 mg/m^3 的 SO_2 可以加强苯并[*a*]芘致癌作用，这种联合作用的结果，使癌症发病率高于单致癌因子的发病率。

CO 和人体中血红蛋白的亲和力是氧的约 210 倍，它们结合后生成碳氧血红蛋白（HbCO）而严重阻碍血液输氧，引起缺氧，发生中毒。人体暴露在不同的 CO 体积分数下，其反应有所不同，在 600～700 ml/m^3 的 CO 环境中暴露 1 h 后，会出现头痛、耳鸣和呕吐等症状；在 1 500 ml/m^3 的 CO 中暴露 1 h，便有生命危险。长期吸入 CO 可出现头痛、头晕、记忆力减退、注意力不集中，对声、光等微小变化识别力降低，心悸等现象。

臭氧作为光化学烟雾的代表性污染物。虽然高空平流层的臭氧对人类和万物生存有益，但是低空臭氧对生物有杀伤作用。臭氧对人体的呼吸系统影响最大，它会刺激鼻部、咽喉及气管的黏膜。除此之外，臭氧还会引起神经中毒，导致头晕、头痛、视力下降和记忆力衰退等；破坏人体免疫功能和引起皮肤疾病。据世界卫生组织的报告，臭氧是引发哮喘（或病情恶化）的一个主要因素，NO_2 和 SO_2 也可以导致哮喘、支气管症状、肺部炎症和肺功能下降。大气中 Pb 污染已较普遍，其主要源于汽车使用的四乙基铅防爆剂。Pb 进入人体内随血液分布到软组织和骨骼中。Pb 对人体的影响主要反应为慢性铅中毒，可分为轻度、中度和重度。轻度铅中毒表现为神经衰弱综合征、消化不良；中度铅中毒出现腹绞痛、贫血及多发性神经病；重度铅中毒出现肢体麻痹和中毒性脑病。

7.1.4.2　大气污染对植物的影响

当大气污染超过可接受的限度时，会对植物的生长产生不利影响。其危害主要表现在：损害植物酶的功能组织；影响植物的新陈代谢功能；破坏原生质的完整性和细胞膜；损害植物根系生长及功能；降低植物的产量和质量等。

大气污染物对植物的危害程度取决于污染物剂量及污染物组成等因素。例如，大气中 SO_2 能直接损害植物的叶子而阻碍其生长；SO_2 和氟化物均会使某些关键的酶催化作用受到影响；O_3 会对植物生长系统造成损害，当 O_3 低时，会降低植物的生长速度，O_3 高时，会使植物叶片受到急性伤害。又如，O_3 也可损害三磷酸腺苷的形成，降低光合作用对根部的营养物的供应，从而影响根系向植物上部输送水分和养料。

大气污染常常是多种污染物同时存在，其协同作用将会对植物造成更大的危害。例如，单独的 NO_x 可能不会对植物构成直接危害，但当它与 O_3 及 SO_2 协同反应后，就会对植物造成明显的危害。

7.1.4.3 大气污染对材料的影响

大气污染可使建筑物、桥梁、文物古迹和暴露在空气中的金属制品及皮革、纺织品等发生性质变化，造成直接和间接的经济损失。表 7-3 列出了各种大气污染损害，其中硫氧化物是引起材料损害的一类主要污染物。

表 7-3 大气污染对材料的损害

材料	损害类型	主要污染物	其他环境因素
金属	被腐蚀失去光泽	硫氧化物、其他酸性气体	湿度、空气、盐
建筑石料	表面侵蚀、褪色	硫氧化物、酸性气体、颗粒物	湿度、温度、波动、盐、振动、微生物、CO_2
油漆	表面侵蚀、褪色	硫氧化物、硫化氢、臭氧、颗粒物	湿度、阳光、微生物
纺织品	降低抗拉强度、弄脏	硫氧化物、氮氧化物、颗粒物	湿度、阳光、物理磨损
纺织品染料	褪色、变色	氮氧化物、臭氧	阳光
纸	变脆	硫氧化物	湿度、物理磨损
皮革	强度降低、粉状表面	硫氧化物	物理磨损
陶瓷制品	改变表面状况	酸性气体、氟化物	湿度

7.1.4.4 大气污染对大气环境的影响

长期以来，大气的能见度一直被作为受大气污染影响程度的定性指标。能见度的降低往往带来相当大的经济损失。近年来，我国很多地区（尤其是超大城市和城市群）频繁出现雾霾天气，造成城市大面积能见度降低的情况。由于污染物的远距离迁移会对更大区域范围的能见度产生影响，这种影响的危害程度已远远超出城市地区，因此，能见度成为一个区域性的重要指标。

大气污染也可能引起降水规律发生变化。地球上水循环是一种自然过程，其对人类和生物的生存与发展是极其重要的。但是，大气污染有可能影响到降水的形成过程，从而导致降水的增加或减少。大气污染对降水化学的影响表现在酸性化合物的输入而使降水 pH 降低，即出现酸雨。酸雨会导致土壤物理化学性质发生变化。

大气污染与气候变化还具有同源性。由于人类活动干扰，大气中 CO_2、甲烷等温室气体增加，导致全球气候变暖，两极冰川融化，海平面上升；气温升高，还致使某些地区雨量增加，某些地区出现干旱，飓风力量增强，出现频率提高，自然灾害加剧。还有臭氧层破坏问题，大量氟氯烃化合物进入大气层导致臭氧层耗竭，吸收紫外辐射的能力大大减弱，导致到达地球表面的紫外线明显增加，给人类健康和生态环境带来多方面的危害。

7.1.5 区域和城市大气复合型污染

近年来，随着《大气污染防治行动计划》和《蓝天保卫战三年行动计划》的实施，我国大气环境质量有明显改善。2021 年，全国地级及以上城市 $PM_{2.5}$ 的平均质量浓度比 2015 年下降了 34.8%。一次污染物浓度呈下降趋势，但是二次污染特征日益凸显。我国当前空气污染问题是：在以 SO_2、NO_x、可吸入颗粒物为特征的传统煤烟型污染问题依然严重且尚未根本解决的同时，臭氧和 $PM_{2.5}$ 等二次污染问题又接踵而至。由于发达国家经历了近百年的环境污染问题在我国经济发达地区集中爆发，在我国城市大气污染中出现了以煤为主的能源结构造成的煤烟型污染和由机动车排放引起的光化学污染共存并相互耦合，使得城市和区域环境空气中细粒子和臭氧浓度升高，显示了多污染物共存、多污染源叠加、多尺度关联、多过程耦合、多介质影响的独特的大气复合污染特征。在京津冀、长三角、珠三角等经济发达的城市群地区，已经出现了严重的区域性、复合性大气污染问题。

大气复合污染具有多种污染类型叠加、多种过程耦合、多尺度污染相互作用等特点，核心驱动力是大气氧化性。随着城市化进程的加快，区域性大气复合污染环境问题将越来越突出。其中，公众最为关注的现象是雾霾以及由此导致的大气能见度恶化和视觉障碍。雾霾中的常见成分有颗粒物、NO_x、卤化物、SO_x、O_3、CO 等。霾与雾的区别在于发生霾时相对湿度不大，而雾发生时的相对湿度是饱和或接近饱和。因为空气质量的恶化，雾霾天气现象出现增多，危害加重。我国不少地区把雾霾天气现象并入雾一起作为灾害性天气预警预报，统称为“雾霾天气”。在早上或夜间相对湿度较大时，形成的是雾；在白天气温上升、湿度下降时，逐渐转化成霾。这种天气现象会给气候、环境、健康、经济等方面造成显著的负面影响，如引起城市酸雨、光化学烟雾现象，导致大气能见度下降，阻碍空中、水面和陆面交通；提高死亡率、使慢性病加剧、使呼吸系统及心脏系统疾病恶化，改变肺功能及结构、影响生殖能力、改变人体的免疫结构等。中国气象局发布的《大气环境气象公报（2021 年）》显示，全国平均雾霾天数为 21.3 d，较 2020 年和近五年（以 2021 年为基准年）平均分别减少 2.9 d 和 6.9 d。

大气复合污染还表现为同时出现高浓度的 O_3 与细颗粒物，2021 年全国 339 个地级及以上城市中，不达标城市比例为 43.1%，$PM_{2.5}$ 和 O_3 为首要超标污染物。目前 $PM_{2.5}$ 污染的状况仍然严峻，大气复合污染来源的复杂性和生成过程的非线性使得控制变得更加复杂，需要从单一污染源控制转向多种污染源联合控制，因此 $PM_{2.5}$ 和 O_3 的协同控制是我国“十四五”大气污染防治的重要任务。

7.2 水体污染

7.2.1 水体污染及污染源

水体污染是指污染物进入河流、海洋、湖泊或地下水等水体后，使其水质和沉积物的物理、化学性质或生物群落组成发生变化，从而降低了水体的使用价值和使用功能，并影响人类的正常生产、生活以及生态系统平衡的现象。

7.2.1.1 主要水质指标

污水和受污染水体的物理、化学、生物等方面的特征是通过水污染指标来表示的。水污染指标也是控制和掌握污水处理设备的处理效果与运行状态的重要依据。这里给出几项主要的水污染指标。

（1）悬浮物（SS）

悬浮物主要指悬浮于水体中呈固体状的不溶解物质，它是表征水体污染的基本指标之一。在水力冲灰、洗煤、冶金、化工、屠宰和建筑等工业废水和生活污水中，常含有大量的悬浮状的污染物。当这些污水排入水体后，除了会使水体变得浑浊，影响水生植物的光合作用外，还会吸附有机毒物、重金属、农药等，形成危害更大的复合污染物沉于水底，这就为污染物从底泥中重新释放提供了物质基础。

（2）溶解氧（DO）

溶解氧是评价水体自净能力的指标。溶解氧含量较高，表示水体自净能力较强；溶解氧含量较低，表示水体中污染物不易被氧化分解，鱼类也因得不到足够氧气，窒息而死。这时，厌氧性菌类就会繁殖起来，使水体发臭。水中溶解氧的含量同空气中氧的分压、大气压力和水温有直接关系。

（3）生物化学需氧量（BOD）

在人工控制的条件下，使水样中的有机物在微生物作用下进行生物氧化，在一定时间内所消耗的溶解氧的数量，可以间接地反映出有机物的含量，这种水质指标称为生物化学需氧量，以每升水消耗氧的毫克数表示（mg/L）。生物化学需氧量简称生化需氧量，越高表示水中需氧有机物质越多。

由于微生物分解有机物是一个缓慢的过程，通常微生物将需氧有机物全部分解需要20 d以上，并与环境温度有关。生化需氧量的测定常采用经验方法，目前国内外普遍采用在20℃条件下培养5 d的生物化学过程需要氧的量为指标，记为BOD_5。BOD_5只能相对反映出耗氧有机物的数量，但它在一定程度上反映了有机物进行生物氧化的难易程度和时间进程，具有很大实用价值。

（4）化学需氧量（COD）

指用化学氧化剂氧化水中有机污染物时所需的氧量，以每升水消耗氧的毫克数表示（mg/L）。COD值越高，表示水中有机污染物污染越重。常用的氧化剂是高锰酸钾（$KMnO_4$）和重铬酸钾（$K_2Cr_2O_7$）。高锰酸钾法（COD_{Mn}），适用于测定一般的地表水，如湖水、海水。重铬酸钾法（COD_{Cr}）对有机物反应较完全，适用于分析污染较严重的水样。目前，国际标准化组织（ISO）规定，化学需氧量指COD_{Cr}，而称COD_{Mn}为高锰酸盐指数。

化学需氧量所测定的是不含氧的有机物和含氧有机物中碳的部分，实际上是反映有机物中碳的耗氧量。另外，化学需氧量不仅氧化了有机物，而且对各种还原态的无机物（如硫化物、亚硝酸盐、氨、低价铁盐等）也具氧化作用。

（5）总有机碳（TOC）

总有机碳是指水体中溶解性和悬浮性有机物含碳的总量。由于TOC的测定采用燃烧法，因此能将有机物全部氧化，它比BOD_5或COD更能直接表示有机物的总量。通常作为评价水体有机物污染程度的重要依据。

（6）总氮（TN）

总氮用以表示水体中全部含氮化合物，是表征水体富营养化的重要指标之一。氮在水中的存在形式包括氨氮（NH_3-N 或 NH_4^+-N）、有机氮（蛋白质、尿素、氨基酸、胺类、氰化物、硝基化合物等）、亚硝酸盐氮（NO_2^--N）、硝酸盐氮（NO_3^--N），在一定条件下 4 种形式可以相互转化。

（7）总磷（TP）

总磷是水体中各种形态含磷化合物的总称，也是表征水体富营养化的重要指标之一，按化学特性可分为正磷酸盐、聚合磷酸盐和有机结合磷酸盐。水体中磷含量过高不仅会对人体产生影响，而且对水生生物和水体质量都有不良影响。

（8）pH

pH 是反映水的酸碱性强弱的重要指标。它的测定对维护污水处理设施的正常运行，防止污水处理及输送设备的腐蚀，保护水生生物的生长和水体自净功能均有重要的实际意义。

（9）大肠菌群数

大肠菌群数是指单位体积水中所含大肠菌群的数目，以个/L 表示。大肠菌本身虽非致病菌，但由于它的生存条件等与肠道病原菌接近，故可间接表明水体是否受到病原菌的污染，或用以判断污水是否存在病原菌。

（10）有毒物质

在我国的地表水和海水水质标准中，已列出 40 种有毒物质及其在水中的最高允许浓度。

7.2.1.2　水体污染源

水体污染源通常是指向水体释放或排放污染物或对水体产生有害影响的场所、设备和装置。水体污染源按不同分类方法可划分为不同的类型。

（1）从污染物的来源划分

从污染物的来源划分，可分为天然污染源和人为污染源。

- 天然污染源：指自然界自行向水体释放有害物质或对水体造成有害影响的场所。诸如岩石和矿物的风化和水解、火山喷发、水流冲蚀地表、大气降尘的降水淋洗、生物（主要是绿色植物）在地球化学循环中释放物质都属于天然污染物的来源。例如，在含有萤石（CaF_2）、氟磷灰石[$Ca_5(PO_4)_3F$]等的矿区，地表水或地下水中氟含量可能增高，造成水体的氟污染，长期饮用此种水可能出现氟中毒。
- 人为污染源：指由人类活动形成的污染源，是环境研究和水污染防治的主要对象。人为污染源体系很复杂，按人类活动方式可分为工业、农业、交通、生活等污染源；按排放污染物种类不同，可分为有机、无机、热、放射性、重金属、病原体等污染源，以及同时排放多种污染物的混合污染源。

（2）从排放污染物空间分布方式划分

从排放污染物空间分布方式，可以分为点源（ponit souce）和非点源（non-ponit souce）。

- 点源：指以点状形式排放而使水体造成污染的发生源。一般工业污染源和生活污染源产生的工业废水和城市生活污水，经城市污水处理厂或经管渠输送到水体排放口，作为重要污染点源向水体排放。这种点源含污染物多、成分复杂，其变化规律依据工业废水和生活污水的排放规律，即有季节性和随机性。
- 非点源：也称为面源，是以面积形式分布和排放污染物而造成水体污染的发生源。

通常指溶解的和固体的污染物从非特定的地点，在降水（或融雪）冲刷作用下，通过径流过程而汇入受纳水体（包括河流、湖泊、水库和海湾等）并引起水体的富营养化或其他形式的污染。

（3）几种水体污染源的特点

❖ 生活污染源：是指由人类消费活动产生的污水，城市和人口密集的居住区是主要的生活污染源。生活污水包括由厨房、浴室、厕所等场所排出的污水和污物。污水中的污染物按其形态可分为：①不溶性物质，约占污染物总量的40%，它们或悬浮在水中，或沉积到水底。②胶态物质，约占污染物总量的10%。③溶解性物质，约占污染物总量的50%。这些物质多为无毒物，如无机盐类氯化物、硫酸盐、磷酸盐和Na、K、Ca、Mg等重碳酸盐。有机物质有纤维素、淀粉、糖类、脂肪、蛋白质和尿素等。此外，还含有各种微量金属（如Zn、Cu、Cr、Mn、Ni、Pb等）和各种洗涤剂、多种微生物。一般家庭生活污水相当浑浊，其中有机物约占60%，pH多大于7，BOD_5为100～700 mg/L。

❖ 工业污染源：工业废水是造成水体污染的主要来源和控制对象。在工业生产过程中排出的废水、污水、废液等统称工业废水。废水主要指工业用冷却水；污水是指与产品直接接触、受污染较严重的排水；废液是指在生产工艺中流出的废液。工业废水由于受产品、原料、药剂、工艺流程、设备构造、操作条件等多种因素的综合影响，所含的污染物质成分极为复杂，而且，在不同时间里水质也会有很大差异。工业污染源如按工业的行业来分，则有冶金工业废水、电镀废水、造纸废水、无机化工废水、有机合成化工废水、炼焦煤气废水、金属酸洗废水、石油炼制废水、石油化工废水、化学肥料废水、制药废水、炸药废水、纺织印染废水、染料废水、制革废水、农药废水、制糖废水、食品加工废水、电站废水等。

❖ 农业污染源：是指由于农业生产而产生的水污染源，如降水所形成的径流和渗流把土壤中的N、P和农药带入水体；牧场、养殖场、农副产品加工厂的有机废物排入水体，都可使水体水质恶化，造成河流、水库、湖泊等水体污染甚至富营养化。农业污染源的特点是面广、分散、难以治理。

7.2.2 水体污染物

造成水体的水质、底质、生物质等的质量恶化或形成水体污染的各种物质或能量均可能成为水体污染物。从环境保护的角度出发，可以认为任何物质若以不恰当的数量、浓度、速率、排放方式排入水体，均可造成水体污染，因而就可能成为水体污染物。另外，在自然物质和人工合成物质中，都有一些对人体或生物体有毒、有害的物质，如Hg、Cr、As、Cd和酚、氰化物等，均为已确认的水体污染物。

由于水体污染物的种类繁多，因此可以用不同方法、标准或根据不同的角度将其分成不同的类型。如按水体污染物的化学性质，可分为有机污染物和无机污染物；如按污染物的毒性，可分为有毒污染物和无毒污染物。此外还可按其形态、制定标准的依据（感官、卫生、毒理、综合）等划分。从生态环境保护的角度，根据污染物的物理、化学、生物学性质及其污染特性，可将水体污染物分为以下几种类型。

7.2.2.1 无机无毒物质

无机无毒物质主要指排入水体中的酸、碱及一般的无机盐类。酸主要来源于矿山排水及许多工业废水，如化肥、农药、黏胶纤维、酸法造纸等工业的废水。碱性废水主要来自碱法造纸、化学纤维制造、制碱、制革等工业的废水。酸性废水和碱性废水可相互中和产生各种盐类；酸性、碱性废水也可与地表物质相互作用，也生成无机盐类。所以，酸性或碱性污水造成的水体污染必然伴随无机盐的污染。

酸性和碱性废水的污染破坏了水体的自然缓冲作用，抑制了细菌及微生物的生长，妨碍了水体自净，腐蚀了管道、水工建筑物和船舶。同时，还改变了水体的 pH，增加了水中的一般无机盐类和水的硬度等。

植物营养源类污染物是一类无机盐污染物，它包括硝酸盐、亚硝酸盐、铵盐、磷酸盐、有机氮、有机磷化合物和钾等无机盐物质，其含量过大会刺激水生植物过度生长，对水体生态系统造成破坏。

7.2.2.2 无机有毒物质

这类物质具有强烈的生物毒性，它们排入天然水体，常会影响水中的生物，并可通过食物链危害人体健康。这类污染物都具有明显的累积性，可使污染影响持久和扩大。最典型的无机有毒物质是重金属，但也包括 As、Se 等非金属元素，它们都具有不同程度的毒性。

1）汞[Hg（Ⅱ）]。汞的毒性很强，而有机汞化合物的毒性又超过无机汞。无机汞化合物（如 $HgCl_2$、HgO 等）不易溶解，因而不易进入生物组织。有机汞化合物［如烷基汞（CH_3Hg^+、$C_2H_5Hg^+$）、苯基汞（$C_6H_5Hg^+$）等］有很强的脂溶性，易进入生物组织，并有很强的蓄积作用。无机汞在水体中易沉积于底层沉积物中，在微生物作用下可转化为有机汞而进入生物体内，再通过食物链作用逐级浓缩，最后影响到人体。汞在无脊椎动物体中的富集可达 10 万倍，日本的水俣病就是人长期吃富集甲基汞的鱼而造成的。

2）镉[Cd（Ⅱ）]。镉的化合物毒性很大，蓄积性也很强，动物吸收的镉很少能排出体外。受镉污染的河水用作灌溉农田，可引起土壤镉污染，进而污染农作物，最后影响到人体。日本的骨痛病就是吃了被含镉污水生产的稻米所致。镉进入人体后，主要贮存在肝、肾组织中不易排出。镉的慢性毒性主要使肾脏吸收能力不全，降低机体免疫能力及导致骨质疏松、软化，如骨痛病所出现的骨萎缩、变形、骨折等。

3）铬[Cr（Ⅵ）]。铬的无机化合物有二价、三价、六价 3 种，六价铬化合物毒性最大。六价铬主要以 CrO_3、CrO_4^{2-}、$Cr_2O_7^{2-}$等存在，其具强氧化性，对皮肤、黏膜有强腐蚀性。在慢性影响上，六价铬有致癌与致畸、致突变等作用。

4）砷（As）。砷是传统的剧毒物，As_2O_3 即砒霜，对人体有很大毒性。长期饮用含砷的水会慢性中毒，主要表现是神经衰弱、腹痛、呕吐、肝痛、肝大等消化系统障碍。并常伴有皮肤癌、肝癌、肾癌、肺癌等发病率增高现象。

5）氟化物。氟化物广泛存在于自然界中，对植物具有一定的生物毒性。氟化物在水体中的存在形式主要有游离的 F^-、HF 和与铁、铝、硼等形成的络合物，可以通过食物链对人体健康产生毒害作用，摄入氟过量会引起骨质疏松、骨骼变形。

6）氰化物。无机氰化物主要源于游离的氢氰酸（HCN），CN^-在酸性溶液中就可生成HCN而挥发出来。各种氰化物分离出CN^-及HCN的难易程度不同，因而毒性也不同。氰的毒性主要表现在破坏血液，影响血液运送氧和氢的机能而致生物体死亡。

7）硫化物。硫化物是表征水体污染的重要指标，其污染源主要包括火山喷发、含硫矿等天然源和工业废水、煤等含硫物质使用的相关人为源，在水体中的存在形式主要有H_2S、HS^-、S^{2-}和存在于悬浮物中的可溶性硫化物。硫化物具有一定的腐蚀性，会降低水中溶解氧浓度和导致水体酸化，抑制水生生物活动。硫化物还会使人体内酶失活，破坏相关细胞组织，危害人体健康。

7.2.2.3 有机无毒物质

有机无毒物质主要指耗氧有机物。天然水中的有机物一般是水中生物生命活动的产物。人类排放的生活污水和大部分工业废水中都含有大量有机物质，其中主要是耗氧有机物，如碳水化合物、蛋白质、氨基酸、油类、脂类等。这些物质的共同特点是，没有毒性，进入水体后，在微生物的作用下，最终分解为简单的无机物质，并在生物氧化分解过程中消耗水中的溶解氧。因此，这些物质过多地进入水体，会造成水体中溶解氧严重不足甚至耗尽，使水体变黑发臭，并对水中生物的生存产生影响和危害。

耗氧有机物种类繁多、组成复杂，因而难以分别对其进行定量、定性分析。因此，一般不对它们进行单项定量测定，而是利用其共性（如较易氧化），用某种指标间接地反映其总量或分类含量。氧化方式有化学氧化、生物氧化和燃烧氧化等，都是以有机物在氧化过程中所消耗的氧或氧化剂的数量来代表有机物的数量。在实际工作中，常用的指标即是前述的水污染指标中的化学需氧量、生化需氧量和总有机碳。

7.2.2.4 有机有毒物质

有机有毒污染物质的种类很多，且这类物质的污染影响、作用也不同。现仅举几种略作介绍。

1）苯类化合物。又称苯系物，是苯及其衍生物的统称，通常包括苯、甲苯、乙苯，邻位、间位、对位的二甲苯，异丙苯、苯乙烯等，是地表水中一类常见有机污染物。苯类化合物的工业污染源主要是石油化工、炼焦化工生产排放的废水，它是基本的化工原料和溶剂。苯类化合物在自然界中的生物和化学降解速度缓慢，对生物生活环境和生理机能都有毒害作用，可以作用于人的中枢神经系统和造血系统，引起急性或慢性中毒。

2）酚类化合物。酚是芳香族碳氧化合物，苯酚是其中最简单的一种。酚类化合物是有机合成的重要原料之一，具有广泛的用途。酚作为一种原生质毒物，可使蛋白质凝固，并主要作用于神经系统。水体受酚污染后，会严重影响各种水生生物的生长和繁殖，使水产品产量和质量降低。

3）有机农药。包括杀虫剂、杀菌剂和除草剂等。按化学结构，有机农药可分为有机氯、有机磷和有机汞三大类。有机氯农药的特点是水溶性低而脂溶性高，易在动物体内累积，对动物和人体造成危害。

4）多氯联苯（PCBs）。PCBs 是一种化学性能极为稳定的化合物。它进入人体主要蓄积在脂肪组织及各种脏器内。20 世纪 60—70 年代日本的米糠油事件，就是人食用被 PCBs 污染了的米糠油导致中毒而引起的。

5）多环芳烃类。多环芳烃是指多环结构的碳氢化合物，其种类很多，如苯并[a]芘、二苯并[a]芘、苯并蒽、二苯并蒽等。其中以苯并[a]芘（BaP）最受关注，3,4-苯并[a]芘已被证实是强致癌物质之一。在地表水中，已知的多环芳烃类有 20 多种，其中有七八种具有致癌作用，如苯并蒽、苯并[a]芘等。

7.2.3　水体污染的类型与危害

由于排入水体中的污染物种类繁杂，所以它们对水体的污染作用也是千差万别的。因此，在水体污染研究和水污染防治上，都需对水体污染进行分类，以便确定各种污染类型的特点与危害（表 7-4）。

表 7-4　水污染类型、污染物、污染标志及来源

污染类型			污染物	污染标志	废水来源
物理性污染	热污染		热的冷却水等	升温、缺氧或气体过饱和、富营养化	火电、冶金、石油、化工等工业废水
	放射性污染		铀、钚、锶、铯等	放射性沾污	核研究生产、实验、医疗、核电站等
	表观污染	水的浑浊度	泥、沙、渣、屑、漂浮物	浑浊、泡沫	地表径流、农田排水、生活污水、大坝冲沙、工业废水
		水色	腐殖质、色素、染料、铁、锰等	染色	食品、印染、造纸、冶金等工业废水和农业排水
		水臭	酚、氨、胺、硫醇、硫化氢等	恶臭	污水、食品、制革、炼油、化工、农肥
化学性污染	酸碱污染		无机或有机的酸碱物质	pH 异常	矿山、石油、化工、化肥、造纸、电镀、酸洗工业、酸雨
	重金属污染		汞、镉、铬、铜、铅、锌等	毒性	矿山、冶金、电镀、仪表、颜料等工业废水
	非金属污染		砷、氰、氟、硫、硒等	毒性	化工、火电站、农药、化肥等工业废水
	耗氧有机物污染		糖类、蛋白质、油脂、木质素等	耗氧，进而引起缺氧	食品、纺织、造纸、制革、化工等工业废水，生活污水，农田排水
	农药污染		有机氯、多氯联苯、有机磷等农药	严重时水中生物大量死亡	农药、化工、炼油、炼焦等工业废水，农田排水
化学性污染	易分解有机物污染		酚类、苯、醛等	耗氧、异味、毒性	制革、炼油、化工、煤矿、化肥等工业废水及地面径流
	油类污染		石油及其制品	漂浮和乳化、增加水色、毒性	石油开采、炼油、油轮等
生物性污染	病原菌污染		病菌、虫卵、病毒	水体带菌、传染疾病	医院、屠宰、畜牧、制革等工业废水，农业污水，地面径流
	霉菌污染		霉菌毒素	毒性、致癌	制药、酿造、食品、制革等工业废水
	藻类污染		无机和有机氮、磷	富营养化、恶臭	化肥、化工、食品等工业废水，生活污水，农田排水

转引自雒文生，李怀恩. 水环境保护. 中国水利机电出版社，2009。

7.2.3.1 感官性状污染

1）色泽变化。天然水是无色透明的，水体受污染后可使水色发生变化。例如印染废水污染往往使水色变红，炼油废水污染可使水色黑褐。水色变化，不仅影响感官、破坏景观，有时还很难恢复。

2）浊度变化。水体中含有泥沙、有机质、微生物以及无机物质的悬浮物和胶体物，产生浑浊现象，以致降低水的透明度，从而影响感官甚至影响水生生物的生活。

3）泡状物。许多污染物排入水中会产生泡沫，如洗涤剂等。漂浮于水面的泡沫，不仅影响观感，还由于其孔隙中栖存细菌，从而造成生活用水污染。

4）臭味。水体发生臭味是一种常见的污染现象，如城市黑臭水体。水体恶臭多属有机质在嫌气状态下腐败发臭，属综合性恶臭，有明显的阴沟臭。恶臭的危害是使人憋气、恶心、水产品无法食用、水体失去景观功能等。

7.2.3.2 有机污染

主要指由城市污水、食品工业和造纸工业等排放含有大量有机物的废水所造成的污染。这些污染物在水中进行生物氧化分解的过程中，需消耗大量溶解氧，一旦水体中氧气供应不足，则使氧化作用停止，并引起有机物的厌氧发酵，分解出 CH_4、H_2S、NH_3 等气体，散发出恶臭，污染环境，毒害水生生物。

7.2.3.3 无机污染

酸、碱和无机盐类对水体的污染，首先是使水的 pH 发生变化，破坏其自然缓冲作用，抑制微生物生长，阻碍水体自净作用。同时，还会增加水中的无机盐类，并增大水的硬度，给工业和生活用水带来不利影响。

7.2.3.4 有毒物质污染

各类有毒物质，如酚类、氰化物、Hg、Cd、As、有机农药等，进入水体后，在高浓度时，会杀死水中生物；在低浓度时，可在生物体内富集，并通过食物链逐级浓缩，最后影响到人体。

7.2.3.5 富营养化

含植物所需营养物质（如氮、磷）的废水进入水体后，会造成水体富营养化，使藻类大量繁殖，并大量消耗水中的溶解氧，从而导致鱼类等窒息和死亡。另外，水中大量的 NO_3^-、NO_2^-若经食物链进入人体并累积，将危害人体健康，甚至有致癌作用。

7.2.3.6 油污染

沿海及河口石油的开发、油轮运输、炼油工业废水的排放等，会使水体受到油污染。油的污染不仅影响水的利用，而且当油在水面形成油膜后，影响氧气进入水体，对生物造成危害。此外，油污染还危害海滩休养地、风景区的景观与鸟类的生存。

7.2.3.7　热污染

热电厂等的冷却水是热污染的主要来源。这种废水直接排入天然水体，可引起水温升高，造成水中溶解氧减少，还会使水中某些毒物的毒性升高。水温升高对鱼类的影响最大，可引起鱼类的种群改变与死亡。

7.2.3.8　病原微生物污染

生活污水、医院污水以及屠宰肉类加工等污水，含有各类病毒、细菌、寄生虫等病原微生物，流入水体会传播各种疾病。

7.2.3.9　放射性污染

放射性污染是由于放射性核素引起的一种特殊水污染。水体中的放射性污染源主要有：天然放射性核素，核武器试验的沉降物，核工业废水、废渣，放射性同位素的生产和应用，其他工业中的放射性废水及废弃物。放射性污染主要通过生物富集并产生α、β和γ射线，对生物、人体组织造成损伤，引起病变。

7.2.4　水体的自净

7.2.4.1　自净作用的概念

水体的自净作用（self purification）是指受污染的各种水体在物理、化学和生物等作用下水中污染物浓度自然降低的过程。水体自净作用往往需要一定的时间、一定范围的水域以及适当的水文条件。另外，还决定于污染物的性质、浓度以及排放方式等。

一般来说，水体自净过程包括混合、稀释、沉淀、挥发、逸散、中和、氧化、还原、化合、分解、吸附、凝聚等物理、化学和生物化学作用过程，其中以物理和生物化学作用过程为主。因此，按作用机理，水体自净过程可分为物理自净、化学自净和生物自净三个方面。

（1）物理自净

物理自净是指污染物进入水体后，只改变其物理性状、空间位置，而不改变其化学性质、不参与生物作用。例如污染物在水体中所发生的混合、稀释、扩散、挥发、沉淀等过程。通过上述过程，可使水中污染物的浓度降低，使水体得到一定的净化。物理自净能力的强弱取决于水体的物理条件（如温度、流速、流量等），以及污染物自身的物理性质（如密度、形态、粒度等）。物理自净对海洋和容量大的河段等水体的自净起着重要作用。

（2）化学自净

化学自净是指污染物在水体中以简单或复杂的离子或分子状态迁移，并发生了化学性质或形态、价态上的转化，使水质也发生了化学性质的变化，但未参与生物作用，如酸碱中和、氧化-还原、分解-化合、吸附-解吸、胶溶-凝聚等过程。这些过程能改变污染物在水体中的迁移能力和毒性大小，也能改变水环境化学反应条件。影响化学自净的环境条件有酸碱度、氧化还原电势、温度、化学成分等，污染物自身的形态和化学性质对化学自净也有很大影响。

（3）生物自净

生物自净是指水体中的污染物经生物吸收、降解作用而发生消失或浓度降低的过程，如污染物的生物分解、生物转化和生物富集等作用。水体生物自净作用也被称为狭义的自净作用，主要指悬浮和溶解于水体中的有机污染物在微生物作用下，发生氧化分解的过程。在水体自净中，生物化学过程占主要地位。生物自净与污染物的性质和数量、生物的种类、环境的水热条件和供氧状况等因素有关。

7.2.4.2 有机物的生物降解过程

有机污染物在水体中的降解过程是通过化学氧化、光化学氧化和生物化学氧化来实现的，其中生物氧化在有机物降解中起着主要的作用。

耗氧有机物进入水体后，在微生物作用下发生生物化学氧化分解（图 7-1）。在好氧条件下，好氧微生物利用水中的溶解氧使有机物发生好氧分解，这是水体中有机物生物氧化的主要途径；在厌氧（无氧）条件下，厌氧性细菌利用有机物分子内的氧，使有机物发生厌氧氧化分解。

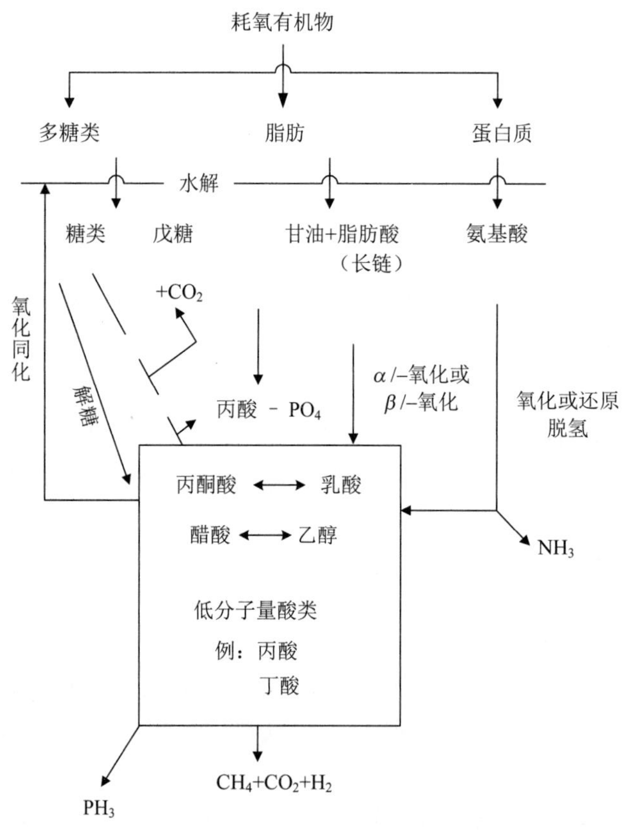

图 7-1 耗氧有机物的分解途径

（1）好氧环境下有机物的分解

在好氧环境下，耗氧有机物被生物氧化分解。例如，碳水化合物被微生物在细胞膜外水解，由多糖转化为二糖并透入细胞膜内。在细胞外部或内部，二糖再水解为单糖，单糖首先转化为丙酮酸而最终氧化为H_2O和CO_2。脂肪和油类降解时也首先在细胞外发生水解，生成甘油和各种脂肪酸；甘油进一步降解为丙酮酸，脂肪酸的降解是先生成醋酸，丙酮酸和醋酸最终被完全氧化。蛋白质的降解过程也先水解生成氨基酸，然后再分解成各种有机酸和NH_3；有机酸最终完全氧化为H_2O和CO_2，NH_3在硝化细菌作用下进一步分解为NO_3^-。实际上，耗氧有机物的降解过程经历了两个阶段见图 7-2（a）。

图 7-2（a）为耗氧有机物在水温 20℃时的累积耗氧曲线，在这条曲线的中部出现变化，这是由于有机物中含碳化合物先发生氧化分解，而含氮化合物后发生分解所致。曲线前半部称为第一阶段 BOD，或称碳化阶段；曲线后半部称为第二阶段 BOD，或称氮化阶段或硝化阶段。通常测定的BOD_5，往往只是反映一阶 BOD，因为从第一阶段反应结束到第二阶段反应开始需 10～14 d。

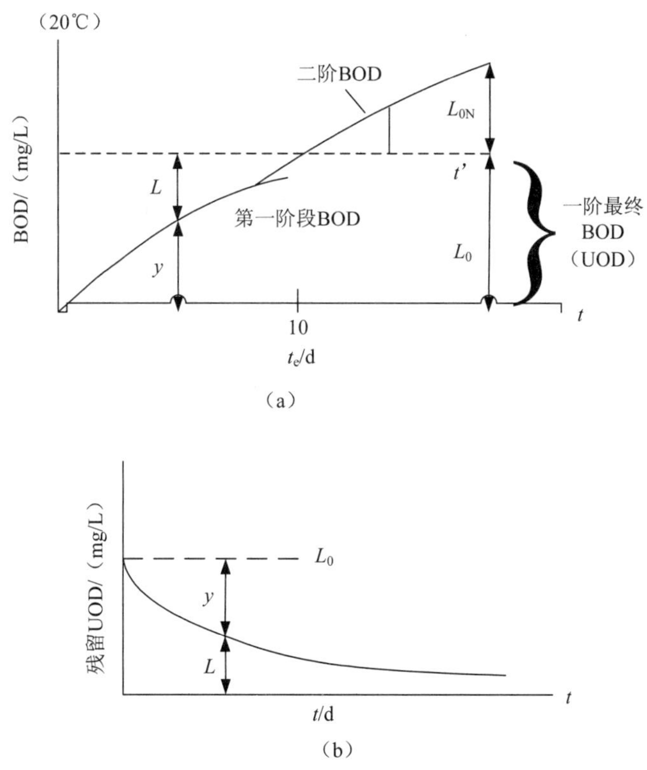

图 7-2　耗氧有机物的分解特性

当延长图 7-2（a）的第一阶段反应曲线，其趋于一定值。该值被称为第一阶段最终 BOD，或称最终生化耗氧量（UOD）。当把图 7-2（a）作一变换画成图 7-2（b），UOD 即为 L_0，它随着时间的推移而降低，其与河流中所测的 BOD 衰减过程是一致的。在去除有机物的反应上，它们基本上符合一级动力学反应，即有机物浓度降低的速度同某一时间剩余有机物的浓度成正比：

$$\frac{dL}{dt} = -k_1 L \tag{7.1}$$

或

$$\frac{dy}{dt} = \frac{d(L_0 - L)}{dt} = k_1 L$$

式中，$\frac{dy}{dt}$——BOD 反应速度，mg/（L·d）；

L——时间 t 时的 BOD 质量浓度，mg/L；

L_0——起始 BOD 质量浓度，mg/L；

y——累积耗氧量，mg/L；

k_1——碳 BOD 反应速率，d^{-1}。

式（7.1）的积分解为

$$L = L_0 e^{-k_1 t} \text{ 或 } BOD_t = BOD_0 \exp(-k_1 t) \tag{7.2}$$

$$y = L_0 - L = L_0(1 - e^{-k_1 t}) \tag{7.3}$$

在有机物生化降解的硝化阶段，是由有机物中含氮化合物通过一系列的转化完成的。这个阶段所消耗的氧称为氮化需氧量。在硝化阶段中，氨氮与氧反应的定量关系如下：

第一步：$NH_3 + 1\frac{1}{2}O_2 \xrightarrow{\text{亚硝化细菌}} HNO_2 + H_2O$

14　　48

1　　3.43

第二步：$HNO_2 + \frac{1}{2}O_2 \xrightarrow{\text{硝化细菌}} HNO_3$

14　　16

1　　1.14

总反应式为

$$NH_3 + 2O_2 \longrightarrow HNO_3 + H_2O$$

14　　64　　62

1　　4.57

从以上反应式可知，当水体中存在 1 mg/L 的氨氮，就相当于产生 4.57 mg/L 的 BOD；而氨氮氧化所产生的 1 mg/L 硝酸盐，即相当于 1.03 mg/L 的 BOD。不过，这只是从理论计算得出的。而在实际的水环境条件（如温度、pH）下，由于生物种群有不同的反应，使氨氮的转化往往并不是同步的。另外，由于 CO_2 的固定作用，这可能使氨氮与氧的比例从 4.57 降到 4.3～4.4。

对有机物分解的硝化阶段，其反应也基本上符合一级动力学反应，因此也可写出硝化反应动力学方程：

$$\frac{dL_N}{dt} = -k_N L_N \tag{7.4}$$

积分为

$$L_N = L_{0N} e^{-k_1 t'} \tag{7.5}$$

式中，$t'=t-t_c$（$t>t_c$）；

L_N——t'时存有的氮化需氧量，mg/L；

L_{0N}——$t'=0$ 时氮化的总需氧量，mg/L；

k_N——硝化反应速率，d^{-1}。

t' 时的硝化耗氧量为

$$y_N = L_{0N} - L_N = L_{0N}(1-e^{-k_1 t'}) \tag{7.6}$$

当 $t>t_c$ 时碳化加硝化的总耗氧量为

$$y_t = L_0(1-e^{-k_1 t}) + L_{0N}[1-e^{-k_{1N}(t-t_c)}] \tag{7.7}$$

（2）厌氧条件下有机物的分解

在缺氧环境中，有机物在嫌气细菌作用下发生厌氧分解，该过程如图 7-3 所示。

图 7-3 有机物的厌氧分解过程

在厌氧分解过程中，复杂有机物在产酸细菌作用下分解为有机酸。若条件适宜，有机酸可进一步发生甲烷发酵，生成最终产物 CH_4 和 CO_2。

7.2.4.3 有机物降解与水体氧平衡

耗氧有机物对水体造成的危害，主要表现在其降解过程中需消耗水中的溶解氧，此后，它的降解产物（如氮、磷等）又可引起水体富营养化（eutrophication），以致又破坏水体的氧平衡。这种现象既可出现在湖泊、水库和海湾等富营养化水体，又可发生在有机污染河流的枯水季节。对受有机污染的河流来讲，溶解氧下垂曲线是河流中存在的耗氧作用和复氧作用的综合反映，它对评价河流的污染状况具有重要意义。

河流中的耗氧作用主要是耗氧有机物降解时耗氧；此外还包括水生生物的呼吸、底泥厌氧分解产生的有机酸和还原性气体释放到水中以及废水中还原性物质等引起水体耗氧。河流的复氧作用主要是大气复氧，其次是水生植物（藻类）的光合作用产氧。

当污水未流入河流前，河水中的大气复氧量与水中生物的耗氧量近似相等，溶解氧处于饱和状态。当河流接纳了耗氧有机物后，微生物对其氧化分解需消耗大量的氧，使得大气复氧来不及补充，水中溶解氧含量下降，这时水中的耗氧速度大于复氧速度；随着水中有机物减少，耗氧量也相应减少，水中复氧量相应增加，此时水中耗氧速度等于复氧速度，氧垂曲线出现最低点，称该点为临界点；其后，因有机物大为减少，耗氧速度小于复氧速度，氧垂曲线逐渐上升（图 7-4）。

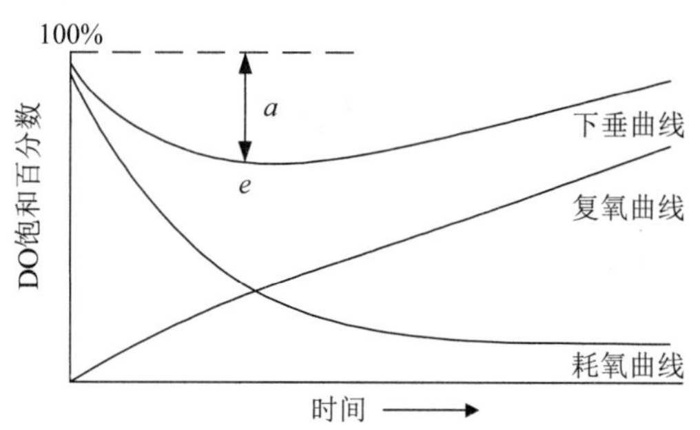

a—DO 最大亏缺；*e*—临界点。

图 7-4 溶解氧下垂曲线示意图

7.2.5 流域水环境问题

7.2.5.1 流域和流域水环境

（1）流域的概念

流域是地表水与地下水分水线所包围的集水区或汇水区，因地下水分水线不易确定，习惯上将地表水的集水区称为流域。

（2）水污染加速流域生态退化

随着流域人口的剧增和流域经济的快速发展，社会经济系统对自然资源的需求量和污染物的排放量大增，使流域自然生态系统遭到破坏，环境污染和资源短缺的问题日益严重，与之相随的是自然生态系统的急剧退化。目前，我国流域水环境问题主要表现为水污染导致的水质恶化与水生态系统破坏、流域上下游间的跨界矛盾突出、水资源开发与生态用水冲突等。其中，水污染是加速流域生态退化的重要因素之一。逐步积累的污染负荷超出了流域水环境的承载能力，导致流域内生态平衡遭到破坏，富营养化加重，蓝藻水华暴发，流域部分功能丧失。

（3）流域水环境的研究对象

❖ 流域水污染的来源解析：确认流域水污染来源和污染源排污的严重程度，是实现对流域水环境进行治理和保护的基础。只了解流域污染的存在，而不了解污染的来源，就无法实施对污染物的有效控制和对流域的恢复和保护。污染源是污染物削减的实施主体，是制定有效的管理策略实现水质目标的基础，也是流域水污染总量控制中总量分配的最后一个层次。污染源以及相应的污染物、时间变化规律、影响是制定有效环境管理策略的重要因素，同时污染源对污染重点区域和治污优先区域的识别和确认也十分重要。对流域水污染来源的有效监控可以实现对流域水环境的合理评价，便于流域水环境管理的实施。

- ❖ 流域水环境过程和污染成因：天然条件下的流域水环境是一个相对平衡的状态，其变化过程缓慢。但随着人类活动，特别是工业活动的加剧，人类社会与生态环境的影响更加明显。流域开发等活动已严重影响到流域复合生态系统。流域水环境变化过程加快，生态系统的平衡受到不同程度的破坏。因此，测定流域内水文、地形、水质、污染物指标，加强对流域内点源和面源污染的监控，深入了解流域水环境变化过程和污染成因，可以有力地支持流域水环境保护和水污染防范与治理措施的实施。流域污染负荷和污染成因是制定污染物削减措施的基础，而流域水环境过程是建立污染负荷与污染源联系的依据。
- ❖ 流域社会经济与水环境的相互作用：流域水环境作为一个复合生态系统，包括自然生态系统、社会经济系统和水资源系统的相互作用和相互关联。社会经济活动常涉及流域开发、流域水污染和流域水环境保护等关键问题，研究流域社会经济和水环境的相互作用是制订和实施流域水环境保护规划的基础。社会经济的变化会对流域环境产生相应的影响，如土地利用的增加和减少都对流域内的污染负荷产生影响。只有了解经济、社会变化对流域污染和水质的影响机制，才能更好地从社会经济的层面对流域污染进行控制，从源头上减少对流域水环境造成破坏的因素。同时，社会经济对流域水环境提出的相应要求，也是流域管理和规划必须考虑的内容。

7.2.5.2 流域水污染防治

（1）流域尺度的水污染防治

针对水污染，特别是面源污染的流域性特征，水污染的防治必须从全流域尺度进行考虑、设计和实施。流域尺度的水污染控制是一种整体的、系统的污染防治方法，可以对潜在的污染源和污染成因进行全面评估，并对重点区域进行系统治理。对全流域水环境进行污染物总量控制，这样才能达到治本的效果。考虑流域内水环境的整体性和复杂性，从流域水环境过程来评估水污染造成的影响，制订合理的污染防治计划。

（2）流域污染物的发生和输移过程及与不同界面之间的转化调控机理

流域污染物的传输主要依靠点源与面源的流入，营养物质迁移、扩散、吸收与转化。了解营养物质与水生生物的相互作用机理可以为高效解决目前存在的水体污染和富营养化问题提供依据。掌握污染物在不同界面间的转化机理，可为流域内不同区域的污染物控制提供理论基础，通过界面的调节来达到平衡流域内污染物分布的目的。探索流域点源和面源污染物发生与入河规律，探讨河流、河网的物质输移过程，揭示陆域与水域、河流与湖泊、地表与地下不同界面之间污染物的转化机理，掌握流域水动力特性对流域污染物输移转化的影响规律，从而采取更加合理有效的措施来治理流域内的水环境污染问题。

（3）流域水环境治理的系统科学方案

流域水环境是一个复杂的系统，它的健康运行涉及生态、社会、经济等多个方面，就其生态系统而言，就包括自然景观、生物多样性、理化环境、生态过程、水文与地形、自然干扰 6 个基本属性（图 7-5）。只有综合考虑 6 种不同的属性，才能保证生态系统的完整性和健康。在流域水污染治理和水环境保护过程中，从系统角度考虑并建立相关方案，将区域重点治理和整体管控相结合，兼顾流域内生态、社会、经济等多重属性。从流域现状的科学评估到污染成因与污染源的识别，从规划与管理制度的设计到实施的可行性评估，都必须以系统的、科学的方法和方案为基础，并以现有的流域水环境治理和保护案例为基础。

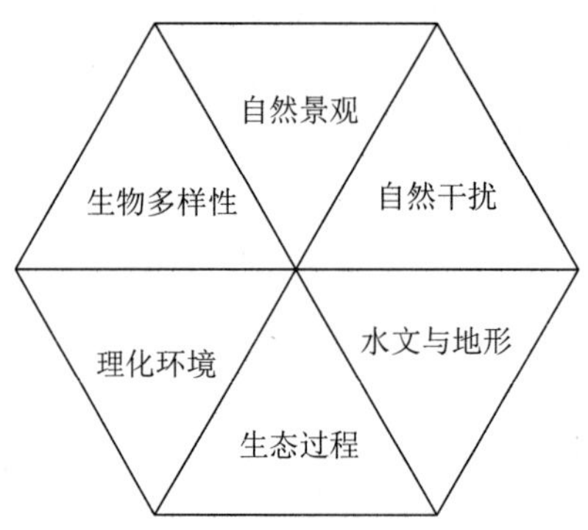

图 7-5 流域生态系统的基本属性

7.2.6 饮用水安全

7.2.6.1 饮用水安全的含义

饮用水是指质量符合饮用卫生标准、直接供给人体饮用的水。饮用水按来源可分为：

（1）地表水

地表水是指通过或静置在陆地表面的水，它包括江河水、湖泊水和水库水。地表水水质受外界环境影响较大，污染状况及来源也较为复杂。

（2）地下水

地下水是指存于地下，而且通常能从地下取出的水。地下水资源具有较大的不重复量，并且储量较小，受环境污染程度要小于地表水，但被污染后恢复困难。

我国水资源分布不均，可利用的水资源十分短缺。以 2021 年为例，全国总供水量 5 920.2 亿 m^3，占当年水资源总量的 20%。其中，地表水源供水量 4 928.1 亿 m^3，占总供水量的 83.2%；地下水源供水量 853.8 亿 m^3，占总供水量的 14.4%；其他水源供水量 138.3 亿 m^3，占总供水量的 2.3%。生活用水 909.4 亿 m^3，占总用水量的 15.4%；工业用水量为 1 049.6 亿 m^3，占总用水量的 17.7%；农业用水 3 644.3 亿 m^3，占总用水量的 61.6%；生态环境补水 316.9 亿 m^3，占总用水量的 5.4%。总体上，我国饮用水水资源分布不均匀，南多北少的现状明显；人工生态补水量较 2020 年增加，水资源紧缺的格局未得到缓解。生态用水被挤占，导致部分生态功能区退化严重；农村和农业用水的安全问题也日益凸显。

7.2.6.2 饮用水安全问题

水资源是基础自然资源，是生态环境的控制性因素之一，而生活饮用水更是人类生存必不可少的要素，饮用水的水质直接关系人的健康和安全，而水资源的短缺更会对地区局势产生深刻的影响。饮用水的安全问题主要可分为以下几个方面：

（1）水质问题

由于天然水源普遍受到不同程度的污染，水质也受到影响，威胁到城镇和农村的饮用水安全。随着我国社会经济的不断发展，持久性有毒、有害污染物在水体中的积累也不容忽视，水生态系统和人体健康因此面临的潜在风险逐渐增大。

（2）水量问题

我国水资源人均占有水平很低，并且水资源的地区分布极不平衡。再加上水体污染问题的存在，总的水资源可利用量并不大。2021 年全国地表水资源量 28 310.5 亿 m^3，折合年径流深 299.3 mm，比常年值偏多 6.6%，比 2020 年减少 6.8%。而随着城市化的加速，城镇人口的不断增加对城市集中饮用水水源地的水量供给提出了更高的要求。

（3）突发性水污染事故

突发性水污染事故主要是指由于事故、人为破坏和极端自然现象引起的一处或多处污染泄漏，短时间内大量污染物进入水体，导致水质迅速恶化，主要包括间歇性污染和瞬时污染。

7.3　土壤污染

土壤污染是指人类活动所产生的污染物质通过各种途径进入土壤，其数量超过了土壤的容纳和同化能力，而使土壤的性质、组成及性状等发生变化，并导致土壤的自然功能失调，土壤质量恶化的现象。土壤污染的明显标志是土壤生产力的下降。

土壤污染对人类环境造成的影响和危害在于：①耕地污染影响农产品质量。土壤污染影响农作物生长，造成减产，给农业生产带来经济损失，长期食用超标农产品严重危害人体健康。②危害人居环境安全。住宅、商业、工业等建设用地土壤污染可能通过经口摄入、呼吸吸入和皮肤接触等方式危害人体健康，污染地块未经治理修复就直接开发，会造成长期的危害。③威胁生态环境安全。土壤污染影响植物、动物和微生物的生长和繁衍，危及正常的土壤生态过程和生态服务功能。土壤中的污染物，可能发生转化和迁移，继而进入地表水、地下水和大气环境，影响其他环境介质，可能会对饮用水水源造成污染。

7.3.1　土壤污染源及污染物

7.3.1.1　土壤污染源

土壤污染物的来源广泛，主要来自城市污水和工业固体废物、农业污染源以及大气沉降等。

（1）城市污水和工业固体废物

我国许多地区曾有过漫长的污水灌溉历史。但未经妥善处理的污水、废水中含有重金属、农药、化肥、有机物等污染物，已经造成了严重的土壤污染，危及粮食安全，特别是镉、铜、铬、铅等重金属。例如，冶炼、电镀、燃料、汞化物等工业废水能引起镉、汞、铬、铜等重金属污染；石油化工、肥料、农药等工业废水会引起酚、三氯乙醛、农药等有机物的污染。当长期使用这种污水灌溉农田时，便会使污染物在土壤中积累而引起污染。为进一步遏制我国的土壤污染，2018 年 8 月，全国人大常委会通过了《中华人民共和国土壤污染防治法》，明确了土壤污染防治规划、土壤污染风险管控标准、土壤污染状况普查和监测、土壤污染预防、保护、风险管控和修复等方面的基本制度和规则。

工业废渣和城市垃圾是土壤的固体污染物。利用工业废渣和城市污泥作为肥料施用于农田时，常常会使土壤受到重金属、无机盐、有机物和病原体的污染。工业废渣和城市垃圾的堆放场，往往也是土壤的污染源。例如，工矿业废渣的肆意堆放、填埋，其中的污染物质通过微生物分解、降雨淋滤等作用向周围扩散迁移，进入土壤。

（2）农业污染源

现代农业生产大量使用农药、化肥和除草剂也会造成土壤污染。例如有机氯杀虫剂 DDT、六六六等在土壤中长期残留，并在生物体内富集。氮、磷等化学肥料，凡未被植物吸收利用的都在根层以下积累或转入地下水，成为潜在的环境污染物造成地下水污染问题，目前我国地下水遭受不同程度的污染，受污染面积大，污染源复杂，地下水污染形势严峻。

喷施于农作物上的农药（粉剂、水剂、乳液等），除部分被植物吸收或逸入大气外，约有一半散落于农田，这一部分农药与直接施用于田间的农药（如拌种消毒剂、地下害虫熏蒸剂和杀虫剂等）构成农田土壤中农药的基本来源。施用化肥是农业增产的重要措施，但不合理地施用，也会引起土壤污染。长期大量使用氮肥，会破坏土壤结构，造成土壤板结，生物学性质恶化，影响农作物的产量和质量。

在农业生产中，农膜有保温、保水的作用，各种农用塑料薄膜作为大棚、地膜覆盖物被广泛使用，如果管理、回收不善，大量残膜碎片散落田间，会造成农田“白色污染”。这样的固体污染物既不易蒸发、挥发，也不易被土壤微生物分解，是一种长期滞留土壤的污染物。

禽畜饲养场的积肥和屠宰场的废物中常含有寄生虫、病原体和病毒，当利用这些废物作肥料时，如果不进行物理和生化处理便会引起土壤或水体污染，并可通过农作物危害人体健康。

（3）大气沉降物

大气中的有害气体主要是工业中排出的有毒废气，它的污染面大，会对土壤造成严重污染。工业废气的污染大致分为两类：气体污染，如二氧化硫、氟化物、臭氧、氮氧化物、碳氢化合物等；气溶胶污染，如粉尘、烟尘等固体粒子及烟雾、雾气等液体粒子，它们通过沉降或降水进入土壤，造成污染。例如，有色金属冶炼厂排出的废气中含有铬、铅、铜、镉等重金属，对附近的土壤造成污染；生产磷肥、氟化物的工厂会对附近的土壤造成粉尘污染和氟污染。大气层核试验的散落物可造成土壤的放射性污染。大气中的 SO_2、NO_x 和颗粒物可通过沉降或降水而降落到农田，如酸雨集中的地区，由于雨水酸度增大，会引起土壤酸化、土壤盐基饱和度降低。

此外，造成土壤污染的还有自然污染源。例如，在含有重金属或放射性元素的矿床附近地区，由于这些矿床的风化分解作用，也会使周围土壤受到污染。

7.3.1.2　土壤污染物

凡是进入土壤并导致土壤的自然功能失调、土壤质量恶化的物质，统称为土壤污染物。土壤污染物的种类繁多，按污染物的性质一般可分为四类：有机污染物、重金属、放射性元素和病原微生物。

（1）有机污染物

土壤中有机污染物主要是化学农药，目前世界各国注册的化学农药有1 500多种，大量使用的有500多种。其中主要包括有机磷农药、有机氯农药、氨基甲酸酯类、苯氧羧酸类、苯酰胺类等。此外，石油、多环芳烃、多氯联苯、甲烷、洗涤剂和有害微生物等，也是土壤中常见的有机污染物。

（2）重金属

重金属是指密度在4.0 g/cm^3或5.0 g/cm^3以上的元素，主要有Hg、Cd、Cu、Zn、Cr、Pb、Ni、Co等。重金属不能被微生物分解，而且可为生物富集，土壤一旦被重金属污染，其自然净化过程和人工治理都是非常困难的，因而对人类有较大的潜在危害。重金属对土壤的污染主要源于工业废渣、废气中重金属的扩散、沉降、累积，含重金属废水灌溉农田，以及含重金属农药、磷肥的大量施用，并且外来重金属多富集在土壤的表层。重金属是最难治理的土壤污染物，具有形态稳定、难降解、毒性强、易富集等特征，部分重金属在土壤中可被微生物甲基化，使其毒性增加。使用含有重金属的污水进行灌溉是重金属进入土壤的一个重要途径。重金属进入土壤的另一条途径是随大气沉降落入土壤。

（3）放射性元素

放射性元素主要源于大气层核试验的沉降物，以及原子能和平利用过程中所排放的各种废气、废水和废渣。例如，2011年的日本福岛核电站（fukushima nuclear power plant）事故导致的核泄漏就对电站周围的土壤造成了放射性污染。放射性元素主要有Sr、Cs、U等。含有放射性元素的物质不可避免地随自然沉降、雨水冲刷和废弃物的堆放而污染土壤。土壤一旦被放射性物质污染就难以自行消除，只能靠其自然衰变为稳定元素，而消除其放射性。放射性元素也可通过食物链进入人体。

（4）病原微生物

土壤中的病原微生物，主要来自人畜的粪便及用于灌溉的污水（未经处理的生活污水）。人类若直接接触含有病原微生物的土壤，可能会对健康带来影响；若食用被土壤污染的蔬菜、水果等则会间接受到污染。

土壤环境中单个污染物构成的污染虽有发生，但大部分为伴生性和综合性的，即多种污染物形成的复合污染。

7.3.2 土壤污染物的迁移转化

7.3.2.1 农药在土壤中的迁移转化

（1）农药的主要类型

农药是指用于预防、消灭或者控制危害农业、林业的病、虫、草和其他有害生物以及有目的地调节植物、昆虫生长的化学合成或者来源于生物、其他天然物质的一种物质或者几种物质的混合物及其制剂。根据防治对象，可分为杀虫剂、杀菌剂、杀螨剂、杀线虫剂、杀鼠剂、除草剂、脱叶剂、植物生长调节剂等。

- ❖ 杀虫剂：有机磷类、氨基甲酸酯类、有机氮类、拟除虫菊酯类、有机氯类、有机氟类、无机杀虫剂、植物性杀虫剂、微生物杀虫剂、昆虫生长调节剂、昆虫行为调节剂、生物源类杀虫剂等。
- ❖ 杀菌剂：有机磷类、有机磷酸酯类、有机砷类、有机锡类、有机硫类、苯类、杂环类、无机杀菌剂、微生物杀菌剂等。
- ❖ 除草剂：酰胺类、二硝基苯胺类、氨基甲酸酯类、脲类、酚类、二苯醚类、三氮苯类、苯氧羧酸类、有机磷类、杂环类、磺酰脲类、咪唑啉酮类、选择性除草剂、灭生性除草剂等。
- ❖ 杀鼠剂：有机磷酸酯类、杂环类、脲类、硫脲类、有机氟类、无机有毒化合物、急性杀鼠剂、抗血凝杀鼠剂等。

根据人工合成的有机农药的化学组成，可以将其分为不同的类型（如有机氯、有机磷、有机汞、有机砷、氨基甲酸酯、除草剂等）。下面简单介绍几种主要农药类型。

1）有机氯类农药：这类农药是指含氯的有机化合物，其大部分是含一个或几个苯环的氯素衍生物。例如，“滴滴涕”（二氯二苯基三氯乙烷）、“六六六”（六氯环己烷）、毒杀芬（八氯莰烯）、艾氏剂（六氯-六氢化-二甲萘）、氯丹、七氯、狄氏剂和异狄剂（六氯-环氧-八氢化-二甲萘）等。有机氯农药具有化学性质稳定、易溶于脂肪，在脂肪中易积累以及在环境中残留期长等特点。这种农药是造成环境污染的最主要的农药类型。目前，许多国家已停止生产和使用这类农药。

2）有机磷农药：该类农药是含磷的有机化合物，其化学结构中常含有硫、氯所构成的链（如 C—S—P 链、C—N—P 链等）。大部分有机磷农药是磷酸酯类或酞胺类化合物。这类农药的特点是毒性剧烈、易分解、残留期短，在生物体内可被分解而不易蓄积，故被视为一种较安全的农药。但是，许多研究报告认为，有机磷农药的烷基化反应，可能会引起动物的致癌、致突变作用。

不同种类的有机磷农药的毒性差异很大，按其对人体和哺乳动物毒性的大小可分为三类：①剧毒类：如对硫磷（1605），难溶于水，对人、畜有剧毒，使用不安全；甲基对硫磷的毒性仅为对硫磷的 1/3，但杀虫效果大致相同；内吸磷（1059），难溶于水，有恶臭，可透入植物组织而维持较长时间的药效，且较易分解，但对人和动物仍具有较剧烈毒性。②中毒类：如敌敌畏、二甲硫吸磷（M-81）等。敌敌畏是一种油状液体，稍溶于水，具有挥发性和较高的杀虫效果，其易分解，残留期短。③低毒类：如乐果、敌百虫、马拉硫磷等。乐果微溶于水，有恶臭，为一种内吸杀虫剂，其毒性较低；敌百虫应用广泛并具有较高的杀虫效力，其易于分解，残留期短，因而对动物的毒性较小。

3）氨基甲酸酯类农药：作为杀虫剂的氨基甲酸酯类农药都具有苯基—N—烷基氨基甲酸酯的结构和抗胆碱酯酶作用，它的中毒反应是由对胆碱酯酶分子总体的弱可逆结合的抑制而引起的。这类农药属于低残留农药，因其在环境中易于分解，进入动物机体内也能很快被代谢，且大多数的代谢产物的毒性要低于其自身的毒性。

4）除草剂：除草剂（或称除莠剂）应用广泛，品种繁多，其大多数属于选择性的，即只杀伤杂草而不伤害农作物。例如，最常用的除草剂如2,4-D（2,4-二氯苯氧基醋酸）和2,4,5-T（2,4,5-三氯苯氧基醋酸）及其脂类是一种调解物质，只杀伤许多阔叶草，而不伤害窄叶草。对非选择性的除草剂如五氯酚钠，其对接触到它的所有植物都具有杀伤作用。大多数除草剂在环境中会被逐渐分解，对人和哺乳动物的毒性影响不大，还未发现它们在人畜体内积累。

（2）农药在土壤中的吸附与降解

1）农药在土壤中行为的影响因素：农药在土壤中的迁移转化过程受诸多因素如农药本身的物理化学性质、土壤性质以及环境因素等的影响，这就决定了农药在土壤中的行为极其复杂。农药在土壤中行为的影响因素以及农药的变化特征可归纳为图7-6和图7-7。

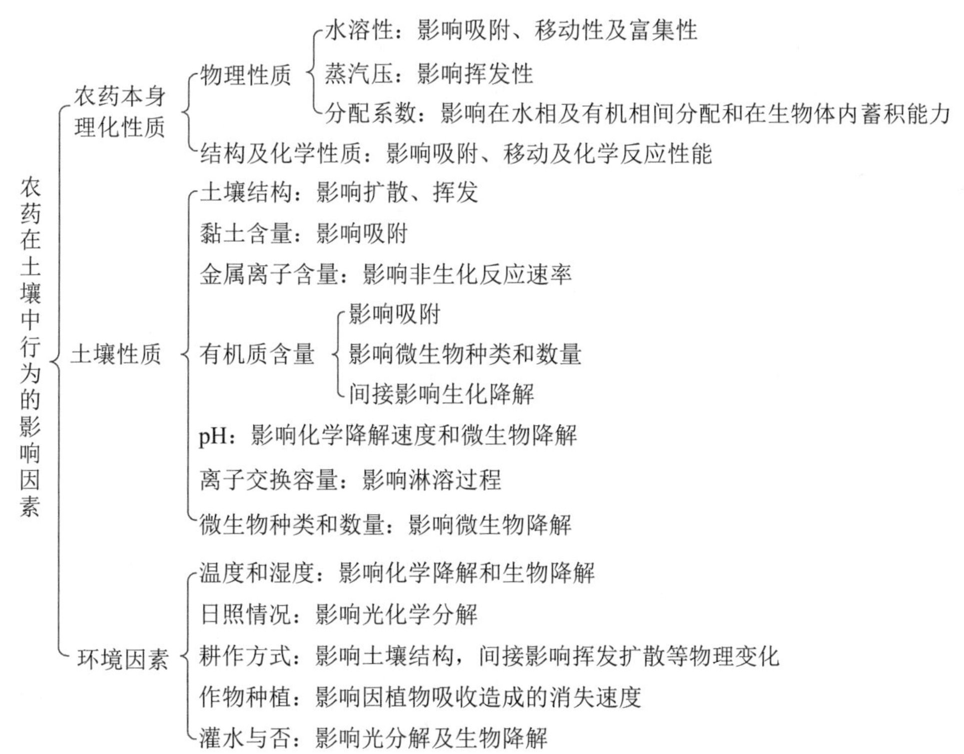

转引自刘绮等．环境污染控制工程．华南理工大学出版社，2009。

图7-6　农药在土壤中行为的影响因素

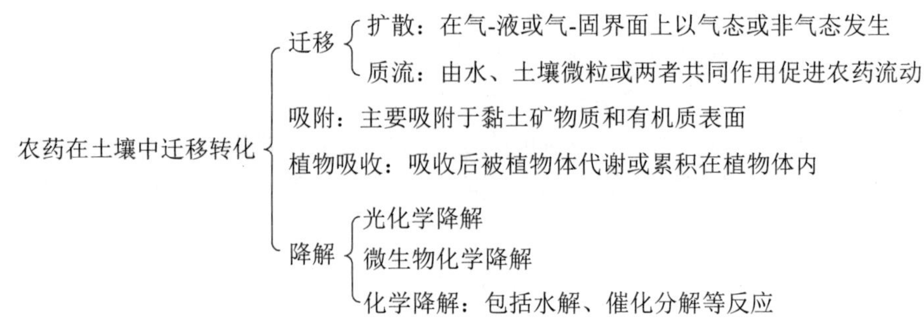

转引自刘绮等．环境污染控制工程．华南理工大学出版社，2009。

图 7-7　农药在土壤中的迁移转化

2）农药在土壤中的蒸发与迁移：存在于土壤中的各类农药，可以通过挥发、移动、扩散等途径在土壤中迁移，或排出土体，也可被作物吸收。

农药在土壤中的蒸发速度，主要取决于农药本身的溶解度和蒸气压，也与土壤的温度、湿度等有关。例如，有机磷和某些氨基甲酸酯类农药的蒸气压高于 DDT、狄氏剂和林丹的蒸气压，所以前者的蒸发速度要快于后者。农药在土壤中的移动形式以蒸汽扩散为主，其扩散速度远远高于它在水中扩散的速度。“六六六”在耕作层土壤中因蒸发而损失的量高达 50%，当气温增高或物质挥发性较高时，农药的蒸发量将更大。

农药在土壤中的移动性与农药的溶解度和土壤的吸附性能有关。一些水溶性大的农药可随水移动，如敌草隆、灭草隆等；而一些难溶性农药如 DDT，则吸附在土壤颗粒表面，并随地面径流、泥沙等一起移动。一般来说，农药在吸附性能小的砂性土壤中容易移动，而在黏粒含量高或有机质含量多的土壤中则不易移动。

3）土壤对农药的吸附作用：土壤是一个由无机胶体（黏土矿物）、有机胶体（腐殖酸类）以及有机-无机胶体所组成的胶体体系，其具有较强的吸附性能。在酸性条件下，土壤胶体带正电荷；碱性条件下，则带负电荷。进入土壤的农药，可以通过物理吸附、物理化学吸附以及氢键结合和配位键结合等形式吸附到土壤颗粒表面。各种农药在土壤中吸附能力的大小，主要取决于土壤和农药的性质及相互作用的条件。

农药在土壤中吸附力的强弱与黏土矿物及有机胶体的种类和数量密切相关，也与土壤的代换量及其影响因素有关。据研究，土壤胶体对农药的吸附能力大小的顺序为有机胶体＞蛭石＞蒙脱石＞伊利石＞绿泥石＞高岭石。例如，林丹、西玛津和 2,4,5-T 等大部分被吸附到有机胶体上。土壤有机胶体对马拉硫磷的吸附力较蒙脱石大 70 倍。但一些农药对土壤的吸附具有选择性，如高岭土对除草剂 2,4-D 的吸附能力要高于蒙脱石，杀草快和百草枯可被黏土矿物强烈吸附，而有机胶体对它们的吸附力却较弱。

农药本身的性质可直接影响土壤对它的吸附作用。在各种农药的分子结构中，凡带 $R_3H^+—$、$—OH$、$—CONH_2$、$—NH_2COR$、$—NHR$、$—NH_2$ 和 $—OCOR$ 等官能团的农药，都能增强被土壤的吸附，特别是带-NH_2 的农药被土壤吸附更为强烈。

土壤的 pH 对农药的吸附有很大影响。在不同酸碱条件下，农药离解成有机阳离子或有机阴离子，而被带负电荷或带正电荷的土壤胶体所吸附。例如，2,4-D 在酸性土壤中离解成有机阳离子，而被带负电的土壤胶体所吸附；在近中性条件下，则离解为有机阴离子被带正电的土壤胶体所吸附。

4）农药在土壤中的降解作用：农药的降解是它在土壤环境中得以净化的主要途径，其包括光化学降解、化学降解和微生物降解等。

- 光化学降解：指农药受土壤表面接纳的太阳辐射和紫外线等能流的作用所引起分解的现象，是农药非生物降解的重要途径之一。进入土壤中的农药，因吸收了波长大于 0.285 μm 的光而产生光化学反应。据研究，大多数农药都能发生光化学反应而生成新的降解产物。例如，对杀草快光解生成盐酸甲胺，对硫磷经光解形成对氧磷、对硝基酚和硫乙基对硫磷等。光化学降解对落到土壤表面而未与土壤结合的农药的作用，可能是相当重要的，而对地表以下的农药的作用较小。
- 化学降解：指农药参与的水解和氧化等化学反应过程。某些有机磷农药的化学降解作用是酯键上的水解作用，其降解速率与土壤 pH 和有机质含量有关。如二嗪农在土壤中具有较强的水解作用，其降解反应如下：

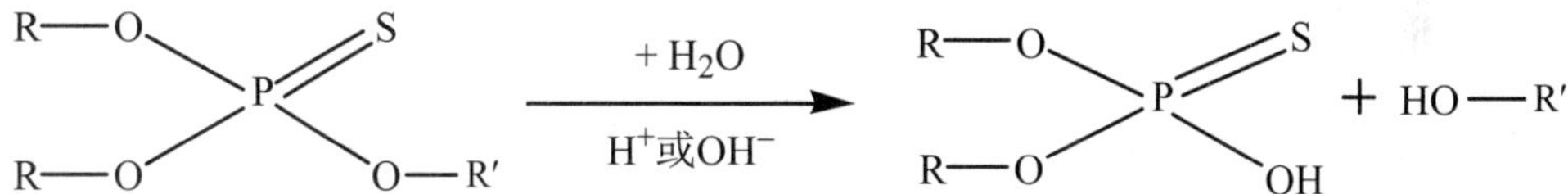

有些农药的降解是通过化学氧化作用进行的，如艾氏剂经过环氧化作用而成为狄氏剂；对硫磷氧化为氧磷等。

- 微生物降解：指农药在土壤中微生物参与下所发生的各种生物化学分解过程。该过程对有机农药的降解起着极为重要的作用。由于土壤微生物群系受土壤的 pH、有机质、湿度、温度、通气状况、代换吸附能力等诸多因素的影响，因而使农药在土壤中的微生物降解过程相当复杂。土壤微生物对农药的生化反应主要包括脱氯作用、烷基化作用、氧化还原作用、水解作用、脱氨基作用、环裂解作用等。氯代烃类农药如 DDT、DDD、艾氏剂、狄氏剂、林丹等的化学性质稳定，其大多数在土壤环境中有相当的持久性。但在土壤微生物作用下，它们可通过脱氯作用而被降解。如 DDT 经脱氯变为 DDD，或是脱去一个盐酸分子变成 DDE；DDD 和 DDE 都可进一步氧化成 DDA。代谢产物 DDE 和 DDD 的毒性虽比 DDT 低得多，但 DDE 仍具有慢性毒性，且更易进入植物体内并积累。所以，应对农药的分解产物在环境中积累的危害性引起重视。

  三氯苯类农药在微生物作用下易发生脱烷基作用，但该过程并不伴随发生去毒作用。例如，二烷基胺三氮苯形成的中间产物，其毒性比它本身还大，只有经过脱氨基和环破裂才能转化为无毒物质。

7.3.2.2 重金属在土壤中的迁移转化

重金属在土壤中的迁移转化决定着它在土壤中的化学行为，如重金属的溶解和富集状态、植物吸收和利用状况等。

（1）重金属在土壤中的行为特征

从土壤环境化学的角度来看，土壤种类、土壤利用方式（水田、旱地、牧场、林地等）以及土壤理化性状（pH、氧化还原电位、无机和有机胶体含量等）都能引起土壤中重金属的贮存状态发生变化，从而影响重金属的迁移转化和作物对重金属的吸收。土壤对重金属具有吸附和解析作用，其中土壤吸附是重金属离子从液态转到固态的重要途径之一，它在很大程度上决定着土壤中重金属的分布和富集。土壤的 pH 对重金属的溶解度有重要影响，如在碱性条件下，土壤中重金属多呈难溶的氢氧化物，也可能以碳酸盐和磷酸盐的形态存在。土壤中存在着多种无机和有机配位体，它们能与重金属生成稳定的络合和螯合物，从而严重影响着重金属在土壤中的迁移。

从重金属的化学性质来看，其大多属于过渡元素，因而它在土壤中的价态变化和反应深受土壤氧化还原电位的影响。氧化还原反应改变了金属元素和化合物的溶解度，而使各种重金属在不同的氧化或还原条件下的迁移能力差异很大。

总之，重金属在土壤中一般不易随水移动，也不能被微生物分解，而常在土壤中累积，甚至有的可能转化为毒性更强的化合物（如甲基汞），并通过植物吸收而在体内富集转化，以致给人类带来潜在的危害。

（2）几种主要重金属在土壤中的迁移转化

进入土壤中的重金属种类繁多，但研究较多和影响较大的重金属包括 Hg、Cd、Pb、Cr、Cu、Zn 等。这些元素中有些是植物生长发育所不需要的，其可对人体健康产生明显的危害，如 Hg、Cd、Pb 等；而另一些元素（如 Cu、Zn 等）则是植物正常生长发育所必需的，但当其含量过高时，也会引起污染危害。

1）Hg 的迁移转化：自然土壤中 Hg 的背景值为 0.01～0.15 μg。土壤中 Hg 的存在形态有离子吸附和共价吸附的汞、可溶性汞（如 $HgCl_2$、$HgCl_3^-$、$HgCl_4^{2-}$等）、难溶性汞（如 $HgHPO_4$、$HgCO_3$ 和 HgS）。

土壤中黏土矿物和腐殖质对 Hg 有很强的吸附力。Hg 进入土壤后，在 pH 低时被腐殖质所吸附，pH 高时则被黏土矿物所吸附。这种作用使得绝大部分 Hg 积累在耕作层土壤中而不易向深层迁移。土壤中各种成分对 $HgCl_2$ 的吸附顺序为 R-SH≫伊利石＞蒙脱石＞$R\text{-}NH_2$＞高岭石＞RCOOH＞粉砂（SiO_2）＞中砂＞粗砂；对于甲基汞则为 R-SH＞伊利石＞蒙脱石≫粉砂。当土壤溶液中有 Cl^-存在时，可以显著减弱对 Hg 的吸附。如盐渍土会生成溶解度很低的 Hg_2Cl_2、$HgCl_2$ 和难溶性的 HgS，但因含有大量的 Cl^-而生成的 $HgCl_4^{2-}$，则大大提高 Hg 的迁移力。在酸性土壤中，有机质以富里酸为主并与 Hg 络合和吸附，也可使 Hg 以溶解状态迁移。

土壤的氧化还原状况对 Hg 的赋存状态有重要影响。在无机 Hg 之间存在如下相互转化反应：

$$Hg \underset{B}{\overset{A}{\rightleftharpoons}} Hg^{2+} \underset{D}{\overset{C}{\rightleftharpoons}} HgS$$

式中，A 为氧化反应；B 为还原反应，该反应为氧化环境，在抗 Hg 细菌作用下也能进行这种反应；C 为土壤溶液中若存在一定量的 S^{2-}，就可能生成 HgS，HgS 在好氧条件下是稳定的，但如果有大量 S^{2-}存在时，则会生成一种可溶性的 HgS^{2-}；D 是一种十分缓慢的氧化过程，某些生物酶的氧化作用可直接参与 HgS 的转化过程。

有机汞与无机汞之间的转化过程为

$$\begin{array}{ccccc} & & C_2H_5Hg^+ & & \\ & & \downarrow & & \\ C_6H_5Hg^+ & \xrightarrow{B} & Hg^{2+} & \underset{D}{\overset{C}{\rightleftharpoons}} & CH_3Hg^+ \\ & & \uparrow A & & \\ & & CH_3OC_2H_4Hg^+ & & \end{array}$$

式中，A 是指在酸性介质中，烷氧烷基汞很不稳定而被分解为

$$CH_3OC_2H_4Hg^+ + H^+ \longrightarrow CH_3OH + CH_2 = CH_2 + Hg^{2+}$$

B 为所有这些有机物均可通过生化和物理作用而分解成无机 Hg；C 为在厌氧或好氧条件下均可通过生物或化学合成途径合成甲基汞。有机汞之间存在如下转化反应：

$$CH_3Hg^+ \underset{B}{\overset{A}{\rightleftharpoons}} CH_3HgCH_3$$

式中，A—— 一般在碱性环境和有无机氮存在的情况下有利于这种转化；

B——在酸性介质中二甲基汞是不稳定的，因而可分解为甲基汞。

2）Cd 的迁移转化：土壤中 Cd 的存在形态很多，其可分为水溶性和难溶性两大类。以离子态如 $CdCl_2$、$Cd(NO_3)_2$ 和络合态如 $Cd(OH)O_2$ 存在的水溶性 Cd，易迁移并能被作物吸收；难溶性 Cd 的化合物如 CdS 等则不易迁移，也不易被植物吸收。但两种形态在一定条件下可相互转化。在旱地土壤中，Cd 多以难溶性 $CdCO_3$、$Cd_3(PO_4)_2$、$Cd(OH)_2$ 的形态存在，其中以 $CdCO_3$ 为主。在水田中，以难溶性的 CdS 形态存在。

土壤 pH 及氧化还原条件对 Cd 的存在形态有直接影响，如水溶性 Cd 随土壤的氧化还原电位的增大和 pH 值的减小而增加，这就增加了 Cd 的生物有效性。土壤中的有机质能与 Cd 螯合或络合，从而降低 Cd 的有效性。

植物体内的含 Cd 量与土壤中 Cd 的含量高低存在一定的关系。但这种关系很复杂，除了受土壤中 Cd 的存在形态影响外，还要受氧化还原电位、土壤酸度和相伴离子如 Zn^{2+}、Pb^{2+}、Cu^{2+}、Fe^{2+}、PO_4^{3-}等诸因素的影响。总体来说，旱作物如小麦要比水稻易受害，籽实中的含 Cd 量小麦也高于稻米，蔬菜中的含 Cd 量以叶菜为高。

3）Pb 的迁移转化：自然条件下，Pb 在土壤中的背景值为 15～20 μg。土壤中 Pb 的存在形式单一，主要以 $Pb(OH)_2$、$PbCO_3$、$Pb_3(PO_4)_2$、$PbSO_4$ 等难溶形态存在，而可溶性 Pb 的含量极低。土壤中的有机质和黏土矿物对 Pb 有较强的吸附作用，吸附强度与有机质的含量呈正相关。

土壤中 Pb 主要以固体形式存在，活性很低，不易转化，迁移性也很低，大部分被累积在土壤表层。土壤中 Pb 的形态也会受 pH 和 Eh（氧化还原电位）的影响。随着 pH 升高，土壤中可溶性 Pb 的含量降低，而 pH 降低时，难溶形态的 Pb，如 $PbCO_3$，就会被释放出来，使土壤中可溶性 Pb 含量增加，促进 Pb 的迁移。所以在碱性土壤中可溶性 Pb 的含量

很低，而在酸性土壤中含量较高。在土壤中，随着 Eh 值升高，Pb 会与土壤中的溶解度极低的高价 Fe 或 Mn 的化合物结合在一起，使可溶性 Pb 的含量降低。

土壤中 Pb 还能与各种配位体结合成稳定的金属络合物和螯合物。此外，Pb 还可以被土壤中的阳离子交换复合体吸附以离子吸附态存在，吸附态 Pb 的含量与土壤交换性阳离子总量呈线性相关。

4）Cr 的迁移转化：铬污染主要来源于电镀废水、铬渣等。当土壤中 Cr 的含量过高时就会对植物产生严重的毒害作用，抑制植物的正常发育。我国土壤含铬量在 17～270 mg/kg，平均值 82 mg/kg。Cr 在土壤中一般以两种价态（Cr^{3+}和 Cr^{6+}）存在，大部分以难溶态存在，酸溶态部分占的比例很小。

土壤中，铬主要以 4 种形态存在：Cr^{3+}、CrO_2^-、CrO_4^{2-}、$Cr_2O_7^{2-}$，两种呈+3 价，两种呈+6 价。六价形态的铬一般易溶于水，具有较强的水环境迁移能力，而由于土壤中黏土矿物对六价铬的强吸附作用致使铬在土壤中的迁移能力降低，而黏土矿物对六价铬的吸附强度又远低于三价铬，还会随 pH 的升高而降低。所以，土壤中的铬主要以三价铬的形态积累于土壤表层。

土壤中铬的存在形态还会受到土壤环境的 pH 和氧化还原电位影响。在 pH 和 Eh 值较低时，主要以低溶性三价铬的形态存在，随 pH 升高三价铬的溶解度明显降低。在强酸性土壤环境中不存在六价铬，在弱酸性和弱碱性土壤中三价铬和六价铬可以相互转化，在碱性土壤环境中，铬主要以六价铬形态存在。

5）As 的迁移转化：砷是植物强烈吸收的元素，当土壤中砷含量过高时，就会引起植物砷中毒，使受害植物叶片脱落，根部伸长受阻，抑制植物正常生长发育。

我国自然土壤中的砷含量一般在 1～20 mg/kg，不同土壤含砷量差异较大，平均值 9.29 mg/kg。土壤中的砷主要以两种价态（+3 价和+5 价）、3 种形态（水溶态、吸附态和化合物）存在。水溶性部分多为 AsO_4^{3-}、AsO_3^{3-}等形式存在，但水溶性砷只占土壤中砷含量的 5%～10%。进入土壤中的水溶性砷一方面大部分被土壤有机质吸附，形成吸附态砷；另一方面水溶性砷易与土壤中的 Fe^{3+}、Al^{3+}等离子形成难溶性砷化物。

7.3.3 土壤污染的影响和危害

土壤污染会直接使土壤的组成和理化性质发生变化，破坏土壤的正常功能，并可通过植物的吸收和食物链的积累及渗入地下水等过程，进而对人体健康构成危害（图 7-8）。

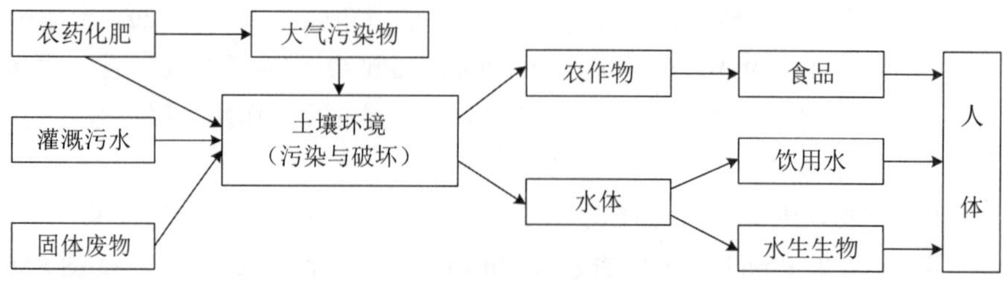

转引自刘天齐．环境保护通论．中国环境科学出版社，1996。

图 7-8 土壤污染物进入人体的途径

7.3.3.1　土壤污染对植物的影响

当土壤中的污染物含量超过植物的忍耐限度时，会引起植物的吸收和代谢失调；一些污染物在植物体内残留，会影响植物的生长发育，甚至导致遗传变异。

（1）无机污染物的影响

土壤长期施用酸性肥料或碱性物质会引起土壤 pH 的变化，从而降低土壤肥力和作物产量。土壤受 Cu、Ni、Pb、Mn、Zn、As 等的污染，能引起植物的生长和发育障碍；而受 Cd、Hg 等的污染，一般不会引起植物生长发育障碍，但它们能在植物可食用部位蓄积。

用含 Zn 污水灌溉农田，会对农作物特别是小麦的生长产生较大影响，造成小麦出苗不齐、分蘖少、植株矮小、叶片发生萎黄。过量的 Zn 还会使土壤酶失去活性，细菌数目减少，土壤中的微生物作用减弱。

当土壤中含 As 量较高时，会阻碍树木的生长，使树木提早落叶，果实萎缩、减产。当土壤中存在过量的 Cu，也能严重地抑制植物的生长和发育。

当小麦和大豆遭受 Cd 的毒害时，其生长发育均受到严重影响。实验证明，随着施 Cd 量的增加，作物体内 Cd 含量增高，产量降低。当使用 2.5 mg/L 的 Cd 溶液灌溉时，大豆除生长缓慢外，还表现出病症（中毒症状），靠近主叶较小的三叶下部叶脉变为微红棕色；如果再加大 Cd 浓度，叶脉的棕色会扩大到整片叶子；当中毒剧烈时，会使大豆的叶绿素遭受破坏。

（2）有机毒物的影响

农作物从土壤中吸收农药，在根、茎、叶、果实和种子中积累，通过食物、饲料危害人体和牲畜的健康。此外，农药在杀虫、防病的同时，也使有益于农业的微生物、昆虫、鸟类遭到伤害，破坏了生态系统，使农作物遭受间接损失。蚯蚓是土壤中最重要的无脊椎动物，它对保持土壤的良好结构和提高土壤肥力有着重要意义，但有些高毒农药，如毒石畏、对硫磷、地虫磷等能在短时期内杀死它。对土壤微生物影响较大的是杀菌剂，它们不仅杀灭或抑制了病原微生物，同时也危害了一些有益微生物，如硝化细菌和氨化细菌农药进入土壤后，不但改变了土壤的组成和性质，还会对土壤微生物有抑制作用，使农药在土壤中的积累过程逐渐占优势，破坏了土壤的自然动态平衡，影响植物的生长发育，造成农产品的产量和质量下降。例如，杀虫剂乐果施用 10 d 后能显著降低土壤微生物的呼吸作用。有机磷农药污染的土壤中，土壤动物的种类和数量都显著减少。

利用未经处理的含油、酚等有机毒物的污水灌溉农田，会使植物生长发育受到障碍。例如，地处黄河入海口的山东省东营市过去曾长期使用被胜利油田各采油厂排出的含油废水、地方造纸废水以及石油炼制、化学工业有机废水污染的河水灌溉，既导致了农作物大量减产或绝收，同时也污染了土壤环境，影响了当地农业和农村经济的可持续发展。我国沈阳抚顺灌区也曾用未处理的炼油厂废水灌溉，观察发现水稻严重矮化；初期症状是叶片披散下垂，叶尖变红；中期症状是抽穗后不能开花授粉，形成空壳，或者根本不抽穗；正常成熟期后仍在继续无效分粟。植物生长状况同土壤受有机毒物污染程度有关。一般认为，水稻矮化现象是石油污水中油、酚等有毒物和其他因素综合作用的结果。

农田在灌溉或施肥过程中，极易受三氯乙醛（植物生长紊乱剂）及其在土壤中转化产物三氯乙酸的污染。三氯乙醛能破坏植物细胞原生质的极性结构和分化功能，使细胞和核的分裂产生紊乱，形成病态组织，阻碍正常生长发育，甚至导致植物死亡。小麦最容易遭受危害，其次是水稻。据研究，栽培小麦的土壤每千克中三氯乙醛含量不得超过 0.3 mg。

（3）土壤生物污染的影响

土壤生物污染是指一个或几个有害的生物种群，从外界环境侵入土壤，大量繁衍，破坏原来的动态平衡，对人体或生态系统产生不良的影响。造成土壤生物污染的污染物主要是未经处理的粪便、垃圾、城市生活污水、饲养场和屠宰场的污物等。其中危险性最大的是传染病医院未经处理的污水和污物。

由于土壤的生物污染，一些在土壤中长期存活的植物病原体能严重地危害植物，造成农业减产。例如，某些植物致病细菌污染土壤后能引起番茄、茄子、辣椒、马铃薯、烟草等百余种茄科植物的青枯病，能引起果树的细菌性溃疡和根癌病。某些致病真菌污染土壤后能引起大白菜、油菜、芥菜、萝卜、甘蓝、荠菜等 100 多种蔬菜的根肿病，引起茄子、棉花、黄瓜、西瓜等多种植物的枯萎病，以及小麦、大麦、燕麦、高粱、玉米、谷子的黑穗病等。此外，甘薯茎线虫，黄麻、花生、烟草根结线虫，大豆胞囊线虫，马铃薯线虫等都能经土壤侵入植物根部引起线虫病。从广义上讲，上述病虫害都可认为是土壤生物污染所致。

7.3.3.2 土壤污染物在植物体内的残留

植物从污染土壤中吸收各种污染物质，经过体内的迁移、转化和再分配，有的分解为其他物质，有的部分或全部以残毒形式蓄积在植物体内的各个部位，特别是可食部位，对人体健康构成潜在危害。

土壤中的污染物主要是以离子形式被植物根系吸收。植物从土壤中吸收污染物的强弱，与土壤的类型、温度、水分、空气等有关，也与污染物在土壤中的数量、种类和植物品种有关。

（1）重金属在植物体内的残留

植物对重金属吸收的有效性，受重金属在土壤中活动性的影响。一般情况下，土壤中有机质、黏土矿物含量越多，盐基代换量越大；土壤的 pH 越高，则重金属在土壤中活动性越弱，重金属对植物的有效性越低，也就是植物对重金属的吸收量越小。在上述土壤因素中，最重要的可能是土壤的 pH。例如，在中国水稻区，不同土壤受到相同水平的重金属污染，但水稻籽实中重金属含量按下列次序递增：华北平原碳酸盐潮土（pH＞8.0）远小于东北草甸棕壤（pH 6.5～7.0），后者又远小于华南的红壤和黄壤（pH＜6.0）。

农作物体内的重金属主要是通过根部从被污染的土壤中吸收的（表 7-5）。例如，植物从根部吸收 Cd 之后，各部位的含 Cd 量依根＞茎＞叶＞荚＞籽粒的次序递减。一般根部的含 Cd 量可超过地上部分的两倍。2015 年对中国黄淮海平原和长江中下游平原两大优势产区的 8 个省（市）采集的 393 份小麦籽粒分析显示，Cd 的超标率分别为 0.7%和 9.0%。此外，Hg、As 也可以在植物体内残留。据测定，谷粒的单位容积中 Hg 的含量为谷壳＞糙米＞白米。As 对农作物产生毒害作用的最低浓度为 3 mg/L。

表 7-5　常见重金属污染物在食物中的残毒　单位：ppb[①]

名称	汞	镉	铬	铅
大米	1.4～29	26～60	21～410	140～229
小麦	20	10～80	460～2 450	530～820
玉米	—	10	669	300
青菜	3.8～4	107～203	950	600～970
西红柿	0.3	74	859	98

转引自中国大百科全书（环境科学卷），1983 年。

（2）农药在植物体内的残留

农药在土壤中受物理、化学和微生物的作用，按照其被分解的难易程度可分为两类：易分解类，如 2,4-D 和有机磷制剂；难分解类，如 2,4,5-T 和有机氯、有机汞制剂等。易分解的农药一般不必担心，难分解的农药成为植物残毒的可能性很大。

植物对农药的吸收率因土壤质地不同而异，其从砂质土壤吸收农药的能力要比从其他黏质土壤中高得多。不同类型农药在吸收率上差异较大，通常农药的溶解度越大，被作物吸收也就越容易。例如，作物对丙体“六六六”的吸收率要高于其他农药，因为丙体“六六六”的水溶性大。不同种类的植物，对同一种农药中的有毒物质的吸收量也是不同的。例如，对有机氯农药中的艾氏剂和狄氏剂的吸收量：洋葱＜莴苣＜黄瓜＜萝卜＜＜胡萝卜。农药在土壤中可以转化为其他有毒物质，如 DDT 可转化为 DDD、DDE，它们都能成为植物残毒。一般来说，块根类作物比茎叶类作物吸收量高；油料作物对脂溶性农药如 DDT、DDE 等的吸收量比非油料性作物高；水生作物的吸收量比陆生植物高。

（3）放射性物质在植物体内的残留

放射性物质指重核 ^{235}铀和 ^{239}钚的裂变产物，包括 ^{72}锌到 ^{158}铕等 34 种元素、189 种放射性同位素。当分析某一种裂变产物的生物学意义时，必须考虑它们的产率、射线能量、物理半衰期、放射性核素的物理形态和化学组成，以及由土壤转移到植物的能力，生物半衰期和有效半衰期等因素。

放射性物质进入土壤后能在土壤中积累，形成潜在的威胁。由核裂变产生的两个重要的长半衰期放射性元素是 ^{90}锶（半衰期为 28 年）和 ^{137}铯（半衰期为 30 年）。空气中的放射性 ^{90}锶可被雨水带入土壤中。因此，土壤在含 ^{90}锶的浓度常与当地的降水量成正比。^{137}铯在土壤中吸附得更为牢固。有些植物能积累 ^{137}铯，所以高浓度的放射性 ^{137}铯能通过这些植物进入人体。

7.3.3.3　土壤污染对地下水的影响

土壤跟地下水是相互依存的整体，两者之间不可分割，各种人类活动当中都可以通过地表水从土壤当中渗透到地下，从而对地下水的水质产生影响。

（1）土壤重金属污染对地下水的影响

重金属是环境优先监测污染物，由重金属导致的环境污染问题也是目前我国面临的最

① 1 ppb = 10^{-9}。

严重的环境问题之一，主要来自农药、污水灌溉、工业废渣、大气沉降等。除特殊场地外，Mn、Fe、Al 含量超标是我国地下水主要的重金属污染超标指标。通过对陕西省某冶炼厂界内土壤及地下水中的重金属含量调查，发现地下水受到 Pb、Zn、Cd 等重金属严重污染，超标倍数达 98.8 倍、61.4 倍、334.1 倍。

（2）土壤有机物污染对地下水的影响

工业废水、农业废水和生活污水的直接排放可导致水体有机污染，工业废气、除草剂、植物生长调节剂等在降雨径流的作用下，同样会随渗滤作用进入地下水，造成地下水有机污染。有机类污染场地主要分布在京津冀及江浙沪等沿海地区。

（3）土壤无机盐污染对地下水的影响

硝酸盐、亚硝酸盐、硫酸盐、磷酸盐和氟化物是地下水水体中常见的无机盐污染。污水排放、固体废物淋滤液、采掘业、农业生产是导致这类无机污染物进入地下水体的主要原因。

7.3.3.4 土壤污染对人体健康的影响和危害

（1）土壤重金属污染对人体健康的影响

土壤中重金属被植物吸收以后，可通过食物链危害人体健康。例如，1955 年日本富山县发生的“镉米”事件，即“痛痛病”事件。其原因是农民长期使用神通川上游铅锌冶炼厂的废水灌溉农田，导致土壤和稻米中的 Cd 含量增加。当人们长期食用这种稻米，使得 Cd 在人体内蓄积，从而引起全身性神经痛、关节痛、骨折，以致死亡。由于 Cd 进入人体内很难被排泄，可在体内长期蓄积。据测定，日本因 Cd 慢性蓄积中毒而致死者体内 Cd 的残毒量：肋骨为 11 472 μg，肝为 7 051 μg，肾为 4 903 μg。2014 年，环境保护部和国土资源部联合发表的《全国土壤污染状况调查公报》显示，全国土壤总的点位超标率为 16.1%，耕地、林地、草地土壤点位超标率分别为 19.4%、10.0%、10.4%，中度污染以上占 2.6%，以重金属污染为主，其中镉的点位超标率为 7%。

（2）土壤病原体对人体健康的影响

病原体是由土壤生物污染带来的一大类污染物，其包括肠道致病菌、肠道寄生虫、破伤风杆菌、肉毒杆菌、霉菌和病毒等。病原体能在土壤中生存较长时间，如痢疾杆菌能在土壤中生存 22～142 d，结核杆菌能生存 1 年左右，蛔虫卵能生存 315～420 d，沙门氏菌能生存 35～70 d。土壤中肠道致病性原虫和蠕虫进入人体主要通过两个途径：①通过食物链经消化道进入人体，如人蛔虫、毛首鞭虫等一些线虫的虫卵，在土壤中经几周时间发育后，变成感染性的虫卵通过食物进入人体。②穿透皮肤侵入人体，如十二指肠钩虫、美洲钩虫和粪类圆线虫等虫卵在温暖潮湿的土壤中经过几天孵育变为感染性幼虫，再通过皮肤穿入人体。

传染性细菌和病毒污染土壤后，对人体健康的危害更为严重。一般来自粪便和城市生活污水的致病细菌有沙门氏菌属、芽孢杆菌属、梭菌属、假单胞杆菌属、链球菌属、分枝菌属等。另外，随患病动物的排泄物、分泌物或其尸体进入土壤而传染至人体的还有破伤风、恶性水肿、丹毒等疾病的病原菌。目前，在土壤中已发现有 100 多种可能引起人类致病的病毒，如脊髓灰质炎病毒、人肠细胞病变孤儿病毒、柯萨奇病毒等，其中最危险的是传染性肝炎病毒。

此外，被有机废物污染的土壤，往往是蚊蝇滋生和鼠类繁殖的场所，而蚊、蝇和鼠类又是许多传染病的媒介。因此，被有机废物污染的土壤，在流行病学上被视为特别危险的物质。

7.4 固体废物

7.4.1 固体废物的来源及分类

7.4.1.1 固体废物的来源

固体废物是指在生产、生活和其他活动中产生的丧失原有利用价值或者虽未丧失利用价值但被抛弃或者放弃的固态、半固态和置于容器中的气态的物品、物质以及法律、法规规定纳入固体废物管理的物品、物质。固体废物往往只是一个相对的概念。某一物质在特定的利用过程中，可能在某些性能已经没有使用价值，但并非该物质在一切使用过程或一切性能都没有使用价值，而在某些场合它往往可作为原料加以利用，所以固体废物又有“放在错误地点的原料”之称。

固体废物主要来源于人类的生产和消费活动。人们在开发资源和制造产品的过程中，必然要产生废物；任何产品经过使用和消费后，也都会变成废物。固体废物的重要特点是来源广泛、种类复杂（表 7-6）。

表 7-6 固体废物的来源和组成

类别	来源	主要组成物
工矿业固体废物	矿业	废石、尾矿、金属、废木、砖瓦和水泥、砂石等
	冶金、金属结构、交通、机械等工业	金属、砂石、模型、芯、陶瓷、涂料、管道、绝热和绝缘材料、黏结剂、废木、塑料、橡胶、污垢、烟尘、各种废旧建材等
	能源煤炭工业	矿石、金属、木料、煤矸石、炉渣等
	食品加工业	肉类、谷物、蔬菜、水果、硬壳果、烟草等
	建筑材料业	金属、水泥、瓦、黏土、陶瓷、石膏、石棉、砂石、纸、纤维等
	石油化工业	化学药剂、金属、塑料、橡胶、陶瓷、沥青、油毡、石棉、涂料等
	橡胶、皮革、塑料等工业	橡胶、塑料、皮革、布、线、纤维、燃料、金属等
	造纸、木材、印刷等工业	刨花、锯木、碎木、化学药剂、金属填料、塑料等
	电器、仪器仪表等工业	金属、玻璃、木材、橡胶、塑料、化学药剂、研磨料、陶瓷、绝缘材料等
	纺织服装业	布头、纤维、金属、橡胶、塑料、棉毛等
生活垃圾	居民生活	食物垃圾、饮料、纸屑、木材、庭院废物、编织品、金属、玻璃、塑料品、陶瓷用品、燃料灰渣、碎砖瓦、废器具、粪便、杂品等
	商业、机关	同上，另有管道、碎砌物、沥青及其他建筑材料，废汽车、废电器、废器具，含有易燃、易爆、腐蚀性、放射性废物等
	市政维护、管理部门	碎砖瓦、树叶、死禽畜、金属、锅炉灰渣、污泥、脏土等

类别	来源	主要组成物
农业固体废物	农林业	秸秆、稻草、蔬菜、水果、果树枝条、糠秕、落叶、废塑料、人畜粪便、污泥、农药等
	水产业	腥臭死禽畜，腐烂鱼、虾、贝壳，水产加工污水、污泥、塑料等
危险固体废物	核工业和放射性医疗单位等	含有放射性的金属、废渣、粉尘、污泥、器具、劳保用品、建筑材料等
	其他有关来源	含有易燃性、易爆性、腐蚀性、反应性、有毒性、传染性的固体废物

转引自中国大百科全书（环境科学卷），1983。

7.4.1.2 固体废物的分类及其特点

固体废物的种类繁多，其分类方法也很多：如按化学性质可分为有机废物和无机废物；按其形状可分为固态废物、半固态废物和液态（气态）废物；按危害程度可分为有害废物和一般废物等。《中华人民共和国固体废物污染环境防治法》（2020 年 4 月修订）将其分为工业固体废物、城市生活垃圾、建筑垃圾及农业固体废物、危险废物。

（1）工业固体废物

工业固体废物在工业、交通等生产活动中产生，主要包括由工业生产过程中排入环境的各种废渣、粉尘和其他废物以及开采和选洗矿石过程中产生的废石、尾矿等。工业固体废物通常可分为一般工业固体废物和工业有害固体废物。

1）一般工业固体废物：包括煤渣、粉煤灰、高炉渣、钢渣、有色金属废渣、赤泥、废石膏、盐泥、电石渣和废金属等。①煤渣是从工业和民用锅炉及其他设备燃煤所排出的废渣，又称炉渣。目前排出煤渣最大量的工业是燃煤火力发电厂。煤渣的主要用途是制作建筑材料，但利用量远没有排出量大，故有大量煤渣弃置堆积，不仅占用土地，还可放出含硫气体污染大气环境。②粉煤灰是煤燃烧所产生的烟气中的细灰，一般是指燃煤电厂从烟道气体中收集的细灰，又称飞灰、烟灰。粉煤灰排放量与燃煤中的灰分有关，灰分越高，排放量越大。我国每年排出大量粉煤灰，如不处理或处理不够，则会造成大气尘污染，排入河湖等水体还会造成水污染。煤渣和粉煤灰是我国目前产量大、影响广泛的固体废物。③有色金属渣是有色金属矿物在冶炼过程中产生的废渣。有色金属渣按生产工艺可分为两类：火法冶炼中形成的熔融炉渣、湿法冶炼中排出的残渣。长期以来对有色金属渣采用露天堆置，这不仅占用大量土地，又受风吹雨淋，对土壤、水体、大气也造成污染。有的有色金属渣还含有 Pb、As、Cd、Hg 等有毒有害物质，给堆置地区的生态环境造成严重危害。④赤泥是从铝土矿中提炼氧化铝后排出的工业固体废物。一般含大量氧化铁，所以呈赤色泥土状。通常每生产 1 t 氧化铝要排出 0.6～2.0 t 赤泥，有的国家将赤泥排入海中，因其中含有碱等有害物质而污染海洋，危害渔业生产。有的在陆地堆放，占用农田、污染河流和地下水，干燥后随风飘扬又污染大气。为了减少污染，在赤泥堆场底部要求铺设不透水层，在赤泥堆上应铺土种植植物。积极的办法是开展利用赤泥，如用它做建筑材料、土壤改良剂等。⑤铬渣是生产金属铬和铬盐过程中产生的工业废渣。铬渣的化学成分是 SiO_2、Al_2O_3、CaO、MgO、Fe_2O_3、Cr_2O_6 和 $Na_2Cr_2O_7$。当铬渣露天堆放，受雨、雪淋浸时，所含的六价铬被溶出渗入地下或进入河湖中，严重污染环境。⑥高炉渣与钢渣。高炉渣是高炉炼铁过程排出的渣，可分为炼钢生铁渣、铸造生铁渣、锰铁矿渣等。每炼 1 t 铁排出 0.3～1 t 渣，矿石品位越低，排渣量越大。钢渣是炼钢排出的渣，主要由钙、铁、硅、镁和少量铝、锰、磷等的氧化物组成。世界上钢渣排量占粗钢产量的 15%～20%。钢渣目前已被利用做水泥等建材或做炼铁熔剂等，对环境的影响逐渐减小。⑦盐泥是在氯碱工业中，以食盐为主要原料，用电解方法制取氯、氢和烧碱过程中排出的泥浆，主要成分为氢氧化镁、碳酸钙、硫酸钡和泥沙。通常，每生产 1 t 碱出盐泥 10～15 kg。我国原盐杂质较多，每生产 1 t 碱出盐泥 50～60 kg。汞法（用汞做电极）生产烧碱，每生产 1 t 碱在盐泥中沉淀损失的 Hg 为 150～200 g。含 Hg 盐泥排入水域或陆地会污染水体和土壤，并影响排放地区的景观。

2）工业有害固体废物：工业有害固体废物是指在工业固体废物中，能对人群健康或对环境造成现实危害或潜在危害者，为了便于管理，将它分成几类：①有毒的；②易燃的；③有腐蚀性的；④能传播疾病的；⑤有较强化学反应性的等。工业有害固体废物不得任意排放，为了加强管理，许多国家都制定了管理法规。我国颁布的《工业企业设计卫生标准》（GBZ 1—2010）和《工业“三废”排放试行标准》都对工业有害固体废物的管理和处置作了原则性的规定。工业废物数量庞大，种类繁多，成分复杂，但综合利用率较低。近年来，我国工业固体废物产生量快速增长，2001 年为 8.8×10^8 t，到 2020 年增至 36.8×10^8 t。

（2）城市垃圾

城市垃圾是指城市居民日常生活中或为城市生活提供服务的活动中产生的固体废物，主要包括城市居民的生活垃圾、商业垃圾、市政维护和管理中产生的垃圾等。城市垃圾的种类多而杂，主要有食物、纸、木、布、金属、玻璃、塑料、陶瓷、器具、杂品、燃料灰渣、碎砖瓦、脏土、建筑材料、电器、汽车、树叶、粪便等。

自 19 世纪以来，由于工业发展引起世界性的人口迅速集中，城市规模不断扩大，人口大增，使城市垃圾问题日益突出。当前城市垃圾有如下的特点：①数量剧增：生产的迅速发展使居民生活水平提高，商品消费量迅速增加，垃圾的排出量也随之增加。②成分变化：世界上很多城市的家庭燃料已改用煤气、电力，使垃圾中炉渣大为减少，而各类纸张、塑料、金属、玻璃器皿大大增加。如欧美各城市近 50 年来垃圾中金属所占百分比增加 1 倍，玻璃增加 3 倍。

我国随着城市规模扩大和人口增加，城市生活垃圾的产生量快速增长。据统计，目前我国城市居民人均年产生生活垃圾 40 kg，全国人均日生活垃圾量为 0.86 kg。自 2004 年以来，我国的城市垃圾平均以每年 6%的速度增长。2011 年我国生活垃圾的年清运量为 1.64×10^8 t，到 2020 年增至 2.35×10^8 t，增长了 71%；到 2030 年我国城市垃圾量将达到 5.84×10^8 t。

（3）危险废物

危险废物又称有害废物，是指那些具有毒性、易燃性、腐蚀性、反应性、爆炸性、传染性、放射性的废物，其可能对人类的生活环境产生危害。随意排放、贮存的危险废物在雨水地下水的长期渗透、扩散作用下，会污染水体和土壤，降低地区的环境功能等级。危险废物对人类的健康存在一定的威胁，会通过摄入、吸入、皮肤吸收、眼接触对人类身体而引起毒害，或引起燃烧、爆炸等危险性事件；长期重复接触导致的长期中毒、致癌、致畸、致突变等。另外，危险废物不处理或不规范处理处置会引起大气、水源、土壤等的污染，也将会成为制约经济活动的瓶颈，制约可持续发展。

世界上大部分国家根据危险废物的特性，制定了鉴别标准和危险废物名录。在联合国环境规划署《控制危险废物越境转移及其处置巴塞尔公约修正案（1995—9）》中，列出了45类“应加控制的废物类别”、2类“须加特别考虑的废物类别”和13种有害废物“危险特性的清单”。在我国《国家危险废物名录》中列出了47类有害废物，其中碱溶液或固态碱等5种废物的产生量已占有害废物总量的57.75%。2020年，我国危险废物产生量达7.28×10^7 t，占一般固体废物总量的1.98%。

鉴别危险废物应依据《中华人民共和国固体废物污染环境防治法》《固体废物鉴别导则》判断待鉴别的物品、物质是否属于固体废物，不属于固体废物的，则不属于危险废物。经判断属于固体废物的，则依据《国家危险废物名录》判断。凡列入《国家危险废物名录》的，属于危险废物，不需要进行危险特性鉴别（感染性废物根据《国家危险废物名录》鉴别）；未列入《国家危险废物名录》的，应进行危险特性鉴别。依据《危险废物鉴别标准》，凡具有腐蚀性、毒性、易燃性、反应性等一种或一种以上危险特性的，属于危险废物。对未列入《国家危险废物名录》或根据《危险废物鉴别标准》无法鉴别，但可能对人体健康或生态环境造成有害影响的固体废物，由国务院生态环境主管部门组织专家认定。

（4）农业固体废物

除了上述三类外，固体废物还有来自农业生产、畜禽饲养、农副产品加工和农村居民生活所排出的废物，可通称农业废弃物。农业废弃物种类很多，一般可以归纳几类：①农田和果园残留物，如秸秆、残株、杂草、落叶、果实外壳、藤蔓、树枝和其他废物；②牲畜和家禽粪便以及栏圈铺垫物等；③农产品加工废弃物；④人粪尿及生活废弃物。

农村固体废物是重要的环境污染源和疾病传播源，它常以固态物质、渗出液态物质、释放气态物质以及传播疾病等方式污染环境，危害人体健康。在工业污染源不断得到有效控制之后，广大农村地区的面源污染问题逐渐凸显出来，已经成为我国未来环境污染控制的重点领域之一。随着农村经济的发展和农业结构与耕作方式的改变，农村固体废物呈现产生量增加、成分复杂化、污染程度加剧的趋势。在面源污染负荷中，农村固体废物占有重要比例，是最主要的环境污染源，也是应该控制的重点。2020年我国农村人均日生活性垃圾量为0.86 kg，人均日生产性垃圾量为2.03 kg。其中，生产性垃圾以养殖业垃圾和秸秆杂草垃圾为主，分别占到44.11%和33.36%，大部分以直接再利用方式处理，占46.31%。

（5）建筑垃圾

建筑垃圾具体是指施工建设过程中具体产生的废旧材料、弃土等多种类型的废弃物，可分为土地开挖、道路开挖、旧建筑物拆除、建筑施工和建材生产垃圾等。其中，旧建筑物拆除和建筑施工产生的垃圾占绝大部分。不同结构类型的建筑所产生的垃圾各种成分的含量虽有所不同，但其基本组成是一致的，主要由土、渣土、散落的砂浆和混凝土、剔凿等产生的砖石和混凝土碎块、打桩截下的钢筋混凝土桩头、金属、竹木材、装饰装修产生的废料、各种包装材料和其他废弃物等组成。

建筑垃圾会占用到大量的土地资源，由于在工程建筑建设完毕后，为处理处置遗留下大量建筑垃圾，城市中一般设有建筑垃圾消纳场，造成了土地压力。另外，建筑垃圾给我们的生活环境带来很大的污染和威胁。这类型的垃圾里面包含了建筑用胶、油漆等材料，难以被生物降解，并且还含有很多有害的重金属物质。建筑垃圾还对土壤结构具有一定的破坏力，还会造成地表出现沉降的现象。

7.4.2 固体废物的污染与危害

固体废物种类繁多、性质复杂，其产生源分布广泛，具有跨地区甚至跨国转移运输等特点。这就使得固体废物污染的途径多，污染形式复杂，可直接或间接污染环境，既有即时性污染，又有潜伏性和长期性污染的威胁。在一定条件下，固体废物对水体、大气、土壤和生物等均可造成污染危害。

7.4.2.1 固体废物污染的途径

固体废物虽不是环境介质，但它往往以多种污染成分长期存在于环境之中。一定条件下，固体废物可发生物理的、化学的和生物的转化，以致对周围环境造成潜在的影响。固体废物中的污染成分可通过水、气、土壤、食物链等途径污染环境，并经过多种渠道成为人体的致病因素。通常，工业固体废物所含化学成分能形成化学物质型污染，人畜粪便和生活垃圾是各种病原微生物的滋生地和繁殖场，能形成病原体型污染。这两种类型污染使人体致病的途径如图 7-9 和图 7-10 所示。

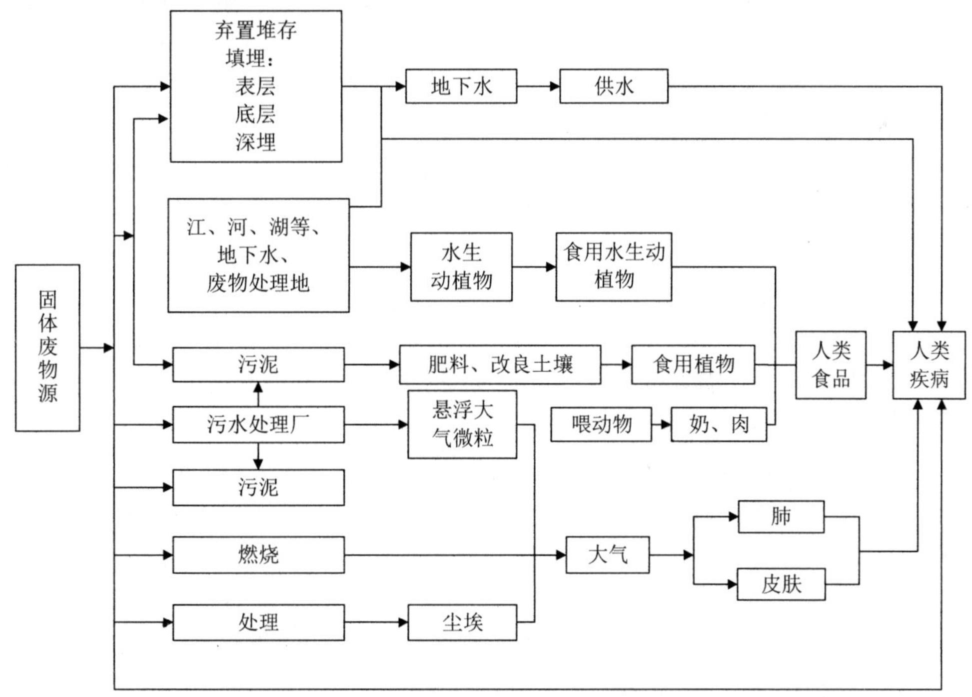

图 7-9 化学物质型固体废物使人体致病的途径

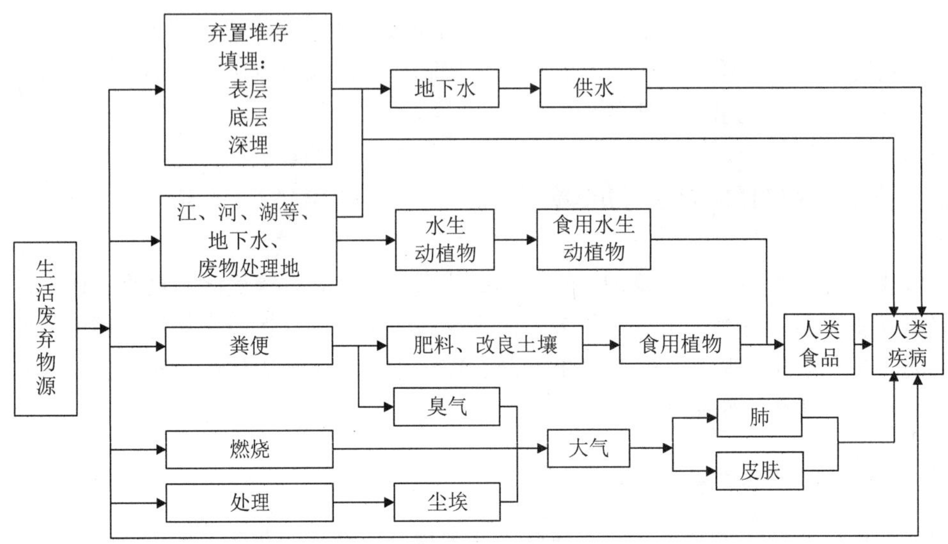

图 7-10　病原体型固体废物传播疾病的途径

7.4.2.2　固体废物的污染危害

1）占用大量土地。固体废物的露天堆放和填埋都需占用大量的土地。随着固体废物的快速增长，其堆放或填埋所占用的土地也将不断增加，这种状况必然加剧可耕地面积短缺的矛盾。例如，2020 年，全国一般工业固体废物的综合利用量为 20.4 亿 t，废物处置量 9.2 亿 t，累计堆放量侵占大量土地，其中有部分耕地。目前，我国许多城市在郊区设置垃圾填埋场，使大量的农田被侵占，破坏当地生态系统。如何妥善解决固体废物的处理、处置，已成为我国面临的一个重要城市管理问题和环境问题。

2）对水体的污染。不少国家直接将固体废物倾倒入河流、湖泊、海洋，甚至把海洋投弃作为一种处置方法。固体废物投入水体会严重污染水质，直接影响和危害水生生物的生存和水资源的利用。投弃海洋的废物会在一定海域造成生物的死区。堆积的固体废物，经过雨水浸淋及自身的分解，渗出液和滤沥液会污染河流、湖泊和地下水。此外，向水体倾倒的固体废物将缩小江河、湖泊的有效面积，从而降低其排洪和灌溉能力。

3）对大气的污染。固体废物中的细微颗粒等可随风飞扬，从而造成大气污染。例如，当粉煤灰和尾矿堆场遇到 4 级以上风力时，灰尘飘扬高度可达 20～50 m，并使平均视程降低 30%～70%。许多固体废物在堆放或者焚化过程中会不同程度地产生毒气和臭气，直接危害人体健康。

采用焚烧法处理固体废物时，还会产生一些有毒有害气体（如二噁英），这种二次污染物对人体健康和生态环境将构成潜在的威胁。目前，固体废物的焚烧已成为许多国家大气污染的主要污染源之一。

4）对土壤的污染。固体废物及其渗出液和滤沥液所含的有害物质会改变土壤性质和土壤结构，并对土壤微生物的活动产生影响。工业固体废物，特别是危险废物经过风化、雨雪淋溶、地表径流冲刷，使得一些有毒液体渗入土壤，毒害土壤中的微生物，破坏土壤的腐解能力，甚至可导致土壤寸草不生。这些有害成分进入土壤，不仅阻碍植物根系生长，还会在植物机体内积蓄，通过食物链影响到人体健康。另外，现代农业中使用的塑料棚、地膜已经给农业生产带来了“白色污染”，成为农业生产中的一大难题。

5）固体废物二次污染。除了上述几种废物对环境造成污染外，在对固体废物进行处理和处置过程中，还可能造成二次污染，对人体健康产生威胁。二次污染主要来源于垃圾的填埋和焚烧，当固体废物进行焚烧处理时，产生的二噁英是一种强致癌物，容易对空气造成二次污染；填埋过程中，当填埋区氧被耗尽时，垃圾中有机物转入厌氧分解，产生的一些废气如果不加以控制或收集利用，也会对环境造成二次污染；垃圾渗滤液中的有毒有害物质长期向地下渗漏，会对周边环境造成严重污染。

6）固体废物污染引发的社会性问题。固体废物的产生量随着社会经济的发展和人口的增多而越来越大，正确的处理方法可有效地缓解其对环境造成的污染，但是如果在运输、处理和处置过程中不加以严格控制，可能会影响居民的正常生活，很容易引起一定的社会性问题。例如，我国江苏省宜兴市的某垃圾焚烧发电厂，在对垃圾进行焚烧的过程中产生大量难闻的气味，长期危害着全村人的身心健康，焚烧厂周边已无法种植粮食作物，严重影响了人们的日常生活。例如 2011 年 4—6 月，140 卡车共计 5 000 余吨的有毒化工废料——铬渣被非法倾倒在曲靖市陆良县三宝镇、越州镇、茨营乡 3 处，铬渣倾倒处“树木枯黄，土壤变色”，而 6 月的一场降雨更是将废渣中所含的剧毒六价铬淋溶至山下的水塘和水库，造成牲畜死亡的恶性事件。因此，只有对固体废物进行正确的处理处置，加强防护措施和管理办法，同时提高固体废物的回收利用率，才能有效地缓解并避免固体废物带来的环境影响问题。

7.5　噪声及其他污染

7.5.1　噪声污染

7.5.1.1　噪声的含义、特点与来源

（1）噪声的含义及特点

噪声是指在一定环境中不应有而有的声音。2022 年 6 月 5 日起施行的《中华人民共和国噪声污染防治法》明确指出“本法所称噪声，是在工业生产、建筑施工、交通运输和社会生活中产生的干扰周围生活环境的声音”。

从环境科学的角度来看，一切妨碍到人们正常休息、学习和工作的声音，以及对正常的声音产生干扰的声音，都属于噪声。噪声污染主要来源于交通运输、车辆鸣笛、工业噪声、建筑施工、社会噪声等。噪声污染属于感觉性污染，从物理学的观点来看，噪声是由各种不同频率、不同强度的声音杂乱、无规律地组合而成。噪声污染与其他物质污染不同点之一是，它与人的主观意愿有关，也与人的生活状态有关，在污染的有无程度上，与人的主观评价关系密切。

噪声的另一特点是局限性和分散性。局限性是指环境噪声影响的范围一般不大，不像大气污染和水污染可以扩散和传递到很远的地区。分散性是指噪声源通常是分散的，这样对它的影响只能规划性防治而不能集中处理。

此外，噪声污染是暂时性的，噪声源停止发声后，噪声的危害和影响即可消除，不像其他污染源排放的污染物，即使停止排放，污染物也可长期停留在环境中或人体内。所以噪声污染是没有长期和积累影响的。

（2）噪声来源

按照噪声源的物理特性，噪声主要来源于物体（固体、液体、气体）的振动，这样可分为气体动力噪声、机械噪声和电磁性噪声。

- 气体动力噪声：当叶片高速旋转或高速气流通过叶片时，会使叶片两侧的空气发生压力突变，激发声波，形成噪声。例如通风机、鼓风机、压缩机、发动机等迫使气流通过进气口与排气口所传出的声音。
- 机械噪声：机械噪声是指物体间在撞击、摩擦作用下产生的噪声。例如锻锤、打桩机、机床、机车、汽车等都能产生这类噪声。
- 电磁性噪声：电磁性噪声是由于电机等的交变力相互作用而产生的声音。例如电流和磁场的相互作用产生的噪声，发电机、变压器的噪声等。这类噪声的强度不随时间而变化，在噪声源的时间性分类中属稳定噪声。

7.5.1.2 噪声的度量和标准

描述噪声特性的方法可分两类：一类是把噪声单纯地作为物理扰动，用描述声波的客观特性的物理量来反映，这是对噪声的客观量度。另一类涉及人耳的听觉特性，根据听者感觉到的刺激来描述，称为噪声的主观评价。噪声强弱的客观量度用声压、声强和声功率等物理量表示。声压和声强反映声场中声的强弱，声功率反映声源辐射噪声本领的大小。声压、声强和声功率等物理量的变化范围非常宽广，在实际应用上一般采用对数标度，以分贝（decibel）为单位，即分别用声压级、声强级和声功率级等量纲一的量来度量噪声。

根据《声环境质量标准》（GB 3096—2008），各类声环境功能区适用表 7-7 规定的环境噪声等效声级限值，“昼间”是指 6：00 至 22：00 之间的时段，“夜间”是指 22：00 至次日 6：00 之间的时段。

表 7-7　环境噪声限值　　单位：dB（A）

声环境功能区类别		时段	
		昼间	夜间
0 类		50	40
1 类		55	45
2 类		60	50
3 类		65	55
4 类	4a 类	70	55
	4b 类	70	60

转引自：声环境质量标准，2008 年 10 月 1 日。

表 7-7 中，声环境功能区类别是指按区域的使用功能特点和环境质量要求分为以下 5 种类型：0 类声环境功能区：指康复疗养区等特别需要安静的区域；1 类声环境功能区：指以居民住宅、医疗卫生、文化教育、科研设计、行政办公为主要功能，需要保持安静的区域；2 类声环境功能区：指以商业金融、集市贸易为主要功能，或者居住、商业、工业混杂，需要维护住宅安静的区域；3 类声环境功能区：指以工业生产、仓储物流为主要功能，需要防止工业噪声对周围环境产生严重影响的区域；4 类声环境功能区：指交通干线两侧一定距离之内，需要防止交通噪声对周围环境产生严重影响的区域，包括 4a 类和 4b 类两种类型。4a 类为高速公路、一级公路、二级公路、城市快速路、城市主干路、城市次干路、城市轨道交通（地面段）、内河航道两侧区域；4b 类为铁路干线两侧区域。

（1）声压和声压级

1）声压（sound pressure）：声波引起空气质点振动，使大气压产生起伏，这个起伏部分，即超过静压的量，称为声压。当声波通过大气中某一点时，在该点的大气压力产生起伏变化，与该点的静压力相比较，因声波存在的某一瞬时所产生的压力增量，称为在该点的瞬时声压。在一定的时间间隔内，某点的瞬时声压的均方根值称为该点的有效声压。在一般情况下，声压是指有效声压。在这种定义下，声压不会是负的，当声波不存在时，声压为 0。在某点的声音强弱，可以用该点的声压大小表示。声压单位为“N/m^2”，用“P”表示。

2）声压级（sound pressure level）：正常人耳刚能听到的声压称为听阈声压，为 2×10^{-5} N/m^2，而使人耳产生疼痛感觉的声压叫痛阈声压，为 20 N/m^2。这样，从听阈到痛阈，声压绝对值的相差非常大，达 100 万倍。因此，用声压的绝对值表示声音强弱是很不方便，再者，人对声音响度的感觉是与声音的强度的对数成比例，所以，为了方便起见，通常用一个声压比的对数来表示声音的大小，这就是声压级，用 L_p 表示，单位为分贝（dB）。分贝是一个相对单位，对声压与基准声压之比，取以 10 为底的对数，再乘以 20，就是声压级的分贝数。即

$$L_P = 20\lg\frac{P}{P_0} \tag{7.8}$$

式中，L_p——声压级，dB；

P——声压，N/m^2；

P_0——基准声压，即听阈声压（$P_0=2\times10^{-5}$ N/m^2）。

通常声压级变化范围为 0～120 dB。

（2）声功率和声功率级

1）声功率：声功率是描述声源性质的物理量，表示声源在单位时间内发射出的总声能，常用单位是“W”，符号用“$\overline{W}$”表示。声功率是反映声源辐射声能本领大小的物理量，与声压或声强等物理量有密切关系。

2）声功率级：一个声源的声功率级等于这个声源的声功率（$\overline{W}$）与基准声功率（$\overline{W}_0$）的比值的常用对数乘以 10。它的数学表达式为

$$L_{\overline{W}} = 10\lg\frac{\overline{W}}{\overline{W}_0} \tag{7.9}$$

式中，$L_{\overline{W}}$——对应于声功率（W）的声功率级，dB；

$\overline{W}_0$——基准声功率，在噪声测量中，目前采用$\overline{W}_0=10^{-12}$ W。

（3）声强和声强级

1）声强：声波在媒质中传播时伴随着声能流。在声场中某一点，通过垂直于声波传播方向的单位面积在单位时间内所传过的声能，称为在该点声传播方向上的声强，其单位是“W/m²”，符号是“I”。声强与声压有密切关系，在噪声测量中，声压比声强容易直接测量，因此，往往根据声压测定的结果间接求出声强。

2）声强级：一个声音的声强级等于该声音的声强与基准声强（I_0）的比值的常用对数乘以 10。其数学表达式为

$$L_I=10\lg\frac{I}{I_0} \tag{7.10}$$

式中，L_I——对应于声强为I的声强级，dB；

I_0——基准声强，在噪声测量中，通常采用 $I_0=10^{-2}$ W/m²。

在室温时，与基准声压 $P_0=2\times10^{-5}\,\text{N/m}^2$ 时相对应的声强近似等于基准声强 I_0。因此，在自由声场中，声压级与声强级在数值上近似相等，即 $L_I\approx L_p$。

通过对数关系把 10^6 或 10^{-12} 的可听声动态范围的变化，压缩成仅用三位有效数字即可表示的形式，从而大大方便了对声学物理量的计算。这里的级只是一种作为相对比较的量纲一的单位。现将声压与声压级、声强与声强级、声功率与声功率级的换算列出，如图 7-11 所示。

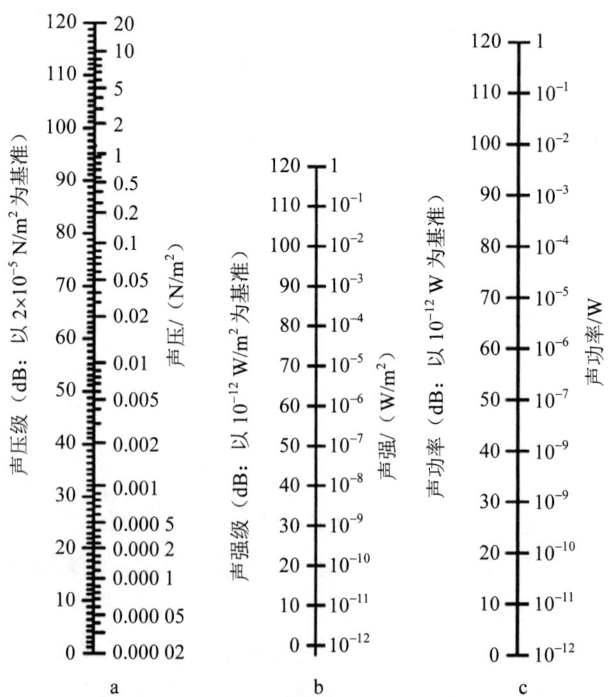

转引自林肇信．环境保护概论（第 2 版）．高等教育出版社，1999。

图 7-11 各种声级的换算

（4）噪声级（dB）的相加与平均值

1）噪声级的相加：噪声级相加一定要按能量（声功率或声压平方）相加，而不能按声压相加。以下介绍两种算法：

A. 公式法

设有两个声压级 L_1（dB）和 L_2（dB）相加和，求合成的声压级 L_{1+2}（dB），可按下列步骤计算：

第一步：因 $L_1 = 20\lg\frac{P_1}{P_0}$（dB）和 $L_2 = 20\lg\frac{P_2}{P_0}$（dB），运用对数换算得

$$P_1 = P_0 10^{\frac{L_1}{10}} \text{和} P_2 = P_0 10^{\frac{L_2}{10}}$$

第二步：合成声压 P_{1+2}，按能量相加则

$$(P_{1+2})^2 = P_1^2 + P_2^2$$

即

$$(P_{1+2})^2 = P_0^2(10^{\frac{L_1}{10}} + 10^{\frac{L_2}{10}}) \text{或} \frac{(P_{1+2})^2}{P_0^2} = 10^{\frac{L_1}{10}} + 10^{\frac{L_2}{10}}$$

第三步：按声压级的定义合成的声压级

$$L_{1+2} = 20\lg\frac{P_{1+2}}{P_0} = 10\lg(\frac{P_{1+2}}{P_0})^2$$

即

$$L_{1+2} = 10\lg(10^{\frac{L_1}{10}} + 10^{\frac{L_2}{10}})\ (\text{dB})$$

例如，$L_1 = 80\,\text{dB}$，$L_2 = 80\,\text{dB}$，求 L_{1+2}=?

解：$L_{1+2} = 10\lg\left(10^{\frac{80}{10}} + 10^{\frac{80}{10}}\right) = 10\lg 2 + 10\times 8 = 3 + 80 = 83$ （dB）

B. 查表法

例如，$L_1 = 96\,\text{dB}$，$L_2 = 90\,\text{dB}$，求 L_{1+2}=?

先算出两个声音的分贝差，再查表 7-8 和图 7-12，找出 6 dB 值差相对应的增值，然后加在分贝数大的 L_1 上，得出 L_1 与 L_2 的和 L_{1+2}=96+1=97 dB。

表 7-8　声压级差与其增值

声压级差 L_1-L_2/dB	0	1	2	3	4	5	6	7	8	9	10
增值 ΔL/dB	3.0	2.5	2.1	1.8	1.5	1.2	1.0	0.8	0.6	0.5	0.4

转引自何强，井文涌，王翊亭．环境学导论（第 3 版）．清华大学出版社，2004。

如果是几个分贝数相加，可逐步加和计算。

例如，84 dB、87 dB、90 dB、95 dB、96 dB、91 dB、85 dB、79 dB 这 8 个分贝值相加，可按图 7-12 进行：

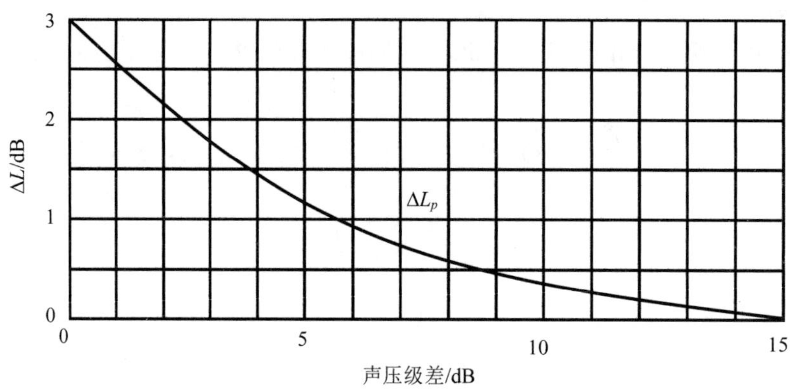

转引自刘天齐等，环境保护概论. 高等教育出版社，1982。

图 7-12 分贝差的增值

2）噪声级的平均值。一般来说，噪声级的平均值不能按算术平均值计算，计算平均值有如下两种方法：

A. 公式法

$$\overline{L}=10\lg\left[\frac{1}{n}\sum_{i=1}^{n}10^{\frac{L_i}{10}}\right]=10\lg\sum_{i=1}^{n}10^{\frac{L_i}{10}}-10\lg n$$

式中，$\overline{L}$——n 个噪声源的平均声级；

L_i——第 i 个噪声源的声级；

n——噪声源的个数。

B. 查表法

先按求和方法，把几个噪声源相加，再减去$10\lg n$。例如，将 105 dB、103 dB、100 dB、88 dB 这 4 个 dB 值平均，则先在图 7-11、表 7-8 查得其加和值为 108.3 dB。然后再由 108.3 dB 减去$10\lg 4$，$10\lg 4\approx 6$，即 108.3 – 6 = 102.3 dB，经四舍五入得平均数为 102 dB。

（5）噪声级

1）A 声级：声压级只能反映人们对声音强度的感觉，还不能反映出人们对频率感觉。由于人耳对高频声音比对低频声音较为敏感，因此声压级相同而频率不同的声音听起来有不同的感觉。这样，欲表示噪声的强弱，就必须同时考虑声压级和频率对人的作用。这种共同作用的强弱称为噪声级。噪声级可借噪声计测量，它能把声音转变为电压，经过处理后用电表指示分贝数。噪声计中设有 A、B、C 3 种特性网格，其中 A 网格可将声音的低频大部分滤掉，能较好地模拟人耳的听觉特性。由 A 网格测出的噪声级称声级，其单位为分贝，符号为 dB（A）。A 声级越高，人们越觉吵闹。因此现在大部分采用 A 声级来衡量噪声的强弱。表 7-9 给出一些声源的声级及其对人的影响。

表 7-9　日常噪声源的声级及其对人的影响

声级/dB	噪声源	对人的影响
0～20	夜深人静时，手表滴答声	消声状态、环境相当安静
20～40	人们的轻声耳语、图书馆书页轻轻翻动的声音	环境舒适清幽、适宜人们充分睡眠和休息
40～70	办公室的工作环境在 50 dB 左右，人们一般的交谈在 60 dB 左右	适合正常的学习和工作、正常的睡眠受到影响
70～90	繁华的街道上、公共汽车内、建筑工地上	人们的谈话、学习和工作会受到干扰
＞90	如机场附近、火车通过、电锯的开动	人的听力会明显下降甚至耳聋，并且出现眼痛、头痛、心慌、失眠、血压升高等症状，引发神经、消化和心血管系统的疾病
＞150	火箭导弹发射	突然暴露在 150 dB 的环境中，人的鼓膜会破裂出血，双耳完全失去听力，最严重时会置人于死地

转引自周雪飞，张亚雷. 图说环境保护，同济大学出版社，2010。

2）等效连续 A 声级：许多地区的噪声是时有时无、时强时弱。例如，公路两侧的噪声，当有车辆通过时，测得 A 声级就大；当没有车辆通过时，测得的 A 声级就小。这与从具有稳定声源的区域中测出的 A 声级数值不同，后者随时间变化甚小。为了较准确地评价噪声强弱，1971 年国际标准化组织公布了等效连续 A 声级，它的定义是

$$L_{\mathrm{eq}}=10\lg\frac{1}{T_2-T_1}\int_{T_1}^{T_2}10^{\frac{L_P}{10}}\,\mathrm{d}t \tag{7.11}$$

式中，L_{eq}——等效连续 A 声级，dB（A）；

T_1、T_2——噪声测量的起始、终止时刻；

L_p——噪声级。

式（7.11）把随时间变化的声级变为等声能稳定的声级，因此被认为是当前评价噪声最佳的一种方法。不过由于式中 L_p 是时间的函数，所以不便于应用。而一般进行噪声测量时，都是以一定的时间间隔来读数的，如每隔 5 s 读一个数，因此采用下式计算等效连续 A 声级较为方便：

$$L_{\mathrm{eq}}=10\lg\frac{1}{n}\sum_{i=1}^{n}10^{\frac{L_i}{10}} \tag{7.12}$$

式中，L_i——等间隔时间 t 读的噪声级；

n——读得的噪声级 L_i 的总个数。

反映夜间噪声对人的干扰大于白大的是昼夜等效 A 声级，用 L_{dn} 表示，其计算公式如下：

$$L_{\mathrm{dn}}=10\lg\left\{\frac{1}{24}\left[16\times10^{\frac{L_{\mathrm{d}}}{10}}+8\times10^{\frac{L_{\mathrm{n}+10}}{10}}\right]\right\} \tag{7.13}$$

式中，L_{d}——白天（6：00—22：00）的等效 A 声级；

L_n——夜间（22：00—6：00）的等效 A 声级。

式中，夜间加上 10 dB 以修正噪声在夜间对人的干扰作用大于白天的情况。

此外，统计 A 声级（用 L_N 表示）则是用于反映噪声的时间分布特性。常用的有：

L_{10}——10%的时间内所超过的噪声级；

L_{50}——50%的时间内所超过的噪声级；

L_{90}——90%的时间内所超过的噪声级。

例如，L_{10} = 70 dB（A），就表示一天（或测量噪声的整段时间）内有 10%的时间，噪声超过 70 dB（A），而 90%的时间，噪声低于 70 dB（A）。

7.5.1.3 噪声的危害

噪声是影响面最广的一种环境污染，对人体健康会造成重大的危害，也会显著降低人们的生活质量。其主要危害有以下几个方面：

（1）损伤听力

人们在强噪声环境中暴露一定时间后，听力会下降，离开噪声环境到安静的场所休息一段时间，听觉就会恢复。这种现象称为暂时性阈移，又称听觉疲劳。但长期在强噪声环境中工作，听觉疲劳就不能恢复，而且内耳感觉器官会发生器质性病变，由暂时性阈移变成永久性阈移，即噪声性耳聋，或噪声性听力损失。随着年龄的增加，在正常生活中人耳也会逐渐变聋，但暴露在 80 dB 以上的噪声环境中耳聋会变得更快。表 7-10 给出了长期生活在噪声环境下耳聋发病率的统计结果。

表 7-10 工作 40 年后噪声性耳聋发病率

单位：%

噪声/dB（A）	国际统计（ISO）	美国统计
80	0	0
85	10	8
90	21	18
95	29	28
100	41	40

研究结果表明，暴露在 A 声级 80 dB 以下的职业性噪声，可能会造成听力损失，一般不致引起噪声性耳聋；在 80 dB 以上，每增加 5 dB 发病率将增加 10%。

（2）干扰睡眠

噪声会干扰人的睡眠，尤其对老人和病人这种干扰更显著。当人的睡眠受到噪声干扰后，工作效率和健康都会受到影响。研究表明，连续噪声可以加快熟睡到轻睡的回转，使人多梦，熟睡时间缩短，突然的噪声可使人惊醒。一般来说，40 dB 的连续噪声可使 10%的人受到影响，70 dB 可影响到 50%的人；而突发的噪声在 40 dB 时，可使 10%的人惊醒；到 60 dB 时，可使 70%的人惊醒。

图 7-13 为室内 A 计权声级与扰眠率之间的关系，A 计权声级指经过 A 计权网络测出的噪声级。声级越高，扰眠率越高。

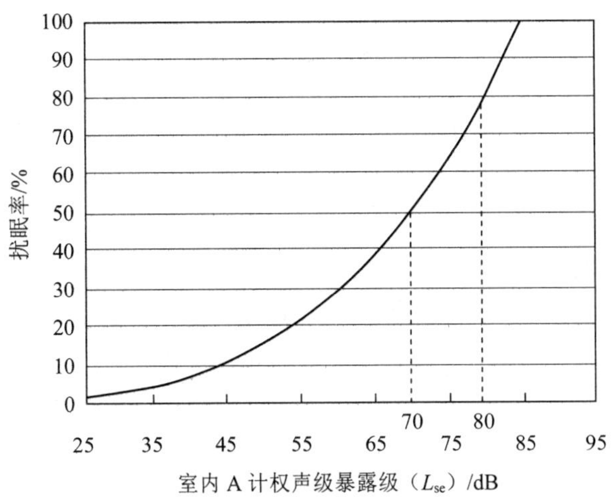

图 7-13　室内 A 计权声级与扰眠率之间的关系

转引自沈颖等．夜间单个飞机噪声事件对机场周围居民睡眠的影响分析，2000。

（3）引起多种疾病

人在噪声环境中，常会感到烦恼、难受、耳鸣，少数人可出现晕眩、恶心、呕吐等症状。一些实验表明，噪声会引起人体紧张的反应，刺激肾上腺的分泌，由此引起心率改变和血压升高。噪声还会使人的唾液、胃液分泌减少，胃酸降低，从而易患胃溃疡和十二指肠溃疡。极强的噪声能使人的听觉器官发生急性外伤，引起耳膜破裂出血、双耳变聋、语言紊乱、意识不清、脑震荡和休克，甚至死亡。在高噪声环境下，会使一些女性的性机能紊乱，月经失调，孕妇流产率增高。

表 7-11 为发生噪声性耳聋的百分率，所列是在各个 A 声级下不同暴露年限（限于 8 小时工作制）时出现的噪声性耳聋的百分率。

表 7-11　发生噪声性耳聋的百分率　　单位：%

A 声级/dB	暴露年限/a						
	0	5	10	15	20	25	30
80	0	0	0	0	0	0	0
85	0	1.0	2.6	4.0	5.0	6.1	6.5
90	0	3.0	6.6	10	11.9	13.4	15.6
95	0	5.7	12.3	18.2	21.4	24.1	26.7
100	0	9.0	20.7	30.0	35.9	35.9	40.8
105	0	13.2	31.7	44.0	49.9	49.9	57.8
110	0	19.0	46.2	61.0	68.4	68.4	73.8
115	0	26.0	61.2	79.0	83.9	83.9	84.3

（4）影响心理健康

噪声引起的心理影响主要是使人烦恼激动、易怒，甚至失去理智。噪声也容易使人疲劳，往往会影响精力集中和工作效率，尤其是对那些要求注意力高度集中的复杂作业和从事脑力劳动的人，影响更大。另外，由于噪声的心理学作用，分散了人们的注意力，容易引起工伤事故。特别是在能够遮蔽危险警报信号和行车信号的强噪声下，更容易发生事故。

（5）干扰语言交流

噪声对语言通信的影响，来自噪声对听力的影响。这种影响，轻则降低通信效率，影响通信过程；重则损伤人们的语言听力，甚至使人们丧失语言听力。实验证明，噪声干扰交谈通信的情况如表 7-12 所示。

表 7-12　噪声级对交谈、通信的影响

噪声级/dB（A）	主观反映	保证正常谈话距离/m	通信质量
45	安静	10	很好
55	稍吵	3.5	好
65	吵	1.2	较困难
75	很吵	0.3	困难
85	太吵	0.1	不可能

转引自周率，张孟青. 环境物理学，中国环境科学出版社，2001。

（6）次声危害

次声的影响在 20 世纪 70 年代以后才引起普遍重视。次声人耳是无法听到的，次声对人会产生头昏头晕、中耳压感和堵塞感、胸部发闷或胃部不适、呕吐感等。如乘车、乘船或坐飞机时出现的晕车、晕船现象。

图 7-14 为 D.L.约翰逊总结若干实验提出的次声评价标准。曲线 A 是生理损伤的评价标准，声压级在这曲线以下不至于会产生明显的生理损伤。曲线 B 是根据建筑物振动或中耳压感定出的干扰声压级；曲线 B 相当于可听声范围的 45 方；区域 C 是次声的听阈区。

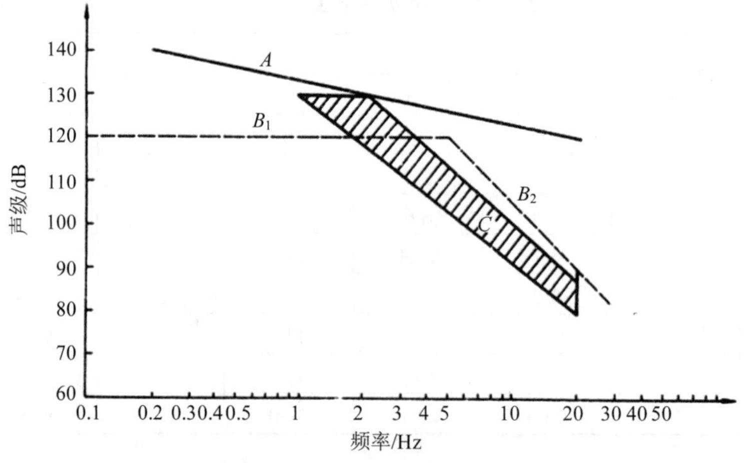

图 7-14　次声评价标准

7.5.2 其他物理性污染

7.5.2.1 热污染

由于人类的某些活动，使局部环境或全球环境发生增温，并可能对人类和生态系统产生直接或间接、即时或潜在危害的热量超标现象，可称为热污染或环境热污染。形成热污染的原因主要有两个：①在能源消耗和动能转换过程中，向环境排放大量的CO_2、蒸汽和废热；②人类活动大面积改变了环境的热平衡。热污染现象及其对环境的影响已引起人们的广泛关注。

（1）大气热污染

向大气排放的热污染对大气的影响主要表现为：

1）温室效应增强：温室效应是指透射阳光的密闭空间由于与外界缺乏热交换而形成的保温效应，就是太阳短波辐射可以透过大气射入地面，而地面增暖后放出的长波辐射却被大气中的CO_2等物质所吸收，从而产生大气变暖的效应。目前全球能源消耗中很大部分仍为矿物燃料，使得排入大气的温室气体总量在增加。以大气中的CO_2为例，这些CO_2不仅可使大量的太阳辐射透过大气层辐射到地球表面，而且还能吸收地球表面辐射出来的红外线，从而使近地层的大气升温。因此，排热越多，反映大气中的CO_2的含量越升高，温室效应越明显。

2）城市热岛效应：由于城市的人口集中，建筑群、活动场和街道等代替了地面的天然覆盖层，从而减少了散热面积，加上工业生产和机动车辆行驶的排热，在很大程度上形成城市气温高于郊区农村的所谓“热岛效应”，并加剧了“温室效应”。

3）对臭氧层的损耗：臭氧层位于距地面20～30 km的上空，是大气层的平流层中臭氧浓度相对较高的部分。由于现代工业向大气中释放大量的氟氯烃和溴卤化烷烃，并且超音速喷气式飞机在平流层中穿行，飞机涡轮排放废气杂质以及制冷剂氟氯化烃，引起臭氧减少。臭氧层的破坏，致使臭氧层所具备的吸收紫外线和保护地球生物生存的能力明显降低，同时使得大气中温室气体浓度上升，间接造成大气热污染加剧。

（2）水体热污染

水体热污染的主要来源是工业冷却水，其以电力工业为主，其次是冶金、石油、化工、造纸及机械等工业。以火力发电厂为例，它的热效率为35%～38%，废热中的10%～15%来自烟囱逸散，余下部分则通过冷却水排出。核电站也是水体热污染的主要热量来源之一，核电站的热效率较火电为低，自堆芯产生的热能几乎有2/3不得不弃于环境中。这些工业废热量直接排入河流、湖泊和海洋等水体，使水温升高，给水生生物和水生生态系统带来不利影响。

水体温度的变化会改变水的物理、化学及生化性能。当温度上升时，水体黏度下降、流速加快、沉积物增多，使水中溶解氧减少；水体的自净能力也会因水生生物的生化需氧量增加而减弱，并导致水体缺氧而散发异味。局部水温过高会引起生物群落发生变化，甚至导致一些水生生物死亡。

在有机污染的河流中，当温度增高时，一般会使细菌的数目增多。通常水中的藻类种群有一个适宜其生存的温度范围。例如，在未受污染的河流中，最适于硅藻生长的温度为18～20℃，绿藻为30～35℃，而蓝绿藻则为35～40℃。如果水温由10℃升至38℃，水体的优势种群会由硅藻变为绿藻，可再变为蓝绿藻。当温度升高时，一些较耐高温的物种可与占优势的蓝绿藻继续存在。当蓝绿藻占优势并迅速繁殖时，会释放出恶臭、有毒物质，且遮蔽阳光，使水生植物因光合作用受到阻碍而死亡，腐败后又会释放出氮、磷等营养物质，供藻类进一步繁殖生长。从而造成恶性循环，藻类大量繁殖，水质恶化而又腥臭，水中缺氧，造成鱼类窒息死亡。此外，水温升高会引起水生植物蔓延滋生，严重时还会影响水流和航运。

环境热污染对人类的危害大多是间接的。首先冲击对温度敏感的生物，破坏原有生态平衡，然后以食物短缺、疫病流行等形式波及人类。

7.5.2.2 电磁污染

（1）电磁污染及其污染源

电磁污染是指天然的和人为的各种电磁波干扰，以及对人体有害的电磁辐射。在环境科学研究中，主要是指当电磁场的强度达到一定限度时，对人体机能产生的破坏作用。现今，由于无线电广播、电视、手机以及微波技术等的应用迅速普及，射频设备的功率成倍提高，地面上的电磁辐射大幅增加，已直接威胁到人体健康。当机体处于射频电磁场的作用下，它能吸收一定的辐射能量，发生生物学效应。这种生物学效应主要表现为热效应，即机体把吸收的辐射能转换为热能，形成由于过热而引起的损伤。

影响人类生活环境的电磁污染源又分为天然的和人为的两大类：

1）天然的电磁污染是某些自然现象引起的：最常见的是雷电，它除了可以对电气设备、飞机、建筑物等直接造成危害外，还可在广大地区从几千赫到几百兆赫的极宽频率范围内产生严重的电磁干扰。此外，火山喷发、地震和太阳黑子活动引起的磁暴等也都会产生电磁干扰。天然的电磁污染对短波通信的干扰特别严重。

2）人为的电磁污染主要有：①脉冲放电。例如，切断大电流电路时产生的火花放电，其瞬时电流变化率很大，会产生很强的电磁干扰。②工频交变电磁场。例如，在大功率电机、变压器以及输电线等附近的电磁场，它并不以电磁波形式向外辐射，但在近场区会产生严重电磁干扰。③射频电磁辐射。目前，射频电磁辐射已成为电磁污染环境的主要因素。

（2）电磁辐射污染的危害

电磁辐射，其波越短，生物活性越高，即电磁辐射污染的危害随频率的增高而加大。

1）中、短波频段（高频）对人体的危害：高频电磁场对机体的主要影响是引起神经衰弱和植物神经功能失调。

2）超短波和微波对人体的危害：超短波与微波的频率很高，特别是微波，均在3×10^8 Hz以上。在这样高频率的微波辐射作用下，人体在反射了部分电磁波的同时也吸收了一部分。被吸收的微波辐射能量使人体组织内的分子和电介质的偶极子产生射频振动，并与介质摩擦，使动能转变为热能，引起升温。微波对人体的危害，主要会导致眼睛的白内障和角膜损害。当频率在 500 MHz 以上、功率在 100 mW/cm^2 以上的电磁波照射眼睛时，可导致白内障，一般以此作为致白内障的阈值。长时间的微波辐射能破坏脑细胞，使大脑皮质细胞活动能力减弱，抑制已形成的条件反射，并能导致神经系统机能紊乱、出现头痛、头晕、乏力、记忆力减退以及失眠、多梦、易激怒等症状。长期的微波辐射可引起血液内白细胞和红细胞数的减少，并使血凝时间缩短。

7.5.2.3　光污染

（1）光污染及其来源

光污染是指光辐射过量而对生活、生产环境以及人体健康产生的不良影响。光包括可见光、红外线和紫外线。每种光子具有一定的能量，波长越短，频率越高的光子，其能量越大。可见光是由非常热的物体所产生，最常见的可见光污染是眩光。例如，现代城市里，常用玻璃、铝合金装饰宾馆、饭店等建筑的外墙，在太阳光的照射下，这些装饰材料的反射强度远高于一般的绿地、森林和深色装饰材料，大大超过人体所能承受的范围，其反射效果使人感觉头晕眼花，也称“白亮污染”。此外，汽车夜间行驶时使用的光灯、市区建筑物上五颜六色的霓虹灯、广告灯等也是光污染。

核爆炸、熔炉、电焊等发出的强光辐射，一些专用仪器设备产生的紫外线，以及应用于军事和民用领域中的红外技术所发出的红外线等，也会造成严重的光污染。

（2）光污染的危害

光污染的直接危害是导致人的视力下降。在强光照射下长时间工作，会给眼部和裸露皮肤造成深度伤害。激光作为光污染的一种特殊形式，它可通过人眼晶状体的聚焦作用后到达眼底，其强度可增大 10 倍乃至数百倍，从而对人眼产生较重的伤害。属于红外和紫外范围的激光光谱，会伤害眼结膜、虹膜和晶状体。

红外线污染对人体可造成高温伤害。较强的红外线对人体皮肤造成的伤害程度与烫伤相似，最初为灼痛、继局部红肿发展到烧伤。红外线对眼的伤害程度与其波长有关。红外线波长为 0.7～1.3 μm 会造成眼底视网膜伤害；当波长超过 1.1 μm，几乎全部为角膜吸收，会造成角膜烧伤；波长在 1.4 μm 以上，其绝大部分能量可为角膜和眼内液所吸收而透不到虹膜；小于 1.3 μm 的红外线能透到虹膜造成虹膜伤害。人眼若长时间暴露在红外线下则可能引起白内障。

紫外线污染对人体主要是伤害眼角膜和皮肤，其危害也同波长有关。波长为 0.25～0.305 μm 的远紫外线会造成角膜损伤；当波长为 0.28～0.32 μm 和 0.25～0.26 μm 时，对皮肤的效应最强，严重的可引发皮肤癌。紫外线对角膜的伤害作用表现为角膜剧痛、白斑，严重时可导致流泪、眼睑痉挛、眼结膜充血和睫状肌抽搐。其对皮肤的伤害主要是引起线斑和小水泡，严重时可使表皮脱落或坏死。人体皮肤所在部位对紫外线的伤害程度不一，以胸、腹、背部最为敏感。

7.5.2.4　放射性污染

放射性污染是指由于人类活动排放出的放射性污染物，对环境和人体造成的污染和危害。而从自然环境中释放出的天然放射，可以视为环境的背景值。这样，放射性污染物是指人类释放的各种放射性核素，它与一般的化学污染物有显著区别，即放射性污染物的放射性与其化学状态无关。每一种放射性核素都有一定的半衰期，能放射具有一定能量的射线。除了在核反应条件下，任何化学、物理或生化的处理都不能改变放射性核素的这一特性。

（1）污染来源

环境中放射性物质有以下主要来源：

1）核工业：核工业各类部门排放的废水、废气、废渣是造成环境放射性污染的主要原因。核燃料生产循环的每一个环节都排放出放射性物质，但不同环节排放量不同。

铀矿开采过程对环境的放射性污染，主要是氡和氡的子体以及放射性粉尘对大气的污染，放射性矿井水对水体的污染，废矿渣和尾矿等固体废物污染。铀矿石在选冶过程中，排出的放射性废水、废渣量都很大，排入河流后，常常造成河水中铀和镭含量明显增高，尾矿中的镭为原矿的93%～98%，铀为原矿的5%～20%，所以尾矿中镭及其子体氡是污染环境的主要放射性核素。铀精制厂、铀元件厂和铀气体扩散厂对环境的污染都较轻。

2）核电站：核电站排出的放射性污染物为人工放射性核素，即反应堆材料中的某些元素在中子照射下生成的放射性活化产物，由于元件包壳的微小破损而泄漏的裂变产物，元件包壳表面污染的铀的裂变产物。核电站排放的放射性废气中有裂变产物^{131}碘、氚和惰性气体^{85}氪、^{133}氙，活化产物有^{14}氮、^{41}氩和^{14}碳以及放射性气溶胶。

核电站排入环境的放射性污染物的数量与反应堆类型、功率大小、净化能力和反应堆运行状况等有关。如早期一座核电站每年排出的废水放射性强度（除氚外），一般为几居里（Ci①）到几十居里。20世纪70年代后期，年排放量大大减少，只有个别核电站超过5 Ci。在正常情况下，核电站对环境的放射性污染很轻微，如生活在核电站周围的绝大多数居民，从核电站排放的放射性核素中接受的辐射剂量，一般不超过背景辐射剂量的1%。只有在核电站反应堆发生堆芯熔化事故时，才可能造成环境的严重污染。例如2011年3月11日，在日本发生的严重的福岛核泄漏事故，这次核泄漏事故使电站周围6万多km^2土地受到直接污染，320多万人受到核辐射侵害，造成人类和平利用核能史上的一次大灾难。

3）核燃料后处理厂：核燃料后处理厂是将反应堆辐照元件进行化学处理，提取钚和铀再度使用。后处理厂排入环境的放射性核素为裂变产物和少量超铀元素。其中一些核素半衰期长、毒性大（如^{90}锶、^{137}铯和^{239}钚），所以后处理厂是核燃料生产循环中造成环境污染的重要污染源。

4）核试验：核爆炸在瞬间能产生穿透性很强的中子和γ辐射，同时产生大量放射性核素。前者称为瞬间核辐射，后者称为剩余核辐射。剩余核辐射有3个来源：①裂变核燃料进行核反应时产生的裂变产物，约有36种元素、200多种同位素；②未发生核反应的剩余核燃料，主要是^{235}铀、^{239}钚和氚；③核爆炸时产生的中心和弹体材料以及周围空气、土壤和建筑材料中的某些元素发生核反应而产生的感生放射性核素。

核爆炸产生的放射性核素除了对人体产生外照射外，还会通过空气和食物产生内照射。其中危害最大的核素是^{89}锶、^{90}锶、^{137}铯、^{131}碘、^{14}碳和^{239}钚等。

---

① $1\ Ci=3.7\times10^{10}\ Bq$。

核爆炸产生的放射性核素在爆炸高温下呈气态，并随爆炸火球上升。待爆炸火球温度逐渐下降，气态物质便凝成颗粒随蘑菇状烟云扩散，逐渐沉降到地面。这些沉降的放射性颗粒叫放射性沉降物，又叫落下灰。放射性沉降分为近区沉降和全球性沉降。近区沉降指爆炸后几小时到 1 天内在爆炸区附近和下风向几百千米范围内的沉降，沉降物颗粒较大。全球性沉降过程是：细小放射性颗粒随烟云到达对流层顶部，进入平流层，并随大气环流流动，经过若干天甚至几年才重新回到对流层，造成全球性污染。核爆炸高度越高，近区沉降物越少。地面爆炸时，近区沉降的放射性物质占总放射性物质的 60%～80%。在离地面 30 km 以上进行高空爆炸，几乎没有近区沉降物。

核试验造成的全球性污染比核工业造成的污染严重得多。1970 年以前，全世界因大气层核试验进入平流层的 ^{90}锶达 1 550 万 Ci，其中 1 500 万 Ci 已沉降到地面，而世界上最大的核工业后处理厂年排放的 ^{90}锶，一般只在 4 Ci 级。

（2）危害和影响

放射性气体对人产生辐照伤害通常有 3 种方式：①浸没照射。人体浸没在放射性污染的空气中，全身和皮肤会受到外照射。②吸入照射。吸入放射性气体，使全身或甲状腺、肺等器官受到内照射。③沉降照射。沉积在地面的放射性物质对人体产生的照射，如产生 γ 外照射或通过食物链而转移到人体内产生内照射。沉降照射的剂量一般较浸没照射和吸入照射的剂量小，但有害作用持续时间长。

放射性物质主要是通过食物链经消化道进入人体，其次是经呼吸道进入人体；通过皮肤吸收的可能性很小。放射性核物质进入人体的途径参见图 7-15。

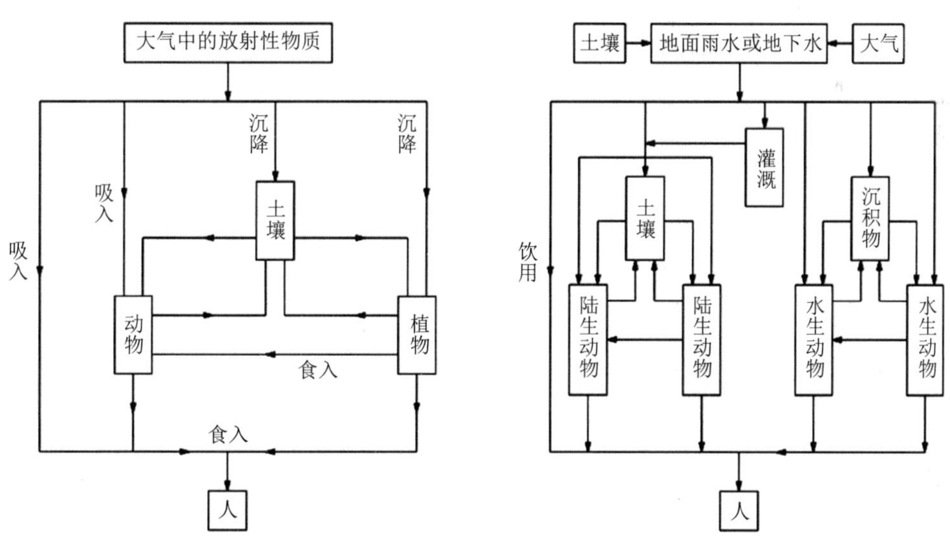

图 7-15 放射性物质进入人体的途径

转引自周雪飞，张亚雷．图说环境保护，同济大学出版社，2010。

放射性核素进入人体后，其放射线对机体产生持续照射，直到放射性核素蜕变成稳定性核素或全部排出体外为止。就多数放射性核素而言，它们在人体内的分布是不均匀的。放射性核素沉积较多的器官，受到内照射量较其他组织器官大，因此，在一定剂量下，常观察到某些器官的局部效应。就目前所知，人体内受某些微量的放射性核素污染并不影响健康，只有当辐射达到一定剂量时，才能出现有害影响。

当内辐射大剂量急剧增长时，可能出现急性效应。只有由于意外放射性事故或核爆炸时才可能发生。1986 年 4 月 26 日苏联切尔诺贝利核电站核泄漏事故，位于今乌克兰境内的切尔诺贝利核电站 4 号反应堆发生爆炸，造成 30 人当场死亡，8 t 多强辐射物泄漏。低剂量放射物质在体内长期作用时，导致慢性放射损伤。人体会出现头痛、头晕、食欲下降、睡眠障碍等神经系统和消化系统的症状，继而出现白细胞和血小板减少，免疫力下降等。超剂量放射物质在体内长期作用，可产生远期效应，如出现肿瘤、白血病和遗传障碍等。

7.5.3 生物及居室环境污染

7.5.3.1 生物污染

生物污染是指环境中某些污染物质在生物体表面吸附或在体内吸收与积累，其数量超出了生物自身的正常含量，以致对生物的生活产生影响和危害的现象。生物体受污染的途径主要有三个方面：生物吸附、生物吸收和生物富集。

（1）生物吸附

污染物质通过共价、静电或分子力的作用吸附在生物体表面的现象，称为生物吸附。如大气中的尘埃、细菌、重金属、农药等能被吸附在植物叶片上；水体中的颗粒物及一些污染物也能被水草、藻类及鱼贝类所吸附。生物吸附作用与生物体表面积有关，如阔叶树种的表面积大，其对污染物的吸附量也就较多；再如微小的细菌、藻类等相对表面积最大，其吸附能力也最强。此外，吸附量还因生物表面性质和吸附剂的不同而异，如杨梅、草莓及叶面具绒毛的树种，表面粗糙有毛，其吸附量比较大；对于同种农药，使用乳剂比用粉剂的吸附量大。

以物理方式吸附在作物表面的农药可因蒸发、风吹或随雨露流失而脱离作物表面。但对脂溶性农药或内吸传导性农药，它们可溶入作物表面的蜡质层或组织内部，而进入植株的汁液中。

（2）生物吸收

大气、水体和土壤等环境中的污染物，可通过生物体各种器官的主动和被动吸收进入生物体内。

1）植物吸收：

- 植物对大气污染物的吸收：大气中的气体污染物或粉尘类污染物，可通过植物叶面的气孔吸收，再由细胞间隙进入导管而传送至其他部位。例如，SO_2 经过气孔进入叶组织后，溶于浸润细胞壁的水分中，产生 SO_3^{2-}或 HSO_3^-，然后被细胞氧化成 SO_4^{2-}。SO_4^{2-}的毒性远小于 SO_3^{2-}或 HSO_3^-，它可被植物作为硫源利用，所以这种氧化过程被认为是解毒过程。对于一种植物来说，这种转化率越高，则表明其吸收 SO_2 的能力越强。但是，如果 SO_2 进入的速度超过了细胞对它的氧化速度，SO_3^{2-}或 HSO_3^-积累起来，便会引起急性伤害。在连续不断地吸收并氧化 SO_2

的情况下，SO_4^{2-}的积累量超过了细胞耐受的程度，就会造成慢性伤害。典型的SO_2伤害症状出现在植物叶片的叶脉间，呈不规则的点状、条状或块状坏死区，其与健康组织的界限很分明，颜色以灰白色和黄褐色居多，有些植物叶片的坏死区在叶子边缘或前端。

大气中氟化物对植物的毒性很强。F^-是一种积累性毒物，植物叶子能持续不断地吸收空气中极微量的 F^-，吸收的 F^-随蒸腾流转移至叶尖和叶缘，积累到一定浓度后就会使叶尖和叶缘组织坏死，其症状是伤区与非伤区之间常有一红色或深褐色界线。

- 植物对土壤污染物的吸收：植物从污染土壤中吸收各种污染物质，经过体内的迁移、转化和再分配，有的分解为其他物质，有的部分或全部以残毒形式蓄积在植物体的各个部位。

  被各种植物从土壤中吸收的污染物主要是以离子形式通过液体状态被植物根系吸收，包括吸收被吸附在有机和无机胶体上的离子，也可经过离子代换等作用使植物吸收各种无机和有机污染物。植物从土壤中吸收污染物的强弱，与土壤的类型、温度、水分、空气等有关，也与污染物在土壤中的数量、种类和植物品种有关。例如，农作物对农药的吸收率因土壤质地不同而异，其从沙质土壤中吸收农药要比从其他黏质土壤中高得多。不同类型农药在吸收率上差异较大，如作物对丙体“六六六”的吸收率要高于其他农药，因为丙体“六六六”的水溶性大。通常，农药的溶解度越大，被作物吸收也就越容易。不同种类的植物，对同一种农药中的有毒物质的吸收量是不同的。例如对有机氯农药中的艾氏剂和狄氏剂的吸收量，洋葱＜莴苣＜黄瓜＜萝卜＜胡萝卜。一般来说，块根类作物比茎叶类作物吸收量高；油料作物对脂溶性农药如 DDT、DDE 等的吸收量比非油料性作物高；水生作物的吸收量比陆生植物高。

2）动物吸收：动物可以通过呼吸道、消化道和皮肤等途径吸收环境中的污染物质而使之进入体内。空气中有害物质进入呼吸道后，部分由支气管的上皮把沉积的粉尘颗粒带至喉部，通过咳出或咽下而排出，粒径＜5 μm 的粉尘颗粒穿过肺泡，被吞噬细胞吞食，消化道吸收由食物、饮水等途径摄入的污染物，这是毒物进入动物机体的主要途径，例如，甲基汞、Cd 等即由消化道侵入机体。进入消化道的重金属并不全被吸收到血液里，这是因为毒物在肠胃中被食物所稀释，并被选择性吸收从而降低了血液对毒物的吸收量。部分有毒物质吸收到血液后，经肝脏的生物转化使危害性降低。动物的皮肤是保护机体的有效屏障。但是有些毒物具有脂溶性，其可被皮肤吸收而进入动物体内。

（3）生物富集

生物有机体从周围环境中吸收某种元素或稳定不易分解的化合物，在体内积累，使生物体内该元素（或化合物）的浓度超过了环境中浓度的现象，称为生物富集或生物浓缩。生物富集的程度可用富集系数（或浓缩系数）来表示，即某种元素或难分解物质在生物体内的浓度与生物生长环境中该元素或物质的浓度之比。该系数与环境中元素或物质的种类和浓度、不同生物的生理生化特性以及环境因素等有关。

1）水生生物的富集：水生生物主要通过食物链和呼吸两种途径在体内富集污染物质。

例如，有机氯农药在水中的溶解度虽然很低，但是通过水→水草→浮游植物→浮游动物→小鱼→肉食性鱼的食物链系统可在鱼体内富集。一般情况下，有机氯农药在鱼体中的浓缩量为水的 5～40 000 倍。再如，海水中 Hg 的浓度为 0.000 1 mg/L，生长在海水中的植物含 Hg 量达 0.01～0.02 mg/kg，浓缩系数为 100～200；以水生植物等为食物的小鱼体内 Hg 的浓度达 0.1～0.3 mg/kg，浓缩系数为 1 000～3 000；而以小鱼为食物的肉食性鱼类体内含 Hg 量高达 1～2 mg/kg，浓缩系数为 10 000～20 000。

2）陆生生物的富集：在陆生生物体内富集的有毒污染物主要是重金属和农药等。重金属污染物比较稳定，进入动物体后，除随排泄物（尿、粪等）被排出一部分外，其余则在体内积累而引起危害。农作物体内的重金属主要是通过根部从被污染的土壤中吸收的。据测定，受污染谷粒的单位容积 Hg 的含量为谷壳＞糙米＞白米，污染物沿食物链流动进入人体，Hg（通常以甲基汞的形式存在）在体内代谢缓慢，可引起蓄积中毒，并通过血脑屏障进入大脑，影响脑细胞的功能。Pb 容易污染蔬菜，主要能造成人体造血、神经系统和肾脏的损伤。水生生物、陆生植物可富集 Cr，Cr 对机体的危害是破坏肾脏的近曲小管，造成钙等营养素的丢失，使病人骨质脱钙，导致“痛痛病”。

农药在动植物体内富集是一个十分普遍的问题。据调查，生活在陆地上的鸟类体内有机氯含量最高，其次为淡水鸟，再次为海水鸟。这是因为各种鸟类的栖息地和食物的不同，从而体现出对农药富集的差异。在陆地鸟类中，以鸽子、野鸡、雁、鹫等的富集倍数最高。在淡水鸟类中，以鱼类为食的鸟体内有机氯含量最高，以植物种子为食的鸟含量较低。随食物摄入人体内的有机氯农药，经过肠道吸收，主要在脂肪含量较高的组织和脏器中蓄积。有机氯农药对人体可产生慢性毒性作用，当人体摄入量达每千克体重 10 mg 时，即可出现中毒症状。它不仅引起肝脏和神经细胞的变性，而且常伴有不同程度的贫血、白细胞增多等病变。又如，农药 DDT，虽然目前在世界许多国家内已不再使用，但是 DDT 很难于降解，在自然界存在时间很长，DDT 的残留依然存在。孕妇食用含 DDT 的食物或饮用水，在其体内血液维持了一定水平的 DDT，经过胎盘又进入新生儿的血液之中，造成死婴和早产。这一过程已为流行病调查所证实。此外，研究还表明：DDT 和其他有机氯农药有较弱的雌激素作用，这些农药在体内积累到一定水平，将导致丧失劳动能力。

随着农药的危害性日益增大，为了保障食品安全，我国于 2014 年、2016 年、2018 年、2019 年和 2021 年先后五次修订了《食品安全标准　食品中农药最大残留限量》（GB 2763），2021 年新版标准规定了 564 种农药 10 092 项最大残留限量，基本涵盖了我国已批准使用的常用农药和居民日常消费的主要农产品。

7.5.3.2　居室环境污染

居室环境污染可包括室内空气污染、家用电器污染、视觉污染以及其他居室活动产生的污染，其中尤以室内空气污染最为严重。

（1）室内空气污染

室内空气污染是指因各种污染物质在室内积聚扩散而造成室内空气质量下降，危害人们生活、工作和健康的现象。近年来，室内空气污染已经对人们的生活环境和人体健康带来了潜在的影响和危害。在现代生活中，人们 80%～90%的时间都是在室内度过的，每天要吸入 10～13 m^3 的空气，但室内环境却常常出现一些令人不安的因素。现代建筑物多采用密闭结构，这种结构使得室内的空气容量很小，流通条件也远不如室外。随着人们生活水平的提高，室内污染物种类日趋增多，污染源也更为广泛，对人体健康造成的危害也变得更为严重。据世界卫生组织报告，全世界约有 24 亿人使用明火或低效炉灶烹饪。这些炉灶以煤油、生物质（木材、动物粪便和作物废料）和煤炭作为燃料，造成有害的室内空气污染。据统计，每年有 320 万人过早死于因固体烹饪燃料和煤油不完全燃烧造成的家庭空气污染而引起的疾病，其中 32%的人死于缺血性心脏病，23%的死于中风，21%的死于下呼吸道感染，19%的死于慢性阻塞性肺病，6%的死于肺癌。还有证据表明，室内空气污染与低出生体重、结核病、白内障、鼻咽癌和喉癌之间存在关联（世界卫生组织报告，2022）。因此，必须对室内空气污染给予足够的重视。

1）室内空气质量标准：2023 年 2 月 1 日，我国正式实施由国家市场监督管理总局批准修订的《室内空气质量标准》（GB/T 18883—2022），明确规定了室内空气质量标准（表 7-13）。

表 7-13　室内空气质量标准

序号	参数类别	参数	单位	标准值	备注
1	物理性	温度	℃	22～28	夏季
				16～24	冬季
2		相对湿度	%	40～80	夏季
				30～60	冬季
3		风速	m/s	≤0.3	夏季
				≤0.2	冬季
4		新风量	m^3/（h·人）	≥30 [a]	—
5	化学性	二氧化硫 SO_2	mg/m^3	≤0.50	1 h 均值
6		二氧化氮 NO_2	mg/m^3	≤0.20	1 h 均值
7		一氧化碳 CO	mg/m^3	≤10	1 h 均值
8		二氧化碳 CO_2	% [a]	≤0.10	1 h 均值
9		氨 NH_3	mg/m^3	≤0.20	1 h 均值
10		臭氧 O_3	mg/m^3	≤0.16	1 h 均值
11		甲醛 HCHO	mg/m^3	≤0.08	1 h 均值
12		苯 C_6H_6	mg/m^3	≤0.03	1 h 均值
13		甲苯 C_7H_8	mg/m^3	≤0.20	1 h 均值
14		二甲苯 C_8H_{10}	mg/m^3	≤0.20	1 h 均值
15		总挥发性有机物 TVOC	mg/m^3	≤0.60	8 h 均值
16		三氯乙烯 C_2HCl_3	mg/m^3	≤0.006	8 h 均值
17		四氯乙烯 C_2Cl_4	mg/m^3	≤0.12	8 h 均值
18		细颗粒物 $PM_{2.5}$	mg/m^3	≤0.05	24 h 均值
19		苯并[*a*]芘 B(a)P [b]	ng/m^3	≤1.0	24 h 均值
20		可吸入颗粒物 PM_{10}	mg/m^3	≤0.10	24 h 均值

序号	参数类别	参数	单位	标准值	备注
21	生物性	细菌总数	CFU/m^3	≤1 500	—
22	放射性	氡 ^{222}Rn	Bq/m^3	400	年平均值[c]（参考水平[d]）

注：a 体积分数。

b 指可吸入颗粒物中的苯并[*a*]芘。

c 至少采样 3 个月（包括冬季）。

d 表示室内可接受的最大平均氡浓度，并非安全与危险的严格界限。当室内氡浓度超过该水平时，宜采取行动降低室内氡浓度。当室内氡浓度低于该参考水平时，也可以采取防护措施降低室内氡浓度，体现辐射防护最优化原则。

2）室内环境污染物分类：从空气净化的角度，室内环境污染物可分为三类：

❖ 颗粒污染物：按其组成可分为无机、有机、二次颗粒物；按粒径分为粗颗粒、可吸入颗粒物、细颗粒物和超细颗粒。

❖ 气态污染物：分为挥发性有机物、半挥发性有机物、气态无机物和放射性氡气。

❖ 生物污染物：分别是细菌、病毒、霉菌、真菌、原虫、螨虫及其排泄物、微小植物残体（如花粉）等。

室内空气污染物具有影响范围大、接触时间长、污染物浓度低、污染物种类多、健康危害复杂的特征。

3）室内环境污染物产生的原因：室内空气污染受多种因素影响，概括起来有两种原因：一种为室内污染源，另一种为室外受污染的大气进入室内。后者主要来源于燃烧的燃料、生产、交通运输等工业污染物以及部分植物的花粉等。其中对室内环境影响更大的仍然是来自室内本身的污染物。

❖ 装修和装饰污染：据调查，在建材、涂料、油料、人造板材以及家具等不同室内装修材料中，能散发出 500 余种有毒有害的化合物，其中挥发性有机物（VOCs）占多数，甲醛、苯及苯系物、铅及其化合物、氨、放射性物质等是最主要的有害物质。从监测结果来看，装修过程带来的室内污染不容忽视（表 7-14）。

表 7-14　装修房屋室内挥发性有机物的浓度及浓度限值

类别	组分	检出率	浓度范围/（μg/m^3）	总浓度范围/（μg/m^3）	VOCs 浓度限值/（μg/m^3）
烷烃	二氟二氯甲烷	5/5	3.3～5. 9	3.3～788.1	30
	三氟一氯甲烷	2/5	未检出～5.9		
	二氯甲烷	3/5	未检出～9.1		
	氯仿	1/5	未检出～10.3		
	三氯乙烯	2/5	未检出～56.5		
	四氯化碳	1/5	未检出～7.4		
	二氯苯	2/5	未检出～693		
苯系物	苯	12/12	2.5～195.7	156.7～1 214.4	50
	甲苯	12/12	82.9～349.7		
	乙苯	12/12	15.0～318.0		

类别	组分	检出率	浓度范围/（μg/m³）	总浓度范围/（μg/m³）	VOCs 浓度限值/（μg/m³）
苯系物	对-二甲苯	12/12	8.0～122.9	156.7～1 214.4	
	间-二甲苯	12/12	28.8～86.9		
	邻-二甲苯	12/12	13.0～61.2		
	三甲苯	5/12	2.6～15.0		
	苯乙烯	8/12	3.9～65		
酮醛	甲醛	67/67	9.0～42 500	20～42 567.8	20
	乙醛	5/67	5.0～54.2		
	丙酮	8/12	6.0～13.6		
酯类	乙酸丁酯	4/17	3.5～82.5	3.5～82.550	30
萜烯类	α-蒎烯	16/17	3.7～220	8.7～220	30
VOC 总量				192.2～44 852.8	300

甲醛是室内装修时最常见的污染物。甲醛是合成板材及配制装饰用壁纸的黏合剂的必要成分，也存在于多种建筑用内外墙涂料之中。在材料使用过程中，游离或老化生成的甲醛会缓慢释放出来，成为室内一个较持久性的污染源。

甲醛具有无色、易溶及刺激性的特点。当室内空气中甲醛的含量为 0.1 mg/m³ 时，就有异味和不适感；其为 0.6 mg/m³ 时，会引起咽喉不适或疼痛；浓度再高时，可引起恶心、呕吐、咳嗽、胸闷、气喘甚至肺气肿；当空气中浓度达 30 mg/m³ 时，可导致人体死亡。长期接触低剂量甲醛可引起慢性呼吸道疾病、女性月经紊乱、新生儿体质降低、染色体异常，甚至引起鼻咽癌。高浓度的甲醛对神经系统、免疫系统、肝脏等也都有危害作用。粉饰涂料中的苯及苯系物和颜料中所含的铅及其化合物与甲醛有类似污染途径。房间经涂料装饰后，这些物质可在室内停留较长时间，对人体产生不同程度的危害作用。苯是无色、无味液体，通风不良时，轻度中毒可造成嗜睡、头疼、头晕、恶心、呕吐、胸部紧束感；重度中毒可出现视物模糊、震颤呼吸浅而快、心律不齐、抽搐和昏迷等症状。苯已被确认是严重致癌物质，甲苯、二甲苯的毒害作用与苯相同，但对中枢神经作用较苯强，对造血系统作用比苯低。甲醛和苯系物是我国室内环境比重最大的空气污染物，两者都被怀疑可以在低剂量水平导致白血病。颜料中的铅及其化合物可经呼吸道和消化道进入人体，主要中毒症状为头痛、头晕、失眠、记忆力减退、消化不良等。

❖ 为了加快混凝土凝固和冬季防冻，高碱膨胀剂和含尿素的防冻剂常在修建房屋时使用，但随着夏季气温升高，NH_3 等有害气体就会缓慢地释放到室内空气中。NH_3 是一种无色但具有强烈刺激性臭味的气体，最低可感觉浓度为 5.3×10^{-6}。NH_3 对人体的上呼吸道有刺激和腐蚀作用，可减弱人体的抵抗力，浓度过高时，还可以通过三叉神经末梢的反射作用而引起心脏停搏和呼吸停止。

❖ 室内装修所产生的另一类重要污染物是放射性物质，如铀、钍、镭、氡等。这些物质多存在于房屋建筑装修所使用的天然花岗石、大理石、建筑水泥板填料以及泥沙之中，其中影响较为严重的是氡。氡是天然放射性惰性气体，无色无味，对人体的放射性危害占人一生中所受全部辐射伤害的55%以上，其诱发肺癌的潜伏期在15年以上，被列为使人致癌的19种重点物质之一。室内放射性也可以引起基因突变和染色体畸变，从长远来看，这将对人类遗传产生极为不良的影响，它可能是比肺癌的发生还要严重的问题。

❖ 燃烧废气污染：室内废气污染主要包括生活燃料污染、烹调油烟污染以及香烟烟气污染三类。

生活燃料的燃烧产物是室内空气污染的重要来源。在生活燃料中煤占的比例较大，不同类型的煤燃烧排放的污染物量也不同，但在燃烧不完全时，都会产生大量的CO、CO_2、SO_2、NO_x、氟化物、醛类、苯并[*a*]芘、可吸入颗粒物等污染物。这些污染物均具有很大毒性。CO会对人体内含铁呼吸酶产生抑制，阻碍组织呼吸功能，使心血管和中枢神经系统受损。通常情况下，当血液中CO浓度高达0.02%时，2～3 h即可出现头晕、脑涨、耳鸣、心悸等症状；血液中CO浓度高达0.08%时，2 h即可发生昏迷。SO_2刺激性很强、长期吸入5～10 mg/m^{3}的SO_2可引起慢性支气管炎、慢性鼻咽炎，最终可导致慢性阻塞性肺部疾患。此外，它还有促癌作用，可提高苯并[*a*]芘的致癌作用。NO_x易对下呼吸道、细支气管和肺泡产生影响，达到200 mg/m^{3}以上时，可导致肺气肿发生，低浓度NO_2长期作用还可产生神经衰弱症候群，表7-15为生活不同燃料使用NO_x排放系数。室内空气中的苯并[*a*]芘浓度与肺癌的病死率显著正相关，动物实验也已证实它可诱发皮肤癌、肺癌及胃癌。

表7-15　生活中使用不同燃料的NO_x排放系数

单位：kg/t（以NO_2计）

排放源类别	居民生活消费
煤	1.88
焦炭	2.25
原油	1.7
汽油	16.7
煤油	2.49
柴油	3.21
燃料油	6.99
LPG	0.88
秸秆	0.66
柴火	1.52
炼厂干气	0.18
天然气	14.62
煤气	7.36
沼气	5.0（kg/10^8 kJ）

资料来源：2006年全国氮氧化物排放统计技术要求，2006年12月7日。

香烟燃烧温度在 800～1 000℃时，能产生 5 000 多种气态和颗粒状有害物，其中气态有害物占总量的 90%以上，主要是 CO、NO_x、H_2S、NH_3、亚硝胺、烷烃、烯烃、芳烃、含氟烃等。另外，还有尼古丁、多种芳烃诱变剂以及铀、钍等放射性核素等有害物质。一支香烟产生的烟气中可含焦油约 30 mg、CO 约 100 mg 和甲醛约 0.4 mg。当吸烟时间在 3～7 min 时，就可以使室内空气中的负离子浓度明显下降或者消失，长时间处于这种环境中，可诱发支气管炎、肺气肿、心血管疾病和癌症等。

不同种类的食用油在高温下的裂解产物达 200 多种，主要有醛类、酮类、烃、脂肪酸、芳香族化合物和杂环化合物等。烹调油烟对人体具有遗传毒性、免疫毒性、肺脏毒性以及潜在致癌、致畸作用。

（2）家用电器污染

电视、冰箱、洗衣机、空调、电脑、微波炉等电器是室内电磁辐射污染的主要来源。电磁辐射不但可以损伤眼睛，还可引起头痛、失眠、耳鸣、疲劳、情绪不稳、记忆力下降等症状。长期接受电磁辐射者，还可能发生白内障、白血病、脑肿瘤等病症。闭性好的房间也可能存在室内 CO_2 浓度过高的现象，有害气体也不能及时排出室外，从而加重室内空气污染。经空调机处理的空气缺乏负离子，易使人下肢酸痛无力、头昏头痛、失眠疲劳，易患伤风感冒、关节炎、咽喉炎等疾病。

除此之外，噪声污染也是家用电器的一大可能危害。病理学证明，长期处于噪声环境下的人们，神经衰弱、消化不良、高血压等疾病的发病率都会升高。

（3）视觉污染

室内视觉污染是指居室设计不合理，家具摆设不整齐，色彩不协调等现象对人心理和生理平衡的扰乱作用，进而影响人的健康。例如室内摆满家具，使室内空间过于狭窄，就会给人一种压抑和烦闷感觉。家具色彩不一致、不协调，门窗、墙壁、地板颜色鲜艳夺目、杂乱无章，会令人感到烦躁不安；地面乱丢纸片和杂物，肮脏不洁，桌椅布满灰尘，就会使人易激动、易发怒，影响休息和食欲。以上各种视觉污染还可引起记忆力下降、注意力不集中、精神和情绪失衡，这样很容易使人诱发各种疾病。

（4）其他居室活动产生的污染

人在室内活动，可通过呼吸道、皮肤汗腺排泄出大量的污染物。其中排出的汗珠有乳酸等 271 种有机物，呼出的气体也含有数百种物质，这些物质可占室内总污染物的 13%，其中包括二甲基胺、硫化氢、丙酮、酚等数十种有毒物质。

居民在室内饲养家畜和宠物，也会使微生物包括细菌、病毒、真菌、芽孢、霉菌等大量繁殖。这些微生物中有许多为致病菌，它们可以通过空气传播，导致呼吸道疾病增加和产生过敏反应。在室内种植不合适的植物也会对人体产生危害，某些植物纤维、花粉及孢子等物质可引起过敏人员发生哮喘、皮疹等病症。

家庭用品也是室内空气污染的发生源之一。从广义上说，家庭用品包括药品、化妆品、衣物、杀虫剂、洗涤剂、文具、运动器具、炊事用具、餐具和装饰品等，所有这些家庭用品尤其是洗涤剂、化妆品等，都会不同程度地向室内空气中释放有毒有害物质。

7.6 新污染物

7.6.1 定义与特征

从改善生态环境质量和环境风险管理的角度来看，新污染物是指那些具有生物毒性、环境持久性、生物累积性等特征的有毒有害化学物质。这些物质对生态环境或者人体健康存在较大的危害性风险，但由于现有的管理措施不足或尚未被纳入环境管理中的四大类污染物：一是持久性有机污染物，二是内分泌干扰物，三是抗生素，四是微塑料。

新污染物具有五大特征：

1）危害严重性。新污染物对器官、神经、生殖、发育等方面都可能有危害，其生产和使用往往与人类的生活息息相关，对生态环境和人体健康存在较大风险。

2）风险隐蔽性。多数新污染物的短期危害并不明显，一旦发现其危害性时，它们可能通过各种途径已经进入环境中。

3）环境持久性。新污染物大多具有环境持久性和生物累积性的特征，在环境中难以降解并在生态系统中易于富集，可长期蓄积在环境中和生物体内。

4）来源广泛性。我国是化学物质生产使用大国，在产在用的化学物质有数万种，每年还新增上千种新化学物质，其生产消费都可能存在环境排放。

5）治理复杂性。对于具有持久性和生物累积性的新污染物，即使以低剂量排放到环境，也可能危害环境、生物和人体健康，对治理程度要求高。此外，新污染物涉及行业众多，产业链长，替代品和替代技术研发较难，需多部门跨领域协同治理，实施全生命周期环境风险管控。

7.6.2 持久性有机污染物

7.6.2.1 持久性有机污染物和国际公约

（1）持久性有机污染物的定义和特性

持久性有机污染物（persistent organic pollutants，POPs）是指具有长期残留性、生物累积性、半挥发性和高毒性，并通过各种环境介质（大气、水、生物体等）能够长距离迁移并对人类健康和环境具有严重危害的天然或人工合成的有机污染物。

持久性有机污染物的基本特性：

1）降解缓慢、滞留时间长：由于 POPs 物质对生物降解、光解、化学分解作用抵抗力较高，在环境中难以被分解，可以在水体、土壤和底泥等环境中存留数年。

2）具有较强的亲脂憎水性，可对较高营养级生物造成影响：由于 POPs 物质具有低水溶性和高脂溶性的特点，可沿食物链逐级放大并可在环境中远距离迁移，使存在于大气、水、土壤内的低浓度 POPs 物质通过食物链对处于高营养级的生物或人类健康造成损害。

3）具有半挥发性，通过"蒸馏效应"或"蚱蜢跳效应"，转移到地球的绝大多数地区，导致全球范围的污染。POPs 物质具有的半挥发性使它们能够以蒸气形式存在或者吸附在大气颗粒物上，从而在大气环境中远距离迁移，同时这一性质也使它们容易从大气环境中重新沉降到地球上。

4）生物毒性大，一定浓度下对接触该物质的生物造成有毒或有害影响：很多持久性有机污染物不仅具有致癌、致畸和致突变性，而且还具有内分泌干扰作用。

（2）国际社会关注持久性有机污染物的发展历程

1）有机氯农药与环保意识的觉醒（20 世纪 30—60 年代）：瑞典科学家 Paul Hermann Müller 于 1938 年发现了滴滴涕（DDT）的惊人杀虫效果，并在杀灭马铃薯甲虫上取得成功，Paul Hermann Müller 也因此获得 1948 年诺贝尔生理学或医学奖。从 40 年代起，人们开始大量生产和使用包括"滴滴涕""六六六"在内的有机氯农药。另外在"二战"期间，"滴滴涕"在美国陆军消灭传播斑疹伤寒疾病的虱子和跳蚤方面也发挥了重要作用。总之，有机氯农药在农业和卫生领域的成功在全球掀起了研制有机合成农药和其他人工合成化学品的热潮。

当有机氯农药对环境造成的污染已经泛滥为患时，美国海洋生物学家蕾切尔·卡逊（Rachel Carson）经过 4 年，调查了使用化学杀虫剂对环境造成的危害后，于 1962 年出版了《寂静的春天》（*Silent Spring*）一书，阐述了有机氯农药对环境的污染，并通过充分的科学论证，表明这种由杀虫剂所引发的情况实际上就正在美国全国各地发生，破坏了从浮游生物到鱼类、鸟类直至人类的食物链，使人患上慢性白细胞增多症和各种癌症。

2）有毒化学品的危害日益显现（20 世纪 60—90 年代初）：这一时期发生的一些环境污染事件，如 1976 年 7 月在意大利发生的二噁英泄漏事件，1968 年在日本以及 1979 年在中国台湾发生的因食用受多氯联苯污染的米糠油而导致上千人中毒的事件等，为有关研究提供了证据。因为人类的代际间隔时间较长（20～30 年），有关研究结果产生缓慢，有些影响至 90 年代左右才出现。人类受有机化学品的影响表现为：①癌症、肿瘤；②神经损害问题；③免疫系统问题；④生殖缺陷和性别混乱问题；⑤妇女、婴儿尤其容易受到影响。1974 年，研究人员指出某些有毒有机化学品可以以气体和气溶胶形式在大气中迁移，并在寒冷地区浓缩沉积，80 年代初至 90 年代，在白令海峡、加拿大和欧洲的北极地区等进行了很多有关有毒有机化学品（主要是有机氯农药和多氯联苯）的迁移和转化的研究。

3）POPs 概念的提出（20 世纪 90 年代初—90 年代中期）：1995 年 5 月召开的联合国环境规划署理事会通过了关于 POPs 的 18/32 号决议，强调了减少或消除 POPs 的必要性。会上提出的首批 12 种受控制 POPs 包括"艾氏剂""氯丹""滴滴涕""异狄氏剂""七氯""灭蚁灵""毒杀芬"等 8 种杀虫剂，以及多氯联苯、六氯代苯、二噁英、呋喃。会议将 POPs 定义为：所谓持久性有机污染物是一组具有毒性、持久性、易于在生物体内聚集和进行长距离迁移和沉积，对源头附近或远处的环境和人体产生损害的有机化合物。POPs 通常具有低水溶性和高脂溶性，大部分 POPs 是人工合成的，其排放与工业生产、使用、废物处置、渗漏、燃料和废物的燃烧有关。一旦 POPs 进入环境，很难清除，因为 POPs 具有挥发性，能够在大气环境中长距离迁移和沉积，通常很复杂，很难分辨来源。在这次会议之后，POPs 概念正式得到国际社会的认可。

4）成为研究热点和国际行动的焦点（20 世纪 90 年代中期之后）：经过一系列的国际行动和地方行动（表 7-16），最终 UNEP 在 2001 年 5 月在瑞典斯德哥尔摩主持召开了代表大会。来自 127 个国家、11 个联合国专门机构、4 个政府间组织、68 个非政府组织共 600 多人参加本次会议，会议通过了《关于持久性有机污染物的斯德哥尔摩公约》并供开放签署，从而正式启动了人类向 POPs 宣战的进程。最终在 2004 年 12 月底，获得 151 个国家签署，并获得 88 个国家的正式批准。该公约于 2004 年 5 月 17 日在国际上正式生效。

表 7-16　POPs 控制的相关国际行动

时间	制定者	相关行动	主要内容
1995.11	UNEP	“保护海洋环境不受陆地活动的影响的全球行动计划”会议	强调对 POPs 采取行动的必要性，鼓励各国积极参与实施 18/32 号决议。该会议可以认为是实施 UNEP18/32 决议的开始
1995.12	国际化学品安全计划处（IPCS）	编制首批 12 种受控 POPs 的评估报告	POPs 对环境和人体健康有巨大危害，必须对其在全球的生产使用和分布进行全面调查，以便采取国际行动，在全球消除这些物质
1996.6	UNEP	GC 19/13 号决议	邀请有关国际组织合作准备召开政府间协商会议（INC），制定具有法律约束力的国际文书
1997.5	世界卫生组织	世界卫生大会	赞同 IPCS 的建议书，并通过一项关于 POPs 问题的决议，号召各成员国遵循和执行，UNEP 和 WHO 理事会关于 POPs 的决议，根据 WHO 导则，促进病虫害综合防治，并保证政府授权的 DDT 仅用于公共卫生目的和政府批准的有限计划中
1999.2	UNEP	GC 20/24 号决议	邀请 INC 开始谈判，要求和鼓励各国政府和非政府组织提供财政支持
2001.2	UNEP	GC 21/4 号决议	要求各国政府尽快结束对 POPs 公约的协商，在同年 5 月的南非会议上签署公约

2009 年 5 月 4—8 日在瑞士日内瓦举行的公约第四次缔约方大会（COP4）决定将全氟辛基磺酸及其盐类、全氟辛基磺酰氟、商用五溴联苯醚、商用八溴联苯醚、开蓬、林丹、五氯苯、α-六六六、β-六六六和六溴联苯 10 种新增化学物质列入公约附件 A、B 或 C 的受控范围。目前正在进行审查的化学品包括短链氯化石蜡（short chain chlorinated paraffins，SCCPs）、硫丹（endosulfans）及六溴环十二烷（hexabromocyclododecanes，HBCDs）。截至 2013 年 5 月，该修正案已对 163 个公约缔约国生效。

在 2011 年 4 月 29 日，公约第五次缔约方大会（COP5）通过了《〈关于持久性有机污染物的斯德哥尔摩公约〉新增列硫丹修正案》，将硫丹增列入公约附件 A，并保留包括棉铃虫防治等多项用途特定豁免，截至 2013 年 5 月该修正案已对 159 个公约缔约方生效。

《关于持久性有机污染物的斯德哥尔摩公约》的缔约方大会于 2013 年 5 月 2 日在日内瓦举行，大会批准了硫丹的非化学以及化学替代品。受到一些保留意见的影响，大会批准了多达 100 种的硫丹化学替代品。批准的化学替代品包括杀虫剂马拉硫磷、涕灭威、克百威、甲萘威、氟虫腈、甲基对硫磷和除虫菊酯。随着公约修正案的陆续发布，受控 POPs 名录不断扩充。其间，六溴环十二烷、六氯丁二烯、五氯苯酚及其盐类和酯类、多氯苯、短链氯化石蜡、十溴二苯醚、三氯杀螨醇、全氟辛酸及其盐类和相关化合物、全氟己烷磺酸及其盐类和相关化合物相继被列入公约受控 POPs 名录。

（3）典型的持久性有机污染物名单

按照污染物纳入公约的时间不同，其具体名单见表 7-17。

表 7-17　典型的持久性有机污染物名单

<table>
<tr><th>时间</th><th colspan="2">数目/个</th><th>POPs 种类</th><th>POPs 名单</th></tr>
<tr><td rowspan="3">2001.5.22-23</td><td rowspan="3">12</td><td>9</td><td>有机氯农药</td><td>艾氏剂、氯丹、滴滴涕、狄氏剂、异狄氏剂、七氯、灭蚁灵、毒杀芬和六氯苯[①]</td></tr>
<tr><td>1</td><td>工业化学品</td><td>多氯联苯</td></tr>
<tr><td>2</td><td>非故意生产的副产物</td><td>多氯代二苯并-对-二噁英（简称二噁英）、多氯代二苯并呋喃（简称呋喃）</td></tr>
<tr><td rowspan="3">2009.5.4-8</td><td rowspan="3">9</td><td>3</td><td>杀虫剂副产物</td><td>α-六氯环己烷、β-六氯环己烷和林丹</td></tr>
<tr><td>3</td><td>阻燃剂</td><td>六溴联苯醚和七溴联苯醚、四溴联苯醚和五溴联苯醚、六溴联苯</td></tr>
<tr><td>3</td><td>其他</td><td>十氯酮、五氯苯以及 PFOS 类物质（全氟辛基磺酸、全氟辛基磺酸盐和全氟辛基磺酰氟）</td></tr>
<tr><td>2011.4.29</td><td>1</td><td>—</td><td>—</td><td>硫丹</td></tr>
<tr><td>2013.5.2</td><td>1</td><td>1</td><td>工业化学品</td><td>六溴环十二烷</td></tr>
<tr><td rowspan="2">2015.5.15</td><td rowspan="2">3</td><td>2</td><td>工业化学品</td><td>六氯丁二烯、多氯萘</td></tr>
<tr><td>1</td><td>有机氯农药</td><td>五氯苯酚及其盐类和酯类</td></tr>
<tr><td>2017.5.5</td><td>2</td><td>2</td><td>工业化学品</td><td>短链氯化石蜡、十溴二苯醚</td></tr>
<tr><td rowspan="2">2019.5.10</td><td rowspan="2">2</td><td>1</td><td>有机氯农药</td><td>三氯杀螨醇</td></tr>
<tr><td>1</td><td>工业化学品</td><td>全氟辛酸及其盐类和相关化合物</td></tr>
<tr><td>2022.6.17</td><td>1</td><td>1</td><td>工业化学品</td><td>全氟己烷磺酸及其盐类和相关化合物</td></tr>
</table>

注：[①] 六氯苯也属于工业化学品。

7.6.2.2　持久性有机污染物的基本特征

（1）持久性有机污染物特征性质

持久性有机污染物具有以下 4 个特征性质：

1）环境持久性：POPs 化学性质稳定，对生物降解、光解和化学分解等作用有较强的抵抗力，一旦排放到环境中，很难被降解转化，并且能够在水体、土壤和底泥等多介质环境中残留数年或更长时间。目前常采用半衰期（$t_{1/2}$）作为衡量其在环境中持久性参数。通常，POPs 在水体、土壤和沉积物中的半衰期分别大于 60 d、180 d 和 180 d。研究表明，即使近期停止生产和使用 POPs 物质，最早也要在未来第 7 代人体内才不会检测出这些物质。

2）半挥发性：POPs 物质具有半挥发性，能够从水体或土壤中以蒸气的形式进入大气环境或者吸附于大气颗粒物上，通过大气环流在大气环境中做远距离迁移。在较冷或海拔高的地方会沉降到地面上。而后在温度升高时，会再次挥发进入大气，进行迁移，这就是所谓的“全球蒸馏效应”或“蚱蜢跳效应”。由于这种过程不断发生，使得 POPs 物质能够沉降到偏远的极地地区。

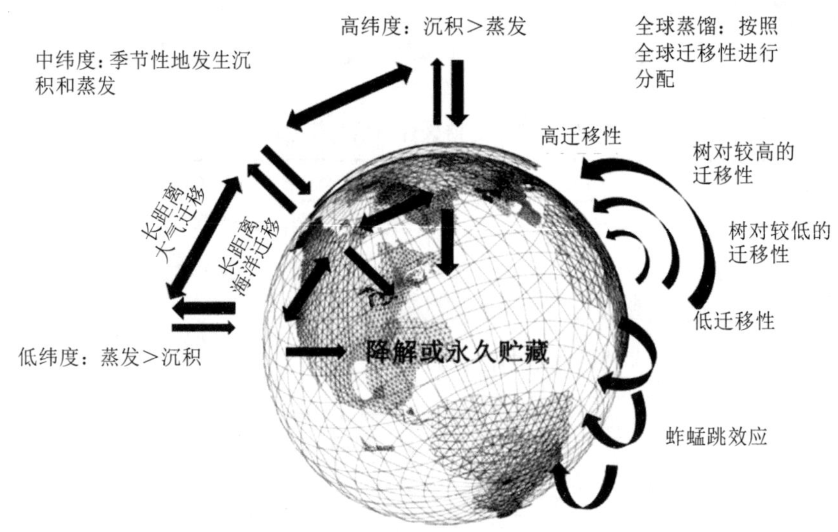

资料来源：余刚等．持久性有机污染物：新的全球性环境问题．北京：科学出版社，2005。

图 7-16　POPs 全球迁移过程

评价挥发性的指标参数主要有饱和蒸气压（P_S，Pa）和亨利常数（K_H）。蒸气压是指化学物质从溶液或固体中脱离后进入空间的程度。在一定温度下，当液体中蒸发的气态分子与液态分子在相互作用达到平衡后，气态分子含量达到最大值，这些气态分子对液体产生的压强称为饱和蒸气压 P_S。由于 P_S 在一定温度下是定值，因而通常作为评价化学物质挥发性的指标参数。一般来说，相对分子质量较低的化合物具有较高的饱和蒸气压，POPs 物质的相对分子质量中等，因而表现出半挥发性。此外，K_H 也可以表示化合物挥发性的大小，在标准温度和压力下，当空气和水中的化合物达到相对平衡时，化合物的蒸气压和水溶解度的比值即为亨利常数。

3）生物累积性：由于持久性有机物质具有低水溶性、高脂溶性特性，可以被生物有机体在生长发育过程中直接从环境介质或从所消耗的食物中摄取并蓄积。生物积累的程度可以用生物浓缩系数来表示。某种化学物质在生物体内积累达到平衡时的浓度与所处环境介质中该物质浓度的比值叫生物浓缩系数（BCF）。各种化学物质的生物浓缩系数变化范围很大，与其水溶性或脂溶性有关。该系数对于评价、预告化学物质的环境影响有重要意义，某化学物质的生物浓缩系数大，则在生物体内的残留浓度大，对生物积累性的规定之一是：在水生物种中的生物浓缩系数或生物积聚系数大于 5 000。生物累积性可通过食物链（网）在生物体内蓄积并逐级放大，对人体健康危害巨大。

4）高毒性：大多数 POPs 物质具有很高的毒性，部分还有致畸、致癌、致突变的“三致”作用以及生物毒性和免疫毒性等。这种危害作用是长期而复杂的，严重危害人类健康。POPs 物质还具有生物放大效应，POPs 也可以通过生物链逐渐积聚成高浓度，从而造成更大的危害。例如，二噁英类物质中最毒者的毒性相当于氰化钾的 1 000 倍以上，号称是世界上最毒的化合物之一，每人每日能容忍的二噁英摄入量为每千克体重 1 pg，二噁英中的 2,3,7,8-TCDD 只需几十皮克就足以使豚鼠毙命，连续数天施以每千克体重若干皮克的喂量能使孕猴流产。

人们为了定量地描述 POPs 物质在环境中的行为，常用 $t_{1/2}$、p_s、K_H、BCF、K_{OC} 和 K_{OW} 等参数描述这些物质在环境中的迁移转化规律，这些参数不仅是人们了解和掌握 POPs 物质迁移转化规律的重要指标，也是监测其污染程度的重要依据，表 7-18 列出了 POPs 物质的一些特征参数（表中温度未注明均为 25℃）。

表 7-18　12 种 POPs 物质的特征性质参数

名称	$t_{1/2}$	p_s（液相）/Pa	K_H/（Pa·m³/mol）	lgBCF
艾氏剂	20～100 d（土壤），35 min（空气）	1.87×10^{-2}	91.23/50.26	5.40
狄氏剂	5 a（土壤），4 个月（水）	0.72×10^{-3}	5.27	3.30～4.50
异狄氏剂	14 a（土壤），4 a（水），5～9 d（大气）	0.27×10^{-4}	0.64	3.82
DDT	100 d（从土壤表面挥发），＞150 a（水），2 d（空气）	0.21×10^{-4}（20℃）	0.84/1.31（23℃）	3.70
氯丹	～1 a（土壤）	1.33×10^{-3}	4.86	5.56
七氯	2 a（土壤），1 d（水），36 min（空气）	4.0×10^{-2}	2.3×10^{2}	4.59
灭蚁灵	10.7 h（水）	1.07×10^{-4}	82.17	6.20
毒杀芬	1～14 a（土壤），6 h（水），4～5 d（大气）	26.7～53.3	6.38×10^{3}	3.59
HCB	～4 a（土壤），8 h（水），2 a（大气）	1.45×10^{-3}（20℃）	7.2×10^{2}（20℃）	6.40
PCBs	＞6 a（土壤），21 d～2 a（空气）（一氯联苯和二氯联苯除外）	2.1～4.0×10^{-7}（20℃）	1.01×10^{3}～1.01×10^{4}	4.00～5.00
PCDDs	2 周～6 a（土壤），8 周～6 a（底泥），2 d～8 周（水），2～21 d（空气）	1.1×10^{-10}～1.7×10^{-2}	0.13～3.34	4.47
PCDFs	8 周～6 a（土壤），2 周～6 a（底泥），3～8 周（水），1～3 周（空气）	5.0×10^{-10}～3.9×10^{-4}	0.42～1.50	3.00～4.00

数据来源：余刚，牛军峰，黄俊，等. 持久性有机污染物：新的全球性环境问题. 北京：科学出版社，2005。

（2）农药类持久性有机污染物的性质

农药类持久性有机污染物除了具有上述的特征性质外，还具有一般有机物污染类似的基本性质，下面以滴滴涕（DDT）为例介绍其相关物理性质和化学性质。

DDT 的化学分子式为 $C_{14}H_9Cl_5$，外观为无色晶体或白色粉末，无味或带有轻微的芳香气味，比水密度小，熔点为 109℃，沸点为 260℃；化学性质为易燃、可与铁、铝、铁盐等及强氧化剂发生反应，在紫外光线照射和高温下不稳定。

DDT 具有中等的急性毒性，但其主要代谢产物 DDE，由于具有较高的亲脂性，因此容易在动物脂肪中积累，造成长期毒性。此外，DDT 还具有潜在的基因毒性、内分泌干扰作用和致癌性，也可能造成包括糖尿病在内的多种疾病。DDT 的代谢物 DDE 还是一种抗雄激素。1939 年，诺贝尔奖获得者、瑞士化学家 Paul Muller 认识到 DDE 对昆虫是一种有效的神经性毒剂，而后广泛使用，但是现在，世界大部分地区已经停止使用 DDT，只有少数地区继续使用以对抗疟疾。

（3）多氯联苯的性质

多氯联苯（PCBs）由德国人 H. 施米特和 G. 舒尔茨在 1881 年首次合成，并在 1892 年由美国开始工业生产。它是一类以联苯为原料在金属催化剂作用下，高温氯化合成的氯代联苯同系物与商业混合物的混合体系。在多氯联苯中，部分苯环上的氢原子被氯原子置换，一般式为 $C_{12}H_nCl_{(10-n)}$（$0 \leqslant n \leqslant 9$），依氯原子的个数及位置不同，多氯联苯共有 209 种异构体存在。

多氯联苯外观呈流动的油状液体或白色结晶固体或非结晶性树脂，在常温下是比水重的液体；不溶于水，溶于多数有机溶剂；具有良好的抗热性、不可燃性、低蒸气压和高介电常数等特点，因此曾被用作热交换剂、润滑剂、变压器和电容器的绝缘介质、增塑剂等重要化工产品，广泛应用于电力工业、塑料加工业、化工和印刷领域。

多氯联苯化学性质稳定，具有耐热、抗氧化的性质以及耐强酸、强碱等特点；遇明火、高热可燃，与氧化剂可发生反应，受高热分解释放出有毒气体。

使用多氯联苯的工厂排出的废弃物，是其污染的主要来源。如美国、日本等每年生产的 PCBs 只有 20%～30%是在使用中消耗掉，其余 70%～80%排入环境。目前，PCBs 已逐渐被世界各国禁用，因此通常只有在较老的设备和材料中才能发现它们的踪迹。多氯联苯属于致癌物质，容易累积在脂肪组织，造成脑部、皮肤及内脏的疾病，并影响神经、生殖及免疫系统。在 1968 年、1979 年，日本及中国台湾分别出现米糠油中毒事件，原因是在生产过程中有多氯联苯漏出，污染米糠油。此后各国纷纷禁止多氯联苯生产及使用。

（4）二噁英和呋喃的性质

二噁英（PCDDs）和呋喃（PCDFs）是两类含有含氧三环的氯代芳烃类化合物，根据氯原子取代数目和取代位置不同，有 75 种 PCDDs 和 135 种 PCDFs。二噁英类化合物自然来源有森林火灾、火山爆发；人为来源途径较多，主要是工业过程的副产品，如火力发电、焚烧植物、垃圾焚化及吸烟等，也可通过非燃烧环境如漂白纸张或布料等产生。

二噁英类化合物为无色至白色晶体，分子式为 $C_{12}H_{8-n}Cl_nO_2$，熔点为 89～322℃，沸点为 284～510℃。它具有脂溶性，难以生物降解，且易于生物累积，它们在体内的半衰期为 7～11 年。同时二噁英容易聚积在食物链中，因而具有生物放大作用，食物链中依赖动物食品的程度越高，二噁英聚积的程度就越高。人体短期接触高剂量的二噁英，可能导致皮肤损害，如氯痤疮和皮肤色斑，还可能改变肝脏功能。长期接触则会牵涉免疫系统、发育中的神经系统、内分泌系统以及生殖功能的损害。

PCDFs 常温下为固体，分子式为 $C_{12}H_{8-n}Cl_nO$，熔点为 184～258℃，沸点为 375～537℃。不溶于水，溶于丙酮、苯，易溶于乙醇、乙醚等多数有机溶剂，并且化学性质稳定。呋喃性质与苯相似，可由松木蒸馏得到，可以用来合成多种化合物，如呋喃甲醛（糠醛），呋喃氢化后成四氢呋喃，是一种重要的有机工业原料，呋喃具有毒性且致癌，对人体健康伤害极大。

7.6.2.3　持久性有机污染物的环境存在

环境中的 POPs 有人为来源和自然来源，虽然现在许多发达国家已经不断减少具有持久性和生物富集性化学品的使用，但是在许多发展中国家还在大量使用有机农药类化合物控制疾病的传播。此外，工业过程也会产生 POPs，有些则是由于不恰当的处置、事故和老化设备泄漏等非故意释放而进入到环境中。由于其不易降解及远距离传播的特性，可以在全球范围内，包括陆地、沙漠、海洋和南北极地区都有可能监测到 POPs 的存在。

1）水环境包括水相、悬浮颗粒物相和沉积物相三部分，通常 POPs 属于憎水性物质，进入水环境后可与水体中的悬浮颗粒物、沉积物中的有机质、矿物质等发生一系列的物理化学反应，如分配、物理吸附和化学吸附等，进而转移到固相，使水中的 POPs 浓度下降。一定条件下，吸附到水中悬浮物和沉积物中的 POPs 又会发生各种迁移和转化，重新进入水体中。

2）大气中的 POPs 物质除了来源于农药喷洒外，还可能来源于被污染的水体或土壤与大气界面之间的交换，POPs 在大气中主要以气态和吸附态两种形式存在，气态和颗粒态束缚的 POPs 都可以通过干沉降和湿沉降到达地球表面。POPs 的长距离输送和全球扩散的特性使得偏远地区如北极、南极、沙漠和珠峰等地也有 POPs 的存在。由于大气具有较强的流动性，因而大气中 POPs 的地区差异相较于水体、土壤和生物体等介质而言相对较小。随着气温的升高，半挥发性有机污染物的挥发速率增大，因而大气中的 POPs 浓度存在一定的季节性差异。

3）土壤中除了各种无机物外，还含有腐殖质、富里酸、富啡酸等有机成分，这些有机质可以吸附 POPs，是环境中 POPs 的天然汇。除了意外泄漏之外，土壤中 POPs 的来源还包括大气沉降、化学品施用、污泥农用等多种途径。污染物被有机质吸附后，很难发生迁移，因此即使是在污染源附近的土壤中，POPs 污染水平差异也会很大，土壤中 POPs 浓度水平反映该地区长期污染情况。

当然，POPs 除了在自然环境中存在外，在生物体内也有存在。由于其性质稳定、不易分解、脂溶性强、与蛋白质或者酶有较强的亲和力，被生物体摄入后，易溶于脂肪中，很难被分解外排。且随着摄入量的增加，被摄入物质在生物体内的含量增大，随着营养级的升高，含量也逐步增大，结果使得食物链上高营养级生物体内的 POPs 含量显著地超过环境中含量。由于这种生物放大作用，使得即使环境中仅含有微量物质，也会使得高营养级生物受到较大的毒害影响。因此，研究生物体内 POPs 含量，对生态环境和人体健康风险评价都有重要意义。人类作为食物链的顶端，通过使用一些高脂动物性食品包括陆生和水生生物等，而使体内富集高浓度的 POPs。POPs 在人体内的脂肪组织、血清和母乳中分配，目前开展的检测项也是针对上述组织进行的。

7.6.2.4　持久性有机污染物的危害效应

POPs 的危害效应按时间可分为急性毒性、亚慢性毒性和慢性毒性。后两者主要体现在对生殖和发育、内分泌系统和免疫系统的影响，“三致”作用和其他的毒性，如一些器官组织病变和影响人体的正常生长发育等。

具体来说，急性毒性是指 POPs 在较短时间内急剧增加并超过一定浓度作用于人体时，可引起器官和生理机能的不良反应，导致人群急性中毒甚至死亡，一般多在吸收毒性物质半小时后发病，轻者头痛、头晕、视力模糊、恶心、呕吐、腹痛和四肢无力等；重者可见大汗淋漓、共济失调、抽搐、昏迷等。例如，DDT 急性中毒后症状表现为发热、失去知觉、阵发性痉挛与抽搐、肌肉紧张等。亚慢性毒性和慢性毒性方面，POPs 可在脂肪组织和中枢神经系统中长期累积，从而产生神经系统及免疫系统等方面的问题；POPs 中很多化合物能与人体和动物的内分泌系统发生交互作用，干扰激素、甲状腺等功能。在 POPs 的“三致”效应中，致畸可导致胚胎发育过程中胚胎分化及器官形成受到影响，从而造成组织器官的缺陷，出现肉眼可见的形态结构异常的畸形现象；致癌为可诱发肿瘤的发生，形成原因还未完全明确；致突变为基因突变或者染色体突变。

7.6.3 其他新污染物

7.6.3.1 其他新污染物的种类

除了持久性有机污染物外，新污染物还包括内分泌干扰物（EDCs）、药品与个人护理品（PPCPs）、全氟化合物（PFCs）、溴代阻燃剂（BRPs）、饮用水消毒副产物、纳米材料、微塑料等。由于相关的法律法规不完善且对新污染物的研究较少，它们被大量不间断使用并排入环境，特别是在水环境和沉积物中，它们一直保持较高的浓度。其中，内分泌干扰物、药品与个人护理品等具有较高的生物活性和毒性，而备受关注。内分泌干扰物具有性激素效应，故又称环境激素，它可以诱导许多生物产生性畸变，对水生生物和人类健康构成潜在威胁。此外，一些常用的药物及个人护理品在环境中也会对生物具有持续毒性。因新污染物具有类似 POPs 的性质，且较低浓度的新污染物无法通过常规处理工艺去除，他们通过各种途径进入全球环境介质如大气、土壤和水体中并稳定存在，难以降解并易于在生态系统中富集，对生态系统中各种生物和人类具有潜在危害。

7.6.3.2 几种重要的新污染物

目前，人们关注较多的新污染物主要有卤系阻燃剂、人用与兽用药物、纳米材料、饮用水消毒副产物、个人护理品、全氟化合物、微塑料等。

（1）卤系阻燃剂

卤系阻燃剂是一类能阻止聚合物材料引燃或抑制火焰船舶的添加剂，主要适用于有阻燃需求的塑料，延迟或防止塑料尤其是高分子类塑料的燃烧，包括溴系阻燃剂和氯系阻燃剂两大类。溴系阻燃剂的生产和使用已有 30 多年的历史，目前生产的溴系阻燃剂有 70 多种。但是卤系阻燃物的生产和使用存在一定的缺陷，主要为产生烟雾大，释放有毒气体，本身存在一定的毒性并可产生有毒物质［如溴代二噁英（PBDDs）和溴代呋喃（PBDFs）］。卤系阻燃剂受到关注从 1973 年将阻燃剂多溴联苯误作食品添加剂混入动物饲料的事故，20 世纪 90 年代末，各种环境介质中发现多溴联苯醚（PBDEs），在极地地区也检测到了它的存在。目前已证明 PBDEs 对哺乳动物和鱼类具有许多潜在的毒性，表现在对老鼠神经生长的影响，对鼠类和兔类甲状腺、肝脏、肾脏性状的影响；四溴双酚 A（TBBPA）具有一定的急性毒性。

（2）人用与兽用药物

全世界注册用于人用药的活性化合物已超过 3 000 种，这些常用药物主要是抗生素类、镇痛消炎类、神经系统类、降血脂类、激素类等，这些人用药物在城市生活废水、医院和制药厂废水和垃圾填埋场中含量很高，主要来源于人们正常使用后的排泄及随意丢弃。不易降解的药物随污水处理厂或雨水径流进入江河湖泊与海洋，甚至对地下水和饮用水造成污染。另外，会给土壤和水体等带来不良影响，并通过食物链影响微生物、植物和动物，最终影响到人类。大部分药物制剂在环境中浓度很低，不会引发急性毒性效应，但一些生物整个生命周期都暴露在这些污染物中，其长期低剂量效应不可忽视。

（3）纳米材料

随着各种用途新产品的发展使用，新兴水污染物日益受到关注，尤其提出的是 1～100 nm 范围内的纳米材料。纳米材料广泛用在水污染控制中作为吸附剂、絮凝剂、修复剂等。随着纳米材料商品化的应用，关于其生物学效应及对环境和健康的影响引起高度关注。2004 年 1 月美国化学会的 *Environmental Science & Technology* 杂志、2004 年 6 月 *Science* 杂志中均强调必须对纳米技术安全问题进行研究。由于纳米尺度处于生命分子（DNA、蛋白质、糖类等）的尺度范围内，可以在体内穿行、沉积在靶器官、透过细胞膜、寄宿在线粒体中，因而很有可能引发有害的影响。当前纳米毒理学研究重点集中在筛选特定纳米材料对非靶生物体的毒理学效应与作用机制。

（4）饮用水消毒副产物

水中的消毒副产物也受到了强烈的关注。水中氯气、次氯酸钠和二氧化氯等消毒剂发生反应产生消毒副产物，副产物一般含有卤素和氮元素。除了饮用水暴露外，人们还可能在洗澡或游泳时，通过淋浴排放的水蒸气和皮肤接触到这类物质。溴代和氯代的消毒副产物是在氯化的水中与溴化物或碘化物发生反应而生成，这种反应通常存在于海水或咸水侵入地下水的区域。饮用水氯化消毒的安全性问题，尤其是饮用水消毒副产物（DBPs），特别是氯化消毒副产物（CDBPs）对人体健康的影响，是当前极受关注的研究领域。目前已检测到的 CDBPs 多达数百种，包括三卤甲烷（THMs）、卤乙酸（HAAs）、卤氧化物、卤代乙腈、卤代呋喃酮［其代表为 3-氯-4-二氯甲基-5-羟基-2（5 氢）-呋喃酮］等，其中 THMs 和 HAAs 两者可占全部 CDBPs 的 80%以上。而 THMs 的致癌性已被多方证实。

（5）个人护理品

用于美容剂、化妆液、唇膏、喷发剂、染发剂和洗发液等个人护理品中的遮光剂/滤紫外线剂也是新污染物的一种，它具有“假持续性”，可被源源不断地排放进入环境中。这种污染物具有内分泌干扰活性和发育毒性，其安全性受到国外研究者的广泛关注。滤紫外线剂包括有机滤紫外线剂和无机滤紫外线剂两类，其中有机滤紫外线剂通过吸收紫外线而发挥作用，主要包括二苯甲酮-3（BP-3）、4-羟喹（HBP）、2-羟基-4-甲氧基二苯甲酮（HMB）、2,3,4-三羟基二苯甲酮（THB）等。遮光剂/滤紫外线剂不仅可以通过皮肤和呼吸途径造成人体接触，还可以通过洗澡、洗涤衣物、游泳等方式大量进入水环境。由于其大多为亲脂化合物，因此对环境和人体健康存在一定的风险。

（6）全氟化合物

是一类人工合成的有机化合物，通常由一个烷烃链（—C_nF_{2n+1}）和一个官能团（如—COOH、—SO_3H）组成，烷烃链中与碳原子相连的氢原子全部被氟原子取代，由于氟原子高电负性，使得碳氟键具有极性和极高的强度，具有环境持久性，难以水解、光降解和生物降解，广泛应用于涂料配方、防火泡沫、聚氨酯生产、润滑剂、防水剂等化工产品的生产。PFCs 主要包括全氟羧酸类化合物（PFCAs）和全氟磺酸类化合物（PFSAs）两大类。其中，全氟辛酸（PFOA）和全氟辛烷磺酸（PFOS）分别作为各类环境介质中检出率最高的两种长链 PFCs 而备受关注。人主要通过 4 种途径接触 PFCs，主要是呼吸直接吸入、皮肤接触、食物链循环和饮水暴露，PFCs 属于亲蛋白化合物，主要富集在血液、肝脏、肌肉和脾脏，对肝脏、神经、生殖系统和免疫系统等器官具有毒性和致癌性。

（7）微塑料

直径＜5 mm 的塑料碎片和颗粒，按来源分为初级微塑料（河流、污水处理厂等排入水环境中的塑料颗粒）和次级微塑料（产生于大块塑料的降解和破碎）。微塑料类型包括聚乙烯（PE）、聚苯乙烯（PS）、聚丙烯（PP）、聚酰胺（PA）、聚氯乙烯（PVC）等。由于其较小的粒径和疏水表面易和其他污染物发生相互作用，微塑料成为重金属、疏水有机污染物等的载体，并改变污染物在环境中的赋存形态，从而产生联合生态环境效应。生物食入是微塑料进入生物体的重要途径，经过食物链富集进入人体，对人体健康造成危害。迄今为止的研究已表明，微塑料颗粒能够穿透人体的组织屏障到达组织器官内部，对人体细胞造成炎症反应、氧化应激以及 DNA 损伤等负面影响。

除了上面提到的几种典型的新污染物外，还有很多值得关注的持久性有机污染物，例如环己烷甲酸对一些陆地植物、发光细菌、浮游生物等毒性作用较强；作为一种新型的无铅汽油添加剂的甲基叔丁基醚（MTBE）；橡胶硫化的催化剂以及乙烯树脂稳定剂等。

7.6.3.3 新污染物的研究与治理

目前，我国关于新污染物的研究和治理工作已全面展开，新污染物治理已成为“十四五”时期生态环境保护工作重点。我国新污染物风险防控面临许多挑战：一是新污染物风险防控法律体系不健全；二是新污染物风险防控监管体系不完善；三是新污染物监测、报告和评估机制尚未建立；四是新污染物科学研究基础比较薄弱。

2022 年 5 月 24 日，国务院办公厅发布《新污染物治理行动方案》，从 6 个方面部署了行动举措：一是完善法规制度，建立健全新污染物治理体系；二是开展调查监测，评估新污染物环境风险状况；三是严格源头管控，防范新污染物产生；四是强化过程控制，减少新污染物排放；五是深化末端治理，降低新污染物环境风险；六是加强能力建设，夯实新污染物治理基础。

总之，新污染物问题已成为环境领域的研究热点，尽管关于新污染的研究已全面展开，但是由于我国新污染物科学研究基础较薄弱起步较晚，仍然有许多工作亟须开展：①深化对新污染物的认识，增强对新污染物种类识别技术的发展，完善新污染物控制清单；②改进和完善新污染物检测技术，不断提高其检测限，发展便携式检测设备和实时监测设备；③发展清洁高效的新污染物去除技术，限制新污染物排入环境；④开展新污染物在不同环境介质和相关生物体中的污染水平调查，研究其在环境中的迁移转化规律；⑤开展人群污染水平调查，重点研究其对于人类和其他生物的毒理反应；⑥建立健全新污染物控制相关的法律法规，完善其环境损害评估机制和相应的补偿机制。

7.7　生态退化

生态退化是指生态系统的平衡遭到破坏，导致了系统的结构和功能严重失调，从而威胁到人类的生存和发展。造成生态退化的原因有自然因素和人为因素。自然因素包括火山喷发、地震、海啸、泥石流和雷击火灾等；人为因素包括植被破坏、水土流失、物种灭绝、土地荒漠化等。由于植被破坏是生态破坏的最典型特征之一，它不仅可以引起生态系统失调、水土流失、土地沙化以及自然灾害加剧，而且会引起土地荒漠化。因此，植被破坏是导致水土流失和土地荒漠化的重要根源。

7.7.1　植被退化

7.7.1.1　森林退化

世界上陆地面积的 45%（60×10^8 hm^2）曾经被森林所覆盖。森林在涵养水源、保持水土、调节气候、繁衍物种、动物栖息等方面起着不可替代的作用。联合国粮农组织发布的 2020 年《全球森林资源评估》报告指出，1990 年至今，全球森林面积持续缩小，净损失达 1.78 亿 hm^2，但得益于部分国家大幅减少森林砍伐、大规模植树造林和林地自然增长，森林消失速度已显著放缓。据估计，1990 年以来，全球共有 4.2 亿 hm^2 森林遭到毁坏，即树木遭到砍伐、林地被转而用于农业或基础设施。在我国，据林业部门统计，到 2020 年，森林面积达 2.2 亿 hm^2，森林覆盖率达 23.04%，森林蓄积量 175.6 亿 m^3，相较于中华人民共和国成立之初的森林覆盖率（13%），有较大的提高。我国的森林破坏并不严重，但是如果再考虑森林质量的变化，我国的森林有很多是低质量的森林，不是当地的顶级植被。

7.7.1.2　草原退化

全球的草原面积约占陆地总面积的 20%，各大洲均有分布。草原一般分布在比较干旱和半干旱地区，土地多平坦，土壤肥沃。但是，过度放牧与不适宜的开垦耕种，往往引起草场退化，发生土壤侵蚀、土壤盐渍化与沼泽化，并可进一步荒漠化。草场退化与荒漠化的另一严重后果是大大缩小了草原动物的栖居地，使食草动物的数目大量减少，以致濒临物种灭绝的境地，而捕食这些食草动物的数目亦大为减少，导致整个生态系统平衡的破坏。

我国草原总面积约 4×10^8 hm^2，占全球草原面积的 13%，占全国国土面积的 41.7%，居世界第三位。但是，由于长期以来我国对草原资源采取自然粗放式经营，过牧超载、重用轻养、乱开滥垦，使草原破坏严重，导致草原退化、沙化和碱化面积日益发展，生产力不断下降。当前我国的草原生态脆弱的形势依然严峻，仍有 70%的草原处于不同程度的退化状态，草原保护修复任务还十分艰巨。

森林面积锐减和草场退化都将给生态环境带来严重的后果。前者不仅使木材和林副产品短缺，珍稀动植物减少甚至灭绝，还造成生态系统恶化，环境质量下降，水土流失，河库淤塞，旱涝、泥石流等灾害加剧；后者可改变草原的植物种类成分，降低草场的生产力，破坏草场的动植物资源。

7.7.2 水土流失

随着森林的砍伐和草原的退化，土壤侵蚀和土地沙漠化将日趋严重。目前，土壤盐渍化使全世界的农业生产都面临着巨大的威胁。全球盐渍化土壤约 9.5×10^8 hm^2，我国各种盐渍化土地面积约 10×10^6 hm^2，占总耕地面积的 1/10。我国是世界上水土流失最严重的国家之一。2021 年，中国共有水土流失面积 267.42 万 km^2。其中，水力侵蚀面积 110.58 万 km^2，占中国水土流失面积的 41.35%；风力侵蚀面积 156.84 万 km^2，占中国水土流失面积的 58.65%。按水土流失面积来看，排名前五的省（区）依次为新疆、内蒙古、甘肃、青海、四川。

植被破坏严重和水土流失加剧，也是导致 1998 年长江流域发生特大洪灾的重要原因。1957 年长江流域森林覆盖率为 22%，水土流失面积 36.38×10^4 km^2，占流域总面积的 20.2%。1986 年，森林覆盖率仅剩 10%，水土流失面积猛增到 73.94×10^4 km^2，占流域面积的 41%。由于大量泥沙淤积和围湖造田，使 30 年间长江中下游的湖泊面积减少了 45.5%，蓄水能力大为减弱。1989 年，国务院批准将长江上游列为全国水土保持重点防治区，经过 30 多年，长江流域水土保持得到了改善。根据 2002 年的全国第二次水土流失遥感调查，长江流域水土流失面积 53.1×10^4 km^2，占流域面积的 30%。经过多年的治理，根据 2021 年度全国水土流失动态监测，长江流域的水土流失面积已降至 33.26×10^4 km^2。

水土流失也造成不少地区土地严重退化，如全国每年表土流失量相当于全国耕地每年剥去 1 cm 的肥土层。同时，在水土流失地区，地面被切割得支离破碎、沟壑纵横；一些南方亚热带山地土壤有机质丧失殆尽，基岩裸露，形成石质荒漠化土地。水土流失还造成水库、湖泊和河道淤积，并给土地资源和农业生产带来极大破坏，严重地影响了农业经济的发展。

上述分析表明植被破坏是导致水土流失、河湖淤积、土地荒漠化、野生动植物资源减少以及自然灾害加剧的根本原因。

7.7.3 土地荒漠化

7.7.3.1 荒漠化的概念

在《联合国防治荒漠化公约》中明确指出："荒漠化是包括气候变异和人类活动在内的种种因素所造成的干旱、半干旱和亚湿润干旱地区的土地退化。"它包含了 3 层含义：①造成荒漠化的原因，包含"气候变异和人类活动在内"的种种因素；②荒漠化范围是在"干旱、半干旱和亚湿润干旱地区"，即指年降水量与潜在蒸发量之比为 0.05～0.65 的地区，但不包括极区和副极区；③表现形式为"土地退化"，是指由于使用土地或由于一种营力或数种营力结合致使干旱、半干旱和亚湿润干旱地区雨浇地、水浇地或草原、牧场、森林和林地的生物或经济生产力和复杂性下降或丧失。

7.7.3.2　荒漠化的现状

目前，除南极洲以外的世界各大洲均已出现荒漠化，并对包括旱区大量贫困人口在内的数百万人的生计造成影响。全球 10%～20%的旱区已经退化，由此判断，全世界的荒漠化总面积为 600 万～1 200 万 km^2。中国是受荒漠化危害最严重的国家之一。按《联合国防治荒漠化公约》中的规定计算，我国潜在荒漠化发生地区涉及内蒙古、辽宁、吉林、北京、天津、河北、山西、陕西、宁夏、甘肃、青海、新疆、西藏、山东、河南、四川、云南和海南共 18 个省、自治区、直辖市，东起黄淮海平原风沙化土地和辽河流域沙地，西至新疆塔克拉玛干沙漠，遍及内蒙古高原、黄土高原、宁夏河东、甘肃河西走廊、青海柴达木盆地、新疆准噶尔盆地和塔里木盆地的广大地域。根据 2020 年的第五次全国荒漠化和沙化监测结果，全国荒漠化土地面积 261.16 万 km^2，沙化土地面积 172.12 万 km^2。根据岩溶地区第三次石漠化检测结果，全国岩溶地区现有石漠化土地面积 10.07 万 km^2。

7.7.3.3　荒漠化成因

根据荒漠化的定义，荒漠化的产生和发展主要可分为自然因素和人为因素。

（1）自然因素

异常气候使自然生态系统具有的抵抗力下降，而干旱多风更使原本脆弱的生态环境受到致命的打击。它导致作物歉收，引起饥荒；导致草地放牧能力下降，引起家畜死亡；贫瘠的土地随着干旱进一步恶化，发生风蚀；农田因蒸发加快而加速了盐类的蓄积。另外，暴雨也是引起荒漠化的原因之一。在植被贫乏和土壤脆弱的干旱地区，由于对降雨的抵抗力弱，容易发生土壤的侵蚀。正是诸如以上的各类气候的异常，破坏了脆弱的自然环境的生态平衡，为土地荒漠化的发生发展作了准备。

（2）人为因素

联合国对 45 个荒漠化地区的调查结果显示，由于自然变化引起的占 13%，其余 87%均为人为因素所致。另据中国科学院对我国北方地区荒漠化土地的调查，其中有 94.5%为人为因素所致。因此，可以认为引起土地荒漠化的原因，主要是由于人们对自然资源利用不当而带来的过度放牧、乱垦滥伐、不合理的耕作及粗放管理、水资源的不合理利用等。这些人为活动不仅破坏了生态系统的平衡，而且导致了土地荒漠化。

7.7.3.4　荒漠化的危害

1）可利用土地面积锐减，生产潜力衰退。荒漠化使土地的生物生产潜力逐渐衰减消失。美国大平原、哥伦比亚河流域、太平洋西南部分地区、科罗拉多流域、诸大湖沿岸腐殖土和沙土地区，就有 40×10^4 km^2 土地的肥力损失，每年土壤中 N、P、K 损失 4 300×10^4 t。

2）土地生产力下降，农业产量降低。全世界受荒漠化严重影响的农田产量普遍下降 70%～80%，每年由此造成的损失高达 260 亿美元。在美国有 90%的土壤风蚀发生在农业耕作土壤上，仅 1934 年的一次“黑风暴”灾害，使该区冬小麦减产 51×10^8 kg，迫使 16

万农民离开风蚀灾害区。2010 年受新疆强冷空气东移影响，武威、张掖、酒泉、白银、金昌、嘉峪关 6 市部分地区遭受强沙尘暴灾害。此次灾害中，作物受灾面积达 1 863 km^2，直接经济损失 7.52 亿元。

3）草原质量下降，牧业发展受阻。荒漠化给牧业带来的损失，在世界大多数草原，特别是在发展中国家的干旱草原地区尤为严重。全世界受荒漠化影响的牧业用地达 30×10^8 hm^2 之多，阿尔及利亚 $1\ 200\times10^4$ hm^2 的干草原上，约有 200×10^4 hm^2 已被破坏。目前，世界上每年数万平方千米的陆地沦为沙漠土地，其中草原沙漠化达 3.2×10^4 km^2。我国北方草原地区，由于荒漠化的危害，牧业长期低而不稳，不少地区已出现下降趋势。

4）造成环境污染和破坏。每年冬春两季从沙区吹来的风沙尘暴，不仅使当地两三米内视线不清，而且还漂浮千里之外，造成大范围内空气污浊，妨碍人类生产活动。例如，2010 年 4 月 26 日，河北保定、石家庄、衡水、邢台、邯郸和张家口地区有 76 个县市遭遇大风袭击，最高风速达 30 m/s，风力为 11 级。冀东南 13 个县市出现沙尘暴、12 个县市出现雷暴，其中平乡、广宗、威县出现能见度小于 500 m 的强沙尘暴。据统计，共造成直接经济损失 9.37 亿元。

7.7.4 水生态系统退化

水作为一种特殊的生态资源，是支撑整个地球生命系统的基础，是人类生存与发展的重要基础资源。水生态系统主要是指河流与湖泊等地表水生态系统。水生态系统不仅提供了人类生活和生产必需的水资源、鱼类、水电等产品，保障农林等产业发展，提高地产价值的经济支撑功能，还具有调节气候、净化环境、调蓄洪水以及改善生活质量、传承民族文化等功能。

7.7.4.1 河流生态系统退化

河流生态系统是最重要的水生态系统。近年来，由于水资源利用和污染物排放强度的增大，我国的河流水体污染严重，从而导致水生态系统功能的显著退化。近几十年来，由于污水的直接排放和对河流不合理的开发利用导致河流污染日趋严重，尤其是广大农村地区的河流污染现象特别突出。工农业生产和生活对河流造成的污染程度超过了河流的自净能力，水生态退化突出，水资源供需矛盾尖锐。

7.7.4.2 湖泊生态系统退化

湖泊富营养化是湖泊生态系统结构破坏和功能丧失，以及湖泊生态系统退化和稳定状态转移的外在表现，是营养盐（P、N）等污染物在水体中不断积累。它是指湖泊等水体接纳过量的 N、P 等营养性物质，使藻类以及其他水生生物异常繁殖，水体透明度和溶解氧变化，造成湖泊水质恶化，加速湖泊老化，从而使湖泊生态系统和水功能受到阻碍和破坏。严重时甚至发生“水华”，给水资源利用（如饮用、工农业供水、水产养殖、旅游以及水上运输等）带来巨大损失。全球有 75%以上的封闭型水体存在富营养化问题；在我国的 131 个主要湖泊中，已达富营养程度的湖泊有 67 个，占 51.2%。

7.8　环境污染与人体健康

7.8.1　环境物质和人体物质的和谐统一

在讲述地球环境的形成过程中已经提到，生物是地球环境发展中的产物，而人类是生物进化的产物。环境不仅为生物提供栖息场所和活动空间，而且通过新陈代谢作用，不停地与周围环境进行能量传递和物质交换。物质的基本单元是化学元素，经过漫长岁月人和环境的交换协调，人体中各种化学元素的平均含量与地壳中各种化学元素含量相适应。例如，人体血液中的 60 多种化学元素含量和地壳岩石中这些元素的含量有明显的相关性（图 7-17）。从图 7-17 可以看出，人体组成的化学元素和环境构成的化学元素是统一的，而其浓度又是相互和谐的。众所周知，自然环境是不断变化的，但这种变化相较于人的生命周期来说是非常缓慢的，这样，人体总能从内部调节自己的适应性来与不断变化的环境物质保持平衡和谐关系，维持人体的成长，人类的繁衍。

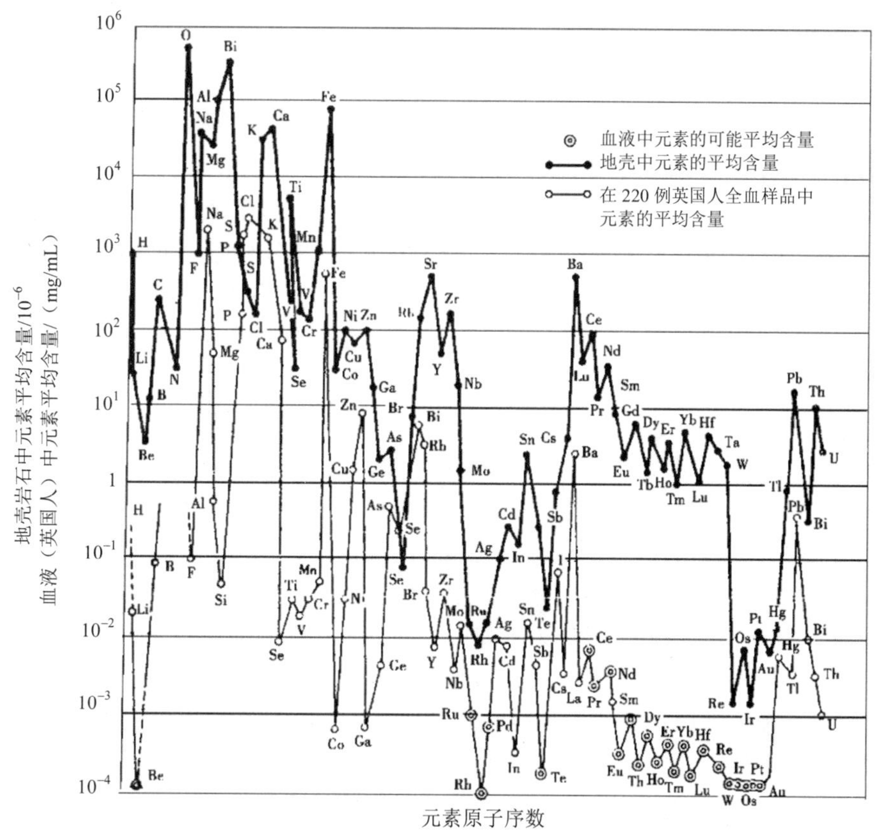

图 7-17　人体血液中和地壳中元素含量的相关性

环境的任何异常变化，都会不同程度地影响人体的正常生理功能，另外，人类也具有调节自己的生理功能来适应不断变化的环境的能力，并且环境的异常变化不超过一定限度，人体是可以适应的。如果环境的异常变化超出人类正常生理调节的限度，则可能引起人体某些功能和结构发生异常，甚至造成病理性的变化。这种能使人体发生病理变化的环境因素，称为环境致病因素。

在环境致病因素中，环境污染又占最重要的位置。仅以人类肿瘤为例，据统计其大部分病因与环境污染有直接关系。环境污染常使某些化学物质突然增加，出现了环境中本来没有的化学合成物质，破坏了人与环境的统一和谐关系，因而引起机体疾病。

7.8.2 环境对人体的影响——地方病

人的生长和发育同一定地区的化学元素含量有关。由于地质历史发展的原因或人为原因，地壳表面的元素分布在局部地区呈异常现象，如某些元素过多或过少等。因此，当当地居民人体同环境之间元素交换出现不平衡，人体从环境摄入的元素量超出或低于人体所能适应的变动范围时，就会发生地方病，或叫化学性地方病。地方病是同一定的自然环境有密切关系的疾病，发生在某一特定地区。例如一个地区的碘元素分布异常，可引起地方性甲状腺肿或地方性克汀病，F 元素分布过多，可引起地方性氟中毒等。

7.8.2.1 地方性甲状腺肿

地方性甲状腺肿是一种流行广泛的世界性地方病，俗称“大粗脖”，以甲状腺肿大为主要症状。据统计，全世界地方性甲状腺肿患者有 2 亿人，我国达 3 500 万人。形成地方性甲状腺肿的原因是人体摄入碘元素的不平衡，即过少或过多所致。因碘是人体合成甲状腺激素的主要成分，成人每日需碘量为 70～100 μg，人体缺碘会引起缺碘性地方性甲状腺肿，摄入过量的碘会引起高碘性地方性甲状腺肿。2007 年世界卫生组织公布的数据显示，我国自 1996 年实施食盐碘化至今，已从碘缺乏状态转为碘供给多于正常需要量，并随之产生甲状腺疾病谱带变化的问题。

1）缺碘性地方性甲状腺肿。此种地方病多见于山区、丘陵地带，主要是由于环境中缺乏碘元素引起的。岩石、土壤和水中含碘少，导致粮食、蔬菜、饲草中含碘少，人体从动植物食品中摄入的碘也少。当人体摄入的碘少到不足以合成人体所必需的甲状腺激素并导致血液中甲状腺激素水平下降时，由于体液的反馈机制，下丘脑就加强促甲状腺激素释放素的分泌并作用于垂体，垂体就分泌促甲状腺激素。甲状腺长期受到促甲状腺激素刺激便增生肥大，形成甲状腺肿。近年来，我国大部分地区使用加碘盐来防治碘缺乏病，该方法简单便捷，已在我国大多数城市取得成效。

2）高碘性地方性甲状腺肿。此种地方病是由于过量摄入碘而引起的，1964 年在日本北海道发现过，20 世纪 70 年代在我国渤海湾南部沿海等地也有发现。高碘性地方性甲状腺肿在外观上与缺碘性的并无区别，只能靠化验尿碘的高低等加以区别。高碘性地方性甲状腺肿的预防方法是停止高碘饮食和减少饮水、食物中的含碘量。

3）地方性克汀病。地方性克汀病是在地方性甲状腺肿流行地区出现的一种先天性地方病。胎儿和婴幼儿在发育期缺碘，导致甲状腺激素缺乏，引起大脑、神经、骨骼和肌肉等发育迟缓或停滞，主要病症是呆小、听障人士、瘫痪。

7.8.2.2 地方性氟中毒

地方性氟中毒是与自然环境中氟的丰度有密切关系的一种世界性地方病，亚洲、欧洲、美洲都有流行区。在我国主要流行于贵州、陕西、甘肃、山东、山西、河北、辽宁、吉林、黑龙江等省。它的基本病症是氟斑牙和氟骨症。

氟是人体所必需的微量元素之一，对维持机体健康具有重要作用。氟具有很好的防龋作用，可以在牙齿表面形成氟磷灰石保护层，提高牙齿的硬度和抗酸能力，适量的氟能保持牙齿的健康。但是氟具有双阈值性，即摄入过多或过少的氟都会引起人体相关的疾病。

氟摄入过多会引起氟中毒，过量氟能抑制多种酶的活性，影响机体的代谢过程，并对牙齿和骨骼有明显的影响，表现为斑釉牙和氟骨症等。如饮水中氟含量在 1.0 mg/L 以上，氟斑牙患病率会随含氟量增加而上升；如饮水中含氟量在 4.0 mg/L 以上，则出现氟骨症。轻度氟骨症患者只有关节疼痛的症状，中度患者除关节疼痛外，还出现骨骼改变，重度患者出现关节畸形，造成残废。摄入不足则会引起龋齿、骨质疏松。例如饮水中氟含量低于 0.5 mg/L，儿童中龋齿患病率也增高。龋齿是世界卫生组织列为全球第三位的主要防治疾病，目前龋齿是我国常见病和多发病。2017 年的第四次全国口腔健康流行病学调查结果显示，我国 12 岁儿童恒牙龋患率为 34.5%，比 10 年前上升了 7.8 个百分点。5 岁儿童乳牙龋患率为 70.9%，比 10 年前上升了 5.8 个百分点，儿童患龋情况呈上升态势。

7.8.2.3 克山病

克山病即地方性心肌病，1935 年首先在我国黑龙江省克山县发病，故命名为克山病。此病以损害心肌为特点，引起肌体血液循环障碍，心律失常、急性心力衰竭。重者可在发病数小时至一两天内死亡；轻者病情稍缓，表现为心悸、心界扩大，心音弱，肝肿大等一系列心力衰竭症状。据资料调查，1980 年我国急性克山病已基本消失。

克山病的病因目前认为与缺硒关系最大。克山病全部发生在低硒地带，患者头发和血液中的硒明显低于非病区居民，而口服亚硒酸钠可以预防克山病的发生，由此可推知，克山病的病因在于病区的地球化学组成异常，缺少硒、钼、镁等微量元素或有关的营养物质，而缺硒是主要因素。

7.8.3 公害病

公害病是由环境污染引起的地区性疾病。公害病不仅是一个医学的概念，而且具有法律意义，须经严格鉴定和法律认可。公害病有下列特征：①它是由人类活动造成的环境污染所引起的疾患。②损害健康的环境污染因素很复杂，有一次污染物和二次污染物；有单因素作用或多因素联合作用；污染源往往是多个；污染物的性质和浓度同人体损害程度具相关关系，确凿的因果关系则往往不易证实。③公害病的流行，一般具有长期（十数年或数十年）陆续发病的特征，还可能累及胎儿，危害后代；也可能出现急性暴发型的疾病，使大量人群在短期内发病。日本是公害病研究最早的国家，如 1974 年日本施行《公害健康被害补偿法》，确认水俣病、痛痛病、四日市哮喘等为公害病，并规定了这几种病的确诊条件和诊断标准及赔偿。

7.8.3.1 水俣病

水俣病是由于摄入富集在鱼、贝中的甲基汞而引起的中枢神经疾患，因最早发现在日本熊本县水俣湾附近渔村而得名。1953 年在日本熊本县水俣湾附近的渔村中，出现了原因不明的中枢神经性疾病患者，之后开展了流行病学调查，1968 年 9 月，日本政府确认水俣病是人们长期食用含有汞和甲基汞废水污染的鱼、贝造成的。

甲基汞具有脂溶性、原形蓄积和高神经中毒 3 个特征。甲基汞进入胃内与胃酸作用，产生氯化甲基汞，经肠道吸收进入血液，经血液输送到各器官，这种物质也能通过血脑屏障，进入脑细胞，还能透过胎盘，进入胎儿脑中。脑细胞富含类脂质，而脂溶性甲基汞对类脂质具有很高的亲和力，所以很容易蓄积在脑细胞内。甲基汞主要侵害成年人大脑皮层的运动区、感觉区和视觉听觉区，也会侵害小脑。对胎儿的侵害是遍及全脑。成人甲基汞中毒可出现四肢末端感觉麻木、刺痛和感觉障碍，运动失调，中心性视野缩小或疑有运动失调，有明显的中心性眼、耳、鼻症状或兼有平衡功能障碍。胎儿性水俣病比较严重，可出现原始反射、斜视、吞咽困难、动作失常、语言困难、阵发性抽搐和发笑症状。患儿随着年龄的增长，可出现明显的智能低下、发育不良和四肢变形等症状。

水俣病是环境污染造成的最严重的公害病之一。汞和甲基汞一旦进入水体，就会通过食物链的逐级富集危害人体。甲基汞分子结构中的 C—Hg 键结合得很牢固，不易破坏，在细胞中是原形蓄积，以整个分子损害脑细胞，而且随着时间的延长损害日益加重。因此，在水俣病的病程中，损害的表现具有进行性和不可恢复性。

7.8.3.2 痛痛病

痛痛病是发生在日本富山县神通川流域部分镉污染地区的一种公害病，以周身剧痛为主要症状而得名。痛痛病发病的主因是当地居民长期饮用受镉污染的河水，并食用此水灌溉的含镉稻米，致使镉在体内蓄积而造成肾损害，进而导致骨软化症。妊娠、哺乳、内分泌失调、营养缺乏（尤其是缺钙）和衰老是本病的诱因。此外，还可能存在地区性的发病原因。患者多为多子女的妇女，在当地居住数十年，一直饮用神通川水，食用镉米。本病潜伏期一般为 2～8 年，长者可达 10～30 年。初期，腰、背、膝关节疼痛，随后遍及全身。疼痛的性质为刺痛，活动时加剧，休息时缓解。因髓关节活动障碍，步态摇摆。数年后骨骼变形，身长缩短，骨脆易折，患者疼痛难忍，卧床不起，呼吸受限，最后往往在衰弱疼痛中死亡。

7.8.3.3 四日市哮喘

四日市哮喘是发生在日本四日市，以阻塞性呼吸道疾患为特征的一种公害病。它包括支气管哮喘、慢性支气管炎、哮喘性支气管炎和肺气肿等，其中以支气管哮喘最为突出，故定名为四日市哮喘。四日市位于日本伊势湾西岸，1955—1963 年相继兴建了 3 座石油化工联合企业，每年排出大量的硫氧化物、碳氢化物、氮氧化物和飘尘等污染物，造成严重的大气污染。随着大气污染的日趋严重，支气管哮喘患者显著增加。据调查，患支气管哮喘的人数在严重污染的盐浜地区比非污染的对照区高 2～3 倍。另外，新患者一旦脱离大气污染环境，就能取得良好的疗效。从而推断局部的大气污染是主要的致喘因素。后来又发现，哮喘病患者的发病和症状的加重均与大气中 SO_2 浓度呈明显相关关系，进而认为 SO_2 与致喘密切相关。

对死亡病例的剖检发现，哮喘死例的支气管内有黏液栓、支气管基底膜肥厚和支气管周围有嗜酸细胞浸润等；肺气肿病例有肺泡断裂等现象。除这些一致的病理变化外，在大气污染的影响下，支气管哮喘患者的支气管周围，确有较多的淋巴细胞和浆细胞浸润，表明伴有炎症发生。综合来看，哮喘可能沿这样的过程发生：大气污染损伤了呼吸道黏膜，降低了呼吸道对感染的抵抗力，引起感染性过敏，最后哮喘发作。

7.8.4　环境污染对人体健康的危害

7.8.4.1　环境污染对人体健康的影响

环境污染物对人体健康的影响是极其巨大而复杂的，它们可从多种途径侵入人体。大气中的细粒子（如 $PM_{2.5}$）、有毒气体和烟尘，主要通过呼吸道作用于人体。水体和土壤中的毒物，主要通过饮用水和食物经过消化道被人体吸收。一些脂溶性的毒物，如苯、有机磷酸酯类和农药，以及能与皮肤的脂酸根结合的毒物，如汞、砷等，可经过皮肤被人体吸收。有毒物质经人体吸收后，通过血液分布到全身。有些毒物可在某些器官组织中蓄积，如铅蓄积在骨骼内，DDT 蓄积在脂肪组织中等。很多毒物在人体内经过生物转运和生物转化，而被活化或被解毒。肾脏、胃、肠等，特别是肝脏对各种毒物具有生物转化功能。体内毒物以其原形或代谢产物作用于靶器官，发挥其毒害作用，最后毒物经过肾脏、消化道和呼吸道排出体外，少数也可随汗液、乳汁、唾液等排出体外；有的在皮肤的代谢过程中进入毛发而脱离机体。环境化学污染物在人体内的转移见图 7-18。

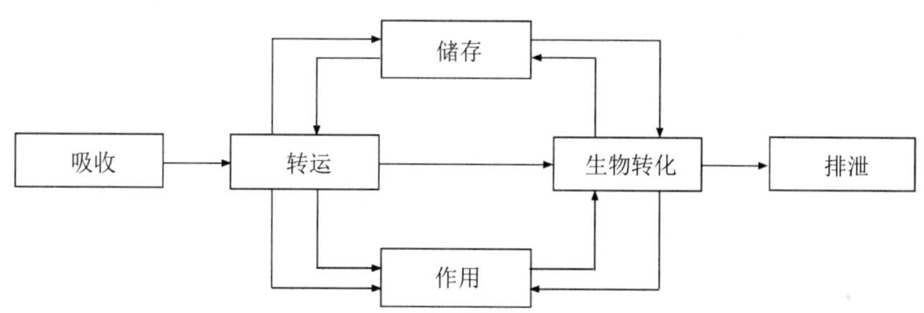

图 7-18　环境化学污染物在人体内的转移

人体对环境污染物的反应，取决于污染物本身的理化性状、进入人体的剂量、持续作用时间、个体敏感性等因素。一般存在剂量-效应关系，即污染毒物对机体敏感器官的效应，随毒物的剂量增加而增大。当污染毒物进入人体后，机体可能通过代谢、排泄和蓄积在一些与毒物作用无关的组织器官里，以改变毒物的质和量。毒物剂量增加，超过人体正常负荷量，机体还可以运用代偿适应机制，使机体保持相对稳定，暂时不出现临床症状和体征，即呈亚临床状态。如果毒物剂量继续增加，致使机体代偿适应机制失调，则将出现临床症状，甚至死亡。人体对环境污染物的反应过程，可参见图 7-19。

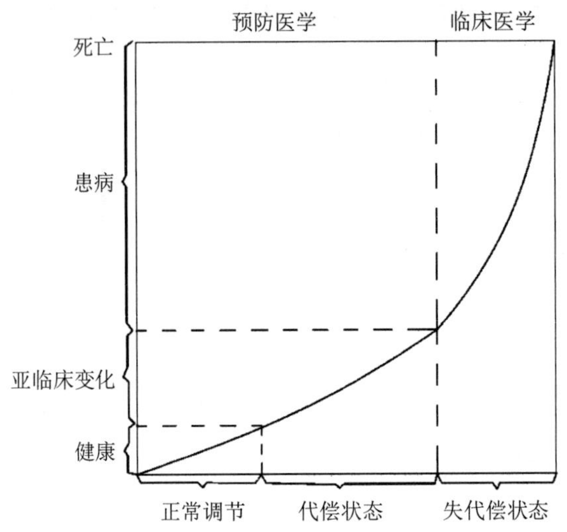

图 7-19　人体对环境污染物的反应过程

环境污染物对人体健康的损害，可表现为特异性损害和非特异性损害两个方面。特异性损害就是环境污染物所引起的人体急性中毒或慢性中毒，以及产生致畸作用、致突变作用和致癌作用等。此外，还可引起致敏作用。非特异性损害主要表现在一些多发病的发病率增高，人体抵抗力和劳动能力的下降等方面。

环境污染物作用于人群时，并不是所有的人都能出现同样的毒性反应，而是呈“金字塔”式的分布（图 7-20）。人群接触同样程度的环境污染物，其中大多数人仅可能使体内有污染物负荷或出现意义不明的生理学变化，只有一小部分人会出现亚临床变化，甚至发病或死亡。这主要和个体对环境污染物的敏感性不同有关。

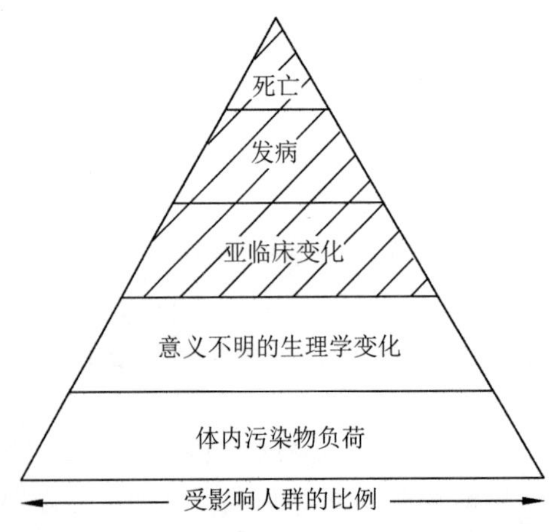

转引自中国大百科全书（环境科学卷）。

图 7-20　人群接触环境污染物引起的生物学反应

7.8.4.2 环境污染对人体健康的危害

环境污染对人体健康的危害是一个十分复杂的问题。有的污染物在短期内通过空气、水、食物链等多种介质侵入人体，或几种污染物联合大量侵入人体，造成急性危害。也有些污染物，小剂量持续不断地侵入人体，经过相当长时间才暴露出对人体的慢性危害或远期危害，甚至影响到子孙后代。所以，可将环境污染对人体健康的危害，按时间分成急性危害、慢性危害和远期危害。

（1）急性危害

环境污染物一次或 24 h 内多次作用于人或动物机体所引起的损害可称为急性危害。例如，20 世纪 30—70 年代世界几次大的烟雾污染事件，都属于环境污染的急性危害。急性危害对人体影响最明显，如 1952 年 10 月在英国伦敦发生的烟雾事件，死亡人数达 4 000 人，通过病理解剖发现，死者多属急性闭塞性换气不良，造成急性缺氧或引起心脏病恶化而死亡。又如 2011 年 3 月发生的日本福岛第一核电站爆炸事件，大量放射性物质外泄，对严重放射性污染区内以及附近人员造成了急性外照射损伤、皮肤放射损伤和内照射损伤等，致使少数在核电站内参与抢险的工作人员发生局部皮肤放射损伤以及全身组织器官的损害。

对于急性危害的急性毒作用，常用动物实验来阐明环境污染物对机体的作用途径、机体的毒性表现以及污染物的剂量与效应之间的关系。急性毒作用一般以半数有效量（ED_{50}）来表示，它指直接引起一群受试动物的半数产生同一中毒效应所需的毒物剂量。ED_{50} 值越小，则受试物的毒性越高，反之则毒性越低。半数有效量如以死亡作为中毒效应的观察指标，则称为半数致死量（LD_{50}）或半数致死浓度（LC_{50}）。半数有效量是以数理统计方法计算出预期能引起 50%的动物出现同一生物学效应的受试物剂量。它有一定的误差，故常用“可信限”来表示可能的变动范围。

环境污染物毒性根据半数致死量，一般分为 5 级，参见表 7-19。

表 7-19 急性毒性分级

毒性分级	大鼠一次经口的 LD_{50}*	6 只大鼠吸入 4 h，死亡 2～4 只的浓度/$\times10^{-6}$	家兔经皮肤 LD_{50}*	对人体可能致死估计量**
剧毒	＜1	＜10	＜5	0.1
高毒	1～	10～	5～	3
中等毒	50～	100～	44～	30
低毒	500～	1 000～	350～	250
微毒	5 000	10 000～	2 180～	＞1 000

注：* 受试动物每千克重所接受的受试物的毫克数。

** 指进入人体（60 kg 体重）的受试物克数。

转引自中国大百科全书（环境科学卷）。

（2）慢性危害

环境污染物在人或动物生命周期的大部分时间，或整个生命周期内持续作用机体所引起的损害为慢性危害。其特点是剂量较低和作用时间较长，而且引起的损害出现缓慢、细微、易呈现耐受性，并有可能通过遗传过程贻害后代。环境污染物对人体的慢性毒作用，既是环境污染物本身在体内逐渐蓄积的结果，又是污染物引起机体损害逐渐积累的结果。近年来，砷毒、镉米等重金属污染事件时有发生，成为最受关注的公共卫生事件之一。许多环境污染物含量虽少，但由于长期持续不断地摄入体内并且在体内蓄积，在几年、十几年甚至几十年后引起机体损害，表现出各种各样慢性中毒症状，如慢性铅中毒、慢性汞中毒、慢性镉中毒等。无论对儿童还是成年人，都会带来潜移默化的影响，造成周身乏力、尿汞含量增高以及生长迟缓、不孕、流产等生育功能障碍。

人或动物对慢性毒作用易呈现耐受性。但是，污染物长时间作用于机体，往往会损及体内遗传物质，引起突变，给机体带来远期的危害。如果生殖细胞发生突变，后代机体在形态或功能方面会出现各种异常。如机体细胞突变则往往是癌变的基础。因此，慢性毒作用对人体的损害可能比急性毒作用更加深远和严重。

大气污染对人体的慢性健康影响近年来广受关注。如本章第一节所述，大气污染物主要包括颗粒物、SO_2、CO、NO_x和碳氢化合物等。人体长期暴露在飘尘浓度高的环境中，呼吸系统发病率增高，特别是慢性阻塞性呼吸道疾病（如气管炎、肺气肿等）的发病率显著增高，且可促使这些患者病情恶化，过早死亡。在空气污染对于健康的影响方面，近年来开展了大量的研究，如来自中、美的研究人员 2013 年在《美国国家科学院院刊》发表研究，认为过去中国北方大量烧煤的做法导致北方比南方空气污染程度高 55%，居民寿命缩短的幅度超过 5.5 年，但该结论备受争议。

（3）远期危害

环境污染的远期危害主要表现在致畸、致突变和致癌等。

1）致畸作用：环境污染物通过人或动物母体影响胚胎发育和器官分化，使子代出现先天性畸形的作用，叫作致畸作用。生物体在胚胎发育和器官分化过程中，由于遗传、化学、物理、生物等因素，以及母体营养缺乏或内分泌障碍等原因，都可引起先天性畸形或畸胎。这种畸形包括结构畸形和功能异常。

20 世纪 60 年代初，西欧和日本突然出现不少畸形新生儿，后经流行病学调查证实，主要是孕妇在怀孕后第 30～50 d，服用镇静剂“反应停”（化学名：a-苯肽戊二酰亚胺，又称塞利多米）所致。于是许多国家对一些药物、食品添加剂、农药、工业化学用品等，进行了各种致畸试验，并规定上述化学品经过致畸试验，方可正式使用。目前已肯定环境污染物中甲基汞对人有致畸作用。从动物实验中发现，有致畸作用的还有四氯二苯、二噁英、西维因、敌枯双、艾氏剂、五氯酚钠和脒基硫脲等。

致畸作用的机理，一般认为有以下几种可能：①环境污染物作用于生殖细胞的遗传物（DNA），使之发生突变，导致先天性畸形。②生殖细胞在分裂过程中出现染色体不离开的现象，以致一个子细胞多一个染色体，而另一个细胞少一个染色体，从而造成发育缺陷。③核酸的合成过程受破坏引起畸形。④母体正常代谢过程被破坏，使子代细胞在生物合成过程中缺乏必需的物质，影响正常发育等。

2）致突变作用：致突变作用是指环境污染物或其他环境因素引起生物体细胞遗传物质和遗传信息发生突然改变的作用。具有这种致突变作用的物质，称为致突变物，或称诱变剂。

突变本来是生物界的一种自然现象，是生物进化的基础，但对大多数生物个体往往有害。哺乳动物的生殖细胞如发生突变，可以影响妊娠过程，导致不孕和胚胎早期死亡等。体细胞的突变，可能是形成肿瘤的基础。因此，环境污染物如具有致突变作用，即为一种毒性的表现。

常见的具有致突变作用的环境污染物有亚硝胺类、苯并[*a*]芘、甲醛、苯、As、Pb、DDT、烷基汞化合物、甲基对硫磷、敌敌畏、谷硫磷、2,4-滴、2,4,5-涕、百草枯、黄曲霉毒素 B_1 等。

3）致癌作用：环境中致癌物诱发肿瘤的作用称致癌作用，这里所指的“癌”包括良性肿瘤和恶性肿瘤。能诱发肿瘤的因素，统称为致癌因素。由于长期接触环境中致癌因素而引起的肿瘤，称为环境瘤。

致癌物是指能在人类或哺乳动物的机体内诱发癌症的物质，可分为化学性致癌物如苯并[*a*]芘、2-萘胺等；物理性致癌物如 X 射线、放射性核素等；生物性致癌物如某些致癌的病毒。化学致癌物按其作用机理可分为 3 类：①不经过体内代谢活化就具有致癌作用的直接致癌物；②必须经过体内代谢活化才具有致癌作用的间接致癌物；③本身并不致癌，但对致癌物有促进作用的助致癌物。对人影响最大的是大气和水中的多环芳烃（PAH）类、石棉、As、氯乙烯和食物中的黄曲霉素等。

致癌作用的过程相当复杂，化学物质的致癌作用有两个阶段：第一个是引发阶段，在致癌作用下，引发细胞基因突变。第二个是促长阶段，主要是突变细胞改变了遗传信息的表达，致使突变细胞和癌变细胞增殖成为肿瘤。

世界卫生组织下属的国际癌症研究机构将致癌物质按照危险程度分为 4 类，参见表 7-20。

表 7-20　致癌物质危险程度分类

危险程度分级	概　念	致癌物质
1 类致癌物	对人体有明确致癌性的物质或混合物	大气污染、日晒床、黄曲毒素、砒霜、石棉、六价铬、二噁英、甲醛、酒精饮料、烟草及槟榔等
2A 类致癌物	对人体致癌的可能性较高的物质或混合物，在动物实验中发现充分的致癌性证据。对人体虽有理论上的致癌性，而实验性的证据有限	丙烯酰胺、无机铅化合物及氯霉素等
2B 类致癌物	对人体致癌的可能性较低的物质或混合物，在动物实验中发现的致癌性证据尚不充分，对人体的致癌性的证据有限。用以归类相比 2A 类致癌可能性较低的物质	咖啡、泡菜、手机辐射、氯仿、滴滴涕、敌敌畏、萘卫生球、镍金属、硝基苯、柴油燃料及汽油等
3 类致癌物	对人体致癌性尚未归类的物质或混合物，对人体致癌性的证据不充分，对动物致癌性证据不充分或有限	苏丹红、咖啡因、二甲苯、糖精及其盐、安定、氧化铁、有机铅化合物、静电磁场、三聚氰胺及汞与其无机化合物等
4 类致癌物	对人体可能没有致癌性的物质，缺乏充足证据支持其具有致癌性的物质	己内酰胺等

值得注意的是，持久性有机污染物越来越受到人们的重视。持久性有机物可造成急性中毒，通过环境、饮食和职业事故等途径，当 POPs 在较短时间内急剧增加并超过一定浓度作用于人体时，可引起感官和生理机能的不良反应，导致人群急性中毒甚至死亡。同时，POPs 易溶于脂肪中，对脂肪和类脂质有较大的结合力，所以能蓄积在体内组织中，所造成的损害也逐渐积累，表现为慢性中毒。持久性有机污染物还具有干扰人类及野生动物的内分泌系统的作用，亦被称为环境内分泌干扰化学物质或环境雌激素。近年来的隐睾症、尿道下裂、子宫内膜异位、发育不全等发病率的上升、青春期的提前等，都被认为与环境内分泌干扰化学物质的环境污染有关。

复习思考题

1．列举大气中主要气态污染物及来源。
2．简述目前存在的全球性大气污染问题及对环境的影响。
3．什么是 $PM_{2.5}$？简述其对环境和人类的影响。
4．当前我国面临什么大气污染问题？简述其形成原因。
5．简述水体污染及其代表性污染物。
6．简述水体自净与耗氧有机物分解特征。
7．简述流域水环境研究对象。
8．什么是土壤污染？污染物的类型有哪些？
9．简述农药在土壤中的迁移转化。
10．简述重金属在土壤中的迁移转化。
11．土壤污染的危害有哪些？
12．试述固体废物的来源及分类。
13．简述固体废物对环境造成的污染。
14．举例说明固体废物引发的社会性问题。
15．噪声的含义及特点是什么？
16．什么是热污染？
17．生物体受污染的途径有哪些？
18．《斯德哥尔摩公约》召开了哪几次会议？分别将哪些有机物加入名单中？
19．传统的持久性有机污染物可以分为哪三大类？每一类有什么特点？
20．持久性有机污染物的四大基本特征是什么？
21．新兴持久性有机污染物有哪些？举例说明之。
22．土地荒漠化造成的环境影响有哪些？
23．解释“水华”现象产生的机理。
24．你认为当今危害最大的环境污染物是什么？
25．持久性有机污染物、重金属等有毒有害物质是如何在人体中蓄积的？
26．对人体危害较大的环境污染物具有哪些一致的特征？

参考文献与推荐阅读文献

[1] 唐孝炎，张远航，邵敏．大气环境化学（第二版）．北京：高等教育出版社，2006.

[2] 郝吉明．大气污染控制工程（第三版）．北京：高等教育出版社，2010.

[3] 吴中标．大气污染控制技术．北京：化学工业出版社，2002.

[4] 戴树桂．环境化学．北京：高等教育出版社，2006.

[5] 环境保护部．全国环境统计公报（2012 年）．2013.

[6] 雒文生，李怀恩．水环境保护．北京：中国水利机电出版社，2009.

[7] 陈俊合，等．环境水文学．北京：科学出版社，2007.

[8] 仇雁翎，陈玲，赵建夫，等．饮用水水质监测与分析．北京：化学工业出版社，2006.

[9] 美国环境保护局．美国流域水环境保护规划手册．北京：中国环境科学出版社，2010.

[10] 王红旗，刘新会，李国学，等．土壤环境学．北京：高等教育出版社，2007.

[11] 刘绮，石林，王振友．环境污染控制工程．广州：华南理工大学出版社，2009.

[12] 陈征澳，邹洪涛．环境学概论．广州：暨南大学出版社，2011.

[13] 李法云，曲向荣，吴龙华，等．污染土壤生物修复理论基础与技术．北京：化学工业出版社，2005.

[14] 陈京都，戴其根，许学宏，等．江苏省典型区农田土壤及小麦中重金属含量与评价．生态学报，2012，32（11）：3487-3496.

[15] 沈超群，胡寅侠，蒋开杰，等．慈溪地产大米重金属调查及其健康风险评估．中国稻米，2013，19（3）：79-81.

[16] 周国华，汪庆华，董岩翔，等．土壤——农产品系统中重金属含量关系的影响因素分析．物探化探计算技术，2007（增刊）：227-231.

[17] 李优琴，李荣林，石志琦．市售大米重金属污染状况及健康风险评价．江苏农业学报，2008，24（6）：977-978.

[18] 周振民．土壤重金属污染作物体内分布特征和富集能力研究．华北水利水电学院学报，2010，31（4）：1-5.

[19] 王才斌，成波，郑亚萍，等．山东省花生田和花生籽仁镉含量及其施肥关系的研究．土壤通报，2008，39（6）：1410-1413.

[20] 黄秉杰，李妍妍，刘东斌．黄河入海口地区农业污灌问题探讨——以山东省东营市为例．河南科学，2013，31（2）：193-196.

[21] 高拯民．中国大百科全书 • 环境科学卷．北京：中国大百科全书出版社，1983.

[22] 姚伟，曲晓光，李洪兴，等．我国农村垃圾产生量及垃圾收集处理现状．环境与健康，2009，26（1）：10-12.

[23] 中华人民共和国国家统计局．中国统计年鉴．北京：中国统计出版社，2000—2012.

[24] 王洪涛，陆文静．农村固体废弃物处理处置与资源化技术．北京：中国环境科学出版社，2006.

[25] 毛兴东，洪宗辉．环境噪声控制工程（第 2 版）．北京：高等教育出版社，2010.

[26] 周雪飞，张亚雷．图说环境保护．上海：同济大学出版社，2010.

[27] Stanley E.Manahan．环境化学．孙红文，汪磊，王翠萍，等译．北京：高等教育出版社，2012.

[28] 国家自然科学基金委员会化学科学部，王春霞，朱利中，江桂斌．环境化学学科前沿与展望．北京：科学出版社，2011.
[29] 刘征涛．持久性有机污染物的主要特征和研究进展．环境科学研究，2005，18（3）：93-102.
[30] 郭怀成，尚金城，张天柱，等．环境规划（第三版）．北京：高等教育出版社，2021.
[31] 任仁，于志辉，陈莎，等．化学与环境．北京：化学工业出版社，2012.
[32] 史雅娟，吕永龙，任鸿昌，等．持久性有机污染物研究的国际发展动态．世界科技研究与发展，2003，25（2）：73-78.
[33] 王亚韡，蔡亚岐，江桂斌．斯德哥尔摩公约新增持久性有机污染物的一些研究进展．中国科学：化学，2010，40（2）：99-123.
[34] 杨红莲，袭著革，闫峻，等．新型污染物及其生态和环境健康效应．生态毒理学报，2009，4（1）：28-34.
[35] 余刚，牛军峰，黄俊，等．持久性有机污染物：新的全球性环境问题．北京：科学出版社，2005.
[36] 曾永平，倪宏刚．常见有机污染物分析方法．北京：科学出版社，2010.
[37] 王斌，邓述波，黄俊，等．我国新兴污染物环境风险评价与控制研究进展．环境化学，2013，32（7）：1129-1136.
[38] 张小鹏．浅谈草原监理与实现可持续发展．中国草业发展论坛论文集，2006.
[39] 王彩娟，王晓琳，姜闯道．盐胁迫下不同盐敏感型高粱光合功能维持及机制研究．中国科学院植物研究所，2011.
[40] 孙鸿烈．我国水土流失问题及防治对策．2010.
[41] 许炯心．流域产水产沙耦合对黄河下游河道冲淤和输沙能力的影响．泥沙研究，2011，3：9.
[42] 欧阳志云，孟庆义，马冬春．北京水生态服务功能与水管理．2010.
[43] 水生态系统保护与修复理论和实践．北京：中国水利水电出版社，2010.
[44] 李艳梅，曾文炉，周启星．水生态功能分区的研究进展．应用生态学报，2009，20（12）：3101-3108.
[45] 赵永宏，邓祥征，战金艳，等．我国湖泊富营养化防治与控制策略研究进展．环境科学与技术，2010，33（3）：92-98.
[46] 孙殿军．中国地方病病情与防治进展．疾病控制，2002（6）：98.
[47] 马瑾，周永章，窦磊，等．广东省若干典型地方病环境地球化学病因分析．生态环境，2007，16（4）：1318-1323.
[48] 蔡建明．日本福岛核电站事故对人体健康影响及医学防护．第二军医大学学报，2011（4）：349-353.
[49] 王琳琳．食品污染，你了解多少？中国环境报，2013-08-06（8）.
[50] 李坤陶，李文增．持久性有机污染物对人体健康的危害．生物学教学，2006，12：9-10.
[51] 唐孝炎，王如松，宋豫秦．我国典型城市生态问题的现状与对策．国土资源，2005，5.
[52] 马广大．大气污染控制技术手册．北京：化学工业出版社，2010.
[53] 奚旦立．环境监测．北京：高等教育出版社，2003.
[54] 郭立新．环境科学与工程专业实验．北京：兵器工业出版社，2008.
[55] 陈震．水环境科学．北京：科学出版社，2006.
[56] 杨志峰，刘静玲．环境科学概论．北京：高等教育出版社，2004.
[57] 黄廷林，丛海兵，柴蓓蓓．饮用水水源水质污染控制．北京：中国建筑工业出版社，2010.

[58] 王新．环境工程学基础．北京：化学工业出版社，2011.
[59] 刘维屏．农药环境化学．北京：化学工业出版社，2005.
[60] 胡振琪，杨秀红，张迎春．重金属污染土壤的黏土矿物与菌根稳定化修复技术．北京：地质出版社，2006.
[61] 廖利，冯华，王松林．固体废物处理与处置．武汉：华中科技大学出版社，2010.
[62] 宁平．固体废物处理与处置．北京：高等教育出版社，2007.
[63] 郭庶，于云江，等．垃圾填埋场二次污染物对周边环境及居民健康的影响．环境卫生学，2007，34（2）：75-79.
[64] 柳丹，叶正钱，俞益武．环境健康学概论．北京：北京大学出版社，2012.
[65] 张月芳，郝正军，张忠伦．电磁辐射污染及其防护技术．北京：冶金工业出版社，2010.
[66] 蕾切尔·卡逊．寂静的春天．吕瑞兰，李长生，译．上海：上海译文出版社，2013.
[67] 孙胜龙．环境激素与人类未来．北京：化学工业出版社，2004.
[68] 王斌，邓述波，黄俊，等．我国新兴污染物环境风险评价与控制研究进展．环境化学，2013，32（7）：1129-1136.
[69] 国家环境保护总局．中国实施《斯德哥尔摩公约》的能力建设及国家实施计划的编制（项目简报），2003，5.
[70] 万本太，徐海根，丁晖，等．生物多样性综合评价方法研究．生物多样性，2007，15（1）：97-106.
[71] 赵其国，周生路，吴绍华，等．中国耕地资源变化及其可持续利用与保护对策．土壤学报，2006，43（4）：662-672.
[72] 周云龙，于明．水华的发生、危害和防治．生物学通报，2004，39（6）：11-14.
[73] 石碧清，赵育，闾振华．环境污染与人体健康．中国环境科学出版社，2007.
[74] 罗卫，黄满湘．地质环境与地方病．地质灾害与环境保护，2004，12：1-4.

第 8 章　城市与环境

城市被认为是最能实现资源集中高效利用的场所，城镇化成为继工业化之后推动社会经济发展的新动力。中国的城镇化自 20 世纪 90 年代中期以来一直处于加速阶段，城镇化水平的提高反映的是城市的人口和用地规模的数量扩张，但量的增长背后却隐藏了很多在人口迁移、城市扩张过程中的"城市病"和生态环境危机。要分析城市发展与环境的关系，就需要理解城市的自然环境过程、城市生态系统的特征，从而探索有序、健康、可持续和以人为核心的新型城镇化道路。

8.1　城市发展与全球城镇化进程

18 世纪工业革命之后，随着科学技术和工业化的迅速发展，城市人口规模不断增加，城市用地日益扩展、生产和生活高度集中，城市得到了迅速发展。城市化首先在英国，继而在发达国家和发展中国家相继发展，成为世界范围内的一种历史趋势和普遍现象。对"城市"应作广义理解，如 1989 年通过、1990 年 4 月 1 日施行的《中华人民共和国城市规划法》* 指出："城市是指国家按行政建制设立的直辖市、市、镇。"对"城镇"一般做狭义理解，与对城市的广义理解完全相同，本书中城市化与城镇化（urbanization）含义相同。

8.1.1　城市与城市发展

人类社会中人口分布的形式，基本上可分成城市与乡村两大类型。城市由于在社会历史发展中具有特殊地位，并随着当今世界城市化进程的快速发展，越来越显出其对于人类社会、经济和环境的影响。一般地，人们把由传统的乡村社会转变为现代先进的城市社会的历史过程称之为城市化（城镇化）。在由联合国经济和社会事务部（UN DESA）编制的《世界城市化展望》（2018 版）中指出：2018 年，全球 55%的人口居住在城市地区，这一比例预计将在 2050 年增至 68%。当今世界，正在由"地球村"变成城市化的世界。

* 2007 年 10 月 28 日，第十届全国人大常委会第三十次会议通过修改为《中华人民共和国城乡规划法》。

8.1.1.1　城市与城市化

“城”城池，“市”集市。所谓城市，一般指有一定区域范围和集聚一定人口的多功能综合体系。城市具有的主要特征为：①城市人口集中的区域；②一定区域的政治、经济、文化中心；③具有多种市政基础设施组成的建筑综合体系。

我国城市建制中规定城市是指国家行政区划设立的直辖市、市、镇，以及未设镇的县城。凡聚集 10 万人口以上的城镇可设市的建制，不足 10 万人口的城镇必须是规模较大的重要工矿基地，省级机关所在地，规模较大的物资集散地或边远地区的重要城镇，确有必要设市的则可设市的建制。关于城市按人口划分的等级，2014 年 11 月，国务院印发了《关于调整城市规模划分标准的通知》，对原有城市规模划分标准进行了调整，明确了新的城市规模划分标准。根据该通知要求，新的城市规模划分标准以城区常住人口为统计口径，将城市划分为五类七档：城区常住人口 50 万以下的城市为小城市，其中 20 万以上 50 万以下的城市为Ⅰ型小城市，20 万以下的城市为Ⅱ型小城市；城区常住人口 50 万以上 100 万以下的城市为中等城市；城区常住人口 100 万以上 500 万以下的城市为大城市，其中 300 万以上 500 万以下的城市为Ⅰ型大城市，100 万以上 300 万以下的城市为Ⅱ型大城市；城区常住人口 500 万以上 1 000 万以下的城市为特大城市；城市常住人口 1 000 万以上的城市为超大城市。

城市化，一般指近代城市在某些地域内在数量和范围上有较大增长的现象，也可用“人口向城镇或城市地带集聚的过程”来定义。通常用指定地域内城市人口占总人口的比率表示城市化的水平，简称城市化率。2008 年，城市居民人数首次在历史上超过农村居民。世界城市化进程预计将在许多发展中国家继续快速推进，未来人口增长将主要集中在发展中国家的城市和城镇。

从 1978 年起，中国经历了持续 40 余年的工业化、城镇化的高速发展。设市城市总数已由改革开放之初的 216 个增加到 687 个，增长约两倍。城镇人口从 1.72 亿增加到 2020 年的 9.02 亿人。第七次全国人口普查数据显示，2020 年中国城镇化率已达到 63.89%，这表明中国总人口超半数已居住在城镇，与世界平均水平大体相当，中国城镇化取得显著成效。

8.1.1.2　城市的形成与城市化的发展

人类历史上最早一批城市，出现在 4 000～5 000 年前，在两河流域、尼罗河流域以及古印度、中国等地区。当时，这些地区正处于奴隶社会的初期，手工业和农业开始分离。手工业发展，形成人口和财富的集中，奴隶主的庄园自然发展形成城池和集市，于是城市逐渐形成，如西安半坡村，河南安阳市郊外小屯等地，都发现当时城市的遗址。到封建社会，城市逐渐发展，城市的政治功能在稳定中得以强化，经济功能逐步扩大，文化领域的教育、宗教、科技等活动在城市中扩散，城市基础设施（道路、排水、园林等）和功能分区逐渐完备，在中国古代北京、西安、开封、南京等封建时期的都城都有明显的功能分区。这些早期城市数量少、规模不大、城市人口比率很小，城市多集中在便于产品交换的河流两岸地带，并建有城墙以防御外敌，它不仅是商品市场和贸易中心，而且是政治、军事和文化中心。城市结构由中心向外伸展，贵族、富商、商僧居住在城市中心，社会地位越低下者，越远离城市中心居住。这时城市表现出来的环境问题对城市生态系统影响不大，城市里的喧闹，不足以破坏周围青山绿水的宁静。

18 世纪工业革命之后，蒸汽机的发明，燃料能源的发展，不只带动了城市工业化的发展，同时也促进城市化的进程。城市化和工业化像两个车轮，带动着人类社会向着现代化飞速发展，城市里具有社会化、专业化的机器以及大工业所需的协作条件、科学技术、信息情报、贸易机构和其他各种配套服务，给现代工业的发展带来极大的便利。城市越大，工厂搬到城市里越有利，而工业的发展与集中带动了城市经济、交通、文化、科技以及城市基础设施的完善与发展。城市里高效率的服务和完备的设施，又促进了工业的发展和生产效率的发挥。城市成为促进生产力发展的“机器”。而且，城市越大，这种“生产力放大作用”越明显。所以，当今世界各国的经济发展与城市化过程都是同步进行的。

作为经济、政治、文化中心的现代城市，大都具有以下明显特征：①生产高度集中；②商业贸易飞速发展；③城市基础设施完备；④城市功能多样化。与此同时，城市化的结果也带来很多“负效应”，如住房紧张、交通阻塞、污染严重等，致使环境遭到破坏，居民生活质量和健康水平大大降低，出现各种各样的“城市病”。这些在城市生态环境出现的问题，不仅影响着居民的生存，也严重地限制着企业的发展。特别是城市中心区域，人口过分集中、用地日益紧张、环境质量逐渐下降，当“集中”的危害（负效应）大于集中的利益（正效应）时，城区的企业和人口则逐渐向城郊或附近区域转移，形成一个个新的工业区、商业区和居民区。引起城市中心人口的减少和郊区城市化的趋势，城市化的发展导致城市范围的扩大。如此周而复始，城市呈放射状、带状或环状向郊外扩展，有些中心城市周围建成新的卫星城，形成新的工业区和居民区，其与中心城市组成城市群，开始了“城市巨型化”的发展阶段。在这个阶段中，许多城市连同其广大郊区一起发展、扩大，最后形成了一个辽阔的、区域性的城市群或城市带。

19 世纪末以来，快速的工业化、城市化过程和高度的人口密度迫使人们不得不认真研究工业化、城市化带来的城市生态环境问题。将城市生态和城市环境问题作为一个过程的两个方面进行考虑。虽然城市产生于“两河”流域的村庄，而城市化的进程则发生在产业革命之后。19 世纪以后，世界工业化进程主要在欧洲、美洲进行。到 1900 年时，世界人口最多的 10 个城市大都在欧洲和美洲，其中欧洲占了半数以上。20 世纪，欧美国家逐步完成了工业化和城市化进程，同时，根据城市化进程中出现的弊端，这些国家对城市规模有计划地加以调整和科学布局，使城市人口趋于稳定。而同期，亚洲、非洲等发展中国家的城市人口呈增长之势。预计到 21 世纪末，城市人口超过 1 000 万的特大城市主要集中在亚洲、南美洲、非洲，而欧洲城市则已转向完善城市基础设施，改善城市生态环境的发展轨道。

8.1.2 全球城镇化进程

8.1.2.1 全球城镇化进程与基本特点

城镇化是农村人口转化为城市人口以及城镇不断发展完善的过程，城镇化也是生产方式、生活居住方式和社区组织方式转化的过程，城镇化更是人口、财富、技术服务聚集的过程。现代城市的出现，标志着人类历史发展到了一个新的阶段。

城镇化伴随着工业化是一条不以人们意志为转移的客观规律。19 世纪初，全球只有 3%的人口是城市人口；到 20 世纪初，世界城镇化率从 3%提高到 13%～14%；整个 19 世纪，全球城镇化率仅提高了 10%左右。20 世纪以来，工业发展带来人口迁移的加速，促使城镇快速发展。世界的城镇化率，1950 年仅为 29.8%，1975 年达 37.9%，2000 年提高到 47.2%。2009 年，全球城镇人口已多达 34.9 亿，城镇化水平首次超过 50%。截至 2018 年，全球城镇化水平达 55.3%。预计到 2030 年，全球 60.4%的人口将居住在城市地区（图 8-1）。

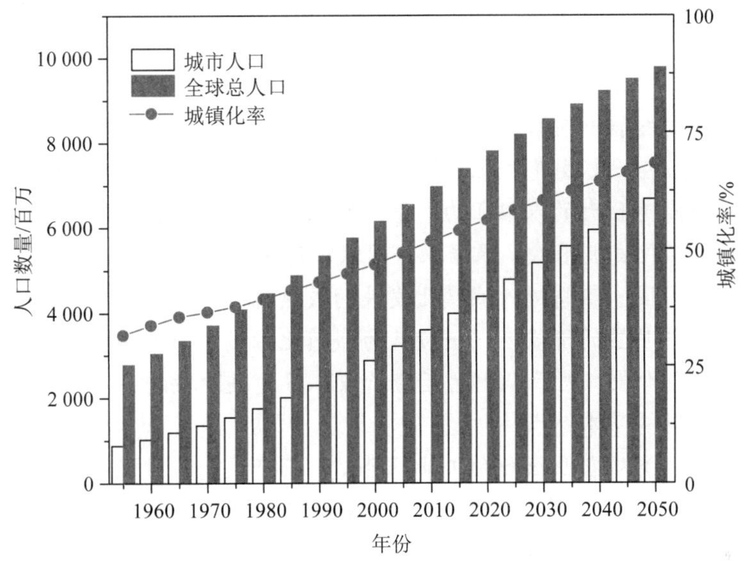

资料来源：联合国《世界城市化展望（2018 版）》。

图 8-1　全球城镇化发展进程

（1）世界城镇化进程

从世界城镇化的基本动因来看，主要是自 18 世纪以来，世界范围内工业化大发展的结果，因此可以理解城镇化进程是从工业革命之后才真正开始，工业化程度发达的西欧率先城镇化，逐步向欧洲其他国家、美洲、澳洲扩展，进而波及亚洲和非洲等工业落后的国家，世界城镇化的进程表现为四波浪潮。

- 第一波城镇化浪潮：受工业革命影响，主要发生在西欧国家。城镇化发展受到“农村推力”和“城市拉力”的双重作用：一方面，乡村农业生产水平提高，农村已无须大量劳动力，并且也难以满足农村中日益增加的人口生活需求，将乡村人口推向城市；另一方面，城市的就业机会、生产方式和生活方式像一个巨大的磁场，吸引着农村人口向城市转移。
- 第二波城镇化浪潮：第二波城镇化浪潮自 19 世纪中后期开始，历时近 1 个世纪，1950 年前后北美洲、欧洲的一些工业发达国家均进入城镇化发展的成熟阶段。资源能源开发，剩余劳动力转移，贸易和消费市场扩张成为这一阶段主要的殖民动因，活动类型以工矿业开发等城市聚居型活动为主，同时移民政策对城镇发展有重要促进作用。1850 年，这些国家城市人口大约 4 000 万人，到 1950 年则增加到 4.49 亿人，100 年有 4 亿多人口转入城市。大量移民持续进入城镇，以及城镇人口自然增长，是导致城镇人口比重不断攀升的主导因素。

❖ 第三波城镇化浪潮：受“二战”后人口剧增、工业化大发展等因素影响，城镇化主要发生在拉美和亚洲、北非、北欧的部分国家。拉美、北欧国家相对领先，亚洲和北非部分国家紧随其后，这个阶段，世界人口比重大大提高，主要工业国家都实现了高度的城镇化，这时城镇化的发展以大工业区为中心。这波城镇化浪潮在“二战”后迅速发展，历时半个世纪左右，2000 年前后进入城镇化发展的成熟阶段。

❖ 第四波城镇化浪潮：第四波城镇化浪潮自 21 世纪前后开始快速发展。在全球化背景下，受发展中国家的经济发展动力所驱动，以亚洲和非洲的一些发展中国家为重点。在这一波城镇化浪潮中，中国和印度两国的城镇化发展对全球影响深刻，其共同特点为巨大的人口压力，悠久的农业文明等。虽然该波浪潮尚处于起步阶段，但城镇化发展很快。根据联合国城市化报告（2010 年版），预计 2050 年前后全球大部分国家都将进入城镇化发展的成熟阶段。在漫长的城镇化过程中，不同国家均出现明显的阶段性。一般认为城镇化水平，小于 30%为初期阶段，30%～70%为中期阶段，大于 70%为后期阶段。各发展阶段均存在明显的特征差异。

（2）城镇化发展的基本特点

❖ 城镇化是人类从农业社会向工业社会发展而产生的一种聚居方式变化现象，是一种自然发展过程，不以人的意志为转移：工业化的发展是城镇化的主要驱动力，移民扩张、服务业发展、新技术应用等对城镇化发展都具有重要影响。21 世纪，所有国家的经济将会在更大程度上依赖城市，这个论断是联合国 1993 年在东京召开的一次大城市国际会议上专家学者们得出的，也就是认为 21 世纪的城镇化还要发展、要推进，而且在经济全球化背景下，每一个国家的经济会比过去更依赖于城市的经济。

❖ 技术进步，工业化程度加深，使得世界范围内大城市的数量不断增加：1950 年全球 100 万人口以上的城市有 71 座，到 2018 年已经增长到 548 座，预计到 2030 年将达 706 座。联合国把人口超过 1 000 万的城市称为超大城市，超大城市是在“二战”以后发展起来的。全世界超大城市在 1950 年时只有美国的纽约 1 座；到 1975 年增加到 5 座，我国上海名列第三；2018 年超大城市增加到 33 座，我国上海和北京分列第 3 位和第 8 位；预计到 2030 年，全世界将会有超大城市 43 座，我国上海、北京仍将名列其中。

❖ 不同国家，城镇化的表现也不同：20 世纪中后期北美（包括加拿大）和欧洲一些发达国家的大城市曾经出现大规模的郊区化现象，即大城市的人口向郊区转移。同时，城市的部分功能外迁，旧城中心区出现所谓“空心化”的现象。而在拉丁美洲、亚洲一些国家则出现所谓“过度城镇化”现象，即人口过分集中在大城市，而其他一些城市则发展缓慢。“过度城镇化”主要表现为农村人口破产，大量地涌入城市，但城市又不能提供充分就业的机会，结果造成大城市贫民区的出现。从城镇化率来看，拉丁美洲的城镇化率已达到 70%以上，与发达国家的数值近似，但其所反映的实质却不同。

❖ 21 世纪城镇化的发展的指导思想发生了变化：20 世纪后半期，资源短缺，环境危机使人们认识到了可持续发展的重要性，意识到城镇化道路必须以可持续发展作为指导思想，这种战略思想已经逐步为各国政府接纳并付诸行动。

8.1.2.2　中国城镇化发展阶段

中国城镇化发展是曲折、渐进的动态过程，城镇化率从 1978 年的 17.9%发展至 2020 年的 63.89%（图 8-2）。因此，划分和确定中国城镇化发展历程，有助于从宏观上对中国城镇化发展形成一个整体概念。是政治、经济、社会等各方面因素不断累加和复合作用的结果。

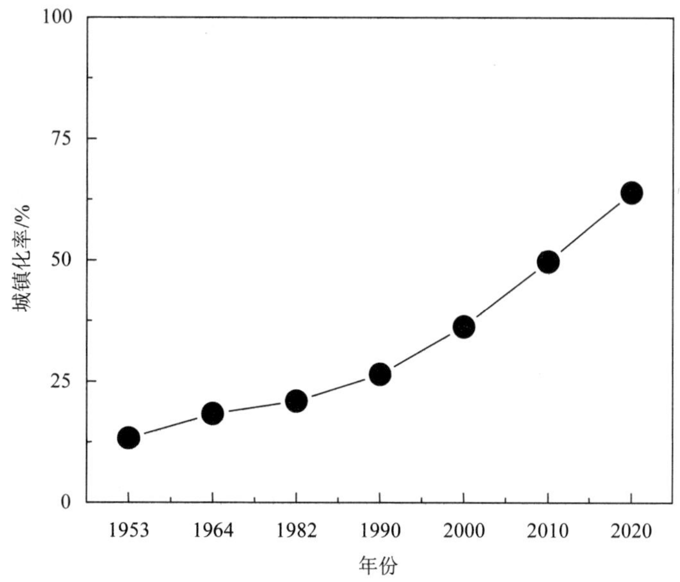

资料来源：全国人口普查公报。

图 8-2　1953—2020 年中国城镇化发展进程

（1）中国城镇化的发展阶段

综合目前国内研究人员的结论，对于中国城镇化发展阶段的划分并没有定论，归纳主要有“三分法”“四分法”“五分法”“六分法”等几种观点。

❖ 三分法：新中国城市化发展大体经历了 3 个各有特色的发展阶段：1949—1957 年为工业起步期，也是城市经济恢复和顺利发展时期；1958—1977 年是中华人民共和国成立后中国城市化发展的第二阶段，该时期为人民公社时期，大跃进狂潮致使大量农民涌进城市，国民经济调整出现第一次逆城镇化现象，“文化大革命”开始后大批知识青年上山下乡，出现第二次逆城镇化现象；1978 年至今为第三阶段，中国城市化开始进入崭新的发展阶段。

2019 年，国家统计局将中华人民共和国成立 70 年来我国城镇化的发展分为三个阶段，分别为探索发展阶段（1949—1978 年）、快速发展阶段（1979—2011 年）、提质发展阶段（2012 年至今）。

❖ 四分法：一种观点认为，根据不同的政治经济特点，中国城市化发展可分为 4 个阶段：第一阶段（1949—1957 年）为起步阶段；第二阶段（1958—1965 年）为动荡阶段；第三阶段（1966—1977 年）为城镇化停滞、萧条时期；第四阶段（1978 年至今）为城镇化高速发展的新阶段。

另一种观点认为，中国的城镇化经历了一条坎坷曲折的发展阶段：第一阶段为（1949—1957 年）为起步阶段；第二阶段（1958—1965 年）为大起大落阶段；第三阶段（1966—1977 年）为停滞阶段；第四阶段（1978—1998 年）为城镇化的恢复与发展时期。

中国工程院“中国特色城镇化道路发展战略研究”项目（2013）将新中国城镇化发展划分为 4 个主要阶段，第一阶段（1949—1957 年）为工业化建设推动下的城镇化较快发展；第二阶段（1958—1977 年）为大起大落之后陷入长期停滞；第三阶段（1978—1994 年）为改革开放引领沿海城镇化率先发展；第四阶段（1995 年至今）为市场经济体制改革深化推动城镇化快速发展阶段。

❖ 五分法：总结回顾了中华人民共和国成立 70 多年来城市化进程的基本轨迹和发展特点，有观点将城市化进程划分为 5 个阶段：1949—1957 年为中国城市化起步发展阶段；1958—1961 年为我国高速城市化阶段；1962—1965 年由于工业调整，大力精减城市人口，这一阶段是逆城镇化阶段；1966—1978 年为城镇化停滞发展阶段；1979 年至今为城镇化迅速恢复、快速发展阶段。

❖ 六分法：中国工程院“我国城市化进程中的可持续发展战略研究”课题组（2005）将我国城镇化发展划分为 6 个阶段：1949—1957 年为城镇化起步阶段；1958—1965 年是城镇化大起大落的时期；1966—1978 年是城镇化发展停滞的时期；1979—1984 年是我国城镇化的恢复发展阶段；1985—1992 年是我国城镇化平稳发展的阶段；1993 年至今则是城镇化加速发展的阶段。

（2）中国城镇化发展的主要特点

❖ 大国城镇化：中国是人口大国，总人口居世界首位，国土面积和经济规模均居世界第二。我国虽属大国，但其特殊的地理环境与人居条件的显著差异，对中国城镇化发展产生着深刻的影响，而大国本身也决定了城镇化率不可能达到很高水平。由于国土面积辽阔，高度城镇化地区被低度城镇化地区所抵消和平均化。2000 年至 2018 年，全球 50 万居民以上城市的人口以年均 2.4%的速度增长。在这些城市中，有 36 个城市的年均增速超过 6%，其中仅中国就有 17 个。人口众多、资源紧张、区域发展不平衡是中国城镇化的特点。

❖ 城市化和农村城镇化并举：城市化指人口向城市的集中过程，农村城镇化指农村人口向县域范围内城镇的集中过程。一般来说，中国农民在其经济生活中同城市直接打交道很少，主要是同县城或建制镇打交道。绝大部分农民把自己生产的农产品，通过镇或县城进入流通，然后在镇上购买所需的生活用品和生产资料。中国县市的界限非常分明，各自不仅有独立的管理机构，而且在经济生活各方面都大不一样。中国的市和镇的差异也非常显著：市有自己的政权，而镇则在县政权管辖之下；镇的经济活动及服务方向主要面向农村，而市则主要是城市之间的交流。市的规模较大，镇的规模较小；镇的基础设施虽优于村庄，但却明显劣于城市。中国区别于其他国家的根本特点是二元城镇化结构，城市化同农村城镇化并行。在城市化与农村城镇化并举的时期，“三农”问题使得城镇化显得十分敏感。中国农耕文明历史悠久，“三农”问题对国家繁荣与长治久安具有决定性意义。中国粮食安全具有世界意义，但城镇化发展形成巨大风险挑战。2019 年中国总人口约占全球 19%，全国粮食产量 66 384.3 万 t，但粮食自给率总体水平不足 90%（应当维持在 95%以上），粮食安全问题不容乐观。同时，在城镇化发展过程中，城镇建设占用耕地特别是优质良田问题仍然需要引起注意。

城市地域分布不平衡，中华人民共和国成立初期，我国城市偏集东部沿海。几十年来由于政府有意识地加速开发西部和内地，城市发展的平衡化有了一定发展，但是这种偏集状况并没有根本改变。长江三角洲、珠江三角洲、辽中平原、京津冀地区城市密集，大城市高度集中。西部和中部虽新增城市较多，但其中许多城市发展的基础相对薄弱，城市人口发展的绝对水平不高，城市经济效益比较低，随着我国对外开放的进一步发展，城市地域结构的不平衡将会重新加剧。

城市的功能结构偏集于工业。中国的城市化的主要推动来自现代工业的发展，具有明显的“工业型城市化”特点。中华人民共和国成立后，我国城市人口发展迅速的除中心城市外，多为矿业和工矿城市。商业城市、金融城市、旅游城市、科技城市、教育城市的发展严重不足。

中国城镇化与工业化、全球化、市场化、机动化、生态化、信息化相伴发展，互为影响和制约。纵观世界主要国家的城镇化发展历程，在英国、德国的快速城镇化阶段，尚未出现小汽车的普及；在日本、韩国的快速城镇化阶段，虽然机动化发展很快，但生态革命和信息化发展等尚处于起步阶段。中国当前城镇化发展受到全球化、机动化、生态化、信息化等多重因素的制约，城镇化发展具有十分突出的复杂性和矛盾性。

8.2 城市自然环境特征

自然环境存在于人类出现之前，是人类赖以生存所必需的自然条件与自然资源，是直接影响并制约人类发展的一切自然形成的物质、能量。城市环境是人类开发利用自然环境创造出来的人工生态环境，也是人类干预改造自然环境创造出来的有别于自然环境的全新的社会环境。这些人工环境和原始的自然环境融为一体，影响与限制着城市的发展，并且干预城市人群的一切活动。城市气候，就是一个重要的环境因素。由水泥建筑、玻璃墙幕、沥青路面和屋顶构成的现代城市，它以人口、建筑的高度密集及资源、能源的高消耗为特征。大量特质与能量的高速流动，必然有相当数量的污染物质与能量耗散到城市空间，形成城市特有的环境污染。然而，城市又是一个缺乏自我调节能力和自然净化能力的脆弱的生态系统。而这个系统一旦失调，就会使得城市环境产生诸多问题。

本节重点介绍城市特有的气候条件、水文条件以及现代城市存在的环境问题，并对城市环境问题的成因进行分析。

8.2.1 城市气候

一个城市的气候类型取决于大气候这个自然环境，同时又明显地受到人为活动的影响，形成城市内部不同于城市周围地区的特殊气候环境。在城市气候因素中，除了大气环流、地理经纬度、大的地形地貌等自然条件外，其他城市气候因素（如气温、湿度、云雾状况、降水量、风速等）都可能因受到人为活动的影响而改变。表 8-1 列出了城市与周围郊区农村比较显现出的主要气候变化情况。城市气候不同于周围地区的主要表现是：①年平均气温和最低气温普遍较高，形成城市“热岛效应”；②风速小、静风多；③多尘埃和云雾，太阳辐射量减少；④相对湿度较低，降雨日数和降水量增加。

表 8-1 城市的气候变化

气候要素		城市与周围郊区农村比较
温度	年平均	高 0.6～0.9℃
	冬季最低	高 1.1～1.7℃
相对湿度	年平均	低 6%
	冬季	低 2%
	夏季	低 8%
尘粒、云雾状况	云	多 5%～10%
	雾、冬季	多 100%
	雾、夏季	多 30%
辐射	在水平面上的总量	少 15%～20%
	紫外线、冬季	少 30%
	紫外线、夏季	少 5%
风速	年平均	低 20%～30%
	剧烈的暴风	低 10%～20%
	无风日	高 5%～20%
降水量	总量	多 5%～10%
	降水量少于 5 mm 的次数	多 15%

注：仿 Landsberg，1961，转引自刘培桐。

8.2.1.1 城市热岛效应

城市热岛效应指城市气温高于郊区的现象，其强度以城市平均气温与郊区平均气温之差来表示。一般大城市年平均气温比郊区高 0.5～1℃，冬季平均最低气温高 1～2℃，城市中心区气温通常比郊区高 2～3℃，最大可相差 5℃。

城市热岛效应形成的原因主要是：①城市内拥有大量锅炉、加热器以及各种机动车辆等耗能装置，这些设备和人类生活活动都耗散大量能量，它们大部分以热能形式传给了城市大气空间。在寒冷地区的冬季，每年都要燃烧大量矿石燃料（我国主要是煤炭）采暖，因而对城市大气环境质量和局部气候产生很大影响。这时人为热源甚至可达到与来自太阳辐射的热量相等或是更大的程度。有人估计冬季莫斯科的人为散热大于同期太阳辐射热的 3 倍。②城区大量的建筑物和道路构成以砖石、水泥和沥青等材料为主的下垫层，其热容量、导热率比郊区自然界要大得多，因而城市下垫面储热量也大。因此，在白天城市下垫面表面温度远远高于气温，其中沥青路面和屋顶温度可高出气温 8～17℃，此时下垫面的热量主要以对流形式传导，推动周围大气上升流动，形成“涌泉风”，并使城区气温升高。在夜间，城市下垫面主要通过长波辐射，使近地大气层温度上升，致使城市气温高于城市周围地区气温（图 8-3）。③由于城区下垫面保水性差，水分蒸发耗散的热量少（地面每蒸发 1 g 水，下垫面失去 2.5 kJ 的潜热），所以城区地面潜热大，温度也高。④城区密集的建筑群、纵横的道路桥梁，构成较为粗糙的城市下垫面，因而对风的阻力增大，风速减低，热量不易散失。所以，当风速小于 6 m/s 时，将产生明显的热岛效应；当风速大于 11 m/s 时，下垫面的阻力减小则热岛效应不明显。⑤城市大气污染使得城区空气质量下降，烟尘、SO_2、NO_x、CO_2 含量增加，这些物质都是红外线辐射的良好吸收者，致使城市大气吸收较多的红外线辐射而升温。

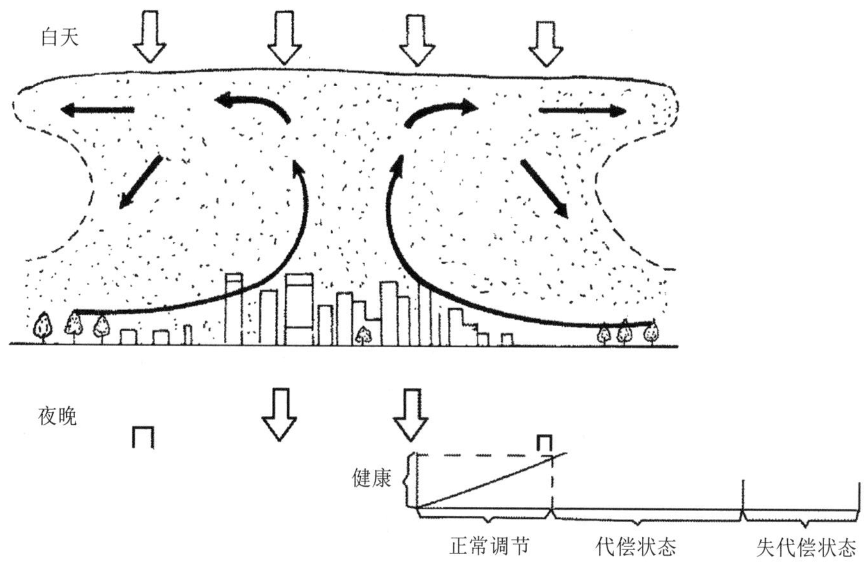

图 8-3　城市热岛效应

由于以上因素的综合作用，使得市区温度高于周围地区，形成一个经常笼罩在城市上空的热岛。热岛效应虽然加强了城市与郊区的空气交换，但也在一定程度上使污染物不易向更大范围扩散，并把城区边缘工业区的污染物汇集到中心区，在城市上空形成由污染物质构成的“幕罩”，久久不能散去，加重了城区大气质量的恶化程度。

8.2.1.2 城市风

城市风非常复杂，除城市所在区域的气压、气温及地形、地貌分布状况对城市大气流动（风）起很大作用外，城市下垫面的形状、性质等都对大气流动产生影响。空气经过城市要比经过开阔的农村更容易产生湍流，消耗一定的能量，所以一般城市内风速比郊区风速低，例如北京市前门商业区（在市中心区）的风速比郊区低 40%。城市内的高大建筑物及街道都能造成气流在局部范围内产生涡流（图 8-4、图 8-5）。

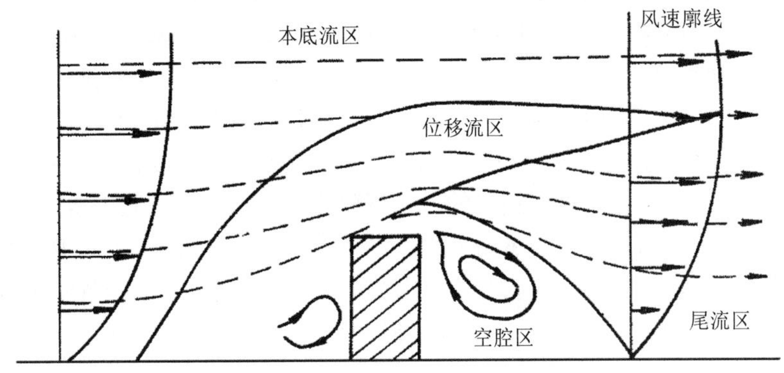

图 8-4 城市高大建筑物对气流的影响

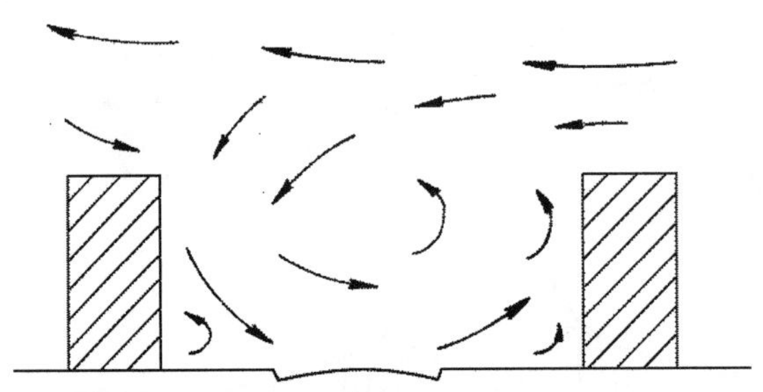

图 8-5 城市街道方向对风向的影响

从图 8-4、图 8-5 中可看出，城市局部风速的一般规律是高大建筑物背风区风速下降，并在一定范围内产生涡流。风速减弱和局部涡流不利于污染物的扩散，甚至停滞在涡流区内，加剧污染。另外，由于城市内建筑物鳞次栉比、参差不齐，使城市底层风向多变，各处不同，街道建筑物周边都可以产生各种各样的局部环流。城市街道走向、宽窄及街区的绿化状况对城市风都会产生影响。

在城市规划中，应合理地利用城市风的特点，设计、布置城市功能分区和城市建筑的布局。例如，可以通过城区的合理布局以及增加绿化面积，在城市里有计划地构成几条空气通道，及时把城市被污染的空气导出，让清新的乡风吹入浑浊的城市。前面提到的城市热岛效应也能影响城市风，构成城市环流。城市环流这一特点使我们要慎重考虑在城市郊区布置高耗能等污染大气型企业的合理性。

8.2.1.3　城市大气湿度及能见度

城市不透水的水泥沥青路面改变了地表的性质，使城区雨水的地表径流提前形成，径流量加大（图 8-6）。与此同时，城市的热岛效应又可使城区大气温度升高，但可供蒸发蒸腾的水量又远远小于郊区，因而城区的大气通常比郊区干燥。城市的天空总是灰蒙蒙的，大气能见度比乡村低得多，如果从远处瞭望城市上空，总会见到有一团迷雾笼罩在城区上空，这种雾障就是由细小尘粒和微小气溶胶粒子组成的，它的存在使城市日照量及太阳辐射强度大大降低，一般只有郊区的 80%左右。由于细小微粒和气溶胶粒都吸附和夹带有各种各样的污染物质，其常有一股让人窒息的气味，对环境和人体健康都构成了有害的影响。

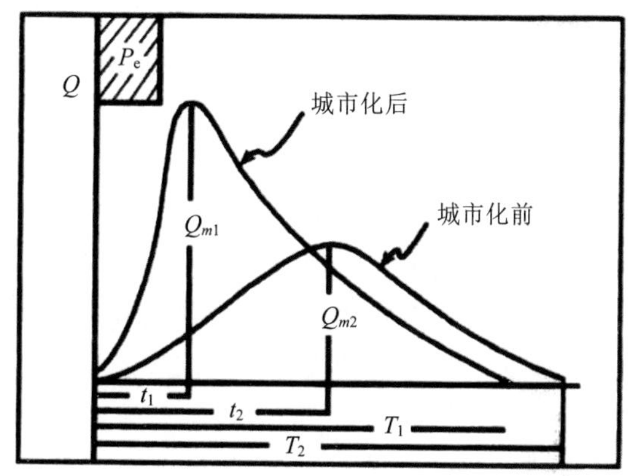

引自王祥荣，生态与城市——城市可持续发展与生态环境调控新论．2000。

注：Q_{m1}，Q_{m2} 为洪峰流量；t_1，t_2 为峰现历时（滞时）；T_1、T_2 为洪水过程线底宽（洪水历时）；P_e 为有效降水。

图 8-6　城市化对径流洪峰和滞后时间的影响

8.2.1.4　城市降水

城市降水除了受当地自然条件（地形条件、大气环流、大气凝结核量等）影响外，城市降水量和降水频率增加的主要原因是：①城市热岛效应使城市上空大气层不稳定，容易形成对流云层和对流降水；②城市大气层中含有较多的颗粒物，加大了城市降水凝结核产生的概率，致使城市的云量和雨量也多于郊区；③城市建筑物对降水云层起到滞缓阻碍作用，因而导致城区降水强度增大，降水时间延长。

总之，由于城市特殊的气候条件，不但对公众的工作和生活带来一定的影响，而且对城市生态环境的各方面都是一个重要的影响因素，我们在做环境管理、规划、预测以及污染治理时一定要分外注意。例如，如果城区烟囱位于大建筑物（群）下风方向而风速又较大时，则由于建筑物背风而产生所谓空气动力学的“下沉”现象，（在建筑物背风区的局部湍流），能使烟云在近烟囱处很快扩散到地面造成大气污染；如果此时烟囱高度较低，或者工厂的排气口高度与建筑物高度相当，这时建筑物的影响就更大，在背风面的一定距离内（至少与建筑物垂直于风向最大截面相等的宽度内），将会产生一个严重的污染区域，只有在较远距离外，才由于进一步混合导致稀释扩散。

8.2.2 城市水文

自古以来，人类择水而居。人类的生息繁衍，动植物的生存发展，都依赖水。江河流域大多是人类文明的发源地，并成为当今人口、经济与城市密集区域。人类依赖自然环境建设了生产生活设施，彻底改变了这些地域的形态特点，形成了有别于天然水体的城市水文系统。

城市地区空间和时间相对封闭，尺度较小，因此，其水文响应过程十分敏感且改变显著。城市居民的生产、生活以不同的方式对城市水文系统施加影响，大量的人工技术物质又影响并决定着城市水文系统的结构和功能。因此高度人工化的城市具有其独特的水文系统，更多地表现为自我调节和自我维持能力薄弱、独立性差、依赖性强等特点。

8.2.2.1 城市地面径流

城市化进程中，原有的天然下垫面（池塘、水田、河道等）被大量人造构筑物（如楼房、街道、高速公路、机场、停车场等）形成的不透水地面所覆盖，透水的土壤地面相应减少，导致城市地面径流系数增大，天然的径流过程变为具有城市特色的径流过程。随着城市不透水面积的增加，大量滞水空间的消失使得入河径流量大大增加，河道洪峰汇流时间缩短，加剧了水涝灾害的频繁发生。

城市化除影响地面径流的形成过程以外，还会加剧地面径流的污染，进一步污染河流、湖泊等受纳水体。城市和区域的不同，汇水面、季节、降雨特征等的不同都会导致地面径流水质的很大差别。大气中的一些污染成分随降雨作用成为城市地面径流污染物的重要来源。城市建筑屋面材料的影响和在非降雨期屋面上积累的大气沉降物，尤其是沥青油毡类屋面比水泥砖、瓦质类屋面的污染量高许多倍。沥青地面及油毡类屋面经过夏季高温暴晒以及材料老化，致使城市地面径流中的污染物浓度显著提升。城市地面硬化促使地面吸渗雨水和雪水的能力大大降低，城市地下水补给强度被削弱。降雨过程中，雨水的浸泡和冲刷作用将城市建筑屋面、地面污染物随径流排入河道或湖泊，从而对河流、湖泊水体造成污染。对于许多旧城区的合流制排水系统，在暴雨期间由于地面径流水量大大超过了城市排水和处理能力，水流对管道冲刷和未经处理的污水溢出进入受纳水体，而成为重要的污染源。

8.2.2.2 城市河流水文过程

城市大都建立在江河之畔，便于用水和排水，有利于人类的生息繁衍和城市的发展。城市化对河流水体的影响彻底打破了城市河流的自然过程，形成了具有城市特征的独特河流水文过程。河流断流、水体污染便是最突出的表现，对自然河流的影响方式主要有建坝引水、河道整治、城市排污等。本节所讨论的城市河流是指与城市供水、排水密切相关的城市地区河流。

建坝取水是城市直接向河流索取水资源的主要方式，也是十分经济高效的方式。由于城市周边水环境污染不利于取水，因此，坝的选址一般位于河流的上游。水利工程的建成，虽然减轻自然的水文灾害，为城市及农业用水提供稳定的水源。然而，从长远来看，建坝改变了天然河道的水文情势，使之变成人工控制的河道径流，上游坝前壅水，坝下至城市河段流量减小，乃至无水，城市河段以下污染水排放等。坝的建成必然有更多的服务对象和承担日益繁重的供水任务，增大河流供水量，改善城市河流水环境所需水量的空间越来越小，甚至消失。

截弯取直、疏浚整治、设置道路边沟和雨水管网等河道整治措施改变了城市河流汇水过程的水力学效应，为雨洪径流峰值的增加和提前创造了条件。据研究，城市化地区洪峰流量约为城市化前的 3 倍，涨峰历时缩短 1/3，暴雨径流的洪峰流量预期可达未开发流域的 2～4 倍。

8.2.2.3　城市地下水系统

地下水通常是城市的重要水源。如果合理开采地下水，采补平衡，就可以维持地下水的良好水质。事实上，城市开发利用地下水过程中超采现象普遍存在，由于地下水超采得不到及时的补给，导致地下水位持续下降、水资源枯竭，城市供水安全得不到有效保障，有的城市还发生地面沉降、建筑物破坏严重等状况。城市化后，地下水资源成为生产和生活的主要供水来源，如果不对其进行保护式开发利用，其产生的后果将危及城市的健康发展。

8.3　城市环境问题

虽然人类在城市中生活已有上千年历史，但是对城市生态系统的特点和发展规律的认识仍在深化中。千百年来传统的城市发展模式导致的城市环境问题成为人类面临的严峻挑战。20 世纪，与城市化伴随而生的种种环境问题以及“城市综合征”等问题集中暴露出来。目前发展中国家普遍面临着城市大气、水体、固体废物和噪声污染问题以及人口、交通、居住等环境问题。而发达国家城市，在基本解决了大气颗粒物和城市污水二级处理等问题之后，面临着汽车废气引起的大气光化学烟雾污染、水体富营养化、交通噪声、有害化学品污染以及产生垃圾、塑料和危险废物等城市环境污染问题。我国在城市化进程中也遇到人口迅速膨胀、大气、水和城市垃圾等环境污染问题，这些问题如不及时采取有效措施，必将阻碍城市功能的正常发挥。

8.3.1　城市大气污染

城市大气污染主要指城市地表面上 8～18 km 的大气对流层中发生的污染现象。由城市建筑、交通道路构成的城市大气下垫层，与郊区农村下垫层相比，具有粗糙、脏乱及干燥、贮热量大的特点。这不仅影响了城市的局部气候，也影响了城市大气污染物的扩散规律，加剧了污染物的协同效应的发生，使城市环境问题更加复杂化。

8.3.1.1　城市大气污染源和污染物

按污染物的排放方式，城市大气污染源可分为点源、线源和面源 3 种：①点源。一般指工业和民用集中供热锅炉烟囱和各种工业的集中排气装置。表 8-2 表示各工业部门向大气排放的主要污染源及主要污染物，其中散发大量烟尘等大气污染物的工业部门有钢铁工业、有色冶炼厂、热电厂、水泥厂、化肥厂、炼焦厂等。在工业生产过程中，随着生产的原料、生产方式等的不同，还会产生大量不同的化学性有害物质进入大气中，如农药厂、硫酸厂、炼铝厂、建材厂、氯碱厂等工业部门排出的 SO_2、NO_x、氟化氢（HF）等腐蚀性气体。②线源。城市线状污染源，主要指机动车密集的交通干线及两侧，由于车辆行驶排出的废气形成的污染现象。③面源。指城市内居民生活用的散烧炉灶和分散的工业排气装置。实际上，可以认为，面源是由许多低矮、分散的点源组合、叠加在一起的，其污染物的排放量也相当可观，而且一般属于面源的排烟口都比较低，不易扩散。我国北方城市冬季大气质量严重下降，$PM_{2.5}$ 和 SO_2 明显升高，主要是由城市内无数取暖锅炉和燃煤灶引起的。

表 8-2　工业部门向大气排放的主要污染源和污染物

工业部门	企业名称	向大气排放的污染物
电力	热电厂	烟尘、SO_2、NO_x、CO
冶金	钢铁厂	烟尘、CO_2、CO、氧化铁、粉尘、锰尘
	炼焦厂	烟尘、CO_2、CO、硫化氢（H_2S）、酚、苯、萘、烃类
	有色金属	烟尘（含有各种金属如 Pb、Zn、Cu）、SO_2、汞蒸气
化工	石油化工	CO_2、H_2S、氰化物、NO_x、氯化物、烃类
	氮肥厂	烟尘、NO_x、CO、NH_3、硫酸气溶胶
	磷肥厂	烟尘、HF、硫酸气溶胶
	氯碱厂	Cl_2、HCl
	化纤厂	烟尘、H_2S、CS_2、甲醇、丙酮
	合成橡胶厂	丁二烯、乙烯、苯乙烯、丙烯、二氯乙烷
机械	机械加工厂	烟尘
	仪表厂	汞、氰化物、铬酸
轻工	造纸厂	烟尘、硫酸、硫化氢
建材	玻璃厂	烟尘
	水泥厂	烟尘、水泥尘

8.3.1.2　城市大气污染物的协同作用

有害物的协同作用指两种以上污染物质处于同一时空条件下，一种有害物能促使一种或几种有害物的危害加重的现象。由于城市大气污染源繁杂而密集，所排出的污染物质相互影响、相互作用的可能性很大，容易产生多种有害污染物的协同作用和二次污染物的发生。例如，在大气烟尘表面常吸附有重金属微粒，某些重金属和其化合物（如金属钒系化合物）能使 SO_2 催化合成 SO_3，而 SO_3 极易与水蒸气化合，生成硫酸雾。这种硫酸雾就是由城市大气中的污染物质经过协同作用产生的二次污染物质。经动物试验表明，硫酸雾引起的生理反应比 SO_2 单独存在时危害强 4～20 倍，而且能侵入肺泡深处，硫酸雾也是引起我国城市酸雨产生的主要原因。

8.3.1.3　我国城市大气污染状况

我国城市大气污染整体经历了 4 个阶段：

第一阶段（1970—1990 年）：该阶段我国大气污染范围主要限于城市局地（如太原市煤烟型大气污染、兰州光化学烟雾污染等），污染源主要为工业点源。

第二阶段（1991—2000 年）：由于经济发展迅速，大气污染物特别是 SO_2 的排放量持续增长。这一时期，我国成为继欧洲、北美之后世界第三大酸雨区。

第三阶段（2001—2010 年）：这一阶段，伴随我国城镇化、工业化进程的加快，包括煤炭在内的能源消耗量增长迅速，钢铁、水泥等高污染行业规模不断扩大，汽车保有量迅速增长。大气污染初步呈现出区域性、复合型特征，煤烟尘、酸雨、$PM_{2.5}$ 和光化学污染同时出现，京津冀、长三角、珠三角等重点地区大气污染问题突出。

第四阶段（2011 年至今）：2013 年，重度雾霾污染事件在我国频繁发生，其影响波及东北、华北、华中和四川盆地的大部分地区，受影响人口数超过 6 亿。这一时期，以细颗粒物浓度高、大气氧化性增强为主要特征的复合型大气污染，成为我国经济迅猛发展和快速城镇化地区面临的大气环境问题。

20 世纪 70 年代至今，我国政府对大气污染防控非常重视。在成立环境保护组织机构、颁布大气污染防治法律法规、制定污染物排放与空气质量标准、研究大气污染来源与成因、发展大气污染治理技术等方面开展了大量的工作，做出了巨大的努力，取得了令人瞩目的效果和成就。截至 2020 年，在全国 337 个地级及以上城市中，202 个城市环境空气质量达标，占全部城市数的 59.9%，337 个城市平均优良天数（空气质量指数 0～100 的天数为优良天数）比例为 87.0%。$PM_{2.5}$ 未达标地级及以上城市平均浓度为 37 $\mu g/m^3$，比 2015 年下降 28.8%。

8.3.2　城市水资源与水体污染

8.3.2.1　城市水资源

城市水资源是指可供城市生产、生活所需要的地表水和地下水中可以得到补给恢复的淡水量。近年来也将处理后的工业和生活用水，用于工业、农业、林业和生活杂用水，作为城市水资源的组成部分（所谓“城市中水系统”）。城市水资源是制约城市发展的重要因素，对城市居民的生产、生活都有重要影响。水是城市存在的基本条件。城市一旦失去了水，人类的生活和任何社会经济活动都无法进行，最终城市也将随之泯灭。世界上很多城市都遇到水资源紧缺问题。

虽然当前我国水资源开发、利用、配置、节约、保护和管理工作取得显著成绩，但人多水少、水资源时空分布不均仍是我国的基本国情和水情，水资源短缺、水污染严重、水生态恶化等问题十分突出，已成为制约经济社会可持续发展的主要瓶颈，具体表现在以下 4 个方面：

1）水资源严重短缺，供需矛盾已演化为刚性约束。我国是一个水资源贫乏的国家，人均水资源量约为世界人均水平的 1/4。随着城市人口规模的不断扩大，我国各大城市水资源短缺的局面日益加剧，水资源供需矛盾已经演化为刚性约束。全国年平均缺水量 500 多亿 m^3，2/3 的城市缺水，农村有近 3 亿人口饮水不安全。

2）水资源利用方式较粗放。2020 年，全国农田灌溉水有效利用系数仅为 0.565，与世界先进水平 0.7～0.8 仍有较大差距。

3）水资源开发利用过度。如黄河流域开发利用程度已达到 76%，淮河流域也达到了 53%，海河流域更是超过了 100%，已经超过水资源承载能力。由此引发了一系列生态环境问题。

4）城市地下水超采严重。在地表径流严重短缺的情况下，地下水资源已成为城市的主要水源。2020 年，全国矿化度小于等于 2 g/L 的浅层地下水资源量为 8 858.5 亿 m^3，其中平原区地下水资源量 2 022.4 亿 m^3，山丘区地下水资源量 6 836.1 亿 m^3。近年来，全国整体基本维持在地表水源供给量比例为 80%、地下水源供给量为 20%的水平，但区域性差异显著，目前有 400 多个城市以地下水为饮用水水源。例如，海河流域达到 64.1%。①大量抽取地下水，会导致城市地下水位逐年下降，出现大面积的漏斗区。例如，北京自 20 世纪 70 年代以来，地下水位以每年 1 m 左右的速度下降，市区附近出现了 1 000 km^2 的地下漏斗区，漏斗中心地下水位深达 40 m，近年来由于南水北调工程的实施才得以好转。②过量抽取地下水，还会引起地面下沉，如我国北京、天津、上海、西安等城市都有较为严重的地面下沉现象。③地下水位下降会使很多城市的地下泉涌所形成的自然景观消失。引起城市地下水位下降的原因，除了地下水使用量增加以外，随着城市化范围的扩展，城市地表不透水面积日益扩大，绿化面积逐渐减小，降水渗透量减少，使地下水得不到充分补给，也是引起地下水位下降的一个重要原因。

8.3.2.2 城市水体污染

水在城市的物质流流动中，夹带或接纳了很多污染物，变成污水被排出。城市污水包括生活污水和工业废水。一般情况下，城市污水应经过处理达到排放标准后排入受纳水体。目前处理城市污水基本上可以去除大部分的有机质和悬浮物（SS），使水质变清，但对 P、N 的去除比较困难，需要较高的投资，因而目前对城市污水排入水体所引起的湖泊富营养化和近岸海洋赤潮问题还难以完全解决。随着人们消费化学品的增多，城市污水中含有的清洁剂、洗涤剂以及杀虫剂、洗相液等难以生物降解的化学物质日益增多，使城市污水处理越来越困难。城镇化进程导致地面不透水面积增加，短期内大的降雨径流量、长时间内大的洪水频率和径流总量增加了水体的非点源污染负荷的汇集及大量的生活污水、工业废水未经有效处理而集中排放使得地表和地下水的水质下降。水体受到污染，其使用价值受到破坏，则更加重了城市水资源的紧缺。

近年来，随着经济的快速发展以及政府和公民环保意识的增强，全国污水处理系统建设加快推进。2000 年中国城市污水日处理能力为 2 158 万 m^3，到 2020 年中国污水日处理能力已经增长到 1.93 亿 m^3。在污水处理厂建设方面，截至 2020 年，我国累计建成城市污水处理厂 2 618 座；污水处理率由 2000 年的 34.25%提高到 2020 年的 97.53%，城市污水处理事业发展迅速。

8.3.3 城市固体废物

城市固体废物包括城市居民产生的生活垃圾、城市工业产生的工业固体废物和建筑垃圾等。城市垃圾大都产生于城区而处置在郊区。如果处置不当，城市垃圾裸露堆放或填埋，这种垃圾场本身就会形成一个二次污染源，不断地排出有害气体和二次扬尘；其还能通过地面径流的冲刷和渗滤作用，污染水体和土壤；还会滋生有害生物，威胁人体健康。城市中应设有从垃圾的清扫、收集、运输（转运）、分选、处理、处置和资源回收等设施，形成一套结构合理、比例协调、时间不间断的资源化处理体系。工业固体废物的处理首先考虑能否回收和综合利用，其中大部分工业废物都能生产建筑材料（水泥、玻璃、陶粒、砖、砌块等），作为二次资源返回城市物质流中。对于城市工业固体废物中的危险性物品，则应进行无害化处理之后实施安全填埋处置。对于建筑垃圾一般都作为回填复土处理。

目前城市固体废物处理中存在的主要问题有城市垃圾分类回收、垃圾填埋场的选址和后期管理、垃圾焚烧炉的大气污染、有毒有害废物的无害化处理等。生态环境部公布的数据显示：全国 200 多个大中城市生活垃圾产生量已由 2013 年的 1.61 亿 t 增至 2019 年的 2.36 亿 t。全国 600 多座城市，除县城外，已有 2/3 的大中城市陷入垃圾围城的困境，且有 1/4 的城市已没有合适场所堆放垃圾。

城市垃圾不仅造成公害，更是资源的巨大浪费。我国城市垃圾处理以填埋为主，其占处理总量的 95%，且 80%为简易填埋处理，其余城市垃圾采用焚烧法和堆肥法处理。我国比较注重工业固体废物的综合利用和处理问题，使其污染发展趋势得到了控制。然而，由于垃圾收运设施不足、分类回收困难、机械作用率低等原因，全国垃圾仍有 25%左右不能及时清运，大多垃圾未经无害化处理，直接裸露堆放或简单填埋处理甚至直接投入江河湖海，造成严重污染。

8.3.4 城市噪声

城市噪声主要是由交通、工业与建筑施工产生的。一些国家调查表明，城市环境中 76%的噪声是由交通运输引起的，其中汽车占 66%，飞机、火车占 9.8%。交通噪声主要影响道路沿线居民，可以通过合理的城市功能分区和城市道路规划、建立城市绿化隔离带及加强管理等方法解决。工业噪声约占城市噪声的 10%，主要是分散在居民区的中小企业的锅炉鼓风机、冲压机、纺织机等引起的。城市中建筑业的搅拌机、推土机、打桩机、振荡器可产生 80～100 dB（A）的噪声。虽然施工是临时的、间歇的，但在居民区附近施工（如旧城改造）是非常扰民的事情。工业噪声的控制主要从改革工艺，加强减震防噪措施，降低声源辐射入手解决。

8.3.5 城市综合征

高科技的发展使得生活现代化的程度日益提高，人们在享受现代科技带来的安逸生活的同时，也引发了越来越多的“城市病”。以前闻所未闻的各种综合征，开始困扰人们的身心健康。“城市综合征”始于工业革命后期，由于快速的城市化造成了环境污染、交通拥堵、房价猛涨和贫民窟等问题，而导致了“城市综合征”的出现。所谓的“城市综合征”也是指人口过于向大城市集中而引发的一系列社会问题，如城市规划和建设盲目向周边摊大饼式地扩延、大量耕地被侵占，使人地矛盾更尖锐。“城市综合征”表现为人口膨胀、交通拥堵、环境恶化、住房紧张、就业困难等，将会加剧城市负担、制约城市化发展以及引发公众身心疾病等。

通常也把生活在城市特定环境下的市民在心理、生理上所形成的不正常的失衡状态，称为“城市综合征”。城市里激烈竞争的紧张的工作环境、繁杂而狭小的生活空间、拥挤堵塞的交通、铺天盖地的信息浪潮，都在人们心理上形成巨大的压力，而污浊的空气、不清洁的水源和含有化肥、农药、抗生素的食品，再加上城市中常有的噪声污染、电磁波污染、辐射污染、光污染等对人的生理构成严重威胁，城市居民在心血管病、癌症和神经系统疾病的发病率明显高于农村。需要指出的是，随着城市化的进程，“城市综合征”已经严重威胁到人类自身的繁衍能力。

“城市综合征”概括起来主要表现在以下 4 个方面：

1）城市规模过大，远超城市承载力。从现有研究城市病的文献来看，大部分研究与大城市相关。外来流动人口膨胀、城市失业率的空间分布、城市交通和环境污染程度均与城市规模有着直接关系。

2）城市结构不合理。从城市的内部空间结构来看，合理的空间结构不但可以改善环境，而且可以扩大城市容量，有利于经济增长。从空间结构来看，如果一个地区的城市体系发育比较成熟、空间结构和分布比较合理，各城市相互依存，彼此之间的差异比较小，“大城市病”的发病概率就会降低。相反，如果城市体系不成熟，核心城市“一城独大”优势过于明显，而其他城市条件相对落后，对核心城市无法形成反“磁力中心”，这样就难免加剧核心城市的“大城市病”。

3）城市建设存在盲目性。一些城市在建设过程中一味追求规模的扩张，采取“摊大饼”的发展模式。其向外延伸的卫星城，往往只具备居住、购物、休闲等功能，而医疗、教育、文化娱乐等公共资源仍集中在城市中心地带，职、住分离，造成严重的交通拥堵。

4）资源分配失衡。社会资源如果过度地向城市特别是大城市集中，向政府机构或 CBD 所在地区集中，那么大量人口会被吸引、迁入这些城市，从而加剧了“城市综合征”的症状。

8.4 城市生态与生态城市

8.4.1 城市生态系统

从城市的形成和发展过程可以看出，城市生态系统是一个经过人类干预变化和加工改造过的、全新的人工生态环境，它与原来的城市原始的自然生态系统相比，具有许多新的功能和结构以及完全不同的生态环境的特点。

城市是一个在特定地域内的人口、资源、环境（包括自然环境与社会环境）通过各种关联建立起来的人类聚居地。从生态角度来看，城市正是一个以人类生活和生产活动为中心的，由居民和城市环境组成的自然、社会、经济复合生态系统，或称城市生态系统。近代城市化出现的诸多问题，如人口膨胀、交通阻塞、资源匮乏、住房紧张、环境污染等，都属于城市生态系统的失调现象，是“生态危机”的具体表现。研究城市生态系统，就是从生态学角度研究城市居民的心理、生理和生产、生活活动与城市环境的关系，并在了解城市生态系统的结构、功能与特征之后，按照城市生态系统的调控原则，使城市生态系统达到良性循环的稳定状态，把城市建成为人与自然相互和谐的、适合人类永久居住的美好家园。

8.4.1.1　城市生态系统的结构

（1）城市生态系统的组成

城市是一个庞大而复杂的复合生态体系，可分为社会生态系统、经济生态系统和自然生态系统三个子系统，各子系统下面又分为不同层次的次级子系统。这些子系统之间按照一定的形体结构和营养结构组成城市生态系统（图 8-7）。

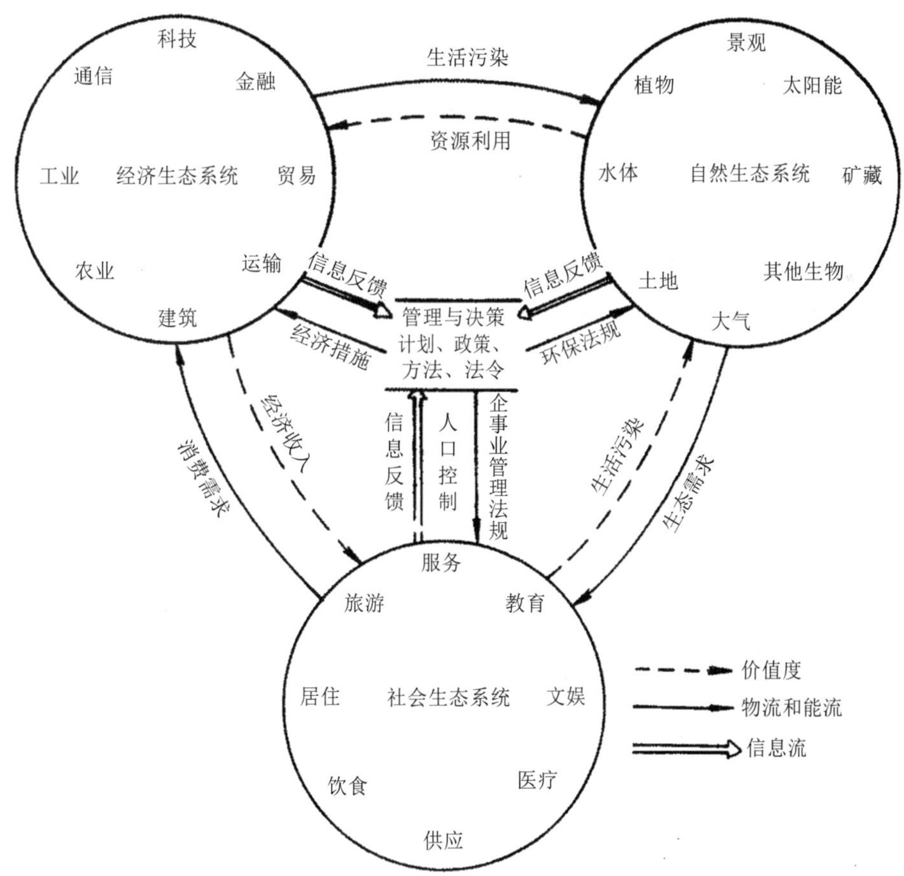

引自王如松，高效、和谐、城市生态调控原则与方法．湖南教育出版社，1988。

图 8-7　城市生态系统组成

城市自然生态系统，包括城市居民赖以生存的基本特质环境，如太阳、空气、淡水、林木、气候、土壤、生物、矿藏以及自然景观等。城市自然生态系统是受人类活动影响之后形成的，因此有很多完全不同于原始城市自然环境的地方，而且系统本身具有某种特定规律。研究城市自然生态环境，掌握它的规律，就能更好地利用它创造宜于人类居住和工作学习的环境。

城市经济生态系统，是以资源流动为核心，由工业、农业、建筑、交通、贸易、金融、科技、通信等子系统所组成。它以特质从分散向集中的高度集聚、信息从低序向高序的连续积累为特征。研究城市经济生态系统主要是研究城市的特质、能量、金融、信息等生态流的流动与传递过程，并通过适当的引导与控制使之达到有序化、协调化和稳定发展。

城市社会生态系统，是以人口为中心，以满足城市居民的就业、居住、交通、供应、文娱、医疗、教育及生活环境等需求为目标，为经济系统提供劳力与智力。研究社会生态系统主要是研究城市人口数量、分布与人口素质，通过人口调查与统计，掌握城市人口的发展和变化情况，分析城市社会环境（生产、生活及文化、交通、医疗等条件）对居民的心理和生理影响。根据城市的性质、规模和特殊要求，合理控制城市人口密度与提高人口素质，这对保证城市的经济稳定持续发展和环境质量都有极其重要的意义。

（2）城市生态系统的形态结构

城市存在于一定的区域范围内，占有一定的空间位置，并具有某种形态结构。城市生态系统的形态结构，又称城市的空间结构。从城市的构形上看，城市的外貌除了受自然地形、水体、气候等影响外，更要受城市形成的历史、文化、产业结构、民族、宗教等人为因素的影响。一般城市的总体构形有同心圆结构、棋盘结构、辐射形结构、带状结构、卫星城结构及多中心镶嵌结构等。除了城市构形外，城市的人口密度、功能分区和交通桥梁道路等都是描述城市形态结构的因素。

（3）城市生态系统的营养结构

城市生态系统的营养结构不同于一般自然生态系统的营养结构，它不但改变了原来自然生态系统中各个营养比例关系，而且也有不同于自然生态系统的营养结构关系。在城市中，作为生产者的绿色植物很少，而作为顶级消费者的人数量却很多，营养结构成倒锥形（图 8-8）。

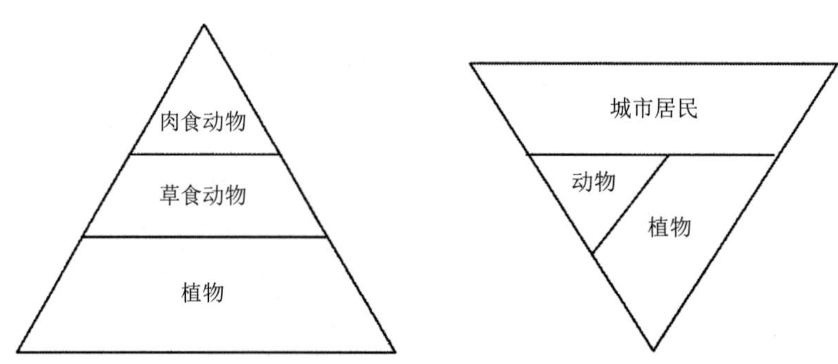

引自于志熙，城市生态保护．林业出版社，1992。

图 8-8　城市生态系统营养结构与自然生态系统营养结构比较

另外，城市生态系统的营养物质——水、空气、食品等的加工、输入、传送过程都是人为因素起主导作用。特别是现代城市中，其生态系统的营养物质传递媒介主要是交通和金融、货币、信息等，而且社会经济规律起决定性作用。可以认为，城市生态系统的营养结构主要是城市的经济结构，包括城市产业结构、能源结构、资源结构和交通结构。而城市生态系统的经济结构又决定着城市的人口结构（城市生态系统的主要生物结构）和城市的形态结构（城市生态系统的空间结构）。同时城市生态系统的经济结构又是制约城市环境状况的主要因素。所以研究城市生态系统的中心问题是研究城市的经济结构，把握住这一中心环节，对于城市规划、管理以及城市的环境保护工作都是极为重要的。在经济结构中城市的产业结构尤为重要。因为城市的生命力在于生产，有目的地组织生产和追求最大的产量是城市生态系统区别于自然生态系统的一个显著标志。城市经济系统的主要特点是能量流、物质流强度更高，密集更集中，空间利用率高，系统输入/输出量大，主要消耗不可再生能源，系统对外依赖性强。

8.4.1.2　城市生态系统的功能

城市生态系统和自然生态系统一样，也具有进行物质循环、能量流动和信息交换三项基本功能，但是城市又是一个人口大量集中和经济活动相当频繁的地区，所以在研究城市生态系统功能时，除了对一般系统功能分析所必须了解的物质流、能量流、信息流外，还要研究城市生态系统所特有的人口流与价值流等城市生态流的功能。

（1）城市生态系统的物质流

在城市生态系统中，物质流动同样要遵守“物质不灭定律”，只不过其密集而高速的物质流动是建立在城市与城市外区域的大量工业原料和农副产品的输入和工业产品与废弃物的输出而形成的城市新陈代谢基础之上的。每个城市天天都要从外界输入大量的矿石、煤、油、粮食、淡水等，同时又向外界输出大量的产品、副产品、生活垃圾与工业废弃物，一个城市每天物质流动量高达百万吨以上。可以说，城市是地球表层物质流在空间大量集聚的地域，其物质的流速依据不同城市的状况而变化。按物质流流动介质的属性可把城市生态系统物质流分为自然物质流、经济物质流和废弃物物质流。自然物质流，又包括城市的大气环流、地面水体流动、自然降水、土壤中的物质循环等，主要是以自然力为推动力的物质流动过程；经济物质流，指城市生态系统中社会经济生产过程的物质运动过程，它主要是将来自自然界的原料通过社会生产链加工成为产品和半成品，供人民生活和社会再生产部门使用。从原料采掘开发到生产、交换、分配、消费的各个环节构成的城市生态系统物质生产-消费链（网），并在流通过程中往往伴随着使用价值在城市空间的流动（价值流）。经济物质流是城市生态物质流中最主要的组成部分。废弃物物质流，指城市区域内各种生产性和生活性废弃物，它往往是排入自然物质流中，并与自然物质流统一流动，如工业废气、废水排入城市大气和河流中，城市垃圾填埋在土壤中等。对废弃物质分类应采用回收、处理和循环再利用等多种人工调控方法加大循环流动（又称逆向流动过程或静脉流动过程）的方式。

（2）城市生态系统的能量流

为了推动城市生态系统的物质流动，必须从外部不断地输入能量，如煤、石油、电力、水以及食物（生物燃料）等，并通过加工储存、传输、使用等环节，使能量在城市生态系统中进行流动（图 8-9）。一般来说，城市的能量流是随着物质流的流动而逐渐转化和消耗的，它是城市居民赖以生存、城市经济赖以发展的基础。城市生态系统的能量流动一般是由低质能量向高质能量的转化和消耗高质能量的过程，其中一部分能量被储存在产品中，而一部分损耗的所谓“废能”则以热能、磁能、辐射能等形式耗散于环境中，成为城市的热、磁、光、微波污染的污染源。建筑、交通、废弃物处理、制造业和服务业等是城市能耗的主体，其节能是城市减污降碳的主要途径。

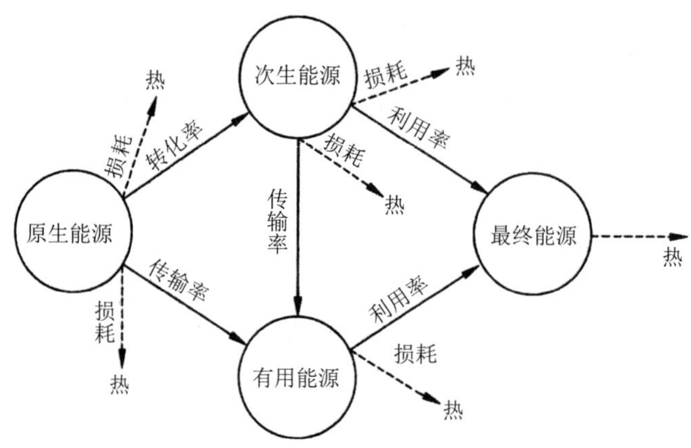

引自曲向荣，环境生态学．清华大学出版社，2012。

图 8-9　城市生态系统能量流的基本过程

（3）城市生态系统的信息流

在城市生态系统中，伴随物质流、能量流，还生产和运行着大量的信息流。信息流是对城市生态系统的各种“流”的状态的认识、加工、传递和控制过程的表现。城市中的任何运动都要产生一定的信息。例如属于自然信息的水文、气候、地质、生物、环境等信息；属于经济信息的市场、金融、价格、新技术、人才、贸易等信息。城市的重要职能之一，就是将输入的分散、无序的信息，加工成集中的、有序的信息。现代城市有现代化的信息技术以及使用这些技术的人才，有完善的新闻传播网络以及现代化的通信系统，城市生态系统又是一个信息高度集中的地域。城市的信息管理系统的功能就是对各种自然信息和社会经济信息进行监测、搜集、整理、筛选加工、传递、控制，并输出大量经过加工的有序化的信息。信息流是传递知识技术和政治、经济、军事情报的载体。在这个所谓“知识爆炸”的时代，作为决策的依据，只有依靠精确的大量高效率的信息，才能做出准确而果断的决策。信息流的高密度集中与高速度的有序化，是现代城市的主要特征之一。所以，当今世界性大都市正在以“生产信息”替代生产有形产品的趋势。

（4）城市生态系统的人口流

城市是人类高度密集的地域。城市的人口流动包括时间上的变化和空间上的变化，可以认为人口流是一种特殊的物质流。城市人口的自然增长与机械增长反映了城市人口在时间上的变化；城市内部人口的流动，城市及其外部人口之间的流动反映了城市人口的空间变化。城市人口流的时空变化往往是决定城市规模、性质、交通量以及生产、消费能力的主要依据。城市人口流可以从自然生态系统的流动情况分为常住人口和流动人口，如果从社会经济观点出发，也可以把城市人口按各专业的劳动和技术人才分类。

城市，特别是大城市，它既是人口密集之地，又是各种人才荟萃与培养之地。合理配置的高素质的人才结构，是使一个城市富有生机的主导因素，城市也只有为所需人才与劳动力创造适宜的生活、工作、学习、培养环境以及为人才的合理流动与交换提供必要的环境，才能发挥城市的凝聚与放大生产力作用，使城市得以持续、稳定地发展。

（5）城市生态系统的价值流

城市生态系统的价值流是物质流的表现与计量形式的体现。城市既然是人类社会劳动及物质、经济交流的产物，在系统运转过程中必然伴随价值的增值和金融货币的流动。城市往往是一定地域的货币流通中心或财政金融中心，并通过价值规律合理流通来调节城市的社会经济功能和生态功能的正常进行。当今世界，货币金融的流动往往会改变一个城市，甚至一个地区或者国家的性质与功能。

8.4.1.3　城市生态系统的特点

城市生态系统是一个结构复杂、功能多样、庞大开放的自然-社会-经济复合人工生态系统。与自然生态系统相比，它有以下特点：

（1）人是城市生态系统的主体

城市最大的特点就是人多。人类在城市中占据了绝大部分空间，无论从数量上，还是从分布密度上都远远多于自然生态系统。目前全世界城市的占地面积不到地球总面积的2%，但却集聚了世界 50%以上的人口。在城市自然的、经济的、社会的再生产过程中，人类都是核心，是主体，而作为“生产者”的绿色植物、各种营养级的野生生物及作为“还原者”的微生物等生物种群，都在人类的“威胁”下从城市中逐渐隐退，所以城市的营养结构和功能系统完全不同于一般的自然生态系统。

由于城市是地球上人口最集中、经济活动最频繁的地方，也是人类对自然环境干预最强烈、自然环境变化最大的地方。除了大气环流、大地地貌类型基本保持原来的自然特征外，其余的自然因素都发生不同程度的变化，而且这种变化通常是不可逆的。也正是由于城市人口的需要，在城市内集中了大量的工矿企业，企业的生产活动和人类的生活活动都消耗了大量的资源和能源，同时产生大量的废弃物，城市成为污染最严重的地区，城市环境受到了严重的破坏。

（2）城市生态系统是开放式的、非自律系统

我们知道，处于良性循环的自然生态系统中，其形态结构和营养结构是协调和稳定的。在这样的系统中只要输入太阳能，依靠系统内部的物质循环、数量交换和信息传递，就可以维持各种生物的生存，并能保持生物生存环境的良好质量，使生态系统能够持续发展（称为自律系统）。但是在城市生态系统中则不然，系统内部生产者与消费者相比数量显然不足，大量的能量与物质，需要从其他生态系统（如农业、森林、湖泊、矿山、海洋等系统）人为地输入。另外，城市生态系统内部经过生产消费和生活消费所排出的废物，绝大部分都要依靠人为的技术手段处理或向其他生态系统输出（排放），并利用其他系统的自净能

力，完成其还原过程。所以，城市生态系统的能量变换与物质循环是开放式的、非自律系统。

（3）城市生态系统是一个多功能的、复杂而脆弱的生态系统

城市生态系统只要其中某一环节发生问题，将会破坏整个城市生态环境系统的平衡，造成严重的环境问题。随着城市生产的不断发展和人民生活水平的提高，对资源、能源的需求越来越多，同时还要有大量的产品和需要处理的废弃物排出。因此在城市内部和城市与外界之间便形成了定向的，实质上是循环的交通运输流和与其相应的人才、货物、电力、给排水、燃料输送等的流动网络。城市正是依靠这些连续不断的“生态流”的流动而生存，一旦切断这些联系的某一环节，就会引起城市多个系统流动失调，堕入无序的混乱状态，由此可见，城市是一个十分脆弱的生态系统。

8.4.1.4 城市生态系统调控

从城市生态系统的特点可以看出，城市生态系统是一个结构复杂的综合性的生态系统。其中包括各行业、部门组成的数量众多的子系统，这些子系统之间存在着错综复杂的非线性关系。从生态系统控制论观点来看，这样的系统只有在其整体高度有序化之时，才能趋近动态平衡状态，此时系统功能得以充分发挥，系统本身和其中各子系统均具有自我调节能力。城市生态系统调控到高度有序状态之时，可具有以下表征：①城市功能（居住、工作、交通、休息）得以发挥，城市人民安居乐业、经济持续发展；②城市内各部门、各行业、各单位关系协调、互相补充，取长补短，居民间互敬互爱，文明礼貌。按照生态学理论，只要通过对城市生态系统的物质流、能量流、信息流、人口流、价值流作适当调控，即通过输入负熵值，使系统总熵值降低，并保持这种负熵值连续适量地输入，就可以使城市生态系统达到高度有序化，并保持这种高度有序的动态平衡状况。具体来讲，调控城市生态系统各种“生态流”时应遵循以下原则：

（1）循环再生原则

自然生态系统中物质循环是一个重要法则，要求把城市乃至人类社会放进一个更大的系统范围中作为大的循环圈的一部分来考虑。如社会经济再生过程中，不是先从某一个或几个产品考虑，而是作为一个生产链或生产网来认识，某个生产链的副产品（或排出的所谓废弃物）恰好是另外生产链的原料，全系统内部无因无果，无始无终，所有产品循环使用，无真正的废弃物之说。

（2）协调共生原则

共生导致有序，这是生态控制理论的基本原理。共生是指系统内的子系统或个体之间合作共存、互惠互利的现象。共生可以节约能源、资源和运输能力，使系统获得更高的效益。共生者之间差异越大，系统的多样性越高，系统的自组织作用越强。在城市化和工业化进程中，正是因为城市生态系统符合共生原则才具有聚集和放大生产力的效果。在城市工业系统中只有注意引导工业与配套工业和服务行业的比例，通过组织管理，使各自都能发挥更大效益，才能保证城市经济持续发展。

（3）持续自生原则

城市生态系统整体功能的发挥是在其子系统功能得以充分发挥的基础上。子系统的自

我调节和自我维持稳定机制，表现在当子系统处于生态阈值范围内，各自尽可能抓住一切可以利用的力量和能量，为系统整体功能服务，而不是局部组织结构的增大。正是由于子系统间的相互作用和协作，城市整体才能形成具有一定功能的自组织结构，达到整体最佳的良性循环。

8.4.2　生态城市

面对 20 世纪 70 年代以来世界范围内城镇化加速、资源枯竭以及生态环境恶化的趋势，随着人类文明的不断发展，对人与自然关系认识的不断升华，“生态城市”（eco-city，ecological city，ecopolis，ecoville，ecovillage）概念被国际社会正式提出。

8.4.2.1　生态城市的内涵

国内外学术界对“生态城市”并没有一个明确的界定，美国著名生态学家理查德·雷吉斯特将生态城市的内容界定为“追求人类和自然的健康与活力”；苏联生态学家 N. 扬若斯基认为“生态城市是一种理想的生态模式，其中技术与生态充分融合，人的创造力和生产力得到充分发挥，使居民的身心健康和环境质量得到最大限度的保护，物质、能量、信息高效利用，生态良性循环的一种理想栖地”；而国内一些从事生态环境研究的学者认为山水城市、园林城市等，均是生态城市概念在某个层次的内涵、发展及其具体化。我国生态学家王如松等认为“生态城市是一种可望可及的持续发展过程，一场破旧立新的生态革命，通过生态城市建设，我们可以在现有环境容量和资源承载力的条件下，充分而又可持续地挖掘潜力，实现一种区别于传统和西方的生产和生活方式，达到高效、和谐、健康、殷实”。2016 年住房和城乡建设部发布的《生态城市规划技术导则》（征求意见稿）中指出，生态城市是基于符合生态学理论，有效运用具有生态特征的技术手段和文化模式，实现人工—自然生态复合系统良性运转、人与自然、人与社会可持续和谐发展的城市。

目前一般认为，生态城市是指社会、经济、自然协调发展，物质、能量、信息高效利用，基础设施完善，布局合理，生态良性循环的人类聚居地；生态城市的科学内涵是倡导社会的文明安定、经济的高效和生态环境的和谐，生态城市既是人类社会发展的一种过程，也是一种在生产力高度发达、生态环境意识达到一定水平的条件下渴望实现的目标境界。概括来讲，生态城市是指在生态系统承载能力范围内运用生态经济学原理和系统工程方法去改变生产和消费方式、决策和管理方法，挖掘区域内外一切可利用的资源潜力，目标是建立一类经济发达、生态高效的产业，体制合理、社会和谐的文化，生态健康、景观适宜的环境，促进城市结构的有机耦合、完善城市的新陈代谢、增强城市功能，实现城市经济腾飞与环境保育、物质文明与精神文明、自然生态与人类生态的高度统一与可持续发展。

8.4.2.2　生态城市思想的发展

“生态城市”尽管是 20 世纪 70 年代被提出，80 年代以来迅速发展起来的，但“生态城市”的思想渊源却很长。无论是中国古代的人居环境，还是古代欧洲城市和美国西南部印第安人的村庄，都可以看出生态城市的雏形。16 世纪英国人摩尔（T. More）的“乌托邦”，18—19 世纪傅里叶（C. Fourier）的“法郎基”、欧文（R. Owen）的“新协和村”、霍华德（E. Howard）的“田园城”以及 20 世纪三四十年代柯布西埃（L. Corbusier）的“光明城”等都是应用生态系统的原理和方法来指导城市建设的典范。19 世纪，英国人吴温《过分拥挤的城市》、霍华德的《田园城市》等都是很有影响的著述。

霍华德的田园城市理论，展示了城市与自然平衡的生态魅力。由霍华德设计并于 1903 年建成的田园城市英格兰莱奇沃思镇（Letchworth），历经几乎一个世纪后，仍然是最宜人的人居环境之一，莱奇沃思得到国家的资助远低于一般的英格兰城镇；公共健康指标——婴儿死亡率、平均寿命等仅次于霍华德设计的另一个田园城市韦林（Welwyn）。

1972 年 6 月 5—16 日，在斯德哥尔摩召开了联合国人类环境会议。会议发表了《人类环境宣言》，该宣言明确提出“人类的定居和城市化工作必须加以规划，以避免对环境的不良影响，并为大家取得社会、经济和环境三方面的最大利益”。1975 年，理查德·雷吉斯特（Richard Register）等成立了城市生态组织，这是一个以“重建城市与自然的平衡”（rebuild cities in balance with nature）为宗旨的非营利性组织。从那以后，该组织在伯克利参与了一系列的生态建设活动，并产生了国际性影响。到了 1990 年，城市生态组织中的许多人都认为是大力推进生态城市的时候了，为了联合各方面的生态城市理论研究和实践者，城市生态组织于 1990 年在伯克利组织了第一届生态城市国际会议。这次会议有来自世界各地的 700 多名与会者讨论了城市问题，提出了基于生态原则重构城市的目标。世界范围的高速城市化和工业化，虽大大改善了居民的生活条件与生活质量，但同时也给居民带来了严重的生态压力。深入认识城市社会-经济-自然复合生态系统的相互作用，发展城市规划和管理方法，是城市可持续发展的必要保证。

我国对“生态城市”的研究起步较晚。1986 年我国江西省宜春市提出了建设生态城市的发展目标，并于 1988 年年初进行了试点工作，可以说迈出了我国生态城市建设的第一步。1992 年以来，中国科学院、建设部山地城镇与区域环境研究中心先后在重庆（1992）、西安（1999）召开全国山地城镇与生态环境学术讨论会，在重庆（1997）、昆明（2001）召开的国际山地人居与生态环境可持续发展学术讨论会，加强了国内外学术交流。1994 年我国政府在世界环境与发展大会之后率先制定了《中国 21 世纪议程——中国 21 世纪人口、环境与发展白皮书》，并实施《全国生态示范区建设规划纲要》（1996—2050）等一系列旨在遏制生态退化，防止环境污染，提高环境质量，改善城乡人民生活，实施“可持续发展”基本国策的根本性措施。各地以此为指导制订国民经济和社会发展计划，许多城市制定了实施“可持续发展”的指标体系，开展了生态示范区的建设与试点。生态城市、山水城市、花园城市、森林城市、园林城市、卫生城市等越来越多地成为我国许多城市政府进行城市规划与建设所追求的目标，反映了各地政府和市民对我国生态环境问题的深切关注和对改善环境、提高生活质量的迫切愿望。

2002 年由中国生态学会与国际生态组织等联合举办的“第五届（中国深圳）生态城市国际学术讨论会”是一次影响广泛的学术盛会，与会的各国代表对中国近年来实施《21 世纪议程》、贯彻可持续发展战略、推进生态化城乡建设所取得的显著进步印象深刻，300 多名与会者就生态城市规划与管理、生态小区与生态建筑、产业生态学、人类生态学与生态文化等几项议题展开讨论，并最终形成《生态城市建设的深圳宣言》这一报告。

8.4.2.3　生态城市的规划案例

（1）伯克利（Berkeley）生态城市规划

在理查德·雷吉斯特教授及其领导的城市生态学研究会的影响下，美国西海岸的滨海城市伯克利生态城市建设实践卓有成效，有学者认为它是全球生态城市建设的样板，也可以认为是生态城市建设的一个试验。它将生态城市建设的整体实践建立在一系列具体的行动之上，如慢行街道的界山、废弃河道被重新恢复、利用太阳能建设绿色居所实现能量自给自足、优化建设城市路网、优化配置公共交通路线、提倡以步代车绿色出行、召开有关各方参加的生态城市建设会议等。正是这些行动使得伯克利生态城市建设工作得以扎实有效地进行。经过 20 余年的努力，伯克利走出了一条比较成功的生态城市建设之路。伯克利的设计具有典型的城乡接合的空间结构，在住宅区内，每隔一栋独立住宅就有一块占地有数个住宅面积之大的农田，农田上种植的蔬菜和水果作为绿色食品很受当地居民的喜爱（图 8-10）。

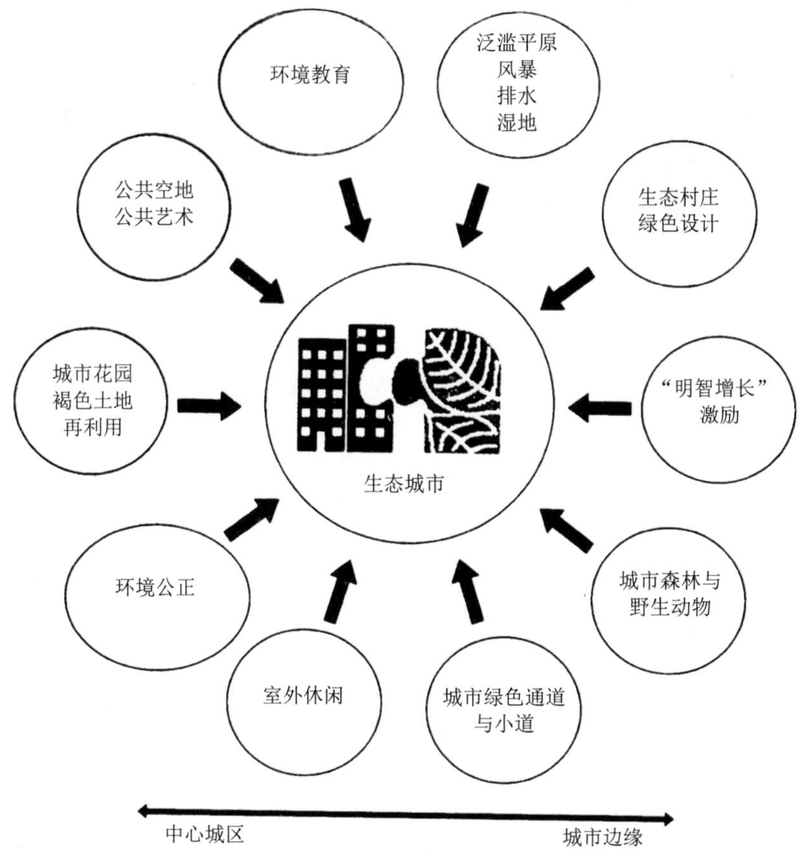

引自王祥荣，城市生态学．复旦大学出版社，2011。

图 8-10　美国生态城市项目有关生态城市的图示

（2）奥地利花园城市（Puchenau Garden City）

奥地利花园城市是 60 年规划、研究和发展的成果。设计的基本原则是建立一个人人友善的居住区，在保护自然资源的同时强调高密度小规模建筑体（如单层别墅）的应用，进行个性化的设计，创造可用的绿地、由外界到此处的交通问题至关重要，因为只有远离机动车才能获得这种自由的居住环境。社区内密集的步行道和自行车道代替了机动车道，创造了一个交通组织框架，也是一次新颖的尝试，尝试规划设计出一个友善、热情并且安全的公共休闲绿地。

奥地利花园城市拥有 990 处住宅。每处住宅都像公共集合住宅一样面向大众，经济实惠，不需要特别的资金维持。噪声污染和其他的危害降到最低。雨水不是通过排水管道排出，而是通过大面积渗透性能优越的铺装渗透至地下，或是汇集成溪流和池塘，既增加了景观又确保空气清新。与此同时，整个花园城市的规划设计都鼓励住户参与，努力将每个居民的关注点和期许都纳入生态城市的建设当中，创造了一个可持续发展的、低成本、高密度、低建筑层的居住区，并且交通便利，很容易到达市中心。

（3）丹麦哥本哈根（Copenhagen City）生态城市

丹麦哥本哈根在人口密集的 Indre Norrebro 城区进行了“丹麦生态城市 1993—1997”项目。其主要经验在于制定一套手册以指导并促进居民参与。另外，它们还建立了绿色账户制度，记录了一个城市、一个家庭、一个公司或一个学校日常活动所消耗的资源和能量，对每个城市居民提供有关环境保护的背景知识。使用绿色账户能够比较不同城区的资源消费结构，确定主要的资源消费量并为有效削减资源消费和资源循环利用提供依据。

（4）中国生态城市规划

生态城市建设在中国有广泛的思想基础与社会基础，用中国传统文化理念来理解，也可以称为“天人合一”的城市，既是人与自然高度和谐、技术与自然高度融合的人类居住区发展的更高形式，也是城市物质文明与精神文明高度发达的标志。“上不失天时，下不失地利，中得人和而百事不废”（荀子），它符合中国的国情，适应时代的潮流。

近年来，上海、天津、哈尔滨、盘锦、张家港、扬州、常州、绍兴、成都、秦皇岛、日照、唐山、襄樊、十堰、长沙等城市纷纷提出建设生态城市；海南、吉林、黑龙江、陕西、福建、山东、江苏等省提出了建设“生态省”这一奋斗目标，并开展了广泛的国际合作和交流。例如，王祥荣等（1997—2000）研究了上海市的生态规划与建设途径，提出“一流的城市应有一流的生态环境”；上海建设生态城市的战略目标应该是搞好城市合理布局，完善城市基础设施，改善环境质量，促进经济、社会与生态环境协调的可持续发展，建设“天更蓝、气更净、水更清、地更绿、居更佳”的国际性生态城市。2016 年，住房和城乡建设部发布《生态城市规划技术导则（征求意见稿）》，主要包括基础调研、规划目标、绿色空间、绿色设施、绿色人文、规划实施等主要部分。

8.5　城市生态环境保护

8.5.1　城市生态环境保护的途径与方法

8.5.1.1　科学地确定城市发展的性质和规模

城市的性质和规模往往可以影响城市环境质量的好坏，而有目的地确定城市性质和规模，是改善城市环境的主要手段。城市的性质是指一个城市在一定区域范围内的政治、文化、经济生活中所担负的功能和作用。城市性质主要是由城市的自身环境条件和国家及所影响区域的发展要求、历史条件和资源状况等客观条件决定的。城市的性质不同，发展的方向就不同，对环境产生的影响也不同，要求的环境质量也不同。因此，城市的性质是决定环境质量的重要因素。城市规模包括城市的人口规模与用地规模。由于用地规模受制于人口规模，所以通常以人口规模表示城市规模。城市过大，人口聚集，工业集中，交通繁忙，环境污染严重。但是，小城市环境污染虽然较轻，因城市不能形成较为完善和坚固的经济技术体系，而经济效益较差。所以，一般人口规模在 5 万人以下的城市，自然生态环境优美，但城市经济效益较差。随着人口规模的增长，城市聚集经济效益呈上升趋势；当城市人口达到 20 万～30 万人时，城市的某些生态环境问题开始出现，但城市所提供的交通、电力、通信、教育、文化、医疗条件较完善配套，聚集经济效益有明显提高；当人口规模超过 100 万时，虽然城市聚集经济效益仍有提高趋势，但城市的生态环境和资源、能源问题日益加剧，聚集生态环境效益呈下降趋势，从而使城市聚集的经济效益受到影响；当城市人口超过 500 万后，虽然一些城市的聚集经济效益仍很高，但城市的环境污染和资源短缺、交通拥挤、住房紧张等城市问题十分严重，聚集生态环境效益急剧下降，反过来制约了城市聚集经济效益的提高。

控制城市规模就是调节城市的发展，使之与城市生态承载力相适应。城市生态承载力指在某一时空条件下，城市生态系统能承受的人类活动的阈值，包括土地资源、水资源、矿产资源、大气环境、水环境、土壤环境以及人口、交通、能源、经济等各个系统的生态阈值。在城市发展过程中，要研究和掌握各时期各系统的承载能力，以协调或控制人口规模和经济发展水平以及资源消耗量，不超出生态承载力。

当前，在新的国土空间规划体系下，城市的全域空间管控单元应作为充分落实国土空间总体规划的管控要求与治理策略的空间载体。要坚持生态优先、绿色发展理念，在资源环境承载能力和国土空间开发适宜性评价的基础上，科学有序地统筹布局生态、农业、城镇等功能空间，划定生态保护红线、永久基本农田、城镇开发边界等空间管控边界，强化底线约束，为可持续发展预留空间。

8.5.1.2 合理进行城市规划和布局

城市规划是城市协调发展的总体框架。合理的规划及准确的实施，可使城市生态系统及各子系统之间达到高度有序化，实现经济效益、社会效益和环境效益最佳状态。当然它也是城市环境保护的最有力措施。合理进行城市规划和布局一般包括以下内容：

（1）城市经济结构的协调

城市的经济结构影响着城市生态系统的物质流、能量流。在经济总体目标不变条件下，不同的经济结构排出的污染物和资源消耗有很大差别。所以，在确定城市规模和性质之后，城市规模的首要工作就是协调城市的经济结构，即调整城市生态系统的物质流与能量流，使之达到良性运行状态，城市经济结构的调整又涉及对产业结构、能源结构的调整。

城市产业结构是城市经济结构的主要组成部分，它可体现一个城市的性质和发展水平。城市经济结构中第一、第二产业是基础产业，但资源与能量消耗大，对城市环境的负面影响大。第三产业能容纳较多的劳动人口，消耗少，污染轻。一般在城市发展的初级阶段，以发展第一、第二产业为主，而在城市发展规模较大时或在某些中心城市中，第三产业的发展逐渐加重。我们可以通过优化组合的方法，调整城市的产业结构，尽量配置那些资源消耗少，排污量小，符合城市功能性质要求，经济效益和环境效益皆佳的产业结构。能源结构系指城市能源消耗中，不同类型的能源所占的比例。在技术经济允许范围内，尽量选择清洁能源，这对改善城市的大气环境质量极为重要。

（2）合理划分城市功能区

城市的总体布局除受城市性质、规模及经济结构影响外，还受城市的地形、气象等自然条件的制约。由于城市是由若干分散系统组成的综合体，在布局时，一般将城市按功能性质和环境条件划分为布局合理、相互联系的若干个小区，如居民住宅区、商业区、工业区、仓储区、车站（港口）区以及行政中心区等。各功能区对环境质量的需求以及对环境的影响不同，因此，在规划布局时应给予充分考虑，如居住区要求环境舒适、优美、宁静，但是居民生活又必然排出大量的生活垃圾、冲洗污水、烟尘废气以及医院传染性废弃物；而工业区要求大量资源与能源的供给，不同工业对大气、水质都有不同要求，排出的废弃物量大，种类繁多。在城市建设中应做到按功能分区发展，互不干扰而又相互配合，构成一个有机整体。

（3）合理调整城市工业布局

工业是城市经济活动的主要部门。各种工业对环境和资源的要求不同，排放的污染物成分和数量就不同，对城市布局的要求也不同。按对环境的影响程度，工业部门可分为隔离工业、严重污染工业、污染工业、一般工业等。隔离工业指具有放射性及剧毒工业部门，这类工业污染危险性极大，一般布置在边远的独立地段上；严重污染工业如化学工业、有色冶金、钢铁工业等工业部门，一般应布置在城市边缘地区；污染工业如机械工业、日用化工、塑料制品等有一定污染物排出的工业部门，可集中几个企业组织成工业小区或独立地段；一般工业指手工业、服装加工业、文教美术业等用地不多、污染较轻、运输量不大的工业部门，可分散布置在生活用地的独立地段上。

（4）合理利用土地，保持适宜密度

适宜密度主要指城市人口密度、居住密度、经济密度在适当的范围内，它们对城市经济发展和城市生态环境都有很大影响。城市人口密度大，必然引起对城市资源的过度需求和开发，当需求量大于生态阈值，城市生态环境急剧恶化，并加大了城市生态系统的还原再生负荷。居住密度对城市生态系统的影响也是多方面的。人的生活和工作都需要一定空间，才能活得安逸，这可能是“种群密度是导致种内竞争的根源”的生态规律所起的作用。经济密度通常以每平方公里的国内生产总值或工厂数来表示。在一定技术经济水平下，经济密度与环境污染密切相关。通过技术提高和清洁工艺的实施以及产业结构的调整，使同一经济密度状况下，污染物的排出量大幅下降。这是城市环境保护工作的长久目标。

总之，合理进行城市规划与布局，实质是城市人工生态系统的优化设计与建设实施问题。城市是一个多因素、多层次、多功能的系统，要建设一个环境优美，各系统之间高度有序化的城市生态环境，就要根据城市的规模、性质和功能，结合城市环境条件，提出城市的产业结构调整和工业布局的调整方案，形成与城市生态环境相适应的最佳结构。

8.5.1.3　积极建设城市环境基础设施

每个城市都必须为生产和生活提供一些公用和共享的基础设施，如给水排水、道路运输、供水、通信、环境卫生、防灾防疫、文化教育等设施，它是城市生态系统赖以生存和发展的基本条件。城市环境基础设施主要包括：城市集中供热与联片供热系统，城市给排水管网与水处理设施，城市交通道路系统，城市环卫与防疫系统，城市绿化系统等。城市环境基础设施应随城市的发展而加强，完善城市环境基础设施旨在提高城市生态承载能力，加大再生循环的生态还原能力。

8.5.1.4　加强城市生态基础设施建设

生态基础设施（ecological Infrastructure）是维护城市土地安全和生态健康的关键性空间格局，是城市提供持续性生态服务的基本保障；主要包括整体山水格局的连续性、乡土生境系统、湿地系统、绿地系统和绿道系统等。其中，城市绿地系统与海绵城市建设对改善城市生态环境有极其重要的作用，在此加以简要阐释。

（1）城市绿地系统的功能

- 调节城市气候：城市园林绿地对改善城市小气候有明显的作用。由于植物对太阳辐射有较高的反射与吸收能力，它可以通过叶面大量蒸发水分，带走热量，因而能提高绿地周围的湿度并产生微风。在夏季，当绿地把清凉的微风，带着新鲜的空气吹向燥热的城市建筑，很大程度上改善了城市热岛效应。
- 维持城市氧碳平衡：城市居民呼吸和燃料燃烧消耗大量 O_2，排出 CO_2。在有风时，大气的流动可以调节城市中 CO_2，但气体交换不充分时，势必造成城市局部地区 O_2 不足，CO_2 积累过多，危害人体健康。自然界的绿色植物的光合作用吸收 CO_2，放出 O_2，而且植物的正常光合作用放出的氧比其进行呼吸作用所吸入的氧大 20 倍左右，从而使大气中的 O_2 得以补充，保持城市的氧碳平衡。
- 净化空气、监测环境污染：植物有吸收、阻滞、过滤灰尘作用，并能吸收 SO_2、

NO_x、HF、含铅化合物等多种有毒物质，但当大气浓度超过植物生长阈值时，植物将受到损害，发生病变。某些植物对某种有毒气体特别敏感，如烟草对过氧化物和臭氧很敏感，首先表现在叶子表面产生黄褐色细密斑点，据此可以监测城市光化学烟雾。

❖ 防沙、固土、保水和减弱城市噪声。

（2）城市绿地系统的建设与布局

❖ 城市绿地指标与布局：城市绿地指标主要指城市绿化覆盖率和城市公共绿地指标两个方面。城市绿化覆盖率是城市绿化覆盖面积占城市总用地面积的百分比。一般城市绿化覆盖率应达到30%～50%；城市公共绿地指标，即平均每个城市居民所占有公共绿地面积。城市绿地系统布置要求“点、线、面”相结合：“点”指城市中的小块绿地，包括小型公园、风景点、街心花园等；“线”是指城市街道绿化，林荫道、通风林带、防护林带等线状绿化；“面”则泛指城市中存在的较大面积的绿地，包括城市中工厂、机关的专用绿地和大型公园、风景游览绿地。城市绿地系统应把各种绿地联结组成一个相互联系、有机结合的完整体系。我国目前普遍存在着城市绿化系统与城市发展不相适应，城市绿地覆盖率低，人均公共绿地少，绿地被侵占、蚕食现象时有发生以及城市绿化系统单调，缺乏乔、灌、草多层次的合理配置等问题。由于绿化系统的上述缺陷，已影响到城市的水循环和碳氧循环，加重了某些城市的水土流失和沙化威胁。

❖ 卫生防护绿（林）带：为了避免烟尘、噪声等污染源对城市居民生活环境的影响，在污染源与居民区之间需设置卫生防护绿带。根据污染源的特点和大小，我国有关部门制定了工业卫生防护距离标准，规定了针对不同污染企业的五级卫生防护绿带宽度为：一级 1 000 m，二级 500 m，三级 300 m，四级 100 m，五级 50 m，穿越城市的铁路应设 50 m 以上防护绿带。为了防止风沙对城市的干扰，在城市郊区或城区边缘可设置几条宽 10～30 m 的防风（沙）林带。

（3）海绵城市的概念与功能

海绵城市是新一代城市雨洪管理概念，是指城市能够像海绵一样，在适应环境变化和应对雨水带来的自然灾害等方面具有良好的弹性，也可称为“水弹性城市”。天然下垫面本身就是一个巨大的自然海绵体，下雨时吸水、蓄水、渗水、净水，需要时将蓄存的水释放并加以利用，实现雨水在城市中自由迁移。

随着城市化的快速发展，城市下垫面过度硬化改变了原有的自然生态本底和水文特征，切断了水的自然循环过程，加大了降雨径流量和汇流峰值。我国许多大城市在近年来遭受暴雨袭击后发生了严重的暴雨积涝，造成城市基本机能的瘫痪和市民生活的极大不便，引起政府、媒体与公众的普遍关注。

海绵城市建设是通过加强城市规划建设管理，充分发挥建筑、道路和绿地、水系等生态系统对雨水的吸纳、蓄渗和缓释作用，有效控制雨水径流，实现自然积存、自然渗透、自然净化的城市发展方式。充分发挥山水林田湖草沙等原始地形地貌对降雨的积存作用，充分发挥植被、土壤等自然下垫面对雨水的渗透作用，充分发挥湿地、水体等对水质的自然净化作用，努力实现城市水体的自然循环。

（4）我国海绵城市建设的理念

针对我国传统城市排水只重视“末端治理”而忽略源头减排的作用，重地上、轻地下，以及系统碎片化等普遍问题，“源头减排、过程控制、系统治理”正逐渐成为我国海绵城市建设的共识。

- ❖ 源头减排。源头减排要求最大限度地减少或切碎硬化面积，充分利用自然下垫面的滞渗作用，减少或减缓地表径流的产生，实现涵养生态环境、积存水资源、净化初雨污染的过程。从降雨产汇流形成的源头，改变过去简单的快排、直排做法，通过竖向控制、微地形设计、园林景观等非传统水工技术措施控制地表径流，发挥下垫面“渗、滞、蓄、净、用、排”的耦合效应。当场地下垫面对雨水径流达到一定的饱和程度（海绵吸附饱和后）或设计要求后，使其自然溢流排放至城市的市政排水系统中，以此维系和修复自然水循环，实现雨水径流及面源污染源头减排的控制要求。
- ❖ 过程控制。通过优化绿、灰设施系统设计与运行管控，对雨水径流汇集进行控制与调节，延缓或者降低径流峰值，避免雨水产汇流同步泄流，使灰色设施系统的效能最优、最大化。利用绿色设施渗、滞、蓄对雨水产汇流的滞峰、错峰、消峰的综合作用，减缓雨水共排效应，使从不同区域汇集到城市排水管网中的径流雨水不同步集中泄流，而是有先有后地汇流到排水系统中，从而降低排水系统的收排压力。
- ❖ 系统治理。从生态系统、水系统、设施系统、管控系统等多维度去解决系统碎片化的问题：从生态系统的完整性来考虑，避免生态系统的碎片化，充分发挥山水林田湖草沙等自然地理下垫面对降雨径流的积存、渗透、净化作用；建立完整的水系统观，充分考虑水体的岸上岸下、上下游、左右岸水环境治理和维护的联动效应；以水环境目标为导向，建立完整的污染治理设施系统，构建从产汇流源头及污染物排口，到管网、处理厂（站）、受纳水体“源-网-厂-河”的完整系统；对城市雨洪管理也要构建从源头减排设施、市政排水管渠到排涝除险系统，并与城市外洪防治系统有机衔接的完整体系。

8.5.1.5　加强城市环境管理

良好的管理是解决城市环境问题的重要措施，城市环境管理是按照城市生态系统调控原则，用法律、经济、技术、行政和教育等手段，调查城市中人类的社会、经济行为与环境的关系，改善城市生态系统结构，形成与城市性质、功能相适应的最佳结构，以建成整洁、优美、方便的城市生活和工作环境。经过长期探索，中国实施了一整套城市环境综合整治对策，即在统一规划下，组织、协调各行业从各方面采取多种综合措施，依靠科技进步，减少工业污染，防治城市大气、水体、噪声和固体废物等污染，改善城市生态环境。

8.5.1.6　建设生态城市，走可持续发展道路

综上所述，建设生态城市是指依照生态学规律，综合研究城市生态系统中，人与生存环境的关系，应用生态工程、环境工程、系统工程等多种工程手段，协调与控制现代城市

中社会经济发展与资源、环境和人类行为间的关系，保护与合理利用一切自然资源的再生和综合利用水平，提高人类对城市生态系统的自我调节、修复、维护和可持续发展的能力，把城市建设成为人、自然、环境融为一体、互惠共生，生态系统中物质、能量、信息资源高效利用、生态良性循环的一种理想生境。

8.5.2 以人为核心的新型城镇化

自 20 世纪 90 年代中期以来，中国的城镇化率年均提高超过 1%，发展速度为世界各国所罕见，对我国的社会经济发展起到了巨大的拉动作用。但与此同时，我国的城市生态危机也同步加剧。城市群和特大城市的环境污染和生态破坏所呈现的复合式叠加态势，已导致城市的生态承载力普遍严重超越安全阈值，城市发展面临“生存”压力与“健康”危机的双重胁迫。党的十八届三中全会对完善城镇化健康发展机制作了进一步规划，提出要坚持走中国特色新型城镇化道路，推进以人为核心的城镇化，推动大中小城市和小城镇协调发展、产业和城镇融合发展，促进城镇化和新农村建设协调推进。《中华人民共和国国民经济和社会发展第十四个五年规划和 2035 年远景目标纲要》又进一步提出要“完善新型城镇化战略　提升城镇化发展质量”。

在此前提下，有必要深刻分析中国特色城镇化发展的“特色”所在，其主要包括：人均资源和能源匮乏；地域气候、地质条件的差异和资源分布不均；城镇化的生态环境压力巨大；粗放式的增长模式尚未得到根本改变。面对我国资源约束趋紧、环境污染严重、生态系统退化的严峻形势，必须站在走中国特色社会主义道路和确保中华民族永续发展的高度，增强生态危机意识；必须站在维护国家生态安全和保障社会健康发展的高度，强化全民族的生态危机意识，迅速扭转忽视生态制约和环境容量的错误倾向，将环境友好和资源节约作为城镇化发展基本准则，将生态文明理念贯穿于城镇化发展全过程。

1）中国特色新型城镇化是“质量明显提高”和“以人为核心”的城镇化。这是党的十八大提出的“全面建成小康社会和全面深化改革开放的目标”之一，也是“十四五”规划和 2035 年远景目标纲要的重要内容。面对城镇化发展的失序及所面临的生存与健康危机，需要清醒认识到我国城镇化进程在资源环境领域所存在的多种“症结”，要明确新型城镇化不再是简单的人口比例增加和城市面积扩张，更重要的是实现产业结构、就业方式、人居环境、社会保障等一系列由“乡”到“城”的重要转变。环境友好、资源节约是新型城镇化道路的两个基本准则。

2）中国特色新型城镇化是体现生态文明理念的城镇化，生态文明应该是贯穿于新型城镇化发展各方面的总体理念和纲领，对推进城镇化提出了新的要求。不仅在城镇化的空间分布上要体现生态文明要求，符合国土开发的总体功能定位，而且在城镇化建设的各项工作中都要体现节能节地、生态环保的要求，走可持续发展之路，不断提高生态文明水平。

3）中国特色新型城镇化是空间均衡的城镇化。要发展壮大城市群和都市圈，分类引导大中小城市发展方向和建设重点，形成疏密有致、分工协作、功能完善的城镇化空间格局。2022 年 5 月，中共中央办公厅、国务院办公厅印发了《关于推进以县城为重要载体的城镇化建设的意见》，进一步提出要顺应县城人口流动变化趋势，立足资源环境承载能力、区位条件、产业基础、功能定位，推进县城的公共资源配置与常住人口规模基本匹配，特色优势产业发展壮大，市政设施基本完备，公共服务全面提升，人居环境有效改善，综合承载能力明显增强，农民到县城就业安家规模不断扩大，县城居民生活品质明显改善。

党的二十大报告进一步提出，“推进以人为核心的新型城镇化，加快农业转移人口市民化。以城市群、都市圈为依托构建大中小城市协调发展格局，推进以县城为重要载体的城镇化建设”。总之，符合中国特色的新型城镇化道路，应坚持“尊重自然、顺应自然、保护自然”的思想理念，深入推进以人为核心的新型城镇化战略，以城市群、都市圈为依托促进大中小城市和小城镇协调联动、特色化发展，建设宜居、韧性、创新、智慧、绿色、人文城市，提高城市治理科学化、精细化、智能化水平，推进城市治理体系和治理能力现代化，使更多人民群众享有更高品质的城市生活。

复习思考题

1. 简述城镇化的定义及其基本特点。
2. 简述全球城镇化进程及中国城镇化发展的特点。
3. 城市生态系统与自然生态系统有何异同点?
4. 简述城市气候的形成原因及其特征。
5. 城市及城市化对水文过程的影响，其原因是什么?
6. 城市存在的主要环境问题有哪些?
7. 简述“城市综合征”的表现及原因。
8. 简述生态城市的内涵以及城市生态系统的结构与功能。
9. 什么是以人为核心的新型城镇化战略?

参考文献与推荐阅读文献

[1] 黄光宇．中国生态城市规划与建设进展．城市环境与城市生态，2001（6）：6.

[2] 黄肇义，杨东援．国内外生态城市理论研究综述．城市规划，2005，25（1）：59-66.

[3] 武力．1978—2000 年中国城市化进程研究．中国经济史研究，2002（3）：73-82.

[4] 王如松，欧阳志云．天城合一：山水城建设的人类生态学原理．现代城市研究，1996（1）：13-17.

[5] 王如松．转型期城市生态学前沿研究进展．生态学报，2000，20（5）：830.

[6] 王如松．城市人居环境规划方法的生态转型．城市环境与城市生态，2001（6）：1.

[7] 武建虎．城市化发展引起的城市水文问题探讨．山西水利科技，2005，158（4）：39-40.

[8] 叶嘉安，徐江，易虹．中国城市化的第四波．城市规划，2006（增刊）：13-18.

[9] 袁天佑，褚小军，冀建华，等．城市化过程中的水文问题．安徽农业科学，2013，41（15）：6844-6847.

[10] 朱文明．中国城镇化进程与发展模式．国土资源科技管理，2003（2）：17-20.

[11] 张学真．城市化对水文生态系统的影响及对策研究．西安：长安大学，2005.

[12] Quan J.，Zhang Q.，He H.，et al. Analysis of the formation of fog and haze in North China Plain（NCP），Atmos. CHem. Phys. Discuss.，2011，11，11911-11937.

[13] Register R.. Ecocity Berkeley：building cities for a healthy future. North Atlantic Books，1987.

[14] ［西］鲁亚诺（Ruano M.）. 生态城市：60个优秀案例研究（城市·景观·建筑设计解析丛书）. 吕晓惠，译. 北京：中国电力出版社，2007.

[15] 陈颐. 中国城市和城市现代化. 南京：南京出版社，1998.

[16] 顾朝林. 经济全球化与中国城市发展. 北京：商务印书馆，2000.

[17] 何强，井文涌，王翊亭. 环境学导论. 北京：清华大学出版社，1994.

[18] 姜云，王连云，苗日民. 城市生态与城市环境. 哈尔滨：东北林业大学出版社，2005.

[19] 刘培桐，等. 环境科学导论. 北京：中国环境科学出版社，1991.

[20] 刘天齐，刘培哲. 环境管理. 北京：中国环境科学出版社，1991.

[21] 蒙世军. 城镇化与民族经济繁荣. 北京：中央民族大学出版社，1998.

[22] 马传栋. 城市生态经济学. 北京：经济日报出版社，1989.

[23] 牛凤瑞，潘家华，刘治彦. 中国城市发展三十年. 北京：社会科学文献出版社，2009.

[24] 秦润新. 农村城镇化理论与实践. 北京：中国经济出版社，2000.

[25] 曲向荣. 环境生态学. 北京：清华大学出版社，2012.

[26] 宋家泰，崔功豪，张同海. 城市总体规划. 北京：商务印书馆，1985.

[27] 同济大学. 城市环境保护. 北京：建筑工业出版社，1982.

[28] 王茂林. 新中国城市经济50年. 北京：经济管理出版社，2000.

[29] 王如松. 高效、和谐、城市生态调控原则与方法. 长沙：湖南教育出版社，1988.

[30] 王祥荣. 生态与环境——城市可持续发展与生态环境调控新论. 南京：东南大学出版社，2000.

[31] 王祥荣. 城市生态学. 上海：复旦大学出版社，2011.

[32] 谢文蕙. 城市经济学. 北京：清华大学出版社，1996.

[33] 叶裕民. 中国城市化之路：经济支持与制度创新. 北京：商务印书馆，2001.

[34] 于志熙. 城市生态保护. 北京：林业出版社，1992.

[35] 中国社会科学院研究生院城乡建设经济系. 城市经济学. 北京：经济科学出版社. 1998.

[36] 张鼎华. 城市林业. 北京：中国环境科学出版社，2001.

[37] 俞孔坚，李迪华，刘海龙. “反规划”途径. 北京：中国建筑工业出版社，2005.

[38] 唐孝炎，王如松，宋豫秦. 我国典型城市生态问题的现状与对策. 国土资源. 2005，5.

[39] 邹德慈. 对中国城镇化问题的几点认识. 城市规划汇刊，2004（3）：3-5.

[40] 李浩，王婷琳. 新中国城镇化发展的历史分期问题研究. 城市规划学刊，2012（6）：4-13.

[41] 白南生. 关于中国的城市化. 中国城市经济，2003（4）：7-13.

[42] 陈锋. 改革开放30年我国城镇化进程和城市发展的历史回顾和展望. 规划师，2009（1）：10-12.

[43] ［美］理查德·瑞吉斯特. 生态城市——重建与自然平衡的城市（国际环境译丛）. 王如松，于占杰，译. 北京：中国环境科学出版社，2010.

[44] United Nations Department of Economic and Social Affairs（联合国经济与社会事务署）. 世界城市展望，2011. http://esa.un.org/unup/.

[45] 余谋昌. 生态文明论（生态文明丛书）. 北京：中央编译出版社，2010.

[46] 俞孔坚. 景观：文化、生态与感知. 北京：科学出版社，1998.

[47] 陈明星，叶超，陆大道，等. 中国特色新型城镇化理论内涵的认知与建构. 地理学报，2019，74（4）：

633-647.

[48] 国务院办公厅．关于推进海绵城市建设指导意见（国办发〔2015〕75 号）[A/OL]．(2015-10-11)[2022-10-10]．http://www.gov.cn/zhengce/content/2015-10/16/content_10228.htm.

[49] 章林伟．中国海绵城市的定位、概念与策略——回顾与解读国办发〔2015〕75 号文件．给水排水，2021，47（10）：1-8.

[50] United Nations Department of Economic and Social Affairs. The World's Cities in 2018—Data Booklet，2018. https://population.un.org/wup/Publications/.

[51] 王文兴，柴发合，任阵海，等．新中国成立 70 年来我国大气污染防治历程、成就与经验．环境科学研究，2019，32（10）：1621-1635.

[52] 蒋云飞．城市生活垃圾源头减量的制度困境及其破解．中南林业科技大学学报（社会科学版），2022（2）：70-78.

第 9 章　全球环境问题

20 世纪 50 年代以来，人类活动规模与范围空前扩大，地区生态环境问题迅速发展为全球性环境问题。这些问题的复杂性、长期性、高风险性远非一般的区域性环境问题所能比拟，因此亟须世界各国协力合作，共同解决。当前，随着全球经济社会的发展和技术的迭代更新，人类面临的全球环境问题也随之发生变化。有些全球环境问题在人类过去数十年的通力合作下得到了部分缓解，如臭氧层损耗、酸雨蔓延等；有些全球环境问题不仅没有得到解决，反而有进一步加剧的趋势，如气候变化、生物多样性丧失、海洋污染等，亟须强化国际社会的环境保护责任以及提出协作解决全球环境问题的对策。

9.1　概述

环境问题在地域上的扩展以及由此引起的各种污染的交叉复合，使得环境问题不仅在量上，而且在质上发生了变化，这种变化正危及整个地球系统的平衡。我们所熟知的温室效应、臭氧层破坏、生物多样性减少和酸雨蔓延等问题正是这种影响的表现。这说明环境问题已经在很大尺度上，即整个地球的尺度上发生了，而这些问题如不能从根本上得到解决，很可能使人类文明面临灭顶之灾。简言之，环境问题已经危及全人类的生存和发展。解决全球环境问题必须依靠人类整体的觉醒，以及在这种认识下全人类的联合行动。

9.1.1　全球环境问题产生原因

环境问题产生的原因包括两个基本方面：一是自然环境的破坏；二是环境污染。虽然每一具体的环境问题都有其各自的人为原因，但从整体来看，人口压力、资源不合理利用及不合理的国际经济秩序等是全球环境问题产生的主要原因。综合而言，全球环境问题产生的主要原因有以下几个方面：

第一，人口压力。庞大的人口基数和较高的人口自然增长率，对全球特别是一些发展中国家形成较大的人口压力。人口持续增长，物质资料的消耗和污染物的排放随之增多，最终会超过环境供给资源和净化废弃物的能力，进而出现种种资源和环境问题。

第二，资源的不合理利用。一方面，对可再生资源的开发速度超过了资源本身及其代替品的补给再生速度，对不可再生资源的开发加速了其耗竭的速度；另一方面，由于生态意识淡薄，长期采用有害于环境的生产方法，把无污染技术和环境资源的管理置之度外，结果导致环境问题。

第三，片面追求经济增长。传统的发展模式关注的只是经济领域的活动，其目标是产值和利润的增长，物质财富的增加。人类采取了以损害环境为代价来换取经济增长的发展模式，其结果是在全球范围内相继造成严重的环境污染和生态破坏。

第四，不公正的国际经济社会旧秩序。第二次世界大战之后，国际政治格局有了很大的变化。但旧的、不平等的经济秩序仍然主宰着国际经济关系。其对环境的影响主要表现为南北之间不平等、不合理的资源和污染转移。发展中国家从殖民地时代遗留下来的原材料出口国的地位尚未根本改变。发展中国家向发达国家出口的产品主要是木材、矿产、粮食等初级产品，其生产是以大量消耗或破坏本国的自然生态环境为代价的。从发达国家出口到发展中国家的产品主要是工业品，而在这些工业品的价格中包含了输出国控制工业污染的代价。在这种贸易中，发展中国家的损失不仅包含经济上的损失，还包含环境上的损失。而对发达国家来说，既以高价输出了产品，又转移了控制工业污染的代价。

9.1.2　全球环境问题主要类型

当前，人类所面临的全球环境问题很多，归纳起来主要包括全球气候变暖、臭氧层的耗损与破坏、生物多样性减少、酸雨蔓延、土地荒漠化、大气污染、水污染、海洋污染、固体废物越境转移等十大问题。经过多年的发展和治理努力，这些问题有的已经得到缓解或部分解决，有的却变得更加严重，给人类经济社会的可持续发展带来了严峻挑战。本节选取臭氧层损耗与破坏、酸雨蔓延、森林减少、土地荒漠化等几个得到部分缓解的典型全球环境问题做简单介绍。气候变化、生物多样性减少、海洋污染、固体废物跨境转移等问题则在后面专节介绍。

9.1.2.1　臭氧层耗损与破坏

臭氧层被誉为地球上生物生存繁衍的保护伞，它可以阻挡来自太阳和宇宙的短波紫外线，保护地球生态和人类健康。自然界中的 O_3，大多分布在距地面 20～50 km 的大气中，我们称为臭氧层。臭氧层中的臭氧主要是紫外线制造出来的。太阳光线中的紫外线分为长波和短波两种，当大气中的氧气分子受到短波紫外线照射时，氧分子会分解成原子状态。氧原子的不稳定性极强，易与其他物质发生反应。如与 H_2 反应生成 H_2O，与 C 反应生成 CO_2。同样地，与 O_2 反应时，就形成了 O_3。臭氧形成后，由于其比重大于氧气，会逐渐地向臭氧层的底层聚集，在聚集过程中随着温度的变化（上升），臭氧不稳定性越趋明显，再受到长波紫外线的照射，再度还原为氧气。臭氧层一直保持着这种 O_2 与 O_3 相互转换的动态平衡。然而，20 世纪 70 年代中期，美国科学家发现南极洲上空的臭氧层有变薄现象。20 世纪 80 年代观测发现，自每年 9 月下旬开始，南极洲上空的 O_3 总量迅速减少一半左右，极地上空臭氧层中心地带近 90% O_3 被破坏，若从地面向上观测，高空臭氧层已极其稀薄，与周围相比像是形成了一个直径上千千米的洞，称为“臭氧洞”。此后科学家发现，不仅极地上空的臭氧层破坏面积在变大，就连欧洲、北美甚至西伯利亚上空的臭氧层厚度也显著下降。臭氧层破坏的后果是很严重的，如果平流层的 O_3 总量减少 1%，预计到达地面的有害紫外线将增加 2%。有害紫外线的增加会产生以下一些危害：一是损害人的免疫力，增加传染病的发病率；二是破坏生态系统；三是引起新的环境问题。

南极臭氧空洞一经发现就立刻引起了科学界和整个国际社会的高度重视。越来越多的科学证据表明，人工合成的含氯和含溴化合物是破坏臭氧层的元凶。在这些化合物中，最典型的就是氟利昂（CFCs）和哈龙（Halons）。在寻找出臭氧层破坏的主要原因之后，国际社会开展了一系列的行动以减缓臭氧层的损耗。1985 年，也就是南极臭氧洞被发现的当年，同时也是 1995 年诺贝尔化学奖获得者 Molina 和 Rowland 提出氯原子损耗臭氧层机制后的第 11 年，由联合国环境规划署发起制定了第一部保护臭氧层的国际公约——《维也纳公约》，并规定于 1988 年 9 月 22 日生效。该公约首次在全球建立了共同控制臭氧层破坏的一系列方针。1987 年 9 月 16 日，联合国环境规划署在加拿大蒙特利尔召开国际臭氧层保护大会，通过了《关于消耗臭氧层物质的蒙特利尔议定书》（以下简称《蒙特利尔议定书》），该议定书对控制全球破坏臭氧层物质的排放量和使用提出了具体要求，规定了受控制的臭氧层损耗物质的种类和淘汰时间表。为了进一步控制臭氧层损耗和加快消耗臭氧层物质（ODS）淘汰，1990 年和 1992 年分别通过了《蒙特利尔议定书》的伦敦修正案和哥本哈根修正案，将受控物质的种类大大扩充。此后又在 1997 年、1999 年和 2016 年分别通过了《蒙特利尔修正案》《北京修正案》和《基加利修正案》。科学家发现大部分 ODS 同时也是高全球温室效应潜能（GWP）的温室气体后，2007 年 9 月，也就是《蒙特利尔议定书》制定 20 周年之际，各缔约方将 ODS 的淘汰时间又进行了大幅提前。30 多年来，通过该议定书各缔约方的共同努力，全球已将臭氧损耗化学品的生产和消耗量大幅减少。由世界气象组织、联合国环境规划署等机构新近发布的《2018 年臭氧层消耗科学评估报告》显示，臭氧层正在愈合。全球各地包括极地地区的臭氧层有望最晚在 21 世纪中叶成功恢复。臭氧层的恢复是人类社会共同努力解决全球环境问题的一个典范。

9.1.2.2 酸雨蔓延

酸雨通常指 pH 低于 5.6 的降水，现在泛指酸性物质以湿沉降或干沉降的形式从大气转移到地面上。酸雨危害表现为：可以直接使大片森林死亡，农作物枯萎；也会抑制土壤中有机物的分解和氮的固定，淋洗与土壤离子结合的钙、镁、钾等营养元素，使土壤贫瘠化；还可使湖泊，河流酸化，并溶解土壤和水体底泥中的重金属进入水中，毒害鱼类；加速建筑物和文物古迹的腐蚀和风化过程；可能危及人体健康。酸雨中绝大部分是硫酸和硝酸，主要来源于人类大量燃烧化石燃料排放的 SO_2 和 NO_x。

20 世纪 60 年代以来，随着世界经济的发展和煤炭等化石燃料消耗量的逐步增加，矿物燃料燃烧中排放的 SO_2、NO_x 等大气污染物总量也不断增加，酸雨分布有扩大的趋势。欧洲和北美洲东部是世界上最早发生酸雨的地区，并主要分布在污染源集中的城市地区，但随着产业转移及亚洲经济的发展，亚洲发展中国家有后来居上的趋势。酸雨的危害可以发生在其排放地 500～2 000 km，酸雨的长距离传输也使酸雨污染发展成为区域环境问题和跨国污染问题。首先出现酸雨问题的欧洲和北美早已采取了防止酸雨跨界污染的国际行动，并且随着其大气环境质量的改善已经基本解决了酸雨跨界污染问题。随着我国大气环境质量的快速改善，东亚地区的酸雨问题也逐步得到缓解。未来印度及东南亚等燃煤量较大的经济体将逐渐成为酸雨蔓延的受害者。

9.1.2.3 全球森林减少

森林是由树木为主体所组成的地表生物群落。它具有丰富的物种、复杂的结构、多种多样的功能。森林与所在空间的非生物环境有机地结合在一起，构成完整的生态系统。森林是地球上最大的陆地生态系统，是全球生物圈中重要的一环。它对维系整个地球的生态平衡起着至关重要的作用，是人类赖以生存和发展的资源和环境。但从全球来看，森林植被快速减少仍然是许多发展中国家所面临的严重问题，所导致的一系列环境恶果引起了人们的高度关注。

森林植被减少的主要原因包括砍伐林木、开垦林地、采集薪材、大规模放牧、空气污染等。一是砍伐林木。温带森林的砍伐历史很长，在工业化过程中，欧洲、北美等地的温带森林有 1/3 被砍伐掉了。二是开垦林地。为了满足人口增长对粮食的需求，发展中国家开垦了大量的林地，特别是农民非法烧荒耕作，刀耕火种，造成了对森林的严重破坏。据估计，热带地区半数以上的森林采伐是烧荒开垦造成的。三是采集薪材。全世界约有一半人口用薪柴作炊事的主要燃料，每年有 1 亿多 m^3 的林木从热带森林中运出用作燃料。随着人口的增长，对薪材的需求量也相应增长，采伐林木的压力越来越大。森林的不断减少，将给人类和社会带来很大的危害：一是加剧气候异常；二是增加 CO_2 排放；三是物种灭绝和生物多样性减少；四是加剧水土侵蚀；五是减少水源涵养，加剧洪涝灾害。特别值得一提的是，最近数十年我国在保护森林方面成效显著。全国森林面积从 1990 年的 1.246 亿 hm^2 增加到 2020 年的 2.2 亿 hm^2；森林覆盖率从 12.98%增加到 23.04%；全国人工林面积达到 12 亿亩①，居世界首位，近 10 年中国为全球贡献了 1/4 的新增森林面积。

9.1.2.4 土地荒漠化

土地荒漠化，简单地说就是指土地退化，也叫“沙漠化”。由于气候变化和人类活动等各种因素所造成的土地退化使土地生物和经济生产潜力减少，甚至基本丧失。荒漠化是当今世界最严重的环境与社会经济问题。联合国环境规划署曾多次系统评估了全球荒漠化状况。全世界陆地面积为 1.49 亿 km^2，占地球总面积的 29%，其中约 1/3（4 800 万 km^2）是干旱、半干旱荒漠地，而且每年以 5 万～7 万 km^2 的速度扩大着。荒漠化已影响到全球 100 余个国家的 9 亿多人口，以后其范围还会增加。在人类当今诸多的环境问题中，荒漠化是最为严重的灾难之一。荒漠化意味着受此威胁的人们将失去最基本的生存基础——有生产能力的土地。《联合国防治荒漠化公约》指出，荒漠化是各种复杂的自然、生物、政治、社会、文化和经济因素相互作用的结果。自然因素主要是指异常的气候条件，特别是严重的干旱条件，由此造成植被退化，风蚀加快，引起荒漠化，全球变暖、酸雨蔓延等全球问题又有可能进一步加剧土地荒漠化问题。人为因素主要指过度放牧、乱砍滥伐、开垦草地并进行连续耕作等，由此造成植被破坏、地表裸露，加快风蚀或雨蚀。就全世界而言，

① 1 hm^2=15 亩。

过度放牧和不适当的旱作农业是干旱和半干旱地区发生荒漠化的主要原因。荒漠化的主要影响是土地生产力的下降和随之而来的农牧业减产，相应带来巨大的经济损失和一系列社会恶果，在极为严重的情况下，甚至会造成大量生态难民。

9.1.3 全球环境问题发展态势

综合国际各主要机构研究成果，全球环境问题发展有以下几个趋势和特征。

9.1.3.1 全球环境总体恶化，环境问题地区及社会分布失衡加剧

尽管世界各国、相关组织和机构、各利益相关者等通过制度、政策、技术、投资、能力建设以及国际合作等在解决上述环境问题方面做出了巨大的努力，取得了一些进步，但是全球环境总体状况改善没有取得期望的结果，全球环境问题依然严重。总体态势是局部地区改善、全球总体恶化，全球环境变化的地理与社会分布失衡加剧。

在经济全球化过程中，少数发达国家和地区随着经济增长、污染产业转移，其环境压力逐渐减弱，但是中国之外的大多数欠发达、发展中和转型国家和地区环境状况没有得到改善，甚至恶化。这是因为全球化对经济要素如劳动、资本以及技术等重新配置的过程，实质上是资源环境要素和环境问题重新配置和分布的过程。发达国家通过全球化，站在世界产品链和产业链的高端从发展中国家和地区吸取能源、食物、工业产品等，其环境改善是建立在牺牲发展中国家和地区环境利益的基础之上，导致全球环境问题的地缘分布不平衡进一步加剧，对穷人和脆弱地区的影响进一步加大。

由于经济发展程度、资源环境禀赋、在目前国际经济秩序中的角色、制度与环境管理政策等的不同，全球各大区域面临和所要优先解决的主要环境问题各有侧重。除了气候变化已经成为影响全球七大区的共同环境问题外，非洲的优先环境问题是土地退化和沙漠化；亚太地区主要是城市空气污染、淡水资源、生态系统退化、废弃物的增加；欧洲主要是不可持续的生产与消费方式所带来的高能耗、高排放等问题；拉丁美洲以及加勒比海地区的主要问题是生物多样性丧失、海洋污染以及气候变化带来的问题等；北美主要是气候变化衍生的问题，包括能源选择、能源效率以及淡水资源等；西亚的主要问题是淡水资源压力、土地退化、海洋生态系统以及城市管理等；两极地区的主要问题是气候变化带来的冰川融化影响、环境中的汞及其他持久性有机污染物以及冻土层融化等。

9.1.3.2 少数全球或区域性环境问题取得积极进展，多数进展缓慢或改善乏力

联合国环境规划署的全球评估结果显示，过去数十年，在国际社会的共同努力下，少数相对简单的全球和区域环境问题解决取得了积极进展，但是多数问题没有得到有效解决或延缓。其中，取得积极进展的全球环境问题主要是臭氧层破坏和酸雨控制。在臭氧层耗损方面，过去的30年，国际团体已将消耗臭氧层物质或化学品的生产减少了95%以上，这是一个令人瞩目的成就；酸雨问题在欧洲和北美地区已经得到基本解决，但在墨西哥、印度和东南亚等国家依然是很大的问题，这表明酸雨已经从一个全球性环境问题演变为典型的区域环境问题。除此之外，国际社会制定了温室气体减排条约，另外还提出了很多方法

来应对其他各种全球和区域环境问题。

然而，大多数全球和区域环境问题仍然没有得到实质解决。在气候变化方面，2011—2020 年，全球平均温度比 1850—1900 年提高了 1.09℃。根据联合国政府间气候变化专门委员会的估计，21 世纪全球温度还将升高 1.8～4℃。全球变暖对全球产生各种影响，包括极地冰川融化，导致海平面上升；影响降雨和大气环流，造成异常气候，形成旱涝灾害；导致陆地和海洋生态系统的变化和破坏；对人体健康和生存造成不利影响等。根据评估，由于气候变暖造成的海平面上升将会对世界上 60%的居住在海岸线附近的人口产生严重后果。

生物多样性丧失依然在持续，生态系统服务功能退化。世界自然基金会最新发布的《地球生命力报告 2022》综合评估，1970—2018 年，受监测的哺乳动物、鸟类、两栖动物、爬行动物和鱼类的种群平均下降的幅度高达 69%；地球上生物多样性最丰富的区域之一——拉丁美洲和加勒比地区——监测范围内的野生动物种群数量平均下降了 94%之多；在所有监测物种种群中，淡水物种种群下降幅度最大，短短几十年平均下降了 83%。该报告还指出，在世界范围内，野生动物种群数量下降的主要因素是栖息地的退化、开发、外来入侵物种、污染、气候变化和疾病。正是这些原因导致了非洲野生动物数量下降了 66%，亚太地区野生动物数量下降了 55%。联合国环境规划署的评估报告对生物多样性丧失提出了预警，认为全球第 6 次物种大规模灭绝正在进行，而这次完全是由人类活动引起的；而且，一旦生物多样性缓慢地丧失达到一定阈值，就会导致突然的锐减，造成不可逆转的影响。同时，外来物种入侵问题及其造成的危害和损失在全球范围内也日益严重。

9.1.3.3　全球环境问题相互交织渗透，与非环境领域的联系日益紧密

首先，全球与区域环境问题相互转化，交相呼应。过去的数十年，一些全球性环境问题转变为区域性问题，如酸雨问题，从过去的全球性问题已经成为典型的区域性问题。也有一些区域性问题逐渐上升为全球性问题，如危险废物特别是电子废物的越境转移。同时，各种全球环境问题之间的关联性不断增强。如全球气候变暖可使极地冰川融化，海平面上升，导致海洋生态系统变化；气候变暖还可能改变动植物生境，影响陆地生态系统及其服务功能；造成极端异常气候，产生旱涝灾害，加剧水资源分配不平衡，影响土地利用等。土地退化、荒漠化与生物多样性保护紧密相关。当前，人类活动所引起的气候变化和生物多样性丧失的双重危机是人类面临的最严峻的挑战，并威胁着我们当代和子孙后代的福祉。事实证明，这两大危机如同一枚硬币的两面，彼此息息相关，要么同时解决两个问题，要么无法解决其中任何一个。总之，环境问题之间的关联和交织增加了问题解决的难度，需要统筹考虑这些问题，制定可持续的政策路径需要在国际和国家水平上同时考虑经济、贸易、能源、农业、工业以及其他部门的综合措施。

9.1.3.4　从现在到 21 世纪中叶是全球环境变化走向的关键时期，全球共同行动刻不容缓

在对全球环境状况综合评估的基础上，《全球环境展望 6》对未来环境状况的发展表达了深切的担忧。报告指出，当前的国际行动无法跟上地球今天面临的环境退化速度。根据现行政策，无法实现任何环境可持续发展目标，也无法实现任何主要的国际达成一致的环

境目标。因此，人类将面临气候变化、生物多样性丧失和环境污染多重全球性危机。要想到 2050 年实现全球环境可持续发展，必须针对环境退化的根源，尽快开展系统性的政策转型变革。能源、粮食和废物这 3 个相互依存的系统及其支持的经济和金融系统的转变，在这一时间框架内也至关重要。总之，在全球化背景下，随着人口和经济增长带来的对环境要素和资源需求和消耗的增长，全球环境变迁，如空气、水、土地、生物多样性等都将面临更大的压力。从现在到 21 世纪中叶，是全球环境变化走向的一个关键时期，挑战前所未有，全球环境问题能否得到改善，取决于利益相关者和决策者等的抉择与刻不容缓的共同行动。

9.2 全球气候变化

全球气候变化问题被认为是威胁世界生态环境、影响人类健康和福利、阻碍全球经济持续发展的最危险的因素之一，位居全球十大环境问题之首。究其原因，气候变化问题不仅是一个全球范围的科学问题和环境问题，而且涉及人类生活、生产、消费的方方面面，是影响包括人类在内的所有物种的生存环境与空间的重大问题。

9.2.1 气候变化的科学基础

9.2.1.1 太阳辐射与地表辐射

太阳辐射是地球上各种形式的运动过程的能量来源。太阳能以电磁波的形式向太空发射，能够到达地球的辐射以 500 nm 为中心的短波为主，并包括一小部分能量较高的紫外光和能量较低的红外光。由于地球距离太阳非常遥远，因此只有极其微小（约 20 亿分之一）的一部分辐射到达地球。这部分辐射折算为太阳常数约为 1 376 W/m^2，而地球截面积约为 1.27 亿 km^2，则每分钟地球接受太阳辐射的热量与燃烧 4 亿 t 煤相当。简言之，太阳短波辐射是地球气候系统的能量来源。

在抵达地球的大气层之前，太阳辐射所经过的路径几乎是真空状态，因此没有什么能量损失。但是进入大气圈后，要经过大气层中各种成分的吸收、反射、散射等作用，综合各种作用之后最后被地表吸收的太阳辐射约占进入大气圈总量的 51%。太阳光达到大气层时，首先是波长小于 100 nm 的高能紫外线被 100 km 高度的氮气（N_2）、氧气（O_2）、氮原子（N）、氧原子（O）吸收。接下来在 50～100 km 高度，波长小于 200 nm 的紫外光被 O_2 部分吸收；继续往下在 25～50 km 高度中，臭氧分子（O_3）成为主要的吸光物质，这部分被吸收的太阳光是对人体和地表生物有极大损害、波长小于 310 nm 的紫外光。因此，O_3 对地球生态系统具有重要的保护作用。

除了上述吸收作用外，太阳光在大气层中还会发生散射和反射作用。当太阳辐射遇到空气分子、尘埃等质点时，会发生散射作用。散射可以改变辐射的方向从而减少到达地表的太阳能量。特别值得一提的是，当天气晴朗空气分子起主要的散射作用时，波长为 470 nm

左右的蓝紫光散射最强，因此天空呈蔚蓝色；当阴天或者空气污染严重时，多种波长的辐射被同时散射，形成各种颜色的长短波混合状态，使天空呈灰白色。大气层中的云层和较大的尘埃也能将太阳辐射的一部分光波反射到宇宙空间，从而减少达到地球的能量。其中云层的发射作用最为显著，且随着云的形状和厚度不同而差别巨大。

地球围绕太阳运行时，一面吸收太阳辐射，一面以它自身的温度向宇宙空间辐射热量。其热量平衡关系为

$$\pi R^2 S_0(1-\alpha) = 4\pi R^2 \sigma T^4 \tag{9.1}$$

$$T = \left[\frac{S_0(1-\alpha)}{4\sigma}\right]^{1/4} \tag{9.2}$$

式中，R——地球半径；

S_0——达到地球大气上界的太阳辐射通量，俗称太阳常数；

α——地球-大气系统对太阳辐射的反射率；

σ——描述黑体对向外辐射能量与温度关系的 Stefan-Boltzmann 定律的常数，其值 $\sigma = 5.67\times10^{-8}\,\mathrm{W/(m^2\cdot K^4)}$；

根据目前测量得到的数据，$S_0 = 1\,376\ \mathrm{W/m^2}$（–3.5%～3.4%，表示其波动范围在 –3.5%～3.4%），$\alpha = 0.3$，$R = 6\,370\ \mathrm{km}$，计算得到 $T = 255\ \mathrm{K}$（–18℃）。这个数值远远低于目前地球表面的实际平均温度 15℃。

问题出在哪里呢？答案是温室气体的温室效应，它使地面的平均温度上升了 33℃，从 –18℃变为 15℃。

9.2.1.2　温室效应

从前面的内容可知，大气中的化学物质对光波辐射具有选择性。占大气成分绝对多数比例的 N_2、O_2 以及 O_3、O 和 N 等选择吸收的是太阳辐射中的短波辐射。而地球本身向大气层辐射是波长范围，集中在 3～30 μm 的红外线长波辐射。长波辐射最主要的光吸收物质是 H_2O、CO_2、CH_4、CFC_s、N_2O 等极性更强的分子。这些气体对太阳发出的短波辐射的主要波段吸收系数很小，几乎相当于透明；在大气层中的丰度也不高，但其对地气系统的能量循环和人类及其他生物的生存却有着极其重要的作用。

由于长波辐射的能量较低，不足以导致吸收其辐射的分子的键能断裂，因此该辐射的光吸收过程中并没有发生化学反应，其光吸收的结果只是相当于阻挡住地球本身的热量向外逃逸，就好比在地球表面和外层空间增加了一个绝热层，起到了“温室效应”的作用。大气的温室效应与温室玻璃既有相同之处，也有根本的区别。温室玻璃能阻止红外辐射的通过，将热量保留在温室当中，这与温室气体的温室效应相同。但是，温室玻璃也隔绝了温室内外的热对流和热交换，这一隔绝作用甚至比其不让红外辐射透过的作用更强。相比之下，大气层的温室效应并不隔绝热对流和热交换，从而使得大气热循环顺利进行。

人类最早对温室效应的研究探索可追溯到法国科学家让-巴普蒂斯 • 约瑟夫 • 傅里叶（Jean-Baptiste Joseph Fourier）19 世纪前半叶所做的工作。在计算太阳光达到地球的能量与

作为红外线辐射流失的能量之差时，傅立叶发现地球温度在理论上应该远低于测量值。他得出结论说，大气层就像一个斗篷，扣留住了一部分热量，并且因此使得地球适合人类和其他动植物生存。1827 年傅立叶在此基础上提出了温室效应的概念，并推测 CO_2 是产生这一效应的主要气体。这一概念一直沿用至今。

9.2.1.3 温室气体

温室气体（greenhouse gas，GHG）是指任何存在大气中可使短波几乎无衰减地通过，但却吸收长波辐射而使近地大气层具有类似温室作用的气体。1997 年于日本京都召开的《联合国气候变化框架公约》第三次缔约方大会（COP3）所通过的《京都议定书》，明确规定针对 6 种温室气体进行削减，包括上述所提及的 CO_2、CH_4、N_2O、氢氟碳化物（HFCs）、全氟碳化物（PFCs）及六氟化硫（SF_6）。水蒸气和 O_3 也具有温室效应，可归于温室气体之列。但是由于水蒸气及 O_3 的时空分布变化较大，因此在进行减量措施规划时，一般都不将这两种气体纳入考虑。

各类温室气体所造成温室效应各不相同。衡量温室气体效应的强度可用温室效应潜能（global warming potential，GWP）来表示。GWP 是指某个给定的物质在一定时间积分范围内与 CO_2 相比而得到的相对辐射影响值。研究表明，《京都议定书》中规定的后 3 种气体温室效应潜能远大于前 3 种，但对全球升温的贡献百分比来说，CO_2 由于含量较多，所占的比例最大，约为 55%。部分常见温室气体的寿命及 GWP 见表 9-1。

表 9-1　常见温室气体寿命及温室效应潜能

	CO_2	CH_4	N_2O	HFC-32	HFC-134a	CFC-11	PFC-14	HFC-23	CF_4	SF_6
寿命/a	—	11.8	109	5.4	14	52	50 000	260	50 000	3 200
GWP（20）	1	82.5	273	2 693	4 144	8 321	5 301	9 400	3 900	15 100
GWP（100）	1	29.8	273	771	1 526	6 226	7 380	12 000	5 700	22 200
GWP（500）	1	10.0	130	220	436	2 093	10 587	10 000	8 900	32 400

注：修改自 IPCC The Sixth Assessment Report。

9.2.1.4 地球表面的能量平衡

以短波为主的太阳辐射抵达地球大气层以后，要和大气、地面发生作用；地球大气层中的空气分子和气溶胶粒子会吸收和散射短波辐射；地面对短波辐射也会反射和吸收；云层对太阳辐射也有反射、散射和吸收作用。上述过程导致一部分辐射能被反射回宇宙空间（30%），一部分辐射能被大气吸收（19%），另一部分辐射能被地面吸收（51%）。除太阳短波辐射外，地球表面也会向大气发出长波辐射。长波辐射受大气中 CO_2 等温室气体吸收的影响，无法穿过大气层逃逸出去，因此地球表面能够保持适宜人类和其他动植物生存的温度。整个过程的热量收支平衡见图 9-1。

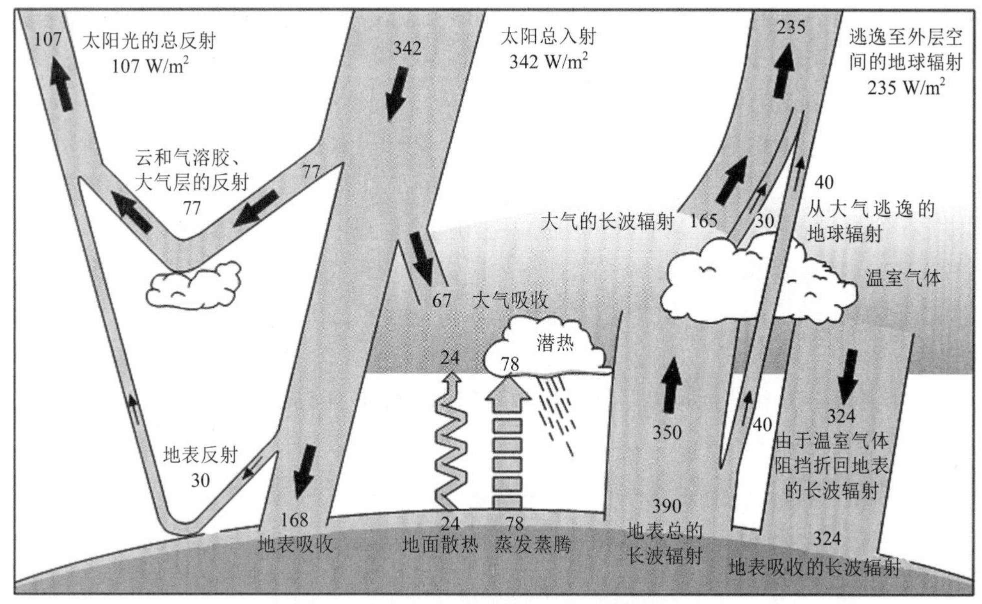

引自：Houghton J T. Climate Change 1995. The Science of Climate Change. Cambridge University Press，1996。

图 9-1 地表-大气系统的热量收支平衡（单位：W/m²）

综上所述，地球的温度是由来自太阳的热辐射和地球自身向宇宙放出的热辐射之间的平衡所决定。太阳射向地球的热辐射被地表吸收，加热了的地表又向外散发热量。大气中的 CO_2 等“温室气体”对来自太阳的短波辐射具有高度的透过性，对地球发射出来的长波辐射具有高度的吸收性，这种现象叫“温室效应”。温室效应本是一种自然现象，地球通过温室效应将平均温度保持在 15℃，如果没有温室效应，地球上将是冰天雪地，平均气温为 −18℃。然而，由于工业革命之后的人类活动加剧，大气层里的温室气体含量极大增加，剧烈改变了气候变化的趋势，导致地气系统吸收与发射的能量不平衡，从而引发全球气候危机。

9.2.2 气候变化趋势及主要人为影响因素

9.2.2.1 气候变化趋势

从地质年代的尺度来看，地球的气候曾发生过显著的变化。1 万多年前最后一次冰河期结束后，地球的气候系统基本稳定在一个人们习以为常的状态。然而，由于工业革命以来，煤炭、石油等矿物能源的大量开采和使用，以及各种人工合成的高 GWP 物质的大量使用，使排放到大气中的温室气体量大大增加，导致地球平均气温上升。这就是当今所关注的全球气候变化问题。从全球范围的平均气温变化值来看，气候变化主要趋势是变暖，因此很多场合气候变化被表述为气候变暖。尽管气候变化既可以指由于地质活动引发的自然气候变化，也可以指由于人类活动引发的气候异常，但本书所讨论的气候变化只集中在由于人类活动而导致的气候变化问题。

20 世纪以来所进行的一系列科学观测表明，大气中的温室气体浓度持续增加。工业革命以前，大气中的 CO_2 浓度基本保持在 $280×10^{-6}$。工业革命后，随着人类大量消耗各种化石燃料（如煤、石油等）和破坏森林植被，人为排放进入大气中的温室气体不断增多，尤其以 CO_2 含量上升最为明显。根据 IPCC 发布的第六次评估第一工作组报告，自 1750 年以来，由于人类活动，大气中 CO_2、CH_4 和 N_2O 等温室气体的浓度均已大幅增加。如图 9-2 所示，2019 年，上述温室气体浓度依次为 $409.9×10^{-6}$、$1\,866.3×10^{-9}$ 和 $332.1×10^{-9}$，分别约超过 1750 年的 47.3%、156%和 23%。1750—2019 年，因化石燃料燃烧和水泥生产释放到大气中的 CO_2 排放量为 445 [425～465]Pg C，因毁林和其他土地利用变化估计已释放了 240 [170～310] Pg C。这使得人为 CO_2 排放累积量为 685 [610～760]Pg C。在这些人为 CO_2 排放累积量中，已有 285 [280～290] Pg C 累积在大气中，有 170 [150～190]Pg C 被海洋吸收，而自然陆地生态系统则吸收了 230 [170～290] Pg C。2010—2019 年，人类活动排放的 CO_2［年平均（10.9±0.9）Pg C/a］46%在大气中积累［（5.1±0.02）Pg C/a］，23%在海洋中积累［（2.5±0.6）Pg C/a］，31%在陆地生态系统植被中储存［（3.4±0.9）Pg C/a］。

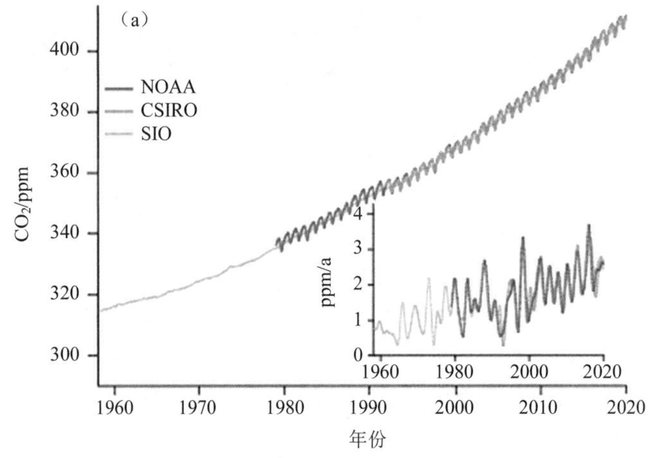

（a）转引自 IPCC AR6，2022。

注：NOAA，National Oceanic and Atmospheric Administration（美国国家海洋和大气管理局）；CSIRO，Commonwealth Scientific and Industrial Research（澳大利亚联邦科学与工业研究组织）；SIO，Scripps Institution of Oceanography（斯克里普斯海洋研究所）

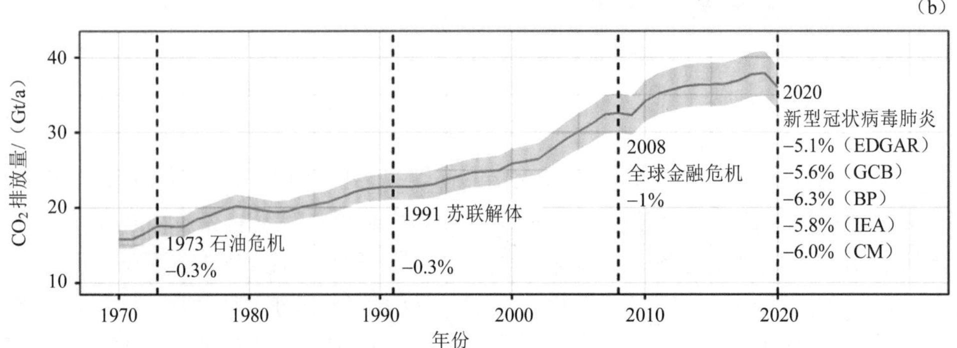

（b）转引自 IPCC AR6，2022。

注：EDGAR，Emission Database for Global Atmosphere Research（全球大气研究排放数据库）；GCB，Global Carbon Budget（全球碳预算数据库）；BP，British Petroleum（英国石油公司）；IEA，International Energy Agency（国际能源署）；CM，Carbon Monitor（全球实时碳数据）

图 9-2 大气中的 CO_2 浓度变化（a）及排放量（b）（1950—2020 年）

从 2020 年春季开始，由于应对新型冠状病毒感染而实施的封锁政策，全球 CO_2 排放趋势出现了重大变化。总体而言，2020 年全球化石燃料行业 CO_2 排放量减少了 5.8%（5.1%～6.3%），或总计约 2.2（1.9～2.4）Gt CO_2。在封锁期间，根据活动和发电数据估算的每日排放量与 2019 年相比大幅下降，尤其是在 2020 年 4 月，但到 2020 年年底出现反弹。封锁举措对不同部门的影响有所不同，公路运输和航空受到的影响尤其严重。

温室气体浓度增加必然引起全球平均气温的变化。据 IPCC 的第六次评估报告，全球平均陆地和海洋表面温度的线性趋势计算结果表明，1880—2020 年（存在多套独立制作的数据集）温度升高了 1.10 [0.89～1.32]℃。基于现有的一个单一最长数据集，1850—1900 年和 2011—2020 年的全球地表平均温度之间的总升温幅度为 1.09 [0.95～1.20]℃，2011—2020 年的全球地表平均温度比 2003—2012 年高 0.19 [0.16～0.22]℃（图 9-3）。在有足够完整的资料以计算区域趋势的最长时期内（1901—2020 年），全球几乎所有地区都经历了地表变暖。

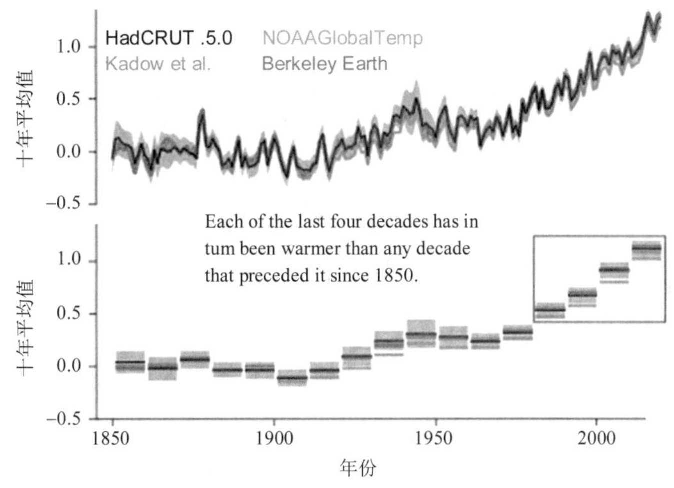

转引自 IPCC AR6，2022。

图 9-3　观测到的全球平均气温变化（1850—2020 年）

从上述数据来看，尽管全球气温变化的结果并不惊人，但需要特别指出的是，这些数字都是全球的平均水平。气温、降水、海平面消长以及其变化速率在全球尺度分布很不均匀。这种不均匀状态的直接结果就是，在某些地区的某些时段会发生急剧的气候变化，比如持续高温、飓风、暴雨、极寒等天气的频率增多，破坏性增大。尤其在三极（南、北极和喜马拉雅山脉）地区，气温的变化幅度会远高于全球平均水平，由此导致的冰川融化、海平面上升等，后果更是令人不堪设想。

9.2.2.2　人类对气候变化的影响

温室气体排放与能源、工业生产、农业生产、交通、生活密切相关，涉及每一个角落。正是工业革命之后，人类大量使用化石燃料，极大改变地表形态，才使得温室气体含量大幅增加，从而使得原本保持稳定的气候系统发生了变化。具体而言，人类对气候系统的影响可以归纳为三种途径：改变大气成分和含量；改变地表下垫面的性质；人为释放热量。

（1）改变大气成分和含量

人类活动改变大气成分和含量，在前文已有所述及。例如，人类通过化工方法合成了大气中原本没有的氟利昂及其替代物、六氟化硫等高 GWP 的温室气体；人类通过燃烧化石能源、生产和施用化肥等活动大幅增加了大气中 CO_2、CH_4、N_2O 等温室气体的含量。其次，由前文所知，除了常见的温室气体外，大气中的颗粒物在气候系统中也起着至关重要的作用。它们一方面通过光吸收和光散射对太阳辐射产生直接效应而影响气候，另一方面又通过影响云、雨、雾、雪等天气现象间接影响气候。人类通过采矿、工业生产、交通运输、建筑工地等多种方式，极大增加了大气中颗粒物的含量，从而通过一系列复杂的过程影响气候系统。颗粒物既可通过其中的吸光物质的作用对大气产生增温效应，也可能由于某些成分含量增加而增强太阳反射最终导致地面降温。因此，颗粒物对气候系统的最终影响还具有很强的不确定性，亟须深入研究来得到可靠的结论。

此外，欧美科学家运用计算机对大气系统进行模拟分析后发现，1979—1999 年，作为地球大气最底层的对流层，其顶端高度平均上升了约 200 m，其中 80%的上升与人类活动引起的大气臭氧损耗和温室气体积聚直接相关。这项发表于美国《科学》杂志的研究成果，再次为人类活动引发全球气候变化提供了有说服力的证据。研究负责人、美国劳伦斯利弗莫尔国家实验室的桑特指出，该研究结果证明了 20 世纪后半叶大气对流层顶端高度上升主要是由于人类活动所致，同时也给“对流层近来出现变暖”的说法提供了独立的证据。

（2）改变地表下垫面的性质

人类改变地表下垫面性质的方式主要有破坏植被、砍伐森林、大规模城市化以及改变海洋表面性质等。当今人类活动以极快的速度破坏植被和砍伐森林，尤其是热带雨林，不仅减少了对大气中 CO_2 的吸收，增强大气温室效应，降低了对局地气候的调节作用；在干旱或半干旱的草原地区，还可造成自然状态下不可恢复的土地荒漠化，而沙漠化的土地又成为沙尘天气的源头。可见，气候变化与另一全球主要环境问题“土地破坏和荒漠化程度加剧”密切相关。城市建设面积大幅增加，城市地表的混凝土下垫面与耕地、林地、草地等下垫面的吸热、储热性质不同，也极大影响了局地气候。此外，海洋面积占据地表的绝大部分，人类活动导致大量石油类污染物排入海洋，生成一层油膜散布海面。这层油膜能抑制海面的蒸发，阻碍潜热的释放，引起海水温度和海面气温的升高，加剧气温的日、年变化。同时，受油膜影响，蒸发作用减弱，海面上的空气变得干燥，削弱了海洋对气候的调节作用，使海平面上出现类似于陆地沙漠的气候。这就是人们俗称的“海洋沙漠化效应”。

（3）人为释放热量

人为释放热量主要是指人类生活生产活动中大量燃烧的各种一次能源，如汽车燃油、发电烧煤、大量工厂生产等。这些生活、生产活动所排放的热量虽然单个看起来对气候没有太大的影响，但是数以亿计的单个热源叠加在一起，其整体的效应则无法忽略。城市热岛效应是人为释放热量影响局地气候的一个缩影。叠加后热释放对气候系统的整体影响目前仍处在研究之中，但是其影响是客观存在且无法忽略的。

9.2.3　气候变化的主要不利影响

2022 年 2 月，联合国政府间气候变化专门委员会发布第六次评估报告（AR6）第二工作组报告《气候变化 2022：影响、适应和脆弱性》称，人类活动引起的气候变化，包括更频繁和更剧烈的极端事件，已经对自然和人类系统造成了广泛的不利影响和损害。联系到近年来世界各国不断刷新的自有气候纪录以来的历史上最热的天气，洪涝灾害、干旱少雨和山火等极端天气现象也频繁发生，都在不断给各国敲响警钟。我国属于发展中国家，抗灾能力弱，气候适应不足，受害尤为严重。2021 年郑州 7 • 20 特大暴雨造成数百人死亡。面对气候变化的不利影响，发达国家也未能幸免。例如，2022 年 6—10 月美国多地出现高温和暴雨等极端天气，48 个州超过 1 亿人受到影响，其中仅肯塔基州 7 月洪水导致的死亡人数就达到 37 人。按照已有的研究结果，科学家预测气候变化的主要不利影响有如下几个方面。

9.2.3.1　海平面上升

全世界主要的经济发达区域及城市圈都集中在沿海地区，同时在沿海岸线 60 km 的范围内生活着约占全球总数 1/3 的人口。此外，还有许多岛国的平均海拔仅为数米甚至 1 m。未来数十年，全球气候变化导致的两极和格陵兰岛冰川融化，将使海平面大幅上升，从而危及全球沿海城市和乡村，特别是那些人口稠密、经济发达的河口和沿海低地。在可以预见的未来，许多地区可能会遭受海水淹没或入侵，海滩和海岸受到侵蚀，洪水加剧，港口受损，并影响沿海养殖业，破坏供排水系统。温度升高也会使得海水酸性更强，这将对海洋生物构成严重的威胁。同时，酸化变暖的海水会释放出更多的 CO_2，又进一步加剧全球气候变暖效应。更糟糕的是，某些太平洋的低海拔岛国，甚至会遭受亡国之灾。

9.2.3.2　影响农业和自然生态系统

由于 CO_2 浓度增加和气温升高，某些地区的植物光合作用可能会增强，生长季节变长，农作物产量增加。但全球范围的农作物产量和品种的地理分布可能会在较短的时间内发生巨变，农业生产也必须因此改变土地利用方式和耕作模式。同时，由于全球气温和降水的迅速变化，也可能使世界许多地区的农业和自然生态系统无法适应或不能很快适应这种变化，从而遭受很大的破坏性影响，造成大范围的农业灾害和粮食灾荒。与此相关的还有很多生物物种可能无法适应系统的快速变化，从而有灭绝的风险，部分特殊的生态系统（如冰川生态、常绿植被等）以及候鸟、冷水鱼类等生存也会面临困境。

9.2.3.3　加剧洪涝、干旱及其他气象灾害

全球气候变化导致的极端天气及气候灾害增多，已经在过去数十年逐步得到显现和确认。这可能是人类目前需要面对和处置的最为明显和紧迫不利影响之一。由于气候系统的不稳定和不均衡性，全球平均气温略有上升，就可能带来极高频率的气候灾害——包括更

大频率和强度的暴雨、大范围的干旱和持续的高温、破坏力更强的飓风等，造成大规模的灾害损失。还有科学家根据气候变化的历史数据，推测气候变暖可能破坏海洋环流，引发新的冰河期，给高纬度地区造成极端可怕的气候灾难。

9.2.3.4 影响人类健康

气候变化有可能加大心血管和呼吸道疾病的危险和死亡率，尤其对于抵抗力较差的老人和小孩而言，风险更大。由于以病菌、蚊虫等作为主要传播途径的传染病与温度有很大的关系，随着全球气温的升高，可能使许多国家的疟疾、淋巴丝虫病、血吸虫病、黑热病、登革热、脑膜炎等传染病极大增加或高频率暴发。在高纬度地区，这些疾病传播的危险性可能会更大。随着气候进一步变暖，许多封存在永久冻土层的病毒会被再次释放出来，类似 2019 年年底暴发的新型冠状病毒（COVID-19）流行病极有可能再次上演。此外，高温还会给人类的循环系统增加负担，从而引起死亡率的增加。

9.2.3.5 气候变化对我国的主要影响

从已有的一些研究结果来看，基本能达成的共识是，我国将是受气候变化影响最大的国家之一。总体而言，我国的变暖趋势冬季将比夏季更为明显；在华北和西北的部分干旱半干旱地区以及沿海地区降水量将会增加，长江、黄河等流域的洪水暴发频率会变大；东南沿海地区台风和暴雨也将更为频繁；春季和初夏西南和中部许多地区干旱将加剧，干热风频繁，土壤蒸发量上升。农业是受影响最严重的部门。一方面，平均气温升高将延长作物生长期，减少霜冻，CO_2 浓度升高会增强光合作用，对农业产生有利影响；另一方面，土壤蒸发量上升，洪涝灾害增多和海水侵蚀等也将造成农业减产。气候变化对我国的草原畜牧业和渔业会带来一定的不利影响。沿海地区的风暴潮和台风发生的频率和强度都将增大，海水入侵和沿海侵蚀也将引起经济和社会的巨大损失。此外，对我国而言尤其需要关注的影响是气候变暖导致高原冰川快速消融的影响。从短期来看，可能会为我国主要河流上游地区带来更多的淡水资源，但是从长期来看我国将面临几大主要河流源头来水断流的风险。

总之，全球气候变化产生的影响非常广泛和复杂。由于其复杂性，许多影响在科学认识上还存在不确定性，特别是对不同区域气候的具体影响和危害，可能与各种正向和反向的影响协同作用，以致目前还无法作出精确的预测和判断。为此，我们必须着眼于现在，深刻认识到气候变化是人类共同面临的一种巨大环境风险，以一种负责的态度，加强科学研究，采取积极措施，有效阻止全球气候变化走向失控。

9.2.4 应对气候变化的国际行动和对策

9.2.4.1 联合国政府间气候变化专门委员会

从上文可以看到，描述气候变化的进展时有一个机构出现频率颇高，那就是联合国政府间气候变化专门委员会（IPCC）。IPCC 是世界气象组织（WMO）和联合国环境规划署在认识到气候变化的影响及潜在危害后于 1988 年成立的。该机构既不专门从事气候变化研究，也不监测与气候有关的数据，它的作用是在全面、客观、公开和透明的基础上，基于经过同行评议和已出版的科学技术文献，对人为引起的气候变化、潜在影响以及适应和减缓方案的科学基础和社会经济信息进行评估。IPCC 的一项主要活动是定期对气候变化的认知现状进行评估，并在认为有必要提供独立的科学信息和咨询的情况下撰写相关主题的"特别报告"和"技术报告"等，以此为《联合国气候变化框架公约》（UNFCCC）提供支持。

IPCC 下设 3 个工作组和 1 个特别工作组。第一工作组负责评估气候系统和气候变化的科学问题；第二工作组负责评估社会经济体系和自然系统对气候变化的脆弱性、气候变化正负两方面的后果和适应气候变化的选择方案；第三工作组负责评估限制温室气体排放并减缓气候变化的选择方案；国家温室气体清单特别工作组负责 IPCC《国家温室气体清单》编制计划。

IPCC 先后于 1990 年、1996 年、2001 年、2007 年、2014 年完成了 5 次评估报告。第 6 次评估已发布第一、第二、第三工作组的专题报告，综合报告将于 2023 年年初完成。IPCC 的 6 次评估报告都指出了人类正面临着因日益严峻的全球气候变化所带来的一系列影响人类可持续发展的问题。IPCC 第 5 次综合评估报告明确指出人类活动引起的温室气体排放是导致 20 世纪中期以来全球气候变暖的主要驱动力，并且在 IPCC 第一工作组报告中进一步指出人类活动对气候系统的影响是确认无疑的，21 世纪末及以后时期的全球平均地表变暖主要取决于历史累积 CO_2 的排放。这也是 IPCC 首次系统地评估人类活动的历史累积 CO_2 排放。世界对气候变化问题的关注程度以 IPCC 第四次报告和戈尔的纪录片《难以忽视的真相》（*An Inconvenient Truth*）为分水岭。自此之后，世界各国对气候变化掀起一股加大研究和积极行动的热潮。

9.2.4.2　应对气候变化的国际行动和对策

为了控制温室气体排放和气候变化危害，1992 年联合国环境发展大会通过《联合国气候变化框架公约》，提出了共同但有区别的责任原则，制定了应对气候变化的最终目标是将大气圈中的温室气体的浓度稳定在一个安全的水平上。该公约于 1994 年 3 月生效，共有 190 多个缔约方。1997 年，在日本京都召开了第二次缔约方大会，通过了《京都议定书》，规定了 6 种受控温室气体（前文提及的 CO_2、CH_4、N_2O、CFCs、PFCs、SF_6），明确了各发达国家削减温室气体排放量的比例，并且允许发达国家之间采取联合履约的行动。此次大会还规定，发展中国家温室气体的排放暂时不受限制。此后近 20 年，国际上应对变化的行动基本都围绕《京都议定书》确定的目标和框架进行。

2015 年 12 月 12 日在第 21 届联合国气候变化大会（巴黎气候大会）上通过了《巴黎协定》，于 2016 年 4 月 22 日在美国纽约联合国大厦签署，并于 2016 年 11 月 4 日起正式生效。其主要目标是将 21 世纪全球平均气温上升幅度保持在与工业化前水平相比高出 2℃以下的水平，并努力将气温上升幅度进一步限制在 1.5℃的水平。迄今为止，已有 195 个缔约方签署了《巴黎协定》，192 个缔约方批准了《巴黎协定》。《巴黎协定》是继 1992 年《联合国气候变化框架公约》、1997 年《京都议定书》之后，人类历史上应对气候变化的第

3 个里程碑式的国际法律文本，是继《京都议定书》后第二份有法律约束力的气候协议，为 2020 年后全球应对气候变化行动做出了统一安排，形成 2020 年后的全球气候治理格局。2021 年 11 月 13 日，联合国气候变化大会（COP26）在英国格拉斯哥闭幕。经过两周的谈判，各缔约方最终完成了《巴黎协定》实施细则。

巴黎气候大会后，实现全球碳中和再次被提上议事议程。截至 2021 年年底，全球已有 128 个国家以立法、政策宣示等方式提出要实现碳中和。其中美国、欧盟、日本等主要发达经济体大多提出 2050 年实现碳中和目标。2020 年 9 月 22 日，中国国家主席习近平在第七十五届联合国大会一般性辩论上庄严宣示，中国将提高国家自主贡献力度，采取更加有力的政策和措施，CO_2 排放力争于 2030 年前达到峰值，努力争取 2060 年前实现碳中和。另一发展中大国印度在 2021 年 11 月格拉斯哥气候大会上宣布，将于 2070 年实现碳中和，但前提条件是发达国家必须提供 1 万亿美元资金，用于支持印度各行各业进行 CO_2 减排。

联合国支持的"迈向零碳"行动于 2020 年 6 月 5 日启动，旨在汇集企业、城市、区域、投资者和企业的力量与支持，共同应对气候变化、实现包容和可持续的绿色增长，共同为子孙后代建设一个更加健康、安全、清洁和具有抵御力的世界。目前，已有来自全球 92 个经济体的 4 500 多个非政府参与方加入其中，共同致力于实现到 2030 年将碳排放减少一半的目标，并最迟于 2050 年实现零碳排放。该行动着力敦促各国政府制定各有雄心的国家自主贡献目标，加强对《巴黎协定》的贡献，但是考虑国际气候治理体系的复杂性，难度极大。

应对气候变化的国际行动已经远远超出全球环境问题的范畴，而是转变为一个复杂的政治问题、经济问题和国家战略安全问题。解决这一问题的主要分歧在于发达国家和发展中国家对减排责任的认识存在差异。发达国家认为，当前发展中国家是世界主要排放增量的贡献者，要想有效控制气候变化，发展中国家必须像发达国家一样制定限制目标，采取限额排放措施。发展中国家则认为，目前的全球气候变化主要是由于过去发达国家长期大量地无节制排放温室气体的结果，他们应该对此承担主要责任；而且目前发达国家都已经基本完成了工业化和现代化，具有比较雄厚的经济实力和先进的技术水平进行减排，因此他们应该率先采取行动，积极减排。相反，发展中国家目前正处于发展的初级阶段，还需要一定的时间才能解决温饱问题，因此其生存排放的权利应该得到保障。此外，在欧盟、美国、加拿大、澳大利亚等发达国家和地区内部，由于各自对全球气候变化的紧迫性、危害性认识不同，且自身控制气候变化的成本也差别巨大，因此也采取了各不相同的应对气候变化策略。

应对气候变化的主要策略可分为两类，一是减缓，即控制温室气体的排放；二是适应，即通过加强管理和调整人类活动，充分利用有利因素，减轻气候变化对自然生态系统和社会经济系统的不利影响。

减缓方面，从当前温室气体产生的原因和人类掌握的科学技术手段来看，其主要途径是制定适当的能源发展战略，逐步稳定和削减排放量，增加吸收量，并采取必要的适应气候变化的措施。

减少温室气体排放的途径主要是改变能源结构，控制化石燃料使用量。具体的措施包括：增加风、光、水、生物质等可再生能源使用比例；积极稳妥地发展核能等非化石能源；提高发电和其他能源转换部门的效率；提高工业生产部门的能源使用效率，降低单位产品能耗；提高建筑采暖等民用能源效率；提高交通部门的能源效率；减少森林植被的破坏，控制水田和垃圾填埋场排放甲烷等。

增加温室气体吸收的途径主要有植树造林和采用固碳技术，其中植树造林吸收温室气体在中国取得了巨大的成效。北京大学的研究团队通过一系列的大尺度研究数据表明，中国的人工林面积增加为减缓气候变化做出了很大的贡献。固碳技术又称 CO_2 捕获、利用与封存技术（Carbon Capture，Utilization and Storage，CCUS），是指把燃烧气体或空气中的 CO_2 分离、回收，然后输送至深海和地下弃置，或者通过化学、物理以及生物方法将 CO_2 固定在各种产品或生物质中。

9.3　生物多样性锐减

生物多样性保护是当今国际社会环境与发展的热点问题之一。2020 年，长江白鲟已经灭绝的消息足以给全球生物灭绝敲响警钟。工业革命以来，人类对地球施加了巨大改造，创造了新的地质时代，地质学家称之为“人类世”（anthropocene），这个地质时代最显著的特征之一就是生物多样性丧失的速度极大加快。我国是全球生物多样性最丰富的国家之一，拥有的生物物种数量占全球的 1/10。中国是一个发展中国家，与世界许多国家一样，快速的经济发展需要消耗大量的自然资源，其中对生物资源的需求远大于对其他任何自然资源的需求。这必然要给生物多样性带来巨大压力。保护生物多样性已成为摆在人们面前的急中之急、重中之重的事情。

当前地球上生物多样性减少的速度比历史上任何时候都快。据科学家估计，按照每年砍伐森林 1 700 万 hm^2 的速度，今后 30 年，物种极其丰富的热带森林可能要毁在当代人手里，5%～10%的热带森林物种可能面临灭绝。总体来看，大陆上 66%的陆生脊椎动物已成为濒危种和渐危种。海洋和淡水生态系统中的生物多样性也在不断丧失和严重退化，其中受到最严重冲击的是处于相对封闭环境中的淡水生态系统。物种的多样性是生物多样性的关键，它既体现了生物之间及环境之间的复杂关系，又体现了生物资源的丰富性，当前大量物种灭绝或濒临灭绝，是生物多样性不断减少的主要表现之一。生物多样性减少的原因主要是人类各种活动造成的：一是大面积森林受到采伐、火烧和农垦，草地遭受过度放牧和垦殖，导致了生境的大量丧失，保留下来的生境也支离破碎，对野生物种造成了毁灭性影响；二是对生物物种的强度捕猎和采集等过度利用活动，使野生物种难以正常繁衍；三是工业化和城市化的发展，占用了大面积土地，破坏了大量天然植被，并造成大面积污染；四是外来物种的大量引入或侵入，大大改变了原有的生态系统，使原生的物种受到严重威胁；五是无控制地旅游，对一些尚未受到人类影响的自然生态系统造成破坏；六是土壤、水和空气污染，危害了森林，特别是对相对封闭的水生生态系统带来毁灭性影响；七是全球变暖，导致气候形态在比较短的时间内发生较大变化，使自然生态系统无法适应，可能改变生物群落的边界。尤其可怕的是，各种破坏和干扰会累加起来产生叠加或反馈效应，对生物物种造成更为严重的影响。

9.3.1 全球生物多样性丧失现状

9.3.1.1 全球生物多样性变化

2020 年 9 月，联合国秘书长古特雷斯在生物多样性峰会上表示，由于过度捕捞、破坏性做法和气候变化，世界上 60%以上的珊瑚礁濒临灭绝。过度消费、人口增长和集约农业，野生动物数量急剧下降。物种灭绝的速度正在加快，目前有 100 万个物种受到威胁或濒临灭绝。地球生命力指数（living planet index，LPI）是一个关于自然健康的早期预警指标，它提供了全面的衡量标准，揭示出物种如何受作用于生物多样性丧失以及气候变化造成的环境压力，也使我们能够了解人类对生物多样性的影响。LPI 通过追踪 5 230 个物种的近 32 000 个种群的平均比例变化趋势，包括哺乳动物、鸟类、爬行动物、两栖动物和鱼类，通过数据算法整合为 LPI，以指数的方式呈现地球生物物种的丰富程度及生命状况。自上一份报告于 2020 年发布以来，LPI 新增了 838 个新物种和 11 000 多个新种群，监测数据规模是迄今为止最大的。世界自然基金会发布的《地球生命力报告 2022》报告显示，1970—2018 年，监测到的哺乳类、鸟类、两栖类、爬行类和鱼类种群规模平均下降了 69%；地球上生物多样性最丰富的区域之一——拉丁美洲和加勒比地区——监测范围内的野生动物种群数量平均下降了 94%之多。此外，在所有监测物种种群中，淡水物种种群下降幅度最大，短短几十年平均下降了 83%（图 9-4）。

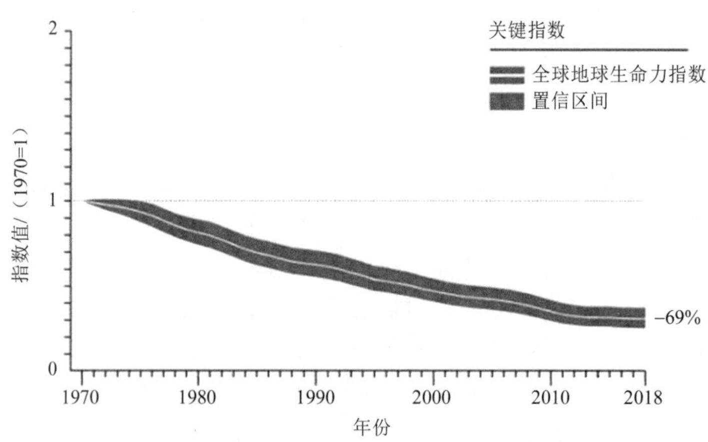

转引自《地球生命力报告 2022》。数据来源：WWF/ZSL（2022）。

图 9-4 1970—2018 年地球生命力指数

图 9-5 显示了各地区 1970—2016 年的物种平均种群丰富度情况。在全球范围内，拥有全球最大热带森林的拉丁美洲生物多样性丧失最为明显，40 年间物种丰富度下降 94%，是全球最严重地区。而土地和海洋利用的变化，包括栖息地的丧失和退化是生物多样性面临的最大的威胁。以拉丁美洲为例，亚马孙热带森林是地球生物多样性最丰富的生态

系统之一，有超过 300 万个物种都生活在雨林，有超过 2 500 个树种（约占地球所有热带树木的 1/3）共同维持着这个充满活力的生态系统。但同样在这个雨林，物种灭绝速度也前所未见。据联合国估计，有 100 万个物种正处于灭绝状态。仅从 2018 年 8 月到 2019 年 7 月，亚马孙地区就损失了超过 9 842 km^2 的森林，森林砍伐率达到 10 年最高峰。人类强占土地和工农业用地扩张，对草原、雨林、湿地过度开发，是导致该地区物种减少最主要原因。

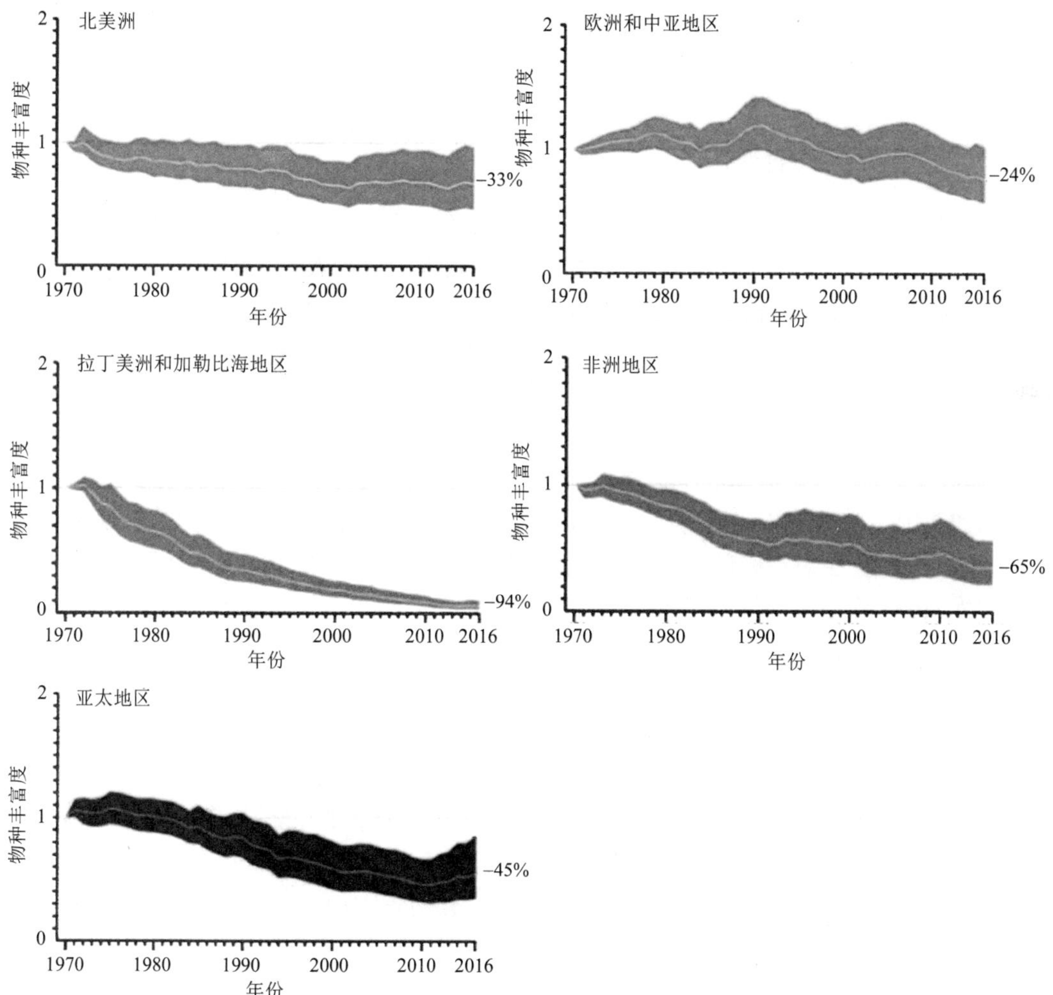

图表说明：地球生命力指数白线代表指标值，阴影部分代表该趋势的置信区间（95%）。

转引自《地球生命力报告 2020》。

图 9-5　1970—2016 年各地区物种平均种群丰富度

与海洋、森林相比，淡水生物多样性的丧失速度更快。《地球生命力指数 2020》显示，自 1700 年以来，地球上近 90%的湿地已经消失，给淡水生物多样性带来深远影响，纳入地球生命力指数（LPI）评估的 944 个淡水物种，3 741 个种群，其数量平均下降了 84%。在这些淡水生物中，体型较大的物种更容易受到威胁。像一些重量超过 30 kg 的鲟鱼、长江江豚、水獭等生物，因为人类过度开发导致种群数量急剧下降。2000—2015 年，湄公河中 78%的物种捕获量均有所下滑，且中大型物种的下滑更为明显。虽然最近几年人类正在努力缓解气候变化，但全球气温升高、海平面上升、极端天气已经给物种多样性造成了影响。生态、物种进化是非常缓慢的，若气候变化非常剧烈，生物进化无法适应这个速度，物种灭绝风险只能“被迫”加速。珊瑚礁就是最明显的例证。澳大利亚学者克里斯托弗·科恩沃尔在《美国科学院院报》发表一项研究，分析了世界各地 183 处珊瑚礁数据发现，在最坏的情况下，94%的珊瑚礁将在 2050 年之前死亡。目前全球陆地生物多样性已经岌岌可危，全球平均生物多样性完整性指数只有 79%，远低于安全下限值 90%，并且仍在不断下滑。

9.3.1.2 中国生物多样性变化

我国是世界上生物多样性最丰富的国家之一，有高等植物 3 万余种，居世界第 3 位，仅次于巴西和哥伦比亚；有脊椎动物 6 000 余种，占世界总种数的 13.7%。2008 年第一版《中国生物物种名录》里一共收入了 4.9 万个物种，包括 1 万多种动物，主要是兽、鸟、鱼等脊椎动物、无脊椎动物和昆虫以及 3 万多种植物，还有少量微生物。但这显然不是我国物种的全部。在之后的 12 年，不断有新发现的物种加入该名录。在中科院生物多样性委员会发布的《中国生物物种名录（2020 版）》里，我国生物物种已经达到 122 280 种，包括 58 444 个动物物种，44 905 个植物物种，12 728 个真菌物种以及细菌、病毒等物种。

虽然我国是世界上物种最为丰富的国家之一，但同时也是生物多样性受到威胁最严重的国家之一。由于生态系统破坏和退化，使许多物种变成濒危种和受威胁种。2020 年高等植物中受威胁种高达 1 万多种，占评估物种总数的 29.3%，真菌中受威胁种类高达 6 500 多种，占评估物种总数的 70.3%。在《濒危野生动植物种国际贸易公约》（CITES）列出的 640 个世界性濒危物种中，我国有 156 种，约占其总数的 25%。2020 年 6 月，由厦门大学环境与生态学院、中科院生态环境研究中心等机构研究发布的一篇关于我国生物多样性生存空间变化的论文显示，我国濒危物种主要分布在西南和华南地区，包括云南、四川、广西等地，而中部和东北部的受威胁物种数量相对较少。通过对比濒危物种数据和我国现有物种的空间分布发现，受威胁物种的数量与物种丰富度之间具有高度相关性。西南地区的云贵高原、森林是我国生物多样性最丰富的地区，云南省物种丰富排在全国第一，但同时这里也是濒危物种最多的地方。

9.3.1.3 全球生物多样性和生态系统评估

为了更加科学、全面地评估全球生物多样性和生态系统的状况，生物多样性和生态系统服务政府间科学政策平台（IPBES）于 2019 年发布了《生物多样性和生态系统服务全球评估报告》（以下简称《评估报告》），《评估报告》显示，当前全球有超过 100 万种生物正面临灭绝威胁，而这其中有许多物种极有可能在未来几十年内彻底从地球上灭绝和消亡。物种灭绝是自然和生物演化的一部分，每一个物种都要经历从诞生、发展、衰退到灭亡的生命周期阶段，生物学家通过大量的化石记录研究推测地球上已存的物种平均生命周期都不超过 1 000 万年，不同的物种具有不同的生命周期，一般而言哺乳物种的平均生命周期不超过 200 万年，而脊椎动物物种的平均生命周期约为 50 万年。上述数据都是在没有人类干预和影响下的科学估计数据，但是随着人类在地球生态系统中的兴盛和发展，深刻地影响到其他物种的生命周期演化速度。

科学家们以鸟类和哺乳动物为研究对象，发现在人类干预后每世纪灭绝的物种数量已经达到其总数的 1%，这一灭绝速度几乎是物种自然灭绝速度的 100～1 000 倍。如果从更久远的生物演化历史角度而言，《评估报告》显示，当前物种灭绝的速度达到了过去 1 000 万年平均值的数十倍到数百倍以上，同时也是 2000 年前物种灭亡速度的 1 000 倍以上。进入近代以来，随着地理大发现、技术进步和工业革命的发生，人类改造自然的能力得到了极大提升，相应地，本该与我们共同生存的大量物种则因人类活动而进入加速灭绝状态。《评估报告》显示，近 500 年来，已经有近 700 多种脊椎动物灭绝，到 2016 年，已经有超过 60 多种人类驯养哺乳动物灭绝，占总数的 9%，另外还有超过 1 000 种哺乳动物的生存受到严重威胁。近 100 年来，不同地区陆生物种的平均数量下降幅度已超过 20%，此外，还有超过 40%的两栖动物和超过 30%的海洋哺乳动物面临灭绝威胁。

通过对不同时间段的溯源对比，更加清晰地说明了地球物种灭绝的速度正在持续攀升。除了物种灭绝加速外，地球生态系统也正在遭受人类大规模的破坏。不同地区的生态系统是地球千万年演化形成的多样物种赖以生存的环境基础，一旦它们遭到破坏，就可能会对当地的物种造成毁灭性打击。热带雨林地区是地球生物的天堂，生物学家发现每 1 hm^2 的热带雨林土地上有超过 650 种不同种类的树木，而这比整个北美大陆所有树木种类还要多。特殊的地理位置、温暖湿润的气候非常有利于动植物生存，也因此一旦热带雨林遭到破坏，依附于雨林的物种也将遭受毁灭性打击。由于人类乱砍滥伐、过度开垦导致热带雨林遭受巨大破坏，热带雨林覆盖率已经从原来的 80%减少为 58%，而热带雨林中的物种正在以每 10 年 2%～10%的速度消亡。仅 2019 年 1 月到 8 月，亚马孙热带雨林被砍伐的面积就达到了 2 254 km^2，同比上升 278%。热带雨林的破坏必然威胁大量物种的生存和发展，数十年前科学家们就发出警告：如果热带雨林以现有的速度遭到破坏，那么到 2022 年将有 50%的雨林消失，这将进一步引发地球 10%～22%的物种灭绝。毫无疑问，这对地球生物多样性将产生灾难级影响。

总之，全球生物多样性正遭受着前所未有的破坏，与人类的活动有着直接关联，可以说正是由于人类对自然资源的无节制掠夺、对生态环境的破坏，打破了地区稳定的自然生态系统，进一步加速了地区物种的灭亡。在 COP15 大会高级别会议上，专家的声音振聋发聩："这可能是人类最后的一次机会，必须抓住，必须马上停止对自然的伤害，我们已经无法再失败而重来。"这值得全球人类深刻反思。

9.3.2　生物多样性丧失的原因

生物多样性的丧失，既有自然因素，也有人为因素。早期生物多样性丧失的大部分原因是由气候、地理等自然因素引起的，但是近期特别是随着工业革命以来，地球物种和生物多样性加速丧失的主要原因是人为因素引起的。世界自然保护联盟（IUCN）千年生态系统评估报告表明，在过去的几百年中，由于人为原因造成的物种灭绝速度相较于地球历史上物种自然灭绝速度大约快了 1 000 倍。人为干扰对多样性既有直接影响，如对资源掠夺式的开发利用，乱砍滥伐造成的生境丧失等，也有间接影响如农业活动等，既可以作用于生态系统水平上，如围湖造田，毁林开荒，也可以直接作用于物种本身上，如捕杀野生动物。因此，真正需要引起警惕的是人类诞生后特别是进入工业革命后的物种灭绝和生物多样性丧失问题。科学家指出，第六次生物大灭绝事件正在发生，这一灭绝过程中充满了超自然的因素，那就是人类的以破坏环境为代价的现代文明。

9.3.2.1 生物生境破坏

生物生境是一个生物的个体、种群或群落生活地域的环境，包括必需的生存条件和其他对生物起作用的生态因素。简单地说，就是动物、植物或微生物正常生活和繁殖的地方。生境是生物多样性存在的基础，而人类活动导致生境的破坏是生物多样性减少的主要原因。生物生境的破坏主要可分为以下 3 类。

1）生境消失。生境消失被确认为大多数目前正濒于灭绝物种的基本威胁。例如，当一片森林被砍后，土地转为其他用途（如城市用地）时，生活于其中的物种就失去了同样数量（面积）的森林生境。

2）生境破碎化。生境除了被彻底破坏消失外，原来连成一片的大面积生境常常被道路、农田、城镇和其他大范围的人类活动分割成小片。生境破碎就是指由于某种原因，一块大的、连续的生境不但面积减小，而且被分割成两个或更多片段的过程。生境破碎会以微妙的方式威胁物种的生存。

3）生境退化与污染。就算一个生境没有消失和受到破碎的影响，该生境中的群落和物种也可能深深地受到人类活动的影响。空气、水体和土壤的环境污染等外在因素使生境退化，生物群落被破坏，生态系统功能退化，其上生长的物种有可能走向灭绝，但它们并不能改变群落中居于支配地位的植物的结构，因此这种破坏并不会立即显现。

9.3.2.2 外来物种入侵对生物多样性的破坏

外来入侵物种对生物多样性的影响是多方面、多层次的。在全球范围内，外来物种入侵已经成为当前生态退化和生物多样性丧失等的第二大因素，特别是对于水域生态系统和热带、亚热带地区，已经上升为首要的影响因素。全球化的商业，旅游和自由贸易，有意或无意地为物种传播提供了前所未有的机会。随着持续恶化，物种不断消失，栖息地不断被侵蚀，大气、水和土地的污染越来越严重，外来入侵物种很可能成为导致生态系统崩溃的导火索，因为它改变了物种之间的相互作用关系。外来物种入侵对生物多样性的影响主要分为以下 3 个层次。

1）对遗传多样性的影响。外来入侵物种对遗传多样性的影响是难以察觉的。随着生境片段化，残存的次生植被常被入侵物种分割、包围和渗透，使本土生物种群进一步破碎化，还可以造成一些物种的近亲繁殖和遗传漂变。有些入侵物种可能是同属近缘种，甚至不同属的种。这种杂交也可能消灭掉本地种，特别是当本地种是稀有物种时。入侵者与本地种的基因交流可能导致后者的遗传侵蚀。从美国引进的红鲍和绿鲍在一定条件下能和中国本地种皱纹盘鲍杂交，在实验室条件下已经获得了杂交后代，如果这样的杂交后代在自然条件下再成熟繁殖，与本地种更易杂交，结果必将对中国的遗传资源造成污染。

2）对物种多样性的影响。每种动植物作为生态系统中的一个成员，在其原产地的自然环境条件中各自处于食物链的相应位置，相互制约，所以种群保持着相对稳定的状态，这是自然界的普遍规律。一旦有外来物种侵入新的区域，就会干扰那里原有的生态平衡，通过占据本地物种的生态位或与本地种发生竞争，而使本地物种受到威胁甚至灭绝。在美国受到威胁和濒危的 958 个本地物种中，有约 400 种主要是由外来物种的竞争或危害而造成的。外来海洋入侵生物与土著海洋生物争夺生存空间与食物，危害中国土著海洋生物的生存，如大连从日本引进的虾夷马粪海胆能够咬断大型藻类的根部，不仅破坏了海藻床生态群落的稳定性，而且与中国土著海胆争夺食物与空间，已对其生存构成严重威胁。

（3）对生态系统多样性的影响。由于一些外来物种通过直接作用减少了当地物种的种类和数量，形成单一群落，间接使依赖于这些物种生存的当地其他物种种类和数量减少，最后导致生态系统的退化，改变或破坏了当地的自然景观，使生态系统丧失基本功能和性质，导致整个生态系统的崩溃。被称为“植物杀手”的薇甘菊原产于南美洲，20 世纪 70 年代在中国香港蔓延，80 年代传入中国东南沿海，现在该植物蔓延到珠江三角洲，严重危害天然林、人工速生林、果园、公园等风景区和绿地，并进一步威胁到整个华南地区。

外来物种的无意引种通常是指外来物种随人及其产品通过飞机、轮船、火车、汽车等交通工具，作为偷渡者或“搭便车”从原产地被引入新的环境。例如，侵染松类植物的松材线虫就是由南京紫金山天文台从日本进口的光学仪器包装箱中携带的松材线虫传播介体——松墨天牛而引入的。而人为的有意引种入侵则多种多样。例如，作为牧草或饲料引进的凤眼莲、紫花苜蓿；作为观赏物种引进的堆心菊、加拿大一枝黄花（*Solidago canadensis* L.）；作为药用植物引进的决明、美洲商陆；作为改善环境引进的互花米草、巴拉草；作为宠物饲养引进的巴西龟等。

当外来种或非本地种由外地引入本地，并快速生长繁衍时，就会给当地的生态环境带来很大的危害。例如，在 20 世纪 60 年代，美国为治理藻类、恢复生态而从中国引入鲤鱼，由于在美国密西西比等河流中没有天敌，鲤鱼种群迅速扩张，并从本土鱼口中抢夺食物，它们每天要摄入自身体重 40%的水草、浮游生物或野生蚌类，一些成年鲤鱼竟然长到 1.2 m 长，45 kg 重，能跃起 3 m 高，且每条雌性亚洲鲤鱼能产卵 300 万枚；更不幸的是，美国人还不习惯吃这种多刺的鲤鱼。因此，鲤鱼的到来，使本地水体生态系统损失严重，被美国官方称为“最危险的外来鱼种”。2012 年 3 月，奥巴马政府宣布将斥资 5 150 万美元，防止鲤鱼入侵五大湖。加上之前的费用，联邦政府仅为抵御鲤鱼入侵就投入了 1.565 亿美元。

9.3.2.3　环境污染对生物多样性的破坏

环境污染往往对生物多样性有巨大的破坏。人类在工农业生产以及生活过程中向环境排放了大量的污染物，引发了严重的生态环境问题，给物种群落带来了巨大的生存压力。在大气污染中，SO_2 污染使对其敏感的地衣从许多城市和近郊以及接近污染源的森林中减少或消失；SO_2 造成的酸沉降使湖泊、水库等水体和土壤酸化，危害农作物、鱼类和多种无脊椎动物的生存；农药的污染对小型食肉动物、鸟类（特别是猛禽）、两栖动物、爬行动物造成了巨大的危害。人类排放 CFC 物质引起的臭氧层 O_3 浓度的减少，使紫外线强度过度增加，抑制了南极地区浮游植物的光合作用，从而影响了浮游动物、鱼类、虾和藻类的数量，并因食物链的作用，将使该地区的生态系统受到严重损害，甚至被完全破坏。

随着工农业发展和城镇建设的扩大，大量的工业废水、城市污水、农业废水排入江、河、湖、海等水体。其中重金属和其他有毒成分使水生生物死亡或影响其生长发育；大量有机物分解时消耗 O_2 并产生有毒气体，使水生生物失去了生存条件。过量的 N、P 等营养物质排入湖泊、水库等水体造成富营养化使水体中浮游生物种类单一化，水草、底栖动物和鱼类激减。另外，环境突发事故也会快速对生物多样性造成致命影响，比如石油泄漏事件，严重污染了水体，成为区域范围内的鱼、虾、鸟类以及其他海洋生物的灭顶之灾。

9.3.2.4 过度捕杀、捕捞、偷猎等掠夺式开发利用

在短期经济利益甚至违法高额获利的驱使下，掠夺式的过度开发利用将最直接地造成物种的灭绝。掠夺式的开发利用一般包括森林的过量砍伐，鱼类的过度捕捞，草地过度的放牧和垦殖，野生动植物的乱捕滥杀等行为。造成过度开发利用的原因是某些野生动植物在药用、经济、食用、观赏等方面具有很高的利用价值，但是利用与保护的关系却没有被处理好。温远光在对广西大明山的实地调查中，发现一些人在保护核心区采挖七叶一枝花、短叶罗汉松等植物，这些药材在近年来的收购量急剧下降。特别是 20 世纪 90 年代以来，国际市场比较热门的药用植物提取物大量出口，造成了对野生中药材资源新的更大破坏。

渔业的过度捕捞方面，联合国 2008 年度千年发展报告显示，1978—2004 年，渔业资源开发不足或适度开发的比例呈减少趋势，而过度开发和耗减的渔业资源的比例有所增加。这背后的深层原因是海洋渔业资源属于公共资源，所以人们在对海洋资源利用时会产生负的外部性和使用者之间的博弈行为。2020 年，为了挽救长江生态系统，我国正式宣布长江进入为期 10 年的禁渔期，在谈到长江鱼类资源时，中国水产科学研究院的科研人员痛心地说出 8 个字："严重衰退，濒临枯竭。"长江白鲟的灭绝就是人类非法和过度渔猎的结果。现如今，野生动物贸易已经成为全球第三大非法贸易。由于人类的贪婪和畸形审美，对狐皮、象牙、虎骨、穿山甲、鱼翅、鸟羽等的需求，造成大量野生动物正在遭受毁灭性捕猎之殇。除了动物，野生珍贵树种、野生药材植物也难逃人类的魔掌，水杉、水松、红木、黄花梨正在被人类大量盗采，并引发了生态退化、水土流失等环境问题。人类的非法渔猎、捕捞、盗采和残害，已经成为物种灭绝的重要原因。另外，渔具的滥用，捕捞方式的不规范也会给渔业资源造成重大的影响。

9.3.2.5 全球气候变暖

对于大部分动植物来说，全球变暖带来的急剧变化，会导致其无法快速适应而导致灭绝。生物会为了适应环境改变栖息地，如原本热带区域的生物进入温带，作为缺少天敌的入侵物种，造成当地物种灭绝，从而带来温带生物多样性锐减。生态系统作为一个典型的

复杂系统，其中存在的正反馈会使变化发生得很突然，在全球各个地区及各类生态环境中，不论是哪种场景下，气候变暖都会导致生物多样性出现断崖式的突变。多个科学研究模型预测，如果人类不能达成《巴黎协定》确定的 2℃升温减排目标，到 2100 年全球生物多样性有可能出现断崖式下降，其中陆地生态圈中的 38% 的地区会受到严重影响，海洋生态圈中则有 51% 的区域受到严重影响。

9.3.3　生物多样性丧失的危害

生物多样性是人类社会生存、发展的基础，如果生物多样性遭到破坏，必然会对人类、社会和大自然产生极大的影响和危害。总结而言，生物多样性丧失的影响和后果主要包括以下方面。

1）直接影响未来食物来源和工农业资源。生物多样性为人类提供了大量的食物、纤维、木材、药材等多种工农业资源和材料。随着生物多样性的丧失，会直接或间接地导致上述资源和材料的供应紧张，严重影响人类的生产和生活活动，不利于人们生活质量的提高。

2）打破自然生态系统多年形成的平衡。生态系统是千万年以来地理、气候、生物交互作用而演化形成的相对稳定、平衡的系统，在其中每一种生物都有其独特的作用，都与其他生物和物种形成了稳定的生物链条，一旦其中的某一物种灭绝，将深刻地影响生态系统的平衡，甚至直接引发生态系统的退化或崩溃，而这更可能形成其他物种灭绝的“多米诺骨牌”效应。

3）损害依赖于生物资源的药用价值的开发。从医药学角度而言，现阶段发展中国家几乎有 80%的人口主要依赖传统药物如中药等保障身体健康，而在西药中也有超过 40%的药物成分是提取自野生动植物。生物多样性丧失将会严重损害人类健康的保障。

4）除此之外，生物多样性也为人类直接提供了美学价值，名山大川，自然造化鬼斧神工，花鸟鱼虫，万物斑斓竞自由，构成了令人赏心悦目、心旷神怡的自然美景，也激发了人类的文学甚至科学创作与发现。如果生物多样性丧失得不到有效的遏制，其带给人类的美学价值也将一并消失。

9.3.4　生物多样性保护对策

为了更加高效地应对生物多样性的丧失，避免其灾难性后果发生，全球近 200 个国家共同签署了由联合国环境规划署发起并主导的《生物多样性公约》。该公约于 1993 年 12 月 29 日正式生效，其核心目标在于通过全人类的共同努力保护地球生物多样、生物多样性组成成分的可持续利用以及以公平合理的方式共享生物遗传资源的商业利益。截至当前，联合国和不同的主办国举办了《生物多样性公约》第十五次缔约方大会（COP 15）第一阶段会议于 2021 年 10 月在我国昆明举办，大会的主题是“生态文明：共建地球生命共同体”，旨在倡导推进全球生态文明建设，强调人与自然是生命共同体，强调尊重自然、顺应自然和保护自然，努力达成公约提出的到 2050 年实现生物多样性可持续利用和惠益分享，实现“人与自然和谐共生”的美好愿景。这体现了我国政府积极推动保护全球生物多样的国际责任和意识，会议通过了《昆明宣言》，将推动全球生物多样性保护以及可持续发展工作继续向前。《生物多样性公约》第十五次缔约方大会第二阶段会议于2022年12月召开，通过了“昆明-蒙特利尔全球生物多样性框架”及相关“一揽子”文件。大会通过了60余项决议，在目标、资源调动、遗传资源数码序列信息等关键议题上达成了一致；确立了“3030”目标，即到2030年保护至少30%的全球陆地和海洋等系列目标；建立了有力的资金保障，明确为发展中国家提供资金、技术和能力建设等支持。

我国政府历来高度重视生物多样性的保护工作，并将其作为我国生态文明建设的核心内容。2010年，国务院正式发布了《中国生物多样性保护战略与行动计划》（2011—2030年）（以下简称《行动计划》）。《行动计划》全面分析了我国生物多样性保护面临的问题和挑战，提出了生物多样性保护的目标，其中中期目标是到2020年努力基本控制生物多样性丧失与流失的局面，而长期目标则是到2030年使我国生物多样性得到切实保护，使我国范围内保护区域数量和面积达到合理水平，遗传、物种和生态系统的多样性得到有效保护，构建完善的生物多样性保护法律法规和规章制度，并极大地提高公众保护生物多样的素质和自觉性。此外，我国还于2015年正式发布了《生物多样性保护重大工程实施方案（2015—2020年）》，并提出生物多样性保护的7项重大工程，包括开展生物多样性的调查、评估，观测网络和保护网络的构建以及生物多样性恢复试点等重大工程。

除了在国际和国家层面制定保护生物多样性的公约和行为战略外，也需要社会和政府从技术、农业、海洋、水土保持等方面做出根本性改变。詹绍文（2020）认为在技术层面，人类应该在符合科学伦理的基础上积极利用现代生物技术加速濒危动物的人工繁殖工作；在农业生产方面，必须从可持续发展角度全面审视现有的农业生产方式，推动科学的农业生态实践；在海洋开发和利用方面，加强宏观层面的科学规划和系统管理，在开发利用的同时加强保护区的设立，减少海洋生态的破坏；在水土保护方面，做好一体化、前瞻性和战略性管理，减少水土流失，积极应对土地的荒漠化问题，建立自我循环的陆地水土生态系统。另外，要通过生态工程和生态技术对退化或消失的生态系统进行恢复、重建，再现受影响前的结构和功能使其发挥应有的作用。

张惠远（2021）认为未来我国需要全面梳理现有法律、法规、标准中有关生物多样性保护与绿色发展的内容，调整不同法律、法规之间的冲突和不一致的内容，提高法律、法规的系统性和协调性。在修订完善现有法律、法规、标准的基础上，进一步强化保护地生物多样性监管，加强生物多样性监管基础能力建设，严厉打击盗采盗猎行为，加强国家和地方有关生物多样性法律、法规的执法体系建设。加快生物多样性监测与影响评估、重点物种保护成效评估等标准规范的制（修）订。积极开展生物多样性保护与减贫示范，制定促进自然保护区周边社区环境友好产业发展的相关政策。加快生物安全、生物遗传资源获取与惠益分享管理等方面的立法进程，修改完善《生物遗传资源获取与惠益分享管理条例》，进一步规范生物遗传资源获取与惠益分享活动。抓紧起草生物物种资源保护法律法规，加强生物多样性知识产权保护，规范生物物种资源的保护、采集、收集、研究、开发、贸易、交换、进出口、出入境等活动，严格控制直接商品化利用野生资源，加强全面禁食野生动物、防范外来物种入侵的立法工作，研究修订《农业转基因生物安全管理条例》，研究出符合生物资源保护与可持续利用的激励政策。同时，积极编制《中国生物多样性白皮书》和《中国生物多样性红色名录》，评估全国生物多样性状况，构建生物多样性保护监管平台，明确威胁因素，提炼保护与监管模式，制定保护策略和政策建议。

生物多样性丧失所带来的灾难性后果绝不是某一国、某一地区的灾难，而是全人类的灾难，保护生物多样性需要全人类共同参与、共同行动，世界各国应该从本国实际出发，切实加深对生物多样性的认识程度，并制定和推行切实有效的保护生物多样性的公共政策，为人类及其赖以生存的生态环境的可持续发展贡献自己的力量。

9.4　全球海洋污染

20 世纪 50 年代以来，随着各国社会生产力和科学技术的迅猛发展，海洋受到了来自各方面不同程度的污染和破坏，日益严重的污染给人类的生存和发展带来了极为不利的后果，同时也给生态环境带来了极为严重的破坏。这一问题已经引起了有关国际组织及各国政府的极大关注。为防止、控制和减少污染，在一些国家和国际组织的努力下，国际社会先后制定了一系列公约，它们对防止、控制和减少污染起到了积极的作用。虽然，沿海各国政府及国际组织，针对本国实际情况制定了相应的法律，国际社会也针对世界海洋污染制订了一系列的国际公约，但是当前海洋环境污染的形势还是非常严峻。

9.4.1　海洋污染现状

海洋污染（marine pollution）是指人类活动直接或间接地把物质或能量引入海洋环境，造成或可能造成损害海洋生物资源、危害人类健康、妨碍海洋活动（包括渔业）、损坏海水和海洋环境质量等有害影响。

随着人口增长和经济发展，海洋环境被污染的程度越来越严重，几乎所有近海水域都遭到不同程度的污染。例如，海洋石油和其他运输业迅速发展，海上石油泄漏事件频发，由压舱水携带引起的外来生物入侵问题也日益严重。另外，来自陆源的工农业污染物、沿海城镇的生活污水、过度发展的水产养殖业的有机污染物也大量倾注入海。

人类活动已经改变了沿海生态环境，破坏了其生态系统。围海造地将湿地和滩涂变成城市和农田，入海河流变成排污口或水源地，建设渠坝进行河流改道和污水排放，道路和居住设施建设破坏了沿海林地及草地等。所有上述活动都在不同程度上影响了海岸环境，污染了近海水体质量，对沿海生物多样性构成威胁。人类活动的加剧不仅影响到海洋生物及重要物种的生存，也危及整个海洋生态系统的健康和沿海地区社会经济的持续发展。例如，在美国排名前 20 位的大城市中有 14 个位于沿海地区。在这些大都市地区，土地利用增长率是人口增长率的 4 倍，甚至更高。由于城市的无序扩张，不仅大量占用沿海原生环境，也带来了严重的污染，造成加利福尼亚《濒危物种法案》中 286 个濒危物种中的 188 个物种的衰退。

2008 年，美国国家生态分析与合成研究中心（National Center for Ecological Analysis and Synthesis）等 15 个研究机构的 19 名科学家在《科学》（*Science*）上发表了题为《人类对海洋影响的全球地图》（A Global Map of Human Impact on Marine Ecosystems）的研究成果，全面展示了人类对 20 种类型海洋生态系统的累积影响状况。结果显示，全球海洋受影响严重区域主要包括加勒比海东部、北海和日本海水域；受影响较小的地区主要包括澳大利亚北部和托雷斯海峡等。

迄今为止，世界约一半的沿海湿地已经消失，7 500 km^2 的红树林遭到破坏或退化；海草床严重退化，在很多温带海域已经消失；世界上 58%的珊瑚礁面临人类活动的潜在威胁，大约 10%已经被破坏并且难以恢复。在东南亚，超过 80%的珊瑚礁受到潜在威胁。由于人类活动的影响，世界近 70%的海滩侵蚀速率高于自然过程（WWF/IUCN，1998）。50%的红树林已经被开发或被破坏；人类已经利用了 8%的海洋初级生产力、25%的上升流海域和 35%的温带大陆架海洋生态系统。过去的 2 000 年，地球上大约 1/4 的鸟类已灭绝，特别是在海岛上。目前 11%的现存鸟类，18%的哺乳动物，5%的鱼类和 8%的植物物种面临灭绝威胁。由于这些物种在各自的生态系统中都是决定性物种，其灭绝将会导致其所处的生态系统发生显著的变化，从而引起更多生物物种的灭绝。

沿海地区和海洋的完整性正受到人类社会非可持续发展和过度利用的威胁，世界海洋环境正面临前所未有的变化。造成海洋环境退化的主要因素很多，如有害有毒废物与陆源污染物的排放、对珊瑚礁和红树林的破坏、近海油气钻探和矿产品勘探与开发、溢油事故及各种突发性海洋事故、海岸带旅游的过度开发与过度捕捞等。目前世界上 80%的海洋污染来源与陆地人类活动有关，世界平均半数以上的沿海地区环境面临高度至中度不等的退化危险，这一比例在欧洲为 86%，在亚洲为 69%，在非洲和南美洲约为 50%（UNESC，1999）。当前，较为严重的海洋污染情况包括海洋酸化、微塑料污染、海洋垃圾岛，以及日本核废水等。

9.4.1.1 海洋酸化

自工业革命以来，人类活动在不断向大气中排放大量的 CO_2 气体。大气中 CO_2 含量的上升产生温室效应，造成了全球性的气候异常。与此同时，这些人为排放出的 CO_2 至少有 1/3 进入海洋，进入海洋的 CO_2 会导致海洋酸化。海洋酸化将会导致海水环境发生变化，进而对海洋生物生存和发育产生影响，还会威胁到人类海洋经济的可持续发展。工业革命以来，海水 pH 下降了 0.1。海水酸性的增加，将改变海水化学的种种平衡，使依赖于化学环境稳定性的多种海洋生物乃至生态系统面临巨大威胁。2008 年的海水表面 pH 相较于 1750 年已经下降了 0.1；这表示海洋中的酸性增加了 30%。图 9-6 显示了在不同模拟条件下全球海洋表面 pH 的变化情况。如果按当前排放量的趋势继续下去，到 21 世纪末期，海洋的 pH 可能会再下降 0.3，相较于 1750 年增加一倍的酸度。目前，人类每年释放到大气中 CO_2 量大约为 71 亿 t，其中 25%～30%被海洋吸收。如果按照这样的速度持续下去，到 21 世纪末，表层海水 pH 平均将下降 0.3～0.4。

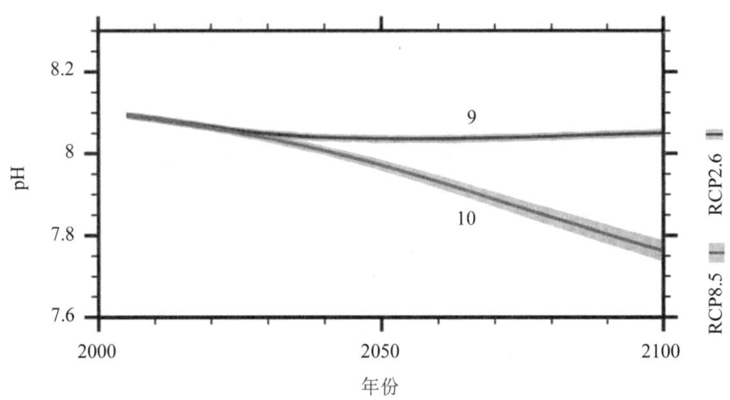

转引自 IPCC AR5，2014。

数据说明：RCP2.6 路径模拟的是到 2100 年全球温度较工业化时代前上升 2℃以内的情景。RCP8.5 路径则模拟的是到 2100 年温升 5℃的情景。RCP8.5 路径却常常被用作基准情景。

图 9-6 基于不同模拟路径下全球海洋表面 pH 变化

9.4.1.2 微塑料污染

塑料是海洋垃圾的主要组成部分，占海洋垃圾的 60%～80%，在某些地区甚至达到 90%～95%，并且以每年递增的趋势增长。据报道全球每年生产的塑料超过 3 亿 t，其中约有 10%的塑料会进入海洋，而事实上人类所消耗的每一片塑料最终都有可能进入大海。难以降解的塑料在环境中会存在百年以上，从而对环境造成持久性影响。研究表明，自 20 世纪 50 年代开始大规模生产塑料至今，人类已经生产了 83 亿 t 塑料，其中的 63 亿 t 已成为垃圾。仅有 9%的塑料垃圾被回收利用，12%被焚烧，79%则进入垃圾填埋场或自然环境中。若不改变塑料生产模式和固体废物管理模式，到 2050 年人类将会产生 120 亿 t 塑料垃圾。

微塑料是指粒径＜5 mm 的塑料碎片，其化学性质较为稳定，可在海洋环境中存在数百至数千年。海洋中漂浮的微塑料不仅能够给各种微生物提供生存和繁殖场所，还可以富集多种有毒化学物质。目前对微塑料潜在危害的研究虽然刚刚起步，但已成为海洋热点问题。因此，在全球塑料生产仍在逐年增加和微塑料污染逐步累积加重的形势下，研究微塑料的环境行为、生态影响以及微塑料污染的控制手段等已经成为海洋生态研究的重要内容。

9.4.1.3 海洋垃圾岛

海洋学家查尔斯·摩尔曾在 1997 年驾船穿过北太平洋环流系统（north pacific gyre）时，发现有大量塑料瓶盖、塑料袋、高频绝缘材料和微小的塑料芯片漂浮在海面上。这个“太平洋垃圾岛”位于加利福尼亚州与夏威夷间海域，这个巨型“塑料旋涡”面积相当于两个美国得克萨斯州，形成了东太平洋上的垃圾场。这些旋涡中的废弃物被鱼、海龟等海洋动物吞食之后会产生大量的毒素，最终经由海洋生物、鸟类的身体进入人类食物链中。科学家们已确定出导致这座超级垃圾堆的形成原因。那些被废弃的空塑料袋通过下水道进入海洋，而不断运动的洋流又使它们聚集在一起，并最终形成了看到的“垃圾岛”。由于洋流呈循环式运动，原本分散的小块垃圾会被逐渐地汇聚在一起。而海洋专家说，这座漂浮在海面上的巨大垃圾岛主要由生活垃圾构成，其中 80%都是废弃的塑料制品，主要来自陆地，重达 350 万 t。

这些微小的塑料碎片造成的破坏，比那些较大的塑料垃圾导致的窒息、诱捕和拥堵造成的危害更大。这些塑料碎片在被小鱼误食以前，就像海绵一样会不断吸附重金属和污染物。它们通过较大的鱼、鸟类和海洋哺乳动物向食物链的上层移动过程中，毒性会不断被浓缩。“绿色和平”（Green Peace）组织的报告说，他们发现至少 267 种海洋生物因误食海洋垃圾或者被海洋垃圾缠住而备受折磨。更为严重的是，东太平洋垃圾场并不是世界上唯一一个面积巨大的海洋垃圾场，同时也不是其中面积最大的。斯克里普斯海洋研究所的科学家希望在不久后造访位于南美洲沿岸的一个大垃圾场。目前对这个垃圾场仍知之甚少。由于塑料的自然降解过程长达数十年甚至上百年，一些地方政府已尝试着禁止生产和在商店中使用塑料袋，并建议消费者们使用可重复使用的网兜。

9.4.1.4 日本核废水

2011 年 3 月 11 日，日本东北部海域发生了里氏 9 级大地震，继而引发了 39.8 m 高的海啸。在震中的福岛海岸线上，有着当时世界上最大的福岛核电站，该核电站的设计应对海啸能力小于 5 m，在遭到 39.8 m 高海啸的冲击时，引发了核泄漏氢气爆炸事故。尽管日本福岛核事故发生已过去 10 多年，但其核污水处理问题仍未解决。2021 年 4 月 13 日，日本政府将召开内阁会议，正式决定将福岛第一核电站的核污水排入大海，但遭到其他国家及日本民众的强烈反对。

如果将核污水排入海洋，海洋里的生物不可避免地会吸收排放的核污水，核污水中的放射性物质经过生物富集，可能会通过食物链进入人体内并累积。美国伍兹霍尔海洋研究所曾于 2019 年指出，福岛核电站的核污水中仍含有碘-129、锶-90、氚、钌-106、碳-14 等放射性元素。这些放射性物质被人体吸收后，随血液循环分布到体内各器官或组织中去，当达到一定剂量时会对人体造成辐照损伤，影响身体健康。其中，碘-129 可以导致甲状腺癌；锶-90 已被世界卫生组织列入一类致癌物清单，是导致白血病的罪魁祸首；氚则是一种难以被清除、含量非常高的同位素，可以在生物体内停留，并引起基因突变；碳-14 在鱼体内的浓度可达正常值的 5 万倍，也可能造成基因损失。

福岛核电站位于日本暖流、千岛寒流和北太平洋暖流的 3 条线交汇处，根据洋流走向的大致分析，核污水影响的可能不仅有日本，还有包括中国在内的沿太平洋的国家或地区。来自德国海洋科学研究机构的计算结果显示，福岛核污水从排放之日起，57 天内放射性物质就将扩散至太平洋大半区域，3 年后美国和加拿大就将遭到核污染影响，10 年后蔓延全球海域。此次日本政府在未到穷尽安全处置手段的情况下，单方面决定以排海方式处置福岛核电站事故的核污水，严重损害了国际公共健康安全和周边国家人民切身利益。虽然，日本排放核污水短期内对海洋的影响有限，但是造成的示范效应极其恶劣，可能的后果也是不可控的，毕竟核辐射所带来的许多后果都是未知的，可能几年甚至几十年之后才会体现出来。

9.4.2 海洋污染的主要特征

海洋污染的特点是污染源多、持续性强、扩散范围广、难以控制。海洋污染造成的海水浑浊严重影响海洋植物（浮游植物和海藻）的光合作用，从而影响海域的生产力。重金属和有机化合物等有毒物质在海域中累积，并通过海洋生物的富集作用，对海洋动物和以此为食的其他动物造成毒害。石油污染在海洋表面形成面积广大的油膜，阻止空气中的 O_2 向海水中溶解，同时石油的分解也消耗水中的 DO，造成海水缺氧，对海洋生物产生危害，并祸及海鸟和人类。由于好氧有机物污染引起的赤潮（海水富营养化的结果），造成海水缺氧，导致海洋生物死亡。海洋污染还会破坏海滨旅游资源。因此，海洋污染已经引起国际社会越来越多的重视。

由于海洋的特殊性，海洋污染与大气、陆地污染有很多不同，其突出特征表现如下：

1）污染源广。人类活动所产生的污染物多种多样，所有这些污染物除直接排放入海外，还可通过江河径流、大气扩散和雨雪沉降而进入海洋，全世界每年往海洋倾倒各种废弃物多达 200 亿 t，所以有人称海洋是陆上一切污染物的“垃圾桶”。

2）持续性强、危害大。由于海洋是地球上位能最低的区域，只能接受来自大气和陆地的污染物质，而这些污染物很难从海洋再转移出去。一些不能溶解和不易分解的物质（如重金属和有机氯农药）会长期蓄积在海洋中，由海洋生物的摄取而进入生物体内，并通过海洋生物的富集作用使得生物体内的污染物质含量比在海水中的浓度高得多。同时海洋生物还能把一些毒性本来不大的无机物转化为毒性很强的有机物（如无机汞被转化为甲基汞），而且污染物质还可以通过食物链传递和放大，对人类造成潜在威胁。

3）扩散范围广。浩瀚的海洋是一个互相连通的整体，进入海水的污染物在海流的携带下，可从一个海区迁移到另一个海区，从沿岸、河口迁移到大洋。例如，日本八丈岛等海域漂浮的沥青团块，通过海流的搬运，可在美国和加拿大西海岸发现。

4）防治困难。由于以上 3 个特点，加上海洋污染有很长的积累过程，不易被及时发现，一旦形成污染，需要耗费巨资、经过长期治理才能消除。在治理过程中，必须牵涉工业布局、资源开发等具体问题，增加海洋污染防治的复杂性。

9.4.3 海洋污染的主要类型

海洋污染主要包括化学污染、生物污染和能量污染等类型，主要污染物及其主要来源见表 9-2。多数污染物直接危害海洋生物的生存和影响其利用价值；一些环境中浓度很低的污染物（如持久性有机污染物和痕量金属等）经过海洋生物富集和沿食物链传递、放大，对高营养级捕食者和人类健康产生威胁；营养盐类和生物可降解的有机废物则是通过引起赤潮、缺氧等富营养化问题，间接地给海洋生物带来毒害影响。此外，外来物种入侵造成的严重生态后果也越来越被人们重视，被称为生物污染。

表 9-2 海洋污染的类型和主要污染物及其来源

污染类型	主要污染物	污染物的主要来源
化学污染	石油烃（原油和从原油分馏出汽油、柴油、润滑油等产品）	船舶和油轮的航行；事故性溢油；海上油气生产；通过径流和大气进入的陆源石油烃
	塑料（聚苯乙烯、聚丙烯、聚氯乙烯等难以生物降解的塑料产品、碎片和微粒）	浅海水产养殖漂浮设施；渔网；水产品容器；沿海和海上生活垃圾
	有机质和营养盐类（糖类、脂类、蛋白类、维生素等有机质和氮、磷等营养盐）	城镇污水和工业废水；农业面源污染；大气沉降；海水养殖自身污染
	持久性有机污染物（杀虫剂、除草剂、多环芳烃、多氯联苯、二噁英等）	农业面源污染；工业废水；海水养殖活动；通过大气沉降带入的垃圾和燃料燃烧中间产物
	重金属（包括 Hg、Cd、Cr、Cu、Pb、Zn 等金属元素和 As 和 Se 等类金属元素）	工业废水、矿山污泥和废水；石油燃烧生成的废气；船舶的防污损涂料；含金属的农药和渔药
	放射性同位素（包括 ^{239}Pu、^{90}Sr 和 ^{137}Cs 等放射性物质）	大气沉降；核武器爆炸、核工业和核动力船舰的排污
生物污染	病原（包括本地和外来的病毒、细菌、真菌和寄生虫等）	由海水养殖引种和饵料携带进入；养殖逃逸动物携带扩散；船舶携带
	非病原外来种（海水养殖外来种、赤潮生物外来种等）	海水养殖引种；远洋船舶及其压舱水携带
	基因（为提高养殖生物生长率、抗病力、品质和环境适应能力而人为转入的外源基因）	转基因养殖动物逃逸；转基因海藻孢子扩散
	生物毒素（如多种贝毒和鱼毒）	有毒赤潮
能量污染	热能	核电厂、水电厂和各种工业冷却水
	噪声	船舶航行；海上和海岸爆破

据统计，每年有 3 000 万～5 000 万 t 未经处理或部分处理的生活污水排入地中海。20 世纪 90 年代初期，有 120 万 t 的氮和 80 万 t 的磷被排入波罗的海，主要来自生活污水和农业化合物。在黑海，由于陆源排污的影响，所有深于 150～200 m 的水体都存在缺氧现象。在北海海域，1991 年大约有 23 000 t 原油、84 097 t 钻探化合物和 5 934 t 生产用化合物被排入海洋中（WWF/IUCN，1998）。在中国，2006 年仅通过 30 余条主要河流排放入海的 COD、油类、NH_3-N、磷酸盐、As 和重金属等主要污染物的入海量约为 1 382 万 t。其中 COD 1193 万 t，约占总量的 86.4%；营养盐 173 万 t，约占总量的 12.5%；石油类 11.7 万 t，重金属 3.0 万 t，As 0.6 万 t（国家海洋局，2007）。

海水养殖污染物排放也相当严重，养殖饵料残留、养殖生物排泄物沉积以及各种养殖添加剂残余的排放等都对养殖海洋环境产生影响。例如在美国，一个 20 万尾规模的鲑鱼养殖场每年排放的 N、P 及粪便大体分别相当于 2 万人、2.5 万人和 6.5 万人未处理的营养物排放量（POC，2003）。而在中国，2002 年仅山东对虾养殖排放的养殖废水就高达 50.4 亿 m^3，其中含氮 504 t、磷 50.4 t、COD 10 080 t；鱼类养殖排放废物中含氮 1 010 t、磷 182 t、BOD 2 453 t；贝类养殖排放氮 796 t、磷 129 t。养殖污染已成为山东沿海养殖密集区海水富营养化和赤潮发生的重要影响因素。而养殖过程中抗生素残余使病原生物产生抗药性的机会和频率增加，杀死沉积底质环境中大量有益微生物，如光合细菌、硝化细菌等，破坏了原有的水环境微生态平衡，造成微生态环境恶化，干扰甚至阻断底栖生态系统的物质循环和能量流动。此外，抗生素还在水生生物体内残留，并通过食物链进行累积，对人类健康产生潜在威胁。

海洋运输是海上污染物排放的主要源头之一。每年通过船舶排放到海洋环境中的油类估计有 56.8 万 t，占全部海洋油类污染的 24%左右。其中有大约 12 万 t 来自船舶意外事故，其余 80%是船舶日常运营中释放的。大量的船舶固体废物和垃圾被抛入大海，漂浮在海上或沉入海底。一些难以降解的物质，如塑料等长期保留在海洋环境中。在世界各大洋面上都漂浮有大量的塑料垃圾，如在太平洋达到 3.5 kg/km^2，在南非近海达到 10 kg/km^2，而在大西洋的马尾藻海域更是高达 17.7 kg/km^2。此外，释放到海中的船舶防污涂料和有毒物质三丁基锡（TBT），也对海洋环境造成一定影响。在海运繁忙的北海海域，每年排放到海洋中的 TBT 在理论上可以高达 240 t。

海洋运输给海洋环境带来的另外一种环境威胁是石油污染，包括燃料泄漏和油船事故。最近的 75 年，世界各国损失石油运输船多达上千艘，其中，1966—1975 年就发生油船事故 160 起，1969—1970 年油船事故中泄漏到海洋中的原油就有 44 万 t。另外，海上油气开发也是一个重要的污染源，平均每年有超 10 万 t 的原油泄漏到海洋中，仅墨西哥湾就有 50 多起油船与钻塔相撞事故。在中国，1980—1997 年发生重大溢油事故 118 起，仅青岛港 1979—1989 年就发生各种溢油事故 208 起，溢油 5 810 t。

1989 年阿拉斯加湾的“瓦尔迪兹”号油轮原油泄漏事故持续了 2 个月，污染了 1 000 余千米的海岸线，不仅给当地 40 万只留鸟和 100 万只候鸟带来毁灭性的影响，也给当地的渔业生产带来沉重的打击。2002 年，西班牙海域“威望”号油轮沉没事件造成大约 6.4 万 t 原油泄漏，影响了整个西班牙北部海岸，并延伸到了法国和英国海岸，原油泄漏持续了 6 个多月，污染了至少 3 000 km 的海岸线。在油轮沉没 1 年后，仍有 5 000～10 000 t 原油留在沉船当中，继续威胁着附近的海洋生态系统。这次原油泄漏事件给当地的海岸和潮间带地区带来了严重的破坏，造成 2 万多只海鸟死亡，渔业产量大幅下降，而对油轮沉没海域的深海海床和海底浅滩的影响尚不明确。

各种营养物质是海洋生物生存的基础，包括各种矿物质和有机物质，但过量的营养物质输入一旦超过了生态系统的承载力和恢复能力，则会对生态系统产生严重的影响。过量的营养物质刺激了微生物的生长，包括浮游植物和小型海藻。浮游生物和大型海藻生物量迅速积累并腐败分解，消耗了大量的水体中的 DO，产生缺氧现象，并出现海底无氧层，造成大量底栖生物的死亡。而上层浮游植物的暴发则降低了水体清澈度及光透度，对水中生物产生影响，最终导致海洋生物多样性的减少。营养物污染是近海海洋环境质量退化的主要原因，通过加速营养物质自内陆水流域到海岸带水体的自然输送，人类活动大大地加速了富营养化进程。这些营养物源头包括农业耕作、污水处理厂、城市径流、化学燃料的燃烧等。

淡水系统中，P 是控制富营养化的关键，而在海洋系统中，N 的输入控制是富营养化管理的关键。P 的流失主要通过土壤侵蚀和污水排放进入海洋，并最终被埋在海洋沉积物中。其通量是非常大的，每年估计有 2 200 万 t 进入海洋。而在人类农业和产业开发活动增加以前估计只有 800 万 t/a。因此，现在人类活动使进入海洋中的磷增加了 1 400 万 t/a，这些磷最终沉积在海底。这与每年在农业中使用的磷肥数量相当（1 600 万 t/a）。人类活动对氮循环的影响也是巨大的，氮循环最大的变化源自对越来越多的合成无机氮肥的依赖。自 1996 年，全球氮肥的使用量大约为 8 300 万 t/a。尽管氮肥的使用使产量大幅提高，但也引起了很多环境问题。依据不同的土壤特性、气候和农作物类型，3%～80%施用的氮肥直接流失到地表水和地下水中。例如北美年均 20%的施用氮肥直接流失到地表水中，而中国的流失率更高一些。

目前，世界上很多海湾和河口，甚至是一些大型半封闭的内海也出现了严重的富营养化问题，包括缺氧、藻类暴发和海草损失等。这些问题在欧洲、北美、日本以及中国最为严重，一些受到影响的大型生态系统包括欧洲波罗的海、北海东部、亚德里亚海北部、黑海西北部；美国的切萨皮克湾、墨西哥湾北部和长岛湾；日本的濑户内海和中国的黄、渤海。除了这些大型生态系统外，很多小型海湾、河口的环境质量因受到富营养化的影响而退化。在美国，一半以上的河口水域已经或多或少地呈现出富营养化状态，全国 139 个河口水域中，有 44 个显示出明显的富营养化迹象，主要集中在墨西哥湾和大西洋中部海岸。类似的富营养化问题也广泛发生在欧洲海湾、峡湾和潟湖。

在中国，主要河口和海湾都处于亚健康或不健康状态，海水质量有进一步恶化的趋势。在重点监控的河口湾中，锦州湾、莱州湾、杭州湾和珠江口生态系统处于不健康状态，主要表现为富营养化及营养盐失衡、生物群落结构异常、河口产卵场退化、生境丧失或改变等。由于海水富营养化产生的海洋赤潮频发，自 20 世纪 70 年代以来，赤潮灾害呈逐年上升趋势。据统计，全球 20 世纪 70 年代发生 9 次，80 年代发生 75 次，90 年代猛增到 262 次，年均 26 次。2013 年，中国海域共发生赤潮 46 次，赤潮累计发生面积约 4 070 km^2，形势非常严峻。

9.4.4 海洋污染的主要危害

9.4.4.1 海洋物种多样性丧失

海洋生态系统具有很高的生物多样性。在 34 个动物门类中，仅在珊瑚礁就生活着 32 个，而在热带雨林只有 9 个。与陆地与淡水生态系统相比，已知的海洋濒危和受威胁的物种很少，但由于缺乏对海洋的了解，以及具有独特基因的海洋生物种群的灭绝，海洋生物多样性可能正在以惊人的速度丧失。即使对于那些广布性物种，这种基因多样性的降低也会造成伤害。生物多样性的丧失也降低了生态系统的功能多样性以及系统的恢复弹性和整体生产力，增加了系统内在的不可预测性。

受人类活动影响，地球上的生物物种在加速灭绝，目前的物种灭绝速度是史前时期的 100～1 000 倍，在不久的将来该速率仍将以 10 倍的速率增加。1975—1999 年，美国《濒危物种法案》名录中所列举的受威胁或濒危海洋物种或种群从 20 种增加到 61 种，另外还有 42 种海洋生物或种群被作为“候选种”。

由于海洋生物分布范围广，种群数量巨大，可以进行远距离地迁徙，并具有惊人的繁殖能力，因此人们认为海洋生物不可能灭绝，但事实却远非如此。尽管海洋生物不像陆地生物那样容易受到人类活动的影响，但海洋生物物种灭绝的确已经在海洋中发生。在某种程度上，由于长期的时间尺度所遮盖或者物种监测资料的缺乏，人们并没有注意到海洋生物的灭绝。根据世界自然保护联盟濒危物种红色名录，只有不到 5%的鱼类，约 27 600 种的保护状态得到评估。当一个物种的种群数量急剧减少到“生态灭绝”水平时，如果该物种在生态系统中具有决定性作用，其灭绝会给整个生态系统结构和功能带来巨大的持续变化，产生难以预料的后果。很多对环境变化敏感的海洋生物，如那些生命周期长、成熟晚、繁殖率低的物种有些已经面临灭绝的风险。正如人类每次入侵一个新的领地引起的物种灭绝一样，人类的海洋开发活动正在造成海洋生物物种的灭绝（图 9-7）。

图 9-7　路易斯安那油污中的死蟹

9.4.4.2　海洋生物多样性降低

海洋物种灭绝现象尽管已经出现，由于海洋生物的生态学特性，其灭绝现象并不常见，有时可能只是由于种群个体稀少，或迁徙到偏远的海域，人们难以发现而已。海洋生物所面临的生存压力更多地来自海洋生物多样性的减少。目前，人类活动是造成海洋生物多样性变化的主要原因，同时一些自然扰动，包括台风、飓风、风暴潮以及厄尔尼诺也对海洋生物多样性产生巨大的影响，但这种影响经常是可逆的，或从长期来看已经融入海洋生态系统结构与功能的宏观时空类型中；而很多人类活动的影响是不可逆的，至少持续影响一代人的生活。海洋生物多样性的主要影响因素包括化学污染、富营养化、自然生境的改变、外来入侵种和全球气候变化。

大规模的海洋捕捞活动是造成海洋生物多样性降低的根本原因，其对生态系统的影响是显著的，包括捕捞对捕食-被捕食关系的影响，引起不可逆的群落结构改变，使系统稳定状态发生改变；改变生物种群大小和体长结构，形成主要由小型个体组成的生物群落，渔业生产力下降；对不同大小的个体和繁殖本能产生基因选择压力，造成地方种群的灭绝；通过副渔获物或丢弃的网具来影响非捕捞目标物种，如鲸类、鸟类、爬行类和软骨鱼类；

以及减少生境的复杂性，对底栖群落产生干扰。所有这些都对海洋生态系统的多样性产生了不可逆转的影响。

图 9-8 给出了苏门答腊珊瑚礁的漂白变化情况。左图是漂白前的情景，右图是漂白后的情景。由于气候的变化和海水升温，导致南亚和印度洋的珊瑚礁在 10 多年内大量死于糟糕的漂白效应。漂白效应是由于温度较高的海水导致海藻离开珊瑚礁所形成的现象。如果珊瑚礁未能重新获得它们的海藻，它们就会被饿死。联合国环境规划署警告称，如果未能有效控制，到 2100 年，海平面温度将会大幅升高，这会给珊瑚礁及其他对温度敏感的海洋生物带来致命的影响。

图 9-8 苏门答腊珊瑚礁漂白

9.4.4.3 海洋渔业种群衰退

根据联合国粮农组织的评估报告，世界十大海洋捕捞物种，其中秘鲁鳀鱼、狭鳕、青鳕、鲣鱼、大西洋鲱、日本鲭、智利竹荚鱼、大西洋带鱼和鱼鳍金枪鱼，都已经被完全开发或过度开发。种群开发达到或超过最大可持续水平的种群比例，随海区的不同而变化很大。中西大西洋、中东大西洋、西北大西洋、西印度洋和西北大西洋海区的种群完全开发率达到了 70%左右；中东太平洋、中西太平洋和西南太平洋海域超过 50%的种群仍处在低度或适度开发状态；而地中海、黑海、西南太平洋和东印度洋 20%～30%的种群仍处在适度或低度开发状态。渔业开发过度，导致渔业资源种群再生能力下降（图 9-9）。

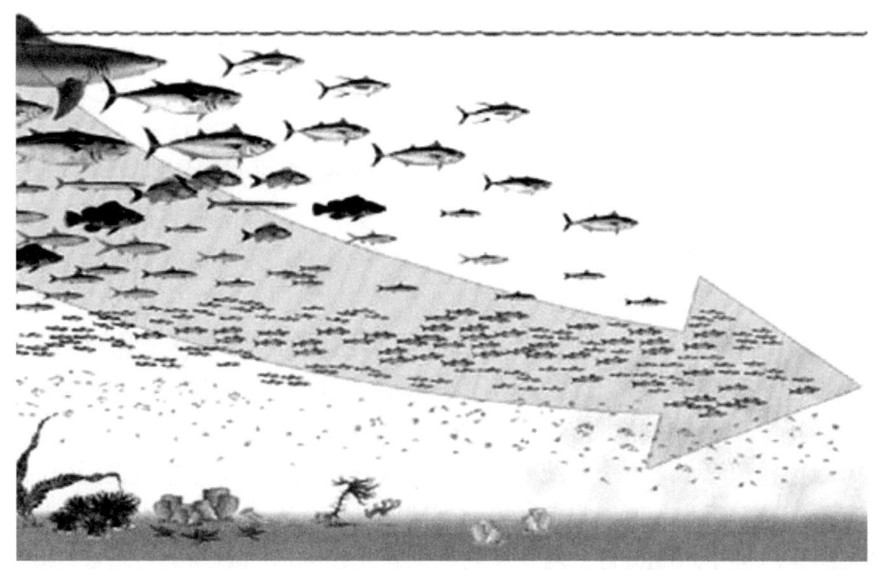

图 9-9　渔业开发过度，资源种群再生能力下降

在东南太平洋海区，80%的渔获物来自 3 种鱼，即秘鲁鳀鱼、智利竹荚鱼和南美拟沙丁鱼。由于受到厄尔尼诺南方震荡（ENSO）相关的阶段性气候变化对捕捞和种群繁殖力的影响，其渔获物产量经常产生大的波动。

随着传统渔业种群的枯竭，海洋捕捞开始将重点放在其他低值的，以及以前未开发或轻度开发的物种上，在一些海区的渔获物构成已经存在长期的变化。例如在西北大西洋，无脊椎动物（软体动物和甲壳类）捕获量已经增加，而底栖鱼类下降。自 20 世纪 60 年代后期以来，鳕鱼捕获量连续下降，而以前的一些低值鱼类，如青鳕和玉筋鱼产量的增加抵消了鳕鱼产量的下滑。在西南大西洋，阿根廷狭鳕的下降与阿根廷鱿鱼产量的上升同时发生。而在西北太平洋，拟沙丁鱼和狭鳕产量的下降被日本鳀、带鱼和鱿鱼产量的增加而弥补。

中国是全球渔业产量最大的海洋渔业国家，2012 年海洋捕捞产量为 1 267.19 万 t，占世界海洋捕捞总产量的比重达到 17.4%，在世界上占有绝对的优势地位。由于统计过程的差异，其数据的真实性曾遭到国际专家的质疑。尽管数据可能存在一定的误差，但中国海域海洋捕捞强度之高是大家普遍认可的。由于多年来高强度的过度捕捞，中国的海洋渔业资源构成正在发生根本性的变化，多种经济鱼类种群急剧衰退，捕捞物种营养级下降现象非常明显。

9.4.4.4　海洋生境退化

除了生物多样性降低外，海洋生境退化是海洋生态系统健康所面临的又一严重威胁。进入 21 世纪，世界范围内大多数海岸带生境已经受到人类活动的直接或间接破坏，生境质量出现不同程度的衰退。海岸湿地是世界上受到人类活动影响最严重的海洋生境类型之一，每年由于农业围垦、海岸带开发、油气钻探、污水、有毒物质和非点源污染排放以及外来入侵种破坏的影响，大面积的湿地正在丧失。此外，由于海洋污染物的排放所造成的富营养化，给河口和海湾生境也造成了严重危害。

我国自20世纪50年代开始围海造陆，至今所造成的海岸滩涂损失已达数万平方千米，已有大约100万 hm^2（占全国湿地总面积的约50%）的湿地被围垦或用于养殖。1992年利用沿海湿地进行海水养殖的面积已达20万 hm^2，是1980年的近20倍。另外，盐场和沿海油气开发也对沿海湿地造成显著的影响。近年来，随着沿海经济的快速发展，海岸带滩涂湿地及近海生境的丧失有加剧的趋势，而主要河口和海湾水体污染所造成的近海海域生境退化，已成为我国近岸渔场消失的主要影响因素之一。

2008年，国家海洋局对18个生态监控区进行了生态监测。监控区总面积达5.2万 km^2，主要生态类型包括海湾、河口、滨海湿地、珊瑚礁、红树林和海草床等典型海洋生态系统。监测内容包括环境质量、生物群落结构、产卵场功能以及开发活动等。监测结果表明，多数珊瑚礁、红树林和海草床生态系统处于健康状态，海南东海岸生态监控区内的珊瑚礁、海草床生态系统，广西北海生态监控区内的珊瑚礁、海草床及红树林生态系统以及北仑河口红树林生态系统健康状况良好；西沙珊瑚礁生态监控区内的珊瑚礁生态系统和雷州半岛西南沿岸生态监控区内的珊瑚礁生态系统处于亚健康状态。主要海湾、河口及滨海湿地生态系统处于亚健康和不健康状态，锦州湾、莱州湾、杭州湾和珠江口生态系统仍处于不健康状态。连续5年的监测结果表明，我国海湾、河口及滨海湿地生态系统存在的主要生态问题是无机氮含量持续增加，氮、磷比例失衡呈不断加重趋势；环境污染、生境丧失或改变、生物群落结构异常状况没有得到根本改变。红树林和海草床生态系统基本保持稳定，珊瑚礁生态系统健康状况略有下降。影响我国近岸海洋生态系统健康的主要因素是陆源污染物排海、围填海活动侵占海洋生境、生物资源过度开发等。总之，我国近岸海域生态系统基本稳定，但生态系统健康状况恶化的趋势仍未得到有效缓解。

9.4.5 应对海洋污染的对策建议

对海洋污染问题的对策建议：

1）加强执法力度，真正做到“执法必严，违法必究”，加强对政府海洋环保职能部门的执法监督，克服地方保护主义。

2）加强对船舶及钻井、采油平台的防污管理。首先应对船舶及钻井、采油平台所有人的管理者进行防污教育，增强其防污意识，提高除污救灾技能。作业者应严格遵守国家的法律法规，确保污水处理设备始终处于良好工作状态，严把除污化学试剂的质量关，严禁使用有毒的化学试剂除污。

3）各地渔政部门、港监防污部门应全面了解本辖区内的水域污染状况。对污染源、地理环境、水文状况、生物资源状况等了解清楚，根据所了解的情况做出防污规划，当好政府的参谋，一旦发生污染事故可根据所了解的情况以最快的速度制订出最好的减灾方案。

4）防止、减轻和控制海上养殖污染。我国海水养殖主要位于水交换能力较差的浅海滩涂和内湾水域，养殖自身污染已引起局部水域环境恶化。今后，应建立海上养殖区环境管理制度和标准，编制海域养殖区域规划，合理控制海域养殖密度和面积，建立各种清洁养殖模式，控制养殖业药物投放，通过实施各种养殖水域的生态修复工程和示范，改善被污染和正在被污染的水产养殖环境，减轻或控制海域养殖业引起的海域环境污染。

5）防止和控制海上倾废污染。严格管理和控制向海洋倾倒废弃物，禁止向海上倾倒放射性废物和有害物质。制订海上船舶溢油和有毒化学品泄漏应急计划，制订港口环境污染事故应急计划，建立应急响应系统，防止、减少突发性污染事故发生。政府部门要加大对重污染企业的打击力度，加强宣传科学的企业发展观，为推进海洋健康发展打下基础。

6）积极引导地方政府、居民、企业和民间组织等社会各界力量积极参与海洋环境的修复，为我国海洋健康发展、和谐发展提供良好的社会环境。在治理中鼓励在自家周围和工厂区种植植物，扩大绿化面积，保持良好的水土环境，建立人造海滩、人造海岸、人造海洋植物生长带，改善海洋生物的生存环境。

9.5 固体废物跨境转移

发达国家将固体废物向发展中国家转移，是值得关注的热点环境问题。固体废物的越境转移危害严重，它是一个最难处置、最具综合性，又是最晚得到重视、最贴近我们的环境问题。作为发达国家进行固体废物转移大国的中国，迫切需要采取加强国际合作交流、健全我国环保法律、提高国民环保意识等有效措施进行自我保护。

9.5.1 固体废物跨境转移现状

9.5.1.1 国际固体废物转移

全世界每年产生的固体废物有 20 亿 t，大部分产生于工业发达国家。有关资料报道，制造 1 台电脑需要 700 多种化学原料，而这些原料一半以上对人体有害。比如 1 台 15 英寸电脑显示器就含有 Pb、Cd、Hg、Cr、聚氯乙烯塑料和溴化阻燃剂等有害物质。电视机、电冰箱、手机等电子产品也都含有 Pb、Cr、Hg 等重金属。每个显示器的显像管内含有 4～8 盎司 Pb。如果处理不妥，这些物质会破坏人的神经、血液系统以及肾脏。据美国国家安全委员会估计，1998 年美国已有 2 000 多万台废弃的个人计算机，这些电子废弃物重达 700 万 t；到 2004 年将有超过 3.15 亿台电脑报废；而到 2005 年，每 1 台新电脑投放市场就有 1 台电脑沦为垃圾。

随着全球经济的发展，面临着越来越严重的环境问题。国际的社会污染转移问题也得到了更多发展中国家的关注，污染的转移给发展中国家带来了许多环境问题，如森林覆盖率降低、水资源污染、土地退化等。1989 年，115 个国家的代表在联合国的主持下签署了《巴塞尔公约》，我国也在 1990 年签署加入，但以美国为首的部分成员国拒绝签署公约，阻碍了公约的实施。

非洲国家已经成为发达国家的电子垃圾处理填埋地，非洲儿童目前正遭受着严重的电子垃圾的威胁。这些电子垃圾大多来自诸如德国、美国、英国等发达国家，垃圾中的 Pb、Hg、Cd 等重金属污染物正在毒害非洲儿童的身体健康。每年有数吨重的电子垃圾从发达国家经海运倾倒至加纳的阿克拉地区，当地贫困儿童的唯一乐趣就是将这些电子垃圾拆卸或烧毁。有些孩子才 8 岁左右，就这样毫无安全保障地裸露于重金属和有毒烟雾中。这些电子垃圾不但严重损害了当地儿童的健康，还对当地的河流及土壤造成严重污染。绿色和平组织的科学家对阿克拉地区的水样和土壤样品进行抽样检测后发现，提取的样品中 Pb、Cd、As、二噁英、呋喃、多氯联苯等有毒物质严重超标。

9.5.1.2 我国面临的跨国污染输出

改革开放以来，我国政府加强了环境保护工作，对危险废物的越境转移和污染密集产业引进，采取了严厉禁止和坚决反对的态度。20 世纪 80 年代开始，国外的污染和垃圾不间断地往我国输出，我国沿海地区（如黑龙江、浙江等省）成了国外垃圾的堆积地。1990 年 3 月 22 日，中国政府签署加入《巴塞尔公约》，同时在我国制定的一系列环境保护法律、法规中都做出了危险废物的越境转移和污染密集产业引进的限制性规定。2000 年至今，被海关查获的污染物包括废旧金属、易拉罐、塑料、携带病菌的衣物等，从生活垃圾到工业垃圾都有，如果再不对国外向我国输出污染的行为进行限制，我国很可能成为世界上最大的垃圾场。对此，我国环境保护部于 2017 年年底发布了《进口可用作原料的固体废物环境保护控制标准》，停止对 4 类 24 种洋垃圾的进口，包括生活废塑料、钒渣、未分类的废纸及废纺织品等，并于 2018 年 3 月开始实施。

近年来，我国部分地区从境外转移污染的事件时有发生。从这些事件分析，发达国家向我国污染输出主要有以下形式：

1）以兜售“资源性”废物为名，通过直接贸易形式把“洋垃圾”转移至我国。即污染物的直接输出。上海、南京也曾经发生类似“洋垃圾”进口的事件。

2）通过提供假检验证书或其他欺诈手段，向我国输出在本国禁止生产和流通的有害产品，一般是一些已经被淘汰的库存产品，即污染产品的输出。

3）以直接贸易的形式向我国输出在本国禁止生产的石棉、铸造、有色金属冶炼、化工、医药、纸浆生产等高污染产业或者项目，即对环境产生污染的技术设备和污染行业的输出。

9.5.2 固体废物跨境转移的主要原因

9.5.2.1 发达国家急于缓解环境污染压力

全世界每年产生的危险废物约有 3 亿 t，其中 90%产生于发达国家。这还只是平均水平，对于发达国家，由于其环境标准往往高于发展中国家，因此在发生同样经济收益量的前提下，其被列为有害废物的副产品的相对数量偏高，这在客观上也促使发达国家通过废物的跨境输出来缓解其国内的环境压力。

9.5.2.2　发展中国家发展经济的需要

各国的经济发展水平、国民的环保意识、环境的经济价值观念的不同带来对有害废物贸易的经济价值评价观的差异。发展中国家由于受经济文化发展水平的制约，满足于进口废物带来的短期资金收入，而发达国家通过输出有害废物，可以节约大量的用于环境治理的资金，还会取得国际贸易利益。据统计，危险废物在非洲处置大约需 40 美元/t，而在欧洲需要 4～25 倍的费用，在美国为 12～36 倍。目前，很多发达国家在处理危险废物方面的环保法规和标准都日益严格起来。

9.5.2.3　发展中国家关于跨国污染的法律不健全

20 世纪 80 年代至今，发展中国家由于其迫切需要发展经济，因此对于污染物的进口并未进行严格的限制，另外国民对于环境保护的意识也较为薄弱，难以推动政府针对环境保护制定健全的法律法规，因此对于限制跨国污染转移的法律不够健全。发展中国家对于跨国污染转移和环境保护的重视程度不足，即使制定了相关的法律法规，在实际操作过程中也难以落实。环境保护法律对于违法者的处罚力度不够大，不足以起到警示他人的作用，并且实操性不够强，相关的法律法规太过理论性和原则化，给出台执行也带来了很大的困难，各地方皆存在着查处不严、处罚力度不足、有法难依的现象。近年来，我国致力于完善环境保护相关的法律法规，2018 年 1 月 1 日开始实施《中华人民共和国环境保护税法》、2017 年重新修订了《进口可用作原料的固体废物环境保护控制标准》，希望在政府的努力下，能改善跨国污染的现象。

9.5.3　固体废物跨境转移的主要危害

固体废物具有多种危害特性，主要表现为与环境安全有关的危害性质（如腐蚀性、爆炸性、易燃性、反应性）和与人体健康有关的危害性质（如致癌性、致畸变性、突变性、传染性、刺激性、毒性、放射性）。固体废物对环境的危害是多方面的，主要是通过水体、大气和土壤等途径造成污染。基于此固体废物的跨境转移主要存在以下几方面危害：

1）造成全球环境危害。固体废物的跨境转移对发展中国家乃至全球环境都具有不可忽视的危害。促使固体废物向不发达地区的扩散实际上是逃避本国规定的处置责任，使危险废物没有得到应有的处理和处置而扩散到环境之中，长期积累的结果必然会对全球环境产生危害。且这些废物是在贸易的名义掩盖下进入的，进口者是为了捞取经济利益，根本不顾其对环境和人体健康可能产生的影响，因此未能得到应有的处理和处置。

2）影响国际关系。固体废物跨境转移涉及两个或两个以上的国家主体，政治性比较强，如果处理不当，这种跨国界的环境纠纷容易转化为政治事件，损伤两国的正常邦交关系，严重的甚至会使国家间发生战争，是导致当今国际社会不和谐的主要因素之一。

3）威胁人类生存。由于跨界污染具有远程性、技术性和隐蔽性特点，防治的难度较大。由于废物的输入国基本上都缺乏处理和处置危险废物的技术手段和经济能力，危险废物的输入必然会导致对当地生态环境和人群健康的损害。

9.5.4 固体废物跨境转移的控制对策

9.5.4.1 国际公约

《巴塞尔公约》的出台对缔约国和非缔约国、有害废物的出口国和进口国来说都是一个制约。在缔约国和非缔约国之间，有害废物的越境转移被禁止。在缔约国之间，有害废物的越境转移被限制在以下条件中：

1）出口国须是由于技术能力和设备方面的原因不能恰当处理有害废物；

2）进口国须是需要该有害废物等作为循环利用的原料；

3）须根据缔约国制定的标准进行越境转移。

9.5.4.2 我国相关的环保法律法规

我国在 1979 年制定的《环境保护法（试行）》中并未对跨国污染转移进行规定，当时我国人民对环境保护重要性的认知还不够。随着我国社会经济的发展和综合国力的提高，逐渐认识到世界环境存在的问题，意识到环境保护的重要性。1997 年《中华人民共和国刑法》关于走私废物做出了新规定；1999 年重新修订《中华人民共和国海洋环境保护法》，新增三条关于水、海领域跨国转移污染物的处罚规定；2002 年全国人大常委会颁布《中华人民共和国清洁生产促进法》，从源头上对污染进行控制；2004 年修订《中华人民共和国固体废物污染环境防治法》，对于跨国转移污染的行为明令禁止并规定了相应的处罚措施。法律在慢慢完善，但仍存在地方政府监控不严，污染物转移只是由公开行为变成了隐蔽行为，因此在未来，我国必须进一步完善市场监管体制，完善走私废物罪量刑，加强对固体废物转移的执法力度，对违法走私污染物到我国境内的不法分子进行严厉的打击。关于控制污染产品及设备转移方面的立法，对构成严重污染的定义不够完善，另外惩罚力度不足，应对污染程度进行具体的规定，并加大引进污染产品及设备的处罚力度，减少该现象的发生。

复习思考题

1．简要分析当前全球环境问题的演化趋势。

2. 简述地球气候系统的能量平衡过程。

3．试述我国当前生物多样性情况。

4．全球海洋污染的主要特征有哪些？主要有哪些危害？

5．导致固体废物跨境转移的原因有哪些？

参考文献与推荐阅读文献

[1] IPCC．气候变化评估报告（第一次至第六次）．

[2] 刘南威．自然地理学（第三版）．北京：科学出版社，2007.
[3] 钱易，唐孝炎．环境保护与可持续发展（第二版）．北京：高等教育出版社，2010.
[4] 唐孝炎，张远航，邵敏．大气环境化学（第二版）．北京：高等教育出版社，2006.
[5] 陈赛．从国际环境法的视角看跨国界污染的国家责任．世界环境，2006（1）.
[6] 李伟芳．跨境环境污染赔偿责任国际法思考．政治与法律，2007（6）.
[7] O. Schachtcr，International Law in Theory and Practice. Minus Nijhoff Publisher's，1991.
[8] Philippes ands. Principles of international environmental law. Cambridge University Press，2003.
[9] 国家海洋局海洋发展战略研究所课题组．中国海洋发展报告（2013）．北京：海洋出版社，2013.
[10] 陈玉刚．全球关系与全球研究//蔡拓，刘贞晔．全球学的构建与全球治理．北京：中国政法大学出版社，2013.
[11] Giddens，Anthony. The Consequences of Modernity. Cambridge：Polity，1990.
[12] 星野昭吉．全球政治和拓展与全球治理、区域治理：全球规模问题群的解决和日本、中国、中日关系//星野昭吉，刘小林．全球政治与东亚区域化：全球化、区域化与中日关系．北京：北京师范大学出版社，2012.
[13] 戴维·郝尔德，安东尼·麦克格鲁．全球化理论研究路径与理论论争．王生才，译．北京：社会科学文献出版社，2009.
[14] 蔡拓，刘贞晔．全球学的构建与全球治理．北京：中国政法大学出版社，2013.
[15] 斯塔夫理阿诺斯．全球通史．吴象婴，梁赤民，译．上海：上海社会科学出版社，1999.
[16] 托马斯·许兰德·埃里克森．全球化的关键概念．周云水，译．北京：译林出版社，2012.
[17] 比莲娜·西西恩－赛恩，罗伯特·内彻．美国海洋政策的未来——新世纪的选择．张耀光，韩增林，译．北京：海洋出版社，2010.
[18] 崔旺来．政府海洋管理研究．北京：海洋出版社，2009.
[19] 海洋综合管理手册：衡量沿岸和海洋综合管理过程和成效的手册．林宁，黄南艳，吴克勤，译．北京：海洋出版社，2008.
[20] 张利权，袁琳．基于生态系统的海岸带管理：以上海崇明东滩为例．北京：海洋出版社，2012.
[21] 舒俭民，高吉喜，张林波，等．全球环境问题．贵阳：贵州科技出版社，2001.
[22] 黄恒学．环境管理学．北京：中国经济出版社，2012.
[23] 叶文虎．环境管理学．北京：高等教育出版社，2000.
[24] 曹旭娟，千珠扎布，梁艳，等，2016．基于NDVI的藏北地区草地退化时空分布特征分析可．草业学报，25（3）：1-8.
[25] 陈银坚．物种灭绝及物种多样性保护探讨．宁夏农林科技，2011，52（8）：70-73，80.
[26] 丛晓男．全球生物多样性保护：进展、挑战与中国担当．世界知识，2021（19）：13-16.
[27] 董洁，唐廷贵．天津物种多样性现状及丧失原因分析//．生物多样性与人类未来——第二届全国生物多样性保护与持续利用研讨会论文集，1996：383-387.
[28] 郭敏．外来物种入侵对生物多样性的影响．农家之友（理论版），2009（1）：15-16.
[29] 贺祚琛．全球生物多样性保护再提速．生态经济，2021，37（12）：1-4.
[30] 黄丽娜，李文宾，廉振民．生物多样性的丧失及其保护．安徽农业科学，2009，37（5）：2217-2219.
[31] 阚宏悦．三江源区生物多样性保护法律制度研究．西南政法大学，2011.

[32] 李钢．COP15：让全世界达成共识逆转生物多样性丧失．环境，2021（10）：18-21.

[33] 李俊生，高吉喜，张晓岚，等．城市化对生物多样性的影响研究综述．生态学杂志，2005（8）：953-957.

[34] 联合国．联合国2008年度千年发展报告．纽约：联合国，2008.

[35] 林学名词审定委员会．林学名词．北京：科学出版社，2016.

[36] 刘纪远，徐新良，邵全琴．近30年来青海三江源地区草地退化的时空特征口．地理学报，2008（4）：364-376.

[37] 卢风，陈杨．全球生态危机．绿色中国，2018（3）：52-55.

[38] 罗秦，刘穷志．生物多样性经济学研究动态．经济学动态，2016（7）：126-134.

[39] 马克平．试论生物多样性的概念：生物多样性，1993（1）：24-26.

[40] 千年生态系统评估委员会．生态系统与人类福祉综合报告．联合国：千年生态系统评估理事会，2005.

[41] 钱迎倩．生物多样性研究的原理与方法．北京：中国科学技术出版社，1994.

[42] 唐议，杨浩然，张燕雪丹.《生物多样性公约》下我国珊瑚礁养护履约进程与改善建议．生物多样性，2022，30（2）：158-168.

[43] 王方琪．生物多样性丧失影响金融稳定．中国银行保险报，2022-03-29（7）.

[44] 文亚峰，韩文军，吴顺．植物遗传多样性及其影响因素．中南林业科技大学学报，2010，30（12）：80-87.

[45] 吴志红．广西外来入侵生物发生危害特征和扩散机制．中国植保导刊，2005（6）：41-43，14.

[46] 严俊杰，刘海军，崔东，等．近15年新盟伊犁河谷场地退化时空变化特征口．草业科学，2018（353）：508：520.

[47] 杨秀娟，张树苗．生物入侵对生物多样性的影响．林业调查规划，2005（1）：36-38.

[48] 詹绍文，赵雅雯．全球生物多样性正在加速丧失．生态经济，2020，36（5）：5-8.

[49] 张发会，何飞，何亚平，等．川西生物多样性的影响因素及其保护对策．四川林业技术，2008，2（6）：46-51.

[50] 张惠远，郝海广，张强作．生物多样性保护与绿色发展之中国实践．北京：科学出版社，2021.06.

[51] 中华人民共和国环境保护部．中国生物多样性保护战略与行动计划：2011—2030年．北京：中国环境科学出版社，2011.

[52] Blake John G，Karr James R.Breeding Birds of Isolated Woodlots：Area and Habitat Relationships.. Ecology，1987，68（6）.

[53] Chen C. Park I，Wang X，et al. China and India lead in greening of the world through land-use management. Nature. 2019.

[54] Denis A. Saunders，Richard J. Hobbs，Chris R. Margules. Biological Consequences of Ecosystem Fragmentation：A Review. Conservation Biology，1991，5（1）.

[55] ICBP. Putting Biodiversity On The Map：Priority Areas For Global Conservation. Cambridge：ICBP. 1992.

[56] Ilkka Hanski. Metapopulation dynamics. Nature：International Weekly Journal of Science，1998，396（6706）.

[57] Wilcox B A. In Situ conservation of genetic resources：determinants of minimum area requirements . In：

McNeely J A，Miller K R. National Parks，Conservation and Development，Proceedings of the World Congress on National Parks. Washington DC：Smithsonian Institution Press，1984.

[58] World Wildlife Fund（WWF）. The importance of biological diversity. Grand：WWF. 1989.

[59] Trisos C.H.，Merow C.，Pigot A.L. The projected timing of abrupt ecological disruption from climate change. Nature，2020，580，496-501. https://doi.org/10.1038/s41586-020-2189-9.

下篇　环境保护对策

第 10 章　环境污染防控技术

环境问题的解决必须要依靠先进、实用的环境污染防治与控制技术。目前的环境污染防控技术主要包括：大气污染综合控制技术、污水处理与资源化技术、固体废物安全处置与资源化技术、土壤污染修复技术以及噪声污染控制技术等，强调从源头预防到末端治理的全过程控制及区域流域综合治理。

10.1　大气污染综合控制技术

在经济发展、社会进步的同时，保障大气环境质量是环境保护的重要任务之一。实施大气污染防治，首先是运用法律、法规及规划、管理等手段，限制污染物排放总量，控制污染物扩散影响范围；其次是运用清洁生产技术消除或减少污染物的产生，采用污染处理技术治理排放的污染物。此外，还应合理利用大气环境的自净能力，最大限度地降低人类活动对环境质量的影响。

2013 年 9 月，国务院发布《大气污染防治行动计划》，着重强化以细颗粒物（$PM_{2.5}$）为重点的大气污染防治工作，提出要综合运用多种手段和技术使全国空气质量总体改善，主要包括：减少污染物排放、严控高耗能高污染行业新增产能、大力推行清洁生产、加快调整能源结构、强化节能环保指标约束、推行激励与约束并举的节能减排新机制、用法律标准“倒逼”产业转型升级、建立区域联防联控机制、将重污染天气纳入地方政府突发事件应急管理、树立全社会“同呼吸、共奋斗”的行为准则。2018 年 7 月，国务院发布《打赢蓝天保卫战三年行动计划》，要求持续推动产业、能源、运输、用地结构调整，实现大幅减少主要大气污染物排放总量，协同减少温室气体排放，进一步明显降低 $PM_{2.5}$ 浓度，明显减少重污染天数，明显改善环境空气质量，明显增强人民的蓝天幸福感。2020 年 11 月，《中共中央关于制定国民经济和社会发展第十四个五年规划和二〇三五年远景目标的建议》公布，在“推动绿色发展，促进人与自然和谐共生”篇中，要求持续改善环境质量。为改善大气环境质量，提出强化多污染物协同控制和区域协同治理，加强细颗粒物和臭氧协同控制，基本消除重污染天气。同时积极应对气候变化，为落实碳达峰碳中和制订了有力的行动方案。2022 年 6 月，生态环境部等七部门印发《减污降碳协同增效实施方案》，协同推进减污降碳工作格局和能力，助力实现碳达峰目标。

10.1.1 源头减排的清洁生产技术措施

大气污染物主要是由化石燃料燃烧、工业生产、交通运输等人类活动产生的。大力发展清洁能源、革新生产工艺、研发环保交通工具，是从源头解决大气污染问题的首选方案。当前我国严重的大气污染现状，激发了能源、化工、材料、汽车等相关行业积极推进绿色化改造的进程，相应的学科也不断补充新的理念、知识和技术。在污染物产生的源头进行有效控制，不仅能为后续治理工作减轻负担，而且往往能取得事半功倍的效果。

消除或减少大气污染物的产生有多种技术途径，主要包括改革能源结构、发展集中供热、进行燃料预处理，以及改革工艺设备和改善燃烧过程等。

10.1.1.1 改革和优化能源结构

目前我国以煤炭为主的能源结构是造成区域大气污染的主要原因。因此，改革能源结构是防治大气污染的一项重要措施。积极发展天然气、核能、水力、太阳能等清洁能源，将显著改善该地区及其周边地区的大气环境质量。2021 年印发的《中共中央 国务院关于完整准确全面贯彻新发展理念做好碳达峰碳中和工作的意见》，提出要加快构建清洁低碳安全高效的能源体系。

（1）以气代煤，发展城市燃气

城市燃气是指符合安全要求、适合城市中居民生活、商业（公共建筑）和工业生产使用的可燃气体，包括天然气、液化石油气、人工煤气、沼气等。发展城市燃气的技术途径主要有：

1）在有条件的地区尝试“煤改气”：在经过多方论证后，我国于 2000 年启动西气东输工程，于 2004 年西气东输管道投入商业运行，天然气开始大规模走入千家万户。这是中国境内距离最长、口径最大、输气量最大的输气管道工程，西起新疆塔里木盆地，东至上海，南至广东和香港。沿线城市可用清洁燃料取代部分电厂、窑炉、化工企业和居民生活使用的燃油和煤炭，使天然气在我国能源消费结构中不断提高比重，有效改善大气环境质量。

2）发展煤的液化、气化和焦炉制气，合理使用煤气、液化石油气和焦炉煤气：需要指出的是，虽然煤气、液化石油气和焦炉煤气均为清洁的能源产品，但其制备过程不可避免地产生大量废水、废气及固体废物。因此，具体到每个项目的设立与实施，应综合原料开采、加工工艺、废物处理、产品使用等各个环节，进行产品生命周期的评估。

3）发展沼气，回收和合理利用沼气和可燃废气：城市污水处理厂通常会产生大量剩余活性污泥，经过厌氧消化处理后可以产生大量沼气，目前已有成熟技术将沼气回收，将其转化为电能形式，自用或进入城市电网。此外，对于含有较多可燃成分的工业废气，如石化行业点火炬的烃类废气、油气田开采初期排空的伴生天然气、采煤过程中释放的瓦斯、冶金行业排空的高炉煤气和焦炉煤气、食物糟粕和垃圾填埋场产生的沼气等，均可以考虑回收和再利用。

我国城市燃气的发展承载着提高人民生活水平和改善城市环境的双重任务。2019 年我国城市燃气管道总长度达到 78.33 万 km，其中天然气管道长度占比达到 98.04%；城市燃气普及率达到 97.29%，天然气城市燃气消费量达到 1 064 亿 m^3。从供气总量来看，2019 年人工煤气、液化石油气、天然气供气总量分别为 27.68 亿 m^3、1 040.81 万 t、1 608.56 亿 m^3。显然，天然气已成为城市燃气的主要气源，每使用 1 万 m^3 天然气，可减少标煤消耗量 12.7 t，减少 CO_2 排放量 33 t，节能减排效益显著。另外，液化石油气等其他气体因基建投资少、建设周期短、供应灵活机动等优势，仍可在天然气管网覆盖不到的地区发挥作用，是城市燃气的补充气源。

（2）采用非化石燃料，实现能源可持续发展

煤炭、石油、天然气等化石燃料均为不可再生能源，从长远发展角度看，开发和利用安全清洁的核能，以及太阳能、地热能、风能、水力、生物质能等可再生能源，是解决大气污染问题和实现可持续能源战略的根本途径。

核能发电是利用核反应堆中核裂变所释放出的热能进行发电的方式，是人类和平利用核能的途径。虽然历史上曾发生过核电站事故，特别是 2011 年日本东北部地区大地震引起福岛第一核电站的放射性核素泄漏，引发了全球对核能发展的担忧。然而，将核能发电与化石燃料发电对比，其所具有的不造成大气污染、低温室效应、高能量密度的优势，仍被许多国家青睐，是可持续能源发展战略中的重要组成部分。

因地制宜地发展和利用各种可再生能源，也是未来能源发展的重要举措。其中，水力发电在全球发展历史悠久，未来需要注重水利建设项目的环境影响评价和开发地的生态补偿。在太阳能利用方面，需要关注太阳能电池板的加工过程是否对生态环境产生负面影响。

10.1.1.2　因地制宜发展集中或分散供热系统

寒冷时期建筑物需要供暖。集中供热，是由一个或多个热源厂（站）通过公用供热管网向整个城市或某些区域的用户供热的方式，其热源可以是热电厂、区域锅炉房、工业余热、地热、太阳能等生产的蒸汽和热水。与其相对立的分散供热，是利用电、天然气、地热等能源产热、供热的局部供暖和单户式采暖方式。

在我国秦岭—陇海线以北地区，利用集中供热取代分散供热的锅炉，是城市基础设施建设的重要内容，也是综合防治大气污染的有效途径。目前，我国集中供热方式主要有热电联产、集中锅炉供热以及余热利用等方式。集中供热具有安全经济、节约能源、改善大气环境质量、方便人民生活等优势。但也存在管网热损失、建设成本高等不利因素，且由于建设或运行管理水平原因会造成用户端冷热不均，以及楼宇入住率不高时的热能浪费等现象。

在我国秦岭—陇海线以南地区，以及在城市热网覆盖不到的地区，没有统一的集中供热系统。对于这些地区冬季室内温度低、舒适度差的问题，住房和城乡建设部鼓励其逐步设置供暖设施，供暖方式以分散供暖为主。分散供暖具有建设规模小、周期短，运行、管理灵活方便，便于计量等优势。但是维护和折旧成本较高，如果采用燃煤为能源，还产生热源效率低、污染物控制难度大的问题。

因此，应根据各地的气象条件、能源状况、环境质量标准、居民生活习惯以及经济承受能力等因素，通过技术经济比较选择供暖方式，因地制宜地发展集中或分散供热。

10.1.1.3 燃料的预处理

我国能源结构在未来较长时期内仍将以煤为主，除了碳、氢等清洁元素，原煤通常还含有硫、磷、氟、砷等杂质元素，其中以硫最为重要。煤炭燃烧时绝大部分的硫被氧化成二氧化硫，随烟气排放，是酸雾、酸雨的元凶。原煤经过洗选、筛分、成型及添加脱硫剂等加工处理，不仅可大大降低含硫量、减少二氧化硫排放量，而且有可观的经济效益。实践表明，民用固硫型煤与燃用原煤相比，节煤25%左右，一氧化碳排放量减少70%～80%，烟尘排放量减少90%，二氧化硫排放量减少40%～50%。据初步估算，洗煤带来的直接和间接效益为洗煤成本的3～4倍。这是最基本、最现实的防治燃煤型大气污染的有效途径。

对于交通运输使用的汽油、柴油等液体燃料，通过对原油蒸馏、催化裂化、热裂化、加氢裂化、催化重整等加工过程，有时还需要加入添加剂（如抗爆剂四乙基铅），可以获得热值高、杂质少、安全性高的燃料。目前发达国家及我国为了保护城市的空气质量，均对机动车用油品质提出要求。

2016年12月23日，环境保护部、国家质检总局发布《轻型汽车污染物排放限值及测量方法（中国第六阶段）》，自2020年7月1日起实施。2018年6月22日，生态环境部、国家质检总局发布《重型柴油车污染物排放限值及测量方法（中国第六阶段）》，自2019年7月1日起实施。2021年5月26日，生态环境部举行例行发布会，通报7月起，我国将全面实施重型柴油车国六排放标准，标志着我国汽车标准全面进入国六时代，基本实现与欧美发达国家（地区）接轨。与国五标准相比，实施重型车国六排放标准，氮氧化物和颗粒物限值分别降低77%和67%。

10.1.1.4 改革工艺设备、改善燃烧过程

通过改造锅炉、改变燃烧方式等办法，可减少燃煤量，从而减少排尘量。例如，控制空气过剩系数、有序地增加二次风；炉内添设导风器、革新煤炉炉排和燃油喷嘴；以及燃油制成水乳剂喷入炉内等，都是有效的技术措施。

通过改进机动车辆的内燃机、尾部排气系统、开发新式引擎等办法可减少一氧化碳、氮氧化物以及碳氢化合物等大气污染物的排放量。

10.1.2 合理利用环境自净作用的技术措施

环境对大气污染物有一定的自净能力。合理利用环境的自净作用是大气污染防治技术的一项重要内容，此外，通过植树造林、人工降雨等措施可以改善区域大气环境质量，提升生态环境对大气污染物的消纳能力。

10.1.2.1 合理产业布局

产业布局是否合理与大气污染的形成关系极为密切。企业选址通常考虑了规模效应、基础设施、交通运输、上下游产业链等因素，因而倾向于集中布局，形成规模化的工业园区。但是对于废气排放量较大、排放集中的企业，还应充分考虑当地地形和气象条件，将

工厂适当分散布设，以利于污染物的扩散、稀释，利用大气环境的自净作用，从而减少废气对大气环境的污染危害。

中华人民共和国成立之初，大多数工业利用城市良好的基础设施条件和交通便捷优势而在市区建厂。随着生产规模扩大和城市人口增长，这种产业布局导致的大气污染现象越来越严重。近年来，重污染老企业纷纷搬迁至远离市区、大气扩散条件好的地区。吸取教训，目前新建企业和工业园区，均在规划选址阶段即充分考虑了其环境影响，避免今后在生产运行过程中产生无法挽回的经济、环境及健康损失。

10.1.2.2　选择有利于污染物扩散的排放方式

排放方式不同，其扩散效果也不一样。一般地，地面污染浓度与烟囱高度的平方成反比，提高烟囱有效高度有利于烟气的稀释扩散，减轻地面污染。但是根据排烟量和烟囱口径，存在一个最佳高度，可使排烟效果最好，目前国外较普遍地采用高烟囱和集合式烟囱排放。

根据“总量控制”的原则，改善排放方式虽可减轻地面污染浓度，而排烟范围却扩大了，尚不能从根本上解决污染问题。

10.1.2.3　绿化环境，净化空气和提高碳汇

绿色植物具有美化环境、调节气候、吸附粉尘、吸收大气中的二氧化碳和有害气体等功能，可以在大面积的范围内，长时间、连续地净化大气，尤其是在大气中的污染物影响范围广、浓度比较低的情况下，植物净化是行之有效的方法。在城市和工业区，根据当地大气污染物的排放特点，合理选择植物种类、扩大绿化面积是大气污染综合防治具有长效能和多功能的保护措施。

10.1.3　大气污染物的治理技术

根据大气污染物的存在状态，其治理技术可概括为两大类：颗粒污染物治理技术和气态污染物治理技术。

10.1.3.1　颗粒污染物治理技术

颗粒污染物治理技术常称除尘技术，其方法和设备主要有以下 4 类：

（1）机械式除尘器除尘

机械式除尘器是利用重力、惯性、离心力等方法将颗粒物从气流中分离出来，达到净化的目的。包括重力沉降室、惯性除尘器和旋风除尘器，其中以旋风除尘的应用最为广泛（图 10-1）。这类除尘设备构造简单、投资少、动力消耗低，除尘效率一般在 40%～90%，在排尘量比较大或除尘要求比较严格的地方，这类设备可作为预处理用，以减轻后续除尘设备的负荷。

（2）湿式除尘器除尘

湿式除尘器是利用水形成液网、液膜或液滴，与尘粒发生惯性碰撞、扩散效应、黏附、

扩散漂移与热漂移、凝聚等作用，从废气中捕集分离尘粒，并兼备吸收气态污染物的作用。其主要优点是：去除尘粒的同时还可去除某些气态污染物；除尘效率较高，比达到同样效率的其他除尘设备投资要低；可以处理高温废气及黏性的尘粒和液滴。但存在能耗较大，废液和泥浆需要处理，金属设备易被腐蚀，在寒冷地区使用有可能发生冻结等问题。

湿式除尘设备式样很多，根据不同的除尘要求，可以选择不同类型的除尘器，图 10-2 所示的是湿式除尘器中结构最简单的一种。目前国内常用的有喷淋塔、文丘里洗涤器、冲击式除尘器和水膜除尘器等。净化的气体从湿式除尘器排出时，一般都带有水滴。为了去除这部分水滴，在湿式除尘器后都附有脱水装置。

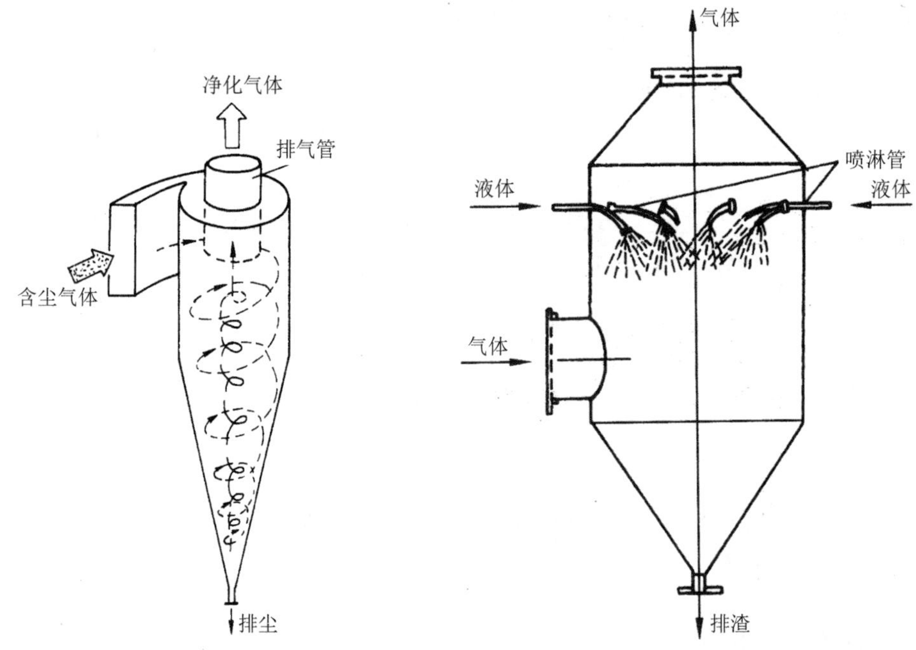

图 10-1 旋风除尘器除尘示意图　　图 10-2 空心重力喷淋塔

（3）过滤式除尘器除尘

过滤式除尘器是利用多孔过滤介质分离捕集气体中固体或液体粒子的净化装置。由于其一次性投资比电除尘器少，而运行费用又比高效湿式除尘器低，随着清灰技术和新型材料的发展，过滤式除尘器在冶金、水泥、陶瓷、化工、食品、机械制造等工业或燃煤锅炉烟气净化中得到广泛应用。

目前在除尘技术中应用的过滤式除尘器可分为内部过滤式和外部过滤式。内部过滤是把多孔滤料填充在框架内作为过滤层，尘粒在滤层内部被捕集，如颗粒层过滤器，其最大特点是：耐高温（可达 400℃）、耐腐蚀、滤材可以长期使用，除尘效率比较高，适用于冲天炉和一般工业炉窑。外部过滤是使用纤维织物、滤纸等作为滤料，通过滤料表面捕集尘粒，如应用最为广泛的袋式除尘器，其性能不受尘源的粉尘浓度、粒度和气体流量变化的影响，对于粒径为 0.5 μm 的尘粒捕集效率可达 98%～99%。图 10-3 所示的是一种典型的、带有振打及反吹清灰装置的袋式除尘器。

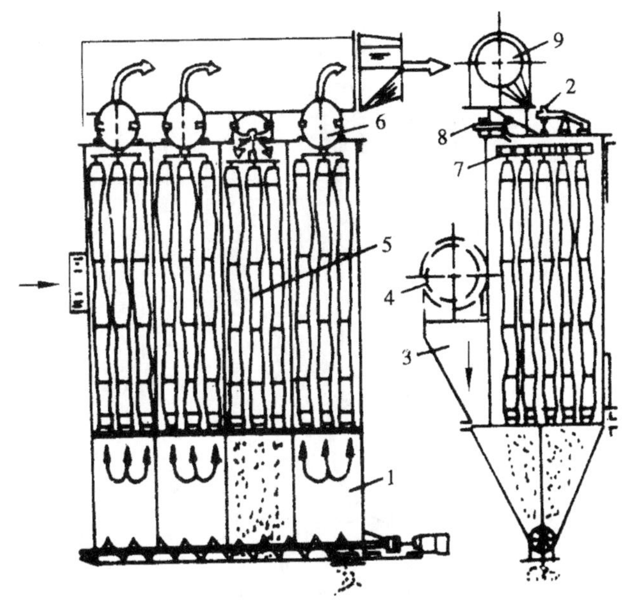

1—灰斗；2—机械振打机构；3—进气分布管道；4—进气管；
5—滤袋；6—主风道阀门；7—支承吊架；8—反吹风阀门；9—排气管道。

图 10-3　带有振打及反吹清灰装置的多室袋式除尘器

（4）电除尘器除尘

电除尘器是使浮游在气体中的粉尘颗粒荷电，在电场的驱动下做定向运动，故而从气体中被分离出来。驱使粉尘做定向运动的力是静电力——库仑力，这是电除尘器（常称静电除尘器）与其他除尘器的本质区别。因此，它具有独特的性能与特点，几乎可以捕集一切细微粉尘及雾状液滴，其捕集粒径范围在 0.01～100 μm。粉尘粒径大于 0.1 μm 时，除尘效率可高达 99%及以上。由于电除尘器是利用库仑力捕集粉尘的，所以风机仅仅担负运送烟气的任务，因而电除尘器的气流阻力很小，为 98～294 Pa，即风机的动力损耗很少。尽管电除尘器本身需要很高的运行电压，但是通过的电流却非常小，因此电除尘器所消耗的电功率亦很小，净化 1 000 m^3/h 烟气耗电 0.1～3 kW·h；此外，电除尘器适用范围广，从低温、低压至高温、高压，在很宽的范围内均能适用，尤其能耐高温，最高可达 500℃。电除尘器的主要缺点是设备造价偏高，钢材消耗量较大；除尘效率受粉尘比电阻的影响很大（最适宜捕集比电阻为 1×10^4～5×10^{11} Ω·cm 的粉尘粒子）；需要高压变电及整流设备。

目前电除尘器在冶金、化工、水泥、建材、火力发电、纺织等工业部门得到广泛应用（图 10-4）。

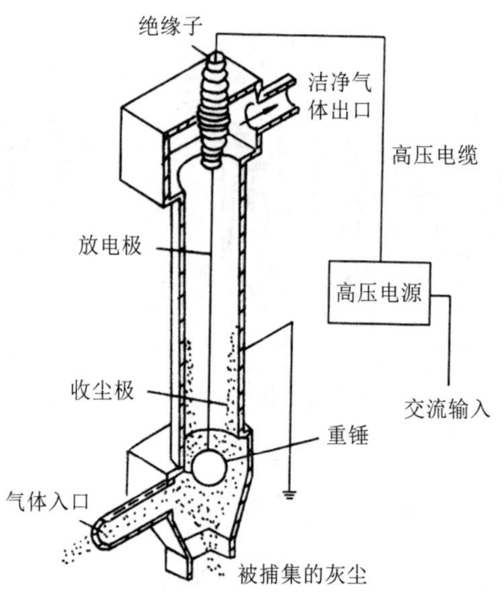

图 10-4　管式电除尘器

烟气除尘技术的方法和设备种类很多，各具不同的性能和特点。在治理颗粒污染物时要选择一种合适的除尘方法和设备，除须考虑当地大气环境质量、尘的环境容许标准、排放标准，设备的除尘效率及有关经济技术指标外，还必须了解尘的特性，如尘粒径、粒度分布、形状、密度、比电阻、亲水性、黏性、可燃性、凝集特性以及含尘气体的化学成分、温度、压力、湿度和黏度等。

10.1.3.2　气态污染物治理技术

1）吸收法。吸收是利用气体混合物中不同组分在吸收剂中溶解度的不同，或者与吸收剂发生选择性化学反应，从而将有害组分从气流中分离出来的过程。吸收法用于治理气态污染物，技术上比较成熟，操作经验比较丰富，适用性强，各种气态污染物（如 SO_2、H_2S、HF、NO_x 等）一般都可选择适宜的吸收剂和设备进行处理，并可回收有用产品。因此，该法在气态污染物治理方面得到广泛应用。

2）吸附法。气体混合物与适当的多孔性固体接触，利用固体表面存在的、未平衡的分子引力或化学键力，把混合物中某一组分或某些组分吸留在固体表面上，这种分离气体混合物的过程称为气体吸附。作为工业上的一种分离过程，吸附已广泛应用于化工、冶金、石油、食品、轻工及高纯气体制备等工业部门。由于吸附法具有分离效率高、能回收有效组分，设备简单，操作方便，易于实现自动控制等优点，已成为治理环境污染的主要方法之一。在大气污染控制中，吸附法可用于中低浓度废气的净化，例如用吸附法回收或净化废气中有机污染物，来治理含低浓度 SO_2（烟气）以及废气中 NO_x 等。

3）催化法。催化法净化气态污染物是利用催化剂的催化作用，将废气中的气体有害物质通过氧化或还原反应，转变为无害物质或转化为易于去除的物质的一种废气治理技术。催化法与吸收法、吸附法不同，应用催化法治理污染物过程中，无须将污染物与主气流分离，可直接将有害物转变为无害物，这不仅可避免产生二次污染，而且可简化操作过程。此外，由于所处理的气态污染物的初始浓度都很低，反应的热效应不大，一般可以不考虑催化剂床层的传热问题，从而大大简化了催化反应器的结构。由于上述优点，促进了催化法净化气态污染物的推广和应用。目前此法已成为一项重要的大气污染治理技术。例如利用催化法使废气中的碳氢化合物转化为 CO_2 和 H_2O，NO_x 转化成 N，SO_2 转化成 SO_3 后加以回收利用，有机废气和臭气催化燃烧，以及汽车尾气的催化净化等。该法的缺点是催化剂价格较高，废气预热需要一定的能量。

4）燃烧法。燃烧法是通过热氧化作用将废气中的可燃有害成分转化为无害物质的方法。例如含烃废气在燃烧中被氧化成无害的 CO_2 和 H_2O。此外，燃烧法还可以消烟、除臭。燃烧法已广泛用于石油化工、有机化工、食品工业、涂料和油漆的生产、金属漆包线的生产、纸浆和造纸、动物饲养场、城市废物的干燥和焚烧处理等主要含有机污染物的废气治理。该法工艺简单、操作方便，可回收含烃废气的热能。但处理可燃组分含量低的废气时，需预热耗能，应注意热能回收。

5）冷凝法。冷凝法是利用物质在不同温度下具有不同饱和蒸气压，采用降低系统温度或提高系统压力，使处于蒸汽状态的污染物冷凝而从废气中分离出来的过程。该法特别适用于处理污染物浓度在 $10\,000\times10^{-6}$ 以上的有机废气。冷凝法在理论上可达到很高的净化程度，但对有害物质要求控制到几个 ppm，则可能费用很高。所以冷凝法不适宜处理低浓度的废气，常作为吸附、燃烧等净化高浓度废气的前处理，以减轻后续方法的负荷。如炼油厂、油毡厂的氧化沥青生产中的尾气，先用冷凝法回收馏出油，然后送去燃烧净化；氯碱及炼金厂中，常用冷凝法使汞蒸气变成液体而加以回收。此外，高湿度废气也用冷凝法使水蒸气冷凝下来，大大减少气体量，便于后续处理。

6）生物法。废气的生物法处理是利用微生物的生命活动过程，把废气中的气态污染物转化成少害甚至无害的物质。自然界中存在各种各样的微生物，因而几乎所有无机和有机的污染物都能被微生物所转化。生物处理不需要再生过程或其他高级处理，与其他净化法相比，其处理设备简单、费用也低，并可以达到无害化目的。因此生物处理技术被广泛地应用于废气治理工程中，特别是有机废气的净化，如屠宰厂、肉类加工厂、金属铸造厂、固体废物堆肥化工厂的臭气处理。该法的局限性在于需要培养和驯化微生物。

7）膜分离法。混合气体在压力梯度作用下，透过特定的半透膜时，不同气体分子具有不同的透过速度，从而使气体混合物中的不同组分达到分离的效果。因此研究不同结构的膜，就可分离不同的气态污染物。根据构成膜物质的不同，分离膜有固体膜和液体膜两种。液膜技术可以分离废气中的 SO_2、NO_x、H_2S 及 CO_2 等，其工业规模运行较少。目前在一些工业实际应用的主要是固体膜。膜法气体分离技术的优点是过程简单，控制方便，操作弹性大，并能在常温下工作，能耗低（因无相变能）。该法已用于石油化工，如合成氨气中回收氢，天然气净化，空气中氧的富集，以及 CO_2 的去除与回收等。

10.2 污水处理与资源化技术

10.2.1 水污染防治的技术措施

水污染防治应以防为主、防治结合、多管齐下。当前水环境污染大多由于人类生产和生活活动而产生，解决水污染问题的重要原则有：源头节水、减污，改革生产工艺和推行清洁生产，减少污水和废水的产生量；发展再生水，实现部分污水和废水的资源化利用；回收污水和废水中的有用物质，促进循环经济；对产生的污水和废水进行妥善处理，选择处理工艺和技术时，必须经济有效、可靠先进。

10.2.1.1 推行清洁生产工艺、发展节水型产业

清洁生产（cleaner production）工艺亦称废物最小量化技术。联合国环境规划署和工业发展组织对清洁生产的定义为：为提高生态效率，降低人类与环境风险，对生产过程，产品和服务活动持续实施的一种综合、预防性的环境战略。

推行清洁生产工艺能减少污染、降低成本、节约能源，它不仅是防治水污染的最佳途径，而且是工业可持续发展所必须遵守的原则。例如，在传统化工和有色金属冶炼过程中，汞化合物常常被用作催化剂，只有研制可替代汞的催化剂或无汞生产工艺，才能从根本上预防汞的污染问题。

在水环境保护方面，节水型工业也具有广阔的发展前景。具体措施是采用先进工艺技术，推行工业冷却水和洗涤用水的重复使用和循环使用，以及改进设备、加强管理、杜绝浪费等。在新工艺方面，以气冷设备代替水冷设备；以逆流漂洗系统代替顺流漂洗系统；以压力淋洗系统代替重力淋洗系统，可以节约20%～90%的用水量。在加强管理方面，目前很多工厂设备老化，管理不善，跑、冒、滴、漏现象严重，据估计，其浪费水量占总耗水量的20%～30%，通过企业内部强化管理和设施维护，可以提高水的利用效率。

10.2.1.2 加快城市污水处理厂的建设

水污染主要是城市生活污水和工业废水任意排放或未达标排放所造成的，新建和扩建城市污水处理设施，对污水进行有效治理，是防治水污染、保护水资源的关键措施。

在世界发达国家，除了大型的集中工业或工业园区采用独立的废水处理系统外，对于大量的中、小型企业的工业废水，大多倾向于采取综合治理方案，即与城市生活污水共同处理的方案，由市政部门设统一的城市污水处理厂；各企业的工业废水在厂内经过必要的预处理，并达到排放标准后，排入城市下水道，与生活污水共同处理。这样做的优点是：建设与运行整体费用低、处理效果好、占地面积小，不影响环境卫生，易于管理，节省监理人员。

污水处理设施，特别是二级、三级处理厂，其建设和运行费用都很高，城市污水处理

厂的建设应因地制宜、合理规划、优化设计，对多种方案进行经济、技术、环境、社会等方面的可行性论证，择优实施，使得污水治理的投入最小，环境效益和社会效益最佳。在有条件的地方可优先采用天然生物净化系统，合理利用环境的自然净化能力。

10.2.1.3 大力发展城市污水资源化

我国是一个水资源严重贫乏的国家。为了缓解城市地区的水荒，我国开展了“南水北调”等调水工程。发展城市污水资源化，不仅可为城市提供新的水源，而且成为节约水资源、防治水污染的有效途径。

城市污水水质较之工业冷却水或洗涤用水要复杂得多，但通过有效净化手段可以使其再生且回用于某些用途，如用于楼宇冲厕和清扫，用于农业灌溉，用作工业冷却用水、洗涤用水或工艺用水，用于市政灌溉绿地和公园、浇洒道路、洗涤车辆、用作消防等，也可用来补给地下水，防止地下水位下降或海水入侵等。对于水资源匮乏的大城市，城市污水资源化往往比从丰水地区远距离引水更经济，环境效益、经济效益、社会效益十分显著。

10.2.1.4 积极研究开发污水处理新技术与新工艺

依靠科技进步，积极研究、不断开发处理功能强、出水水质好、基建投资少、能耗及运行费用低、操作维护简单、处理效果稳定的污水处理新技术、新流程，对于水污染防治具有至关重要的作用。

此外，水污染防治还必须加强和完善各项管理措施，包括水环境立法管理、水资源管理和水环境规划管理，设立专业机构，实施监督、严格执法，是防治水污染、保护水资源必不可少的条件。

10.2.2 污水处理技术

污水处理的目的，就是采用各种方法将污水中含有的污染物分离出来，或将其转化为无害和稳定的物质，从而使污水得到净化。现代的污水处理技术，按其作用原理，可分为物理法、化学法和生物法三类。

10.2.2.1 物理法

污水的物理处理法，就是利用物理作用，分离污水中主要呈悬浮状态和胶体状态的污染物质，在处理过程中不改变其化学性质，属于物理法的处理技术有：

1）沉淀（重力分离）。沉淀法利用污水中的悬浮物和水密度不同的原理，借重力沉降（或上浮）作用，使悬浮物从水中分离出来。沉淀处理设备有沉砂池、沉淀池及隔油池等。图 10-5 为大型城市污水处理厂的辐流式沉淀池，常设置于生化曝气池后，用于分离水和活性污泥。

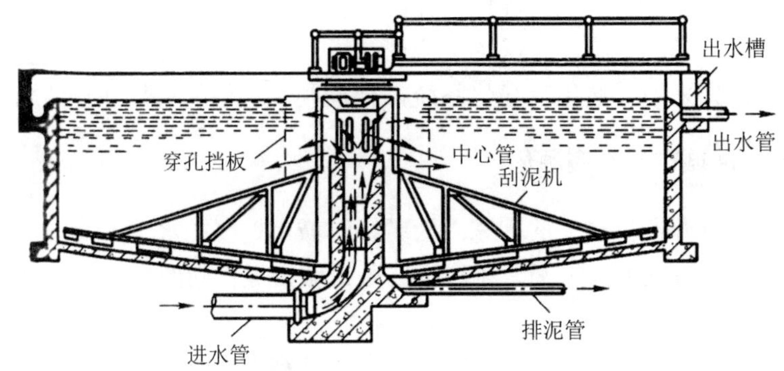

引自蒋展鹏．环境工程学（第2版），北京：高等教育出版社，2005。

图 10-5 辐流式沉淀池

2）筛滤（截留）。筛滤法利用筛分介质截留污水中的悬浮物。筛分介质有钢条、筛网、砂、布、塑料、微孔管等。属于筛滤处理的设备有格栅、微滤机、滤池、真空滤机、压滤机（后两种多用于污泥脱水）等。

3）气浮。气浮法是将空气打入污水中，并使其以微小气泡的形式由水中析出，污水中比重近于水的微小颗粒状污染物质（如浮化油等）黏附到空气泡上，并随气泡上升到水面，形成泡沫浮渣而被去除。根据空气打入方式的不同，气浮法又可分为加压溶气气浮法（图 10-6）、叶轮气浮法和射流气浮法等。为了提高气浮效果，有时需向污水中投加浮选剂。

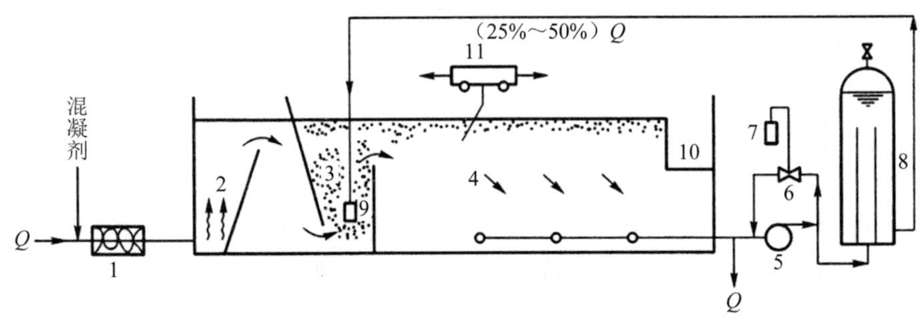

1—混合器；2—反应室；3—入流室；4—分离室；5—泵；6—射流器；
7—气体流量计；8—溶气罐；9—释放器；10—浮渣槽；11—刮渣机。

引自蒋展鹏．环境工程学（第2版），北京：高等教育出版社，2005。

图 10-6 加压溶气气浮流程

4）膜分离。膜分离法采用一种特殊的半透膜，在一定的操作压力下，使水分子及小于半透膜的截留分子质量的小分子物质可以渗透出来，而溶解于水中的其他污染物则被膜截留，从而达到分离溶质、净化水质的目的。膜分离法包括扩散渗析、电渗析、微滤、超滤、反渗透等技术，目前超滤技术在污水处理领域得到推广应用，并可实现污水的再生回用；反渗透技术在纯水制备、苦咸水和海水淡化方面得到成熟运用。

制作半透膜的材料有醋酸纤维（CA）、聚砜（PS）、聚醚砜（PES）、聚乙烯（PE）、聚酰胺（PA）、聚偏二氟乙烯（PVDF）等有机高分子材料，以及陶瓷等无机材料。这些材料被加工成平板式、管式、中空纤维式、卷式的膜组件，应用在实际工程中。与其他物理法相比，膜分离法具有占地少、易于实现自动化控制、处理效率高且稳定等优点；但在实际运行时会发生浓差极化、膜污染等问题。

属于物理法的污水处理技术还有离心分离、磁分离、蒸发等。

10.2.2.2 化学法

污水的化学处理法，就是利用化学反应作用来分离、回收污水中的污染物，或使其转化为无害的物质，属于化学处理法的有：

1）混凝法。水中常含有以自然沉降法不能除去的悬浮微粒和胶体污染物（如黏土、细菌、病毒、蛋白质等），这些呈胶体状态的颗粒物通常带负电荷，互相排斥，形成稳定的混合液。若向水中投加带有相反电荷的电解质（混凝剂），可使污水中的胶体颗粒改变为呈电中性，失去稳定性，并在范德华引力作用下，凝聚成大颗粒而下沉。这种方法适用于处理含油废水、染色废水、洗毛废水、微污染水源水等。常用的混凝剂有硫酸铝、碱式氯化铝、聚合氯化铝（PAC）、硫酸亚铁、三氯化铁等，有时还需要投加助凝剂，如聚丙烯酰胺（PAM），以提高混凝的效果。

2）中和法。用于处理工业酸性废水或碱性废水。向酸性废水中投加碱性物质（如石灰、氢氧化钠、石灰石等），使废水变为中性。对碱性废水可吹入含有 CO_2 的烟道气进行中和，也可用其他酸性物质进行中和。

3）氧化-还原法。废水中呈溶解状态的有机或无机污染物，在投加氧化剂或还原剂后，由于电子的迁移而发生氧化或还原作用，使其转变为无害的物质。常用的氧化剂有空气、漂白粉、氯气、臭氧等。氧化法多用于处理工业含酚、氰废水；常用的还原剂有铁屑、硫酸亚铁等，还原法多用于处理工业含铬、含汞废水。

4）电解法。在废水中插入电极并通入电流，在水的电解过程中，阴极板接受电子、产生氢气，同时阳极板放出电子、产生氧气。废水中有害物质在阳、阴两极上分别发生氧化和还原反应，转化成为无害物质，从而实现废水的净化。目前，电解法主要用于处理工业含铬及含氰废水。

5）吸附法。利用多孔性固体吸附剂，对水中一种或多种溶解性有机或无机污染物进行吸附，可净化水质，甚至实现水的再生回用。常用的吸附剂有活性炭、磺化煤、沸石、硅藻土、木炭、焦炭等。吸附法可去除废水中酚、汞、铬、氰等有毒物质，还有脱色、脱臭等作用。一般用于突发性水污染事件的应急处理，以及污水二级生物处理出水的深度处理。

离子交换法也属于一种吸附法，只是吸附过程中，吸附剂每吸附一个离子，同时也放出一个等当量的离子，如硬水软化（图 10-7）、沸石吸附铵离子。

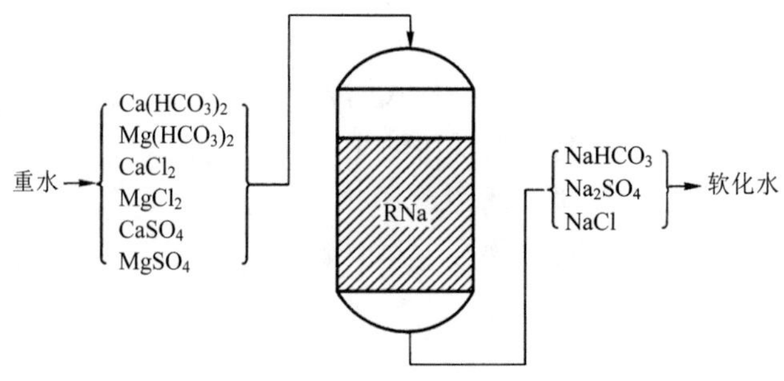

引自蒋展鹏．环境工程学（第 2 版），北京：高等教育出版社，2005。

图 10-7　钠型离子交换柱制备锅炉用软化水

6）电渗析法。通过一种离子交换膜，在直流电作用下，使废水中的离子朝相反电荷的极板方向迁移，阳离子能穿透阳离子交换膜，而被阴离子交换膜所阻；同样，阴离子能穿透阴离子交换膜，而被阳离子交换膜所阻。污水通过由阴、阳离子交换膜所组成的电渗析器时，污水中的阴、阳离子就可以得到分离，达到浓缩和处理的目的。此法可用于工业酸性废水回收、含氰废水处理等。

属于化学法的处理技术还有汽提法、吹脱法、萃取法和化学沉淀法等。

10.2.2.3　生物法

污水的生物处理法，就是利用微生物新陈代谢功能，使污水中呈溶解和胶体状态的有机污染物被降解并转化为无害的物质，使污水得以净化。属于生物处理法的工艺有：

1）活性污泥法。向污水中不断注入空气（曝气），维持水中有足够的溶解氧，经过一段时间后，污水中即出现一种絮凝体，它由大量繁殖的微生物（包括好氧微生物、某些兼性或厌氧微生物）及污水中的固体物质、胶体等构成，易于沉淀分离，使污水得到澄清，这就是“活性污泥”。根据这一原理，构建的污水处理系统即为活性污泥法，这是当前全球使用最广泛的生物处理方法。

活性污泥中的微生物以污水中的有机物为食，获得能量并不断生长增殖，同时有机物被去除，污水得以净化。从曝气池流出并含有大量活性污泥的泥水混合液，经沉淀分离，水被净化排放；沉淀分离后的污泥，部分作为种泥回流曝气池，其余作为剩余污泥进入污泥处理和处置系统。工艺流程如图 10-8 所示。

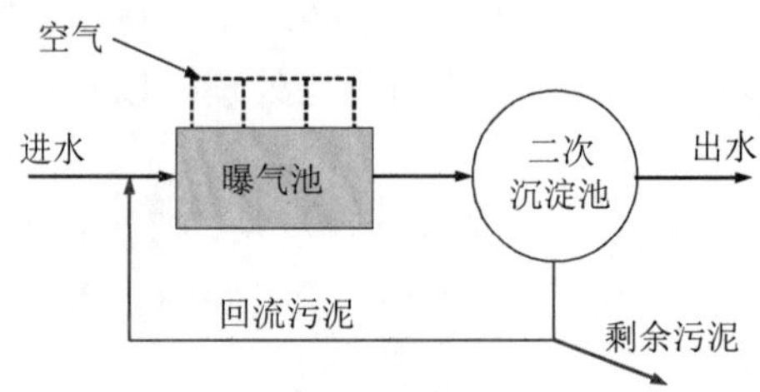

图 10-8　活性污泥法基本流程

活性污泥法经不断发展，已形成多种运行方式和工艺系统。根据活性污泥微生物的不同生长阶段，设计有高负荷生物处理法、普通活性污泥法和延时曝气法；为提升氧传递效率，研发了深井曝气法、纯氧曝气法；为克服曝气量与污染负荷不匹配的问题，产生了阶段曝气法；为提高曝气池对污染物（尤其是难降解物质）的抗冲击能力，廊道推流式的曝气池可以改进为圆形完全混合的曝气池，也可以改进为二段曝气法（AB 法，图 10-9）；为增加该法的脱氮除磷性能，还开发了缺氧/好氧活性污泥法（A/O 法）、厌氧/缺氧/好氧活性污泥法（A^2/O 法，图 10-10），以及序批式活性污泥法（SBR 法）等。

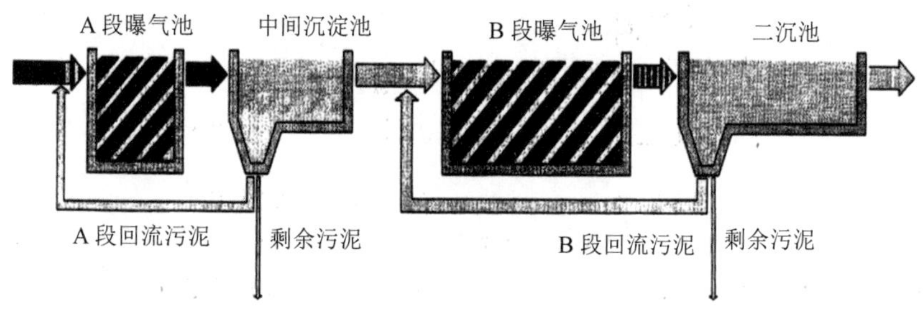

引自蒋展鹏．环境工程学（第 2 版），北京：高等教育出版社，2005。

图 10-9　二段曝气法（AB 法）

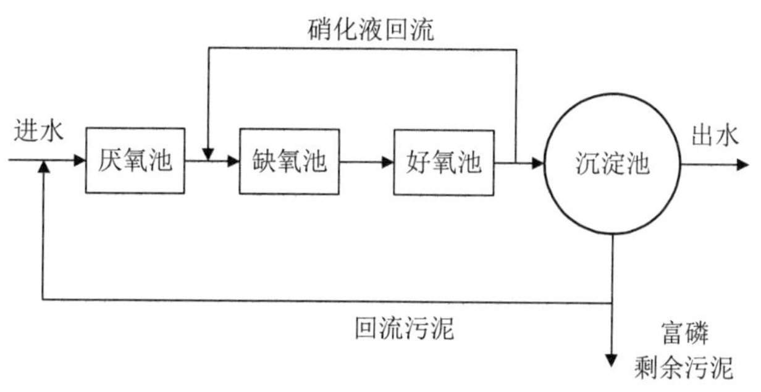

图 10-10　脱氮除磷的活性污泥法处理系统（A^2/O 法）

2）生物膜法。使污水连续流经固体填料（如碎石、炉渣或塑料蜂窝），在填料表面可逐渐形成黏膜状的“生物膜”，其中繁殖有细菌、原生动物、后生动物等大量微生物，能够起到与活性污泥同样的净化作用，吸附和降解水中的有机污染物。从填料上脱落下来的衰老生物膜随污水流入沉淀池，经沉淀分离，污水得以净化。

生物膜法还有多种工艺形式，按处理构筑物的不同，有生物滤池（图 10-11）、生物转盘、生物接触氧化以及生物流化床等。

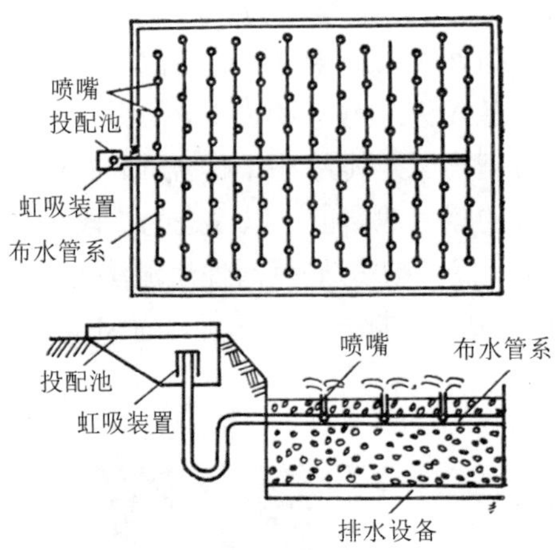

引自蒋展鹏．环境工程学（第 2 版），北京：高等教育出版社，2005。

图 10-11 普通生物滤池的构造

3）厌氧处理法。利用兼性厌氧菌和专性厌氧菌的新陈代谢功能，处理污泥、粪便以及高浓度有机废水，并且可产生沼气的生物处理方法。不仅如此，厌氧处理过程产生的污泥量较少，易于脱水浓缩且可用作肥料，其运转费也远低于好氧生物处理，因此在能源日趋紧张的形势下，厌氧处理法受到世界各国的重视。经过多年的发展，该处理法已从传统的粪便、污泥消化领域，拓展为污水处理的重要方法之一。不但可用于处理高中等浓度的有机污水，还可以处理低浓度有机污水。

典型的厌氧处理法的工艺和设备有传统消化池、高速消化池、厌氧滤池、厌氧接触消化池、升流式厌氧污泥床（UASB，图 10-12）、厌氧附着膜膨胀床、厌氧流化床、颗粒污泥膨胀床反应器等。

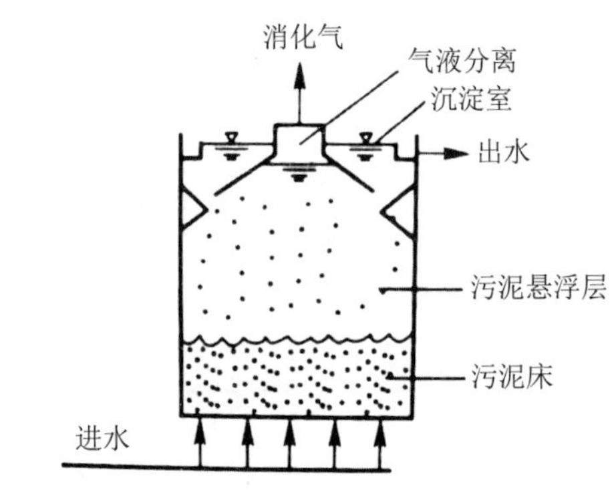

引自蒋展鹏．环境工程学（第 2 版），北京：高等教育出版社，2005。

图 10-12 升流式厌氧污泥床的构造

4）生物稳定塘。将污水或经适当处理的排水引入自然或经人工改造或人工修造的池塘，即“生物稳定塘”，水在塘内缓慢流动、贮存，通过细菌、真菌、藻类、原生动物等微生物的代谢活动，降解其中的有机污染物，从而使来水得到净化，其过程和自然水体的自净过程很接近。

生物稳定塘具有构造简单，易于维护管理，污水净化效果良好，节省能源，能够实现污水资源化等优势，但由于处理时间长、占地面积大，需要因地制宜地建设，并定期进行清理和维护。生物塘按功用和效能的不同可分为厌氧塘、兼性塘、好氧塘（主要为熟化塘或最后净化塘）、水生植物塘、生态塘（如养鱼塘、养鸭塘、养鹅塘）、完全容纳塘（封闭式贮存塘）和控制排放塘等。

5）土地处理法。将污水或经适当处理的排水引入人工构建的土地，利用这一由土壤、微生物、植物组成的生态系统，通过其自我调控机制和对污染物的综合净化功能，实现污水资源化与无害化。土地处理法对污水的净化过程十分复杂，包括物理过滤、吸附、化学反应与化学沉淀、微生物对有机物降解及植物吸收等。该法在处理污水的同时，能够充分利用污水中的水肥资源，有利于农林业生产，具有十分明显的经济效益和环境效益。污水土地处理有多种形式，如慢速渗滤、快速渗滤、地表漫流、湿地灌溉和地下渗滤等。

10.2.3　污水处理流程

生活污水和工业废水中的污染物是多种多样的，不能预期只用一种技术方法就能够把所有的污染物去除殆尽，一种污水往往需要通过由几种方法组成的处理系统进行处理，才能达到要求的处理程度。

污水处理流程的组合，一般遵循先易后难、先简后繁的规律，即首先去除大块垃圾和漂浮物质，然后再依次去除悬浮固体、胶体物质及溶解性物质。即首先使用物理法，然后再使用化学法和生物法。

对于具体的某种污水，采取由哪几种处理方法组成的处理系统，要根据污水的水质、水量，回收其中有用物质的可能性和经济性，排放水体的具体规定，并通过调查研究和经济比较后决定，必要时还应当进行一定的科学试验。调查研究和科学试验是确定处理流程的重要途径。按处理程度划分，污水处理可分为一级处理、二级处理和三级处理。

10.2.3.1　一级处理

一级处理的内容是去除污水中漂浮物和部分悬浮状态的污染物质，调节 pH，减轻污水的腐化程度和后续处理工艺的负荷。物理法中的大部分只能完成一级处理的要求。经过一级处理后的污水，BOD 去除率约为 30%，一般达不到排放标准，还必须进行二级处理。

污水一级处理工艺流程如图 10-13 所示。原生污水首先流经格栅以截留除去大块污物，在沉砂池中去除无机杂粒，以保护其后的处理单元的正常运行。沉砂池出水再流入沉淀池去除悬浮颗粒（主要是有机悬浮物）后，进入二级处理系统（若纳污水体有足够的环境容量，也可经投氯消毒后直接排放）。

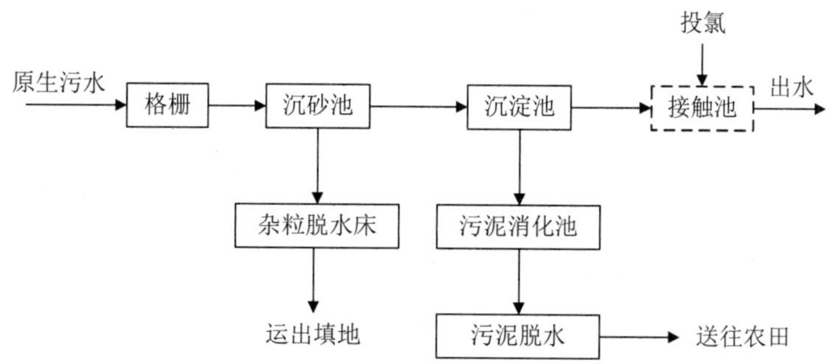

图 10-13　污水一级处理工艺流程

在沉淀池中沉淀的污泥，排于污泥消化池中进行消化处理使之稳定。消化污泥再进入污泥干化场或机械脱水车间进行脱水。脱水污泥，如不超过农用污泥污染物控制标准，可送往农田作有机肥料或土壤改良剂。

10.2.3.2 二级处理

二级处理的主要任务是大幅度地去除污水中呈胶体状态和溶解状态的有机污染物质。根据我国水体污染主要是有机污染的特征，二级处理主要采用生物法作为污水处理的主体工艺，尤以活性污泥法的应用最广（图 10-14）。二级处理工艺 BOD_5 去除率可达 85%～95%（含一级处理），出水 BOD_5 达 20 mg/L 以下。

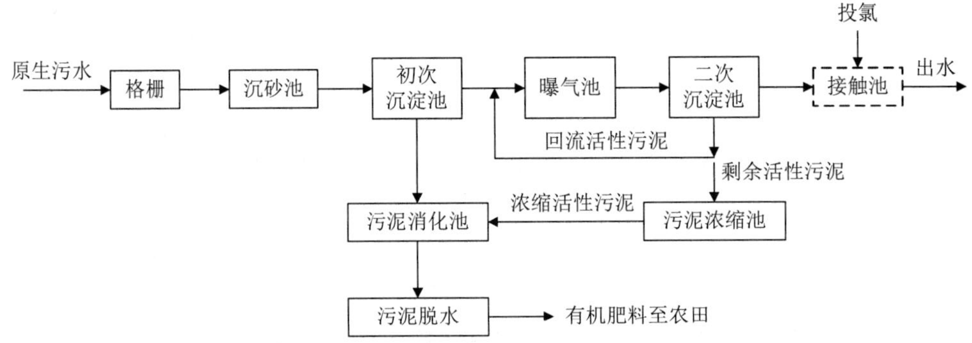

图 10-14 增加二级生物处理的污水处理工艺流程

上述以传统活性污泥法为主体的二级生物处理流程存在基建投资高，运行费用亦很可观，且不能去除氮、磷等营养物质以及难以降解有毒有害有机物，产生的污泥量较多、运行稳定性不够等问题，经过国内外学者的多年研究探索，已成功地开发出一批明显优于传统活性污泥法的二级处理新技术和新流程，如氧化沟技术、AB 法、A/O 流程、A^2/O 流程、MBR（膜生物反应器）等革新的活性污泥法流程和技术；又如天然的生物净化系统、厌氧生物处理技术及生物膜法等替代活性污泥法的流程和技术，使污水二级处理系统朝着多功能、低费用、高效率的方向发展。

10.2.3.3 三级处理

三级处理的目的是进一步去除二级处理所未能去除的污染物质，包括微生物未能降解的有机物及其代谢产物，以及微生物未充分吸收和转化的磷、氮等能够导致水体富营养化的可溶性无机物等。三级处理所用方法多种多样，有生物滤池、混凝沉淀法、砂滤、活性炭吸附、膜分离、离子交换和电渗析等。通过三级处理，BOD_5 能够从 20～30 mg/L 降至 5 mg/L 以下，能够去除大部分的氮和磷。

三级处理是深度处理的同义语，但二者又不完全相同。三级处理是在常规二级处理之后，为了从污水中去除某种特定的污染物质（如磷、氮等），而增加的一项处理工艺。深度处理则往往是以污水回收利用为目的，而在常规处理后增加的处理工艺或系统。污水回用范围很广，从工业利用到生活杂用，对不同回用途径的水质要求也不尽相同，一般深度处理是指那些对水质要求较高而采用的处理工艺。以污水回用为目的处理流程和技术包括：

传统的三级处理流程：在传统的二级处理流程之后加上混凝、沉淀、过滤、吸附、反渗透以及电渗析等三级处理装置，以进一步去除悬浮物、BOD、氮、磷、色度、硬度等的处理流程。

改进的污水再生处理系统：利用革新的二级处理技术再辅以某些其他技术作为三级处理，使其出水水质满足回用要求的流程，如前述的氧化沟、A/O、A^2/O、MBR 等工艺的出水，均比传统活性污泥法的出水水质好，在工艺参数优化或稍加简单的三级处理后即能满足回用要求。因此该流程可缩短或简化传统的三级处理流程。

10.3　固体废物安全处置与资源化技术

10.3.1　概述

固体废物对环境的污染不同于废水、废气和噪声。固体废物呆滞性大、扩散性小，对环境的影响主要是通过水、气和土壤等媒介产生的。废水和废气既是水体、大气和土壤环境的污染源，又是接受其所含污染物的环境。固体废物则不同，它们往往是许多污染成分的终极状态。一些有害气体或飘尘，通过治理，最终富集成为废渣；一些有害溶质和悬浮物，通过治理，最终被分离出来成为污泥或残渣；一些含重金属的可燃固体废物，通过焚烧处理，有害重金属浓集于灰烬中。这些“终态”物质中的有害成分，在长期的自然因素作用下，又会转入大气、水体和土壤，故又成为大气、水体和土壤环境的污染“源头”。这种污染“源头”和“终态”的特性使固体废物的环境污染问题成为世界各国关注的热点。《中国 21 世纪议程》指出，“实施废物（尤其是有害废物）最小量化；对于已产生的固体废物首先要实施资源化管理和推行资源化技术，发展无害化处理处置技术”将是我国固体废物污染控制的长期战略任务。我国于 1995 年制定了《中华人民共和国固体废物污染环境防治法》，历经 2004 年、2020 年两次修订，2013 年、2015 年、2016 年三次修正，共九章一百二十六条，对工业固体废物、生活垃圾、建筑垃圾和农业固体废物、危险废物等污染环境的防治分别进行了规定。部分地区在城市规划、产业布局、基础设施建设方面，对于固体废物减量、回收、利用与处置问题重视不够、考虑不足，严重影响城市经济社会可持续发展。

2018 年 12 月 29 日，国务院办公厅印发《“无废城市”建设试点工作方案》，要求稳步推进“无废城市”建设试点工作。“无废城市”是以创新、协调、绿色、开放、共享的新发展理念为引领，通过推动形成绿色发展方式和生活方式，持续推进固体废物源头减量和资源化利用，最大限度减少填埋量，将固体废物环境影响降至最低的城市发展模式，也是一种先进的城市管理理念。《“无废城市”建设试点工作方案》明确了 6 项重点任务：①强化顶层设计引领，发挥政府宏观指导作用；②实施工业绿色生产，推动大宗工业固体废物贮存处置总量趋零增长；③推行农业绿色生产，促进主要农业废弃物全量利用；④践行绿色生活方式，推动生活垃圾源头减量和资源化利用；⑤提升风险防控能力，强化危险废物全面安全管控；⑥激发市场主体活力，培育产业发展新模式。

10.3.2 固体废物最小量化技术

固体废物最小量化是指在工业生产过程中，通过产品改换、工艺改革或循环利用等途径，使处理、贮存或处置之前的废物产生量最小，以达到节约资源、减少污染和便于处理、处置的目的。工业生产行业众多，产品门类复杂，不同行业、不同产品可以有不同的最小量化技术方法。概括起来可分为以下四类：

10.3.2.1 改换产品，消除有害废物的产生

如用高效低毒、低残留农药杀虫剂产品代替高毒、高残留农药（如 DDT、“六六六”等）；在 PVD 塑料生产中，开发使用不含重金属的稳定剂，用以代替含 Cd、Pb 的稳定剂；印刷业用水基墨取代溶剂基墨；油漆业用水基漆取代溶剂基漆等。

10.3.2.2 改革生产工艺，将排废工艺改为少废、无废工艺

落后的生产工艺是产生固体废物的主要原因，因此应首先淘汰旧工艺，采用无废、少废的新工艺。如传统的苯胺生产工艺采用铁粉还原法，生产过程产生大量含硝基苯、苯胺的铁泥和废水。南京化工厂采用流化床气相加氢制苯胺新工艺，便不再产生铁泥废渣，固体废物产生量由 2 500 kg/t（产品）减到 5 kg/t（产品），并且大大降低了能耗。其次，纯化原料是减少固体废物的有效技术方法。如铬盐生产前对铬矿进行分选，可减少铬渣 30%以上；选矿工艺中铁精矿品位每提高 1%，可使高炉利用系数增加 2%～3%，焦炭耗量减少 1.5%，石灰石耗量减少 2%，工业先进国家采用这种方法后，高炉渣排放量比原来减少 1/2 以上。

此外，将有害废物与一般废物分流，或将不同的有害废物分流，便于有用物质的回收和有害废物的处理处置；提高产品质量，延长产品寿命，尽量减少废物的产生；采用自动监测、自动操作、自动控制系统消除生产过程中的跑、冒、滴、漏，可减少人为产生废物的机会；开发可多次重复使用的制成品，取代只能使用一次的制成品，如瓶类和食品容器等，可降低废物的产生频率。

10.3.2.3 改进生产设备，提高设备效率及原材料利用率

优先采用不产生废物或废物产生量最少的设备；改进现有设备，优化化学反应过程和原材料的使用，减少单位产品物质消耗量，提高废物回收利用率；发展专业化生产设备及优化协作，包括集中下料，科学套裁，采用计算机、光电跟踪、仿形数控切割等先进的下料方法及设备，以减少废物的排放量。

10.3.2.4 循环回收和利用，建立生产过程中的废物循环系统

在车间或企业内部建立闭路循环系统，如化工、冶金、电镀和轻工行业等都有很多闭

路循环的成功经验，通过现场分离回收，可能使第一种产品的废物成为第二种产品的原料，使第二种产品的废物成为第三种产品的原料等。在工业园区，也可以依照生态学原理建立园区物质循环系统，如我国目前有多家生态工业园，通过生态化规划、设计或改造，可能使第一家企业的废物成为第二家企业的原料，使第二家企业的废物成为第三家企业的原料等。如此实现小到企业车间、大到园区系统的废物排放最小量化。

固体废物最小量化技术属源头预防范畴，实施工业生产中的固体废物最小量化目前有很多技术问题尚待解决，但首先是要转变观念，树立保护环境、控制污染首先要树立废物最小量化的观念，而不是选择废物产生以后做无害化的处理和处置。为了使废物最小量化技术在控制固体废物污染中起主导作用，应逐步在法规、标准、政策和管理体制上采取一系列措施加以鼓励和保障。

10.3.3 固体废物处理与资源化技术

固体废物的产生有其必然性，即使实施固体废物最小量化技术，仍然不可避免地要排放一定数量的固体废物。为了控制其在运输、储存、利用和处理过程中可能对环境造成的污染危害，必须对固体废物加以物理、化学或生物的处理，使其进一步减量化、稳定化和无害化，并对其中的有用物质和能源加以回收利用。

固体废物处理与资源化技术主要包括压实、破碎、分选、固化处理、热化学处理及生物处理技术等。

10.3.3.1 压实技术

压实是一种对废物实施减容化，降低运输成本，延长填埋场寿命的预处理技术。这种方法通过对废物施加 200～250 kg/cm^2 的压力，将其做成边长约 1.0 m 的固化块，外面用金属网捆包后，再用沥青涂层。这种处理方法不仅可以大大减少废物的容积，而且改善废物运输和填埋操作过程中的卫生条件，并有效防止填埋场的地面沉降。但是，对于含水率较高的废弃物，在进行压实处理时会产生污染物浓度较高的废液，必须对收集废液进行处理。

10.3.3.2 破碎技术

固体废物破碎技术通常用作运输、储存、资源化和最终处置的预处理。其目的是使固体废物的容积减少，便于运输；为固体废物分选提供所要求的入选粒度，以便回收废物中的其他成分；使固体废物的比表面积增加，提高焚烧、热分解、熔融等作业的稳定性和热效率；防止粗大、锋利的固体废物对处理设备的损坏。经破碎后固体废物直接进行填埋处置时，压实密度高而均匀，可以加快填埋处置场的早期稳定化。

破碎方法主要有挤压破碎、剪切破碎、冲击破碎以及由这几种方式组合起来的破碎方法。这些破碎方法各有优缺点，对处理对象的性质也有一定程度的限制。挤压破碎结构简单，所需动力消耗少，对设备磨损少，运行费用低，适于处理混凝土等大块物料，但不适于处理塑料、橡胶等柔性物料；剪切破碎适于破碎塑料、橡胶等柔性物料，但处理容量小；冲击破碎适于处理硬质物料，破碎比较大，但对机械设备磨损也较大。图 10-15 显示了

Hammer Mills 锤式破碎机，对于复合材料的破碎可以采用挤压—剪切或冲击—剪切等组合式破碎方法。

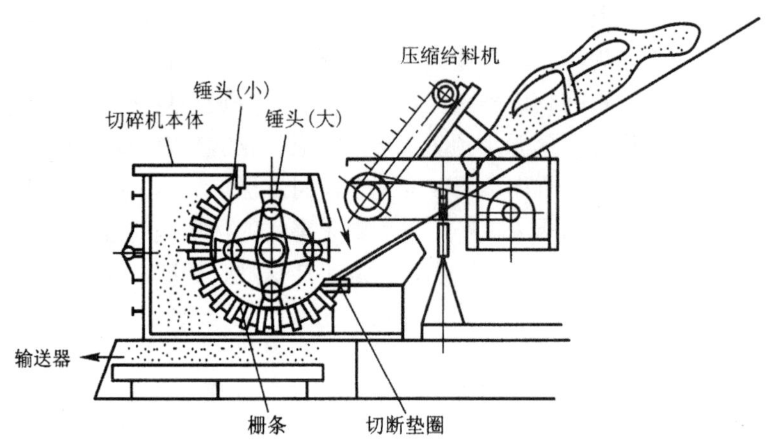

引自李国鼎．环境工程手册（固体废物防治技术卷）．北京：高等教育出版社，2003。

图 10-15　锤式破碎机结构

这些破碎方法都存在噪声大、振动大、产生粉尘等缺点。近年来，为了减少和避免上述缺点，研发了低温破碎方法，即将废物用液氮等制冷剂降温脆化，然后再进行破碎的方法。这种新技术需要的成本较高，但是与常温破碎相比，所需动力很低，能得到更细的物料；热敏性物质在破碎过程中不会被氧化；而且利用各种物质低温脆性的差异，能够实现混合物的选择性破碎。

10.3.3.3　分选技术

固体废物分选是实现固体废物资源化、减量化的重要手段，通过分选可以提高回收物质的纯度和价值，有利于后续的加工、处理和处置。根据物质的粒度、密度、磁性、光电性、摩擦性、弹性以及表面润湿性等特性差异，固体废物分选有多种不同的分选方法。

常用的分选技术有：利用废物之间粒度的差别，通过筛网进行分离的筛分方法；利用废物之间重力的差别，对物料进行分离的重力分选方法，按介质的不同，重力分选又可以分为重介质分选、风力分选和摇床分选等；利用铁系金属的磁性，从废物中分离回收铁金属的磁力分选方法；利用非铁系金属的磁性差异，对固体废物进行分离的涡电流分选方法，其原理是：将非磁性而导电的金属置于不断变化的磁场中，金属内部会发生涡电流并相互之间产生排斥力，由于这种排斥力随金属的固有电阻、磁导率等特性及磁场密度的变化速度及大小而不同，从而起到分选金属的作用。此外，还有利用物质表面对光反射特性的不同而进行的光学分选。

10.3.3.4　固化处理技术

固化处理是通过向废物中添加固化基材，使废物中的有害物质被包容在无害的固化基材中，从而达到无害化、稳定化的目的。固化处理根据基材的不同可以分为水泥固化、沥青固化、玻璃固化和自胶结固化等。

1）水泥固化。水泥是一种无机胶结剂，经水化反应后可形成坚硬的水泥块，能将砂、石等添加料牢固地凝结在一起。水泥固化就是利用水泥的这种特性，将水泥以一定比例混入废物中，水化反应后将废物包容在 $3CaO \cdot SiO_2$ 水化结晶体中间，以降低废物中有害物质的浸出，达到无害化的目的。

2）沥青固化。沥青固化是将固体废物与沥青混合后，通过加热、蒸发实现固化的一种工艺过程。经沥青固化后得到的固化体空隙小、致密度高、难以被水浸透，与水泥固化相比，有害物质的浸出率小 2～3 个数量级。

3）玻璃固化。玻璃的溶解度及其所含成分的浸出率都非常低，运用成熟的玻璃制造技术，将含有重金属等有害物质的废物进行玻璃化，使有害物质固定在玻璃体内部，这就是玻璃固化。该法具有固化体结构致密，在水中以及酸性、碱性溶液中的浸出率低，减容率非常高等优点。

4）自胶结固化。自胶结固化是利用废物本身的胶结特性进行固化处理的一种方法，其原理是二水硫酸钙（$CaSO_4 \cdot 2H_2O$）和二水亚硫酸钙（$CaSO_3 \cdot 2H_2O$）在一定温度下加热，可脱水形成半水硫酸钙，这些半水化合物具有胶结作用，不需要加入大量添加剂即可固化。自胶结固化法具有工艺简单，固化体抗渗透性高及抗微生物降解，污染物浸出率低等优点。主要用于处理硫酸钙体系和硅酸盐体系的固体废物，如磷石膏、烟道气脱硫废渣等。

10.3.3.5 热化学处理与资源化技术

热化学处理是高有机物含量的固体废物无害化、减量化、资源化的一种有效方法。它是利用高温破坏和改变固体废物的组成和结构，使废物中的有机有害物质得到分解或转化，从而达到无害化的目的，并充分实现废物的减量化。同时，通过回收处理过程中产生的余热或有价值的分解产物，可使废物中的潜在资源得到再生利用。目前，常用的热化学处理与资源化技术主要有焚烧、热解、湿式氧化等。

1）焚烧。焚烧法是固体废物高温分解和深度氧化的综合处理过程。固体废物的焚烧过程与以加热为目的的燃烧过程有所不同。后者为了保持良好的燃烧状况，实现完全燃烧，要求被燃物与空气以适当的比例混合，并迅速点火燃烧。这种条件对于气体、液体或粉状的固体燃烧比较容易实现，但对于物理性质和化学性质复杂的固体废物来说相对困难，这是由于固体废物的组成、热值、形状、燃烧状况等均随时间和区域的不同而有较大的变化，同时焚烧后产生的尾气和灰渣也会随之改变。因此，固体废物的焚烧设备要求适应性强，操作弹性大，并有一定程度的自动调节功能。

焚烧法的优点在于能迅速地、大幅度地减少可燃性废物的容积，彻底消除有害细菌和病毒，破坏毒性有机物，并能回收燃烧产生的热能。它的缺点是容易造成二次污染，投资和运行费用较高。为了减少二次污染，要求焚烧设施必须配置控制污染的设备，这又进一步提高了设备的投资和处理成本。图 10-16 为连续供料型的城市垃圾焚烧系统的流程。

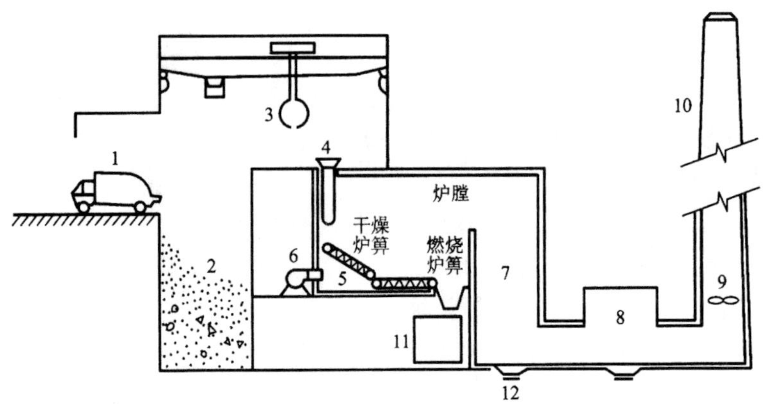

引自蒋展鹏．环境工程学（第 2 版），北京：高等教育出版社，2005。

1—运料卡车；2—储料仓库；3—吊车抓斗；4—装料漏斗；5—自动输送炉箅；6—强制送风机；
7—燃烧室与废热回收装置；8—废气净化装置；9—引风机；10—灰渣斗；11—冲灰渣沟。

图 10-16　城市垃圾焚烧系统流程

2）热解。热解是将有机固体废物在无氧或缺氧条件下高温（500～1 000℃）加热，使之分解为气态、液态、固态三类产物，气态的有 H_2、CH_4、碳氢化合物、CO 等可燃气体；液态的含有甲醇、丙酮、醋酸、乙醛等成分的燃料油；固态的主要为固体碳。该法的主要优点是能够将废物中的有机物转化为便于贮存和运输的有用燃料，而且尾气排放量和残渣量较少，是一种低污染的处理与资源化技术。

3）湿式氧化。湿式氧化法又称湿式燃烧法，是指有机固体废物在水介质存在的条件下，加以适当的温度和压力所进行的快速氧化过程。进料应为流动状态，可以用泵加入湿式氧化系统。由于有机物的氧化过程是放热过程，所以，反应一旦开始，湿式氧化过程就会自动进行，而不需要投加辅助燃料。排放的尾气中主要含有 CO_2、N_2、过剩的 O_2 和其他气体，液相中包括残留的金属盐类和未完全反应的有机物。有机物的氧化程度取决于反应温度、压力和废物在反应器内的停留时间。增加温度和压力可以加快反应速度，提高 COD 的转化率，但温度最高不能超过水的临界温度。

10.3.3.6　生物处理与资源化技术

生物处理与资源化技术利用微生物对有机固体废物的分解作用而实现其无害化和资源化，它不仅可以使有机固体废物转化为能源、食品、饲料和肥料，还可以用来从废品和废渣中提取金属，是有机固体废物处理与资源化的一种有效而又经济的技术方法。目前应用比较广泛的技术有堆肥化、沼气化、废纤维素糖化、废纤维饲料化和生物浸出等。

1）堆肥化。堆肥化是依靠自然界广泛分布的细菌、放线菌、真菌等微生物，人为地促进可生物降解的有机物转化为稳定的腐殖质的生物过程。堆肥化的产物称为堆肥，是一种廉价、优质的土壤改良肥料，具有改良土壤结构，增大土壤吸水性，减少无机氮流失，促进难溶磷转化为易溶磷，增加土壤缓冲能力，提高化学肥料的肥效等多种功能。

根据堆肥化过程中微生物对氧的要求，该技术可分为厌氧堆肥与好氧堆肥两种方法。

好氧堆肥因具有堆肥温度高、基质分解比较彻底、堆制周期短、异味小等优点而被广泛采用。按照堆肥方法的不同，好氧堆肥又可分为露天堆肥和快速堆肥两种方式。

现代化堆肥生产通常由前处理、主发酵（一次发酵）、后发酵（二次发酵）、后处理、贮藏五道工序组成。其中主发酵是整个生产过程的关键，应控制好通风、温度、水分、C/N、C/P 及 pH 等发酵条件。堆肥化技术已在我国城市垃圾处理中得到广泛应用。

2）沼气化。沼气化也称厌氧发酵，是固体废物中的碳水化合物、蛋白质、脂肪等有机物在人为控制的温度、湿度、酸碱度的厌氧环境中，经多种微生物的作用生成可燃气体（即沼气）的过程。该技术在城市污水处理厂的污泥、农业固体废物、粪便处理中得到广泛应用。它不仅对固体废物起到稳定无害的作用，更重要的是可以产生一种便于贮存和有效利用的能源沼气。

我国日处理能力在 10 万 m^3、采用生物处理的城市污水处理厂，要求采用厌氧消化工艺对所产生的污泥进行处理，产生的沼气进行综合利用。据估计，我国有近 1/3 的城市污水处理厂规模在 10 万 m^3/d 以上，可产沼气 300 亿～350 亿 m^3/a。我国农村每年产农作物秸秆 5 亿多 t，若用其中的一半制取沼气，每年可生产沼气 500 亿～600 亿 m^3，除满足 8 亿农民生活用燃料之外，还可富余 60 亿～100 亿 m^3。由此可见，沼气化技术是控制固体废物污染、改变能源结构的一条重要途径。

3）废纤维素糖化技术。废纤维素糖化是利用酶水解技术使纤维素转化成单体葡萄糖，再通过化学反应转化为化工原料，或通过生化反应转化为单细胞蛋白或微生物蛋白，从而实现废弃纤维素的资源化利用。

天然纤维素酶水解顺序如下：

（水合聚酐葡萄糖链）

天然纤维素 $(C_6H_{10}O_5)_n$ $\xrightarrow{C_1}$ 纤维素碎片 $\xrightarrow{C_x}$ 纤维素=糖 $\xrightarrow{\beta\text{-葡萄糖化酶}}$ 葡萄糖

变形纤维素 $\xrightarrow{C_x}$ 纤维素=糖

即结晶度高的天然纤维素在纤维素酶 C_1 的作用下分解成纤维素碎片（降低聚合度），经纤维素酶 C_x 的进一步作用而分散成聚合度小的低糖类，最后经β-葡萄糖化酶作用分解为葡萄糖。

据估算，全世界纤维素年净产量约 1 000 亿 t，废纤维素资源化是一项十分重要的世界课题。日本、美国等发达国家已成功地开发了废纤维糖化工艺流程，我国也在开展应用型研究，探索该技术的低成本预处理方法，寻找更好的酶种，提高酶的单位生物分解能力，改善发酵工艺等。

4）废纤维素饲料化——生产单细胞蛋白技术。该技术不需要糖化工序，而是通过微生物作用，以废纤维直接生产单细胞蛋白或微生物蛋白。目前，废纤维素饲料化——生产单细胞蛋白在技术上是可行的，但在经济上要具有竞争性，仍有许多难题有待解决。

5）细菌浸出。化能自养细菌能将亚铁氧化为高铁、将硫及硫化物氧化为硫酸从而取得能源，同时从空气中摄取 CO_2、O_2 以及水中其他微量元素（如 N、P 等）合成细胞质。这类细菌可生长在简单的无机培养基中，并能耐受较高金属离子和氢离子浓度。利用化能自养菌的这种独特生理特性，可从废矿物料中将某些金属溶解出来，然后从浸出液中提出金属，这种工艺方法通称为细菌浸出。该法主要用于处理如铜的硫化物和一般氧化物（Cu_2O、CuO）为主的铜矿和铀矿废石，回收铜和铀。对锰、砷、镍、锌、钼及若干种稀有元素也有应用前景。目前，细菌浸出在国内外得到大规模工业应用。

10.3.4 固体废物的处置技术

固体废物的处置是指最终处置或安全处置，是固体废物污染控制的末端环节，是解决固体废物的归宿问题。固体废物处置对防治固体废物的污染起着十分关键的作用。一些固体废物经过处理与资源化，仍会有部分残渣存在，而且很难再加以利用，这些残渣往往又富集了大量有毒有害成分；还有些固体废物，目前尚无法利用，它们可持久性地保留在环境中，为了控制其对环境的污染，必须进行最终处置，使之最大限度地与生物圈隔离。固体废物处置可分为海洋处置和陆地处置两大类。

10.3.4.1 海洋处置

海洋处置主要分为海洋倾倒与远洋焚烧两种方法。近年来，随着人们对保护生态环境重要性认识的加深和总体环境意识的提高，海洋处置已受到越来越多的限制。

1）海洋倾倒。利用海洋的巨大环境容量，将废物直接投入海洋的处置方法。海洋处置需根据有关法规，选择适宜的处置区域，结合区域的特点、水质标准、废物种类与倾倒方式，进行可行性分析、方案设计和科学管理，以防止海洋污染。国家海洋局 2009 年发布了《海洋倾倒区选划技术导则》（HY/T 122—2009），规定了海洋倾倒区选划的一般规定、疏浚物分类和评价程序、社会调查、海上现场调查、废弃物海上倾倒试验、数学模拟计算和可行性评估等。2017 年修订的《中华人民共和国海洋倾废管理条例》提出要严格控制向海洋倾倒废弃物，并且提出了禁止倾倒的物质以及需要获得特别许可证才能倾倒的物质清单。

2）远洋焚烧。利用焚烧船将固体废物运至远洋处置区，进行船上焚烧的处置方法。远洋焚烧船上的焚烧炉结构因焚烧对象而异，需专门设计。废物焚烧后产生的废气通过净化装置与冷凝器，冷凝液排入海中，气体排入大气，残渣倾入海洋。这种技术适于处置易燃性废物，如含氯有机废物等。

10.3.4.2 陆地处置

陆地处置包括土地耕作、工程库或贮留池贮存、焚烧土地填埋以及深井灌注几种。

1）土地耕作处置。是利用表层土壤的离子交换、吸附、微生物降解以及渗滤水浸出、降解产物的挥发等综合作用机制，处置固体废物的一种方法。经处置后，部分固体废物可结合进土壤底质；部分有机物、磷等还可被微生物细胞群吸收，最终使废物中的有机物像天然有机物一样固定在土壤中；部分碳会转化为 CO_2。该技术具有工艺简单、费用适宜、设备易于维护、对环境影响小、能够改善土壤结构、增加肥效等优点，主要用于处置含盐量低、不含毒物、可生物降解的有机固体废物。

2）深井灌注处置。是指在一定的压力下，把液状废物通过深井注入可渗透的地下岩层，深井常为数千米深、上部具有较厚隔水层的油气采空井。该技术的处置对象应是实践证明难以破坏、难以转化、不能采用其他方法处理处置或者采用其他方法费用昂贵的废物，在深井灌注处置前，需使废物液化，形成真溶液或乳浊液。

深井灌注处置系统的规划、设计、建造与操作主要有废物的预处理、场地的选择、井的钻探与施工，以及环境监测等几个阶段。但科学界和公众对深井灌注处置的争议较大，随着人类对生态环境保护意识的加强，20 世纪 80 年代以来，发达国家已经规定，禁止向地下深部注入有害液体。

3）土地填埋处置。它是从传统的堆放和填地处置发展起来的一项最终处置技术。因其工艺简单、成本较低、适于处置多种类型的废物，目前已成为一种处置固体废物的主要方法。

土地填埋处置种类很多，采用的名称也不尽相同。按填埋地形特征可分为山间填埋、平地填埋、废矿坑填埋；按填埋场的状态可分为厌氧填埋、好氧填埋、准好氧填埋；按法律可分为卫生填埋和安全填埋等。随填埋固体废物种类的不同，其填埋场构造和性能也有所不同。一般来说，填埋场主要包括废弃物坝、雨水集排水系统（含浸出液体集排水系统、浸出液处理系统）、释放气处理系统、入场管理设施、入场道路、环境监测系统、飞散防止设施、防灾措施、管理办公设施、隔离设施等。

卫生填埋适于处置一般固体废物。用卫生填埋来处置城市垃圾，不仅操作简单，施工方便，费用低廉，还可同时回收甲烷气体。目前，在国内外被广泛采用。在进行卫生填埋场地选择、设计、建造、操作和封场过程中，应着重考虑防止浸出液的渗漏、降解气体的释出控制、臭味和病原菌的消除、场地的开发利用等主要问题。

安全填埋是一种改进的卫生填埋方法，主要用来处置有害废物。要求土地填埋场必须设置人造或天然衬里，下层土壤或土壤同衬里结合渗透率小于 10^{-8} cm/s；最下层的填埋物要位于地下水位之上；要采取适当措施控制和引出地表水；要配备浸出液收集、处理及监测系统；如果需要，还要采用覆盖材料或衬里以防止气体释出；要记录所处置废物的来源、性质及数量，将不相容的废物分开处置，以确保其安全性。图 10-17 为典型的安全填埋结构剖面图。

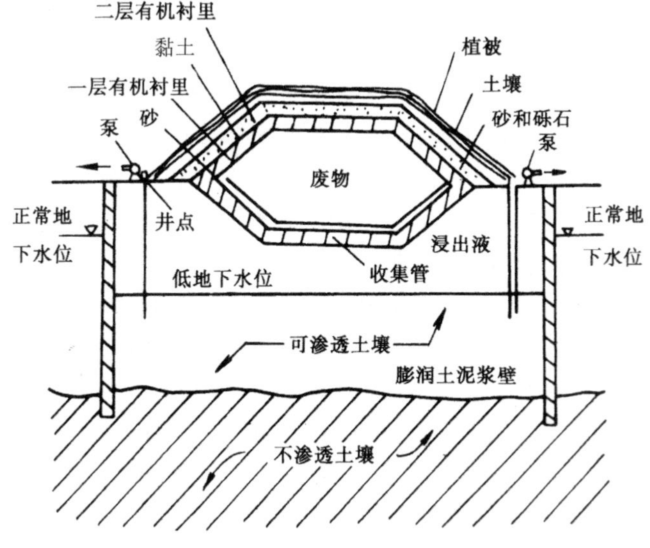

图 10-17　安全填埋场剖面图

10.3.5 危险废物的处理与处置

根据《中华人民共和国固体废物污染环境防治法》的规定，危险废物是指列入国家危险废物名录或者根据国家规定的危险废物鉴别标准和鉴别方法认定的具有危险特性的废物。危险废物的危险特性主要表现为腐蚀性、毒性、易燃性、反应性或者感染性等一种或者几种。

为了防止危险废物对环境的污染，加强对危险废物的管理，保护环境和保障人民身体健康，原环境保护部、国家发展和改革委员会联合修订了《国家危险废物名录》，自 2008 年 8 月 1 日起施行。被列入《国家危险废物名录》的共有 49 类废物，虽然危险废物属固体废物管理的范畴，但其形态已突破了固体废物的概念，名录中所列的废物不仅有固态、半固态的，还包含有许多液态的，如废酸、废有机溶剂等。

作为一类特殊的危险废物，医疗废物是指医疗卫生机构在医疗、预防、保健以及其他相关活动中产生的具有直接或者间接感染性、毒性以及其他危害性的废物。医疗废物中可能含有大量病原微生物和有害化学物质，甚至会有放射性和损伤性物质，因此医疗废物是引起疾病传播或相关公共卫生问题的重要危险性因素。为了加强医疗废物的安全管理，防止疾病传播，保护环境，保障人体健康，我国于 2003 年制定了《医疗废物管理条例》，对医疗废物的收集、运送、贮存、处置以及监督管理等活动进行了规定。2020 年，生态环境部和国家市场监督管理总局发布了《医疗废物处理处置污染控制标准》（GB 39707—2020），规定了医疗废物处理处置设施的选址、运行、监测和废物接收、贮存及处理处置过程的生态环境保护要求，以及实施与监督等内容。

10.3.5.1 危险废物的危害

危险废物作为一类特殊的固体废物，因其种类繁多、性质各异，在生产、贮存、运输、处理、处置的各个环节，若管理不善或方法不当，都可能对环境和人体健康造成重大危害。

危险废物可通过多种途径对大气、水体和土壤造成污染危害，美国的拉夫运河（Love Canal）事件是一起典型的危险废物污染环境的案例。1930—1953 年，美国胡克化学工业公司在纽约州尼亚加拉瀑布附近的拉夫运河废河谷填埋了 2 800 多 t 桶装危险废物，由于大雨和融化的雪水造成有害废物外溢，导致该地区井水变臭，婴儿畸形，居民身患怪异疾病，大气中有害物质浓度超标 500 多倍，测出有毒物质多达 82 种，致癌物质 11 种。美国联邦政府为此投资数千万美元用于该地区的评价和补救工作。在我国，某铁合金厂的铬渣堆场由于缺乏防渗措施，污染了 20 多 km^2 地下水，致使 7 个自然村的 1 800 多口水井无法饮用，工厂先后花费近千万元用于赔款和补救治理；某锡矿山的含 As 废渣长期堆放，随雨水渗透，污染水井，曾一次造成 308 人中毒，6 人死亡。

危险废物对人体健康的危害表现在短期危害和长期危害。就短期而言，可通过摄入、吸入、皮肤吸收等引起毒害，或发生燃烧、爆炸等危险性事件；长期危害包括重复接触导致的人体中毒、致癌、致畸、致突变等。由于对多数危险废物缺乏毒性数据，许多危险废物对人体的特殊障碍及致病机理仍在研究之中。

10.3.5.2 危险废物贮存、运输过程的污染控制

1）危险废物贮存过程的污染控制。危险废物贮存过程的污染控制包括危险废物贮存容器的选择、贮存设施的选址、设计、运行管理、关闭五个环节。为防止危险废物贮存过程造成的环境污染，加强对危险废物贮存的监督管理，根据《中华人民共和国固体废物污染环境防治法》，国家环保总局、国家质量监督检验检疫总局于 2001 年 12 月联合发布了《危险废物贮存污染控制标准》(GB 18597—2001)，并于 2002 年 7 月 1 日起施行。生态环境部于 2023 年对该标准进行修订，新修订的标准于 2023 年 7 月 1 日起施行。该标准对危险废物贮存的一般要求、危险废物贮存容器、危险废物贮存设施的选址与设计原则、危险废物贮存设施的运行与管理、危险废物贮存设施的安全防护与监测、危险废物贮存设施的关闭等做出了明确规定。严格执行该标准，危险废物贮存过程的环境污染问题可得到有效控制。

2）危险废物运输过程的污染控制。危险废物运输过程中，造成环境污染的因素很多，稍有不慎，很可能引发环境污染事故，甚至导致严重灾害，造成人员伤亡和财产损失。为此《中华人民共和国固体废物污染环境防治法》第八十三条规定："运输危险废物，应当采取防止污染环境的措施，并遵守国家有关危险货物运输管理的规定。"

为了保证危险废物的安全运输，要做好危险废物风险分析，掌握其性质和变化规律，做好包装、运输、装卸、储存和保管防护，按法规要求办好承办托运手续和单证，做好运输过程中各种外界条件的控制和防范措施。对于具有燃烧、爆炸、毒害、放射性等危险特性的废物，还应制订好相应的应急预案。

10.3.5.3 危险废物的处理与处置

为了控制危险废物对环境的污染，《中华人民共和国固体废物污染环境防治法》第七十九条规定："产生危险废物的单位，应当按照国家有关规定和环境保护标准要求贮存、利用、处置危险废物，不得擅自倾倒、堆放"。

除少量的高危险性废物，如高放射性废物采取孤岛处置、极地处置或深地层处置外，一般来说，危险废物的处理、处置常用固化法、焚烧法、化学法和安全填埋法。

1）固化法。固化法作为危险废物无害化处理的方法，主要用于处理放射性废物、重金属污染等危险废物，该法在日本、欧洲及美国已应用多年。

固化法中，水泥固化、塑料固化、水玻璃固化、沥青固化各有其优缺点。用固化法处理危险废物应根据其特性选择合适的固化基材，掌握好危险废物与固化基材的掺和比例，以保证形成的固化体增容比小，并具有良好的抗渗透性、抗浸出性、抗干湿性、抗冻融性及足够的机械强度，最好能作为资源加以利用，如建筑基础和路基材料等。

2）焚烧法。焚烧法可用来处理几乎所有的有机固体废物，有机危险废物也常用焚烧法来处理，而且有些特殊的危险废物只适宜用焚烧法来处理，如医院的带菌性固体废物，石化工业生产中某些含毒性中间副产物等。用焚烧法处理危险废物不仅可以迅速有效地破坏毒物的组成结构或杀灭病原菌，达到解毒、除害的目的，同时可产生热能用来供热和发电。

焚烧法处理危险废物会产生大量有害气体，炉渣也会有多种有害组分，如将其直接排入环境，必然会导致二次污染。因此，国家环境保护总局和国家质量监督检验检疫总局于2001年11月联合发布了《危险废物焚烧污染控制标准》（GB 18484—2001），并于2002年1月1日开始实施，该标准在2020年经生态环境部和国家市场监督管理总局修订并发布GB 18484—2020。采取焚烧法处理危险废物时，必须严格按照上述标准，做好环境污染防治工作。

3）化学法。化学法是利用危险废物的化学性质，通过酸碱中和、氧化还原以及沉淀等方法，将有害物质转化为无害的最终产物。

4）安全填埋法。安全填埋法是目前国内外广泛用于危险废物最终处置的方法，是一种完全的、最终的处理，最为经济，不受工业废渣种类限制，适于处理大量的工业废渣，且填埋后的土地可用作绿化地和停车场等（必须远离居民区）。

从理论上讲，如果处置前对废物进行稳定化预处理，则安全土地填埋可以处置一切废物。但在实际应用时，除特殊情况外，安全填埋不应处置易燃性废物、反应性废物、挥发性废物和大多数液体、半固体和泥状危险废物；土地填埋场也不能处置互不相容的危险废物，以免混合以后发生爆炸，产生或释放出有毒、有害气体或烟雾。《危险废物埋填污染控制标准》（GB 18598—2019）中，对危险废物填埋场场址的选择、入场废物的类别、埋填场设计与施工、填埋场的运行管理、填埋场的污染控制、封场等均作出了明确规定，在实施危险废物填埋时必须严格遵守。例如当柔性填埋场填埋作业达到设计容量后，应及时进行封场覆盖。

10.4 土壤污染修复技术

土壤是多种污染物转入和迁移的终点。它具有一定的容纳和消化污染物的能力，即土壤环境容量。土壤可以通过复杂多样的物理、化学及生物化学过程来降低进入其中的大部分污染物的浓度和毒性。然而，这种自净能力是有限的，如果利用不当，就会形成土壤污染。与大气污染、水污染和固体废物污染相比，土壤污染具有积累性、隐蔽性和滞后性，需要对土壤样品进行分析，对农作物的残留进行检测，甚至通过研究对人畜健康状况进行综合影响评估才能确定。因此，土壤污染从产生污染到出现问题通常会滞后较长的时间，在其受到污染的初期一般不易被重视；而一旦出现问题，仅仅依靠阻断污染源也很难恢复。对污染土壤进行修复治理的难度非常大，表现在成本高、治理周期长，甚至有些污染（如重金属、高放射性污染）是不可逆转的。

为了切实加强土壤污染防治，逐步改善土壤环境质量，2016年5月28日，国务院印发《土壤污染防治行动计划》，又称“土十条”，从十个方面提出了土壤污染防治工作的“硬任务”：开展土壤污染调查，掌握土壤环境质量状况；推进土壤污染防治立法，建立健全法规标准体系；实施农用地分类管理，保障农业生产环境安全；实施建设用地准入管理，防范人居环境风险；强化未污染土壤保护，严控新增土壤污染；加强污染源监管，做好土壤污染预防工作；开展污染治理与修复，改善区域土壤环境质量；加大科技研发力度，推动环境保护产业发展；发挥政府主导作用，构建土壤环境治理体系；加强目标考核，严格责任追究。2016 年 12 月，环境保护部发布了《污染地块土壤环境管理办法（试行）》，主要规定了地块土壤环境调查与风险评估制度、污染地块风险管控制度，以及污染地块治理与修复制度。2018 年 8 月，我国颁布了《中华人民共和国土壤污染防治法》，对土壤污染防治及相关活动进行了规定。

2021 年 12 月 29 日，生态环境部、国家发展和改革委员会、财政部、自然资源部、住房和城乡建设部、水利部、农业农村部等 7 部门联合印发《"十四五"土壤、地下水和农村生态环境保护规划》，对"十四五"土壤、地下水、农业农村生态环境保护工作作出系统部署和具体安排。该规划分别从土壤、地下水、农业农村污染防治、监管能力提升等四方面对"十四五"具体任务进行了设计和部署：一是推进土壤污染防治，包括加强耕地污染源头控制、防范工矿企业新增土壤污染、深入实施耕地分类管理、严格建设用地准入管理、有序推进建设用地土壤污染风险管控与修复、开展土壤污染防治试点示范等；二是加强地下水污染防治，包括建立地下水污染防治管理体系、加强污染源头预防、风险管控与修复、强化地下水型饮用水水源保护等；三是深化农业农村环境治理，包括加强种植业污染防治、着力推进养殖业污染防治、推进农业面源污染治理与监督指导、整治农村黑臭水体、治理农村生活污水垃圾、加强农村饮用水水源地环境保护等；四是提升生态环境监管能力，包括完善标准体系、健全监测网络、加强生态环境执法、强化科技支撑等。

10.4.1 土壤污染预防措施

土壤环境保护应以预防为主。预防重点是控制进入土壤的各种污染物的浓度和总量，如对农业灌溉用水进行经常性的监测、监督，使其符合农田灌溉水质标准；合理施用化肥、农药，多用农家肥，使用低残留的农药，慎重施用污水处理厂污泥、河泥和塘泥；利用城市污水灌溉时，必须进行再生处理；推广病虫草害的生物防治和综合防治，以及整治矿山防止矿毒污染等。

10.4.1.1 禁止含难降解物质的污水灌溉

当前污水已成为城市的重要水源之一。以污水进行农田灌溉，在水质方面，需要经过处理并达到灌溉水质标准要求的再生水；在灌溉量方面，需要根据污水水质、含肥浓度、土地肥瘠、土壤渗透性等确定。

生活污水一般不含有难降解有机物和有毒重金属，经再生处理后，其中仍含有一定的氮、磷及微量元素等养分，是农田灌溉的优质水源；工业废水种类繁多，成分复杂，需要甄别以排除含有毒有害污染物（如铅、铬、砷、汞，以及氯、硫、酚、氰化物等）的废水，对适用废水还需要进行适当处理，方可用于灌溉。

在 2013 年 1 月国务院办公厅发布的《近期土壤环境保护和综合治理工作安排》中，已经要求"禁止在农业生产中使用含重金属、难降解有机污染物的污水以及未经检验和安全处理的污水处理厂污泥、清淤底泥、尾矿等"。

10.4.1.2 合理使用农药

合理使用化学农药，不仅能经济有效地消灭病虫草害，发挥农药的积极效能，还可以减少对土壤及地下水的污染。在使用农药前，要选用适当的农药剂型和品种，注意农作物的种类、生长发育和生理特性对药剂的不同反应，以免发生药害，注意农药与天敌的关系；在使用农药时，不仅要控制农药的用量、使用范围、喷施次数和喷施时间，提高喷洒技术，还要改进农药剂型或轮换用药，严格遵守安全间隔期规定，严格限制剧毒、高残留农药的使用。

应不断开发低毒、低残留化学农药，如源于植物除虫菊的除虫菊酯杀虫剂被开发出来后，替代了此前广泛使用的毒性较高的DDT、对硫磷等有机氯、有机磷农药，但其光稳定性差，化学家们对其结构进行改进，合成出更加高效低毒的拟除虫菊酯杀虫剂。此外，还应开发低毒高效的生物农药，如植物源物质、转基因抗有害生物作物、天然产物的仿生合成或修饰合成化合物、人工繁育的有害生物的拮抗生物、信息素等。

10.4.1.3 合理施用化肥

过度施用化肥，不仅造成经济浪费，而且容易引起土壤板结、酸化、盐碱化等现象，未被作物吸收的氮、磷流失后，还将造成水体富营养化或污染地下水。因此，应当根据土壤的特性、气候状况和农作物生长发育特点，配方施用化肥，严格控制有毒化肥的使用范围和用量。

利用废弃物（如人畜粪便、秸秆、塘泥等）进行堆肥，向农田增施有机肥，可提高土壤有机质含量，增强土壤胶体对重金属和农药的吸附能力。如腐殖酸能吸收和溶解一些除草剂及杀虫剂，促进某些重金属的沉淀等。同时，增加有机肥还可以改善土壤微生物的生长条件，加速土壤环境中的各类生化反应过程。

10.4.1.4 矿山整治

露天的废弃矿山若不进行有效整治，在长期风蚀、水蚀的作用下，会成为大气、水体及土壤污染的巨大污染源。整治废弃矿山，不仅消除了环境污染和地质灾害隐患，美化自然景观，而且还能变废为宝，支援民生工程和基础设施建设。

对采矿剥离的废石、废矿渣、煤矸石等废弃物的堆放堆或堆积台，进行防渗和防辐射处理，同时因地制宜地进行碎石和土壤深度覆盖，随后开展植生层和植被层修复。对结构不稳定或堆放物质松散的堆放堆或堆积台，处置前还要进行放缓坡度、排水防水、衬砌阻挡墙等加固防护处理。

10.4.2 重金属污染土壤的修复技术

重金属污染土壤的修复，是实施一系列的技术以清除土壤中积累的重金属，或者降低土壤中重金属的活性和有效态组分，以期恢复土壤生态系统的正常功能，从而减少土壤中重金属向食物链和向地下水的转移。由于土壤修复的投入成本高、工作周期长，在工程实践中需要综合考虑重金属的种类、性质和污染程度；修复后该地区土地利用类别和方案；技术上和经济上的可行性。

重金属污染土壤的修复技术，按学科分类，有生物修复、化学修复和物理化学修复；按场地分类，有不需要移出土壤的原位（in-situ）修复及需要将土壤从原地移至邻近地点或特定反应器的异位（ex-situ）修复。

10.4.2.1 重金属污染土壤的植物修复技术

植物修复技术，是利用植物及其根系微生物忍耐和超量积累某种或某些化学元素的特性，以清除土壤重金属污染的技术。上述植物被称作“重金属超量积累植物”，其体内的重金属含量可达到一般植物的 100 倍以上。不同元素有不同的临界值，一般公认标准是：镉、铜、镍、铅等为 $1\,000\times10^{-6}$，锰、锌为 $10\,000\times10^{-6}$，如菥蓂属（*Thalaspi*）对镉能超量吸收，其叶片镉含量达到 $1\,800\times10^{-6}$。

对重金属污染土壤进行植物修复，具有成本低廉、就地修复、净化与美化环境、增加土壤有机质和肥力、能大面积处理等优势；但是也存在诸多缺点，如多数重金属超积累植物只能积累一种或两种金属元素，修复周期较长，只针对表层土壤和沉积物，产生修复植物的后期处置难题，以及可能的外来修复植物入侵问题。当实际情况难以实施植物修复时，也可以考虑实施植物稳定修复技术，尽管不能将重金属从土壤中有效去除，但仍然可以防止矿区的水土流失和次生污染问题。

10.4.2.2 重金属污染土壤的微生物修复技术

土壤微生物是土壤中的活性胶体，它们比表面大、带负电荷、代谢活动旺盛。它们主要通过以下四种作用来影响土壤重金属的毒性：

1）微生物对重金属离子的生物吸附和富集。微生物对重金属的吸附固定主要依靠 3 种常见的方式，即胞外吸附沉淀、胞外络合作用及胞内积累。由于微生物细胞表面常带负电荷，就可吸附带正电荷的重金属离子；有的微生物细胞壁表面含有一些基团（如巯基、磷酰基、羟基、羧基等），可通过配位络合作用，使重金属结合到细胞表面。此外，微生物还可通过摄取必要的营养元素而主动吸收重金属离子，从而将重金属元素富集在细胞内部。最后通过提取微生物细胞，将土壤中的重金属去除。

2）微生物对重金属的溶解。通过微生物的直接作用或代谢所产生的小分子有机酸（如细菌代谢产生的甲酸、乙酸、丙酸和丁酸等低分子有机酸；真菌代谢产生的柠檬酸、苹果酸、延胡索酸、琥珀酸和乳酸等不挥发性酸），改变重金属所在环境的 pH，释放处于吸附态和化合态的重金属离子。研究发现淋滤强弱顺序为嗜酸细菌（*Acidophiic*）＞嗜中性细菌（*Neutrophilic*）。

微生物对重金属的淋滤溶解作用，不仅应用于受重金属污染的土壤修复，而且为城市污泥和垃圾焚烧飞灰中重金属的去除提供了可行的途径。在实施中，需要对淋滤得到的富含重金属的淋出液进行重金属回收和处理。

3）微生物对重金属的氧化或还原。在不同的土壤环境中，微生物能氧化或还原多种重金属元素，金属元素的价态发生改变后，其毒性、溶解度、迁移性等性质随之发生改变。

如一些嗜酸菌能通过自身的代谢活动使高毒性的 Cr^{6+} 还原为低毒、低溶解性的 Cr^{3+}，从而降低铬离子的危害性；假单孢杆菌能使 As^{3+}、Fe^{2+}、Mn^{2+} 等发生氧化；某些微生物能把难溶的 Pu^{4+} 还原成 Pu^{3+}，把 Hg^{2+} 还原成单质 Hg，有利于后续的处理或回收。

4）菌根真菌对重金属的生物有效性的影响。菌根真菌与植物根系共生体可促进植物对养分的吸收和对污染物的耐受能力。这一现象在受重金属污染的土壤修复中得到重视，通过人为促进菌根真菌和植物根系之间的相互作用，可实现土壤中重金属向菌根真菌和植物体内的富集。

菌根体系对重金属在土壤中形态、数量的影响主要表现在三方面：①重金属超积累型植物对重金属有很强的吸收和转移的能力，由此降低了重金属对土壤微生物的毒害，且植物根系能够通过分泌有机酸和氨基酸等有机物，不仅能与重金属产生络合作用，同时也可以作为根际微生物的营养物质，提高根际微生物的活性。②由微生物的代谢活动产生的有机酸等代谢产物，对重金属进行胞外沉淀或者络合作用以及氧化、还原作用，使重金属的毒性下降，降低了重金属对植物根系的毒害作用。③菌根菌的存在可以大大提高高等植物的生长活性，特别是在营养条件较差的土壤中，菌根真菌能通过其庞大的菌丝网络为植物根系提供必要的水分、氮素和迁移性较差的一些微量元素，如 P 和 Zn 等。

10.4.2.3 重金属污染土壤的化学和物化修复技术

当受重金属污染的土壤毒性过大，不宜采用生物修复技术时，应当考虑化学或物理化学的修复技术，主要技术有固化/稳定化、电动修复、土壤淋洗技术及农业工程技术。

1）固化/稳定化。固化和稳定化技术在固体废物处置方面已运用比较成熟，现已扩展至土壤重金属修复的工程领域。与其他修复技术相比，固化/稳定化技术具有处理时间短、适用范围较广的优势。因此，美国环境保护局将固化/稳定化技术称为处理有害有毒废物的最佳技术。

固化/稳定化技术是将污染物封裹进惰性基材中，或在污染物外面加上低渗透性材料，通过减少污染物暴露的淋滤面积达到限制污染物迁移的目的。但是，固化反应后土壤体积都有不同程度的增加，固化体的长期稳定性较差。稳定化技术则可以克服这一问题，稳定化是指从污染物的有效性出发，通过形态转化，将污染物转化为不易溶解、迁移能力或毒性更小的形态来实现无害化，以降低其对生态系统的危害风险。常用的固化和稳定化凝胶材料有无机黏结物质，如水泥、石灰等；有机黏结剂，如沥青等热塑性材料；热硬化有机聚合物，如尿素、酚醛塑料和环氧化物等以及玻璃质物质。

2）电动修复。电动修复技术的基本原理是将电极插入受污染土壤或地下水区域，通过施加微弱电流形成电场，利用电场产生的各种电动力学效应（包括电渗析、电迁移和电泳等）驱动污染物沿电场方向定向迁移，从而将污染物富集至电极区，最后进行集中处理或分离。

电动修复技术具有高效、无二次污染、节能、原位的特点，被称为“绿色修复技术”。目前在实验室研究中已证明该技术对受到 Pb、Cr、Cd、Cu、Hg、Zn 及放射性核素污染的土壤具有良好的修复效果，未来将在工程应用方面进一步探索，并考虑发展电动-生物联合修复技术。

3）土壤淋洗技术。土壤固持重金属的机制有两种：金属离子吸附在土壤颗粒表面；形成金属化合物的沉淀。土壤淋洗技术就是通过逆转上述反应过程，把土壤固持的重金属转移到土壤溶液中。该技术的关键是寻找到既能提取各种形态的重金属，又不破坏土壤结构的淋洗液。目前，用于淋洗土壤的淋洗液较多，包括无机冲洗剂、人工螯合剂、阳离子表面活性剂、天然有机酸、生物表面活性剂等。

土壤淋洗技术施用时，由于淋洗液可能在土壤中有残留，影响土壤生态系统的正常功能，因此一般要将受污染土壤移出，进行异地修复。该技术适用于面积小、污染重的土壤治理，但也易引起二次污染，导致某些营养元素的淋失和沉淀，破坏了土壤微团聚体结构，同时容易导致地下水污染。

4）农业工程修复技术。20 世纪 60 年代神通川地区发生镉污染土壤事件后，日本对大量污染农田采用了农业工程方法进行了修复，使土壤和糙米中的镉含量均在标准范围内。具体方法是填埋客土法和上复客土法。填埋客土法是先剥离被污染的表土，就地挖沟将其掩埋，其上以砂土造成"耕盘层"，最上层客入清洁的山地土；上覆客土法是在污染的表土上，客入砾土造成"耕盘层"，再客入山地土。为了防止植物根系扎到客土层以下的污染土中，两个方法均需要制作一层起隔离作用的"耕盘层"，为确保植物在无污染的土层中良好生长，客土层的厚度需保持在 15 cm 以上。

客土法治理土壤污染虽然效果好，但还存在以下问题：费用高，客土来源不稳定，在污染连片、面积大的平原和城郊地区，污染土壤去向难以解决；此外，恢复土壤结构和肥力所需时间较长。

10.4.3 有机物污染土壤的修复技术

土壤有机污染主要来源于农药、石油、有毒溶剂、合成洗涤剂、垃圾渗滤液等，其中很多化学物质为持久性有机污染物。根据土壤污染程度、污染物类型以及当地技术经济条件，修复技术可以采用原位修复或异位修复。

10.4.3.1 有机物污染土壤的原位修复技术

针对受难降解有机物污染的土壤，发达国家研发了多种原位修复技术，其中经济适用的典型技术有空气喷射、土壤气提、电磁波频率加热、原位覆盖、生物修复等，涉及物理化学技术、化学技术和生物技术。

1）物理化学技术。土壤气提技术，可去除不饱和区的土壤中挥发性有机污染物质（VOCs）。其操作是通过真空泵产生负压，迫使空气流经污染的土层孔隙，将 VOCs 从土壤中解吸至空气流，并引至地面上进行净化。该技术可操作性很强，可以由标准设备来实施，实施过程中土壤的渗透性、污染物浓度和挥发性、空气在土壤中的流速等均影响该技术的实际工作效果。但是该技术对于重油、重金属、PCB 类物质不适用。

空气喷射技术，可去除潜水位以下的土壤与地下水中溶解态有机污染物质。其操作是将一定压力的空气注射进被污染的饱和土壤层，空气流呈羽状穿过土柱，使地下水和土壤中有机物的挥发和降解过程得到提升。该技术是在传统气提技术基础上改进而成，抽提和通气并用，提高了修复效率；但是其应用受到场地条件限制，一般对于砂土层土壤污染的修复效果较好，而治理黏土层的污染时效果不理想。

电磁波频率加热技术，是根据现场土壤性质，在污染土壤中埋入电极，利用 2～2 450 MHz 的高频电压所产生的电磁波，将土壤加热至 100～300℃，使污染物从土壤颗粒上解吸，再配合气提技术，不仅提高气提效率，而且能去除常规气提技术较难处理的半挥发性有机污染物。因此，该技术也被视为一种热量增强式土壤气提技术，除了有机污染物，还可以处理重金属、放射性核素的污染。

除了上述技术，有机物污染土壤的原位物理和物化修复技术还有加热—真空提取、固定和稳定化、土壤淋洗等技术。

2）化学技术。原位化学氧化技术，是通过掺进土壤中的化学氧化剂，与有机污染物发生氧化反应，使污染物降解或转化为低毒、低移动性产物，达到土壤修复的目标。常用的氧化剂有 H_2O_2、$KMnO_4$、O_3 及溶解氧。该技术可以去除 VOCs、苯、甲苯、乙苯、二甲苯（BTEX）以及部分农药、多环芳烃（PAHs）和多氯联苯（PCBs）等，应用于地下水、沉积物和多种土壤类型的修复。

原位化学还原技术，是利用化学还原剂将土壤中有机污染物还原为难溶态，从而使污染物在土壤中的迁移性和生物可利用性降低，达到土壤修复的目标。常用的还原剂有 SO_2、H_2S、Fe^0 胶体。该技术应用于地下水和土壤修复，实现含氯有机物的脱氯处理。另外，在实际应用时，可以建立一个由被动反应材料构成的化学活性反应区或反应墙，当污染物或反应产物通过这个特殊区域时被降解或固定。

除了上述技术，有机物污染土壤的原位化学修复技术还有溶剂萃取、土壤改良剂投加等技术。

3）生物技术。在原位开展的生物修复技术，按生物类群可以分为微生物修复、植物修复、动物修复和生态修复，微生物修复是通常所称的狭义上的生物修复。

在自然土壤环境或人工培养环境中，在长期受到某种或某类有机污染物的胁迫下，一些微生物通过不断适应和进化，如形成新代谢途径、共代谢、降解质粒的水平转移、基因突变等，使其具有了特异的耐受性和降解性。微生物修复，是利用土壤原著特异的微生物群落，或是向污染土壤中引入特异微生物群落，为其提供适宜的生长条件，以促进或强化其活性，通过它们对土壤中有毒有机污染物的氧化反应、还原反应、水解反应和聚合反应等，对受到有机物污染的土壤实现降低、去除污染物，或降低、消除毒性的修复目的。

针对土壤有机污染问题，原位生物修复发展出多种多样的具体技术方法，如生物通气和共代谢通风、深层土壤混合法、土壤耕作法、投菌生物强化法、投加营养或电子受体的生物刺激法、白腐真菌处理法、植物修复技术、植物根际-微生物联合修复技术等。

与物化、化学原位修复技术相比，原位生物修复技术虽然治理速度较慢，但其所具有的经济、有效、无二次污染、不破坏植物生长所需的土壤环境等优势正受到国内外越来越多的重视，被认为是具有广阔发展前途的技术方法。将生物修复技术与物化或化学修复技术组合在一起，例如，先采用低成本的生物修复技术将污染物处理到较低水平，再采用费用较高的物化或化学技术处理残余污染物，如此形成经济适用、可靠高效的一套技术体系，是当前和未来就地解决土壤污染的发展趋势。

10.4.3.2　有机物污染土壤的异位修复技术

尽管原位修复技术有土壤破坏性最小、工程量相对较低等优势，但一些情况特殊、污染严重的土壤，如长期受到原油污染的油田土壤，宜采用异位修复技术进行土壤净化治理。将污染土壤从其原地挖掘出来后，可送至专业部门，进行以生物处理为主的修复，具体技术有预制床法、堆制式修复、生物反应器修复等。

1）预制床法。预制床法堆腐工艺是修复石油污染土壤最有效的方法之一。其基本操作过程为：在被污染土壤中加入膨松剂后，移入特殊的预制床上堆成条状或圆柱状，预制床底部用一种密度很大且渗透性很小的材料装填好，人工向床内补充营养、空气、pH 缓冲液等，有时需要加入一些微生物和表面渗透剂，并加以适度搅拌，实现土壤中有机污染物的好氧生物降解。

预制床法可以在土壤受污染之初限制污染物的扩散和迁移，降低污染影响范围。但其在挖土和运输方面的费用很高，不仅由于挖掘而破坏原地的土壤生态结构，而且有可能在运输过程中产生进一步的污染物暴露问题。

2）堆制式修复。堆制式修复是利用传统的堆肥方法，将污染土壤与有机废物（木屑、秸秆、树叶等）、粪便等混合起来，依靠堆肥过程中微生物的作用来降解土壤中难降解的有机污染物。堆制式修复最早应用于剩余污泥的处理，近年来国内外将此技术应用到有机物污染土壤的修复中。

堆制方式有条形堆制、静态堆制和反应器堆制等。与堆肥技术相似的，堆制式修复受到堆温、水分、原料配比和堆龄等因素的影响。堆制式修复包括调整降解和低速降解两个连续阶段，需要分别优化两阶段的工艺参数。微生物在第一阶段很活跃，氧消耗量和污染物降解速率均很高，应控制好堆温在 55～60℃，并通过强制通风或频繁混合来保证供氧量；第二阶段微生物进入对残留有机物的分解阶段，一般不需要强制通风或混合，通常可以通过自然对流供氧。

3）生物反应器修复。以生物反应器修复受到难降解有机物污染的土壤，类似于污水生物处理法。将挖掘的土壤与水混合后，调节 pH、温度、供气条件及营养水平，必要时可接种特殊驯化菌或构建的工程菌，使用卧式、旋转鼓状、气提式等特殊反应器，进行分批处理或连续处理。处理后的土壤与水分离后，经脱水后再运回原处。常见的生物反应器既有泥浆生物反应器、生物过滤反应器、固定化膜与固定化细胞反应器、厌氧-好氧反应器、转鼓式反应器等，也有类似稳定塘和污水处理厂的大型设施。以生物反应器为主处理单元的工艺，往往要求严格的预处理和后续深度处理，图 10-18 为生物反应器处理工艺流程。

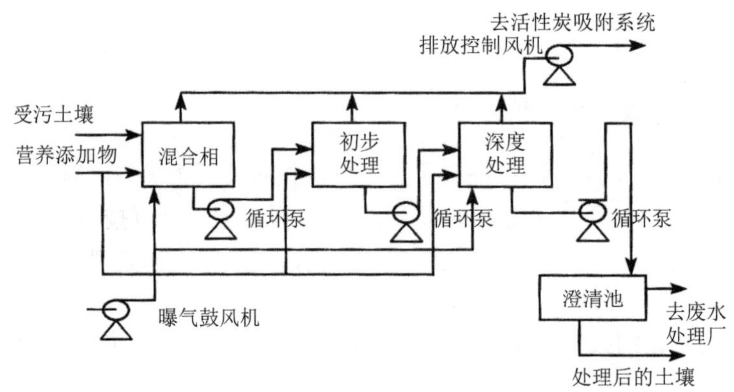

引自孙铁珩，李培军，周启星，等．土壤污染形成机理与修复技术，北京：科学出版社，2005。

图 10-18　有机污染土壤的异位生物修复反应器处理工艺流程

生物反应器修复具有处理效率高、工艺条件易控制、无二次污染等优势；但全部工程任务繁重且复杂，处理费用很高。目前，将原位物理、物化或化学修复技术与异位生物修复技术相结合，已成为国内外研究热点，从经济性和有效性两方面评估，将具有广阔的应用前景。

10.5　噪声污染控制技术

10.5.1　噪声污染控制原理与方法

噪声是指在工业生产、建筑施工、交通运输和社会生活中产生的干扰周围生活环境的声音。超过噪声排放标准或者未依法采取防控措施产生噪声，并干扰他人正常生活、工作和学习的现象称为噪声污染。2021 年 12 月 24 日第十三届全国人大常务委员会第三十二次会议通过《中华人民共和国噪声污染防治法》，重新界定了噪声污染内涵，针对有些产生噪声的领域没有噪声排放标准的情况，在“超标+扰民”基础上，将“未依法采取防控措施”产生噪声干扰他人正常生活、工作和学习的现象界定为噪声污染。该法将工业噪声扩展到生产活动中产生的噪声，增加了对城市轨道交通、机动车“炸街”、乘坐公共交通工具、饲养宠物、餐饮等噪声扰民行为的管控，并将一些仅适用城市的规定扩展至农村地区。同时，分别针对工业噪声污染、建筑施工噪声污染、交通运输噪声污染和社会生活噪声污染的防治进行了加强完善。

噪声污染由 3 个要素构成，即声源、声音传播的途径和接收者。只有这三个要素同时存在，才构成噪声对环境的污染和对人的危害。控制噪声污染必须从这三方面着手，既要对其分别进行研究，又要将它们作为一个系统综合考虑。噪声控制的基本原则是：既要满足降噪量的要求，也要符合技术和经济指标的合理条件，权衡治理污染所投入的人力、物力和环境效益，研究确定一个比较合理的控制和治理方案。

10.5.1.1　降低声源噪声

控制噪声污染的最有效办法是控制声源的发声。通过研制和选用低噪声设备、改进生产加工工艺、提高机械设备的加工精度和安装技术，达到减少发声体的数目，或者降低发声体的辐射声功率，这是控制噪声的根本途径。

10.5.1.2　在传播途径上控制噪声

由于技术和经济原因，当从声源上难以实时控制噪声时，需要从声音传播途径上加以控制。

1）总体设计上合理布局。在城市规划上尽量把高噪声的工厂或车间与居民区、文教卫生区及政府、机关办公区等分隔开，防止工业噪声对这些地区的影响；对于一个工厂，把噪声强的车间、作业场所与职工生活区分开；工厂车间内部的强噪声设备与一般生产设备分隔开来，为保护在一般操作岗位和控制室内的工作人员，可以把各车间同类型的噪声源，如空压机、水泵、通风机等集中在某些机房内，防止声源过于分散，减少噪声污染面，同时也便于采用声学技术措施，集中治理。

2）充分利用噪声随距离的衰减规律。在厂址选择上，把噪声级高、污染面大的工厂、车间或作业场所建立在比较边缘的偏僻地区，使噪声最大限度地随距离增加而自然衰减。对于辐射球面波的点声源，如图10-19所示，在一定的立体角内，声源辐射的声功率是不变的，声强随距离的平方衰减，即距离加倍，波阵面的面积扩大4倍，声强减小到1/4，声压级减少6 dB，即有

$$L_r = L_0 - 20\lg(r/r_0) \tag{10.1}$$

式中，L_0——r_0距离上的声压级；

L_r——r距离上的声压级。

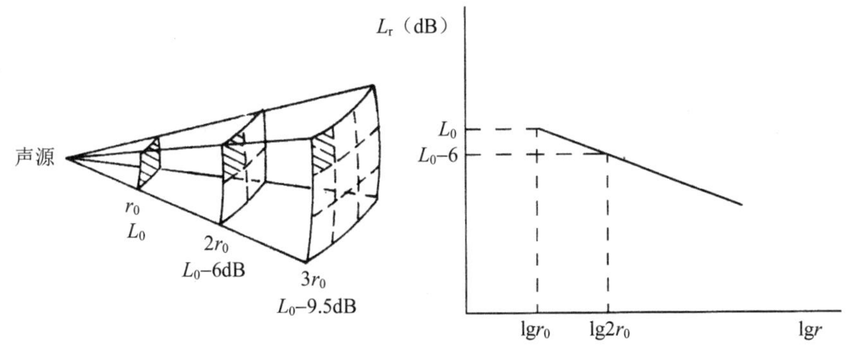

图10-19　点声源声级随距离衰减特性

3）利用屏障阻止噪声传播。利用天然地形如山冈、土坡、树木、草丛和已有的建筑物，阻断或屏蔽一部分噪声的传播。在噪声严重的工厂、施工现场周围以及交通道路两旁

设置足够高度的围墙或屏障，可以减弱声音的传播。绿化不仅改善城市环境，而且一定密度和面积的树丛、草坪还能引起声衰减，图 10-20 表示每 10 m 较密的树林和较高的草地的声衰减。

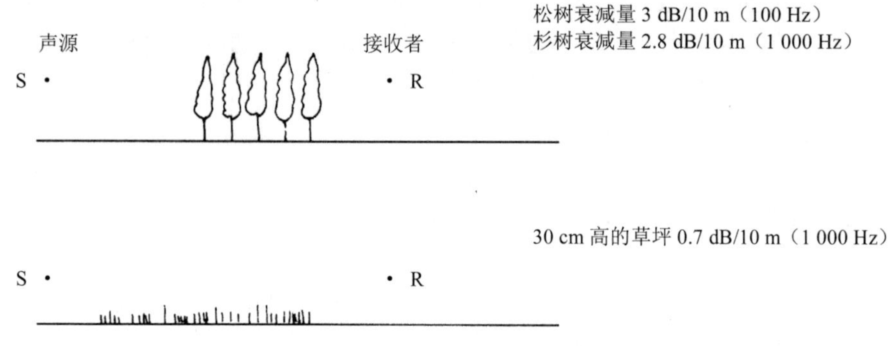

图 10-20 树木和草坪对声衰减的影响

4）利用声源的指向性控制环境噪声。对于环境污染面广的强噪声源，如果在传播方向上布置得当，也会有显著的降噪效果。火电厂、化工厂的高压锅炉、高压容器的排气放空，经常辐射出高频强噪声，如果将气流出口朝上或朝向野外，就比朝向生活区能降低环境噪声 10 dB，如图 10-21 所示，工厂中使用的各类风机的进排气噪声大都有明显的指向性，如果把排气管道与烟道或地沟连接起来，噪声从烟囱或地沟排向大气也可减少噪声对环境的污染。

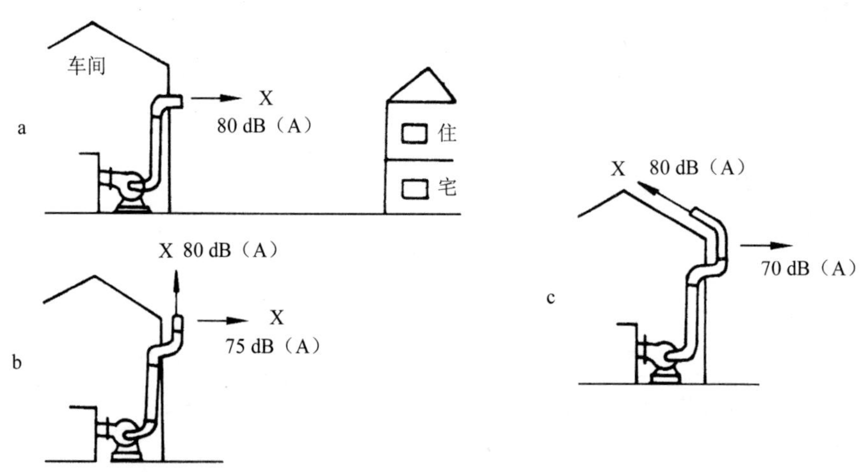

图 10-21 声源的指向性

5）局部声学技术措施。如果用上述措施控制噪声仍不能满足环境要求时，可用表 10-1 所示的局部声学技术措施来解决。这些措施从物理上看，也是在传播途径上控制噪声，它们各有特点，也互有联系。实际上往往要对噪声传播的具体情况进行分析，综合应用这些措施，才能达到预期效果。

表 10-1 几种常用的声学技术措施

技术措施	适用范围
消声器	降低空气动力性噪声：各种风机、空气压缩机、内燃机等进排气噪声
隔声间（罩）	隔绝各种声源噪声：各种通用机器设备、管道的噪声
吸声处理	吸收车间、厅堂、剧场内部的混响声或做消声管道的内衬
隔振	阻止固体声传递，减少二次辐射：机器基础的减振器和管道的隔振
阻尼减振	减少壳板振动引起的辐射噪声：车体、船体、隔声罩、管道减振

引自陈秀娟．工业噪声控制，化学工业出版社，1980。

10.5.1.3 对接收者的防护

当采用以上两种措施仍不能达到预期的降噪效果时，就要对工作人员进行个人防护。在工厂车间内工人的耳内塞有防声棉、防声耳塞，坦克和飞机驾乘人员佩戴耳罩和防声头盔等都是对接收者的有效防护措施。此外，采取轮班作业，缩短在高噪声环境中的工作时间也是一种对接收者的辅助防护措施。

10.5.2 噪声污染控制技术

10.5.2.1 吸声降噪

声源发出的声波遇到顶棚、地面、墙面及其他物体表面时，会发生声波的反射。声波在室内的多次反射形成的叠加声波，称为混响声。由于混响声的存在，室内任何声源的噪声级比室外旷野的噪声级明显提高。如果在墙面或顶棚上饰以吸声材料、吸声结构，或在空间悬挂吸声板、吸声体，混响声就会被吸收掉，室内的噪声级也就相应降低。这种控制噪声的方法称为吸声降噪。

1）吸声材料。吸声材料大都是由多孔材料做成的，因此，在使用时往往要加护面板或织物封套。当空气中湿度较大时，水分进入材料的孔隙，可导致吸声性能的下降。此外，同一种吸声材料对不同频率的噪声，其吸声系数是不同的。对于低频噪声，吸声材料往往不是很有效。因此，对低频噪声常采用共振吸声结构来降低噪声。

2）吸声结构。在金属板、薄木板上穿以一定数目的孔，并在其后设置空腔，就组成了吸声结构。每一个小孔及其所对应的部分空腔构成一个共振器。每一个共振器都具有一定的固有振动频率 f_0。它由小孔孔径 d、板厚 t、腔深 D 所决定。当外来声波的频率与 f_0 相同时，发生共振。此时，在孔径中的空气柱振动幅值最大，往返于孔径中的速度也最大，摩擦损耗也就最大，被吸收的声能也最多。因此，这种结构称为共振吸声结构。穿孔板共振吸声结构的固有振动频率 f_0（Hz）为

$$f_0 = \frac{c}{2\pi}\sqrt{\frac{p}{(t+0.8d)D}} \tag{10.2}$$

式中，c——空气中的声速，一般取 340 m/s；

d——孔径，m；

D——腔深，m；

t——颈长（板厚），m；

p——穿孔率，穿孔面积与总表面积之比。

对于高温、高速、潮湿和有腐蚀性的气体所占有的空间，如果用吸声材料，往往会因侵蚀作用，经过一段时间就失效了。如果采用穿孔板吸声结构，可避免上述缺点，但是它只能在共振频率 f_0 附近有明显的吸声效果，因而不能满足宽频带的吸声降噪要求。这时可采用微穿孔板吸声结构，它是板厚和孔径均在 1 mm 以下，穿孔率为 1%～3%的金属微穿孔板和空腔组成的复合结构。由于微穿孔板的孔细而密，其吸声系数和吸声频带宽度都比穿孔板吸声结构好得多。

10.5.2.2 隔声降噪

应用隔声结构，阻碍噪声向空间的传播，使吵闹环境与需要安静的环境分隔开，这种降噪措施称为隔声降噪。各种隔声结构，如隔声室、隔声墙、隔声罩、隔声屏等统称为隔声围护结构。隔声围护结构通常由许多隔声构件组成，如隔声室就是由隔声门、隔声窗、隔声墙以及隔声顶棚等组成，当然考虑到通风，还要有通风消声器。

10.5.2.3 消声器

隔声间内机器要散热，操作和检修人员在其内工作，因此必须设有通风设施。伴随着气流的通入和排出，机器噪声必然发生泄漏，导致隔声量的明显下降。在工业生产中不乏噪声和气流同时存在的情况，如空气压缩机的进气口和出气口、内燃机的进排气口、鼓风机的进风口、通风机的出风口等，均属此情况。因此，需要采用不同于吸声和隔声的措施来控制噪声。消声器就是防治空气动力性噪声的主要装置，它既阻止声音的传播，又允许气流通过，用以装设在设备的气流通道上，可降低该设备本身发出的噪声和管道中空气动力噪声。

根据消声机理，消声器主要分成两大类，即阻性消声器和抗性消声器。在两类消声器的基础上，综合各自的优点，发展了阻抗复合型消声器，其中包括微穿孔板消声器。

1）阻性消声器。阻性消声器利用吸声材料消声，把吸声材料固定在管道内壁，或按一定方式在管道中排列，就构成了阻性消声器。声波进入消声器后被吸声材料吸收转变为热，就像电流通过电阻产生热一样而消耗电能，吸声材料消耗的是声能，故称为阻性消声器。

阻性消声器制造简单，对中、高频噪声消声效果好、而低频消声效果较差；另外它不适合用在高温、高湿、多尘的环境中。

2）抗性消声器。声波在截面积发生改变的管道中传播时，在截面突变处会发生反射，阻止一部分声能的传输。抗性消声器就是利用这个原理制作的。抗性消声器中一部分声能被突变截面反射回声源，贮存起来，类似于电路中电感、电容对电能的存储，故称为抗性消声器。通常，扩张室式消声器、共振消声器、干涉消声器以及弯头、管道内的障板和穿孔片等组合而成的消声器，都是抗性消声器。

抗性消声器的优点是具有良好的低、中频消声性能，构造简单，耐高温，耐气体腐蚀和冲击。缺点是消声频带较窄，高频消声效果较差。

3）阻抗复合消声器和微穿孔板消声器。阻抗复合消声器是将对高、中频有效的阻性消声器和对低、中频有效的抗性消声器综合起来，以便获得在宽阔的频率范围内的良好消声效果。通常，阻抗复合消声器中既有吸声材料，又有共振器、扩张室、穿孔屏等一种或多种滤波元件。由于消声量大，消声频率范围宽，阻抗复合消声器在实际应用中较为广泛。但由于它含有吸声材料，故在高温、蒸汽侵蚀和高速气流冲击下使用寿命较短。

微穿孔吸声结构是一个既能反射声能，又可消耗声能的声学元件。用纯金属微穿孔板，通过适当的组合做成的消声器，可以在一个宽阔的频率范围内具有良好的消声效果，而且又耐高温，不怕油雾和水蒸气。

10.5.2.4 隔振与阻尼

声音的本质是振动在弹性介质（如空气、水等）中的传播。当振源直接与空气接触，形成声波的辐射，称为空气声。当振动经过固体介质传递到与空气接触的界面，然后再引起声辐射，称为固体声。因此，隔绝振动在固体构件中的传递，改变固体界面声辐射部分的物理性质都有助于控制噪声，前者称为隔振，后者称为阻尼。

1）隔振。机器产生的振动直接传递到基础，并以弹性波的形式从基础传递到房屋结构上，引起其他房间结构的振动和声辐射。许多隔声材料（如钢筋混凝土、金属）虽然是隔绝空气声的良好材料，但对固体声却难以减弱。隔振的原理是用弹性连接代替刚性连接，以削弱机器与基础之间的振动传递。隔振按使用场合可分为积极隔振和消极隔振两种。前者用于减弱机器与基础之间的振动传递，后者用于减轻基础振动对其所承载的精密仪表的工作影响。

各种弹性构件如弹簧、橡皮、软木、沥青、毛毡、玻璃纤维毡等，均可以减小振动的传递。为了减弱沿房屋传播的振动，不仅在机器基座下要安装弹性构件，而且在墙壁和承重梁之间、在房屋的钢架和墙壁之间也要安装弹性构件。控制振动传递的弹性构件称为减振器。减振器有钢弹簧减振器、橡胶减振器、减振垫层三种。

2）阻尼。阻尼就是材料在承受周期应变时，能以热量方式消耗机械能的特性。用金属板制成机罩、风管以及飞机、汽车、轮船的壳体时，常因机器振动的传递而发生剧烈振动，导致噪声辐射。这种由结构振动引起的噪声称为结构噪声。控制结构噪声除了用减振器减少机器与结构之间的振动耦合外，还要减少噪声辐射面积，去除不必要的金属板面。对于不可避免的金属结构和板面，就要涂覆阻尼材料，以抑制其振动。

利用阻尼材料可有效地抑制结构振动和结构噪声。例如，在火车、汽车、飞机的客舱内壁涂覆阻尼材料，可有效地降低舱内环境噪声；地铁电车的车轮采用 5 层约束阻尼层，噪声由 114 dB 下降到 89 dB，锯片在采用约束阻尼后，噪声由 95 dB 下降到 81 dB。

10.5.3 噪声控制的管理措施

噪声污染的防治不仅依靠噪声控制技术的运用，还有赖于立法管理和行政措施。从某种意义上说，环境噪声源的管理对噪声污染的控制至关重要。国际上控制噪声的立法活动始于 20 世纪初。在 1914 年瑞士有了第一个机动车辆法规，明确规定机动车辆必须配备有效的消声装置；在 1929 年美国密歇根州的 Pontiac 市制定了噪声控制法令。20 世纪 50 年代末以来，许多国家都陆续颁布了不少全国性的或地方性的噪声控制法规。我国从 20 世纪 70 年代末起，有 20 多个省（自治区、直辖市）陆续颁布了噪声管理条例，并逐步成为地方性法规，为噪声控制立法提供了实践经验。1996 年，我国颁布了《中华人民共和国环境噪声污染防治法》，为管理各种环境噪声提供了法律依据，该法的修订由第十三届全国人大常务委员会第三十二次会议于 2021 年 12 月 24 日通过，更名为《中华人民共和国噪声污染防治法》。

10.5.3.1　交通噪声管理

国家环境保护总局和国家质量监督检验检疫总局于 2002 年 1 月共同发布了《汽车加速行驶车外噪声限值及测量方法》（GB 1495—2002），并于 2002 年 10 月 1 日开始实施。城市机动车辆必须符合机动车辆允许的噪声标准，否则不准驶入市区。在市区行驶的车辆限制鸣笛，严禁夜间鸣笛。车辆噪声检验列为常年验车标准之一。重型车辆进入市区限制路线和时间。加强交通管理，整顿交通秩序，结合市政道路工程建设，改善交通条件。火车进入市区禁用汽笛，合理使用风笛。新建铁路不许穿过市区，市区已有铁路建立防噪设施（如声屏障等）。限制飞机在市区上空飞行。

10.5.3.2　工业噪声管理

各类工业企业必须符合《声环境质量标准》（GB 3096—2008）、《工业企业厂界环境噪声排放标准》（GB 12348—2008）和《工业企业噪声控制设计规范》（GB/T 50087—2013）。对于厂界噪声超标的工业企业必须采取有效的控制措施，使之达标。对无法达标的企业，有计划地实行“关、停、并、转、迁”。工厂中的设备噪声也要控制在卫生标准以内，保障工人健康。

10.5.3.3　建筑施工噪声管理

建筑施工机械和设备，应符合《建筑施工场界环境噪声排放标准》（GB 12523—2011）。必要时要采取有效的噪声控制措施，以保证建筑施工过程中，场界环境噪声在昼间不得超过 70 dB（A），夜间不得超过 55 dB（A）。

10.5.3.4　社会生活噪声管理

城市室外禁止使用扩音喇叭（特殊情况例外），必须使用时也要控制音量，不得危害周围环境。使用收音机、录音机、电视机、吸尘器等家用电器时，产生的环境噪声不能超过所在区域规定的环境噪声标准。结合社会治安管理条例，禁止夜间在住宅附近大声喧哗，不准在公共场所起哄、喧闹。

10.5.3.5 其他管理措施

在法规与管理条例中还应规定一系列的排污收费和罚款制度，以及一系列有关噪声监测、控制措施的监督执行和违法制裁等内容，从经济、行政和法律等方面进行综合管理。为了改善居民的生活环境，防止噪声污染，各地政府在城市建设规划中应划分功能区，建设安静住宅小区，通过预防和控制噪声污染，保障社会的公共秩序与和谐发展。

复习思考题

1. 大气污染防控的源头减排措施有哪些?
2. 污水的物理、化学、生物处理技术分别适用于去除水中哪些污染物质?
3. 污水深度处理流程一般如何设计?
4. 城市垃圾焚烧处理时需要注意的技术要点是什么?
5. 危险废物的安全土地填埋处置与普通固体废物的土地填埋处置有什么异同?
6. 简述土壤污染的预防措施。
7. 重金属污染土壤的修复技术有哪些类别?
8. 对球面波辐射的点声源，当接受点距离声源的距离由 r 增加到 $10r$ 时，声压级减小多少分贝?
9. 在传播途径上控制噪声应从哪几个方面采取措施?

参考文献与推荐阅读文献

[1] 林肇信. 大气污染控制工程. 北京：高等教育出版社，1991.

[2] 关伯仁. 环境科学基础教程. 北京：中国环境科学出版社，1995.

[3] 郝吉明，马大广，王书肖. 大气污染控制工程（第三版）. 北京：高等教育出版社，2010.

[4] 北京环境保护科学研究所. 大气污染防治手册. 上海：上海科学技术出版社，1987.

[5] 胡洪营，张旭，黄霞，等. 环境工程原理（第四版）. 北京：高等教育出版社，2022.

[6] 王宝贞. 水污染控制工程. 北京：高等教育出版社，1990.

[7] 哈尔滨建筑工程学院. 排水工程（下）. 北京：中国建筑工业出版社，1981.

[8] 顾夏生，黄铭荣，王占生，等. 水处理工程. 北京：清华大学出版社，1985.

[9] 高廷耀. 水污染控制工程. 北京：高等教育出版社，1989.

[10] 李国鼎，金子奇，等. 固体废物处理与资源化. 北京：清华大学出版社，1990.

[11] 芈振明，高忠爱，祁梦兰，等. 固体废物处理与处置（修订版）. 北京：高等教育出版社，1993.

[12] 刘天齐. 环境工程学. 北京：中国大百科全书出版社，1981.

[13] 刘培桐. 环境学概论. 北京：高等教育出版社，1985.

[14] 何强，井文涌，王翊亭. 环境学导论（3 版）. 北京：清华大学出版社，2004.

[15] 曲格平. 环境科学基础知识. 北京：中国环境科学出版社，1984.

[16] P. A. Vesilind，J J Peirce. Environmental Engineering. Ann Arbor Science Publishers，1982.

[17] Howard S. Peavy，et al. Environmental Engineering. McGraw-Hill，Inc.，1985.

[18] 李国鼎．环境工程．北京：中国环境科学出版社，1990.

[19] Roger Batstone，James E. Smith，Jr.，David Wilson. The safe disposal of hazardous Wastes-The special needs and problems of developing countries Volume Ⅱ P271，World Band technical paper，0253-7494，No. 93，1989.

[20] 胡保林．中华人民共和国固体废物环境污染防治讲座．北京：中国环境科学出版社，1996.

[21] 刘天齐，林肇信，刘逸农．环境保护概论．北京：高等教育出版社，1982.

[22]《环保工作者实用手册》编写组．环保工作者实用手册．北京：冶金工业出版社，1984.

[23] 孙铁珩，李培军，周启星，等．土壤污染形成机理与修复技术．北京：科学出版社，2005.

[24] 郝汉周，陈同斌，等．重金属污染土壤固化/稳定化修复技术研究进展．应用生态学报，2011，22（3）：816-824.

[25] 刘天齐．环境保护（第 2 版）．北京：化学工业出版社，2000.

[26] 环境保护部．国家环境保护“十二五”规划，国发〔2011〕42 号．2011.

[27] 陈秀娟．工业噪声控制．北京：化学工业出版社，1980.

[28] 李圭白，张杰．水质工程学（第三版）．北京：中国建筑工业出版社，2021.

[29] 张自杰．排水工程（下册）（第五版）．北京：中国建筑工业出版社，2015.

第 11 章　生态环境管理对策

环境问题不仅是一个技术问题，也是一个社会问题。解决环境问题，固然离不开技术手段，但仅靠技术手段是不够的，还必须采取非技术手段即管理手段，促使技术手段得到有效运用并推动整个社会在生产方式、生活方式、思维方式等方面发生根本的变革。换言之，技术和管理是生态环境保护的“两轮”，缺一不可。考虑到技术手段的有效运用需要建立在严格的管理规范基础之上，所以，本章将集中探讨生态环境管理对策。涉及的内容包括：生态环境管理体制；生态环境管理基本原则；生态环境保护法律；生态环境标准；生态环境保护长效机制。

11.1　生态环境管理体制

生态环境管理体制是指生态环境管理主体及其职能职责和相互关系的总体。其中，生态环境管理主体包括生态环境立法主体、生态环境行政主体、生态环境司法主体。据此，可以将生态环境管理体制进一步划分为生态环境立法体制、生态环境行政体制、生态环境司法体制。

11.1.1　生态环境立法体制

生态环境立法体制涉及生态环境立法机构及其立法权限和相互关系。毫无疑问，生态环境立法体制是整个国家立法体制的一个组成部分，与整个国家立法体制保持一致性。按照 2015 年修正的《中华人民共和国立法法》的规定，我国的立法体制主要包括：

11.1.1.1　全国人大及其常委会

2018 年修正的《中华人民共和国宪法》第五十七条明确规定，“全国人民代表大会是最高国家权力机关”，“它的常设机关是全国人民代表大会常务委员会”；同时，《中华人民共和国宪法》第五十八条规定，“全国人民代表大会和全国人民代表大会常务委员会行使国家立法权”。在立法权限上，按照《中华人民共和国立法法》第七条第二款和第三款的规定，全国人大负责“制定和修改刑事、民事、国家机构的和其他的基本法律”；全国人大常委会负责制定和修改除应当由全国人大制定和修改的法律以外的其他法律。简言之，全国人大负责制定和修改基本法律，包括《中华人民共和国宪法》《中华人民共和国民法典》《中华人民共和国民事诉讼法》《中华人民共和国刑法》《中华人民共和国刑事诉讼法》《中华人民共和国行政诉讼法》《中华人民共和国立法法》等；全国人大常委会负责制定和修改普通法律。在生态环境领域，我国迄今还没有制定属于基本法律性质的专门法律，但不少基本法律，如《中华人民共和国宪法》《中华人民共和国民法典》《中华人民共和国民事诉讼法》《中华人民共和国刑法》《中华人民共和国刑事诉讼法》等，都包含了与生态环境保护相关的法律规范。包括《中华人民共和国环境保护法》在内的生态环境保护法律，都是由全国人大常委会制定和修改的，属于普通法律范畴。1993 年，全国人大决定设立“环境保护委员会”负责推动环境与资源保护立法工作，包括“拟订和组织起草环境和资源保护方面的法律草案”；1994 年，该委员会更名为“环境与资源保护委员会”。

11.1.1.2 国务院

按照《中华人民共和国宪法》第八十五条的规定，国务院“即中央人民政府，是最高国家权力机关的执行机关，是最高国家行政机关”。也就是说，国务院负责贯彻落实全国人大及其常委会颁布的法律。其职权之一，就是根据宪法和法律，制定行政法规，包括有关生态环境保护的行政法规。《中华人民共和国立法法》第六十五条还规定，应当由全国人大及其常委会制定法律的事项，经全国人大或其常委会授权，国务院可以先制定行政法规，经过实践检验，在条件成熟时，再提请全国人大及其常委会制定法律。国务院制定的行政法规，应由总理签署国务院令公布，在国务院公报和中国政府法制信息网以及在全国范围内发行的报纸上刊载。在生态环境保护领域，国务院颁布的行政法规已有 30 多项，通常冠以“条例”的称谓，如《防治陆源污染物污染损害海洋环境管理条例》《废弃电器电子产品回收处理管理条例》《消耗臭氧层物质管理条例》《排污许可管理条例》《野生植物保护条例》《地下水管理条例》《淮河流域水污染防治暂行条例》等；偶尔也有例外，如《危险废物经营许可证管理办法》，虽未冠以“条例”的称谓，但也属于行政法规。按照职责分工，司法部负责统筹、协调行政法规的制定和修改工作，包括“负责起草或者组织起草有关法律、行政法规草案”。

11.1.1.3 国务院职能部门

按照《中华人民共和国立法法》第八十条的规定，国务院组成部门及具有行政管理职能的直属机构，可以根据国家法律和国务院的行政法规，在本部门的权限范围内，制定部门规章。部门规章规定的事项，应当属于执行国家法律或者国务院的行政法规、决定、命令的事项。没有国家法律或者国务院的行政法规、决定、命令作为依据，部门规章不得设定减损公民、法人和其他组织权利或者增加其义务的规范，不得增加本部门的权力或者减少本部门的法定职责。《中华人民共和国立法法》第八十一条还规定，“涉及两个以上国务院部门职权范围的事项，应当提请国务院制定行政法规或者由国务院有关部门联合制定规章”。

作为国务院组成部门的生态环境部，是国务院生态环境主管部门。为了实施国家法律和国务院的行政法规，生态环境部可以在自己的职权范围内制定部门规章。为了规范生态环境部制定部门规章和其他规范性文件的活动，生态环境部于 2020 年发布了《生态环境部行政规范性文件制定和管理办法》。其中，其他规范性文件是指除部门规章外，“生态环境部依据法定的权限和程序制定并公开发布，影响公民、法人和其他组织的权利义务，在一定期限内能够反复适用，具有普遍约束力的文件”。生态环境部制定的部门规章和其他规范性文件不得与国家法律、国务院行政法规有抵触。当国家法律、国务院行政法规得到修订或出台新的国家法律、国务院行政法规，生态环境部应当及时修订或清理相关的部门规章和其他规范性文件。除生态环境部外，国务院其他职能部门也会发布涉及生态环境保护的部门规章，但多数情况下是会同生态环境部联合发布。

11.1.1.4　地方人大及其常委会、地方人民政府

按照《中华人民共和国立法法》的规定，省、自治区、直辖市以及设区的市（地级市）的人大及其常委会可以根据本行政区域的具体情况和实际需要，在不同宪法、法律、行政法规相抵触的前提下，制定地方性法规。其中，设区的市的人大及其常委会制定地方性法规的权限是，有关城乡建设与管理、环境保护、历史文化保护等方面的事项。设区的市的人大及其常委会制定的地方性法规须报省、自治区的人大常委会进行合法性审查，获得批准后方可施行。自治州人大及其常委会享有与设区的市的人大及其常委会相同的立法权。

省、自治区、直辖市和设区的市、自治州的人民政府，可以根据国家法律、国务院行政法规和本省、自治区、直辖市的地方性法规，制定政府行政规章。地方政府规章可以规定的事项包括两方面：一是为执行国家法律、国务院行政法规、地方性法规的规定需要制定行政规章的事项；二是属于本行政区域的具体行政管理事项。类似地，设区的市、自治州人民政府制定的地方政府规章，限于城乡建设与管理、环境保护、历史文化保护等方面的事项。

11.1.2　生态环境行政体制

生态环境行政体制是指政府系统内部为管理生态环境事务而做出的机构设置、职责分工及相互关系的总和，是整个国家行政体制的重要组成部分和一个侧面。依据《中华人民共和国宪法》第三章“国家机构”的相关规定，我国的行政体制基本框架是由中央人民政府即国务院和地方各级人民政府构成。依据《中华人民共和国国务院组织法》，国务院设立部、委员会作为组成部门，并可以根据需要设立直属机构主管各项专门业务。国务院组成部门与直属机构统称为国务院职能部门。依据《中华人民共和国地方各级人民代表大会和地方各级人民政府组织法》，地方人民政府通常分为四级，包括：省、自治区、直辖市（省级）人民政府；设区的市、自治州（市级）人民政府；县、自治县、不设区的市、市辖区（县级）人民政府；乡、民族乡、镇（乡级）人民政府。县级以上地方人民政府参照国务院职能部门设置和本地实际需要，设立相关职能部门。基于上述框架形成的生态环境行政体制如下：

11.1.2.1 国务院及其职能部门

按照《中华人民共和国宪法》第三章的有关规定，国务院作为最高国家行政机关，“统一领导全国地方各级国家行政机关的工作”，“领导和管理经济工作和城乡建设、生态文明建设”。具体而言，在生态环境领域，国务院负责制定国家重大生态环境政策，负责将生态环境保护纳入国民经济和社会发展计划和国家预算，负责对重大生态环境保护事项进行部署或审批。比如，2021 年 10 月 8 日印发的《黄河流域生态保护和高质量发展规划纲要》就是党中央、国务院对重大生态环境保护事项做出的战略部署，对黄河流域生态环境保护工作具有重要的指导意义。

生态环境部是国务院生态环境主管部门，依据《中华人民共和国环境保护法》第十条的规定，“对全国环境保护工作实施统一监督管理”。其主要职责包括：负责建立健全生态环境基本制度，编制并监督实施有关生态环境规划、标准和其他技术规范；统一负责生态环境监督执法，组织开展中央生态环境保护督察，牵头协调重特大环境污染事故和生态破坏事件的调查处理；负责生态环境监测和统计工作，组织开展生态环境质量状况调查评价、预警预测工作，发布国家生态环境综合性报告和重大生态环境信息；组织开展生态环境宣传教育、科技开发以及国际合作交流；对地方生态环境保护工作给予指导。

国务院其他职能部门在各自职责范围内开展与生态环境保护有关的工作。比如，科学技术部的职责之一就是“推动绿色技术创新，开展科技应对气候变化工作”；水利部负责“生态环境用水的统筹和保障”；工业和信息化部负责“工业、通信业的节能、资源综合利用和清洁生产促进工作”；农业农村部负责“水生野生动植物保护”和“指导农产品产地环境管理和农业清洁生产”，“统筹推动”“农村基础设施和乡村治理”；自然资源部负责“统筹国土空间生态修复”，“牵头建立和实施生态保护补偿制度”；国家林业和草原局“负责陆生野生动植物资源监督管理”，组织开展林业和草原生态保护修复并实施监督管理，“监督管理各类自然保护地”和“荒漠化防治工作”；国家发展和改革委员会从宏观上“推进实施可持续发展战略，推动生态文明建设和改革，协调生态环境保护与修复、能源资源节约和综合利用等工作”，包括“提出健全生态保护补偿机制的政策措施，综合协调环保产业和清洁生产促进有关工作”等。

11.1.2.2 地方人民政府及其职能部门

依据《中华人民共和国环境保护法》第六条第二款的规定，“地方各级人民政府应当对本行政区域的环境质量负责”。为此，该法第二十八条第一款和第二款分别要求，“地方各级人民政府应当根据环境保护目标和治理任务，采取有效措施，改善环境质量”，“未达到国家环境质量标准的重点区域、流域的有关地方人民政府，应当制定限期达标规划，并采取措施按期达标”。为督促地方人民政府加强生态环境保护工作，《中华人民共和国环境保护法》第二十六条还规定，“国家实行环境保护目标责任制和考核评价制度。县级以上人民政府应当将环境保护目标完成情况纳入对本级人民政府负有环境保护监督管理职责的部门及其负责人和下级人民政府及其负责人的考核内容，作为对其考核评价的重要依据。考核结果应当向社会公开”；同时，该法第二十七条载明，“县级以上人民政府应当每年向本级人民代表大会或者人民代表大会常务委员会报告环境状况和环境保护目标完成情况，对发生的重大环境事件应当及时向本级人民代表大会常务委员会报告，依法接受监督”。为推动地方、特别是省级党委和政府落实生态环境保护的主体责任，经党中央、国务院批准，自 2016 年开始，正式启动中央环境保护督察（2018 年后更名为“中央生态环境保护督察”）工作，代表党中央、国务院对各省（自治区、直辖市）党委和政府贯彻落实党中央、国务院生态文明建设和生态环境保护决策部署以及相关法律法规要求进行督察，以解决突出生态环境问题、改善生态环境质量、推动经济高质量发展为重点，取得明显成效。此后，各省（自治区、直辖市）相继建立省级生态环境保护督察制度，压实下级党委和政府生态环境保护主体责任。

县级以上地方人民政府生态环境主管部门，按照《中华人民共和国环境保护法》第十条的要求，“对本行政区域环境保护工作实施统一监督管理”。具体来说，县级以上地方人民政府生态环境主管部门的职责包括：会同有关部门，编制本行政区域的环境保护规划，报同级人民政府批准并公布实施；对排污企业、事业单位和其他经营者进行现场监督检查；依法公开环境质量、环境监测、突发环境事件以及环境行政许可、行政处罚等信息。为构建现代生态环境治理体系，根治现行以块为主的地方环保管理体制存在的突出问题，2016 年，中共中央办公厅、国务院办公厅印发《关于省以下环保机构监测监察执法垂直管理制度改革试点工作的指导意见》。其中指出，“调整市县环保机构管理体制”。市级环保局实行以省级环保厅（局）为主的双重管理，仍为市级政府工作部门。县级环保局调整为市级环保局的派出分局，由市级环保局直接管理；市、县两级环保部门的环境监察职能上收，由省级环保部门统一行使；市县生态环境质量监测、调查评价和考核工作由省级环保部门统一负责，实行生态环境质量省级监测、考核；县级环境监测机构主要职能调整为执法监测，随县级环保局一并上收到市级；环境执法重心向市县下移，将环境执法机构列入政府行政执法部门序列，配备调查取证、移动执法等装备，统一环境执法人员着装，保障一线环境执法用车。改革方案有待在实践中不断完善。

县级以上地方人民政府其他相关部门，依照有关法律的规定对资源保护和污染防治等环境保护工作实施监督管理。

11.1.3　生态环境司法体制

司法，又称“法的适用”，是指司法机关依照法定职权和法定程序，具体运用法律处理案件的专门活动。更明确地讲，司法是指司法机关（主要指检察机关和法院）依照法律对民事、刑事案件进行侦查、审判。司法体制则是指，以司法为职能目的而形成的组织体系与制度体系，主要涉及司法机关的设置、职能及其相互关系。在我国，司法体制主要包括检察院系统和法院系统两部分。依托国家司法体制而形成的生态环境司法体制，主要负责涉及生态环境的民事、刑事案件的侦查、审判。

11.1.3.1　人民检察院

人民检察院是法定的国家法律监督机关，代表国家依法行使检察权。其主要职责是追究刑事责任，提起公诉和实施法律监督。依据《中华人民共和国宪法》和《中华人民共和国人民检察院组织法》的规定，人民检察院独立行使公诉权，同时行使批准逮捕权、逮捕权、抗诉权，并对涉及贪污贿赂以及国家机关工作人员玩忽职守、利用职权实施侵犯公民人身权利和民主权利等特定犯罪享有立案侦查权。

人民检察院通常分为最高人民检察院、地方各级人民检察院和军事检察院等专门人民检察院；地方各级人民检察院则包括省级（省、自治区、直辖市）人民检察院、设区的市级人民检察院（包括自治州人民检察院和省、自治区、直辖市人民检察院分院）和基层人民检察院（包括县、自治县、不设区的市、市辖区人民检察院）。下级人民检察院接受上级人民检察院的领导。上级人民检察院可以对下级人民检察院管辖的案件指定管辖，或者直接办理下级人民检察院管辖的案件，并可以统一调用辖区的检察人员办理案件。上级人民检察院认为下级人民检察院的决定错误的，应当指令下级人民检察院纠正或者依法撤销、变更。

为了更加有效地依法惩治生态环境犯罪行为，加强生态环境行政执法与刑事司法之间的衔接，原环境保护部会同公安部、最高人民检察院于 2017 年出台了《环境保护行政执法与刑事司法衔接工作办法》，要求各级生态环境主管部门、公安机关和人民检察院加强相互间的协作，规范统一法律适用，不断完善线索通报、案件移送、资源共享和信息发布等工作机制，积极建设、规范使用行政执法与刑事司法衔接信息共享平台，逐步实现涉嫌生态环境犯罪案件的网上移送、网上受理和网上监督，提高案件办理效率。

此外，人民检察院日益重视公益诉讼。最高人民检察院设立了公益诉讼检察厅（第八检察厅），负责办理法律规定由最高人民检察院办理的破坏生态环境和资源保护、食品药品安全领域侵害众多消费者合法权益等损害社会公共利益的民事公益诉讼案件，生态环境和资源保护、食品药品安全、国有财产保护、国有土地使用权出让等领域的行政公益诉讼案件，侵害英雄烈士姓名、肖像、名誉、荣誉的公益诉讼案件。据《最高人民检察院工作报告》，仅在 2021 年，全国各级人民检察院办理的生态环境和资源保护领域公益诉讼达 8.8 万件，追索生态环境损害赔偿金 5.9 亿元，为生态环境保护做出了重要贡献。

11.1.3.2 人民法院

人民法院是国家审判机关，通过审判民事案件、行政案件、刑事案件以及法律规定的其他案件，解决民事纠纷、行政纠纷，监督行政机关依法行使职权，惩罚犯罪，保护个人和组织的合法权益，维护国家安全和社会秩序，促进社会公平正义，保障中国特色社会主义建设的顺利进行。

人民法院分为最高人民法院、地方各级人民法院和专门人民法院。最高人民法院是最高审判机关，同时监督地方各级人民法院和专门人民法院的审判工作；地方各级人民法院分为高级人民法院、中级人民法院和基层人民法院。依照法律规定，上级人民法院监督下级人民法院的审判工作；专门人民法院包括军事法院、海事法院、知识产权法院和金融法院等，负责审理特定领域或特定范畴的案件。此外，最高人民法院还设立若干巡回法庭，作为最高人民法院的组成部分，审理最高人民法院依法确定的案件。

鉴于涉及生态环境的案件不断增加、相关案件具有特殊性和复杂性，近年来，一些地方开始建立专门法庭，负责审理涉及生态环境的案件。2014 年，最高人民法院决定设立专门的环境资源审判庭，实行生态环境司法专门化。据最高人民法院发布的《中国环境资源审判（2021）》报告，截至 2021 年年底，全国共设立环境资源专门审判机构和审判组织 2 149 个；当年共受理环境资源一审案件 297 492 件，审结 265 341 件。其中，受理环境公益诉讼案件 5 917 件，受理生态环境损害赔偿案件 169 件；初步构建起具有中国特色和国际影响力的环境资源审判体系，为生态文明建设提供了司法保障。

11.2　生态环境管理基本原则

生态环境管理基本原则是指，在国家生态环境保护方针、政策、法律法规中得到确立或体现，在生态环境管理实践中得到普遍遵循的行为准则。从我国已有的生态环境管理实践来看，生态环境管理基本原则主要包括可持续发展原则、预防及风险防范原则、全过程控制原则、生态环境责任公平负担原则、生态环境保护民主原则。

11.2.1　可持续发展原则

可持续发展原则是处理环境与发展之间关系的基本指导原则。这项原则的确立，主要归功于世界环境与发展委员会。该委员会是根据 1983 年第 38 届联合国大会通过的第 38/161 号决议成立的。其重要使命之一就是“重新审查有关环境与发展的重大问题并提出具有创新性的、具体的和现实可行的应对问题的行动建议”。该委员会自 1984 年 10 月开始工作，经过两年多的调查研究，最终形成《我们共同的未来》的报告，并于 1987 年 2 月在东京会议上首次发布。这份报告所提出的“可持续发展”思想，将环境与发展有机结合在一起，受到国际社会和世界各国的高度赞赏。为此，1992 年召开的联合国环境与发展大会围绕推进可持续发展原则和战略，拟定并最终通过了一系列政治和法律文件，包括《里约环境与发展宣言》和《21 世纪议程》等。这标志着，可持续发展原则得到世界各国的普遍承认。

按照世界环境与发展委员会在《我们共同的未来》的报告中所做的定义，可持续发展是指“既满足当代人的需要，又不对后代人满足其需要的能力构成危害的发展”。这一定义至少包含以下 3 个方面的含义：

1）对于人或人类社会来说，发展是永恒的主题。这对于饱受贫困问题困扰的广大发展中国家来说，尤为重要。只有通过发展，才能解决大量人口的生存问题。否则，环境保护就从根本上丧失了意义。所以，世界环境与发展委员会在《我们共同的未来》中强调，必须将贫困人口的基本需要放在特别优先的地位来考虑。换言之，世界环境与发展委员会提出了一个基本命题，即人类在追求可持续发展的过程中，必须关注“代内公平”问题。正因为如此，可持续发展的概念一经问世，就得到广泛的认同。这与罗马俱乐部在《增长的极限》中提出的“零增长”观点受到众多国家的强烈抵制，形成鲜明的对照。

2）发展本身不是目的，其根本目的是满足人的需要，特别是当代人的需要。然而在现实生活中，片面追求国内生产总值（GDP）。但产生污染会增加 GDP，而消除污染同样会增加 GDP。所以，GDP 不能用来反映发展的真实情况，更不可能用来反映人民的需求是否以及在何种程度上得到了满足。从根本上讲，衡量发展水平和质量的标准应当是，人民群众的满意度和幸福感。只有树立这样的发展观，才能正确处理环境与发展之间的关系，才能实现可持续发展。

3）在追求发展以满足当代人的需要的过程中，还要顾及后代人的需要，实现“代际公平”。这是可持续发展概念的创新之处，是可持续发展与协调发展的区别之所在。协调发展将注意力集中在眼前，却忽视或轻视了后代人的权益。实际上，环境是传承的。我们今天所面临的许多环境问题，是从我们的先人那里“继承”下来的。比如，我国黄土高原地区在先秦时期的森林覆盖率曾高达 50%。后来，由于自然和人为两方面的原因，才成为现如今生产力低下、不太适于生存的地方。所以，可持续发展要求当代人在谋求发展的过程中不应对后代人满足其的能力构成危害。换言之，我们绝不能“竭泽而渔”，以牺牲后代人的利益换取我们自己的利益。

综上所述，可持续发展要求我们转变发展观念和方式，尽最大可能减轻发展对环境造成的不利影响，保有、维护、增进环境的生产力，使环境能够持续不断地为我们提供生存和发展所需要的各种生态服务和产品。

11.2.2 预防和风险防范原则

保有、维护、增进环境的生产力，首先必须坚持预防原则。所谓预防原则，是指基于现有的科学知识，当我们能够预知我们的行动或计划会对环境造成不利影响时，应当事先采取有效措施，避免或最大限度地控制对环境、人体健康和社会财富造成危害。

在环境保护与管理中，预防原则具有非常重要的意义。这是因为，许多人为原因引起的环境问题，是可以通过事先采取措施进行预防的。比如，对生产或生活中产生的污染物进行治理，可以避免对环境造成污染。甚至于在某些情况下，实现生产过程的“零排放”也是可以做到的。但如果放松管制或根本不加管制，环境污染和破坏就难以避免。而一旦造成了环境污染和破坏，要想进行整治和恢复，付出的代价要远远高于预防措施成本。同时，环境污染和破坏造成的后果（如致残、致死），是无法估量和无可挽回的。正因如此，西方国家在经历“先污染后治理”的惨痛历程后，首先意识到，必须采取预防性措施，防治污染和其他公害。基于这一原则，美国 1970 年 1 月 1 日生效的《国家环境政策法》建立了环境影响评价制度，要求对任何行动或计划在做出决策之前，事先评估其可能造成的不利环境影响，提出旨在避免或降低这种影响的备选方案。类似地，1972 年召开的联合国人类环境会议通过的《人类环境宣言》也提到，“各国应该采取一切可能的步骤来防止”海洋受到污染。在此之后，包括我国在内的世界各国在环境政策与法律中都承认，预防原则是环境保护与管理的基本原则。

与预防原则略有不同，风险防范原则（precautionary principle）强调的是，“为了保护环境，各国应根据各自的能力广泛采取风险防范措施。当存在严重的或不可逆转的损害时，不应以缺乏充分的科学确定性为理由，延缓采取费用上有效防止环境退化的措施”。这是

《里约环境与发展宣言》原则 15 对该原则的表述。从中不难看出，风险防范原则适用于这样一类环境问题，它们本身或者其可能造成的危害后果在科学上还没有定论。比如，气候变化就属于这类问题。至今，仍有少数学者坚称，气候变化是一个“伪命题”，当前的气候根本没有变暖。对于这样一个存在科学不确定性的问题，风险防范原则要求，如果该问题真的是一个事实，其可能带来的后果又十分严重或不可逆转，甚至危及人类生存，那么，我们就不应该坐等科学来证实，再决定是否采取行动。果真这样，很可能会使我们丧失拯救自己的最佳时机。所以，明智的选择是，在我们能力允许的范围内尽快采取措施，预防这类环境问题的发生和发展。由此可见，风险防范原则较之于一般意义上的预防原则，要更加严厉。

风险防范原则最初是由德国提出的。其 1974 年颁布的《联邦污染控制法》第五条第二款规定，凡需要取得许可的设施，应当按照高标准的环境保护要求进行建设和运行，包括“采取风险防范措施，预防不利的环境影响、其他危害、重大损害或妨害，尤其是采用最先进技术进行排放控制的措施”。此后，在德国的推动下，欧洲很多国家开始接受这项原则。至 20 世纪 90 年代，这项原则逐渐进入国际法，包括 1992 年签署的《欧洲联盟条约》以及 1992 年联合国环境与发展大会上通过的《生物多样性公约》《联合国气候变化框架公约》等。而对该原则的内涵做出比较完整表述的，当属 1992 年联合国环境与发展大会上通过的不具有法律约束力的软法文件《里约环境与发展宣言》。目前，在国际层面，风险防范原则得到了广泛的接受，但在包括我国在内的许多国家国内法中，这项原则还没有得到承认和确立。

11.2.3　全过程控制原则

与预防原则相关联的是全过程控制原则。所谓全过程控制原则，主要是指预防不利的环境影响，需要从相关活动（如生产活动）的全过程着手，在每一个阶段或环节寻求消除或减轻不利环境影响的机会，并采取相应的措施。

全过程控制原则是在总结传统的末端治理做法缺陷的基础上逐步形成的。以往在处理污染问题时，比较直观和通常的做法就是在污染物排放环节采取工程治理措施。比如，建设污水处理设施，通过物理、化学或生物等方法，去除污染物，从而使排入环境的污染物数量得以减少。这种方法固然必要，但并非足够有效。实际上，如果能够从原材料和生产工艺等方面做出适当改进，是可以使污染物的产生量显著减少，从而降低污染治理成本，取得更好的效果。所以，从环境及经济等方面综合考虑，应当在污染防治方面遵循全过程控制原则。

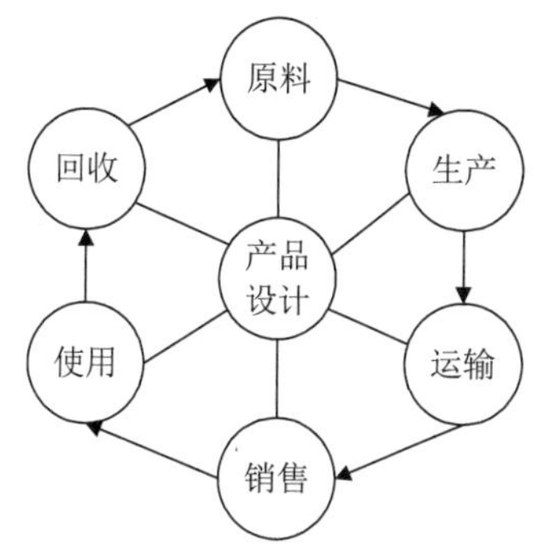

图 11-1　产品生命周期

实施全过程控制，首先需要对相关活动的全过程及其与环境影响之间的关系进行系统分析。在这方面，生命周期评价（life cycle assessment）是一种比较成熟和有效的方法。这种方法最早是由美国中西研究所（Mid-west Research Institute）于 1969 年开发出来的，用于帮助可口可乐公司找到一种原材料和能源消耗少、环境排放低的饮料罐。随后，美国环境保护局对这种方法进行了提炼和改进，并将其引入到资源与环境保护领域，包括用于精细化环境标准的制定过程。此外，美国汽车公司（American Motors Corporation）还在1985年将生命周期评价的思想结合到产品营销管理中，提出了“产品生命周期管理”战略，取得了良好效果。

为了推动生命周期评价方法的应用，国际标准化组织已将其纳入环境管理体系标准（ISO 14000）之中。目前，已经出台的相关标准包括生命周期评价的“原则与框架”（ISO 14040：2006）和生命周期评价的“要求与指南”（ISO 14044：2006）。其中对于生命周期评价的界定是：对于一个产品系统在其整个生命周期中的投入、产出和潜在的环境影响进行汇编和评估的方法。实际应用时，主要包括4个步骤：①目的和范围界定；②生命周期清单分析；③生命周期影响评价；④生命周期解释。

将生命周期评价的结果应用于实践，就需要开展清洁生产和循环经济。按照《中华人民共和国清洁生产促进法》第二条的规定，所谓清洁生产，是指通过“不断采取改进设计、使用清洁的能源和原料、采用先进的工艺技术与设备、改善管理、综合利用等措施，从源头削减污染，提高资源利用效率，减少或者避免生产、服务和产品使用过程中污染物的产生和排放，以减轻或者消除对人类健康和环境的危害”。所谓循环经济，按照《中华人民共和国循环经济促进法》第二条所做的界定，是指“在生产、流通和消费等过程中进行的减量化、再利用、资源化活动的总称”。其中，减量化是指“在生产、流通和消费等过程中减少资源消耗和废物产生”；再利用是指“将废物直接作为产品或者经修复、翻新、再制造后继续作为产品使用，或者将废物的全部或者部分作为其他产品的部件予以使用”；资源化是指“将废物直接作为原料进行利用或者对废物进行再生利用”。

从更广泛的范围来看，全过程控制原则还要求，要把环境保护纳入国民经济和社会发展的全过程，做到经济效益、社会效益与环境效益的统一。党的十七大提出，要大力“建设生态文明，基本形成节约能源资源和保护生态环境的产业结构、增长方式、消费模式”，实际上也是全过程控制原则的体现；党的十八大进一步要求，为了实现全面协调可持续发展，必须“深入贯彻落实科学发展观的基本要求，全面落实经济建设、政治建设、文化建设、社会建设、生态文明建设五位一体总体布局，促进现代化建设各方面相协调，促进生产关系与生产力、上层建筑与经济基础相协调，不断开拓生产发展、生活富裕、生态良好的文明发展道路”。这里所提出的“五位一体”总体布局，是从更高的层面对全过程控制原则的阐释。如果能够得到落实，必将推动环境保护工作走上新台阶。

11.2.4　生态环境责任公平负担原则

生态环境责任公平负担原则是污染者负担、受益者负担、利用者补偿、开发者保护、破坏者恢复等适用于环境与资源保护领域的原则的统称。它要求在落实生态环境与资源保护责任时应当遵循公平原则。

实际上，西方发达国家在面对环境污染问题，首先强调的是进行工程治理。由于历史遗留的“欠账”太过巨大，各国政府不得不增加财政资金的投入，用于补贴污染治理。这种做法引起了广泛的争议。不少人认为，财政资金来源于全体国民，将财政资金用于补贴污染治理，实际上就是将污染者的责任转嫁到全体国民身上，显然有失公允。为此，经济合作与发展组织（OECD）在 1972 年发表的《关于环境政策国际方面的指导原则建议》中指出，“为了分配污染防治措施的成本以鼓励合理利用稀缺的环境资源并避免对国际贸易和投资造成扭曲，应当采用污染者负担原则（Polluter-Pays Principle）”。这项原则意味着“污染者应当承担实施公共部门所确定的上述措施所产生的费用”，且“不得伴随补贴”。随后，这项原则在经济合作与发展组织成员国得到广泛的采纳和遵循。实践中，这项原则最初主要适用于造成点源污染的工业和服务业，包括排放废水、废气、废渣等。1989 年，经济合作与发展组织在《污染事故适用污染者负担原则的建议》中主张，应当将污染者负担原则的适用领域扩大到农业污染方面，以解决日趋严重的农业面源污染的治理责任问题。

关于污染者负担原则中污染者“负担”的范围，经济合作与发展组织在 1992 年发表的一份分析和建议报告中指出，由于污染者负担原则在提出时属于一个经济原则，该原则当时所指的成本仅限于污染防治方面，并不涉及污染损害的民事赔偿责任等方面。但是，随着实践的不断深入和认识的不断提高，污染者负担原则所涉及的成本不仅应当包括污染防治措施的直接成本，主要是设施投入和运行费用；还应当包括其他基于相关政策和法律要求采取的相关措施，如监测方面的成本，以及污染损害引起的民事赔偿等。2002 年，经济合作与发展组织发布的《污染者负担原则与国际贸易关系的报告》进一步指出，污染者“负担”的责任范围还应当包括环境税收，受污染的环境治理和恢复成本。由此可见，污染者负担原则已不仅仅包含污染防治费用，还包含实施环境政策与法律所产生的其他费用，以及环境修复和污染损害赔偿等方面的费用。

基于污染者负担原则的基本精神，《中华人民共和国环境保护法》第二十四条规定，“产生环境污染和其他公害的单位”应当“采取有效措施”防治环境污染和其他公害；第二十九条规定，“对造成环境严重污染的企业事业单位，限期治理”；第四十一条规定，“造成环境污染危害的，有责任排除危害，并对直接受到损害的单位或者个人赔偿损失”。这些规定是污染者负担原则的具体适用和体现。类似地，《中华人民共和国矿产资源法》第三十二条规定，“开采矿产资源，必须遵守有关环境保护的法律规定，防止污染环境”。1996 年《国务院关于环境保护若干问题的决定》进一步明确，要按照“污染者付费、利用者补偿、开发者保护、破坏者恢复”的原则，在基本建设、技术改造、综合利用、财政税收、金融信贷及引进外资等方面，抓紧制定、完善有关促进环境保护、防止环境污染和生态破坏的经济政策和措施。总之，应当按照公平原则，明确相关主体的环境责任。

11.2.5　生态环境保护民主原则

在生态环境保护领域，公民参与生态环境保护、行使生态环境监督权，具有重要的意义。这是因为，生态环境是一种具有公共属性的物品即公共物品，任何人无法排除他人呼吸空气的权利。对这样的物品，按照哈丁在“公地的悲剧”中所做的分析，如果没有公权力的介入，最终必然的结果就是，这种物品被“滥用”，引发“公地的悲剧”即导致环境问题的产生和发展。所以，基于共同利益的考虑，公民需要将自己的部分权利让渡给公权力机关，由公权力机关基于所有人的共同利益，对环境利用做出必要的限制，以避免发生“公地的悲剧”。也就是说，公民把环境管理权委托给国家，由国家代表全体公民的利益，开展环境管理，以便对环境的分配、使用和保护实施管控。这是“公共信托”理论在环境领域的合理延伸。

既然国家环境管理权从根本上源于公民，所以，公民有权利对国家环境管理权的行使情况进行监督。目前，我国环境保护领域的相关法律法规对于公民监督国家环境管理权还缺乏明文规定，但《中华人民共和国宪法》相关规定为此提供了强有力的法律依据。其中第四十一条明确规定，“中华人民共和国公民对于任何国家机关和国家工作人员，有提出批评和建议的权利；对于任何国家机关和国家工作人员的违法失职行为，有向有关国家机关提出申诉、控告或者检举的权利”，“对于公民的申诉、控告或者检举，有关国家机关必须查清事实，负责处理”。

以适当方式参与环境决策，也是环境保护民主原则的重要体现。在这方面，《中华人民共和国环境影响评价法》做出了相关规定。其中第五条载明，“国家鼓励有关单位、专家和公众以适当方式参与环境影响评价”；第十一条针对规划的环境影响评价要求，“专项规划的编制机关对可能造成不良环境影响并直接涉及公众环境权益的规划，应当在该规划草案报送审批前，举行论证会、听证会，或者采取其他形式，征求有关单位、专家和公众对环境影响报告书草案的意见”；第二十一条针对建设项目的环境影响评价也有类似规定，“除国家规定需要保密的情形外，对环境可能造成重大影响、应当编制环境影响报告书的建设项目，建设单位应当在报批建设项目环境影响报告书前，举行论证会、听证会，或者采取其他形式，征求有关单位、专家和公众的意见”，“编制机关应当认真考虑有关单位、专家和公众对环境影响报告书草案的意见，并应当在报送审查的环境影响报告书中附具对意见采纳或者不采纳的说明”。

此外，最近几年的实践表明，国家对于公民参与国家事务管理、包括环境管理越来越重视，决策过程的透明度不断提高。几乎所有的环境立法，包括修订《中华人民共和国环境保护法》在内，都会多渠道广泛征求公众意见。这对于环境决策的科学化、民主化无疑具有非常积极的意义。

11.3 生态环境保护法律

生态环境保护法律是以保护和改善生态环境，防治环境污染、生态破坏和其他公害为目的，通过调整人与人之间的关系来协调人与环境之间的关系的各种法律规范的统称。在实践中，生态环境保护法律为生态环境管理提供了基本依据。各级人民政府生态环境主管部门应当本着“依法行政”的理念，贯彻落实国家和地方颁布的各种生态环境保护法律法规。

11.3.1　生态环境保护法律体系

自 1979 年《中华人民共和国环境保护法（试行）》颁布以来，我国的生态环境立法取得了长足的进步。除 1982 年《中华人民共和国宪法》（以下简称《宪法》）修正案增加了有关生态环境保护的规定外，全国人大及其常委会先后颁布和实施了 30 多部有关生态环境保护的法律，国务院及其有关部门先后发布了大量有关生态环境保护的行政法规和部门规章，具有立法权的地方也出台了不少有关生态环境保护的地方性法规和规章。这些法律、法规和规章相互之间存在着有机联系，内部协调一致，构成了一个完整的体系，即生态环境保护法律体系。概括起来，我国的生态环境保护法律体系主要由以下几个部分构成：

11.3.1.1　《宪法》有关生态环境保护的规定

2018 年修正的《宪法》首次在“序言”部分载入了“生态文明”，要求“推动物质文明、政治文明、精神文明、社会文明、生态文明协调发展”，目的是“把我国建设成为富强民主文明和谐美丽的社会主义现代化强国，实现中华民族伟大复兴”。此外，《宪法》第九条、第二十六条还对生态环境保护做出原则性规定。

《宪法》第九条规定：“矿藏、水流、森林、山岭、草原、荒地、滩涂等自然资源，都属于国家所有，即全民所有；由法律规定属于集体所有的森林和山岭、草原、荒地、滩涂除外。国家保障自然资源的合理利用，保护珍贵的动物和植物。禁止任何组织或者个人用任何手段侵占或者破坏自然资源。”第二十六条规定：“国家保护和改善生活环境和生态环境，防治污染和其他公害。国家组织和鼓励植树造林，保护林木。”这就为国家开展生态环境保护奠定了《宪法》基石，也为开展生态环境立法提供了《宪法》依据。

11.3.1.2　生态环境保护法律

这里，生态环境保护法律专指全国人民代表大会及其常务委员会颁布的有关生态环境保护的法律。目前，已经颁布、实施的生态环境保护法律有 30 多部。其中，大部分涉及污染防治，有关生态保护的法律相对较少，相关法律规范通常包含在自然资源法律中。

归纳起来，与污染防治有关的法律主要包括《中华人民共和国环境保护法》《中华人民共和国大气污染防治法》《中华人民共和国水污染防治法》《中华人民共和国噪声污染防治法》《中华人民共和国固体废物污染环境防治法》《中华人民共和国放射性污染防治法》《中华人民共和国土壤污染防治法》《中华人民共和国海洋环境保护法》以及《中华人民共和国环境影响评价法》《中华人民共和国清洁生产促进法》《中华人民共和国循环经济促进法》《中华人民共和国环境保护税法》等；与生态保护有关的法律主要包括《中华人民共和国水法》《中华人民共和国土地管理法》《中华人民共和国水土保持法》《中华人民共和国森林法》《中华人民共和国草原法》《中华人民共和国煤炭法》《中华人民共和国农业法》《中华人民共和国渔业法》《中华人民共和国野生动物保护法》《中华人民共和国海域使用管理法》《中华人民共和国防沙治沙法》《中华人民共和国矿产资源法》等；2020 年颁布的

《中华人民共和国长江保护法》开创了特大型流域管理的先河；其他相关法律主要包括《中华人民共和国民法典》《中华人民共和国城乡规划法》《中华人民共和国节约能源法》《中华人民共和国可再生能源法》《中华人民共和国标准化法》《中华人民共和国气象法》《中华人民共和国行政许可法》《中华人民共和国行政强制法》《中华人民共和国刑法》等。

11.3.1.3 生态环境保护行政法规

生态环境保护行政法规是指国务院颁布的有关生态环境保护的规范性文件，通常以“条例”的名称出现。国务院在制定生态环境保护行政法规时，通常要以国家颁布的生态环境保护法律为依据，通过确立相关的具有可操作性的规则，使国家生态环境保护法律的规定得到落实。比如，有关生态环境保护法律均规定实行排污许可制度。为此，国务院发布了《排污许可管理条例》，其中对排污许可适用范围以及排污许可证的申请与审批、排污管理、监督检查、法律责任等方面做了比较具体的规定。由于一部环境保护法律往往有若干制度需要通过制定具有可操作性的细则予以落实，所以，理论上讲，生态环境保护行政法规的数量应当远远超过生态环境保护法律的数量，但实际情况并非如此。所以，加大生态环境保护行政法规制定力度，很有必要。

目前，国务院颁布的生态环境保护（含核安全监督管理）行政法规也有 30 多部，涉及水污染防治、大气污染防治、化学品和废物、野生植物保护、自然保护区、海洋环境保护以及建设项目环境保护管理、排污许可等方面。

11.3.1.4 生态环境保护部门规章

生态环境保护部门规章是指国务院生态环境主管部门以及其他相关部门发布的有关生态环境保护的规范性文件的统称。其中，大部分生态环境保护部门规章是由国务院生态环境主管部门单独发布的，也有部分生态环境保护部门规章是由国务院其他行政主管部门单独或联合国务院生态环境主管部门发布的，总数达百余项。按照 2015 年修正的《中华人民共和国立法法》第八十一条的规定，“涉及两个以上国务院部门职权范围的事项，应当提请国务院制定行政法规或者由国务院有关部门联合制定规章”。鉴于生态环境保护与管理事务的性质，许多生态环境保护部门规章是由国务院生态环境主管部门会同国务院其他行政主管部门联合制定的。生态环境保护部门规章在法律效力上低于国家法律和行政法规，在内容上不得与国家法律和行政法规相抵触。

11.3.1.5 地方性生态环境保护法规和规章

按照 2015 年修正的《中华人民共和国立法法》第七十二条的规定，省、自治区、直辖市以及设区的市的人大及其常委会可以根据本行政区域的具体情况和实际需要，在不同上位法相抵触的前提下，制定地方性法规。类似地，该法第八十二条规定，省、自治区、直辖市以及设区的市、自治州人民政府，可以根据法律、行政法规和本省、自治区、直辖市的地方性法规，制定规章。其中，设区的市、自治州人民政府制定地方政府规章，仅限于城乡建设与管理、环境保护、历史文化保护等方面的事项。

由于各地经济、社会、技术条件不同，面临的生态环境问题也存在差异，所以，加强地方性生态环境保护法规和规章制定和实施，具有非常重要的意义。以北京市为例。为了加大防治大气污染的力度，北京市第十四届人大第二次会议于 2014 年 1 月 22 日审议通过了《北京市大气污染防治条例》，2018 年又进行了修正。目前，由北京市人大常委会颁布的地方性生态环境保护法规约有 20 项；此外，北京市人民政府还颁布了多项有关生态环境保护的地方性规章。

11.3.2　生态环境保护主要法律制度

随着我国生态环境保护法律的不断发展，生态环境保护法律制度的内容也在不断丰富和完善。总体上讲，我国的生态环境保护法律制度主要包括三种类型。

11.3.2.1　事前预防型生态环境保护法律制度

事前预防型生态环境保护法律制度，是指在环境污染和生态破坏还没有发生时，预先对建设项目或区域规划提出要求，以便将环境污染和生态破坏控制在可接受范围内的各种制度和措施。目前，这类制度和措施主要包括规划制度、环境影响评价制度、“三同时”制度。

具有预防环境污染和生态破坏作用的规划，既包括城乡规划和主体功能区规划，也包括各种生态环境保护规划。其中，城乡规划是依据《中华人民共和国城乡规划法》编制的具有法律约束力的规划；主体功能区规划是经国务院和各省、自治区、直辖市人民政府批准的具有战略性、基础性、约束性的功能分区规划；生态环境保护规划则是依据有关的生态环境保护法律法规，由各级人民政府生态环境主管部门制定的规划。2019 年发布的《中共中央　国务院关于建立国土空间规划体系并监督实施的若干意见》，将主体功能区规划、土地利用规划、城乡规划等空间规划融合为统一的国土空间规划，实现“多规合一”，强化国土空间规划对各专项规划的指导约束作用。

按照《中华人民共和国城乡规划法》的规定，编制城乡规划、特别是城市总体规划、镇总体规划时，要充分考虑到环境保护以及其他相关方面的需要，划定“禁止、限制和适宜建设的地域范围”；乡规划、村庄规划要明确“供水、排水、供电、垃圾收集、畜禽养殖场所等农村生产、生活服务设施、公益事业等各项建设的用地布局、建设要求”。比如，《北京城市总体规划（2004—2020 年）》第十章就专门论及“生态环境建设与保护”，其中明确了禁止建设地区、限制建设地区的范围，对综合生态、污染防治等方面也提出了要求。

国家主体功能区规划由国务院于 2010 年审定和发布。该规划以县级或县级以上行政区域为单元，对各区域的主体功能予以明确，并按主体功能划分了四类区域，包括优化开发区、重点开发区、限制开发区、禁止开发区。其中，“开发”特指“大规模高强度的工业化城镇化开发”。对于限制开发区或禁止开发区，需要限制或禁止的是大规模高强度的工业化城镇化开发，并不是限制或禁止所有的开发活动。同时，对于国家层面的优化开发区和重点开发区，还可以在更低层面上做出进一步的主体功能定位，但不能影响或改变国家对该区域的主体功能定位。

环境保护规划应当以国土空间规划为依据，对特定地区的环境功能和生态功能做出空间安排，制定环境功能区划和生态功能区划，明确其适用的环境标准或管理要求，在此基础上，对该地区的人类活动、包括环境保护活动作出时空安排，保障环境功能和生态功能，促进地区经济、社会、环境的协调和可持续发展。环境保护规划应当作为环境管理的重要指南和依据。

环境影响评价制度是针对拟议中的建设项目或区域开发规划，在预测其可能造成的生态环境影响的基础上，事先提出控制或消除不利生态环境影响的具体措施，经相关主管部门批准，方可按要求付诸实施的强制性制度。我国从 20 世纪 70 年代末开始实施环境影响评价制度，迄今已有 40 余年的历史。2002 年颁布的《中华人民共和国环境影响评价法》，凸显出环境影响评价制度特殊的地位和作用。国务院还在 1998 年和 2009 年分别颁布了《建设项目环境保护管理条例》和《规划环境影响评价条例》，对建设项目环境影响评价和规划环境影响评价做出更加细致和具体的规定。

在建设项目环境影响评价获得相关部门批准后，建设项目就进入实施阶段。按照 20 世纪 70 年代末我国相关生态环境保护法律规定，任何新建、改建和扩建项目“防止污染和其他公害的设施，必须与主体工程同时设计、同时施工、同时投产”，以使该项目建成后各项有害物质的排放符合国家规定的标准。这就是“三同时”制度。以往，我国相关法律法规明确要求，县级以上地方人民政府生态环境主管部门应当对建设项目执行“三同时”制度的情况进行及时的监督，对配套建设的环境保护设施进行验收。未通过验收的建设项目，不得投入试生产和正式生产。随着我国生态环境保护法律制度体系的不断完善，这一明显带有计划经济特点、有干涉企业内部经营管理权之嫌的制度会逐渐淡化，直至退出历史舞台。

11.3.2.2 事中管控型生态环境保护法律制度

一旦建设项目或区域开发规划付诸实施，县级以上地方人民政府生态环境主管部门以及其他相关职能部门应当依法实施环境监督管理。在这方面，我国生态环境保护法律法规规定了一系列相关制度，包括排污申报登记制度、污染物总量控制制度、排污许可证制度、环境保护税制度、限期治理制度、强制清洁生产制度等。

排污申报登记制度是指，凡直接或者间接向环境排放污染物的企业事业单位和个体工商户，应当按照国务院生态环境主管部门的规定，向县级以上地方人民政府生态环境主管部门申报登记其所拥有的污染物排放设施、处理设施和在正常作业条件下排放污染物的种类、数量和浓度，并提供有关污染防治的技术资料。

污染物总量控制制度是指，以实现一定的环境质量目标或污染物控制目标为依据，对一定时期内相关区域及其各污染源允许排入环境的污染物数量所做的限制性规定。目前，我国实行的是主要污染物总量控制制度，即国家仅对 COD、NH_3-N 等主要水污染物和 SO_2、NO_x 等主要大气污染物规定了总量控制指标。各省、自治区、直辖市人民政府可以根据本地实际情况和需要，确定是否增加污染物总量控制范围。国家下达的主要污染物总量控制指标需要通过层层分解，最终落实到各污染源。

凡直接或者间接向环境排放污染物的企业事业单位和个体工商户，应当按照《排污许可管理条例》的规定，向所在地设区的市级以上地方人民政府生态环境主管部门申请取得排污许可证，方可按照排污许可证载明的要求，向环境排放污染物。这就是排污许可证制度。从法律上讲，排污许可证是一种权利证明，在市场经济条件下，这种权利应该是可转卖的。一些国家（如美国、德国等）建立了排污权交易制度。在《中共中央关于全面深化改革若干重大问题的决定》中，建立排污权交易制度，被视为生态文明制度建设的重要内容之一。但在我国，排污权交易制度仍处在试点阶段。

对于直接或者间接向环境排放污染物的企业事业单位和个体工商户，还应当按照《中华人民共和国环境保护税法》的规定，缴纳环境保护税。一般来说，排污单位所要缴纳的环境保护税，主要由其排放的污染物种类、数量决定。生态环境主管部门负责核定企业事业单位和个体工商户的排污情况，并将相关信息定期交送税务机关。税务机关应当将纳税人的纳税申报、税款入库、减免税额、欠缴税款以及风险疑点等环境保护税涉税信息，定期交送生态环境主管部门。纳税人应当向应税污染物排放地的税务机关申报缴纳环境保护税。纳税人和税务机关、生态环境主管部门及其工作人员违反规定的，将依照《中华人民共和国税收征收管理法》《中华人民共和国环境保护法》和有关法律法规的规定追究法律责任。

如果一个排污单位排放的污染物超过国家或者地方规定的污染物排放标准，或者超过重点污染物排放总量控制指标的，生态环境主管部门应当按照权限责令其进行限期治理。限期治理可以采取不同形式，如限制生产、限制排放或者停产整治。限期治理的期限最长不超过一年；逾期未完成治理任务的，报经有批准权的人民政府批准，责令关闭。被要求限期治理的排污单位，应当按照《中华人民共和国清洁生产促进法》以及其他相关法律法规的规定实施强制性清洁生产审核，落实清洁生产措施。

11.3.2.3　事后救济型环境法律制度

假如排污单位没有按照国家的规定排放污染物或者即便依法排污也因污染源过于集中造成了环境污染和破坏，那么，按照我国生态环境保护法律法规的规定，就应当被追究相应的法律责任。一般情况下，违法的排污单位会受到行政处罚；造成生态环境损害或因污染环境、破坏生态造成他人损害的，还应当承担相应的民事赔偿责任；构成犯罪的，将依法承担刑事责任。

生态环境保护法律法规通常会对各种违法行为所要受到的行政处罚做出明确规定。值得注意的是，为更加严厉打击违法行为人，2014 年修订的《中华人民共和国环境保护法》增加了“按日连续处罚”的规定：“企业事业单位和其他生产经营者违法排放污染物，受到罚款处罚，被责令改正，拒不改正的，依法作出处罚决定的行政机关可以自责令改正之日的次日起，按照原处罚数额按日连续处罚。”

2020 年通过的《中华人民共和国民法典》对因污染环境、破坏生态造成他人损害或造成生态环境本身受到损害所要承担的民事责任分别做了规定。其中，第一千二百二十九条规定，“因污染环境、破坏生态造成他人损害的，侵权人应当承担侵权责任”；第一千二百三十二条进一步规定，“侵权人违反法律规定故意污染环境、破坏生态造成严重后果的，被侵权人有权请求相应的惩罚性赔偿”；第一千二百三十五条载明，“违反国家规定造成生态环境损害的，国家规定的机关或者法律规定的组织有权请求侵权人赔偿下列损失和费用：（一）生态环境受到损害至修复完成期间服务功能丧失导致的损失；（二）生态环境功能永久性损害造成的损失；（三）生态环境损害调查、鉴定评估等费用；（四）清除污染、修复生态环境费用；（五）防止损害的发生和扩大所支出的合理费用”。

对于违反生态环境保护和其他相关法律法规的规定，情节严重或造成严重后果的，可以依据《中华人民共和国刑法》第六章第六节有关“破坏环境资源保护罪”的规定，追究当事人的刑事责任。比如，2020年修正的《中华人民共和国刑法》第三百三十八条就载明，“违反国家规定，排放、倾倒或者处置有放射性的废物、含传染病病原体的废物、有毒物质或者其他有害物质，严重污染环境的，处三年以下有期徒刑或者拘役，并处或者单处罚金；情节严重的，处三年以上七年以下有期徒刑，并处罚金；有下列情形之一的，处七年以上有期徒刑，并处罚金：（一）在饮用水水源保护区、自然保护地核心保护区等依法确定的重点保护区域排放、倾倒、处置有放射性的废物、含传染病病原体的废物、有毒物质，情节特别严重的；（二）向国家确定的重要江河、湖泊水域排放、倾倒、处置有放射性的废物、含传染病病原体的废物、有毒物质，情节特别严重的；（三）致使大量永久基本农田基本功能丧失或者遭受永久性破坏的；（四）致使多人重伤、严重疾病，或者致人严重残疾、死亡的”。

11.4 生态环境标准

2020年12月15日，生态环境部发布《生态环境标准管理办法》，自2021年2月1日起施行。其中将“生态环境标准”界定为，由国务院生态环境主管部门和省级人民政府依法制定的生态环境保护工作中需要统一的各项技术要求。

在生态环境管理实践中，生态环境标准具有非常特殊的地位。比如，判断一个地区是否存在环境污染，基本的依据是生态环境质量标准；判断一个企业排污行为是否合法，重要依据之一就是污染物排放标准。所以，生态环境标准是生态环境管理的基础。

11.4.1 生态环境标准体系

按照生态环境部发布的《生态环境标准管理办法》，我国生态环境标准包括两大类、六小类和两级（表11-1）。其中，“两大类”是指，强制性生态环境标准和推荐性生态环境标准；“六小类”是指生态环境质量标准、生态环境风险管控标准、污染物排放标准、生态环境监测标准、生态环境基础标准和生态环境管理技术规范；“两级”是指国家生态环境标准和地方生态环境标准。需要注意的是，地方生态环境标准通常仅涉及生态环境质量标准、生态环境风险管控标准、污染物排放标准，不涉及生态环境监测标准、生态环境基础标准和生态环境管理技术规范。另外，机动车等移动源大气污染物排放标准只能由国务院生态环境主管部门统一制定，不允许颁布地方标准。

表 11-1　生态环境标准分类分级

分类		分级	
大类	小类	国家	地方
强制性生态环境标准	生态环境质量标准	√	√
	生态环境风险管控标准	√	√
	污染物排放标准	√	√
	生态环境监测标准	√	×
	生态环境基础标准	√	×
推荐性生态环境标准	生态环境管理技术规范	√	×

注："√"表示有该项标准；"×"表示没有该项标准。

强制性生态环境标准由特定的国家机关制定和发布，具有强制约束力，在适用范围内必须得到执行；推荐性生态环境标准可以由特定的国家机关、也可以由其他权威组织制定和发布，不具有强制约束力，在适用范围内自愿执行。当推荐性生态环境标准被强制性生态环境标准或者规章、行政规范性文件引用并赋予其强制执行效力时，被引用的内容具有强制约束力，必须得到执行，但推荐性生态环境标准本身的法律效力不变。

在我国，强制性生态环境标准制定和发布的主体只有两个：①国务院生态环境主管部门，负责制定和发布国家生态环境标准，并在全国范围或者标准指定区域范围内执行；②省、自治区、直辖市人民政府，负责制定和发布地方生态环境标准，并在发布该标准的省、自治区、直辖市行政区域范围或者标准指定区域范围执行。制定地方生态环境标准仅限于两种情况：①对国家相应标准中未规定的项目作出补充规定；②对国家相应标准中已规定的项目作出更加严格的规定。省、自治区、直辖市人民政府依法制定的地方生态环境标准，必须报国务院生态环境主管部门备案。

制定生态环境标准，应当遵循合法合规、体系协调、科学可行、程序规范等原则。通常情况下，制定生态环境标准，应当根据生态环境保护需求编制标准项目计划，组织相关事业单位、行业协会、科研机构或者高等院校等开展标准起草工作，广泛征求国家有关部门、地方政府及相关部门、行业协会、企业事业单位和公众等各方面的意见，并组织专家进行审查和论证。同时，制定生态环境标准，不得增加法律法规规定之外的行政权力事项或者减少法定职责；不得设定行政许可、行政处罚、行政强制等事项，不得增加办理行政许可事项的条件，不得规定出具循环证明、重复证明、无谓证明的内容；不得违法减损公民、法人和其他组织的合法权益或者增加其义务；不得超越职权规定应由市场调节、企业和社会自律、公民自我管理的事项；不得违法制定含有排除或者限制公平竞争内容的措施，不得违法干预或者影响市场主体正常生产经营活动，不得违法设置市场准入和退出条件等；不得规定采用特定企业的技术、产品和服务，不得出现特定企业的商标名称，不得规定采用尚在保护期内的专利技术和配方不公开的试剂，不得规定使用国家明令禁止或者淘汰使用的试剂。

对于已经发布和实施的生态环境标准，相关部门或机构应当采取适当措施，掌握生态环境标准实际执行情况及存在的问题，提升生态环境标准科学性、系统性、适用性，并根据生态环境和经济社会发展形势，结合相关科学技术进展和实际工作需要，组织开展生态环境标准实施情况评估，根据评估结果对标准适时进行修订。

11.4.2 强制性生态环境标准

强制性生态环境标准包括以下 5 类：

11.4.2.1 生态环境质量标准

生态环境质量标准，是指为保护生态环境，保障公众健康，增进民生福祉，促进经济社会可持续发展，对环境中有害物质和因素做出的限制性规定。比如，2012 年修订的《环境空气质量标准》（GB 3095—2012）规定了 10 种污染物在环境空气中的浓度限值。其中，$PM_{2.5}$（粒径小于等于 2.5 μm）年均值有两个限值：一类区不得超过 15μg/m^3，二类区不得超过 35 μg/m^3。生态环境质量标准通常包括大气环境质量标准、水环境质量标准、海洋环境质量标准、声环境质量标准、核与辐射安全基本标准。

制定生态环境质量标准，应当反映生态环境质量特征，以生态环境基准研究成果为科学依据，与经济社会发展和公众生态环境质量需求相适应，合理确定生态环境保护目标。生态环境基准是在特定条件和用途下，环境因子（污染物质或有害要素）对人群健康与生态系统不产生有害效应的最大剂量或水平。它以环境暴露、毒性效应和风险评估为核心，揭示环境因子影响人群健康和生态安全客观规律。研究、制定生态环境基准，不需要考虑社会、经济及技术等方面因素。所提出的生态环境基准，不具有法律约束力。

生态环境质量标准是判断环境污染与否的唯一依据。实施生态环境质量管理，要以达到生态环境质量标准为目标。

11.4.2.2 生态环境风险管控标准

生态环境风险管控标准，是指为保护生态环境，保障公众健康，推进生态环境风险筛查与分类管理，维护生态环境安全，对生态环境中的有害物质和因素做出的限制性规定。生态环境风险管控标准目前主要是指土壤污染风险管控标准，未来可能会涉及法律法规规定的其他环境风险管控标准。2018 年，生态环境部同时颁布《土壤环境质量　农用地土壤污染风险管控标准（试行）》（GB 15618—2018）和《土壤环境质量　建设用地土壤污染风险管控标准（试行）》（GB 36600—2018），都属于生态环境风险管控标准。前者对 8 种基本污染物项目、3 种其他污染物项目设定了风险筛选值，并对 5 种污染物设定了风险管制值；后者对 45 种基本污染物项目和 40 种其他污染物项目分别设定了风险筛选值和风险管制值。这里，“风险筛选值”是指，土壤污染物含量不大于该值的，对农产品质量安全或人体健康的风险低，一般情况下可以忽略；超过该值的，对农产品质量安全或人体健康可能存在风险，应当开展进一步的详细调查和风险评估，确定具体污染范围和风险水平；“风险管制值”是指，土壤污染物含量超过该限值的，对农产品质量安全或人体健康的风险高，应当采取适当的风险管控或修复措施，降低风险。

生态环境风险管控标准是开展生态环境风险管理的技术依据。实施土壤污染风险管控标准，应当按照土地用途分类管理，管控风险，实现安全利用。

11.4.2.3　污染物排放标准

污染物排放标准，是指为改善生态环境质量，根据生态环境质量标准和客观的经济、技术条件，对排入环境中的污染物或者其他有害因素做出的限制性规定。

污染物排放标准通常包括大气污染物排放标准、水污染物排放标准、固体废物污染控制标准、环境噪声控制标准和放射性污染防治标准等。水和大气污染物排放标准，根据适用对象分为行业型、综合型、通用型、流域（海域）或者区域型污染物排放标准。行业型污染物排放标准适用于特定行业或者产品污染源的排放控制；综合型污染物排放标准适用于行业型污染物排放标准适用范围以外的其他行业污染源的排放控制；通用型污染物排放标准适用于跨行业通用生产工艺、设备、操作过程或者特定污染物、特定排放方式的排放控制；流域（海域）或者区域型污染物排放标准适用于特定流域（海域）或者区域范围内的污染源排放控制。

制定行业型或者综合型污染物排放标准，应当反映所管控行业的污染物排放特征，以行业污染防治可行技术和可接受生态环境风险为主要依据，科学合理地确定污染物排放控制要求。制定通用型污染物排放标准，应当针对所管控的通用生产工艺、设备、操作过程的污染物排放特征，或者特定污染物、特定排放方式的排放特征，以污染防治可行技术、可接受生态环境风险、感官阈值等为主要依据，科学合理地确定污染物排放控制要求。制定流域（海域）或者区域性污染物排放标准，应当围绕改善生态环境质量、防范生态环境风险、促进转型发展，在国家污染物排放标准基础上作出补充规定或者更加严格的规定。

污染物排放标准按照适用的空间范围，可分为国家污染物排放标准和地方污染物排放标准。其中，地方污染物排放标准是地方为进一步改善生态环境质量和优化经济社会发展，对本行政区域内污染物排放提出的限制性要求，是对国家污染物排放标准的补充规定或者更加严格的规定。在适用时，地方污染物排放标准优先于国家污染物排放标准。

污染物排放标准规定的污染物排放方式、排放限值等，是判定污染物排放是否超标的技术依据。排放污染物或者其他有害因素，应当符合污染物排放标准规定的各项控制要求。

11.4.2.4　生态环境监测标准

生态环境监测标准，是指为监测生态环境质量和污染物排放情况，开展达标评定和风险筛查与管控，对监测布点采样、分析测试、监测仪器、卫星遥感影像质量、量值传递、质量控制、数据处理等监测技术要求做出的统一规定。

生态环境监测标准通常包括生态环境监测技术规范、生态环境监测分析方法标准、生态环境监测仪器及系统技术要求、生态环境标准样品等。其中，生态环境监测技术规范应当包括监测方案制定、布点采样、监测项目与分析方法、数据分析与报告、监测质量保证与质量控制等内容；生态环境监测分析方法标准应当包括试剂材料、仪器与设备、样品、测定操作步骤、结果表示等内容；生态环境监测仪器及系统技术要求应当包括测定范围、性能要求、检验方法、操作说明及校验等内容。

制定生态环境监测标准应当配套支持生态环境质量标准、生态环境风险管控标准、污染物排放标准的制定和实施，以及优先控制化学品环境管理、国际履约等生态环境管理及监督执法需求，采用稳定可靠且经过验证的方法，在保证标准的科学性、合理性、普遍适用性的前提下提高便捷性，易于推广使用。同时，制定生态环境质量标准、生态环境风险管控标准和污染物排放标准时，应当采用国务院生态环境主管部门制定的生态环境监测分析方法标准；国务院生态环境主管部门尚未制定适用的生态环境监测分析方法标准的，可以采用其他部门制定的监测分析方法标准。

11.4.2.5 生态环境基础标准

生态环境基础标准，是指对生态环境标准制定技术工作和生态环境管理工作中具有通用指导意义的技术要求，包括生态环境标准制定技术导则，生态环境通用术语、图形符号、编码和代号（代码）及其相应的编制规则等，做出的统一规范。

制定生态环境标准制定技术导则，应当明确标准的定位、基本原则、技术路线、技术方法和要求，以及对标准文本及编制说明等有关材料的内容和格式的要求。制定生态环境通用术语、图形符号、编码和代号（代码）编制规则等，应当借鉴国际标准和国内标准的相关规定，做到准确、通用、可辨识，力求简洁易懂。

制定生态环境标准，应当符合相应类别的生态环境标准制定技术导则的要求，采用生态环境基础标准规定的通用术语、图形符号、编码和代号（代码）编制规则等，做到标准内容衔接、体系协调、格式规范。在生态环境保护工作中使用专业用语和名词术语，设置图形标志，对档案信息进行分类、编码等，应当采用相应的术语、图形、编码技术标准。

11.4.3 推荐性生态环境标准

推荐性生态环境标准虽然不具有强制约束力，但对生态环境保护工作具有非常重要的指导性。这是因为，推荐性生态环境标准是基于先进的生态环境保护理念和先进的生态环境保护科学技术制定的，代表了生态环境保护最为积极的发展趋势。如果说，强制性生态环境标准是生态环境保护的最低要求，那么，推荐性生态环境标准就是代表在现有的经济、技术条件下可达到的生态环境保护先进水平。因此，推荐性生态环境标准具有积极的引导性。

上面提到的生态环境管理技术规范，是一系列推荐性生态环境标准的统称，包括但不限于：环境标志产品技术要求；清洁生产标准；环境影响评价技术导则；环境保护产品技术要求；污染处理工程技术规范；等等。此外，其他常用的推荐性生态环境标准有节能产品认证技术要求、节水产品认证技术要求、绿色建筑评价标准以及在国内得到广泛引用的国际标准化组织（ISO）制定的 ISO 14000 系列标准、由美国能源部和国家环境保护局自 1992 年开始共同推出的能源之星（Energy Star）。

11.4.3.1 生态环境管理技术规范

生态环境管理技术规范，是指为规范各类生态环境保护管理工作的技术要求而制定的有关大气、水、海洋、土壤、固体废物、化学品、核与辐射安全、声与振动、自然生态、应对气候变化等领域的管理技术方面的指南、导则、规程、规范等。它涉及的范围非常广泛，包括很多类型的技术规范。这里介绍其中 3 种技术规范：

（1）环境标志产品技术要求

为了适应国际潮流，防止非关税贸易壁垒对我国外贸造成不利影响，我国政府相关部门于 1994 年决定，建立中国的环境标志制度（图 11-2）。所谓环境标志，是一种证明性标志。通过认证获得该标志的产品，不仅符合产品质量标准要求，而且与同类产品相比，在生产、使用、消费及处理过程中达到更严格的节约资源、保护环境要求，显著降低对人体健康和生态环境的不良影响。

图 11-2　中国环境标志

环境标志产品技术要求是确定一项产品是否可以取得环境标志的技术规范。通常，环境标志产品技术要求需要对一项产品的全生命周期的环境影响进行综合考虑，提出具体、明确的技术要求，由生态环境部予以发布。中国环境标志作为一种证明性标识，所有权归属生态环境部。生态环境部授权特定的机构作为中国环境标志产品认证机构，在进行严格认证的基础上，向厂家发放中国环境标志，在通过认证的产品及其包装上张贴或印制中国环境标志，在广告宣传中使用中国环境标志。目前，已经发布的环境标志产品技术要求有 129 项，其中 20 项现已废止。

（2）清洁生产标准

清洁生产是一种协调环境与发展关系的综合性战略，得到国际社会的普遍认同。为了广泛推行清洁生产，中国于 2002 年颁布了《中华人民共和国清洁生产促进法》。其中第二条明确将“清洁生产”界定为：不断采取改进设计、使用清洁的能源和原料、采用先进的工艺技术与设备、改善管理、综合利用等措施，从源头削减污染，提高资源利用效率，减少或者避免生产、服务和产品使用过程中污染物的产生和排放，以减轻或者消除对人类健康和环境的危害。为指导企业事业单位开展清洁生产，国务院生态环境主管部门及其前身先后发布 57 项清洁生产标准，其中 8 项已经废止；另外还发布了 2 项技术导则，包括《清洁生产审核指南　制订技术导则》和《清洁生产标准　制订技术导则》。

清洁生产标准是依据生命周期分析原理，从生产工艺与装备、资源能源利用、产品、污染物产生、废物回收利用和环境管理 6 个方面，对行业的清洁生产水平给出阶段性的指标要求，指导企业清洁生产和污染的全过程控制。清洁生产指标是清洁生产标准的核心，原则上可以分为 6 个大类，包括生产工艺与装备要求、资源能源利用指标、产品指标、污染物产生指标（末端处理前）、废物回收利用指标、环境管理要求。各行业可根据实际情况予以必要调整。每一大类指标可以细分出多项指标。每项指标原则上可以分为 3 个等级：一级为国际清洁生产先进水平；二级为国内清洁生产先进水平；三级为国内清洁生产基本水平。清洁生产标准应当与时俱进，适时进行修订或调整，必要时也可以废止。

（3）环境影响评价技术导则

环境影响评价是一项非常重要的环境管理制度。开展环境影响评价，则是一项具有一定复杂性的技术工作。为了使环境影响评价工作具有规范性，国务院生态环境主管部门及其前身自 1994 年开始发布环境影响评价技术导则。迄今发布的环境影响评价技术导则或规范共有 72 项，其中 19 项现已废止。按照《中华人民共和国环境影响评价法》的规定，我国环境影响评价分为建设项目环境影响评价和规划环境影响评价。为此，环境影响评价技术导则或规范分为3类：①综合性环境影响评价技术导则或规范；②建设项目环境影响评价技术导则或规范；③规划环境影响评价技术导则或规范。

综合性环境影响评价技术导则或规范，既适用于建设项目环境影响评价，也适用于规划环境影响评价。这类环境影响评价技术导则或规范主要是针对不同环境要素制定的，如地表水、地下水、大气环境、土壤环境、声环境、生态环境等。

建设项目环境影响评价技术导则或规范主要是针对不同行业或领域制定的，如汽车制造业、造纸工业、钢铁工业、水泥工业、石油炼制、乙烯工程等，还对一些建设项目竣工环境保护验收做出技术规范。

规划环境影响评价技术导则或规范主要针对产业园区、流域综合规划、煤炭工业矿区和城市轨道交通等比较常见的规划环境影响评价制定的。对于规划环境影响评价涉及的其他区域、流域、海域的建设、开发利用规划以及工业、农业、畜牧业、林业、能源、水利、交通、城市建设、旅游、自然资源开发的有关专项规划的环境影响评价技术导则或规范，还需要进一步研究制定。

11.4.3.2 其他推荐性生态环境标准

国内外推荐性生态环境标准有很多。这里仅简要介绍国内比较常见的3种推荐性生态环境标准：

（1）节能产品认证技术要求

中国节能产品认证是由原国家经济贸易委员会于1999年启动的一项鼓励节能措施。当年2月，国家经济贸易委员会发布《中国节能产品认证管理办法》；3月，率先开展了家用电冰箱节能产品认证工作。经过20多年的发展，节能产品认证范围不断扩大。目前，纳入节能产品认证范围的产品有办公设备、照明设备、家用电器、电力设备、建材卫浴及其他设备等6个大类，涉及162种产品。2019年，列入政府采购范围的节能产品有21种。每种节能产品都有相应的节能产品认证标准。比如，由原国家质量监督检验检疫总局和国家标准化管理委员会联合发布的《微型计算机能效限定值及能效等级》（GB 28380—2012）对微型计算机能效等级规定如表11-2所示。

表11-2 微型计算机能效等级

微型计算机类型		能源消耗/kW·h		
		1级	2级	3级
台式微型计算机及一体机	A类	$98.0+\Sigma E_{fa}$	$148.0+\Sigma E_{fa}$	$198.0+\Sigma E_{fa}$
	B类	$125.0+\Sigma E_{fa}$	$175.0+\Sigma E_{fa}$	$225.0+\Sigma E_{fa}$
	C类	$159.0+\Sigma E_{fa}$	$209.0+\Sigma E_{fa}$	$259.0+\Sigma E_{fa}$
	D类	$184.0+\Sigma E_{fa}$	$234.0+\Sigma E_{fa}$	$284.0+\Sigma E_{fa}$
便携式计算机	A类	$20.0+\Sigma E_{fa}$	$35.0+\Sigma E_{fa}$	$45.0+\Sigma E_{fa}$
	B类	$26.0+\Sigma E_{fa}$	$45.0+\Sigma E_{fa}$	$65.0+\Sigma E_{fa}$
	C类	$54.5+\Sigma E_{fa}$	$75.0+\Sigma E_{fa}$	$123.5+\Sigma E_{fa}$

注：ΣE_{fa}为微型计算机附加功能功耗因子之和。

2015 年，国务院办公厅下发《关于加强节能标准化工作的意见》。其中要求，建立节能标准更新机制。具体措施包括：制定节能标准体系建设方案和节能标准制（修）订工作规划，定期更新并发布节能标准；建立节能标准化联合推进机制，加强节能标准化工作协调配合；完善节能标准立项协调机制，每年下达 1～2 批节能标准专项计划，急需节能标准可以随时立项；完善节能标准复审机制，标准复审周期控制在 3 年以内，标准修订周期控制在 2 年以内；创新节能标准技术审查和咨询评议机制，加强能效能耗数据监测和统计分析，强化能效标准和能耗限额标准实施后评估工作，确保强制性能效和能耗指标的先进性、科学性和有效性；改进国家标准化指导性技术文件管理模式，积极探索团体标准转化为国家标准的工作机制，推动新兴节能技术、产品和服务快速转化为标准。

（2）节水产品认证技术要求

2002 年，建设部发布《节水型生活用水器具标准》（CJ 164—2002），开启了我国节水产品自愿认证工作。首批开展节水认证的产品有坐便器、水嘴（水龙头）、便器冲洗阀和淋浴器等四类产品。2005 年出台的《中国节水技术政策大纲》更是明确提出，“建立节水产品认证制度，规范节水产品市场”。目前，节水认证范围涉及工业节水、城镇生活节水、农业节水、非常规水资源利用等领域，包含近 40 类产品。

在继续推行节水产品认证的基础上，2017 年，国家发展和改革委员会、水利部、国家质量监督检验检疫总局联合发布《水效标识管理办法》，提出要公布《中华人民共和国实施水效标识的产品目录》，确定适用的产品范围和依据的水效标准。凡列入该目录的产品，必须取得水效标识，并在产品或包装的明显部位标注水效标识。所以，水效标识是一项强制性的认证制度。2018 年以来，先后发布三批《中华人民共和国实施水效标识的产品目录》，涉及坐便器、智能坐便器、洗碗机、淋浴器、净水机等五种产品。

（3）ISO 14000 系列标准

ISO 14000 系列标准是国际标准化组织响应国际社会的号召，在总结发达国家企业环境管理经验的基础上，提出的企业环境管理系列标准。1993 年 6 月，ISO 成立了专门机构即 ISO/TC 3207 环境管理技术委员会，正式开展环境管理系列标准的制定工作。该标准设定了 ISO 14001 至 ISO 14100 系列标准号，用于制定 ISO 14000 环境管理系列标准，并提出了该系列标准框架（表 11-3）。对于每一个类别的标准，都设立一个分技术委员会（SC）或工作组（WG）研究、制定相应的标准。目前，已经发布的 ISO 14000 环境管理系列标准有 58 项，正在起草的标准有 14 项。

表 11-3　ISO 14000 环境管理系列标准框架

分技术委员会或工作组	标准名称	标准号
SC1	环境管理体系（EMS）	ISO 14001～14009
SC2	环境审核（EA）	ISO 14010～14019
SC3	环境标志（EL）	ISO 14020～14029
SC4	环境绩效评价（EPE）	ISO 14030～14039
SC5	生命周期评价（LCA）	ISO 14040～14049
SC6	属于和定义（T & D）	ISO 14050～14059
WG1	产品标准中的环境指标	ISO 14060
备用		ISO 14061～14100

我国采取等同转化的方式将已经发布的 ISO 14000 系列标准转化为国家标准，采用的标准编号为 GB/T 24000 系列标准。比如，ISO 14001 转化为 GB/T 24001。国内企业或组织可以自愿申请认证。认证通过，可以获得认证证书。

ISO 14000 系列标准旨在为包括企业在内的任何形式的组织建立并实施一套持续有效的环境管理体系提供指导，以确保有效达到环境目标，稳定实现环境合规性，促进企业或组织的可持续发展。其中，环境管理体系，是指一个组织内全面管理体系的重要组成部分，它包括为制定、实施、实现、评审和维护环境方针所需的组织结构、规划活动、机构职责、操作惯例、程序、过程和资源。通过建立环境管理体系，一个企业或组织可以提高环境绩效，实现环境目标，确保环境合规性。

11.5 生态环境保护长效机制

生态环境保护既需要通过各种政策和法律手段，直接规范和调整人们在生产和生活中所有与生态环境有关的行为即生态环境行为，也需要通过加强生态环境保护宣传教育、大力发展生态环境保护科学技术、加快实现传统产业转型升级等措施，逐步影响和改变人们的生产方式、生活方式和思维方式，从根本上解决生态环境问题。

11.5.1 加强生态环境保护宣传教育

生态环境保护宣传教育是利用各种宣传教育途径，将生态环境保护理念传达给社会的每一个成员，使其认识到生态环境的价值和保护生态环境的重要性，并懂得如何行事才能有助于生态环境保护的过程。因此，生态环境保护宣传教育不应流于形式，而应重在实效。其效果主要体现在，人们会自觉自愿地改掉不良的生态环境行为，积极参与到生态环境保护活动中来。总之，生态环境保护宣传教育是一个由内而外、由知而行的完整过程。

日常生活中，我们会有一些习以为常的行为。比如，随手丢弃垃圾。对这样的行为，很多人毫不在意。殊不知，垃圾遍地，不仅影响自己和他人的生活环境，还可能造成严重的污染问题。如果每一个人都这样无所顾忌，早晚有一天，所有人在污染面前都将难以幸免。雾霾问题足以证明这一点。尽管许多不良生态环境行为是趋利造成的，但也有不少此类行为源于无知。所以，通过生态环境保护宣传教育，至少可以让一部分人醒悟过来，摒弃不良生态环境行为。对于那些因趋利引发的不良生态环境行为，也应当在严格执法的同时，加强生态环境保护宣传教育，使其对自己的错误有所认识。否则，很难从根本上促使其改正不良的生态环境行为。

当然，生态环境保护宣传教育最好是从娃娃抓起，并贯穿于青少年成长的各个阶段。对婴幼儿来说，让他们多接触大自然，感受大自然的美妙，培养对大自然的感情，要比单纯的说教更为有效。到中小学阶段，就应当逐步地将生态环境知识和实践结合起来，身体力行地参与到生态环境保护活动中来，亲身体验生态环境保护与每个人的关联。进入大学，除专业的生态环境教育外，还应当在通识教育中融入生态环境保护的内容，甚至将生态环境保护教育纳入不同专业的课程教学体系中。在职业教育、岗前培训中，也应当包含生态环境保护教育的内容。只有这样，才能提高全民的生态环境保护意识，在全社会形成尊重自然、顺应自然、保护自然的生态文明风尚。

除各级各类学校应当广泛开展生态环境保护宣传教育外，在社会各阶层广泛开展形式多样的生态环境保护宣传教育，也具有非常重要的意义。党的十八大提出，必须“加强生态文明宣传教育，增强全民节约意识、环保意识、生态意识，形成合理消费的社会风尚，营造爱护生态环境的良好风气”。

11.5.2　大力发展生态环境保护科学技术

当今世界，国家与国家之间的竞争主要集中在科学技术方面。科学技术领先，意味着引领世界发展方向。尽管中国经济总量已经位列世界第二，但与发达国家相比，我国的科学技术水平仍有很大的差距。这突出表现在以下几个方面：①成年人平均受教育年限，美国为 12.4 年，中国为 7.5 年；②研究与开发投入，美国在 2009 年时是 4 000 亿美元，中国在同期仅为 852 亿美元（按当年汇率折算）；③科学技术成果，美国在 1996—2012 年发表的被 SCI 收录的论文总数 700 多万篇，中国同期是 268 余万篇；④高新技术产业产值，美国仅高技术服务业产值就超过 4 万亿美元，而我国整个高新技术产业总产值目前仅有 1.6 万亿美元（按当年汇率折算）。

发展科学技术，关键是人。人是科技创新最关键的因素。在 2014 年 1 月举行的国家科学技术奖励大会上，国务院总理李克强强调指出，“要加大人才培养力度，使青年创新型人才脱颖而出。进一步完善用人机制，按照有利于发挥科技人员积极性和提升创新价值的要求，改进科研管理和组织方式，鼓励人才的自由流动和组合”。2021 年 5 月，习近平总书记在“两院”院士大会及中国科协第十次全国代表大会上发表的讲话中明确指出，“科技创新成为国际战略博弈的主要战场，围绕科技制高点的竞争空前激烈”；为此，希望“我国广大科技工作者要以与时俱进的精神、革故鼎新的勇气、坚韧不拔的定力，面向世界科技前沿、面向经济主战场、面向国家重大需求、面向人民生命健康，把握大势、抢占先机，直面问题、迎难而上，肩负起时代赋予的重任，努力实现高水平科技自立自强”。

11.5.3　加快实现传统产业转型升级

我国当前面临的严峻生态环境形势，与产业结构的发展状况具有非常密切的关系。自改革开放以来，我国奉行的是快速工业化战略。大力发展第二产业，成为推动国民经济和社会发展的主要动力。研究表明，在过去的 30 余年里，我国第二产业对国内生产总值做出的贡献的确超过第一产业和第三产业。这表明，我国的工业化战略实现了预期的目标。但从另一方面讲，这也使得我国产业结构（图 11-3）中第二产业持续偏重，加上生产工艺和技术相对落后，所以，在过去相当长一个时期，工业污染成为我国环境污染的主要来源。即使在今天，我国第二产业依然保持着强劲的发展势头。据国家统计局公布的数据，2021 年，我国第二产业增加值超过 45 万亿元，比 2020 年增长 17.6%，显著高于国内生产总值增长率 12.8%。在产业结构中，第三产业所占比重在近几年稳定在 53%左右。这表明，我国近年实施的产业转型升级战略已经取得初步成效。

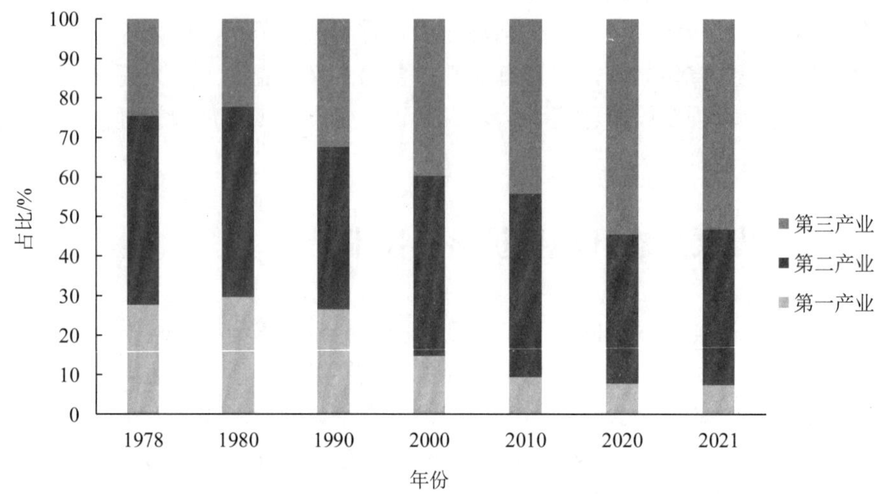

图 11-3　改革开放以来我国产业结构变化情况

从生态环境保护的角度来看，我国未来产业转型升级的主导发展方向之一是绿色发展。它以尊重自然、顺应自然、保护自然的生态文明理念为指导，通过运用现代科学技术并辅以制度创新和管理创新，促使国民经济和社会整体上朝着低消耗、低排放、低污染的方向健康发展。在中共中央、国务院印发的《扩大内需战略规划纲要（2022—2035 年）》中，提出要大力倡导绿色低碳消费，积极发展绿色低碳消费市场、倡导节约集约的绿色生活方式。为此，应当从两个方面入手：①加大淘汰落后产能的力度。对于资源消耗量大、污染危害严重的产业和产品，必须下决心予以限期淘汰，为绿色发展腾出更大的空间；②积极发展节能环保等绿色产业，鼓励绿色科技创新、绿色产品生产、绿色能源开发，倡导消费者理性消费，推动形成“节约光荣、浪费可耻”的社会氛围，为绿色发展提供驱动力。

复习思考题

1. 简述我国生态环境立法体制。
2. 生态环境管理基本原则主要有哪些？简述各项基本原则的主要内涵。
3. 什么是生态环境标准？简述我国生态环境标准体系的构成，并说明各类生态环境标准的含义。
4. 简述我国生态环境保护法律体系的构成，并谈谈我国现行法律中事前预防、事中管控和事后救济型生态环境保护法律制度主要有哪些？
5. 生态环境保护长效机制有哪些？谈谈你对各种生态环境保护长效机制的认识和看法。

参考文献与推荐阅读文献

[1] 金瑞林．环境与资源保护法学（第三版）．北京：高等教育出版社，2013.

[2] 张坤民．可持续发展论．北京：中国环境科学出版社，1997.

[3] 吕忠梅，等．中国环境司法发展报告（2017—2018）．北京：人民法院出版社，2019.

第 12 章　环境与发展战略

环境是人类赖以生存的物质基础。在漫长的人类社会演化过程中，人类在创造大量物质财富和精神文明的同时，也造成了全球生态环境破坏和自然资源耗竭。走可持续发展之路，建设生态文明，已经成为全世界达成的广泛共识，各个国家也为此制订了具体的战略行动计划和措施。本章将介绍生态文明与可持续发展的内涵，为实现可持续发展战略与生态文明而推行的循环经济、绿色技术、清洁生产、生态产业，以及开展环境保护产业、生物多样性保护和环境保护基本公共服务等前沿学科领域的研究。

12.1　生态文明与可持续发展战略

12.1.1　人类文明的发展

文明是人类在征服、改造自然环境中所获得物质、制度、精神财富的总和。从狭义上讲，文明更偏重制度与精神财富，与文化的含义较为接近。从人类文明产生以来，人类社会生存方式经历了复杂的演化过程，形成了世界各地多姿多彩的文化形式，文明发展进程与发展程度也呈现多样性与复杂性。但是从生产力角度来看，世界文明演化过程也表现出了明显的共同特征，先后经历了采猎文明、农业文明、工业文明与生态文明等形态。

12.1.1.1　采猎文明

从人类社会形成到整个旧石器时代，由于社会生产力低下，人类主要依靠狩猎与采摘野果谋生，仰赖于动植物的自然再生产。人类发展受制于周围生态环境，缺少改造自然的能力，对风、雨、雷、电、地震、火山等自然现象无法解释，因此产生了崇拜和敬畏自然的思想，发展出原始萨满、图腾等信仰方式，创造了粗糙的石器工具和装饰品、绘画、雕塑等艺术品。当人口增加，环境无法提供充足的食物时，以采猎为主的生活方式促进了人口迁移，形成了人类的全球分布格局。这一时期，人类社会系统没有从环境系统中独立出来，通过对动植物猎取而对自然环境造成局部的影响。

12.1.1.2 农业文明

新石器时代时期人类逐渐进入农业社会，人类摆脱单一狩猎与采集等依赖自然产出的生产方式，发展出农耕和畜牧业，经济产出的增加为人口的持续增长提供了保障。同时，生产需求促进了新工具（如青铜器、陶器、铁器等）的产生。这一时期，水力、畜力、秸秆等可再生资源与煤炭等不可再生资源进入人类的生产和生活领域，大大提高了劳动效率。能源、资源和社会活动开始向人口聚集区域汇集并形成了城市，推动了文字、艺术、文学、天文、历法、宗教等精神文明的发展。

这一时期人类开始有选择地改造自然，探索获取最大劳动成果的途径，虽然在人地关系中人类仍然处于被动地位，但农耕与畜牧已对自然产生了显著的影响。扩大耕地面积、增加农作物播种和畜牧数量等成为这一时期人类向自然索取的主要手段，因而毁林开荒、过度放牧对森林、草原造成严重破坏，带来了水土流失、沙漠化等生态环境问题，如中国黄土高原土壤退化与巴比伦王国的陨落。

12.1.1.3 工业文明

18 世纪后期，从英国工业革命开始，整个人类世界迅速从农业文明中脱离出来向工业化社会转变。科学、教育活动极大地促进了经济发展，人类运用科学技术得以提高劳动生产率，开始控制和改造自然，并取得空前的成就。工业化、机械化大生产是工业文明时期的显著标志。高度的工业化生产催生了高度细致的社会分工合作体系，由此促进了社会流动、城市化、教育普及、法律保障、社会平等、信息传递等一系列彻底的社会变革。

大规模的工业化生产积累产生的资源掠夺性消耗和环境污染造成了严重的后果。煤炭的大量开采与应用产生了大量的烟尘、SO_2 及其他污染物；化学、冶炼、造纸等工业产生了大量非原生的污染物。震惊世界的公害事件频频发生，影响到了人类的生存与发展。20 世纪 80 年代以来，世界各国制定了一系列的环境保护法律、法规、管理措施，并建立起国际合作机制，推动了环境科学研究，使环境污染得到一定的控制，环境质量有了明显改善。然而工业化生产模式并未发生根本变化，污染物排放总量仍然巨大，由此导致了气候变化、臭氧层耗损、酸雨、雾霾等全球性和区域性环境问题。此外，世界人口在工业文明时期增长迅速，造成土地资源开发过度、森林资源破坏及淡水资源短缺等问题，严重制约了人类的社会经济发展。

12.1.1.4 生态文明

生态文明（ecological civilization）是人类从工业文明严重的生态灾难和环境危机中反思中发展而来的一种致力于人与自然和谐发展的新型文明形式，是指人类遵循自然发展规律，为实现经济社会与自然环境的和谐统一和可持续发展所做出的全部努力和所取得的全部成果。生态文明涵盖了物质、制度、精神等不同层面，它以尊重和维护自然为前提，强调人与自然的相互依存、相互促进，强调人作为自然、经济、社会占据统治地位主体的自律性，其核心是生态公正、生态高效与和谐发展。生态公正即保证所有人、生物及非生物环境的自然权益的实现，包括人与社会实现平等发展、生物实现不受侵害的自由发展、非生物环境受到保护。生态高效体现在自然生态子系统维持平衡与高生产力状态的生态效率；经济子系统具有低投入、无污染、高产出及循环利用的经济效率，人类社会子系统具有维持平稳和安全的社会效率。

2007 年，党的十七大报告首次正式提出要建设生态文明。至此，生态文明建设被提到中国现代化建设的突出地位，融入经济建设、政治建设、文化建设、社会建设各方面和全过程，一起成为五大建设主题。经过多年大力推进生态文明建设，中国的生态环境保护发生历史性、转折性、全局性变化。2022 年，党的二十大报告重申了生态文明建设的重要性，强调应该继续坚定不移走生态良好的文明发展道路，必须牢固树立和践行“绿水青山就是金山银山”的理念，站在人与自然和谐共生的高度谋划发展。

实现生态文明首先要求转变伦理价值和道德观念。生态文明要求摒弃人类中心主义，承认生物、非生物环境的价值，并将该价值考虑到人类决策过程中。由于地球上其他生物与非生物环境不具备思维与语言体系，不能够维护自身的权力，这就要求人类建立新型的价值和道德观念，实现观念与行动的统一，自发维护其他生物与非生物环境的权益。这种以生态伦理为核心的社会价值体系是实现生态文明的前提条件。实现生态文明要求转变生产和生活方式。工业文明“高消耗生产-高消费”的线性模式是一种有限的增长模式。生态文明要求以资源环境承载力为基础，建立低消耗的循环式物质生产模式和以适度消费与绿色消费模式为特征的可持续社会系统。因此生产与生活方式的变革是推动可持续发展与生态文明的重要途径。

12.1.2　可持续发展战略

12.1.2.1　可持续发展的提出

工业文明造成的生态环境问题促使一些有远见的科学家、社会学家与政治团体开始投入到“后工业”文明的探索中。通常，人们认为，1962 年美国生物化学家蕾切尔・卡逊出版的《寂静的春天》一书是人类探索可持续发展战略的第一步。该书描述了因为杀虫剂的滥用，人类可能面临一个没有鸟、蜜蜂和蝴蝶的世界，从而引发了人们对野生动物的关注，唤起了公众对环境问题的注意。1968 年，世界各国的科学家、教育家和经济学家组成了罗马俱乐部，致力于对人口、粮食、工业化、污染、资源、贫困等一系列问题进行研究，促进人类摆脱生存与发展的困境。1972 年，罗马俱乐部成员丹尼斯・梅多斯领导的研究小组发表研究报告《增长的极限》，运用世界模型模拟全球增长将会因为粮食短缺和环境破坏而达到极限，人类社会可能面临崩溃。这一研究结果引发人类的环境忧虑，直接导致了同年联合国人类环境会议的召开。与会的 113 个国家代表通过了《人类环境宣言》，并成立了联合国环境规划署。1980 年由世界自然保护联盟、联合国环境规划署、世界自然基金会共同发表的《世界自然保护大纲》提出了可持续发展（sustainable development）这一概念。1981 年莱斯特・R. 布朗出版了《建设一个可持续发展的社会》，提出了通过控制人口、保护资源和开发再生能源等方式实现可持续发展。1983 年联合国成立了世界环境与发展委员会，审查世界环境和发展的关键问题并提供解决问题的建议。1987 年在东京召开的环境特别会议上，世界环境与发展委员会发表了《我们共同的未来》，正式使用和系统地阐述了可持续发展的概念。1992 年，联合国环境与发展大会通过了以可持续发展战略为核心的《里约宣言》和《21 世纪议程》，正式确立了可持续发展在全球发展战略中的地位。

可持续发展目前尚无统一的定义，但各种提法的基本内容相近。最具影响力的是世界环境和发展委员会于 1987 年在《我们共同的未来》中的定义，“既满足当代人的要求，又不危及后代人满足其需求的发展”。1991 年世界自然保护联盟、联合国环境规划署和世界自然基金会在《保护地球——可持续生存战略》中将其定义为：“在生存不超出维持生态系统涵容能力的情况下，改善人类的生活品质。”1992 年联合国环境与发展大会发表的《里约宣言》将其定义为：“人类应享有与自然和谐的方式过健康而富有成果的生活的权利，并公平地满足今世后代在发展和环境方面的需要，求取发展的权利必须实现。”

从思想实质来看，可持续发展包括了三个方面的含义：人与自然界的共同进化思想；当代与后代兼顾的伦理思想；效益与公平目标兼容的思想。在这三种思想的指导下，进一步发展出了可持续发展的三大原则：

1）公平性原则，体现在本代人、代际间、国家间资源分配与利用的公平。可持续发展是一种机会利益均等的发展，无论处于何种时间、空间上的人都拥有同样的生存权与享用权，应给予各国、各地区的人及其后代平等发展的权利。

2）持续性原则，体现在人类社会经济发展不超越资源与环境的承载能力，为人类发展制定必要的限制条件，保证资源和环境能在发展过程中不受到破坏并在代际间传递，实现人类当前利益与长远利益的结合。

3）共同性原则，体现在全球各国、各地区国情、文化、信仰虽然不同，但是公平性、持续性原则都适用。在全球或区域环境和发展问题上，所有国家都有义务参与到国际合作中。它要求把全人类作为一个整体，通过共同努力，才能实现全球可持续发展的目标。

12.1.2.2　国际可持续发展进程

自 1972 年联合国在瑞典斯德哥尔摩举行首次人类环境会议，国际社会探讨可持续发展之路至今已有 50 多年。根据可持续发展进程的主要成果，全球可持续发展的探索大致可以分为以下 3 个阶段：

第一个阶段是 1972—2000 年，国际社会形成可持续发展共识。1972 年 6 月在瑞典斯德哥尔摩举行的首次人类环境会议上讨论了世界环境问题和保护全球环境的战略，制定了《联合国人类环境会议宣言》，简称《人类环境宣言》。这份报告提出，为了这一代和将来世世代代的利益，人类必须一起努力保护和改善地球环境。这次会议使全世界认识到环境问题的重要性，唤醒了各国政府和人民保护环境的意识，形成了人应该与自然和谐相处的共识。随后，1987 年 2 月于日本东京召开了世界环境与发展委员会第八次会议，会议通过了《我们共同的未来》这一报告，并正式提出了“可持续发展”的概念，可持续发展的原则自此被广泛接受并引用。但是由于该阶段的大部分时间尚处于冷战时期，可持续发展的议题并未得到国际社会充分的重视。

第二个阶段是 2000—2015 年，全球开始实施可持续发展战略。2000 年 9 月联合国在纽约举行了千年首脑会议，会上正式提出了《千年发展目标》，包括消除极端贫困和饥饿、普及小学教育、改善产妇保健等八大目标，并制定了为期 15 年的发展蓝图。这是国际社会首次将发展问题放置于全球议程的核心位置。12 年后，联合国于巴西里约热内卢召开可持续发展大会（里约+20 峰会），世界各国领导人集中讨论了两个主题："绿色经济在可持续发展和消除贫困方面的作用"和"可持续发展的体制框架"。同时，大会还全面评估了可持续发展领域的进展和差距，达成了新的可持续发展承诺，决定面对新的挑战。

第三个阶段是 2015—2030 年，各国全面落实"可持续发展目标"。2015 年 9 月联合国在纽约举行可持续发展峰会，发布了《改变我们的世界——2030 年可持续发展议程》，简称《2030 议程》。该议程包括 17 项可持续发展目标，169 项具体目标，适用于联合国所有成员国。《2030 议程》的发布标志着全球可持续发展进入新的阶段，各国开始转向可持续发展道路以综合解决社会、经济和环境三个维度的发展问题。从 2016 年文件正式生效至今，落实可持续发展目标的工作已经在全球广泛展开，得到了世界各国的积极响应，超过 80%的联合国成员国自愿提交了落实情况报告。可持续发展目标正在引发人类发展观的革命性变化，逐渐改变了生产和生活方式，并催生新一轮的全球性产业革命，对国际可持续发展进程具有深刻的现实意义和长远的历史意义。

12.1.2.3 可持续发展 2030 目标

在 2015 年，即"千年发展目标计划"收官之年，世界各国领导人在联合国峰会上通过了 2030 年可持续发展议程，该议程涵盖 17 个可持续发展目标，旨在指导 2015—2030 年的全球发展工作。可持续发展目标是对千年发展目标的继承与提升，两者之间的区别主要在于以下 5 个方面：

1）制定方式不同。千年发展目标是联合国授权专家起草，而可持续发展目标是由联合国主持，经联合国各成员国反复讨论后共同商定的。因此，联合国各成员国和国际组织对可持续发展目标的认同感和参与度要比千年发展目标更高。

2）适用范围不同。千年发展目标属于国际扶贫规划，只有 8 个目标，主要适用于贫穷国家。而可持续发展目标则要求联合国 193 个成员国以及整个国际社会共同合作和执行。

3）具体内容不同。千年发展目标的主要目的是消除极端贫困，帮助贫穷国家发展。而可持续发展目标则在继承前者的基础上，提出了涉及经济发展、社会进步和环境保护的多项目标，内容更为综合丰富。

4）执行手段不同。《2030 议程》为落实可持续发展目标制定了详细的执行手段，包括财政资源、技术转让、科技创新和能力建设等方面。而千年发展目标则缺少有效的执行手段。

5）审议评估机制不同。千年发展目标缺少足够的全球性指标和有效的审议评估机制。而《2030 议程》则制定了全球、区域和国家尺度的后续评估机制，以更加积极、透明、有效的落实和评估框架机制促进可持续发展目标的落实。

总之，可持续发展目标在巩固千年发展目标的成果之上，寻求完成千年发展目标尚未完成的事业。可持续发展目标增加了气候变化、经济不平等、创新、可持续消费、和平与正义等新领域，覆盖了社会、经济和环境三个维度的发展问题，将人类对发展的认识带到了新的高度，确立了全球发展的基本原则和价值，即经济、社会和环境协同发展和"不落下任何一个人”。17 个可持续发展目标具体内涵如下：

目标 1，消除贫困，在全世界消除一些形式的贫困，包含 7 项具体目标，如消除极端贫困和减少各国的贫困人口比例等。

目标 2，消除饥饿，实现粮食安全、改善营养和促进可持续农业。包含 8 项具体目标，如降低营养不良率、稳定粮食价格、提高农业生产率等。

目标 3，健康福祉，确保健康的生活方式、促进各年龄段人群的福祉。包含 13 项具体目标，如降低孕产妇死亡率和新生儿死亡率，减少艾滋病、结核病、疟疾和乙型肝炎等流行病的发病率，普及生殖健康保健服务，防止滥用酒精和麻醉药物等。

目标 4，优质教育，确保包容、公平的优质教育，促进全民享有终身学习机会。包含 10 项具体目标，如确保儿童接受中小学教育，提供平等、优质和负担得起的技术、职业和高等教育，增加发展中国家的教师人数等。

目标 5，性别平等，增强所有妇女和女童的权能。包含 9 项具体目标，如减少对女性的歧视，为妇女提供平等的机会参加政治、经济和公共生活的决策，消除性暴力等。

目标 6，清洁饮水，确保所有人享有水和环境卫生，实现水和环境卫生的可持续管理。包含 8 项具体目标，如提供安全和负担得起的饮用水，保障环境卫生，改善水质，保护和恢复水生态系统等。

目标 7，清洁能源，确保人人获得可负担、可靠和可持续的现代能源。包含 5 项具体目标，如提升电力普及率，增加可再生能源的消费比例，改善能源利用效率，支持清洁能源技术研发和合作等。

目标 8，体面工作，促进持久、包容和可持续的经济增长，促进充分的生产性就业，确保人人有体面工作。包含 12 项具体目标，如维持人均经济增长、提高经济生产力、提高资源利用效率、降低失业率、消除强制劳动和使用童工等。

目标 9，工业创新，建设有风险抵御能力的基础设施，促进包容的可持续工业，并推动创新。包含 8 项具体目标，如提高工业化率、升级基础设施、采用清洁和环保技术、增加研究可开发支出和提升信息通信技术的普及度等。

目标 10，社会平等，减少国家内部和国家之间的不平等。包含 10 项具体目标，如促进低收入人群的收入增长，取消歧视性法律、政策和行动，提高发展中国家在国际组织中的代表性和发言权，缓解难民和非法移民问题等。

目标 11，永续社区，建设包容、安全、有灾害抵御能力和可持续的城市及人类社区。包含 10 项具体目标，如提供适合、安全和负担得起的住房，发展可持续的交通运输系统，加强城市建设，保护世界文化和自然遗产，减少灾害对人民生命和财产安全的威胁等。

目标 12，永续供求，确保可持续消费和生产模式。包含 11 项具体目标，如实现自然资源的可持续管理和高效利用，减少粮食浪费和损失，减少废弃物的产生，实现危险废物的无害化管理等。

目标 13，气候行动，采取紧急行动应对气候变化及其影响。包含 5 项具体目标，如加强气候变化减缓、适应和早期预警等方面的教育和宣传，控制温室气体总排放量，帮助最不发达国家和岛屿发展中国家进行气候变化相关的规划和管理等。

目标 14，海洋环境，保护和可持续利用海洋及海洋资源以促进可持续发展。包含 10 项具体目标，如预防和减少海洋污染等，保护海洋和沿海生态系统，有效管理捕捞活动，通过法律、政策和体制框架加强海洋和海洋资源的保护和可持续利用。

目标 15，陆地生态，保护、恢复和促进可持续利用陆地生态系统、可持续森林管理、防治荒漠化、制止和扭转土地退化现象、遏制生物多样性的丧失。包含 12 项具体目标，如恢复退化的森林，防治荒漠化，遏制生物多样性丧失，禁止偷猎和贩卖保护动植物，防止外来物种入侵等。

目标 16，机构正义，促进有利于可持续发展的和平和包容社会、为所有人提供诉诸司法的机会，在各层级建立有效、负责和包容的机构。包含 12 项具体目标，如减少一切形式的暴力活动，禁止对儿童进行虐待、剥削和贩卖，减少非法资金和武器流动，减少腐败和贿赂行为，加强发展中国家对全球治理机构的参与等。

目标 17，全球伙伴，加强执行手段、重振可持续发展全球伙伴关系。包含 19 项具体目标，如向发展中国家提供国际支持，履行官方发展援助承诺，筹集额外财政资源用于发展中国家，减轻发展中国家的债务压力等。

时任联合国秘书长潘基文指出：“这 17 项可持续发展目标是人类的共同愿景，也是世界各国 领导人与各国人民之间达成的社会契约。它们既是一份造福人类和地球的行动清单，也是谋求取得成功的一幅蓝图。” 因此，所有国家和国际组织都应该积极行动起来，促使人们在这些对人类和地球至关重要的领域中采取行动，并在 2030 年实现这些目标。

12.1.2.4 中国的可持续发展行动

2015 年 9 月，习近平主席出席了联合国发展峰会，同世界各国领导人一起商讨通过了《2030 议程》，开启了全球可持续发展的新纪元。自此，中国秉持“创新、协调、绿色、开放、共享”五大发展理念，落实可持续发展议程的目标要求。具体来说，《2030 议程》的 17 个目标和 169 个具体目标被全部纳入“十三五”规划并予以落实；2016 年，中国是首批自愿向联合国提交落实《2030 议程》情况报告的 22 个国家之一；2019 年，首届可持续发展论坛在北京召开，中国发布了《中国落实 2030 年可持续发展议程进展报告（2019）》，展示了中国在精准脱贫、生态文明建设和“一带一路”等方面的努力和成就。中国已经通过卓有成效的行动为全球可持续发展做出了积极贡献，同时中国的可持续发展道路也为世界各国促进可持续发展提供了宝贵的经验，主要体现在以下几个方面。

扶贫领域。党的十八大以来，中国政府把脱贫攻坚摆在治国理政的突出位置，中国把扶贫开发作为实现第一个百年奋斗目标的重点任务，组织实施了人类历史上规模空前、力度最大、惠及人口最多的脱贫攻坚战。依据精准扶贫、精准脱贫的基本方略，即扶持对象精准、项目安排精准、资金使用精准、措施到户精准、因村派人精准、脱贫成效精准，中国的扶贫工作取得了显著成效。到 2020 年，中国 9 899 万贫困人口全部脱贫，提前 10 年实现《2030 议程》的减贫目标，为全球减贫事业做出巨大贡献。

生物多样性领域。作为全球生物多样性最丰富的国家之一，中国历来高度重视生物多样性保护工作，将生物多样性保护作为国家战略。2012 年，中国发布了《中国生物多样性保护战略与行动（2011—2030）》和《联合国生物多样性十年中国行动方案》，出台了相关的政策法规和行动方案，实施了一大批重大工程，包括划定“生态保护红线”，拯救濒危物种工程和实施山水林田湖草沙冰一体化保护等，取得了显著成效。基于多年来生物多样性保护工作的理念、举措和成效，中国发布了《中国的生物多样性保护》白皮书，向世界展示了中国在生物多样性保护工作方面的进展，主要包括优化就地保护体系、完善迁地保护体系、加强生物安全管理、改善生态环境质量、协同推进绿色发展 5 个方面。另外，中国还积极推动生物多样性保护国际合作。2021 年 10 月，中国作为主席国于云南昆明顺利举办了联合国《生物多样性公约》第十五次缔约方大会（第一阶段），领导大会实质性和政治性的事务，与各方一道推动制定《2020 年后全球生物多样性框架》，并宣布成立昆明生物多样性基金以支持发展中国家的生物多样性保护事业。

国际合作领域。中国一直奉行“对外开放”的国策，秉持互利共赢的基本原则。自联合国 2030 年可持续发展议程提出以来，中国在扎实推进本国落实工作的同时，也在为全球落实联合国 2030 年可持续发展议程贡献中国智慧。比如，作为世界上最大的发展中国家，中国积极推动“南南合作”，帮助其他发展中国家提升自主发展能力，努力缩小南北差距。2015 年，中国设立了“南南合作”援助基金，为支持发展中国家落实 2030 年可持续发展议程提供了切实的资源保障。截至 2021 年，“南南合作”援助基金已在 50 多个国家实施了 130 多个项目，受益人数超过 2 000 万人。另外，中国还致力于推进“一带一路”倡议与可持续发展目标深度对接，促进“一带一路”国家可持续发展。自 2013 年提出共建“一带一路”倡议以来，中国已与 150 个国家、32 个国际组织签署了 200 多份共建“一带一路”合作文件，为完善全球治理体系、推动构建人类命运共同体和落实联合国 2030 年可持续发展议程提供了有力支撑。

12.2 绿色与高质量发展

12.2.1 绿色与高质量发展的困境

中国经济发展与环境保护之间的矛盾是长期存在的，并且呈现出治理复杂、结构性依赖等特征。改革开放后的 40 年来，我国注重发展理念的革新，在着力经济发展的同时不断完善绿色与高质量发展的指导思想，使得我国在环境保护方面取得了积极的成果，但我国仍然面临着绿色与高质量发展的困境。具体主要包括以下几个方面。

（1）经济发展与环境保护之间的矛盾依然很严重

中国过去几十年的经济发展是以牺牲环境为代价而取得的。目前中国是世界第二大经济体和工业产业链最齐全的制造业大国，并且中国的产业现代化和城市化仍处于高速增长阶段，这对环境施加了更大的压力。《2021 年中国生态环境状况公报》显示，在中国 339 个地级及以上城市中仍有 121 个城市（占 35.7%）的空气质量指标超标；主要江河中Ⅳ类以上水体占 12.9%，劣Ⅴ类占 0.9%，地下水中Ⅴ类占 20.6%；全国水土流失面积为 269.27 km^2，强烈、极强烈和剧烈侵蚀分别占 7.6%、5.7%和 6.2%。种种现象在体现环境治理初有成效的同时，也说明我国的经济发展所造成的环境污染依然超出环境的可容纳能力。

（2）区域发展不协调导致缺乏生态环境的协同治理

由于不同地区的要素禀赋和发展战略的不同，中国的区域发展存在空间异质性，具体表现为沿海比内陆发达、平原地区比山区发达的特点。2018 年东部沿海地区的 GDP 占全国总 GDP 的 50%。并且在马太效应的作用下，东部地区吸收了来自中西部的劳动力、自然资源和社会资本，这在进一步促进东部地区发展的同时，也导致中西部地区因缺乏发展所需的生产要素而更难以发展。为了应对这一现象，党中央制定了中部崛起、西部大开发等战略，虽然减缓了差距扩大的趋势，但最核心的资源倾斜问题仍未得到彻底解决。根据环境库兹涅茨曲线（EKC）理论，环境的退化程度与经济发展呈倒“U”形曲线关系，即随着现代经济的增长，各种环境退化指标趋于恶化，直到人均收入达到一定水平。因此，东部地区的高污染、高耗能企业在西部大开发和中部崛起战略的指导下开始向内陆地区迁移，这进一步加剧了内陆地区的环境污染问题。除此之外，缺乏对环境污染外部性的认识导致区域间缺乏环境协同治理机制，也制约了全国整体的环境治理。

（3）绿色技术创新不足与市场机制的失灵

产业升级离不开绿色技术的改进与升级。随着中国科技的进步，中国在绿色技术方面与世界领先水平的代差越来越小，因此技术引进的边际效应逐步递减，自主研发成为技术更新迭代的主要方式。虽然近年来我国在绿色技术方面的专利数量逐步上升，但在技术含金量和适用性方面却有待商榷，尤其是在新能源技术和资源高效利用等核心科技方面。由于资源利用和环境污染存在外部性，因此对建立科学的规章制度和高效的市场调节机制提出了要求。然而我国在自然资源产权方面的规章制度有所疏漏，市场的信息失真和不恰当的行政干预导致价格未能准确反映出资源的稀缺性和外部性。除此之外，由于当前联合国可持续发展目标的要求以及国际减排目标造成的压力，我国部分地区或行业在未完成资本积累的同时面临着绿色化转型所带来的经济压力。

12.2.2 绿色与高质量发展的内涵

20 世纪以来，人类的发展观经历了从“以经济增长为核心”“经济社会协调发展”“以人为中心”到“可持续发展”的转变。各国制定了自己的发展理论和政策，以尽早形成本国的可持续发展模式，中国也先后提出了“绿水青山就是金山银山”理念、绿色发展、高质量绿色发展等。随着中国经济发展进入新阶段，由绿色发展和高质量发展相结合而形成的高质量绿色发展新理念应运而生。这些理论的提出是对可持续发展理论的继承，也是中国特色社会主义在面对全球生态环境恶化所交出的中国方案。

12.2.2.1 “绿水青山就是金山银山”理念

“绿水青山就是金山银山”理念中分别用“绿水青山”和“金山银山”指代良好的生态环境和经济发展带来的物质财富，其内涵是全面促进生态环境与经济发展之间的协调。该理念可追溯到 2005 年，由时任中共浙江省委书记的习近平提出。习近平总书记将人类对人与自然间的关系的认识划分为 3 个阶段：第一个阶段是“用绿水青山去换金山银山”；第二个阶段是“既要金山银山，但是也要保住绿水青山”；第三个阶段是“绿水青山本身就是金山银山”，即“绿水青山就是金山银山”理念阶段。“绿水青山就是金山银山”理念摒弃了过去以牺牲环境换取经济增速的发展模式，坚持从人与自然和谐共生的角度出发，理论上丰富了马克思主义关于人与自然关系的总体性理论，实践上则概括了具有中国特色的可持续发展战略内涵。在中国共产党第二十次全国代表大会上，习近平总书记指出，尊重自然、顺应自然、保护自然，是全面建设社会主义现代化国家的内在要求。必须牢固树立和践行“绿水青山就是金山银山”的理念，站在人与自然和谐共生的高度谋划发展。

“绿水青山就是金山银山”理念主要有如下几个方面的特点：①将人类同自然的关系视为一个整体，将社会生产力与生态环境视为一个整体的两个部分，由过度发展转向适度发展；②注重环境问题的同时，着眼于社会主义初级阶段的国情，力求实现环境保护与经济发展之间的协调统一。“绿水青山就是金山银山”理念从本质上来说是对中国梦和社会主义生态文明观的一种形象表达。该理论强调在逐渐解决当前所面临的生态环境问题的同时，维持经济发展的势头，最终实现减贫富民强国、美丽中国伟大梦想的新型现实道路。

12.2.2.2 循环经济与绿色发展

循环经济（circular economy）是一种新的经济模式，是以资源节约和环境友好方式开发和利用自然资源，将人类生产活动纳入自然循环过程中，把经济活动组织成为“资源—产品—再生资源”循环反馈式流程（图 12-1），从而把经济活动对自然环境的影响控制在最小程度，实现资源在生产过程中的多重闭环反馈循环。“减量化、再利用、再循环（reduce，reuse，recycle，3R）”是循环经济最重要的操作原则。减量化原则旨在减少进入生产和消费过程的物质量，从源头实现资源节约和减少污染物排放；再利用原则旨在提高产品和服务的利用效率，全过程控制和实现产品、包装的多次利用；再循环原则旨在恢复产品的使用功能，将其变成再生资源，从末端实现资源的再生。循环经济思想起源于 1966 年美国经济学家鲍尔丁提出的宇宙飞船经济理论。他认为地球资源与地球生产能力有限，人与地球的关系和飞船乘客与宇宙飞船的关系相似，这就需要循环利用自然资源和开发再生资源，阻止地球最终走向毁灭。20 世纪 90 年代，可持续发展战略成为世界发展潮流，推动了源头控制和全过程治理的思想来替代传统的末端治理思路，循环经济也因此引起了全世界广泛的关注，成为国际社会环境与发展的政策主流。

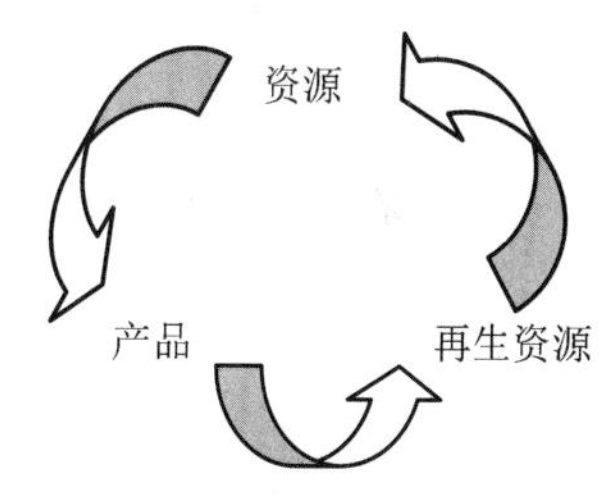

图 12-1 循环经济示意

循环经济首先要求实现生产过程中资源减量化，其次要求在生产和消费过程中对产品、副产品的再利用，最后当产品失去原有价值后对资源进行再循环。“3R”原则的排序反映了 20 世纪下半叶以来，人类在环境与发展问题上思想的进步过程：首先，人类意识到环境破坏已经危及自身的生存与发展，因而通过末端治理净化污染物减少污染物排放；其次，人类意识到环境污染的根源是资源的滥用和副产品的随意废弃，因而发展出全过程控制与回收再利用的思想；最后，在可持续发展理论的促进下，人类意识到面对当前生产模式的缺陷，需要节约利用资源和源头控制，实现从利用废弃物到减少废弃物的转变。循环经济并非单纯地着眼于经济问题，而是以协调人和自然的关系为中心，将人类经济活动融入自然生态系统中，彻底转变生产方式推动整个人类社会、经济与自然的协调发展。

在几代人的努力下，中国的生态文明建设取得了历史性的进步。然而，我国的循环经济体系建设仍存在改进空间，存在资源利用率低下、生态治理成果不稳固、绿色技术普及率较低等问题。因此，国务院在《关于加快建立健全绿色低碳循环发展经济体系的指导意见》中提出两个阶段性目标，即到2025年年初步形成绿色低碳循环发展的生产体系、流通体系、消费体系，到2035年基本实现美丽中国建设目标。在后续的发展建设中，绿色发展是主要的指导思想之一。

绿色发展是以效率、和谐、可持续为目标的经济增长和社会发展方式。中国作为世界上最大的发展中国家，同样面临着在经济发展和生态环境保护之间的权衡问题。因此，基于中国国情制定出具有中国特色的绿色发展战略是十分必要的。城乡建设是推动绿色发展、建设美丽中国的重要载体。因此，基于当前对于碳排放目标的制定，国务院办公厅印发《关于创新体制机制推进农业绿色发展的意见》《关于推动城乡建设绿色发展的意见》和《国务院关于加快建立健全绿色低碳循环发展经济体系的指导意见》等文件，制定了后一阶段城乡和农业建设方面的绿色发展目标：①到 2025 年，城乡建设绿色发展体制机制和政策体系基本建立，建设方式绿色转型，碳减排目标卓有成效，城市的整体性、系统性、生长性增强，“城市病”问题得到缓解，城乡生态环境质量整体改善，城乡发展质量和资源环境承载能力明显提升，城市综合治理能力显著提高，绿色生活方式普遍推广；②到2035年，城乡建设全面实现绿色发展，碳减排水平快速提升，城市和乡村品质全面提升，城乡建设领域治理体系和治理能力基本实现现代化，美丽中国建设目标基本实现。作为工业发展的基础，农业也有相应的绿色发展战略。推进农业绿色发展是贯彻新发展理念、推进农业供给侧结构性改革的必然要求，也是加快农业现代化、促进农业可持续发展的重大举措。在努力实现耕地数量和质量不下降、地下水不超采的前提下，全面建立以绿色生态为导向的制度体系，基本形成与资源环境承载力相匹配、与生产生活生态相协调的农业发展格局，实现农业的绿色发展。

12.2.2.3 高质量发展

经历了改革开放后的40多年的高速发展，中国逐渐开始对经济发展模式的转型。党的十九大报告对我国的发展形势做出了精准的研判：“我国经济已由高速增长阶段转向高质量发展阶段，正处在转变发展方式、优化经济结构、转换增长动力的攻关期，建设现代化经济体系是跨越关口的迫切要求和我国发展的战略目标。”高质量发展是建设现代化经济体系的核心目标，加快建设现代化经济体系，不仅决定着中国中长期的经济发展格局，而且将对全球的政治经济格局产生重大而积极的影响。高质量发展的主要特点是：①产业结构方面，由资源密集型、劳动密集型产业向技术密集型、知识密集型产业的转变；②产品结构方面，由传统的低价值加工业转向高技术含量产业；③驱动力方面，由要素驱动为主转向创新驱动为主；④经济效益方面，向提高企业生产效益的方向转变。高质量发展的关键在于以深化供给侧结构性改革为主线，坚持质量第一、效益优先，切实转变发展方式，推动经济发展，尽快实现质量变革、效率变革、动力变革，使发展成果更好地惠及全体人民。高质量发展主要从以下几个角度开展：

1）现代产业体系。构建现代产业体系是高质量发展的重要基础。着眼于构建新发展格局，推动信息技术和实体经济深度融合，加快发展现代产业体系，打造具有国际竞争力的先进制造产业集群；加大对尖端科技在学术研究和应用方面的投入，配套强化科研机构和创新资源支撑以抢占未来产业发展的制高点。以服务制造业高质量发展为导向，推动生产性服务业向专业化和价值链高端延伸；发展供应链金融、普惠金融，推动科技服务业与创新链和产业链的协同合作，促进智能制造系统解决方案等新型专业化服务机构的发展；强化各类服务业与数字技术的融合创新，大力推动数字新业态新模式发展和场景运用。

2）持续优化生态环境。绿色发展是高质量发展的内在要求。切实践行“绿水青山就是金山银山”理念和全过程管理，加大对高耗能产业和项目的管控力度，推进水污染防治和水生态保护；持续改善土壤环境质量，科学防控土壤侵蚀等土壤环境问题，促进生态系统质量整体改善。以“双碳”目标为向导全面推进产业发展绿色转型，强化科技支撑，推进制造业行业的绿色转型，培育壮大特色农业、乡村旅游业等生态产业，积极开拓新能源、新材料、绿色环保、绿色建筑等产业，壮大绿色经济。健全生态产品价值实现机制和横向生态补偿机制，完善污染治理激励与约束体系，全方位强化生态文明制度保障。

3）扎实推动共同富裕。共同富裕是社会主义的本质要求，是中国式现代化的重要特征。在高质量发展中促进共同富裕是新时代新阶段的重要任务。坚持就业优先政策，健全就业促进机制、提高就业岗位数量和质量；完善劳动法的执行力度，维护劳动者自身的切实利益。坚持按劳分配为主体、多种分配方式并存的基本分配制度，提高劳动报酬在初次分配中的比重；健全多层次社会保障体系，重点推进城乡基本公共服务均等化。着力促进乡村振兴，破除城乡二元经济体制，积极推动骨干企业和专业人才到乡村兴业创业，大力发展乡村特色产业。

4）建设全国统一大市场。高质量发展有赖于畅通生产、分配、流通、消费各环节，加快建设全国统一大市场是高质量发展的内在需求。首先是高标准市场体系，打破各种形式的体制障碍和市场分割，促进商品要素资源的畅通流动。其次是社会信用体系的建设，推动形成规范严谨的市场活动契约关系。最后是全面激发市场主体活力，依法平等保护各类市场主体产权。围绕打造市场化、法治化和国际化的营商环境，为投资经营者提供便利。深入推进实施公平竞争政策，全面落实公平竞争审查制度，确保机会平等、公平进入、有序竞争，促进社会主义市场经济高效运行。

12.2.3　中国绿色与高质量发展改革与实践

绿色发展与高质量发展两个战略相互影响、相互作用，并在此基础上构成“高质量绿色发展”战略。相较于单纯的绿色发展或高质量发展，高质量绿色发展强调利用技术创新保护自然环境，并推动经济发展和经济结构的升级转型，使中国的经济增长模式从过去的依靠规模扩张和生产速度转向依靠生产效率和产品质量，从而实现国家的生态文明建设目标。

绿色发展战略的具体实施是伴随着国家的五年计划开展的，而在经济发展的不同阶段，由于资本积累和要素禀赋存在差异，因此绿色发展战略在形态、优先度和实施情况方面存在很大差异。具体而言，中国绿色与高质量发展的实践与改革可以划分为以下 4 个阶段：

（1）起步阶段："六五"计划—"七五"计划（1981—1990 年）

鉴于当时的经济环境和生态环境，中国在"六五"和"七五"计划中制定了专门的五年保护计划。"六五"计划是改革开放后的第一个五年计划，计划中除了常规的对后一阶段的经济发展做出规划外，首次在计划中将环境保护罗列为单独的章节。计划中除了提出具体的节能指标（如每亿元工业总产值能耗）外，还制定了一些与环保相关的规章制度（如用于防止工程污染的"三同时""三废"排放的具体规定等）。在"六五"计划的基础上，"七五"计划强调对工业污染的治理，并构建了最初的绿色发展评估指标。然而，由于缺乏具体的年度计划以及没有将环保工作纳入国民经济建设体系，这一时期的绿色发展战略没有形成理论体系，制定的评估指标也较为粗糙。

（2）快速发展阶段："八五"计划—"九五"计划（1991—2000 年）

"八五"计划强调以经济建设为中心，促进经济发展与环境保护之间的协调，并从国土开发、产业发展、区域协调等多个角度关注了环保工作，将环境保护的工作重点放在对工业"三废"的控制和加强城市环境综合治理。针对能源工业则强调节约和开发并重，重视节能技术的研发应用。受 1992 年联合国环境与发展会议的影响，"九五"计划首次将绿色发展战略上升为可持续发展战略，经济模式从粗放型转向集约型，工业污染控制从末端控制转换为全过程控制，并努力实现对污染总量的控制。这一时期的特点是发展理念的转变，可持续发展战略的提出是中国在绿色发展道路上积极探索的结果。在这一时期，环境保护计划更加详细，环境评价制度逐步确立。

（3）停滞阶段："十五"计划（2001—2005 年）

"十五"计划的发展理念仍以可持续发展为主，并针对主要污染物制定了具体的排放规定与总量控制要求。然而，在中国加入 WTO 等一系列经济因素的影响下，重工业在第二产业中的占比迅速上升，随之而来的是资源的高强度消耗和经济向粗放型模式的回归。这些现象最终导致该五年计划中所规定的减排目标大多数未完成，可持续发展战略的理论研究也处于停滞状态。

（4）全面建设阶段："十一五"规划—"十三五"规划（2006—2020 年）

2006—2020 年是绿色与高质量发展全面推进的 15 年，在此期间，环境评估制度更加完善，并逐步实现了对煤炭、钢铁等高耗能产业落后产能的淘汰与升级改造。在"十三五"期间党中央提出了"创新、协调、绿色、共享、开放"的新发展理念。该理念侧重解决有关发展动力、发展平衡性、人与自然和谐、发展内外联动以及社会的公平性问题，勾画了全面推动绿色与高质量发展的蓝图。具体战略上包括：①推动供给侧结构性改革。着力提高我国实体经济的质量，增强我国经济质量优势。②建设创新型国家。对标世界前沿推动基础学科的发展，实现前瞻性基础研究、自主创新成果的重大突破。③乡村振兴战略。"三农"问题是该战略的工作重心，并旨在确保国家粮食安全，推动农村地区的高质量发展。④区域协调发展战略。战略对不同区域的发展现状和各自的优劣势制定了针对性的指导纲领，包括西部大开发、东北老工业基地振兴、中部地区崛起以及东部地区优化发展。建立更加有效的区域协调发展机制以促进区域间的相互合作与优势互补。⑤完善社会主义市场经济体制和全面开放新格局。这时期所取得的成就也较为突出：单位 GDP 能耗下降 15%，单位 GDP CO_2 排放量下降 18.0%，2020 年规模以上工业水电、核电、风电、太阳能发电等一次电力生产占全部发电量比重为 28.8%，比上年提高 1.0 个百分点，而煤炭消费所占比重下降 1.0 个百分点。

（5）新发展阶段："十四五"规划（2021 年至今）

"十四五"规划标志着中国的绿色与高质量发展进入全新的阶段。该阶段的主要发展目标包括如下六点：①经济发展取得新成效；②改革开放迈出新步伐；③社会文明程度得到新提高；④生态文明建设实现新进步；⑤民生福祉达到新水平；⑥国家治理效能得到新提升。这是在全面建成小康社会后，推动实现全面建设社会主义现代化国家的首个五年规划，也是中国在面临百年未有之大变局下的应对策略。坚持推动高质量发展，重点在于提高全要素生产率，将扩大内需战略同深化供给侧结构性改革有机结合起来，增强国内大循环内生动力和可靠性并提升国际循环质量和水平，形成以国内大循环为主体、国内国际双循环相互促进的新发展格局。在新发展阶段，中国总体上处于"环境库兹涅茨曲线"的转折期，能源需求和主要常规污染排放将陆续达峰，随后进入峰值平台期，生态环境压力依然很大。除了要加强高质量发展外，也要坚持推动绿色转型。实施全面节约战略，发展绿色低碳产业，倡导绿色消费，深入推进环境污染防治，提升生态系统多样性、稳定性、持续性，积极稳妥推进碳达峰碳中和，推动形成绿色低碳的生产方式和生活方式。

12.3 碳达峰与碳中和

12.3.1 碳达峰

12.3.1.1 经济增长与碳排放脱钩

经济增长与碳排放脱钩是指在经济保持正增长的同时，CO_2 排放量增速为负或者小于经济增速的现象，标志着 CO_2 排放量由增转降。工业革命以后，化石能源燃烧导致了温室气体排放急剧增加，由此引发的全球变暖、海平面上升等问题已经严重危及人类生存。在此种背景下，低碳发展和控制温室气体排放成为世界各国的政治共识，中国也提出了碳达峰和碳中和的目标。其中，碳达峰的本质就是碳排放与经济增长实现脱钩。

在 2021 年召开的《生物多样性公约》第十五次缔约方大会（COP15）上，中国宣布目前已经扭转了 CO_2 排放快速增长的局面，实现了经济发展与碳排放初步脱钩。脱钩（decoupling）最初是物理学领域的概念，用于描述两个及以上物理量之间的相互关系出现弱化或消失的情况。近年来，随着脱钩理论的内涵不断丰富，其应用范围也得到了拓展。在经济发展与资源环境关系的研究中，脱钩被经济合作与发展组织定义为通过相关措施减轻或消除经济增长与能源消耗、环境污染之间的关系。在此基础上，OECD 还提出了三种脱钩类型，分别是绝对脱钩、相对脱钩和未脱钩。绝对脱钩是指在经济发展的同时，相关的环境变量保持不变甚至下降，又称“强脱钩”；相对脱钩是指经济指标和环境指标同时发生变化，但是经济增长率大于环境变化率，又称“弱脱钩”；未脱钩则是指同一时期内，环境指标和经济指标呈现出同向近似的关系。初步脱钩是介于“未脱钩”和“弱脱钩”两者之间的一种过渡状态，即单位 GDP 的 CO_2 排放（碳排放强度）明显下降。截至 2019 年，中国 GDP 较 2005 年增长 4 倍左右，同期碳排放强度下降约 48.1%。为了早日达到“弱脱钩”乃至“强脱钩”状态，未来应该努力使碳排放强度下降的速度超过 GDP 的增速。

12.3.1.2 碳达峰路径

碳达峰是指 CO_2 的排放量达到峰值且不再继续增长。2020 年，我国在第七十五届联合国大会一般性辩论上向世界做出承诺，二氧化碳排放力争在 2030 年前实现达峰。为了早日践行这一承诺，中国政府陆续发布了一系列文件，初步建立了“1+N”的政策体系。其中，“1”指的是顶层设计，包括 2021 年陆续印发的《中共中央 国务院关于完整准确全面贯彻新发展理念做好碳达峰碳中和工作的意见》（以下简称《意见》）和《2030 年前碳达峰行动方案》（以下简称《方案》）。《意见》制定了“双碳”工作到 2025 年、2030 年和 2060 年的主要目标，并从推进经济社会发展全面绿色转型、深度调整产业结构、加快构建清洁低碳安全高效的能源体系、加快推进低碳交通运输体系建设、提升城乡建设绿色低碳发展质量、加强绿色低碳重大科技攻关和推广应用、持续巩固提升碳汇能力、提高对外开放绿色低碳发展水平、健全法律法规标准和统计监测体系，以及完善政策机制等十大方面提出了 31 项重点任务，起到了统领全局的作用；《方案》则明确了碳达峰的路线，规划了能源绿色低碳转型行动、节能降碳增效行动、工业领域碳达峰行动、城乡建设碳达峰行动、交通运输绿色低碳行动、循环经济助力降碳行动、绿色低碳科技创新行动、碳汇能力巩固提升行动、绿色低碳全民行动、各地区梯次有序碳达峰行动等碳达峰十大行动。

在碳达峰十大行动的基础上，有关部门又先后出台了《“十四五”现代能源体系规划》《氢能产业发展中长期规划（2021—2035 年）》《工业领域碳达峰实施方案》《“十四五”住房和城乡建设科技发展规划》《新时代推动中部地区交通运输高质量发展的实施意见》等文件，涉及领域涵盖了能源、工业、城乡建设、交通运输等行业，填补了“1+N”政策体系中“N”的空白。与此同时，相关的保障政策也在不断发布落实，如《实施绿色低碳金融战略支持碳达峰碳中和行动方案》《财政支持做好碳达峰碳中和工作的意见》《企业温室气体排放核算方法与报告指南发电设施（2022 年修订版）》就分别从财政金融和统计核算两方面保证了碳达峰相关政策的顺利实施。

12.3.2 碳中和

12.3.2.1 气候变化与碳中和

碳中和是指国家、企业、产品、活动或个人在一定时间内直接或间接产生的 CO_2 或温室气体排放总量，通过植树造林、节能减排等形式，以抵消自身产生的 CO_2 或温室气体排放量，实现正负平衡，达到相对零排放。我国在第七十五届联合国大会一般性辩论上向世界做出承诺，力争 2060 年前实现碳中和。碳中和为我国经济社会全面绿色低碳转型指明了方向，体现了我国应对气候变化的决心。

世界气象组织发布的《2020 年全球气候状况》报告表明，人类进入工业化时代以后的生产生活活动，特别是大量消费化石能源所产生的 CO_2 累积排放，导致大气中温室气体浓度显著增加，加剧了以变暖为主要特征的全球气候变化。与工业化前水平相比，2020 年全球平均温度高出了约 1.2℃，距《巴黎协定》规定的 1.5℃升温临界点仅差 0.3℃。预计到 21 世纪中期，全球变暖仍将持续。联合国政府间气候变化专门委员会最新评估指出，气候变化是目前全人类所面临的共同挑战，它已经对自然生态系统产生了显著影响，全球范围内出现极端天气的概率和频率大大增加，导致各国的粮食安全、生态安全、水资源、能源、基础设施及民众生命财产受到了严重威胁。气候变化已经极大地干扰了全球经济社会的可持续发展进程，给人类带来了严峻挑战，如果不从现在开始严格限制碳排放量，后果不堪设想。

12.3.2.2　碳中和路径

中国经济规模大、产业门类多、区域差异明显，这也就意味着实现碳中和不能一蹴而就，应该分阶段进行部署规划，逐步推进。

第一阶段（2020—2030 年）：根据现有的减排路径推动 2030 年前碳达峰，积极发展新能源产业，加快碳减排规章制度和政策体系的建立。现有的减排路径主要包括优化产业结构和能源结构、进一步提高资源利用效率、增加森林碳汇等，其中能源结构清洁化是此阶段的重要工作。一方面要扩大风电、光伏、核电、水电等非化石能源的发展规模。预计到 2030 年，风电和光伏累计分别增长 3.5 亿 kW 和 6.5 亿 kW，核电增长 9 000 万 kW。三者累计装机分别达 6 亿 kW、8 亿 kW 和 1.4 亿 kW，由此实现非化石能源比重达到 26%的目标。另一方面要着力推动煤炭减量发展和高质量发展，高度重视煤炭的清洁高效利用，加大低温热解技术的商业化推广。与此同时，还要解决石油产能过剩的问题，加快技术创新，使石油炼化向化工品炼化转型。在此基础上坚持发展天然气，其需求量有望在 2030 年达到 5 300 亿 m^3，在很长一段时间内仍将作为我国的主体能源。

第二阶段（2031—2035 年）：利用这 5 年时间巩固已有的绿色低碳成果，探索更高效的减排路径，计划 2035 年碳排放量逐步降至 90 亿 t CO_2 左右，较 2030 年下降 14%。具体而言，该阶段应该从以下 4 个方面发力：优化产业结构，积极推动第三产业发展；全面推进非化石能源的发展，使其比重提升到 35%；进一步降低工业过程的碳排放；坚持植树造林，提升森林碳汇能力。

第三阶段（2036—2050 年）：根据高效减排路径加速减排，预计此阶段碳排放量可以降至 25 亿 t CO_2。而且碳减排产业有望成为经济增长的新动能，参考发达国家在相应发展阶段的经济平均增速，我国此时的 GDP 总量较 2035 年可增加 50%以上，经济结构也将得到全面优化。同时，节能降耗技术将被广泛应用于各行业，如建立供需智慧能源系统，在化工领域加装碳封存及其他末端处理措施。除此之外，还要继续扩大森林蓄积量。

第四阶段（2051—2060 年）：实现碳中和目标。上个阶段余下的 25 亿 t CO_2 主要包括作为灵活调峰电源的煤电机组耗煤、工业交通和建筑领域使用的少量煤炭和石油天然气产生的 CO_2 排放，直接减排的难度很大。为此该阶段应该攻关核心科学技术，研发更有负碳效果的新材料和新装备。

12.3.2.3 碳中和行动

实现碳中和目标，是我国着力解决资源环境约束突出问题、实现中华民族永续发展的必然选择，也是构建人类命运共同体的庄严承诺。碳中和目标为我国指明了绿色低碳的转型方向，也为全球气候治理向前迈进注入了新动能。作为世界上最大的发展中国家，中国直面“以史上最短时间实现碳中和”的挑战。2021 年，碳中和目标首次被写入中国政府工作报告。2022 年，党的二十大报告提到，要积极稳妥推进碳达峰碳中和，这是一场涉及各个领域的系统性巨大变革。由此，中国碳中和的行动路线逐渐明晰，本节将对能源、工业、农业、人为固碳和生态固碳 5 个方面的碳中和行动进行介绍。

1）中国当前的能源结构仍然以煤炭为主，建立清洁低碳、安全高效的能源体系是实现碳中和目标的重中之重。党的二十大报告指出，要立足我国能源资源禀赋，坚持先立后破，有计划分步骤实施碳达峰碳中和行动。目前我国在能源领域的碳中和行动主要体现在 4 个方面：①严格控制能源消费总量和强度，尤其是化石能源消费。“十四五”时期，我国加快煤炭减量步伐，严格合理控制煤炭消费增长，严格控制新增煤电项目，有序淘汰煤电落后产能。保持石油消费处于合理区间，逐步调整汽油消费规模。②大幅提升能源利用效率，特别是煤炭的清洁高效利用，加大油气资源勘探开发和增储上产力度。同时深入推进各个领域的能源革命，尽快完成低碳转型，以电机、风机、泵、压缩机、变压器、换热器、工业锅炉等设备为重点，全面提升能效标准。推广先进高效产品设备，加快淘汰落后低效设备。③积极发展非化石能源，加快规划建设新型能源体系。全面推进风电、太阳能发电大规模开发和高质量发展，因地制宜开发水电，积极安全有序发展核电，加强能源产供储销体系建设，确保能源安全。④深化能源体制改革，对项目用能和碳排放情况进行综合评价，从源头推进节能降碳。完善重点用能单位能耗在线监测系统，加强节能监察能力建设，建立跨部门联动机制，增强节能监察约束力。完善碳排放统计核算制度，健全碳排放权市场交易制度。

2）工业是产生碳排放的主要领域之一，尤其是钢铁、有色金属、建材和石化等重点行业，对全国整体实现碳中和都具有重要影响。对钢铁行业而言，应该进一步落实供给侧结构性改革，严禁新增产能，淘汰落后产能。优化产业布局，继续压缩京津冀重点地区的钢铁产能规模。推广先进技术，探索氢能冶金和 CO_2 捕集利用一体化的可行性。对有色金属行业而言，应该完善废弃资源回收、分选和加工流程，提高再生有色金属产量。并提升有色金属生产过程余热回收技术，以追求更低的能耗。对于建材行业而言，鼓励建材企业使用粉煤灰、工业废渣、尾矿渣等作为原料，提高资源回收利用效率。加快绿色建材产品的研发应用，如新型胶凝材料、低碳混凝土、木竹建材等。对于石化化工行业而言，建议引导企业转变用能方式，以电力、天然气等替代煤炭。推动原料结构向轻质化转型，控制新增原料用煤。

3）推进农业农村领域碳达峰碳中和，是加快农业生态文明建设的重要内容，是落实乡村振兴战略的重要举措，是全面应对气候变化的重要途径，但该领域的减排固碳潜力还有巨大的提升空间。从技术层面来看，目前农业农村常见的减排固碳技术包括稻田甲烷减排技术、农田氧化亚氮减排技术、保护性耕作固碳技术、农作物秸秆还田固碳技术、反刍动物肠道甲烷减排技术、畜禽粪便管理温室气体减排技术等和牧草生产固碳技术等。未来将大力推广绿色低碳循环农业组合模式，如推进建设“光伏+设施农业”“海上风电+海洋牧场”等项目。从政策层面来看，目前农业并未进入碳市场，其碳排放测算体系还不完善，农业碳排放清单以及排放系数也还需要进一步健全。未来可以推动农业通过中国核证自愿碳减排（CCER）机制参与碳交易，在市场中发现并解决问题。

4）人为固碳主要是通过生态建设，土壤固碳，碳捕集、利用与封存技术等组合工程，消除那些不得不排放的 CO_2，也就是选择合适的技术手段实现减碳固碳，从而逐步达到碳中和。因此，未来的研究方向应聚焦于低碳、零碳和负碳技术的研发，例如化石能源的绿色利用、可再生能源的大规模开采、新型电力系统的搭建和 CO_2 捕集、利用与封存等重点领域。同时，我们还要加快发展方式绿色转型，实施全面节约战略，发展绿色低碳产业，倡导绿色消费，推动形成绿色低碳的生产方式和生活方式。

5）碳中和行动在生态固碳方面主要体现在提升生态系统碳汇能力，具体措施包括实施生态保护修复重大工程，继续推进国土绿化，扩大林草资源总量。在增加森林数量的基础上保证森林质量，提高其稳定性和固碳能力，争取到 2030 年，全国森林覆盖率达到 25%左右，森林蓄积量达到 190 亿 m^3。除此之外，资源调查、碳汇核算、潜力分析、政策制定等基础支撑工作也应该得到进一步重视和落实，未来将建立起生态系统碳汇监测核算体系，开展针对各生态系统的碳汇本底调查和碳储量评估，并对现有的生态补偿机制进行完善，使其更能够体现碳汇价值。

12.4　环境保护产业

环境保护产业是国民经济结构中以防治环境污染、改善生态环境、保护自然资源，促进环境与经济、社会协调发展为目的的从事技术开发、产品生产、商业流通、资源利用、信息服务、工程承包等活动的总称，是防治污染和其他公害、保护和改善生态环境的物质和技术基础。

12.4.1　环境保护产业的重要意义

进入 20 世纪 90 年代以来，随着全球环境问题的日益突出，人们逐步认识到了环境污染仅靠“末端治理”作用有限。要想环境污染得到有效的控制和防治，必须走清洁生产的道路。基于这种考虑，全球范围内出现了产业结构调整的新趋势，就是向资源节约化、废物产生减量化方向发展，即环境保护产业，也被称为“绿色产业”。发展环保产业具有重要的意义。

1）为保护环境提供技术保障。进入 21 世纪以来，我国环境形势仍然严峻，主要污染物排放总量仍然处在相当高的水平，远远超过环境承载力。环境问题成为制约我国经济发展、危及公众健康、影响国家形象的重要因素。根据《中国绿色国民经济核算研究报告》，我国的环境退化成本从 2004 年的 5 118 亿元上升到 2010 年的 11 033 亿元，增长了 115%，加上生态退化成本，2010 年生态环境退化成本达到 1.5 万亿元，占 GDP 比重 3.5%。为此，要从根本上解决环境问题，减轻环境污染和生态破坏压力，必须推行循环经济，同时大力发展环境保护产业，为工业污染防治、清洁生产、城市综合治理等提供先进、优质、高效、经济的技术和配套技术装备、产品信息、咨询和服务体系，使环境保护目标的实现有可靠的技术、装备和服务支持。

2）环保产业已经成为全球经济的新增长点。随着全球环境意识的增强和可持续发展思想的深入人心，以及在国际贸易中出现的“绿色壁垒”，各国都纷纷加大对环保产业的投入，加大对节能环保、可再生资源、低碳技术的支持力度。环保产业成为国际经济科技竞争的新领域。据国际能源署测算，2008 年世界节能装备市场规模达到 6 150 亿美元，2010—2020 年全球节能投资达到 2 万亿美元；以污染治理装备为代表的环保产业在 2010 年市场规模达到 2 200 亿美元；资源循环利用产业 2010 年达到 1.8 万亿美元。2009 年美国再生资源产业规模达到 2 400 亿美元，超过汽车行业，成为美国最大的支柱产业。许多国家通过舆论引导、政策倾斜、资金投入，为本国发展环保产业创造了良好的外部条件，并且积极通过提高“绿色壁垒”以达到提高进入门槛，从而占据市场。21 世纪，广义环保产业将成为世界性的主导产业，成为世界经济新的增长点。

3）满足我国广阔的环保产业市场的要求。“十三五”期间我国环境保护的基本目标是：到 2020 年，地级及以上城市空气质量优良天数比率大于 84.5%，细颗粒物未达标地级及以上城市浓度下降 18%，地表水质量达到或好于Ⅲ类水体比例大于 70%，且劣Ⅴ类水体比例小于 5%，全国 COD 和氨氮排放总量减少 10%，SO_2 和 NO_x 排放总量减少 15%；“十四五”规划也明确传递了持续加强生态环境保护的信号，要求加快推动绿色低碳发展，持续改善环境质量，提升生态系统质量和稳定，全面提高资源利用效率。为了实现这些目标，“十三五”时期我国环境治理营收增速保持在 13%以上，预计到 2025 年环境治理营收总额有望突破 3 万亿元，将大大促进环保产业的巨大市场需求。因此，只有大力发展环保产业，才能满足日益增长的广泛的环保市场要求，支撑我国环保事业的发展。

4）有利于提高我国的国际地位。在当今的国际环境活动中，不再仅仅讨论环境保护的战略、政策、法规和标准的制定和执行，而更多地重视国家责任。国家环境责任的承担意味着发展权的减少，因此环境责任已成为发展中国家与发达国家争论的政治问题。我国作为最大的发展中国家，在 2020 年第七十五届联合国大会上，向世界郑重承诺力争在 2030 年前实现碳达峰，努力争取在 2060 年前实现碳中和，赢得了国际社会的一致赞赏，也为我国环保产业发展提出了迫切的要求。因此，我国必须充分利用产业结构调整的时机，积极发展我国环境保护产业，在全球环境事务中占有与我国相称的地位，履行我国对世界的承诺。

12.4.2　环境保护产业主要内容

环境保护产业从定义上分为广义和狭义。狭义上，环境保护产业是为环境污染控制、减排、污染清理及废弃物处理提供设备和服务的行业，即直接环境保护产业。广义上，环保产业是以防止环境污染、改善生态环境、保护自然资源为目的所进行的技术开发、产品生产、商业流通、资源利用、信息工程、工程承包、自然保护开发等活动的总称，包括狭义的环保产业、节能减排产业、生态环境建设与清洁生产等。由此可见，狭义上，环境保护产业包含环保设备与技术、环保产品、环保服务三方面的内容。而广义上，环保产业包括节能产业、资源循环利用产业和狭义环保产业三方面的内容。

环保设备与技术主要是指水污染治理设备、大气污染治理设备、固体废物处理处置设备、噪声控制设备、放射性和电磁波防护设备、环境监测设备、环保科学技术研究和实验室设备、环境事故处理和用于自然保护以及提高城市环境质量的设备等的生产经营与技术开发。

环保产品是指有利于降低环境污染的各种产品，如环保材料、环保药剂、环保汽车、电器等。

环保服务是从事城市污水、垃圾、室内空气的处理处置活动，以及与环境分析、监测、检测、评价和修复等方面的服务，环境教育培训及研究与开发，环境金融、法律、咨询服务等。

12.4.3　我国环境保护产业发展状况

环境保护产业是一项新兴的产业，它是随环境保护事业的发展而产生的。我国环境保护产业开创于 20 世纪 70 年代初期。1997 年年底，我国从事环保产业的企事业单位有 9 000 多家，全国环保产业产值达到 521.7 亿元。2000 年，全国环境保护相关产业单位上升到 18 144 家，从业人数达到 317.6 万人，总产值达到 954.7 亿元。2001 年，国务院发布《关于加快发展环保产业的意见》，肯定了环保产业作为国家优先发展的产业地位。2004 年，从事环境保护相关产业的单位减少到 11 623 家（仅统计了年收入 200 万元以上的非国有企业或事业单位，不含港澳台地区），从业人数达到 159.5 万人，总产值达到 4 572.1 亿元。2010 年，国务院发布《关于加快培育和发展战略性新兴产业的决定》，将节能环保产业位列七大战略性新兴产业之首优先发展。另外，国家在环保产业方面的投资规模逐渐扩大，其中“十一五”期间，在“建设资源节约型、环境友好型社会”的总体规划指引下，环保产业投资总额规划达到 1.375 万亿，较“十五”期间增加 96.4%，占 GDP 比例上升到 1.35%；“十二五”期间环保产业投资继续增长，达到 4.17 万亿，较“十一五”期间投资额翻一番以上；到“十三五”期间，全社会环保投资达 17 万亿元，节能环保产业产值上升到 2020 年的 7.5 万亿元左右；根据《“十四五”工业绿色发展规划》，在“十四五”期间我国绿色环保产业产值将在 2025 年达到 11 万亿元。

12.5 绿色低碳技术

12.5.1 生态产业技术

生态产业技术是按照生态经济原理把初级生产部门、次级生产部门、服务部门等模拟自然生态系统的物质流动和能量转化规律组织起来的，谋求资源高效利用、减少污染排放、提高生产效率的新型产业组织方式。常见的生态产业技术包括生态农业、生态工业和生态服务业等。

12.5.1.1 生态农业

生态农业（ecoagriculture）是运用农业生态学原理和系统工程方法建立的具有高功能和高效益的现代集约化经营的农业生产体系。它符合以下几个生态学基本要求：①生产结构的确定、产品布局的安排等都必须做到因地制宜，和当地的环境条件相匹配；②在能源利用上主要通过提高太阳能的固定利用率和生物转化效率，达到能源的高效利用；③建立废弃物在农林牧渔大农业体系中的循环机制，提升物质在农业生态系统中的利用效率。因此生态农业具有生物产量高、光合作用产物利用合理、经济效益高、动态平衡等基本特征。

生态农业作为可持续农业的一种模式在近 30 年来逐步兴盛，形成了大量的典型农业生态工程。

1）农林复合生态工程。复合农林业始于 20 世纪 80 年代初，在国际上兴起后在我国各地也逐步推行。这是根据自然规律，采取乔木、灌木等林木与草本植物（包括农作物、牧草以及其他草被）复合种植的一项高新技术的种植业，可以充分发挥自然资源的生产潜力，合理利用土地，增加生产和产出。常见的农林复合生态工程有林粮间作、果桑粮菜间作、林药复合系统和竹林复合系统等。我国华中、华北等地普遍推行的泡桐树下间作小麦是林粮间作的典型例子。实行桐粮间作，泡桐的根系基本上不与粮食作物争肥争水，而且还能降低风速，减少日蒸发量，减轻干热风的危害，因而促进了小麦灌浆，大大提高了农田的经济效益。

2）立体种养生态工程。这种生态工程是将植物栽培与动物养殖置于同一空间或相近空间中，使之相互促进，资源利用更加充分。它是在吸收我国传统农业精华的基础上发展起来的一种新型的生态工程。主要有基塘系统、稻田养鱼以及其他立体种养系统。如稻田养鱼是利用稻鱼共生，稻养鱼、鱼促稻的互惠关系而建立的人工种养系统。稻田提供大量杂草、浮游动植物和光合细菌等天然存在的营养物质作为鱼的饵料，供鱼生长所用。而鱼在稻田中的取食和运动也给水稻生长创造了良好的生态环境。因此，稻田养鱼能促进水稻增产，同时，稻田的农药、除草剂和化肥用量减少，生产成本降低，经济效益明显，还改善了稻谷质量和环境质量。

3）生态住宅和生态庭院。生态住宅和生态庭院，是指农村居民将自己的居室及其周围庭院，按生态工程原理进行建造和利用，充分利用空间，实行种植和养殖结合，增加经济收入。例如，在三层生态住宅中，底层建沼气池、水泵房、鸡猪舍和家庭工副业生产用房，屋顶培土种植蔬菜、瓜果、花卉；住宅四周种植柑橘和葡萄，设水箱、沼气池和鱼池。生活垃圾和人畜粪便制造沼气，供家庭炊事和照明。沼液澄清后用于浇灌种植的蔬菜、瓜果。这种生态住宅实现了住宅多功能化，构成了生态效益和经济效益的良性循环。

4）都市生态农业。都市生态农业于 20 世纪 60 年代首先出现于欧、美、日等发达国家和地区，90 年代初我国也相继开展了都市生态农业的研究及建设。都市生态农业是指地处大都市中心及边缘的区域，依托大城市，利用现代科学技术和先进设备，按照城市社会、经济、生活各方面需求培养和建立的融生产、生活、生态、科学、教育、文化等为一体的，为都市经济和城市生活提供良好的休闲服务以及农产品的一种新型综合高效农业。它是都市型农业和生态农业的有机组合体，是把第一、第二、第三产业结合在一起的新型农业，如天津市津南区都市生态农业园将稻蟹混养、复式种植、综合种植等传统农业生产，与科技研发与示范、休闲观光、采摘、教育等结合在一起，形成都市生态旅游庄园。

12.5.1.2　生态工业

所谓生态工业（ecological industry）是指根据生态学和生态经济学原理，应用现代科学技术建立和发展起来的一种多层次、多结构、多功能，变工业废弃物为原料，实现资源、能源循环利用，有利于保护生态环境和人体健康的集约经营管理的综合工业生产体系。生态工业和传统工业的主要区别在于前者力求把工业生产过程纳入生态系统中，把生态环境的优化作为衡量工业发展质量的标志。

生态工业的主要特征是综合运用生态和经济规律，从宏观上协调工业生态经济系统的结构和功能，协调工业的生态、经济和技术关系，促进工业生态经济系统的物质流、能量流、信息流和价值流的合理运转和系统的稳定、有序、协调发展，实现宏观的工业生态经济系统的动态平衡；在微观上做到工业生态资源的多层次物质循环和综合利用，提高工业生态经济系统内各个系统的能量和物质循环效率，达到微观的工业生态经济平衡，从而实现经济、社会和环境协调发展。

生态工业的结构形式多样，通常聚集在生态工业园区内或自发形成生态产业聚集体，如浙江杭州湾化工园内 20 余家企业形成了以龙盛和闰土两家企业为龙头的染料化工聚集体，亿得、劲光等企业的活性染料和其他染料中间体企业、印染增白剂企业等围绕硫酸、蒸汽、电力联产形成了紧密的共生关系，一方面减少了副产品及废弃化学品的产生，另一方面由于紧密空间联系降低了生产成本，并形成了规模效应。例如山东鲁北生态工业园区，主要由磷铵硫酸水泥联产、海水一水多用、盐碱电联产 3 条产业链构成，园区针对其自身特点，利用区位和资源优势，将 3 条生态工业链进行链接，使副产物和废物大都在网内得到了充分利用，形成了紧凑的生态工业网络。

12.5.1.3　生态服务业

生态服务业（ecological service industry）是指以生态学理论为指导，在合理开发和利用当地生态环境资源基础上发展的服务业。它需要按照生态学原理和生态经济规律，依靠技术创新和管理创新，并运用系统论方法，全面规划、合理组织服务业生产布局，是一种适应现代社会经济生活的新型服务业生产体系。生态服务业是循环经济的有机组成部分，既包括传统服务业的生态化或绿色发展，如清洁交通运输、生态旅游、生态金融和绿色商业服务等，也包括为人们的生产和生活实现生态化发展提供有效服务的经济活动和产业形态，如生态城市建设、环境污染治理服务和企业节能减排的第三方服务等。

生态服务业的主要特点是生态化的经营理念和资源循环利用的发展模式。基于服务业与第一产业、第二产业之间的供给与需求联系，生态服务业要尽可能促进农业和工业的生态绿色发展，尽可能实现清洁生产、资源节约和循环利用等生态化建设。另外，传统服务业在发展模式上缺乏对生态产业技术的重视，产生了严重的资源浪费、废弃物排放和环境污染问题，而生态服务业的发展模式强调产业链中的资源再生利用，追求可持续发展模式。

12.5.2 清洁生产技术

12.5.2.1 清洁生产的概念

清洁生产（cleaner production）是指既可满足人们的需要，又可合理使用自然资源和能源，并保护环境的实用生产方法和措施。其实质是一种物料和能耗最少的人类生产活动的规划与管理，将废物减量化、资源化和无害化，或消灭于生产过程中。概括地讲，它包括 3 方面的内容：采用清洁的能源，少废或无废的清洁生产过程，以及对环境无害的清洁产品。因此清洁生产包含了产品生产的全过程和产品周期全过程。对生产过程而言，清洁生产包括节约使用原材料和能源，淘汰有毒有害的原材料，尽可能通过生产工艺的改进降低废物的产生和减少排放量及其毒性。而对产品周期全过程而言，清洁生产则考虑从原料、生产、消费到产品的最终处置过程减少资源利用和废弃物排放。

清洁生产是一个相对和动态的概念。所谓清洁的工艺和清洁的产品是和现阶段的工艺和产品相比较而言的。推行清洁生产，本身是一个不断完善的过程。随着社会经济的发展，科学技术的进步，清洁生产的工艺和设备也将更加先进、合理。一项清洁生产技术，主要从技术效益、经济效益和环境效益 3 方面进行评价：①技术先进可行；②经济上合理；③能达到节能、降耗、减污的目的，满足环境保护要求。

12.5.2.2 清洁生产的实现

清洁生产常常被作为循环经济和生态工业在企业内部层面的实践，因此它更注重对微观企业个体的生产工艺进行环境友好化改进，包括从产品设计、原材料管理、生产全过程控制以及售后服务等方面的革新。

1）实施产品绿色设计。企业层面实行清洁生产首先要在产品设计过程考虑环境、资源因素，其次要考虑企业成本和消费者需求。在产品设计之初应该考虑产品可修改性，通过关键部件的可拆卸、回收、更新实现产品更新换代。在设计过程中应优先考虑无毒、低毒、少污染、可回收的材料，防止原材料及产品对人类和环境的危害。

2）实施原材料管理。原材料管理是实现清洁生产节约资源能源的最重要环节。通过生命周期评价选择可再使用、可循环的原材料能显著提高环境质量，减少企业成本，实现材料在企业—中间商—消费者之间的闭循环。如富士施乐公司在产品设计过程中就考虑了可以更换回收的零部件，实现了 90%的废弃部件的回收加工再利用，建立了完整的回收再利用产业链条，大大降低了原材料的利用。

3）实施生产全过程控制。生产全过程控制主要是通过工艺流程的革新，减少生成不必要的有毒有害中间产品，使用更先进、简单、可靠的工艺，降低能耗和资源消耗。例如，武汉钢铁回收工业冷却用水的管道浮油后再将冷却用水循环利用，一方面实现了冷却用水的循环利用，另一方面回收了油分用于再利用，减少了管道的腐蚀，降低了维护成本。

4）实施产品售后服务管理。清洁生产的产品售后服务管理并不仅限于产品的售后维护和维修，更重要的是建立完整的产品回收机制与再利用机制。企业可以通过折旧、有偿回收等方式掌控售出产品的流向，回收后通过拆解、再生等工序再利用有用的零部件，从而降低生产成本。例如，苹果公司在美国和英国的零售店推出以旧换新服务，回收手机、电脑产品，较新的产品维护后再出售，较旧的产品则通过拆解等工序回收电子元件与原材料。

12.5.2.3 清洁生产审核

2004 年 10 月 1 日，国家发展和改革委员会、国家环境保护总局（现生态环境部）发布了《清洁生产审核暂行办法》，正式确立清洁生产审核制度（也称为清洁生产审计）。清洁生产审核是指按照一定程序，对生产和服务过程进行调查和诊断，找出能耗高、物耗高、污染重的原因，提出减少有毒有害物料的使用、产生，降低能耗、物耗以及废物产生的方案，进而选定技术经济及环境可行的清洁生产方案的过程。清洁生产审核的目的是节能、降耗、减污，同时提高企业效率、降低成本。清洁生产审核制度分为自愿性和强制性审核两种。对于一般企业，国家鼓励自愿开展清洁生产审核。而对于排污超标、使用有毒有害原料或排放有毒有害物质的企业，国家强制实施清洁生产审核制度。

清洁生产审核是企业实施清洁生产的主要技术方法和工具。它着重强调资源消耗、产品和管理的审核。资源消耗审核包括对能源、原材料、工艺技术和设备的审核，审查企业清洁能源的利用情况、能源效率、原材料毒性、可回收利用性、生产工艺是否有利于提高效率并减少废弃物、设备维护等情况。产品审计内容包括产品设计方案是否符合绿色设计、产品生产过程中是否有效利用资源、产品消费是否有不良环境影响、回收和再利用技术等。管理审计着重检查企业清洁生产管理措施是否有效。

12.5.3 清洁能源技术

清洁能源技术是以控制温室气体排放为目的，在化石能源、可再生能源和新能源系统等领域开发的新型能源技术。在碳中和的约束下，清洁能源技术已经成为改善我国能源结构、保障能源安全、推进生态文明建设的重要基础。“十三五”以来，通过发展和应用清洁能源技术，我国在提升能源利用效率、减少化石能源消费、增加可再生能源利用和推动新能源基础设施建设等方面取得了明显进展。

12.5.3.1 化石能源的提质减排

化石能源的提质减排是指通过能源技术降低化石能源使用过程的碳排放并提高能源利用效率。由于我国的一次能源消费结构仍然是以化石能源为主，因此化石能源的节能减排和提质增效技术是我国清洁能源技术发展的重要领域。近年来，在国家持续投入和支持下，化石能源的提质减排技术取得了长足进步，如燃煤发电技术、工业过程燃烧技术和煤炭转化技术。

1）燃煤发电技术。在燃煤高效发电方面，我国拥有先进的超超临界发电技术，已积累了超超临界发电机组设计、制造和运行等方面的丰富经验。截至 2020 年，我国部分机组的供电煤耗和发电效率等技术指标已实现世界领先，发展速度、装机容量和机组数量稳居世界首位。在清洁燃煤发电方面，我国已建成世界上最大的清洁燃煤发电体系，已经通过常规污染物超低排放技术有效控制了常规污染物排放量，目前正在向近零水平排放努力。

2）工业过程燃烧技术。我国工业过程的煤炭燃烧形式主要是燃煤工业锅炉和工业炉窑。在燃煤工业锅炉方面，循环流化床锅炉和煤粉工业锅炉近年来在市场上得到了推广和应用。相较于传统的链条排炉，新技术不仅显著提高了锅炉热效率，也较大程度降低了 NO_x 的排放水平。在工业炉窑方面，近年来国内外在节能管控、富氧煅烧、分级燃烧和颗粒物脱除领域的技术研究都取得了长足进步，这些新技术对工业炉窑在燃烧过程中提高能效和降低排放具有重要意义。以节能管控技术为例，国外的工业炉窑生产过程已经实现能源系统的实时监控和优化管理，而我国现阶段正从单纯设备监控转向生产过程和系统综合监控，并逐步向管控一体化方向发展。

3）煤炭转化技术。现有的煤炭转化技术主要包括煤制清洁燃料、煤制天然气和煤制大宗及特殊化学品三大类技术。近 10 年来，我国在煤制清洁燃料和大宗及特殊化学品这两类技术的进步较为显著。比如，我国已拥有一批具有自主知识产权的煤制清洁燃料技术示范工程，成功运行了 400 万 t/a 煤间接液化和 108 万 t/a 煤直接液化重大项目；我国的煤制烯烃和煤制乙二醇技术已经取得了突破性进展，成功运行了 137 万 t/a 煤制烯烃大型现代煤化工装置，并建成了示范及产业化推广项目。

12.5.3.2 再生能源

再生能源，又称可再生能源，是指风能、太阳能、水能、生物质能、地热能等非化石能源，是绿色低碳的清洁能源。再生能源技术是我国清洁能源技术的重要组成部分，具体包括再生能源的开发技术和应用技术。自 2006 年《中华人民共和国可再生能源法》颁布实施以来，我国可再生能源产业发展迅速，其中水电、风电、光伏发电技术处于国际领先水平，相关产业的累计装机规模均居世界首位。我国再生能源技术的发展已为改善能源结构、保护生态环境、应对气候变化、实现社会经济可持续发展提供了主力支撑。

1）水力发电。水力发电是将河流、湖泊或海洋等水体蕴藏的水能转化为电能。其基本原理是利用水体中的水头差做功产生能量转化。由于利用水能发电灵活便利，既不需要消耗燃料也不排放有害物质，因而水力发电技术能改善电力系统运行状况，提高电能质量并减少环境污染，是一种极其重要的可再生能源技术。21 世纪以来，我国水力发电技术就一直处于国际领先水平，拥有世界上规模最大的水电站——三峡水电站，还建成了其他装机规模在世界排名前列的超级水电站工程，如溪洛渡、白鹤滩、乌东德和向家坝等水电站。

2）风力发电。风力发电是通过一定的装置，将风能转变为机械能，再将机械能转变为电能。风能是一种清洁的可再生能源，风力发电具有环境效益好、基建周期短和装机规模灵活的优点。我国的风力资源极为丰富，特别是东北、西北、西南地区和沿海岛屿，平均风速大，十分适宜风力发电。随着我国风力发电技术逐渐成熟，风力发电对全国电力供应的贡献在不断提升。截至 2021 年 11 月，我国风电并网装机容量达到 30 015 万 kW，已连续 12 年稳居全球第一，风电发电量占全社会用电量比例约为 7.5%。

3）光伏发电。光伏发电技术是利用光生伏特效应，将太阳能转化为电能的发电技术。光伏发电的特点是可靠性高，使用寿命长，不污染环境，既能用于偏远的地区独立发电，也可以并网运行。近年来，我国的光伏发电技术不断发展，光伏发电规模迅速扩大。2021 年，我国新增光伏发电并网装机容量约 5 300 万 kW，连续 9 年位居世界首位，光伏发电并网装机总容量达到 3.06 亿 kW，连续 7 年位居世界首位。随着光伏发电成本进一步下降，未来光伏发电在交通、通信和建筑等领域的应用将逐步深入，许多过去受经济限制的光伏发电应用场景，如“光伏+新能源汽车”“光伏+建筑”“光伏制氢”等也将不断变为现实。

12.5.3.3　新能源交通

新能源交通是指利用电力、氢能、天然气、先进生物液体燃料等新能源、清洁能源的交通运输系统。交通行业与新能源技术的融合发展，既有利于我国能源结构优化转型，也有利于推动交通行业节能减排，从而为实现碳达峰碳中和目标作出贡献。当前，新能源交通的发展主要包括推动交通运输工具低碳转型、构建绿色高效交通运输体系、加快交通基础设施建设三方面内容。

1）氢能技术助推低碳转型。《氢能产业发展中长期规划（2021—2035）》明确指出，要充分发挥氢能清洁低碳的特点，推动交通行业低碳转型，至 2025 年燃料电池车保有量达到约 5 万辆。当前，氢能在交通领域的应用主要包括氢燃料电池中重型车辆、氢燃料电池客货汽车、燃料电池电动汽车、船舶和航空器等。2021 年 1 月 27 日，中国中车大同电力机车有限公司生产下线了首台国产氢燃料电池混合动力汽车，标志着我国氢能利用技术取得关键突破。据报道，该机车设计时速 80 km，持续功率 700 kW，满载氢气可单机连续运行 24.5 h，平直道最大牵引载重超过 5 000 t。相较传统燃油机车，氢燃料电池混合动力机车没有任何污染物排放，运行噪声小，应用和维护成本也更低。未来，随着政府财政支持和技术突破带来的成本下降，各类氢燃料汽车车型的产业化进程将加快，氢燃料电池汽车产业的规模化发展将进入快车道。

2）多式联运实现绿色高效。多式联运是由两种或以上交通工具相互衔接、转运而共同完成的运输过程。国务院印发的《推进多式联运发展优化调整运输结构工作方案（2021—2025）》指出，要通过发展多式联运的运输模式，加快构建安全、便捷、高效、绿色、经济的现代化综合交通体系。四川省人民政府积极落实国家发展多式联运的工作部署，设立了成都“一带一路”国际多式联运综合试验区，并顺利建成了成都国际铁路港多式联运项目。该项目作为中欧班列和西部陆海新通道在横渡的集散与枢纽中心，提供集装箱装卸、调整和配送服务。货物运抵项目基地后可实现无缝对接，能够优化业务流程、提高运输效率、降低物流成本、减少装卸污染，既提升了运输效率，又有利于绿色交通建设。

3）电网升级提供有力支撑。“十三五”期间，我国充电基础设施快速发展，截至2021年年底，全国充电设施规模达到了261.7万台，换电站1 298座，服务近800万辆新能源汽车，已建成了世界上数量最多、辐射面积最大、服务车辆最全的充电基础设施体系，为我国新能源汽车产业发展提供了有力支撑。当前国家已明确规划要求，在“十四五”期间进一步提升电动汽车充电基础设施服务保障能力，形成适度超前、布局均衡、智能高效的基础设施体系，满足超过2 000万辆电动汽车充电需求，以支撑新能源汽车产业发展，助力“双碳”目标实现。

12.6 环境保护基本公共服务

良好的生态环境，包括清新的空气、清洁的水和安全的食品，都是人类生产生活的必需品，每个人都有平等地享有这些产品的权利，因而环境质量具有公共物品属性。

12.6.1 环境保护基本公共服务的概念

环境基本公共服务是政府为公民提供安全、舒适的生活环境，在环境保护的整个过程中所涉及的环境监管、环境治理、环境应急、环境政策、环境信息、环境教育等公共产品与服务。在我国生态破坏与环境污染的严峻形势下，环境已经威胁公众健康，成为激发社会矛盾的潜在因素。在市场扭曲的情况下，政府作为社会公平和稳定服务的提供者，必须将环境保护纳入基本公共服务体系中，保证人人都享有健康的环境。因此环境基本公共服务具有保障性、广泛性和公平性3个基本属性。

环境基本公共服务的保障性是指为公民提供健康、安全的生存环境，保障公民享有良好的生活环境的基本权利。喝干净的水、呼吸清新的空气、吃放心食品是政府的基本责任，是政府公共服务体系中的必要内容。环境基本公共服务的广泛性是指服务要面向全社会所有的公众，不具有排他性。环境基本公共服务的公平性是指只要是我国公民，不论哪个地区、哪个收入阶级、哪种性别，都具有相同的权利、机会获取这些公共服务。

中共中央、国务院印发的《扩大内需战略规划纲要（2022—2035年）》中提出，要加大生态环保设施建设力度，全面提升生态环境基础设施水平，构建集污水、垃圾、固体废物、危险废物、医疗废物处理处置设施和监测监管能力于一体的环境基础设施体系，形成由城市向建制镇和乡村延伸覆盖的环境基础设施网络。

12.6.2 环境保护基本公共服务的内容

环境保护基本公共服务内容包括环境监管、环境治理、环境应急、环境政策、环境信息和环境教育等方面。

1）环境监管。环境监管是各国政府通过综合行使法律赋予的制定环境标准、许可制度、环境影响评价、环境执法等职权保护环境的程序和行为；环境标准是政府提高用于规范监管目标行为的规范，标准的制定有利于促进新技术的使用。许可制度是政府与企业签订的限制企业对环境造成影响的协议，允许企业在政府许可的范围内合法地行使某种环境权利；环境影响评价是评估政府、企业主体行为，如建设、规划活动对环境造成影响的手段；环境执法是行政机关执行法律规范的活动，如环境行政许可、行政裁决、行政合同、行政指导、行政强制措施等。

2）环境治理。环境治理是指针对人类社会发展过程中引起的对土地、水、大气等资源的污染破坏而采取的预防与治理措施。环境保护基本公共服务中的环境治理仅包含缺乏污染破坏主体的具有公共属性的环境污染事件。而在环境事件主体存在的情况下，遵循“谁污染，谁治理”原则由污染者负责，政府在这个过程中提供环境监管、应急、信息、教育等服务。不存在公共属性的污染事件（如室内装修污染）由个体行为人负责治理。

3）环境应急。环境应急是政府针对可能或已经发生的突发环境事件采取的非常规工作程序的行动，以减免事件造成的严重后果。环境应急一般包括对环境事件的应急工程处理、信息通报、应急预警、应急预案制订、突发事件损失评估、事故调查等方面的内容。

4）环境政策。环境政策是政府制定执行的行动原则方针，用以保护生态环境和减少环境污染。我国的环境政策主要包括各级环境保护规划、财政补贴、排污收费制度、排污申报、污染物总量控制、“两控区”、环境保护税等措施。

5）环境信息。环境信息是指有关环境保护事务的一切资料。我国的环保基本公共服务中的环境信息是指公民有权了解、认知的，符合环境行政公开范围内的一切有关环境保护事务的资料，包括大气、水、生态等的环境报告、公报、环境管理事务资料、环境法律法规等，包括政府环境信息和企业环境信息。通常我国公民可以通过行政申请、索取、网络访问等多种手段获取环保基本公共服务范围内的环境信息资料。其中，《环境信息公开办法（试行）》规定污染物排放超过国家或者地方排放标准，或者污染物排放总量超过地方人民政府核定的排放总量控制指标的污染严重的企业应当向社会公开下列信息：企业名称、地址、法定代表人；主要污染物的名称、排放方式、排放浓度和总量、超标、超总量情况；企业环保设施的建设和运行情况；环境污染事故应急预案。企业不得以保守商业秘密为借口，拒绝公开以上所列的环境信息。环保部门应当建立健全政府环境信息公开工作考核制度、社会评议制度和责任追究制度，定期对政府环境信息公开工作进行考核、评议。

6）环境教育。环保基本公共服务中环境教育是政府主导的以提高人们的环境意识和有效参与能力、普及环境保护知识与技能、培养环境保护人才的教育活动。我国政府提供的环境教育活动形式包括通过电视、广播、电影、报纸等媒体宣传环保基本知识与法律法规，绿色消费引导，企业环境教育，树立环境道德模范，创建绿色学校等。

12.6.3 我国环境保护基本公共服务现状

从供给水平来看，我国环境保护基本公共服务投入长期不足，环保财政支出总量占财政支出比例较低。2011 年，我国环保支出 2 640 亿元，仅占财政支出的 2.4%，全国 4 万多个乡镇，60 万个行政村，大部分没有环境基础设施，农村饮用水水源地水质达标比例仅 59%，县城的污水处理率低于 50%。2013 年 1 月全国持续发生雾霾天气，灰霾面积一度超过 100 万 km^2，我国华北地区主要大城市灰霾天数占全年的 30%，甚至高达 50%及以上。

从均等化水平来看，我国环境保护基本公共服务在城乡间、地区间和不同社会群体间存在较大差异。从城乡来看，农村环境保护设施最为薄弱，公共服务缺位，城市环保设施与公共服务较好；从地区来看，东部地区的城镇生活污水处理率在 80%，而中西部地区城镇污水处理率不足 50%；从社会群体看，农村居民、进城务工人员、低收入者等弱势群体所享有的环境基本公共服务较差。

调查显示，环境保护基本公共服务排在义务教育和疾病预防之后位列第 3，是城乡居民最关心的基本公共服务之一，是关系到人们生产生活的迫切需求。供给不足将导致政府的道德风险和社会稳定。因此，我国在“十二五”期间将环境保护纳入基本公共服务体系中，进一步强化环境保护基本公共服务；“十三五”则提出要统筹推进区域环境基本公共服务均等化，并构建生态公共服务网络，全面提升各类生态服务功能；在此基础上，“十四五”将环境保护基本公共服务均等化列入经济社会发展的主要目标，通过有力推进污染防治攻坚，强化生态环境安全监管，提升生态环境治理效能，来健全环境保护基本公共服务标准体系，并补齐环境保护基本公共服务短板。

12.6.4 环境保护基本公共服务建设途径

1）加大投入，提升环境保护基本公共服务供给水平。强化政府和财政支出在环境保护基本公共服务中的责任，加大财政投入力度和转移支付标准，建立标准化服务供给体系和人才队伍，建立政府环境基本公共服务考核与评价体系，激励政府强化规划、监测、执法水平和力度。

2）建立国家最低供给标准，提升环境保护基本公共服务均等化水平。结合户籍改革，使居民享受环境保护基本公共服务的权利与公民身份、职业、户籍脱钩，通过均等化转移支付制度使财政能力较弱的地区达到“国家标准”，建立生态补偿机制，通过生态补偿使发展受限区域能够在设施、服务上达到“国家标准”。在加快新型城镇化的背景下，以基本公共服务均等化统筹城乡发展，实现地区间、城乡间以及不同社会群体间的环境保护基本公共服务均等化。

3）引入市场机制，提高环境保护基本公共服务的供给效率。在明确政府是责任主体的前提下，发挥市场机制的作用，让社会资本参与到环境保护基本公共服务供给体系中，鼓励社会资本参与环境基础设施的建设、运营和政府服务外包，形成良性竞争，提高服务供给效率。

复习思考题

1．生态文明是什么？
2．可持续发展的内涵是什么？
3．为什么要实行高质量发展？
4．什么是“碳达峰”和“碳中和”？相关的行动方案有哪些？
5．什么是生态农业？什么是生态工业？什么是生态服务业？它们有什么区别和联系？
6．什么是再生能源？你身边常见的再生能源技术有哪些？
7．列举发展清洁能源技术的好处。
8．环境保护基本公共服务包括哪些方面？

参考文献与推荐阅读文献

[1] 甘晖，叶文虎．生态文明建设的基本关系：环境社会系统中的四种关系论．中国人口·资源与环境，2008，6：7-11.

[2] 海热提．循环经济与生态工业．北京：中国环境科学出版社，2009.

[3] 联合国（United Nations）．《2030 年可持续发展议程》各项可持续发展目标和具体目标全球指标框．2018.

[4] 联合国环境规划署（UNEP）．全球环境展望 5．2012.

[5] 刘竹．气候变化的应对：中国的碳中和之路．郑州：河南科学技术出版社，2022.

[6] 卢风．从现代文明到生态文明．北京：中央编译出版社，2009.

[7] 马建堂．中国新时代绿色低碳循环发展：“十四五”需要关注的若干问题研究．北京：中国发展出版社，2021.

[8] 生态环境部．2021 年中国生态环境状况公报．2021.

[9] 施问超，邵荣，韩香云．环境保护通论．北京：北京大学出版社，2011.

[10] 外交部，中国落实 2030 年可持续发展议程进展报告（2019）．2019.

[11] 王奇，王会．生态文明内涵解析及其对我国生态文明建设的启示——基于文明内涵扩展的视角．鄱阳湖学刊，2012，1：92-97.

[12] 徐春．生态文明与价值观转向．自然辩证法研究，2004，20（4）：101-104.

[13] 叶文虎，仝川．联合国可持续发展指标体系述评．中国人口·资源与环境，1997，7（3）：83-87.

[14] 张军泽，王帅，赵文武，等．可持续发展目标关系研究进展．生态学报，2019，39（22）：8327-8337.

[15] 张涛．《2030 年前碳达峰行动方案》解读．生态经济，2022，38（1）：9-12.

[16] 中国 21 世纪议程——中国 21 世纪人口、环境发展白皮书．北京：中国环境科学出版社，1994.

[17] Arrow K，Bolin B，Costanza R，et al. Economic growth，carrying capacity，and the environment.

Science，1995，268（5210）：520-521.

[18] WWF. Living Planet Report 2012 Biodiversity，Biocapacity，and Better Choice. http://www.panda.org.

[19] Yuan Z W，Bi J，Moriguichi Y. The circular economy：a new development strategy in China. Journal of Industrial Ecology，2006，10（1-2）：4-8.